"十二五"普通高等教育本科国家级规划教材配套教材

物理化学课程导读

阮文娟　编著

科学出版社

北　京

内 容 简 介

本书为"十二五"普通高等教育本科国家级规划教材《物理化学(第五版)》(朱志昂、阮文娟,科学出版社,2014年)的配套教材。全书分为化学热力学、化学动力学、电化学、界面和胶体化学四部分,每部分内容以导言开始并配有框架图,对该部分的学习做一引导。本书共 14 章,包括:气体、热力学第一定律、热力学第二定律、热力学函数规定值、统计力学基本原理、混合物和溶液、化学平衡、相平衡、化学动力学基础、基元反应速率理论、几类特殊反应的动力学、电化学、界面现象和胶体化学。各章结构为重点及难点、知识结构框架、具体内容和思考题,需要注意的问题和容易出错的问题都用不同字体并加粗标示。书后附有各章思考题参考答案。

本书可作为综合性大学、师范院校和工科院校本科生学习物理化学课程的学习指导书,以及备考研究生的复习资料;也可作为物理化学教师的教学参考书。

图书在版编目(CIP)数据

物理化学课程导读 / 阮文娟编著. —北京:科学出版社,2016.6
"十二五"普通高等教育本科国家级规划教材配套教材
ISBN 978-7-03-048399-7

Ⅰ. ①物… Ⅱ. ①阮… Ⅲ. ①物理化学–高等学校–教学参考资料
Ⅳ. ①O64

中国版本图书馆 CIP 数据核字(2016)第 117155 号

责任编辑:丁 里 / 责任校对:于佳悦 韩 杨
责任印制:徐晓晨 / 封面设计:迷底书装

科 学 出 版 社 出版
北京东黄城根北街 16 号
邮政编码:100717
http://www.sciencep.com

北京教图印刷有限公司 印刷
科学出版社发行 各地新华书店经销
*
2016 年 6 月第 一 版 开本:787×1092 1/16
2017 年 6 月第三次印刷 印张:27
字数:690 000
定价:69.00 元
(如有印装质量问题,我社负责调换)

序

物理化学课程是所有其他化学课程共同的基础，它使得学生一方面能从理论高度认识各种化学现象的本质；另一方面又学会如何通过对为数不多的物理量的实验测量，定量或半定量地了解某些化学反应，从而有可能对其中的步骤或整个过程实现有效的调控。因此，物理化学课程在化学、化工类专业的教学中起着独特的承上启下的作用。

物理化学课程理论性强、概念抽象，学习难度大。学生在学习中往往不易入门、概念混淆、抓不住重点，听懂了但不会做题，常常被难点所绊倒。为帮助学生学习物理化学课程，南开大学化学学院阮文娟教授编著了《物理化学课程导读》。该书是作者讲授物理化学课程近二十年教学经验的归纳总结和提炼的结晶。

《物理化学课程导读》的特色在于课程的导读。全书分成四部分：化学热力学、化学动力学、电化学、界面和胶体化学。每部分都有导言、框架图引导学习。每章也有框架图，使知识结构脉络清晰，一目了然。

该书从提出问题入手，引导学生去思索。然后从基本原理切入，逐一解决问题。继而展开的是所得结论的应用、所学知识能解决或解释什么问题。这样一种安排，不仅让学生学到了知识，更重要的是一种素质的培养，使学生一遇到问题就会产生想办法去探讨、去解决的冲动，从而提高学生探究知识的主动性和创新性，培养解决问题的能力，达到提升学生素质的目的。

该书在各章节之间加入了作者在长期教学中积累的承上启下的关键点，全书有严密的逻辑性、语言简洁、概念清楚、重点突出、难点强化、详略得当。该书还编排了一定数量的例题和思考题，并给出解题思路，这对于学生学习物理化学课程是非常有益的。

在作者编著该书的三年时间内，我有机会经常与阮文娟教授反复交流与探讨，得益匪浅。非常感谢阮文娟教授和科学出版社的信任，使我有幸成为《物理化学课程导读》书稿的最早读者，并获得为该书作序的殊荣。

衷心希望这本书能够得到广大师生和读者的欢迎。

朱志昂

2016 年 4 月于南开园

前　言

物理化学课程是化学类专业的专业基础课，对化学专业的知识起着承上启下的作用，对培养学生的思维能力、解决问题的能力具有重要的作用。

物理化学课程较之其他化学课程需要较多的数学和物理知识，且课程的理论性强、概念抽象，学习难度大。学生在学习中常常顾此失彼，捡了芝麻，丢了西瓜，抓不住重点，又对难点束手无策。基于此，作者决定编写这本《物理化学课程导读》，目的是帮助学生在学习中抓住重点，少走弯路，真正理解和掌握物理化学的基本原理。

本书参考各种物理化学教材，扬长避短，将物理化学的内容整合为化学热力学、化学动力学、电化学、界面和胶体化学四个部分。每部分内容以导言开始并配有框架图，以提问的方式引导学生理清本部分内容要解决什么问题、如何解决、解决问题的关键在哪里、需要使用的主要方法和工具有哪些等。希望这样的编排可以使学生在开始学习相关内容之前就对所要学习的知识有清晰的脉络。为使学生对所学内容及它们之间的相互关系一目了然，在每章开始均给出了本章知识结构框架图。

本书涵盖除结构化学以外的全部物理化学内容。全书共 14 章，包括：气体、热力学第一定律、热力学第二定律、热力学函数规定值、统计力学基本原理、混合物和溶液、化学平衡、相平衡、化学动力学基础、基元反应速率理论、几类特殊反应的动力学、电化学、界面现象和胶体化学。书中对物理化学的每部分内容给出学习要求，对重点内容突出介绍，对难点问题强调注意。同时，注重交代物理化学解决问题的思路方法。

在本书编写过程中，得到了朱志昂教授的关心、指导和帮助。朱教授不厌其烦地多次审阅书稿，提出了许多宝贵的修改意见和建议；科学出版社的丁里编辑对本书的编写也给出了很好的建议并做了精心细致的编辑工作；本书还得到了南开大学教材立项的支持。作者在此一并表示诚挚的谢意。

由于作者水平有限，书中疏漏和不妥之处在所难免，恳请同行、专家和读者不吝赐教。

作　者

2016 年 4 月

目 录

序

前言

第一部分　化学热力学

化学热力学导言 ……………………………………………………………………… 3

第1章　气体 ………………………………………………………………………… 6
　1.1　本章知识结构框架 ……………………………………………………………… 6
　1.2　理想气体 ……………………………………………………………………… 6
　1.3　实际气体 ……………………………………………………………………… 8
　　思考题 …………………………………………………………………………… 13

第2章　热力学第一定律 ………………………………………………………… 14
　2.1　本章知识结构框架 ……………………………………………………………… 14
　2.2　热力学术语和一些基本概念 …………………………………………………… 14
　2.3　热力学第一定律 ……………………………………………………………… 21
　2.4　热容 …………………………………………………………………………… 23
　2.5　热力学第一定律应用于理想气体 ……………………………………………… 25
　2.6　热力学第一定律应用于实际气体 ……………………………………………… 30
　2.7　相变过程的 Q、W、ΔU、ΔH 的计算 ……………………………… 33
　2.8　热化学 ………………………………………………………………………… 35
　2.9　过程热计算的一般方法 ………………………………………………………… 42
　　思考题 …………………………………………………………………………… 43

第3章　热力学第二定律 ………………………………………………………… 44
　3.1　本章知识结构框架 ……………………………………………………………… 44
　3.2　卡诺热机效率及卡诺定理 ……………………………………………………… 45
　3.3　热力学第二定律的经典表述 …………………………………………………… 46
　3.4　热力学第二定律的熵表述 ……………………………………………………… 47
　3.5　熵变的计算 …………………………………………………………………… 50
　3.6　自由能 ………………………………………………………………………… 58
　3.7　组成恒定的封闭体系的热力学基本方程 ……………………………………… 61
　3.8　组成变化的封闭体系的热力学基本方程 ……………………………………… 68
　3.9　化学势判据 …………………………………………………………………… 71
　3.10　气体的化学势 ………………………………………………………………… 72
　　思考题 …………………………………………………………………………… 77

第4章　热力学函数规定值 ……………………………………………………… 78
　4.1　本章知识结构框架 ……………………………………………………………… 78
　4.2　规定焓 ………………………………………………………………………… 78
　4.3　规定热力学能 ………………………………………………………………… 79
　4.4　规定熵 ………………………………………………………………………… 79

4.5　规定标准摩尔吉布斯自由能 ···································· 83

思考题 ··· 85

第5章　统计力学基本原理 ·· 86

5.1　本章知识结构框架 ··· 86

5.2　预备知识 ··· 87

5.3　近独立粒子体系的统计规律性 ··································· 92

5.4　近独立粒子体系热力学函数的统计力学表达式 ·············· 100

5.5　近独立非定域分子的配分函数 ································· 104

5.6　理想气体 ·· 117

5.7　系综(相依粒子体系) ··· 118

5.8　热力学定律的统计力学解释 ··································· 120

思考题 ·· 125

第6章　混合物和溶液 ·· 126

6.1　本章知识结构框架 ··· 126

6.2　组成浓度表示法 ··· 126

6.3　偏摩尔量 ·· 128

6.4　拉乌尔定律和亨利定律 ·· 133

6.5　理想液体混合物 ··· 135

6.6　理想稀溶液 ·· 138

6.7　非理想液体混合物 ··· 143

6.8　非电解质溶液 ··· 146

6.9　溶液的依数性质 ··· 148

6.10　非电解质溶液的活度和活度系数的测定 ··················· 153

6.11　电解质溶液 ··· 156

6.12　多组分体系中某一组分的热力学函数规定值 ·············· 159

6.13　溶液中离子的热力学函数规定值 ·························· 161

思考题 ·· 161

第7章　化学平衡 ··· 162

7.1　本章知识结构框架 ··· 162

7.2　理想气体混合物中的化学平衡 ································· 163

7.3　非理想气体混合物中的化学平衡 ····························· 181

7.4　理想液体混合物中的化学平衡 ································· 183

7.5　非理想液体混合物中的化学平衡 ····························· 185

7.6　理想稀溶液的化学平衡 ·· 185

7.7　非电解质溶液的化学平衡 ······································ 187

7.8　电解质溶液中的化学平衡(弱电解质) ························· 190

7.9　多相化学平衡 ··· 192

思考题 ·· 193

第8章　相平衡 ··· 194

8.1　本章知识结构框架 ··· 194

8.2　相律 ··· 194

8.3　单组分体系 ·· 197

8.4　二组分体系 ·· 201

8.5　三组分体系 ·· 219

思考题 ··· 225

第二部分　化学动力学

化学动力学导言 ··· 229

第 9 章　化学动力学基础 ··· 233

9.1　本章知识结构框架 ··· 233

9.2　基本概念和基本定理 ··· 234

9.3　具有简单级数的反应 ··· 240

9.4　速率方程的确定 ··· 247

9.5　温度对速率常数的影响 ··· 252

9.6　典型的复合反应 ··· 258

9.7　复合反应的近似处理方法 ······································· 265

9.8　链反应 ··· 269

9.9　速率常数与平衡常数的关系 ····································· 272

9.10　拟定反应机理的方法 ·· 273

思考题 ·· 278

第 10 章　基元反应速率理论 ····································· 279

10.1　本章知识结构框架 ·· 279

10.2　气相反应刚球碰撞理论 ·· 280

10.3　过渡状态理论 ·· 284

10.4　单分子反应速率理论 ·· 292

10.5　分子反应动力学 ·· 294

思考题 ·· 295

第 11 章　几类特殊反应的动力学 ································· 296

11.1　本章知识结构框架 ·· 296

11.2　溶液中的反应 ·· 296

11.3　催化反应 ·· 301

11.4　光化学反应 ·· 306

思考题 ·· 314

第三部分　电　化　学

电化学导言 ··· 317

第 12 章　电化学 ·· 321

12.1　本章知识结构框架 ·· 321

12.2　电迁移现象 ·· 322

12.3　原电池 ·· 330

12.4　可逆电池 ·· 333

12.5　浓差电池 ·· 341

12.6　可逆电池电动势的测定及其应用 ································ 344

12.7　化学电源 ·· 348

12.8　不可逆电极过程 ·· 352

12.9　电解池 ·· 352

12.10　金属电沉积 ·· 359
12.11　金属的腐蚀和防腐 ·· 361
思考题 ·· 363

第四部分　界面和胶体化学

界面现象导言 ··· 367
第 13 章　界面现象 ·· 370
13.1　本章知识结构框架 ·· 370
13.2　基本概念和术语 ·· 371
13.3　表面自由能 ··· 372
13.4　润湿现象 ·· 375
13.5　弯曲界面 ·· 376
13.6　新相生成和亚稳定状态 ·· 380
13.7　溶液的界面吸附 ·· 381
13.8　表面活性剂 ··· 385
13.9　液面上的不溶性表面膜 ·· 387
13.10　气体在固体表面的吸附 ·· 388
13.11　气体在固体表面的催化反应 ··· 393
思考题 ·· 395
胶体化学导言 ··· 396
第 14 章　胶体化学 ·· 398
14.1　本章知识结构框架 ·· 398
14.2　分散体系 ·· 398
14.3　溶胶的制备与净化 ·· 400
14.4　溶胶的光学性质 ·· 401
14.5　溶胶的表面性质 ·· 402
14.6　溶胶的动力学性质 ·· 402
14.7　溶胶的电学性质 ·· 403
14.8　溶胶的稳定和聚沉 ·· 407
14.9　粗分散体系 ··· 410
14.10　大分子溶液 ··· 413
思考题 ·· 415

各章思考题参考答案 ·· 416
主要参考书目 ··· 422

第一部分

化学热力学

化学热力学导言

热力学是物理化学的重要组成部分,它是研究宏观世界中热的现象和力的现象两者之间关系的科学。

热力学的研究对象是宏观物体,但经典热力学(或平衡态热力学,简称热力学)研究的宏观物体是处于热力学平衡态的体系,而不可逆过程热力学研究的宏观物体是处于非平衡态的体系。

平衡态热力学和非平衡态热力学各自的研究对象、研究目的、研究方法和研究内容如下:

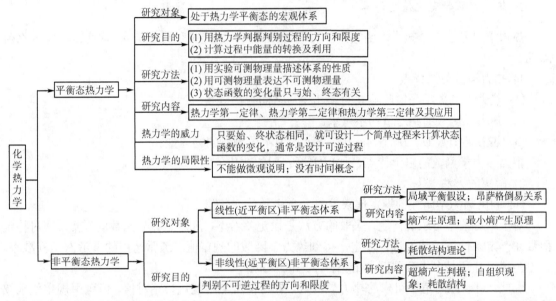

物理化学课程主要讨论经典热力学,即平衡态热力学,也称为化学热力学,其主要解决的问题是体系中**过程的变化方向和限度的判别**。那么,判别依据的**基本原理是什么?用什么判别?如何判别?所需条件又是什么?**

研究宏观物体进行一变化过程的方向和限度的理论依据是化学热力学的基本原理。什么是化学热力学的基本原理?

一、化学热力学的基本原理

化学热力学的基本原理就是热力学的三大定律。

1. 热力学的三大定律

热力学第一定律:孤立体系的能量守恒;其数学表达式为

微量变化过程 $dU = \delta Q + \delta W$

有限量变化过程 $\Delta U = Q + W$

热力学第二定律的熵表述:在绝热封闭体系中只能发生熵增大或不变的过程,不可能发生熵减小的过程。

热力学第三定律:绝对零度时任何纯物质的完美晶体的熵值为零。

如何用热力学的三大定律解决过程的方向和限度问题呢？为了解决这个问题，引入了 5 个热力学函数：U、H、S、A、G，并定义了化学势 μ。根据热力学第二定律导出用来判别过程的方向和限度的热力学判据。

2. 热力学判据

热力学判据包括：熵判据、亥姆霍兹(Helmholtz)自由能判据、吉布斯(Gibbs)自由能判据和化学势判据。借助热力学判据，只要知道了体系在一定条件下进行的变化过程的 ΔS、ΔA、ΔG 和化学势，就可以解决过程变化的方向和限度的判别问题。那么这些热力学函数的增量如何计算呢？

3. 热力学函数变化值的计算

热力学引入了 5 个热力学函数：U、H、S、A、G，并定义了化学势 μ，**这些函数有什么特点呢？**

1) 热力学函数的特点

(1) 热力学函数不是彼此独立的，其相互之间存在联系。

(2) 热力学函数的绝对值均不可求。

(3) 热力学函数 U、H、S、A、G 及 μ 均为不可测量的物理量。

根据热力学函数的以上特点，如何求算它们的变化值呢？

2) 解决的方法

(1) 利用热力学函数的规定值求算热力学函数的变化值。

对于绝对值不可求的问题，采取的方法是设定参考态，规定热力学函数的零点，即对特定函数在一定条件下的数值进行规定，得到热力学函数的规定值。通常选用的参考态是标准态。无论是单组分还是多组分体系均给出标准态的规定。

因此，对于绝对值不可求的热力学函数，规定值虽然不能代替绝对值，但可用规定值求取热力学函数的变化值，这与用绝对值求取的热力学函数变化值是相同的。

(2) 用可测量的物理量求解不可测量的物理量。

如何用可测量的量求解不可测量的量呢？这就需要在可测量的量与不可测量的量之间建立联系。这种联系的**桥梁是什么？热力学基本方程。**

(3) 热力学基本方程。

热力学基本方程(也称为吉布斯方程)包括组成恒定的和组成变化的封闭体系的吉布斯方程。根据组成变化的封闭体系的吉布斯方程定义了化学势的概念。

(4) 表册数据。

在物理化学和化学化工手册上列出了许多可以用来解决热力学计算的标准热力学数据。

(5) 统计力学的方法。

统计力学是联系物质的微观结构和宏观性质之间的桥梁。

通过统计力学方法的研究，可以用分子配分函数计算体系的热力学函数的规定值，进而求得热力学函数的变化值。而且，可以对热力学的三大定律给出统计力学的解释——热力学的三大定律的微观本质。

3) 具体处理方法——状态函数法

体系状态一定，其状态函数(性质)具有确定的数值。**状态函数的增量只与始、终状态有关，**

与途径无关。通常设计可逆过程求算状态函数的增量。

二、化学热力学基本原理的应用

化学热力学的应用是将化学热力学的基本原理应用于混合物和溶液、化学平衡及相平衡体系。对于这些多组分体系，在过程进行中体系的组成发生了变化，可用化学势判据判别过程的方向和限度。那么，具体使用时，**化学势 μ_B 如何确定？**

首先以混合物和溶液为基础，研究多组分体系中各组分对体系热力学性质的贡献以及体系的热力学性质与体系中各组分性质之间的关系，得到各种化学势表达式，为化学热力学原理在化学平衡和相平衡体系中的应用奠定基础。

对于化学平衡和相平衡体系，根据化学势表达式，可将化学势判据转化为更适合应用的形式，用以判别化学变化和相变化过程的方向和限度，从而解决各种化学热力学的问题。

第1章 气 体

本章重点及难点

 (1) 理想气体的微观本质及状态方程。
 (2) 混合理想气体的分压定律、分体积定律。
 (3) 实际气体的液化及临界点特征。
 (4) 实际气体的状态方程。

1.1 本章知识结构框架

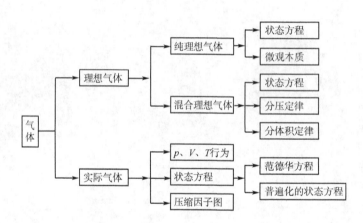

1.2 理 想 气 体

 理想气体是客观并不存在的、处于理想状态的气体体系。

1.2.1 纯理想气体

1. 定义

 分子之间无相互作用力,分子体积可视为零的气体称为理想气体;或遵守理想气体状态方程的气体称为理想气体。

2. 经验定律

 根据实验结果得到的适用于低压实际气体的三个经验定律如下:
波义耳(Boyle)定律: $[T, n]$ $V \propto 1/p$ 或 pV=常数
盖·吕萨克(Gay-Lussac)定律: $[p, n]$ $V \propto T$ 或 V/T=常数
阿伏伽德罗(Avogadro)定律: $[T, p]$ $V \propto n$ 或 $V_m = V/n$=常数

3. 理想气体状态方程

根据低压实际气体的三个经验定律，当压力 $p \to 0$ 时可导出理想气体状态方程：

$$V = \frac{nRT}{p} \quad 或 \quad pV = nRT \tag{1-1}$$

当 $n=1$ mol 时，$pV_m = RT$。

其他表示：

$$pV = \frac{m}{M}RT \qquad \rho = \frac{m}{V} = \frac{pM}{RT}$$

式中，m 为气体的质量；M 为气体的摩尔质量；ρ 为气体的密度。

1) 适用条件

理想气体或压力趋近于零的实际气体。对低压下的实际气体可近似使用。

2) 单位

状态方程中的各物理量均采用 SI 制。

p：Pa，1 atm=101 325 Pa＝101 325 N·m^{-2}；V：m^3；n：mol(物质的量)；T：K(T/K= t/℃+ 273.15)；m：kg；M：kg·mol^{-1}；ρ：kg·m^{-3}。

3) 摩尔气体常量 R

在 T 恒定的条件下，测定一定量气体的 p-V 数据，作 pV/nT-p 图，采用外推法，外推至 $p \to 0$ 可求得 R 值。

$$R = \lim_{p \to 0}\left(\frac{pV}{nT}\right) = 8.314 \text{ J}\cdot\text{mol}^{-1}\cdot\text{K}^{-1} = 0.08\,206 \text{ atm}\cdot\text{dm}^{-3}\cdot\text{mol}^{-1}\cdot\text{K}^{-1} = 1.987 \text{ cal}\cdot\text{mol}^{-1}\cdot\text{K}^{-1}$$

4. 理想气体的微观本质

理想气体分子之间无相互作用力，分子体积可视为零。理想气体分子一刻不停息地相互碰撞着，碰撞时交换动能，但分子之间没有相互作用势能。

1.2.2 混合理想气体

1. 状态方程

$$pV = nRT = \sum_i n_i RT \tag{1-2}$$

$$n = \frac{m}{\langle M \rangle} \tag{1-3}$$

式中，$i = 1, 2, 3, \cdots$；$\langle M \rangle$ 为平均摩尔质量。

$$\langle M \rangle = \frac{m}{n} = \frac{n_1 M_1 + n_2 M_2 + n_3 M_3 + \cdots}{n} = \sum_i x_i M_i \tag{1-4}$$

2. 道尔顿分压定律

混合气体的总压等于各组分分压之和，即

$$p = \sum_i p_i \tag{1-5}$$

式中，p_i 为组分 i 的分压力。

分压力：混合气体中组分 i 单独存在并**具有与混合气体相同的温度和体积**时所产生的压力。

$$\frac{p_i}{p} = \frac{n_i RT / V}{\sum_i n_i RT / V} = \frac{n_i}{\sum_i n_i} = x_i (= y_i) \tag{1-6}$$

或

$$p_i = px_i$$

由式(1-6)可知，**组分 i 的压力分数等于该组分的摩尔分数。**

3. 阿马格分体积定律

混合气体的总体积等于各组分分体积之和，即

$$V = \sum_i V_i \tag{1-7}$$

式中，V_i 为 i 组分的分体积。

分体积：混合气体中某组分单独存在并**具有与混合气体相同的温度和压力**时所具有的体积。

$$\frac{V_i}{V} = \frac{n_i RT / p}{\sum_i n_i RT / p} = \frac{n_i}{\sum_i n_i} = x_i \tag{1-8}$$

或

$$V_i = Vx_i$$

由式(1-8)可知，**组分 i 的体积分数等于该组分的摩尔分数。**

可以证明，分压定律和分体积定律是理想气体状态方程用于理想气体混合物的必然结果。例如，某混合气体

$$p = \frac{n}{V} RT = \frac{\sum_i n_i}{V} RT = \frac{n_1 + n_2 + n_3 + \cdots}{V} RT = p_1 + p_2 + p_3 + \cdots = \sum_i p_i$$

因此，只有理想气体混合物才遵守分压定律和分体积定律，但通常低压下的混合实际气体也可近似用这两个定律处理。压力越低，误差越小。

1.3 实 际 气 体

实验发现，在低温、高压时，实际气体的行为与理想气体行为的偏差很大。因为在低温、高压下气体的密度增大，分子间距缩小，分子间的相互作用力以及分子体积不能忽略不计，分子不能再看作是自由运动的弹性质点。因此，理想气体分子运动模型需加以修正。实际气体分子间有相互作用力，分子本身有体积。那么，其行为规律有何特点呢？

1.3.1 实际气体的 p、V、T 行为

通过考察两类实际气体的实验曲线并与理想气体对比，研究实际气体的 p、V、T 间的关系。

1. 实际气体的 pV_m-p 关系曲线

(1) 一定温度下，不同种气体的 pV_m-p 关系曲线如图 1-1 所示。

高压时，不同种气体的 pV_m 随 p 的变化呈现不同的规律。但当 $p\to 0$ 时，各种气体均有：$pV_m=RT$。

(2) 不同温度下，同种气体的 pV_m-p 关系曲线如图 1-2 所示，$T_4 > T_3 > T_2 > T_1$。

当温度足够低(如图 1-2 中 T_1)时，pV_m 随 p 的增加而先降后升；温度足够高(如图中 T_4)时，pV_m 随 p 的增加而升高。

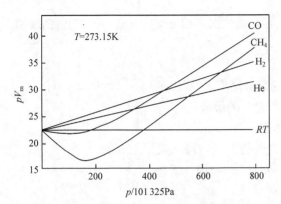

图 1-1　一些实际气体的 pV_m-p 关系等温线

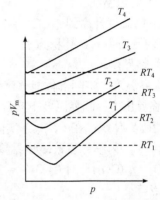

图 1-2　实际气体不同温度下的 pV_m-p 关系曲线

在某一特定温度、几个大气压范围内(如图 1-2 中 T_3)，有 $pV_m=RT_3=$ 常数，即

$$\left[\frac{\partial(pV_m)}{\partial p}\right]_{T_B}=0 \tag{1-9}$$

式中，T_B 称为波义耳温度。

当 $T > T_B$ 时，pV_m 随 p 的增加而升高；当 $T < T_B$ 时，pV_m 随 p 的增加而先降后升。

2. 实际气体的 p-V_m 关系曲线

对理想气体，$pV_m=RT$，T 一定时，$pV_m=$ 常数，p-V_m 间的关系为等轴双曲线；T 不同，只是双曲线的位置不同，但曲线形状完全相同。

对实际气体，高温、低压时，其等温线的形状与理想气体的相同；低温时，其 p-V_m 间的曲线随温度的不同呈不同形状。例如，CO_2 气体的 p-V_m 关系曲线(图 1-3)，图中的等温线可分为三类：字母 C 标注的曲线有一拐点，摄氏温度 $t=t_c$，这是一条特殊的等温线；当 $t > t_c$ 时，曲线基本为平滑的曲线型；当 $t < t_c$ 时，曲线上都含有一水平线段。分别讨论如下。

1) $t > t_c$ 的恒温线

实验发现，CO_2 气体在温度 $t > t_c$ 的任何压力下均不出现液化现象，只是在不同条件下对理想气体行为的偏离程度各不相同。

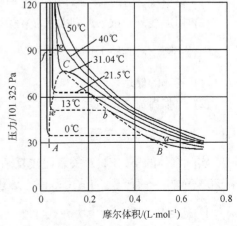

图 1-3　CO_2 的 p-V_m 图

2) $t<t_c$ 的恒温线

当 $t<t_c$ 时，曲线上都含有一水平线段，如 $t=13℃$ 的曲线。

ab 段：CO_2 气态体积随压力的增加而降低，即 $p\uparrow$，$V_m\downarrow$。

b 点：压力增加至 *b* 点，气态 CO_2 达到饱和，开始出现液态 CO_2。

be 段：CO_2 气体开始液化，继续压缩，液体的量不断增加，气体的量不断减少，气、液两相共存，压力保持不变。

e 点：CO_2 气体几乎全部变为液体，呈饱和液体状态。

ef 段：CO_2 液体体积随压力的大幅增加而略有下降，说明压力对液体体积的影响较小。

3) $t=t_c$ 的恒温线

当 CO_2 的温度升高到 $t_c(CO_2)=31.04℃$ 时，等温线的水平部分缩成一点——*C* 点(曲线的拐点)，该点的压力为 p_c，体积为 $V_{m,c}$。

C 点为临界点。

t_c 为临界温度：实际气体能够液化所允许的最高温度。

p_c 为临界压力：临界温度下实际气体液化所允许的最低压力。

$V_{m,c}$ 为临界体积：在 t_c、p_c 下实际气体的体积。

t_c、p_c、$V_{m,c}$ 为临界参数：临界参数是物质的特性参数，可从表册上查到。

对 CO_2：$t_c(CO_2)=31.04℃(T_c=304.19\ K)$，$p_c=73.0×101\ 325\ Pa$。

临界点特征：

(1) 在临界点，饱和蒸气体积 $V_{m,g}$ 与饱和液体体积 $V_{m,l}$ 相等，即 $V_{m,g}=V_{m,l}$，气体密度与液体密度相等，气、液不分。

(2) 当 $t>t_c$ 时，在任何压力下气体均不能液化。

(3) 当 $p=p_c$、$t=t_c$ 时，p-V_m 曲线在临界点是一拐点，所以

$$\left(\frac{\partial p}{\partial V_m}\right)_{T_c}=0，\left(\frac{\partial^2 p}{\partial V_m^2}\right)_{T_c}=0 \tag{1-10}$$

4) 饱和曲线

图 1-3 中，曲线 *ACB* 称为饱和曲线。其在 *C* 点开始与 $t=t_c$ 的曲线向左上方连接(*Cg* 线)，将图形划分为三个区域。

(1) 帽形线 *ACB* 内：气、液两相平衡共存区。

(2) 帽形线外：*gCeA* 线以左为液相区，*gCbB* 线以右为气相区。

3. 实际气体液化的应用

(1) 气体的储运。

(2) 超临界流体的应用。

1.3.2　实际气体状态方程

实际气体的 p、V、T 关系比较复杂，通常是经验、半经验、半理论的方程。这类方程已有 200 多种，各有一定的适用范围。这里主要介绍以下几种。

1. 范德华方程

对理想气体，p 为分子之间无相互作用力的条件下测得的体系的压力；体系体积 V 为分子

自由活动的空间，因为分子的体积可视为零。

对实际气体，分子之间存在相互作用力，分子本身有体积。范德华(van der Waals)方程在这两方面对理想气体状态方程进行了修正，使其在一定的范围内适用于实际气体。

1) 方程式

理想气体状态方程：$pV=nRT$

范德华方程($n=1$ mol)：
$$\left(p + \frac{a_0}{V_m^2}\right)(V_m - b_0) = RT \qquad (1\text{-}11)$$

或
$$\left(p + \frac{n^2 a_0}{V^2}\right)(V - nb_0) = nRT \qquad (1\text{-}12)$$

式(1-11)中，$\dfrac{a_0}{V_m^2}$ 为引力修正项(分子间引力的存在使气体产生的实际压力降低，故增加此项进行修正)；b_0 为体积修正项(分子本身有体积，故在 V 中，分子自由活动的空间减少)；a_0、b_0 为范德华常数。适用范围为几到几十个大气压($p^\ominus$)。

2) a_0、b_0 的物理意义

a_0 越大，分子间引力越大，气体越易液化。

$b_0 = Lb$，b 约为一个分子体积的 4 倍，其值反映了分子的大小。

3) a_0、b_0 与临界参数的关系

将范德华方程式(1-11)代入式(1-10)，可解得
$$b_0 = \frac{1}{3}V_{m,c} = \frac{RT_c}{8p_c}, \quad R = \frac{8}{3}\frac{p_c V_{m,c}}{T_c}, \quad a_0 = \frac{9}{8}RT_c V_{m,c} = \frac{27(RT_c)^2}{64p_c}$$

4) a_0、b_0 与波义耳温度的关系

将范德华方程用于波义耳温度下的实际气体[式(1-9)]，得
$$\left[\frac{\partial(pV_m)}{\partial p}\right]_{T_B} = \left[\frac{\partial(pV_m)}{\partial V_m}\right]_{T_B}\left(\frac{\partial V_m}{\partial p}\right)_{T_B} = 0$$

解得
$$T_B = \frac{a_0}{Rb_0} = \frac{27}{8}T_c$$

对易液化气体：a_0 大，T_B 高，$T_B > T_{r,t}$。

对难液化气体：a_0 小，T_B 低，$T_B < T_{r,t}$。

(T_B 为波义耳温度；$T_{r,t}$ 为室温)

2. 普遍化的状态方程

普遍化的状态方程是在保留了理想气体状态方程形式的前提下，在方程中引入一个校正因子(压缩因子) Z。

1) 压缩因子 Z

定义：
$$Z \equiv \frac{pV_m}{RT} \quad 或 \quad Z \equiv \frac{pV}{nRT} \qquad (1\text{-}13)$$

对理想气体，$Z=1$。因此，根据 Z 值对 1 的偏离程度，可考察实际气体对理想气体的偏差

的大小。

由式(1-13)，可得

$$Z = \frac{V_m^r}{RT/p} = \frac{V_m^r}{V_m^i} \tag{1-14}$$

式中，V_m^r 表示实际气体的体积；V_m^i 表示理想气体的体积。

当 $Z>1$ 时，表明实际气体对理想气体产生正偏差，其难压缩($V_m^r>V_m^i$)；

当 $Z=1$ 时，理想气体；

当 $Z<1$ 时，表明实际气体对理想气体产生负偏差，其易压缩($V_m^r<V_m^i$)。

$Z=f(T，p，$ 气体性质$)$。

2) 状态方程

由式(1-13)，可得

$$pV_m=ZRT \quad 或 \quad pV=ZnRT \tag{1-15}$$

式(1-15)称为普遍化的状态方程。只要能确定不同条件下各种气体的 Z 值，就可以根据该方程计算 p、V、T 间的定量关系。在这方面，对应状态原理提供了有效的帮助。

3) 对应状态原理

实验表明：各种实际气体若具有相同的 p_r、T_r，则其 V_r 值近似相等，这就是对应状态原理。其中对比压力 p_r、对比温度 T_r、对比体积 V_r 统称为对比参数，其定义为

$$p_r \equiv p/p_c，\quad T_r \equiv T/T_c，\quad V_r \equiv V_m/V_{m,c}$$

对应状态原理也可描述为：若不同的气体有两个对比参数彼此相等，则第三个对比参数基本上具有相同的数值。

当两种实际气体对比参数彼此相同时，称此两种气体处于对应状态。

适用条件：球形非极性分子。

4) 压缩因子图

将对比参数代入 $pV_m=ZRT$ 中，得

$$p_r p_c V_r V_{m,c}=ZRT_r T_c$$

$$Z = \frac{p_c V_{m,c}}{RT_c} \cdot \frac{p_r V_r}{T_r} = Z_c \cdot \frac{p_r V_r}{T_r} \tag{1-16}$$

式中，Z_c 为临界压缩因子

$$Z_c = \frac{p_c V_{m,c}}{RT_c} \tag{1-17}$$

前已求得 $R = \frac{8p_c V_{m,c}}{3T_c}$，将其代入式(1-17)得

$$Z_c = \frac{p_c V_{m,c}}{RT_c} = \frac{p_c V_{m,c}}{T_c} \cdot \frac{3T_c}{8p_c V_{m,c}} = \frac{3}{8} = 0.375$$

而各物质的 Z_c 的计算值为 0.27～0.30，可认为是一常数。根据对应状态原理，不同气体在相同的对比状态下近似有相同的 Z 值。因此

$$Z=f(p_r，T_r)$$

在各不同 T_r 下，将 Z 对 p_r 作图可以得到许多等对比温度曲线。这就是双参数普遍化压缩因子图。若要求某种气体在指定温度、压力下的 Z 值，首先从手册查出该气体的临界温度、临界压力，将温度、压力转换成 T_r 与 p_r 值，然后由图可直接查出 Z 值。

思　考　题

下列说法是否正确？为什么？

(1) 无论是理想气体还是实际气体，均可用道尔顿分压定律描述混合气体的总压与各组分分压之间的关系。

(2) 理想气体在临界温度以下通过加压可使其液化，临界温度是理想气体能够液化的最高温度。

(3) 实际气体在波义耳温度时，在几个大气压范围内有：$\left[\dfrac{\partial(pV_m)}{\partial p}\right]_{T_B}=0$，此时 $pV_m=RT$。所以，

$\left[\dfrac{\partial(pV_m)}{\partial p}\right]_{T_B,\,p\rightarrow 0}=0$ 可作为理想气体的定义。

(4) 已知 H_2、CO、CO_2 气体均服从范德华方程，其范德华常数如下：

	H_2	CO	CO_2
$a_0/(10^{-3}Pa \cdot m^6 \cdot mol^{-2})$	24.76	150.5	364.0
$b_0/(10^{-6}m^3 \cdot mol^{-1})$	26.61	39.85	42.67

i) 当各气体的温度和压力均分别为 300 K 和 10^6 Pa，它们的摩尔体积也相同，则根据 $pV_m=ZRT$ 可知，H_2、CO、CO_2 的 Z 值也相同。

ii) H_2、CO、CO_2 中 CO_2 气体最接近理想气体。

第 2 章　热力学第一定律

本章重点及难点

(1) 热力学第一定律及其应用。
(2) 状态函数法。
(3) 各种变化过程的 Q、W、ΔU、ΔH 的计算。
(4) 状态函数与途径函数。

2.1　本章知识结构框架

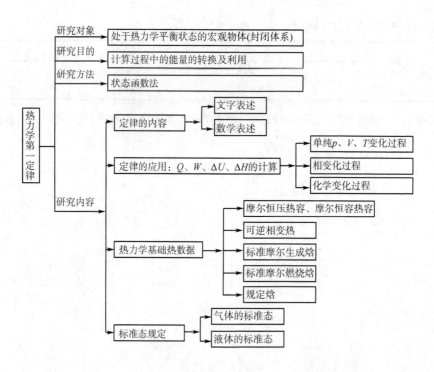

2.2　热力学术语和一些基本概念

2.2.1　体系与环境

1. 定义

体系(system)(或称物系、系统)：热力学的研究对象。
环境(surroundings)：除体系外，与体系密切相关的其余物质和空间。
体系与环境的划分是人为的，完全是为研究问题方便。但一经确定，就不能随意改变。

2. 分类

1) 体系分类

根据体系与环境之间的关系，可将体系分为三类。

(1) 孤立体系(隔离体系)：体系与环境之间既无物质交换，也无能量交换，体系与环境彼此互不影响。

(2) 封闭体系：体系与环境之间只存在能量交换，但没有物质交换。

(3) 敞开体系：体系与环境之间既可以进行能量交换，又可以进行物质交换。

孤立体系是一个理想化的体系，客观上并不存在。但因其不需要考虑环境，可使问题简化，所以孤立体系的概念在热力学中是一个不可缺少的非常重要的概念，在以后讨论中会经常遇到。

为研究方便，有时我们把"体系＋环境"看作一个整体，称为"总体系"。在处理问题时，"总体系"可作为"孤立体系"处理，这也是人为的，是研究问题的需要，但二者并不是完全等同的。

2) 界面分类

在体系与环境之间总有一个实际存在的或想象中的界面(或称为壁)存在，根据界面性质的不同，可以有不同名称，如刚性壁、非刚性壁、绝热壁、透热壁、半透壁(膜)等。

注意：在以后的热力学讨论中，若不特别说明，所讨论的体系均指封闭体系。

2.2.2　体系的性质和状态

1. 宏观性质的分类

在热力学中，我们将含有大量质点的体系作为一个整体考虑，以研究其表现出来的各种宏观性质，如体积、压力、温度、密度、黏度、表面张力、比热容等。这些宏观性质均可通过实验直接测定。通常用这些宏观性质来描述体系的状态及其变化。这些宏观性质称为热力学变量。根据体系的宏观性质是否与体系中物质的量有关，可将其划分为两类。

1) 广度性质

与物质的量有关的性质称为广度性质或容量性质，如体积、质量、能量等。在一定条件下广度性质具有加和性。

2) 强度性质

与物质的量无关的性质称为强度性质，如温度、压力、密度、摩尔体积等。强度性质不具有加和性。

2. 状态函数性质

当体系处于一定的状态时，其广度性质和强度性质均有一定的数值。因此，这些性质也称为状态性质或状态函数。但这些宏观性质并不是彼此独立无关的。例如，在描述理想气体的 p、V_m、T 中，只有两个是独立的，因为这三者之间可用 $pV_m=RT$ 联系起来。大量实验表明：对于无化学变化、无相变化的单组分均相封闭体系，当 n 一定时，指定两个强度性质即可确定体系的状态，或者说体系的独立变量只有两个。

对于状态函数的热力学描述和数学描述如下。

1) 热力学描述

体系状态一定，其状态函数具有一定的数值。当体系状态发生了变化，其状态函数也随之发生变化。状态函数的增量只与始、终状态有关，与途径无关，即**当体系的始、终状态确定时，无论变化的途径如何，状态函数的变化值是相同的。**

2) 数学描述

若 $f(x, y)$ 是状态函数，则有以下性质。

(1) $f(x, y)$ 具有全微分的性质：

$$\mathrm{d}f = \left(\frac{\partial f}{\partial x}\right)_y \mathrm{d}x + \left(\frac{\partial f}{\partial y}\right)_x \mathrm{d}y = M\mathrm{d}x + N\mathrm{d}y$$

其二阶导数与求导顺序无关，即

$$\left(\frac{\partial M}{\partial y}\right)_x = \left(\frac{\partial N}{\partial x}\right)_y$$

(2) $f(x, y)$ 的环路积分为零，即

$$\oint \mathrm{d}f = 0$$

3. 状态方程

确定体系状态并不需要知道其全部的热力学性质，只要确定几个独立的变量就能确定其状态。独立变量的个数只能通过实验确定，而其他热力学性质则是这几个独立变量的函数。

独立变量之间并非彼此无关，而是靠一关系式联系在一起。联系状态函数之间定量关系的关系式称为状态方程。

例如，理想气体状态方程：$pV_m = RT$，$V_m = f(T, p)$。

通过学习我们会发现，体系的某些热力学性质可用 p、V_m、T 间的偏微商来表示，这些偏微商实际上属于可测量的量，如

$$\left(\frac{\partial V_m}{\partial T}\right)_p, \quad \left(\frac{\partial V_m}{\partial p}\right)_T, \quad \left(\frac{\partial p}{\partial T}\right)_{V_m}, \quad \left(\frac{\partial p}{\partial V_m}\right)_T, \quad \left(\frac{\partial T}{\partial V_m}\right)_p, \quad \left(\frac{\partial T}{\partial p}\right)_{V_m}$$

以上的六个量并非均彼此独立无关，其中有两个是独立的；有三对互为倒数；存在以下循环关系：

$$\left(\frac{\partial p}{\partial V_m}\right)_T \left(\frac{\partial V_m}{\partial T}\right)_p \left(\frac{\partial T}{\partial p}\right)_{V_m} = -1 \tag{2-1}$$

另外，还有两个经常要用到的独立的可测量的量。

热膨胀系数：

$$\alpha = \frac{1}{V_m}\left(\frac{\partial V_m}{\partial T}\right)_p \tag{2-2}$$

压缩系数：

$$\kappa = -\frac{1}{V_m}\left(\frac{\partial V_m}{\partial p}\right)_T \tag{2-3}$$

2.2.3　热力学平衡态

热力学所研究的对象是处于热力学平衡态的体系。处于热力学平衡态的体系在满足体系没有宏观位移的条件下，还应同时满足以下条件。

对孤立体系：体系中各部分的所有宏观性质均不随时间而变。

对非孤立体系：①体系中各部分的所有宏观性质均不随时间而变；②将体系与环境完全隔离开，体系中各部分的所有宏观性质也均不随时间而变。

非孤立体系的平衡状态必须同时满足①、②两个条件。

例如，一根金属棒的一端与 50℃的大热源接触，另一端与 0℃的大热源接触。将这根金属棒选作体系，它的温度从一端到另一端是连续均匀变化的(从 50℃变化到 0℃)。此时，金属棒并不处于热力学平衡态，而是稳态，因为金属棒各部分的温度虽均不随时间而变，且可长时间保持此种状态，但若将其从两大热源中取出，完全与环境隔离开后，其各部分的温度立即变化，且趋于均匀一致。

达到热力学平衡状态的体系必须同时达到下列三种平衡。

(1) 热平衡。

若体系中无绝热壁存在，$T_{体系}=T_{环}$=常数；若体系中有绝热壁存在，$T_{体系}$=常数。

(2) 力学平衡。

若体系中无刚性壁存在，$p_{体系}=p_{环}$=常数；若体系中有刚性壁存在，$p_{体系}$=常数。

(3) 物质平衡。

物质平衡包括：化学平衡(体系中没有不可逆化学变化存在)和相平衡(体系中没有不可逆相变化存在)。

2.2.4　过程与途径

物理化学中，习惯用"1"表示体系的始态，用"2"表示终态(或末态)。

过程：体系从始态 1 到终态 2 的状态的变化称为过程。

途径：完成指定始态至终态的变化过程的具体步骤称为途径。

完成一个过程的途径有许多种，可以是一步完成，也可以分多步完成。在热力学计算中可根据具体条件来确定完成一个过程的具体途径(具体方法在相关部分介绍)。

物理化学经常涉及的几种典型的过程如下。

(1) 恒温过程：$T_1 = T_2 = T_{环}$=常数(非绝热壁)，或 $dT = 0$。

(2) 恒压过程：$p_1 = p_2 = p_{环}$=常数(非刚性壁)，或 $dp = 0$。

(3) 恒容过程：$V_1 = V_2$=常数，或 $dV=0$。

(4) 绝热过程：$Q = 0$，或 $\delta Q = 0$。

(5) 循环过程：体系经历许多途径后回到原始状态。体系经此过程，其所有状态函数的增量均为零，即 Δ(状态函数)=0。

注意：恒温过程与等温过程在物理化学中的区分不是很严格的，因为物理化学中的计算绝大多数是状态函数增量的计算，而状态函数的增量只取决于体系的始、终状态，与途径无关。因此，在同一始、终状态之间，无论是恒温过程还是等温过程其状态函数增量是相同的。恒压过程与等压过程、恒容过程与等容过程等也是一个道理。

2.2.5　热和功

在热力学中，热和功是体系与环境之间交换能量的两种形式。单位：J，kJ。

1. 热(Q)

定义：由于温度差而引起的体系与环境之间交换或传递的能量称为显热；由于体系相变化而交换或传递的能量称为潜热。

符号规定：体系吸热，$Q>0$；体系放热，$Q<0$。

热的本质：体系与环境间因内部质点无序运动的平均强度不同而交换的能量。

2. 功(W)

定义：除热交换以外体系与环境之间的其他一切能量交换形式称为功。

符号规定：环境对体系做功，$W>0$；体系对外做功，$W<0$。

分类：$\begin{cases}\text{体积功 } W_{体}(\text{更经常的用 } W \text{ 代替 } W_{体}),\text{也称 } p\text{-}V \text{ 功或膨胀功；}\\\text{非体积功 } W',\text{ 如电功、磁功、表面功等。}\end{cases}$

功的本质：体系与环境间因质点的有序运动而交换的能量。

注意：

(1) 热和功不是状态函数，而是途径的函数，其微小变量不能用"d"表示，而是写成 δW 和 δQ，δW 和 δQ 不是全微分。由于热和功是途径的函数，只有知道了具体途径才能计算热和功的数值。若体系的始、终状态相同，不同途径的热和功的数值是不同的。

(2) 热和功只存在于体系状态的变化过程中，过程一旦终止，热和功就变成了体系或环境的能量。

(3) 热和功须由环境受到的影响来显示。

(4) 热和功可互相转换。

2.2.6　体积功的计算

因体系体积变化而引起的体系与环境间交换的功称为体积功。

经典力学中

$$\delta W = F(x)\mathrm{d}x$$

式中，$F(x)$为力；$\mathrm{d}x$ 为沿力方向发生的位移。

热力学中：体系反抗外力做功是膨胀功，体系体积增加，功为负值。外力对体系做功时，体系体积减小，是压缩功，功为正值。图 2-1 为气体在气缸中的膨胀过程，所以

$$\delta W = -F_{ex}\mathrm{d}l$$

而 $F_{ex}=p_{ex}A$，所以 $\delta W=-p_{ex}A\mathrm{d}l$，即

$$\delta W = -p_{ex}\mathrm{d}V \tag{2-4}$$

式中，F_{ex} 为外力；p_{ex} 为外压力；A 为气缸的截面积；$\mathrm{d}l$ 为位移。式(2-4)是热力学中体积功的一般计算式。

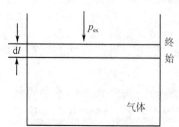

图 2-1　气体在气缸中膨胀

对有限过程，根据体积是否为连续变化，整个过程功的计算分别为

非连续变化过程：

$$W=-\sum_{B} p_{ex,B}\Delta V_{B} \tag{2-5}$$

连续变化过程：

$$W=-\int_{1}^{2} p_{ex}\mathrm{d}V \tag{2-6}$$

这是线积分，与途径有关。计算功值时，必须知道具体途径，否则无法计算，因为功是途径函数。例如，下列几个简单过程功的计算均要根据过程的特征进行。

(1) 向真空膨胀(自由膨胀)过程：$p_{ex}=0$，所以 $W=0$。

(2) 反抗恒外压过程：$W=-\int_{1}^{2} p_{ex}\mathrm{d}V=-p_{ex}\int_{1}^{2}\mathrm{d}V=-p_{ex}(V_{2}-V_{1})=-p_{ex}\Delta V$。

(3) 恒压过程：$W=-p_{ex}(V_{2}-V_{1})=-p(V_{2}-V_{1})$。

(4) 可逆膨胀过程。

可逆过程的概念在物理化学中非常重要，下面举例说明可逆膨胀过程的概念。

例如，某体系的等温膨胀过程如下：

$$\boxed{\begin{array}{c} n \\ p_1,V_1,T_1 \end{array}} \xrightarrow{[T]} \boxed{\begin{array}{c} n \\ p_2,V_2,T_1 \end{array}}$$

(1) 反抗恒外压一次膨胀(图 2-2)：

$$W=-p_{ex}(V_{2}-V_{1})=-p_{2}(V_{2}-V_{1})$$

(2) 反抗恒外压两次膨胀(图 2-3)：

$$\begin{aligned} W &= W_{1}+W_{2} \\ &= -p_{ex}'(V'-V_{1})-p_{ex}''(V_{2}-V') \\ &= -p_{ex}'(V'-V_{1})-p_{2}(V_{2}-V') \end{aligned}$$

(3) 无数次膨胀(图 2-4)：

每次膨胀：$p-p_{ex}=\mathrm{d}p$，$p_{ex}=p-\mathrm{d}p$

$$W=-\int_{1}^{2} p_{ex}\mathrm{d}V=-\int_{1}^{2}(p-\mathrm{d}p)\mathrm{d}V=-\int_{1}^{2}p\mathrm{d}V+\int_{1}^{2}\mathrm{d}p\mathrm{d}V\approx-\int_{1}^{2}p\mathrm{d}V$$

即

$$W=-\int_{1}^{2}p\mathrm{d}V \tag{2-7}$$

例如，理想气体恒温无数次膨胀过程：

$$W=-\int_{1}^{2}p\mathrm{d}V=-\int\frac{nRT}{V}\mathrm{d}V=-nRT\ln\frac{V_{2}}{V_{1}}=-nRT\ln\frac{p_{1}}{p_{2}}$$

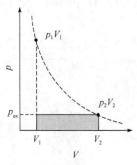

图 2-2　一次膨胀

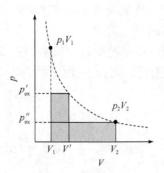

图 2-3　两次膨胀

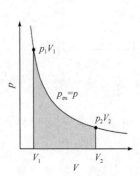

图 2-4　无数次膨胀

由于从始态至终态的过程是经无数次膨胀完成的，每次膨胀的推动力 dp 无限小，过程的进展无限慢，体系与环境无限趋近于平衡。此类过程称为准静态过程。无摩擦的准静态过程称为可逆过程。**可逆膨胀过程，体系对环境做的功最大；可逆压缩过程，环境对体系做的功最小。可逆过程的效率最高。**

式(2-7)是热力学中计算可逆过程体积功的一般公式。

2.2.7　可逆过程与不可逆过程

1. 可逆过程

体系经过某一过程，由状态 1 变为状态 2。如果能以相反方向，经过与原来相同的途径回到其起始状态，环境也同时恢复其起始状态，则该过程称为可逆过程。

可逆过程的特征如下：

(1) 促使体系状态发生变化的推动力无限小，整个过程进行的速度无限慢，所经历的时间无限长。整个过程是在无限接近平衡的状态下进行。

(2) 若改变推动力的方向，就能使过程沿原途径反向进行，体系和环境也都能同时恢复其起始状态。

(3) 可逆过程效率最高。

2. 不可逆过程

不具有以上可逆过程特点的一切实际过程都是热力学不可逆过程。

2.2.8　热力学能

(1) 热力学能的本质。

热力学能(符号为 U)是体系内部所具有的各种能量的总和，它不包括体系的宏观动能和宏观势能。

体系内部的能量主要指：分子间相互作用势能，分子的平动、转动及分子内部各原子间的振动、电子运动、核运动的能量等。显然，当体系的状态一定时，热力学能具有确定的数值，且其与物质的量有关。

(2) 热力学能的绝对值不能确定。

(3) 热力学能是状态函数。

i) 热力学能既然是状态函数，其增量就只与体系的始、终状态有关，而与途径无关。

例如，体系由始态 1 变为终态 2，可采用 a、b、c 三种途径完成其状态变化(图 2-5)。三种途径的热力学能增量之间的关系为

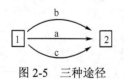

图 2-5　三种途径

$$\Delta U_a = \Delta U_b = \Delta U_c$$

ii) 对组成恒定的封闭体系，习惯于将 U 表达为 T、V 的函数：$U=U(T,V)$，则有

$$dU = \left(\frac{\partial U}{\partial T}\right)_V dT + \left(\frac{\partial U}{\partial V}\right)_T dV = MdT + NdV$$

$$\left(\frac{\partial M}{\partial V}\right)_T = \left(\frac{\partial N}{\partial T}\right)_V$$

iii) $\oint dU = 0$ 。

(4) 热力学能属容量性质。

对单组分体系，热力学能具有加和性；对多组分体系，热力学能不可简单叠加。

热力学能单位：J 或 kJ。

2.2.9　热力学第零定律

若 A 与 B 之间、A 与 C 之间达到了热平衡，则 B 与 C 之间必达到热平衡，称为热力学第零定律(热平衡定律)。

2.3　热力学第一定律

2.3.1　热力学第一定律的文字表述方式

孤立体系的能量守恒。

2.3.2　封闭体系热力学第一定律的数学表达式

热力学能的增量＝体系从环境吸收的热＋环境对体系所做的功

体系发生一微小变化过程，第一定律表述为

$$dU = \delta Q + \delta W \tag{2-8}$$

体系发生一有限变化过程，第一定律表述为

$$\Delta U = Q + W \tag{2-9}$$

式中，W 为总功，包括体积功和非体积功：$W = W_{体} + W'$。

2.3.3　热力学第一定律的其他表述方式

第一类永动机不能制成。

第一类永动机是只对外界做功而不消耗任何形式能量的机器，这是违背能量守恒原理的。

2.3.4　焓(H)

1. 定义

$$H \equiv U + pV \tag{2-10}$$

2. 焓的性质

(1) 焓是状态函数。

对组成恒定的封闭体系，习惯于将 H 表达为 T、p 的函数：$H = H(T,p)$，则有

$$dH = \left(\frac{\partial H}{\partial T}\right)_p dT + \left(\frac{\partial H}{\partial p}\right)_T dp = MdT + Ndp$$

$$\left(\frac{\partial M}{\partial p}\right)_T = \left(\frac{\partial N}{\partial T}\right)_p$$

$$\oint \mathrm{d}H = 0$$

(2) 焓属于容量性质。对单组分体系，焓具有加和性，而多组分体系焓不可简单叠加。单位：J 或 kJ。

(3) 焓的绝对值不可求。

因为热力学能的绝对值不能确定，所以焓的绝对值也无法求得。

(4) ΔU 与 ΔH 的关系。

由式(2-10)可得

$$\mathrm{d}H = \mathrm{d}U + \mathrm{d}(pV) = \mathrm{d}U + p\mathrm{d}V + V\mathrm{d}p \tag{2-11}$$

$$\Delta H = \Delta U + \Delta(pV) = \Delta U + (p_2 V_2 - p_1 V_1) \tag{2-12}$$

2.3.5　恒容热(Q_V 与 ΔU)

定义：封闭体系在进行一恒容($\mathrm{d}V=0$)且非体积功为零($W'=0$)的过程中与环境交换的热称为恒容热。

根据式(2-8)，有

$$\mathrm{d}U = \delta Q + \delta W = \delta Q - p_{\mathrm{ex}}\mathrm{d}V + \delta W'$$

在封闭体系、恒容，且 $W'=0$ 的条件下，有

$$\mathrm{d}U = \delta Q_V \tag{2-13}$$

有限变化过程：

$$\Delta U = Q_V \tag{2-14}$$

$\Delta U = Q_V (\mathrm{d}U = \delta Q_V)$ 的适用条件：封闭体系只做体积功的恒容过程。

注意：在此过程中，体系由始态变化到终态，可以是单纯 p、V、T 变化，也可以是相变化或化学变化。

2.3.6　恒压热(Q_p 与 ΔH)

定义：封闭体系在进行一恒压($\mathrm{d}p=0$)且非体积功为零的过程中与环境交换的热称为恒压热。

在封闭体系、恒压且 $W'=0$ 的条件下，由式(2-11)、式(2-12)分别可得

$$\mathrm{d}H = \delta Q_p \tag{2-15}$$

$$\Delta H = Q_p \tag{2-16}$$

式(2-15)、式(2-16)表明，在上述条件下，体系吸收的热全部用于使体系的焓值增加，且只与体系的始、终态有关，而与具体途径无关。

$\Delta H = Q_p (\mathrm{d}H = \delta Q_p)$ 的适用条件：封闭体系只做体积功的恒压过程。

注意：在此过程中，体系由始态变化到终态，可以是单纯 p、V、T 变化，也可以是相变化或化学变化。

2.4　热　容

2.4.1　恒容热容

1. 恒容热容 C_V

组成恒定的封闭体系、$W' = 0$、恒容条件下，一定量物质：

$$C_V \equiv \frac{\delta Q_V}{dT} \equiv \left(\frac{\partial U}{\partial T}\right)_V = f(T) \tag{2-17}$$

2. 恒容摩尔热容 $C_{V,m}$

封闭体系、组成恒定、$W' = 0$、恒容条件下，1 mol 物质：

$$C_{V,m} = C_V / n$$

若为 1 g 物质，则称为比热容。

注意：在该过程中只有单纯 p、V、T 变化，不能有相变化和化学变化发生。

恒容摩尔热容的单位：$J \cdot K^{-1} \cdot mol^{-1}$；比热容的单位：$J \cdot K^{-1} \cdot g^{-1}$。

2.4.2　恒压热容

1. 恒压热容 C_p

组成恒定的封闭体系、$W'=0$、恒压条件下，一定量物质：

$$C_p \equiv \frac{\delta Q_p}{dT} \equiv \left(\frac{\partial H}{\partial T}\right)_p = f(T) \tag{2-18}$$

2. 恒压摩尔热容 $C_{p,m}$

物质的量为 1 mol 时的恒压热容称为恒压摩尔热容：

$$C_{p,m} = C_p / n$$

单位：$J \cdot K^{-1} \cdot mol^{-1}$。

$C_{p,m}$、$C_{V,m}$ 为热力学的基础热数据，已列于表册。表册上多数给出的是物质的 $C_{p,m}$ 数据，$C_{V,m}$ 的数据可借助于两者之间的关系求得。一般表册给出的 $C_{p,m}$ 与温度之间的函数关系如下：

$$C_{p,m}^{\ominus} = a + bT + cT^2 + dT^3$$

$$C_{p,m}^{\ominus} = a + bT + c'T^{-2} + d'T^{-3}$$

式中，$C_{p,m}^{\ominus}$ 为标准恒压摩尔热容；a、b、c、d、c'、d' 等是物质的特性参数，可查表得到。上标"$\ominus$"指标准态。在标准态下，压力规定为 $p^{\ominus}$。

注意：查阅表册时要注意表册给出的 $p^{\ominus}$ 的值，$p^{\ominus} = 101\,325\,Pa$ 还是 $p^{\ominus} = 10^5\,Pa$。

对混合气体体系可使用平均恒压摩尔热容：

$$\langle C_{p,m} \rangle = \sum_i x_i C_{p,m,i} \tag{2-19}$$

2.4.3 C_p 与 C_V 的关系

1. 公式推导

推导 C_p 与 C_V 的关系可从二者的定义式入手，结合热力学能和焓之间的关系及热力学能的全微分式即可得到二者普遍的关系式(见朱志昂，阮文娟. 物理化学. 5 版. 科学出版社，2014 年，24 页)。

$$C_p - C_V = \left(\frac{\partial U}{\partial V}\right)_T \left(\frac{\partial V}{\partial T}\right)_p + p\left(\frac{\partial V}{\partial T}\right)_p \tag{2-20}$$

或

$$C_p - C_V = \left[p + \left(\frac{\partial U}{\partial V}\right)_T\right]\left(\frac{\partial V}{\partial T}\right)_p$$

从式(2-20)可以看出，C_p 与 C_V 之间的差别是由以下两项引起的：$p\left(\frac{\partial V}{\partial T}\right)_p$ 为恒压升温 1 K 时，引起体积膨胀而对环境所做的功；$\left(\frac{\partial U}{\partial V}\right)_T\left(\frac{\partial V}{\partial T}\right)_p$ 为恒压升温 1 K 时，因体积膨胀而引起的热力学能变化(内聚力变化所做的功)。

2. $C_{p,\mathrm{m}}$ 与 $C_{V,\mathrm{m}}$ 的大小比较

在恒容升温过程中，无需做体积功，体系从环境吸收的热均变为体系的热力学能，用于升高温度。而在恒压升温过程中，体系从环境吸收的热变成了三部分能量：体积膨胀对环境所做的功、克服内聚力做功和用于升高温度。若体系在恒压升温和恒容升温过程中吸收的热量相同，即

$$\delta Q_p = \delta Q_V \tag{2-21}$$

显然，在恒压升温过程中，用于升高温度的能量低于在恒容升温过程中的，所以

$$(\mathrm{d}T)_p < (\mathrm{d}T)_V$$

根据式(2-17)、式(2-18)，有

$$\delta Q_V = nC_{V,\mathrm{m}}\mathrm{d}T_V, \quad \delta Q_p = nC_{p,\mathrm{m}}\mathrm{d}T_p$$

代入式(2-21)，得

$$C_{p,\mathrm{m}}\mathrm{d}T_p = C_{V,\mathrm{m}}\mathrm{d}T_V$$

故

$$C_{p,\mathrm{m}} > C_{V,\mathrm{m}}$$

2.4.4 单纯变温过程的热的计算

在无相变化、无化学变化、$W' = 0$、恒压或恒容条件下，**体系仅因温度改变而与环境交换的热**可用下列公式进行计算。

恒容变温过程：
$$Q_V = \Delta U = \int_1^2 nC_{V,\mathrm{m}}\mathrm{d}T = \int_1^2 C_V\mathrm{d}T \tag{2-22}$$

若 n、$C_{V,\mathrm{m}}$ 为常数，则
$$Q_V = \Delta U = nC_{V,\mathrm{m}}(T_2 - T_1) \tag{2-23}$$

恒压变温过程：

$$Q_p = \Delta H_p = \int_{T_1}^{T_2} nC_{p,\mathrm{m}} \mathrm{d}T \tag{2-24}$$

若 n、$C_{p,\mathrm{m}}$ 为常数，则

$$Q_p = \Delta H_p = nC_{p,\mathrm{m}}(T_2 - T_1) \tag{2-25}$$

2.5 热力学第一定律应用于理想气体

对于组成恒定的封闭体系，过程中没有相变化和化学变化发生，且 $W' = 0$，求解过程的 ΔU、ΔH 时可用下列方法：

$$U = U(T,V)，\quad \mathrm{d}U = nC_{V,\mathrm{m}}\mathrm{d}T + \left(\frac{\partial U}{\partial V}\right)_T \mathrm{d}V$$

$$\Delta U = \int_1^2 \mathrm{d}U = \int_1^2 nC_{V,\mathrm{m}}\mathrm{d}T + \int_1^2 \left(\frac{\partial U}{\partial V}\right)_T \mathrm{d}V \tag{2-26}$$

$$H = H(T,p)，\quad \mathrm{d}H = nC_{p,\mathrm{m}}\mathrm{d}T + \left(\frac{\partial H}{\partial p}\right)_T \mathrm{d}p$$

$$\Delta H = \int_1^2 \mathrm{d}H = \int_1^2 nC_{p,\mathrm{m}}\mathrm{d}T + \int_1^2 \left(\frac{\partial H}{\partial p}\right)_T \mathrm{d}p \tag{2-27}$$

完成式(2-26)、式(2-27)的积分即可求得 ΔU 和 ΔH。

问题是：$\left(\dfrac{\partial U}{\partial V}\right)_T = ?$ $\left(\dfrac{\partial H}{\partial p}\right)_T = ?$

借助焦耳(Joule)实验可解决这两个问题。

2.5.1 焦耳实验

焦耳实验(1845 年)是气体向真空膨胀实验，实验装置如图 2-6 所示。将用旋塞连接起来的两个圆瓶置于外壁绝热的水槽中。体系为左侧圆瓶中的气体，而环境则包括水和真空圆瓶部分。当体系与水达到热平衡时，温度为 T。打开旋塞，气体向真空膨胀。平衡时气体均匀地充满两个圆瓶。

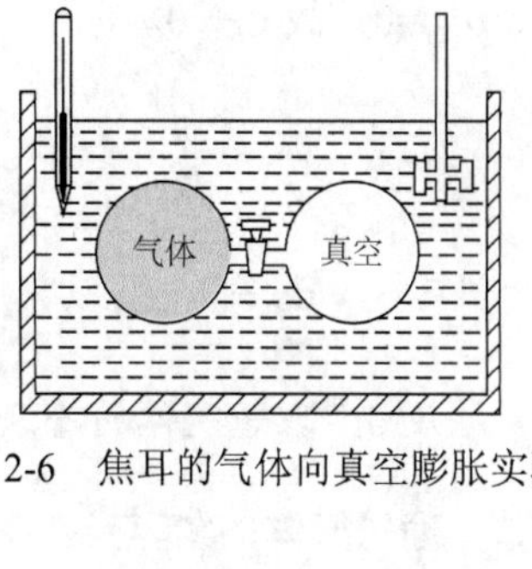

实验观察到的结果是：$T_{\text{水}}$=常数，$T_{\text{气体}}$=常数，即 $\mathrm{d}T = 0$，所以 $\delta Q = 0$。

因为 $p_{\mathrm{ex}} = 0$，所以 $\delta W = -p_{\mathrm{ex}}\mathrm{d}V = 0$，由热力学第一定律可得

图 2-6 焦耳的气体向真空膨胀实验

$$\mathrm{d}U = \delta Q + \delta W = 0$$

又

$$\mathrm{d}U = \left(\frac{\partial U}{\partial T}\right)_V \mathrm{d}T + \left(\frac{\partial U}{\partial V}\right)_T \mathrm{d}V$$

由焦耳实验知：$\mathrm{d}T = 0$，$\mathrm{d}V \neq 0$，所以

$$\left(\frac{\partial U}{\partial V}\right)_T = 0$$

精确实验表明，只有当 $p \to 0$ 时，$\left(\dfrac{\partial U}{\partial V}\right)_T \to 0$，即对理想气体有 $\left(\dfrac{\partial U}{\partial V}\right)_T = 0$。综合实验和结果分析，可得以下结论：

结论 1：理想气体的热力学能只是温度的函数：$U = U(T)$。

结论 2：理想气体向真空膨胀过程是一恒温过程。

焦耳实验中实际测定的是气体在恒热力学能的条件下，温度随体积的变化，即 $\left(\dfrac{\partial T}{\partial V}\right)_U$，故定义：$\mu_{\mathrm{J}} \equiv \left(\dfrac{\partial T}{\partial V}\right)_U$（$\mu_{\mathrm{J}}$ 为焦耳系数）。

焦耳实验的结果：$\mu_{\mathrm{J}} = 0$（适用于理想气体和 $p \to 0$ 的实际气体）。据此，我们也可以推导出理想气体的 $\left(\dfrac{\partial U}{\partial V}\right)_T = 0$。推导如下：

由循环公式

$$\left(\frac{\partial T}{\partial V}\right)_U \left(\frac{\partial V}{\partial U}\right)_T \left(\frac{\partial U}{\partial T}\right)_V = -1$$

可得

$$\left(\frac{\partial U}{\partial V}\right)_T = -\left(\frac{\partial T}{\partial V}\right)_U \left(\frac{\partial U}{\partial T}\right)_V = -\mu_{\mathrm{J}} C_V$$

因为对理想气体有 $\mu_{\mathrm{J}} = 0$，所以

$$\left(\frac{\partial U}{\partial V}\right)_T = 0$$

根据 $H = U + pV$，$\mathrm{d}H = \mathrm{d}U + \mathrm{d}(pV)$，理想气体恒温过程 $\mathrm{d}U = 0$ [$U = U(T)$]，$pV =$ 常数，所以 $\mathrm{d}(pV) = 0$，故 $\mathrm{d}H = 0$，即

$$\mathrm{d}H = \left(\frac{\partial H}{\partial T}\right)_p \mathrm{d}T + \left(\frac{\partial H}{\partial p}\right)_T \mathrm{d}p = 0$$

因为 $\mathrm{d}T = 0$，$\mathrm{d}p \neq 0$，所以 $\left(\dfrac{\partial H}{\partial p}\right)_T = 0$。

结论 3：理想气体的焓只是温度的函数：$H = H(T)$。

2.5.2　理想气体的 C_p 与 C_V 之间的关系

对于理想气体，$\left(\dfrac{\partial U}{\partial V}\right)_T = 0$，将其代入式 (2-20) 得

$$C_p - C_V = p\left(\frac{\partial V}{\partial T}\right)_p + \left(\frac{\partial U}{\partial V}\right)_T \left(\frac{\partial V}{\partial T}\right)_p = p\left(\frac{\partial V}{\partial T}\right)_p$$

又 $V = \dfrac{nRT}{p}$，$\left(\dfrac{\partial V}{\partial T}\right)_p = \dfrac{nR}{p}$，则

$$C_p - C_V = p\left(\frac{\partial V}{\partial T}\right)_p = p\frac{nR}{p} = nR$$

或

$$C_{p,\mathrm{m}} - C_{V,\mathrm{m}} = R \tag{2-28}$$

对液、固体：
$$C_{p,\mathrm{m}} \approx C_{V,\mathrm{m}} \tag{2-29}$$

在第 5 章中可以推导出以下理想气体的 $C_{p,\mathrm{m}}$ 与 $C_{V,\mathrm{m}}$ 数据。

单原子分子理想气体：$C_{p,\mathrm{m}} = \dfrac{5}{2}R$，$C_{V,\mathrm{m}} = \dfrac{3}{2}R$。

双原子分子理想气体：$C_{p,\mathrm{m}} = \dfrac{7}{2}R$，$C_{V,\mathrm{m}} = \dfrac{5}{2}R$。

有了上面的基础，我们就可以进行理想气体各种过程的 Q、W、ΔU、ΔH 的计算了。

2.5.3　理想气体的恒温过程

前提条件：封闭体系、组成恒定、$W'=0$、无化学变化、无相变化过程。

理想气体的恒温过程可用方框图表示如下：

$$\boxed{\begin{array}{c}n,\text{i.g}\\ p_1,V_1,T_1\end{array}} \xrightarrow{[T]} \boxed{\begin{array}{c}n,\text{i.g}\\ p_2,V_2,T_1\end{array}}$$

由于**理想气体的热力学能和焓只是温度的函数**，所以
$$\Delta U = 0 , \quad \Delta H = 0 , \quad Q = -W$$

因为**功和热是途径的函数**，**所以其计算需要具体的过程条件**。例如，

(1) 恒温可逆过程：
$$Q = -W = \int_1^2 p\,\mathrm{d}V = \int_1^2 \frac{nRT_1}{V}\mathrm{d}V = nRT_1\ln\frac{V_2}{V_1} = nRT_1\ln\frac{p_1}{p_2}$$

(2) 恒温恒外压过程：
$$Q = -W = p_{\mathrm{ex}}(V_2 - V_1)$$

(3) 恒温自由膨胀过程：

自由膨胀过程外压为零，所以 $W = 0$ ，$Q = -W = 0$ 。

2.5.4　理想气体的绝热过程

1. 绝热过程特征

对封闭体系中任一绝热过程，有
$$\delta Q = 0 \quad 或 \quad Q = 0 , \quad \mathrm{d}U = \delta W \quad 或 \quad \Delta U = W$$

这表明，体系对环境做功必须消耗热力学能。若只做体积功，则
$$\mathrm{d}U = \delta W = -p_{\mathrm{ex}}\mathrm{d}V$$

对理想气体，满足封闭体系、组成恒定、$W'=0$、没有化学变化和相变化条件的任一绝热变温过程，有 $\mathrm{d}U = \delta W$ ，即

$$nC_{V,\mathrm{m}}\mathrm{d}T = -p_{\mathrm{ex}}\mathrm{d}V \tag{2-30}$$

式(2-30)是绝热过程的一个重要的关系式，由此为起点可以得到绝热可逆过程的过程方程。

2. 理想气体绝热可逆过程

1) 理想气体绝热可逆过程的 ΔU 和 W

当 $Q=0$ 时，ΔU 和 W 的计算有两种方法：

方法 1

$$\Delta U = \int_1^2 nC_{V,\mathrm{m}}\mathrm{d}T = nC_{V,\mathrm{m}}(T_2 - T_1) \qquad (C_{V,\mathrm{m} } \text{为常数})$$

$$W = \Delta U$$

方法 2

$$W = -\int_1^2 p_{\mathrm{ex}}\mathrm{d}V = -\int_1^2 p\mathrm{d}V = -\int_1^2 \frac{nRT}{V}\mathrm{d}V \tag{2-31}$$

在绝热可逆过程中，T 和 V 都在发生变化，为完成上述积分，必须找出二者之间的函数关系，即过程方程。

2) 理想气体绝热可逆过程的过程方程

对于理想气体单纯 p、V、T 变化的绝热可逆过程，由式(2-30)可得

$$nC_{V,\mathrm{m}}\mathrm{d}T = -p\mathrm{d}V = -\frac{nRT}{V}\mathrm{d}V \qquad \frac{nC_{V,\mathrm{m}}\mathrm{d}T}{T} = -\frac{nR}{V}\mathrm{d}V$$

积分可得

$$C_{V,\mathrm{m}}\ln\frac{T_2}{T_1} = -R\ln\frac{V_2}{V_1} \tag{2-32}$$

将 $C_{p,\mathrm{m}} - C_{V,\mathrm{m}} = R$ 代入式(2-32)，得

$$C_{V,\mathrm{m}}\ln\frac{T_2}{T_1} = -(C_{p,\mathrm{m}} - C_{V,\mathrm{m}})\ln\frac{V_2}{V_1}$$

$$\ln\frac{T_2}{T_1} = -\left(\frac{C_{p,\mathrm{m}} - C_{V,\mathrm{m}}}{C_{V,\mathrm{m}}}\right)\ln\frac{V_2}{V_1} \tag{2-33}$$

令：绝热指数(或热容比) $\gamma = C_{p,\mathrm{m}}/C_{V,\mathrm{m}}$，代入式(2-33)，得

$$\ln\frac{T_2}{T_1} = -(\gamma-1)\ln\frac{V_2}{V_1}$$

即

$$\frac{T_2}{T_1} = \left(\frac{V_1}{V_2}\right)^{\gamma-1}$$

或

$$V_1^{\gamma-1}T_1 = V_2^{\gamma-1}T_2 = V^{\gamma-1}T = \text{常数} \tag{2-34}$$

以 $\dfrac{T_2}{T_1} = \dfrac{p_2V_2}{p_1V_1}$ 代入式(2-34)，得

$$p_1V_1^{\gamma} = p_2V_2^{\gamma} = pV^{\gamma} = \text{常数} \tag{2-35}$$

以 $V = \dfrac{nRT}{p}$ 代入式(2-35)，得

$$p_1^{1-\gamma}T_1^{\gamma} = p_2^{1-\gamma}T_2^{\gamma} = p^{1-\gamma}T^{\gamma} = 常数 \tag{2-36}$$

式(2-34)~式(2-36)称为理想气体绝热可逆过程的过程方程，仅适用于理想气体进行绝热可逆过程的 p、V、T 之间的关系换算。有了过程方程，就可以解决式(2-31)的计算了。

$$W = -\int_1^2 p\mathrm{d}V = \int_1^2 -\frac{K}{V^{\gamma}}\mathrm{d}V$$

$$= \frac{1}{\gamma-1}\frac{K}{V^{\gamma-1}}\bigg|_{V_1}^{V_2} = \frac{1}{\gamma-1}\left(\frac{p_2V_2^{\gamma}}{V_2^{\gamma-1}} - \frac{p_1V_1^{\gamma}}{V_1^{\gamma-1}}\right)$$

$$= \frac{p_2V_2 - p_1V_1}{\gamma-1} = \frac{nR(T_2-T_1)}{\gamma-1}$$

即

$$W = \frac{1}{\gamma-1}(p_2V_2 - p_1V_1) \tag{2-37}$$

3. 理想气体绝热不可逆膨胀过程

可以证明，只要是理想气体，无论绝热过程是否可逆，均有式(2-37)成立。因为

$$\Delta U = nC_{V,\mathrm{m}}(T_2-T_1) = \frac{1}{\gamma-1}(p_2V_2 - p_1V_1) = W$$

证明如下：

对绝热过程，根据式(2-30)，有

$$W = -\int_1^2 p_{\mathrm{ex}}\mathrm{d}V = \int_1^2 nC_{V,\mathrm{m}}\mathrm{d}T = nC_{V,\mathrm{m}}(T_2-T_1)$$

$$= \frac{R}{C_{p,\mathrm{m}} - C_{V,\mathrm{m}}}\cdot nC_{V,\mathrm{m}}(T_2-T_1) = \frac{nR}{\gamma-1}(T_2-T_1) = \frac{1}{\gamma-1}(p_2V_2 - p_1V_1)$$

4. 讨论

(1) 虽然理想气体的绝热不可逆过程与绝热可逆过程的体积功的计算公式相同，但绝热不可逆过程的 p、V、T 之间不遵守绝热可逆过程的过程方程。

(2) 绝热不可逆反抗恒外压过程功的计算。

例如，物质的量为 n 的理想气体由始态 p_1、V_1、T_1 经绝热不可逆反抗恒外压过程到达终态 p_2，求 W。

$$\boxed{\begin{array}{c} n,\mathrm{i.g} \\ p_1,V_1,T_1 \end{array}} \xrightarrow[\text{[}p_{\mathrm{ex}}\text{]}]{\text{绝热}} \boxed{\begin{array}{c} n,\mathrm{i.g} \\ p_2 \end{array}}$$

为求得 W，首先要确定体系终态的体积或温度，方法如下：

$$W = -p_{\mathrm{ex}}(V_2-V_1) = -p_2(V_2-V_1)$$
$$= -p_2(nRT_2/p_2 - nRT_1/p_1) = \Delta U = nC_{V,\mathrm{m}}(T_2-T_1) \tag{2-38}$$

即

$$p_2(nRT_2/p_2 - nRT_1/p_1) = nC_{V,\mathrm{m}}(T_1-T_2) \tag{2-39}$$

解式(2-39)可求得 T_2。将 T_2 代入式(2-38)，即可求得 W。

(3) 从同一始态经绝热可逆过程和绝热不可逆过程不能到达同一终态。

例如，某理想气体，体系经绝热可逆和绝热不可逆膨胀过程，达到相同的终态压力 p_2(如下所示)，若 $T_2 \neq T_2'$，则说明绝热可逆过程和绝热不可逆过程不能到达同一终态。说明如下：

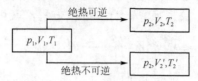

因为可逆过程效率最高，所以

$$|W_r| > |W_{ir}|$$

对绝热过程，有

$$W = \Delta U = nC_{V,m}(T_2 - T_1)$$

所以

$$\left|nC_{V,m}(T_2 - T_1)\right| > \left|nC_{V,m}(T_2' - T_1)\right|$$

即

$$|T_2 - T_1| > |T_2' - T_1|$$

所以

$$T_2 \neq T_2'$$

故绝热可逆与绝热不可逆过程不能到达同一终态。

(4) 在指定的始态和终态之间，绝热途径只有一条。

如果在同一始、终态之间同时存在两条绝热途径，则从状态 1 至状态 2 经绝热可逆做功 W_r，从状态 2 至状态 1 经绝热不可逆做功 W_{ir}。因为绝热可逆过程所做的功不等于绝热不可逆过程所做的功，则此循环过程进行的结果是有净余功存在，产生能量，则第一类永动机就能够制成了，但这违反能量守恒原理。因此，在指定的始态和终态之间，绝热途径只有一条。

2.6　热力学第一定律应用于实际气体

对于理想气体体系，根据焦耳实验得到了 $\left(\dfrac{\partial U}{\partial V}\right)_T = 0$，$\left(\dfrac{\partial H}{\partial p}\right)_T = 0$ 的结论。那么，对于实际气体，$\left(\dfrac{\partial U}{\partial V}\right)_T = ?$，$\left(\dfrac{\partial H}{\partial p}\right)_T = ?$ 借助焦耳-汤姆孙实验可解决此类问题。

2.6.1　焦耳-汤姆孙实验

1. 焦耳-汤姆孙实验结果

焦耳-汤姆孙实验如图 2-7 所示。在绝热筒中有一刚性多孔塞 A(其中填充棉花、织物或海绵等)，其作用是使气体缓慢流过，避免造成湍流现象，并且在塞的两边能够维持一定的压力差。多孔塞两边各有一活塞，作用在活塞上的压力分别为 p_1 和 p_2，且 $p_1 > p_2$。将左方活塞徐徐推进，使 V_1 体积的气体在恒定 p_1 压力下通过多孔塞缓慢进入右方，同时，右方活塞徐徐推

出以维持原 p_2 压力。这种气体的膨胀过程称为节流膨胀过程。由于节流膨胀过程非常缓慢，在多孔塞的两边仍可各自保持压力平衡。

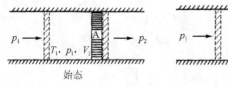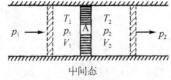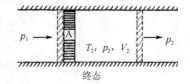

图 2-7　焦耳-汤姆孙实验

实验结果表明，气体通过多孔塞后，温度发生了变化：$T_1 \neq T_2$，$\mathrm{d}T \neq 0$。

2. 节流膨胀过程的特征

(1) 节流膨胀过程为绝热不可逆、非恒压过程。

(2) 节流膨胀过程为等焓过程：$\Delta H = 0$。可推证如下：

体系：气体；

左侧：$[p_1]$，$W_1 = -p_1(0 - V_1) = p_1 V_1$；

右侧：$[p_2]$，$W_2 = -p_2(V_2 - 0) = -p_2 V_2$；

体系所做净功：$W = W_1 + W_2 = p_1 V_1 - p_2 V_2$；

因为 $Q=0$，所以 $\Delta U = W$，有

$$U_2 - U_1 = p_1 V_1 - p_2 V_2$$

所以

$$H_2 = H_1$$

(3) $T_1 \neq T_2$。

3. 焦耳-汤姆孙系数 $\mu_{\text{J-T}}$

定义

$$\mu_{\text{J-T}} \equiv \left(\frac{\partial T}{\partial p}\right)_H \qquad \text{(手册数据)}$$

$\mu_{\text{J-T}} > 0$，制冷；　$\mu_{\text{J-T}} < 0$，制热；　$\mu_{\text{J-T}} = 0$，理想气体。

应用：制冷。

焦耳-汤姆孙效应在工业上的重要应用就是制冷。在 $\mu_{\text{J-T}} > 0$ 的区域，将高压气体通过节流阀(减压阀)迅速降低压力，可使气体冷却，利用该原理可以得到液化烃、液化空气甚至液氢。

2.6.2　实际气体的 $\left(\dfrac{\partial U}{\partial V}\right)_T$、$\left(\dfrac{\partial H}{\partial V}\right)_T$

$\left(\dfrac{\partial U}{\partial V}\right)_T$、$\left(\dfrac{\partial H}{\partial V}\right)_T$ 均为难测量的物理量，物理化学中常用易测量的物理量来表示难测量的物理量。

1. 易测物理量

我们已学过的常用的易测量的物理量如下：

$$C_V = \left(\frac{\partial U}{\partial T}\right)_V, \quad C_p = \left(\frac{\partial H}{\partial T}\right)_p, \quad \alpha = \frac{1}{V}\left(\frac{\partial V}{\partial T}\right)_p$$

$$\kappa = -\frac{1}{V}\left(\frac{\partial V}{\partial p}\right)_T, \quad \mu_J = \left(\frac{\partial T}{\partial V}\right)_U, \quad \mu_{\text{J-T}} = \left(\frac{\partial T}{\partial p}\right)_H$$

2. 转换举例

1) $\left(\dfrac{\partial H}{\partial p}\right)_T$

根据 $\left(\dfrac{\partial H}{\partial p}\right)_T \left(\dfrac{\partial p}{\partial T}\right)_H \left(\dfrac{\partial T}{\partial H}\right)_p = -1$，得

$$\left(\frac{\partial H}{\partial p}\right)_T = \frac{-1}{\left(\dfrac{\partial p}{\partial T}\right)_H \left(\dfrac{\partial T}{\partial H}\right)_p} = -C_p\mu_{\text{J-T}}$$

所以

$$dH = C_p dT + \left(\frac{\partial H}{\partial p}\right)_T dp = C_p dT + (-C_p\mu_{\text{J-T}})dp$$

对于简单 p、V、T 变化过程

$$\Delta H = \int_1^2 dH = \int_1^2 C_p dT + \int_1^2 (-C_p\mu_{\text{J-T}})dp$$

2) $\left(\dfrac{\partial U}{\partial p}\right)_T$

因为

$$\left(\frac{\partial H}{\partial p}\right)_T = \left[\frac{\partial(U+pV)}{\partial p}\right]_T = -C_p\mu_{\text{J-T}}$$

所以

$$\left(\frac{\partial U}{\partial p}\right)_T = -C_p\mu_{\text{J-T}} - \left[\frac{\partial(pV)}{\partial p}\right]_T$$

3) $\left(\dfrac{\partial U}{\partial V}\right)_T$

因为

$$\left(\frac{\partial U}{\partial p}\right)_T = \left(\frac{\partial U}{\partial V}\right)_T \left(\frac{\partial V}{\partial p}\right)_T = -V\kappa \left(\frac{\partial U}{\partial V}\right)_T$$

所以

$$\left(\frac{\partial U}{\partial V}\right)_T = -\frac{1}{V\kappa}\left(\frac{\partial U}{\partial p}\right)_T$$

也可用循环公式推导：

因为

$$\left(\frac{\partial U}{\partial V}\right)_T\left(\frac{\partial V}{\partial T}\right)_U\left(\frac{\partial T}{\partial U}\right)_V = -1$$

所以

$$\left(\frac{\partial U}{\partial V}\right)_T = -\left(\frac{\partial T}{\partial V}\right)_U\left(\frac{\partial U}{\partial T}\right)_V = -\mu_J C_V$$

2.7 相变过程的 Q、W、ΔU、ΔH 的计算

体系中物理性质和化学性质完全相同的均匀部分称为一相。

物质在不同相之间的转变即为相变化。

物质发生相变化时体系与环境交换的热称为相变热。

相变热可分为两类：可逆相变热和不可逆相变热。

2.7.1 可逆相变过程

1. 可逆相变

一定量物质在恒定温度及相应平衡压力下发生的相变化称为可逆相变，否则为不可逆相变。

例如，在 100℃、$p^\ominus$ 下，100℃、$p^\ominus$ 的 $H_2O(l)$变为 100℃、$p^\ominus$ 的 $H_2O(g)$为可逆相变；而在 20℃、$p^\ominus$ 下，20℃、$p^\ominus$ 的 $H_2O(l)$变为 20℃、$p^\ominus$ 的 $H_2O(g)$为不可逆相变，因为 20℃的 $H_2O(l)$变为 20℃的 $H_2O(g)$的饱和蒸气压不是 $p^\ominus$。

2. 可逆相变热

体系发生可逆相变时与环境交换的热称为可逆相变热。体系进行一可逆相变时(如 B 物质从 α 相态可逆转变为 β 相态)应满足以下条件：封闭体系，$W'=0$，$[T, p]$，可逆。因此，有 $Q_{相变}=Q_p = \Delta_\alpha^\beta H(B)$。

3. 基础热数据

可逆相变热可通过实验测定。手册上查到的相变热均为指定温度及相应饱和蒸气压下的可逆相变热，通常是 1 mol 物质在 $p^\ominus$ 及相应平衡温度下的数据。例如，与 H_2O 相关的几种相变热的符号和名称表示如下：

$\Delta_l^g H_m^\ominus(H_2O)$ 或 $\Delta_{vap} H_m^\ominus(H_2O)$：水的标准摩尔蒸发焓(热)；

$\Delta_s^l H_m^\ominus(H_2O)$ 或 $\Delta_{fus} H_m^\ominus(H_2O)$：水的标准摩尔熔化焓(热)；

$\Delta_s^g H_m^\ominus(H_2O)$ 或 $\Delta_{sub} H_m^\ominus(H_2O)$：水的标准摩尔升华焓(热)。

4. 可逆相变过程 Q、W、ΔU、ΔH 的计算

若物质的量为 n 的 B 物质从 α 相 $\longrightarrow \beta$ 相的变化过程为可逆相变过程：

$$B(\alpha 相) \longrightarrow B(\beta 相)$$

则

$$Q = Q_p = \Delta H = n\Delta_\alpha^\beta H_m^\ominus(B)$$

$$W = -p(V_\beta - V_\alpha)$$

$$\Delta U = Q_p + W$$

例如，$100℃$、$p^\ominus$ 下，$H_2O(l) \longrightarrow H_2O(g)$，若与气体相比，液体体积可忽略不计，且气体可作为理想气体处理，则

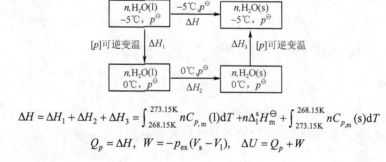

$$Q = Q_p = \Delta H = n\Delta_l^g H_m^\ominus(H_2O)$$

$$W = -p(V_g - V_l) \approx pV_g \approx nRT$$

$$\Delta U = Q_p + W$$

2.7.2　不可逆相变过程

1. 恒温、恒压不可逆相变

【例 2-1】　$-5℃$、$p^\ominus$ 的水在恒温、恒压下变成 $-5℃$、$p^\ominus$ 的冰，求该过程的 Q、W、ΔU 和 ΔH。

解　设计可逆过程如下：

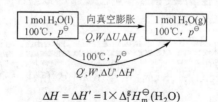

$$\Delta H = \Delta H_1 + \Delta H_2 + \Delta H_3 = \int_{268.15K}^{273.15K} nC_{p,m}(l)dT + n\Delta_l^s H_m^\ominus + \int_{273.15K}^{268.15K} nC_{p,m}(s)dT$$

$$Q_p = \Delta H, \quad W = -p_{ex}(V_s - V_l), \quad \Delta U = Q_p + W$$

2. 恒温、非恒压不可逆相变

【例 2-2】　$100℃$、$p^\ominus$ 的 1 mol 水在恒温条件下向真空蒸发成 $100℃$、$p^\ominus$ 的水蒸气，求该过程的 Q、W、ΔU 和 ΔH。

解　因为过程的 $p_{外}=0$，过程为不可逆相变过程。设计可逆相变过程如下：

$$\Delta H = \Delta H' = 1 \times \Delta_l^g H_m^\ominus(H_2O)$$

$$\Delta U = \Delta U' = Q' + W' = \Delta H' - p(V_\text{g} - V_1)$$

$$Q \neq \Delta H, \quad W = 0, \quad Q = \Delta U - W = \Delta U$$

【例 2-3】　0℃、$p^\ominus$ 下的物质的量分别为 n_1 和 n_2 的水和冰在 $p^\ominus$ 下变为 5℃、$p^\ominus$ 的水，求该过程的 Q、W、ΔU 和 ΔH。

　　解　将水和冰的变化过程分别设计为以下可逆过程：

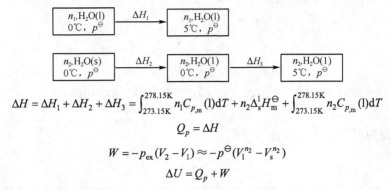

$$\Delta H = \Delta H_1 + \Delta H_2 + \Delta H_3 = \int_{273.15\text{K}}^{278.15\text{K}} n_1 C_{p,\text{m}}(\text{l})\text{d}T + n_2 \Delta_\text{s}^\text{l} H_\text{m}^\ominus + \int_{273.15\text{K}}^{278.15\text{K}} n_2 C_{p,\text{m}}(\text{l})\text{d}T$$

$$Q_p = \Delta H$$

$$W = -p_\text{ex}(V_2 - V_1) \approx -p^\ominus(V_1^{n_2} - V_\text{s}^{n_2})$$

$$\Delta U = Q_p + W$$

　　当体系中有化学反应发生时，过程的 Q、W、ΔU 和 ΔH 如何计算呢？可以采用热化学的方法解决。

2.8　热　化　学

　　将热力学第一定律用于化学反应称为热化学。热化学主要解决化学反应中的能量转换与利用问题。

2.8.1　化学反应热

1. 定义

　　当体系中按指定计量方程发生了化学变化之后，使反应体系的温度回到反应前始态物质的温度，体系放出或吸收的热量称为化学反应热。

2. 恒压反应热

　　封闭体系，$W'=0$，恒压条件下的化学反应热称为恒压反应热，单位为 J。

$$Q_p = \Delta_\text{r} H \tag{2-40}$$

3. 恒容反应热

　　封闭体系，$W'=0$，恒容条件下的化学反应热称为恒容反应热，单位为 J。

$$Q_V = \Delta_\text{r} U \tag{2-41}$$

4. 赫斯定律

　　一个化学反应不管是一步完成还是分几步完成，反应的热效应总是相同的。
　　其实，这只是恒容热反应热和恒压反应热的性质，是热力学第一定律的必然结论。

5. 反应进度 ξ

1) 定义

为了便于理解，以合成氨反应为例，导出反应进度的定义。

合成氨反应 $3H_2 + N_2 \Longrightarrow 2NH_3$ 可表示为

$$0 = -3H_2 - N_2 + 2NH_3$$

$$t=0 \quad \xi=0 \quad n_{H_2(0)} \quad n_{N_2(0)} \quad n_{NH_3(0)}$$

$$t=t \quad \xi=\xi \quad n_{H_2(\xi)} \quad n_{N_2(\xi)} \quad n_{NH_3(\xi)}$$

定义：$\xi = \dfrac{n_{H_2}(\xi) - n_{H_2}(0)}{-3} = \dfrac{n_{N_2}(\xi) - n_{N_2}(0)}{-1} = \dfrac{n_{NH_3}(\xi) - n_{NH_3}(0)}{2}$

一般化学反应可用通式表示为

$$0 = \sum_B \nu_B B$$

式中，B 为反应组元，可以是反应物，也可以是产物；ν_B 为物质 B 的计量系数，对反应物为负，对产物为正。因此，反应进度定义的通式可表示为

$$\xi \equiv \frac{n_B(\xi) - n_B(0)}{\nu_B} = \frac{\Delta n_B}{\nu_B} \tag{2-42}$$

或

$$\Delta \xi \equiv \frac{n_B(\xi_2) - n_B(\xi_1)}{\nu_B} = \frac{\Delta n_B}{\nu_B}$$

写成微变量形式：

$$d\xi = \frac{dn_B}{\nu_B}, \quad dn_B = \nu_B d\xi$$

ξ 的单位为 mol。

例如，合成氨反应 $3H_2 + N_2 \Longrightarrow 2NH_3$，在某一时刻 t 测得：$\Delta n_{H_2} = -3\ \text{mol}$，$\Delta n_{N_2} = -1\ \text{mol}$，$\Delta n_{NH_3} = 2\ \text{mol}$，则该反应在 t 时刻的反应进度 ξ 为

$$\xi = \frac{\Delta n_B}{\nu_B} = \frac{2\ \text{mol}}{2} = \frac{-1\ \text{mol}}{-1} = \frac{-3\ \text{mol}}{-3} = 1\ \text{mol}$$

2) 物理意义

按给定的化学计量方程的计量系数进行一次反应，则反应进度为 1 mol。或化学计量数摩尔的反应物完全反应生成化学计量数摩尔的产物时，反应进度为 1 mol。

例如，反应 $aA + bB \Longrightarrow cC + dD$，若 $\xi = 0.6\ \text{mol}$，其含义为：$0.6a$ mol 的 A 物质与 $0.6b$ mol 的 B 物质反应，生成 $0.6c$ mol 的 C 物质和 $0.6d$ mol 的 D 物质。

6. 反应的摩尔焓变 $\Delta_r H_m$ 和摩尔热力学能变化 $\Delta_r U_m$

定义

$$\Delta_r H_m = \frac{\Delta_r H}{\xi} \quad \text{或} \quad \Delta_r H_m = \frac{\Delta_r H}{\Delta \xi} \tag{2-43}$$

$$\Delta_r U_m = \frac{\Delta_r U}{\xi} \quad 或 \quad \Delta_r U_m = \frac{\Delta_r U}{\Delta \xi} \tag{2-44}$$

单位为 $J \cdot mol^{-1}$。

一个化学反应的焓变的大小显然与反应进度有关,即同一反应在不同反应进度下有不同的 $\Delta_r H$ 值。因此,要比较两个反应的焓变时必须使用 $\Delta_r H_m$。

注意: ξ、$\Delta_r U_m$、$\Delta_r H_m$ 均与化学计量方程的写法有关,因此计算时必须指明计量方程。

【例 2-4】 0.5 g $C_7H_{16}(l)$ 在 298.2 K 时恒容充分燃烧后温度上升 2.94 K。已知体系的热容 C_V 为 8.18 $kJ \cdot K^{-1}$,产物为 $CO_2(g)$ 和 $H_2O(l)$。求反应①和②的 $\Delta_r U_m$。

① $C_7H_{16}(l) + 11O_2(g) \longrightarrow 7CO_2(g) + 8H_2O(l)$

② $2C_7H_{16}(l) + 22O_2(g) \longrightarrow 14CO_2(g) + 16H_2O(l)$

解 题给条件满足封闭体系、$W'=0$、恒容的条件,所以

$$\Delta_r U = Q_V = 8.18 \times (-2.94) = -24.05 (kJ)$$

$$\Delta n_{C_7H_{16}} = \frac{\Delta m}{M_{C_7H_{16}}} = \frac{-0.5}{100.20} = -4.99 \times 10^{-3} (mol)$$

对反应①

$$\xi = \frac{\Delta n_{C_7H_{16}}}{\nu_{C_7H_{16}}} = 4.99 \times 10^{-3} (mol)$$

$$\Delta_r U_m = \frac{\Delta_r U}{\xi} = \frac{-24.05}{4.99 \times 10^{-3}} = -4820 (kJ \cdot mol^{-1})$$

对反应②

$$\xi = \frac{-4.99 \times 10^{-3}}{-2} = 2.495 \times 10^{-3} (mol)$$

$$\Delta_r U_m = \frac{-24.05}{2.495 \times 10^{-3}} = -9639 (kJ \cdot mol^{-1})$$

7. 恒容反应热 $\Delta_r U(Q_V)$ 与恒压反应热 $\Delta_r H(Q_p)$ 的关系

以反应 $aA + bB \longrightarrow lL + mM$ 为例,推导如下:

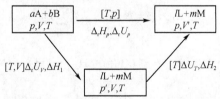

封闭体系,$W'=0$,有

$$\Delta_r H_p - \Delta_r U_V = \Delta_r U_p + p\Delta V - \Delta_r U_V$$

即

$$\Delta_r H_p - \Delta_r U_V = \Delta U_T + p\Delta V \tag{2-45}$$

或

$$Q_p - Q_V = \Delta U_T + p\Delta V$$

1) 反应组元均为理想气体

对理想气体,$\Delta U_T = 0$,所以

$$\Delta_r H_p - \Delta_r U_V = p\Delta V = pV' - pV = RT \sum_B \Delta n_B \tag{2-46}$$

由式(2-42) $\xi = \dfrac{\Delta n_B}{\nu_B}$，可得

$$\sum_B \Delta n_B = \sum_B \nu_B \xi = \xi[(l+m)-(a+b)]$$

代入式(2-46)，可得

$$\Delta_r H_p - \Delta_r U_V = RT \sum_B \nu_B \xi = RT\xi[(l+m)-(a+b)] \tag{2-47}$$

2) 反应组元均为凝聚态物质

对凝聚态物质可近似处理如下：

$$\left(\frac{\partial H}{\partial p}\right)_T \approx 0, \quad \left(\frac{\partial U}{\partial V}\right)_T \approx 0, \quad \Delta U_T \approx 0, \quad p\Delta V \approx 0$$

所以

$$\Delta_r H_p \approx \Delta_r U_V, \quad Q_p \approx Q_V \tag{2-48}$$

3) 反应体系为多相体系

对多相体系可分为凝聚态物质和气体物质两部分处理。

$$\Delta_r H_p - \Delta_r U_V = p\Delta V = (p\Delta V)_g + (p\Delta V)_{s,l}$$
$$\approx (p\Delta V)_g = RT \sum_B (\Delta n_B)_g = RT \sum_B \nu_{B,g}\xi \tag{2-49}$$

式中，$\sum_B \nu_{B,g}\xi = \xi$(产物中气体组元的计量系数之和–反应物中气体组元的计量系数之和)。

8. $\Delta_r H_m$ 与 $\Delta_r U_m$ 的关系

由式(2-49)，可得

$$\frac{\Delta_r H}{\xi} = \frac{\Delta_r U}{\xi} + \frac{RT \sum_B \nu_{B,g}\xi}{\xi}$$

即

$$\Delta_r H_m = \Delta_r U_m + RT \sum_B \nu_{B,g} \tag{2-50}$$

【例 2-5】　对反应 $C_7H_{16}(l) + 11O_2(g) \longrightarrow 7CO_2(g) + 8H_2O(l)$，已知：$Q_V = -24.05$ kJ，$\xi = 4.99 \times 10^{-3}$ mol，$T = 298.15$ K。求 $\Delta_r H$ 与 $\Delta_r H_m$。

解　$\Delta_r H = \Delta_r U + RT \sum \nu_{B,g}\xi = -24.05 + 10^{-3} \times (7-11)\xi RT = -24.10$ (kJ)

$$\Delta_r H_m = \frac{\Delta_r H}{\xi} = -4830 \text{ kJ} \cdot \text{mol}^{-1}$$

注意：

(1) 对液、固体，$\Delta_r H$ 与 $\Delta_r U$ 的差值很小，可忽略不计。

(2) 比较化学反应热时，必须换算成 $\Delta_r H_m$ 与 $\Delta_r U_m$。

(3) 一般不指明反应进度时，$\xi = 1$ mol。

由于 U、H 的绝对值无法求得，在化学热力学中通过选择物质的某一状态作为参考态，人为规定参考态时的 U、H 的值，并以此为参考点，求其他状态相对于此状态的相对值，该相对值称为规定值。部分函数的规定值可从表册中查到。如何选择物质的参考态呢？

2.8.2　标准态

在热力学中，人们选择物质的标准态作为参考态，并人为地规定纯物质在温度为 T、压力为 p 的条件下的标准态如下。

1. 纯气体在 T、p 下的标准态

在温度 T、标准压力 $p^{\ominus}$ 下，具有理想气体性质的该纯气体状态。

2. 纯液体(纯固体)在 T、p 下的标准态

在温度 T、$p^{\ominus}$ 下的纯液体(纯固体)状态。

3. 标准摩尔焓(热力学能)

1 mol 物质 B 在标准态时所具有的焓(热力学能)值称为标准摩尔焓(热力学能)，符号 $H_m^{\ominus}(B,T)$ $[U_m^{\ominus}(B,T)]$。

注意：$p^{\ominus}=10^5\,\text{Pa}$(过去规定为 $p^{\ominus}=101\,325\,\text{Pa}$)，目前，$p^{\ominus}$ 的这两种取值规定正处在交替使用阶段，逐渐地我们将只采用 $p^{\ominus}=10^5\,\text{Pa}$。

如果得到了各种物质的标准摩尔焓数据，就可以很方便地确定化学反应的标准摩尔焓变。

2.8.3　反应的标准摩尔焓变 $\Delta_r H_m^{\ominus}(T)$

定义：温度 T、单独存在处于标准态的化学计量数摩尔的纯反应物完全反应，生成温度 T、单独存在处于标准态的化学计量数摩尔的产物的焓变称为反应的标准摩尔焓变。

例如，对反应 $a\text{A}(\alpha)+b\text{B}(\beta)\underset{[T]}{\rightleftharpoons}c\text{C}(\gamma)+d\text{D}(\delta)$

$$\boxed{\begin{matrix}a\text{A}(\alpha)\\T,\text{标准态}\end{matrix}}+\boxed{\begin{matrix}b\text{B}(\beta)\\T,\text{标准态}\end{matrix}}\overset{\Delta_r H_m^{\ominus}(T)}{\rightleftharpoons}\boxed{\begin{matrix}c\text{C}(\gamma)\\T,\text{标准态}\end{matrix}}+\boxed{\begin{matrix}d\text{D}(\delta)\\T,\text{标准态}\end{matrix}}$$

$$\Delta_r H_m^{\ominus}(T)=\sum_B \nu_B H_m^{\ominus}(B,T) \tag{2-51}$$

$H_m^{\ominus}(B,T)$ 为 B 物质在温度 T、标准状态下的标准摩尔焓或规定焓。

2.8.4　规定焓

1. 稳定单质的规定焓

人为规定在 298.15 K、标准状态下稳定单质的标准摩尔焓为零，即

$$H_m^{\ominus}(\text{稳定单质},298.15\,\text{K})=0$$

显然，$T\neq298.15\,\text{K}$ 时，$H_m^{\ominus}(\text{稳定单质},T)\neq0$。其值可根据 $H_m^{\ominus}(\text{稳定单质},298.15\,\text{K})$ 求得

$$H_m^{\ominus}(\text{稳定单质},T)=\int_{298.15\,\text{K}}^{T}C_p(\text{稳定单质},T)\mathrm{d}T+H_m^{\ominus}(\text{稳定单质},298.15\,\text{K})$$

$$=\int_{298.15\,\text{K}}^{T}C_p(\text{稳定单质},T)\mathrm{d}T$$

注意：碳的稳定单质是石墨，金刚石不是稳定单质，即

$$H_m^\ominus(\text{石墨}, 298.15\ K) = 0, \quad H_m^\ominus(\text{金刚石}, 298.15\ K) \neq 0$$

2. 化合物的标准摩尔生成焓 $\Delta_f H_m^\ominus(B, T)$

1) 定义

从各自单独处于温度为 T 的标准状态下的稳定单质，生成单独处于温度 T 标准状态下的 1 mol 纯化合物过程的焓变称为标准摩尔生成焓。

例如，水的标准摩尔生成焓 $\Delta_f H_m^\ominus(H_2O, l, T)$ 是指下列反应的焓变：

$$\boxed{\begin{array}{c} H_2(\text{理想气体}) \\ T, p^\ominus, \text{标准态} \end{array}} + \boxed{\begin{array}{c} 0.5O_2(\text{理想气体}) \\ T, p^\ominus, \text{标准态} \end{array}} \xrightarrow{\Delta_f H_m^\ominus} \boxed{\begin{array}{c} H_2O(l) \\ T, p^\ominus, \text{标准态} \end{array}}$$

$$\Delta_f H_m^\ominus(H_2O, l, 298.15\ K) = H_m^\ominus(H_2O, l, 298.15\ K) - [H_m^\ominus(H_2, 298.15\ K) + \frac{1}{2} H_m^\ominus(O_2, 298.15\ K)]$$

因为

$$H_m^\ominus(H_2, g, 298.15\ K) = 0, \quad H_m^\ominus(O_2, g, 298.15\ K) = 0$$

所以

$$\Delta_f H_m^\ominus(H_2O, l, 298.15\ K) = H_m^\ominus(H_2O, l, 298.15\ K) \tag{2-52}$$

即 298.15 K 下，水的标准摩尔生成焓就等于水的标准摩尔规定焓。

2) 基础热数据

$\Delta_f H_m^\ominus(B, 298.15\ K)$ 属于热力学基础热数据，可从表册中查到。

问题：

(1) $\Delta_f H_m^\ominus(B, T)$ 是否等于 $H_m^\ominus(B, T)$？为什么？

(2) $\Delta_f H_m^\ominus(B, T)$ 是否等于 Q_p？为什么？

(3) $\Delta_f H_m^\ominus(\text{稳定单质}, T) = 0$，为什么？

2.8.5　由 $\Delta_f H_m^\ominus(B, 298.15\ K)$ 求 $\Delta_f H_m^\ominus(298.15\ K)$

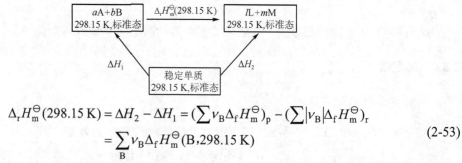

$$\Delta_r H_m^\ominus(298.15\ K) = \Delta H_2 - \Delta H_1 = (\sum \nu_B \Delta_f H_m^\ominus)_p - (\sum |\nu_B| \Delta_f H_m^\ominus)_r$$
$$= \sum_B \nu_B \Delta_f H_m^\ominus(B, 298.15\ K) \tag{2-53}$$

通常有机化合物的燃烧反应是很容易进行的，因此有机物的燃烧焓数据比生成焓数据更易获得。

2.8.6　由物质的标准摩尔燃烧焓 $\Delta_c H_m^{\ominus}(B, 298.15\ K)$ 求 $\Delta_r H_m^{\ominus}(298.15\ K)$

1. $\Delta_c H_m^{\ominus}(B, T)$ 定义

在温度 T、标准状态下，1 mol 物质 B 与氧进行完全氧化反应，生成温度 T、标准状态下产物过程的焓变称为标准摩尔燃烧焓。

燃烧后的产物必须指定，如 $C \to CO_2$，$H \to H_2O$，$N \to N_2$，$S \to SO_2$，⋯

2. 由 $\Delta_c H_m^{\ominus}(B, 298.15\ K)$ 求 $\Delta_r H_m^{\ominus}(298.15\ K)$

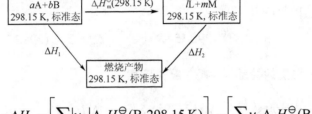

$$\Delta_r H_m^{\ominus}(298.15\ K) = \Delta H_1 - \Delta H_2 = \left[\sum_B |\nu_B| \Delta_c H_m^{\ominus}(B, 298.15\ K)\right]_r - \left[\sum_B \nu_B \Delta_c H_m^{\ominus}(B, 298.15\ K)\right]_p$$

$$\Delta_r H_m^{\ominus}(298.15\ K) = -\sum_B \nu_B \Delta_c H_m^{\ominus}(B, 298.15\ K) \tag{2-54}$$

2.8.7　由平均键焓估算生成焓

1. 键焓 $\Delta H_m^{\ominus}(A \longrightarrow C, 298.15\ K)$

将处于 298.15 K、标准状态下的气态分子 A—C 断裂，变成相距无限远没有相互作用的标准状态下 298.15 K 的气态碎片过程的焓变称为键焓。

碎片可以是原子或原子团等。

$$\boxed{\begin{array}{c}\text{A—C(g)}\\ 298.15\ K,\text{标准态}\end{array}} \xrightarrow{\ \Delta_r H_m^{\ominus}(A—C)\ } \boxed{\begin{array}{c}\text{A(g)}\\ 298.15\ K,\text{标准态}\end{array}} + \boxed{\begin{array}{c}\text{C(g)}\\ 298.15\ K,\text{标准态}\end{array}}$$

2. 键能 $\Delta U_m^{\ominus}(A \longrightarrow C, 298.15\ K)$

$$\Delta U_m^{\ominus}(A \longrightarrow C, 298.15\ K) = \Delta H_m^{\ominus}(A \longrightarrow C, 298.15\ K) - \sum_B \nu_B RT$$

表册上给出的键焓和键能(键离解能)数据通常是平均键焓和键能，因为某一化学键的键焓和键能通常与其在化合物中所处的位置有关。

3. 由平均键焓求化合物的生成焓

例如，甲烷的标准摩尔生成焓可通过设计以下反应途径由平均键焓(或原子化焓)求得：

$$\boxed{\begin{array}{c}\text{C(石墨)}\\ p^{\ominus}, 298.15\ K\end{array}} + \boxed{\begin{array}{c}2H_2(i,g)\\ p^{\ominus}, 298.15\ K\end{array}} \xrightarrow{\ \Delta_f H_m^{\ominus}(CH_4, g, 298.15\ K)\ } \boxed{\begin{array}{c}CH_4(i,g)\\ p^{\ominus}, 298.15\ K\end{array}}$$

$$\Big\downarrow \Delta H_1 \qquad\qquad\qquad\qquad\qquad\qquad\qquad \Big\uparrow \Delta H_2$$

$$\boxed{\begin{array}{c}C(i,g)\\ p^{\ominus}, 298.15\ K\end{array}} + \boxed{\begin{array}{c}4H(i,g)\\ p^{\ominus}, 298.15\ K\end{array}}$$

式中，$\Delta H_1 = \left[\sum_{B} |\nu_B| \Delta_{at} H_{m,B(g)}^{\ominus}\right]_r$，$\Delta H_2 = \left[\sum_{B} \nu_B \Delta_{at} H_{m,B(g)}^{\ominus}\right]_p$，$\Delta_{at} H_{m,B(g)}^{\ominus}$ 为原子化焓

$$\Delta_f H_m^{\ominus}(CH_4,g,298.15\,K) = \Delta H_1 - \Delta H_2$$

$$\Delta_f H_m^{\ominus}(CH_4,g,298.15\,K) = \left[\sum_{B} |\nu_B| \Delta_{at} H_{m,B(g)}^{\ominus}\right]_r - \left[\sum_{B} \nu_B \Delta_{at} H_{m,B(g)}^{\ominus}\right]_p = -\sum_{B} \nu_B \Delta_{at} H_{m,B(g)}^{\ominus} \tag{2-55}$$

物质的原子化焓＝物质所有键的各平均键焓之和

4. 由平均键焓求气态反应的标准摩尔焓

用上述方法同样可得

$$\Delta_r H_m^{\ominus}(298.15\,K) = -\sum \nu_B \Delta_{at} H_{m,B(g)}^{\ominus}(298.15\,K) \tag{2-56}$$

2.8.8 反应热与温度的关系——基尔霍夫定律

一般方法：由表册数据 → $\Delta_r H_m^{\ominus}(298.15\,K)$ → $\Delta_r H_m^{\ominus}(T)$

计算公式可推导如下：

对式(2-51)$\Delta_r H_m^{\ominus}(T) = \sum_{B} \nu_B H_m^{\ominus}(B,T)$ 求导，可得

$$\frac{d\Delta_r H_m^{\ominus}(T)}{dT} = \sum_{B} \nu_B \frac{dH_m^{\ominus}(B,T)}{dT} = \sum_{B} \nu_B C_{p,m}^{\ominus}(B) \equiv \Delta C_{p,m}^{\ominus}(B) \tag{2-57}$$

对式(2-57)两边同时积分，可得

$$\int_{298.15\,K}^{T} d\Delta_r H_m^{\ominus}(T) = \int_{298.15\,K}^{T} \Delta C_{p,m}^{\ominus}(B)dT$$

$$\Delta_r H_m^{\ominus}(T) = \Delta_r H_m^{\ominus}(298.15\,K) + \int_{298.15\,K}^{T} \Delta C_{p,m}^{\ominus}(B)dT \tag{2-58}$$

即

$$\Delta_r H_m^{\ominus}(T_2) = \Delta_r H_m^{\ominus}(T_1) + \int_{T_1}^{T_2} \Delta C_{p,m}^{\ominus}(B)dT \tag{2-59}$$

式(2-57)～式(2-59)就是基尔霍夫(Kirchhoff)定律。

2.9 过程热计算的一般方法

一般化学反应过程的 ΔH 的计算可用方框图表示如下：

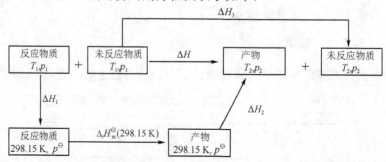

$$\Delta H = \Delta_r H_m^{\ominus}(298.15\ \text{K}) + \Delta H_1 + \Delta H_2 + \Delta H_3$$

$$= \Delta_r H_m^{\ominus}(298.15\ \text{K}) + \int_{T_1}^{298.15\ \text{K}} (nC_{p,m}\mathrm{d}T)_r + \int_{298.15\ \text{K}}^{T_2} (n'C_{p,m}\mathrm{d}T)_p + \int_{T_1}^{T_2} (n''C_{p,m}\mathrm{d}T)_u$$

若为绝热、恒压过程，$\Delta H = Q_p = 0$，可求得 T_2。

若为绝热、恒容过程，$\Delta U = Q_V = 0$ 或 $\Delta U = \Delta H - \Delta(pV) = 0$，可求得 T_2。

思 考 题

(1) 下列物理量中哪些是强度性质？哪些是广度性质？哪些不是状态函数？

U_m，H，Q，T，p，V_m，W，H_m，U，ρ，C_p，$C_{V,m}$

(2) 由气体 A、B、C 构成的体系的总质量 $m = m_A + m_B + m_C$，所以质量是广度性质。根据道尔顿分压定律，体系的总压力 $p = \sum_i p_i = p_A + p_B + p_C$，所以压力也是广度性质。这个结论正确吗？为什么？

(3) 如果在同一始、终状态之间设计一条绝热可逆过程、一条绝热不可逆过程，由于两个过程的始、终状态相同，所以两个过程的各状态函数的增量也对应相等。因 $W_{可逆} = C_V \Delta T$，$W_{不可逆} = C_V \Delta T$，所以 $W_{不可逆} = W_{可逆}$。上述说法是否正确？为什么？

(4) 置于封闭容器中的理想气体在一定的外压下做绝热膨胀，有 $\Delta U = W$，$\Delta H = Q_p = 0$。这个结论正确吗？为什么？

(5) 298.15 K、101 325 Pa 的水变成 298.15 K、101 325 Pa 的水蒸气，该过程怎样进行时为可逆过程？怎样进行时为不可逆过程？

第3章 热力学第二定律

本章重点及难点

(1) 热力学第二定律的熵表述。

(2) 判别各种变化过程的方向和限度的热力学判据(熵判据、亥姆霍兹自由能判据、吉布斯自由能判据和化学势判据)、适用条件及其应用。

(3) 组成恒定及组成变化的热力学基本方程及其应用。

(4) 各种变化过程的 ΔU、ΔH、ΔS、ΔA、ΔG 等的计算。

(5) 理想气体及实际气体的化学势表达式。

(6) 气体的标准态。

3.1 本章知识结构框架

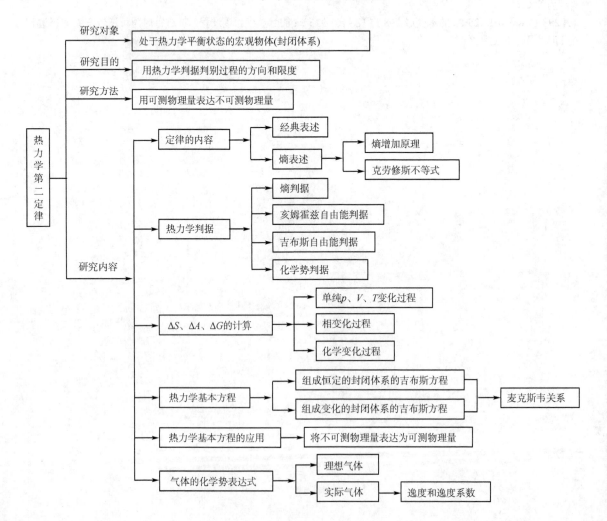

热力学第一定律解决的是能量在转化过程中的守恒问题,但它不能告诉我们在一定的条件下过程能否进行、进行到什么程度。19 世纪蒸汽机的发明大大促进了工业生产的迅速发展,对如何提高蒸汽机的效率、其效率能否达到 100%,即热能不能全部转化为功等问题的深入研究,引出了热力学的第二定律。

3.2　卡诺热机效率及卡诺定理

3.2.1　热机效率

1. 热机

将热量转化为机械能的装置称为热机,如蒸汽机等。

2. 热机效率 η

定义:

$$\eta = \frac{体系所做的功}{体系从高温热源吸收的热} = \frac{-W}{Q_H} \tag{3-1}$$

根据热力学第一定律推导可得

$$\eta = 1 + \frac{Q_C}{Q_H} \tag{3-2}$$

式中,Q_C 为传给低温热源的热量。式(3-2)为热机效率计算公式。根据热的符号规定,Q_H 为正值,Q_C 为负值,且 $|Q_H| > |Q_C|$,所以 $\eta < 1$。

3.2.2　卡诺热机效率

1. 卡诺热机

卡诺(Carnot)热机是一种理想的热机,其工作物质是理想气体。卡诺循环是由四个可逆步骤组成的循环过程:恒温可逆膨胀、绝热可逆膨胀、恒温可逆压缩、绝热可逆压缩。

2. 卡诺热机效率 η_R

根据热力学第一定律,结合卡诺热机的特点,推导可得

$$\oint \frac{\delta Q_R}{T} = 0 \tag{3-3}$$

将式(3-3)按卡诺循环的四个可逆步骤展开,可得卡诺热机效率计算公式:

$$\eta_R = 1 - \frac{T_C}{T_H} \tag{3-4}$$

式中,T_H 为高温热源的温度;T_C 为低温热源的温度。从式(3-4)可以看出以下几点:

(1) η_R 只与高、低温热源的温度有关,与工作介质的性质无关。T_H 与 T_C 相差越大,热机效率越高。

(2) $T_C = T_H$ 时,即只有一个热源时,$\eta_R = 0$,说明不能将单一热源的热转化为功而不发生

其他变化。

(3) $T_C \rightarrow 0$ 或 $T_H \rightarrow \infty$ 时，$\eta_R \rightarrow 1$。因为绝对零度是达不到的，所以 $\eta_R < 1$，说明热不可能全部变为功而不引起其他变化。

3.2.3　卡诺定理

热机效率：$\eta_{IR} = 1 + \dfrac{Q_C}{Q_H}$

可逆热机效率：$\eta_R = 1 - \dfrac{T_C}{T_H}$

卡诺定理：所有工作于相同高低温热源之间的热机，可逆热机的效率最高。

卡诺定理推论 1：一切可逆热机的效率只与高低温热源的温度有关，与工作介质的性质无关。

卡诺定理推论 2：在相同的高低温热源之间工作的可逆热机，具有相同的热机效率。

3.3　热力学第二定律的经典表述

1850 年前后，克劳修斯(Clausius)和开尔文(Kelvin)在证明卡诺定理的过程中，结合自然自发过程的特征，提出了热力学第二定律的经典表述。

什么是自发过程？

3.3.1　自发过程

听其自然而发生的过程为自发过程，如水从高处流向低处，热从高温物体传向低温物体等。

1. 自发过程分类

(1) 自然自发过程(自然界中自动发生的过程属于此类)。
(2) 一定条件下的自发过程(物理化学中的一些自发过程)。

2. 自发过程的特征

1) 自发过程的方向和限度
自发过程是单方向趋于平衡，是一去不复返的、不可逆的过程。限度为达平衡为止。
2) 自发过程的后果(痕迹)不能自动消除
可逆过程的后果能自动消除，即经过可逆过程的逆过程回到初始状态，环境不留下任何痕迹。但自发过程则不然，自发过程的逆过程回到初始状态，又会产生新的后果。
3) 自发过程都有一定的做功能力
表征一个过程的不可逆性可以用做功能力的损失来衡量。可逆过程体系对外做功能力最大，不可逆过程做功能力有所损失。
注意：自发过程一定是不可逆的，但不可逆过程不一定是自发的。

3.3.2　热力学第二定律的经典表述方法

自然界中自发的不可逆过程种类很多，但其特征均是后果不会自动消除。这一普遍原理就是热力学第二定律,有人称为后果不可消除原理。我们可任选一不可逆过程来说明这一原理。因此,热力学第二定律的这种形式的说法很多,但最早的是以下几种说法。

克劳修斯表述(1850 年):热量不可能自动从低温热源传到高温热源,或不可能以热的形式将低温物体的能量传递给高温物体,而不引起其他变化。

开尔文表述(1851 年):不可能从单一热源将热全部变为功而不发生其他的变化。

功可以全部变为热,而热不能全部变为功。因此,热和功是不等价的。

奥斯特瓦尔德(Ostwald)表述:第二类永动机是不可能制成的。

第二类永动机是一种能从单一热源吸热,并将吸收的热全部变为功而不发生其他变化的机器。第二类永动机不违反热力学第一定律,但其无法制成。

3.4　热力学第二定律的熵表述

判断一过程可逆与否可根据其后果能否自动消除,若后果不能自动消除则为不可逆过程,后果能自动消除则为可逆过程。过程不同,其后果也不同。可否找到一个体系的状态函数来判别过程的可逆与否呢?克劳修斯在卡诺循环的基础上定义了一个状态函数——熵(entropy)。

3.4.1　熵函数 S

封闭体系,对卡诺循环,有 $\oint \dfrac{\delta Q_R}{T} = 0$。

推广:对任一可逆循环,可以证明 $\oint \dfrac{\delta Q_R}{T} = 0$。

因为 $\oint \dfrac{\delta Q_R}{T} = 0$,说明可逆热温商 $\dfrac{\delta Q_R}{T}$ 必为状态函数的全微分。因此,将此状态函数定义为熵,用 S 表示。

1. 定义

$$dS \equiv \frac{\delta Q_R}{T} \tag{3-5}$$

过程的熵变: $\Delta S = \displaystyle\int_1^2 dS = \int_1^2 \frac{\delta Q_R}{T}$

环路积分: $\oint dS = 0$

2. 熵函数的特征

1) $dS = \dfrac{\delta Q_R}{T}$,但 $dS \neq \dfrac{\delta Q_{IR}}{T}$

只有可逆过程的热温商 $\dfrac{\delta Q_R}{T}$ 才等于过程的熵变 dS,不可逆过程也有热温商 $\dfrac{\delta Q_{IR}}{T}$,但其不等于过程的熵变 dS。

2) 熵是状态函数,属于广度性质

(1) 对纯物质体系,其具有加和性: $S = nS_m$。

(2) 对组成恒定的封闭体系，熵多表达为 $S = S(T,V)$，或 $S = S(T,p)$。其全微分式为

$$\mathrm{d}S = \left(\frac{\partial S}{\partial T}\right)_V \mathrm{d}T + \left(\frac{\partial S}{\partial V}\right)_T \mathrm{d}V \qquad \mathrm{d}S = \left(\frac{\partial S}{\partial T}\right)_p \mathrm{d}T + \left(\frac{\partial S}{\partial p}\right)_T \mathrm{d}p$$

(3) 熵既然是状态函数，那么，ΔS 就只与体系的始、终状态有关，与途径无关。

(4) 本书中几个常用的熵变的符号：

$\Delta S_{总}$ (ΔS_{univ}) 为总体熵变；ΔS 为体系的熵变；$\Delta S_{环}$ (ΔS_{sur}) 为环境的熵变。

3) 熵的单位

SI 制：$\mathrm{J \cdot K^{-1}}$；$\mathrm{kJ \cdot K^{-1}}$

其他：eu(熵单位)，$1\ \mathrm{eu} = 1\ \mathrm{cal \cdot K^{-1}}$

3.4.2　克劳修斯不等式

对于封闭体系，工作于高、低温热源之间的热机，其热机效率可用下式之一表达：

不可逆热机：$\eta_{\mathrm{IR}} = 1 + \dfrac{Q_\mathrm{C}}{Q_\mathrm{H}}$

可逆热机：$\eta_\mathrm{R} = 1 - \dfrac{T_\mathrm{C}}{T_\mathrm{H}}$

根据卡诺定理，有 $\eta_{\mathrm{IR}} < \eta_\mathrm{R}$，即

$$1 + \frac{Q_\mathrm{C}}{Q_\mathrm{H}} < 1 - \frac{T_\mathrm{C}}{T_\mathrm{H}}$$

所以

$$\frac{Q_\mathrm{C}}{T_\mathrm{C}} + \frac{Q_\mathrm{H}}{T_\mathrm{H}} < 0$$

若循环中有多个热源存在，则有

$$\sum_\mathrm{B} \frac{\delta Q_\mathrm{B}}{T_{\mathrm{B,环}}} < 0 \tag{3-6}$$

假设有这样一个不可逆循环过程：体系从状态 A 不可逆地变到状态 B，然后再可逆地从状态 B 返回到状态 A。任何一个循环过程，只要其中有一步是不可逆的，则整个循环便为不可逆循环。根据式(3-6)，我们将该循环分为两部分：不可逆部分和可逆部分，应有

$$\left(\sum_\mathrm{A}^\mathrm{B} \frac{\delta Q_{\mathrm{IR}}}{T_环}\right)_{\mathrm{IR,A\to B}} + \left(\sum_\mathrm{B}^\mathrm{A} \frac{\delta Q_\mathrm{R}}{T}\right)_{\mathrm{R,B\to A}} < 0 \tag{3-7}$$

因为

$$\left(\sum_\mathrm{B}^\mathrm{A} \frac{\delta Q_\mathrm{R}}{T}\right)_{\mathrm{R,B\to A}} = \int_\mathrm{B}^\mathrm{A} \frac{\delta Q_\mathrm{R}}{T} = \int_\mathrm{B}^\mathrm{A} \mathrm{d}S = S_\mathrm{A} - S_\mathrm{B} \tag{3-8}$$

将式(3-8)代入式(3-7)，得

$$\left(\sum_\mathrm{A}^\mathrm{B} \frac{\delta Q_{\mathrm{IR}}}{T_环}\right)_{\mathrm{IR,A\to B}} + \left(S_\mathrm{A} - S_\mathrm{B}\right) < 0$$

所以

$$\Delta S = S_\mathrm{B} - S_\mathrm{A} > \left(\sum_\mathrm{A}^\mathrm{B} \frac{\delta Q_{\mathrm{IR}}}{T_环}\right)_{\mathrm{IR,A\to B}} \tag{3-9}$$

若 A→B 为可逆过程，则

$$\Delta S = S_B - S_A = \left(\sum_A^B \frac{\delta Q_R}{T_{环}} \right)_{R,A \to B} \tag{3-10}$$

合并式(3-9)、式(3-10)，可得

$$\Delta S \geqslant \sum_A^B \frac{\delta Q}{T_{环}} \tag{3-11}$$

或

$$dS \geqslant \frac{\delta Q}{T_{环}} \tag{3-12}$$

式(3-11)、式(3-12)称为克劳修斯不等式，其可作为热力学第二定律的数学表达式。它表明封闭体系中进行的任一过程，若熵变化与该过程的热温商之和相等，则该过程为可逆过程。若熵变化大于该过程的热温商之和，则该过程为不可逆过程。熵变化小于该过程的热温商之和的过程根本不能发生。

克劳修斯不等式的应用条件：封闭体系。

3.4.3　熵增加原理

将克劳修斯不等式用于各种体系，就可得到适用于不同条件的熵判据和熵增加原理。

1. 熵判据

1) 绝热封闭体系

根据式(3-11)，有

$$\Delta S_{绝热} \geqslant 0 \quad 或 \quad \left(\frac{\partial S}{\partial \xi} \right)_{绝热} \geqslant 0$$

$$\Delta S_{绝热} 或 \left(\frac{\partial S}{\partial \xi} \right)_{绝热} \begin{cases} >0, \text{过程能发生且为绝热不可逆过程} \\ =0, \text{过程能发生且为绝热可逆过程} \\ <0, \text{过程不能发生} \end{cases}$$

因此，绝热可逆过程是一个等熵过程，绝热不可逆过程是一个熵增加过程。

2) 孤立体系

$$\Delta S_{孤立} \geqslant 0 \quad 或 \quad \left(\frac{\partial S}{\partial \xi} \right)_{孤立} \geqslant 0$$

$$\Delta S_{孤立} 或 \left(\frac{\partial S}{\partial \xi} \right)_{孤立} \begin{cases} >0, \text{能发生不可逆过程且为自发过程} \\ =0, \text{过程能发生且为可逆过程} \\ <0, \text{过程不能发生} \end{cases}$$

即孤立体系的熵永远不会减少，或孤立体系中不可能发生熵减少的过程。

3) 封闭体系

对于任意封闭体系，可采用体系加环境构成总体系的方法使用熵判据，即

$$\Delta S_{总} = \Delta S + \Delta S_{环}$$

$$\Delta S_{总} \begin{cases} >0, \text{过程能发生且为不可逆过程} \\ =0, \text{过程能发生且为可逆过程} \\ <0, \text{过程不能发生} \end{cases}$$

即封闭体系中只能发生总体熵增大或不变的过程，不可能发生总体熵减小的过程。

注意：

(1) 判断封闭体系所发生过程的方向和限度要用 $\Delta S_总$。

(2) $\Delta S_总 \geq 0$ 时，过程能发生，此时并不要求体系的 ΔS 一定大于或等于零，$\Delta S < 0$ 的过程是存在的。

(3) 孤立体系中，$\Delta S_孤立 > 0$，则过程一定是自发且不可逆的；而 $\Delta S_总 > 0$，过程一定是不可逆的，但不一定是自发的。

2. 熵增加原理的描述

熵增加原理，也是热力学第二定律的熵表述，可用不同的体系描述。

(1) 在绝热封闭体系中，若发生一绝热不可逆过程，体系的熵增加，直至最大不变为止，体系达到新的平衡状态。绝热封闭体系不可能发生熵减小的过程。

(2) 孤立体系中，若发生一不可逆过程，一定是自发的，自发过程向熵增大的方向进行，当体系达到平衡态时，熵值达到最大。或者说"一孤立体系的熵永不减小"。应该指出的是，孤立体系中自发过程的始态一定是非平衡态，在过程中体系的熵不断增大，直至最大值为止，体系达到新的平衡态。

(3) 封闭体系中发生一不可逆过程，则 $\Delta S_总$ 必大于零，即总体熵必须是增加的。封闭体系不可能发生总体熵减少的过程，达到平衡时，总体熵达到最大值。

3.5　熵变的计算

掌握各种体系和环境熵变的计算方法是使用熵判据所必需的。首先介绍计算的基本思想方法，然后举例说明。

3.5.1　体系熵变 ΔS 的计算

热力学讨论的体系如不加注明，均为封闭体系。体系熵变的基本计算方法如下：

(1) 确定体系的始、终状态。

(2) 对可逆过程，用 $\Delta S = \int_1^2 \dfrac{\delta Q_R}{T}$ 直接计算。

(3) 对不可逆过程，$\Delta S \neq \int_1^2 \dfrac{\delta Q_{IR}}{T}$，需设计可逆过程完成状态的变化，进行计算。

3.5.2　环境熵变 $\Delta S_环$ 的计算

(1) 对可逆过程：

$$\Delta S_环 = \int_1^2 \frac{\delta Q_{环,R}}{T_环} = -\int_1^2 \frac{\delta Q_R}{T} = -\Delta S \tag{3-13}$$

(2) 对不可逆过程：环境可看作大的恒温源（$T_环$=常数）、大的物质源，环境体积的变化可忽略不计($dV_环$=0)。在只做体积功的条件下，$\delta W_环$=0。所以

$$\delta Q_环 = dU_环$$

说明环境吸热或放热，无论其方式可逆与否，均有

$$\delta Q_{环,R} = \delta Q_{环,IR} = dU_环$$

因此，可用实际过程中环境吸收或释放的热 $\delta Q_环$ 代替 $\delta Q_{环,R}$，其数值又等于体系与环境交换的热的负值。故

$$\Delta S_环 = \frac{Q_环}{T_环} = \frac{-Q}{T_环} \tag{3-14}$$

式中，Q 为实际过程中体系与环境交换的热。

适用条件：封闭体系，$W'=0$。

3.5.3 熵变计算举例

1. 单纯 p、V、T 变化过程

条件：封闭体系，组成恒定，$W'=0$，无相变化，无化学变化的单纯 p、V、T 变化过程

$$\Delta S = \int_1^2 \frac{\delta Q_R}{T} = \int_1^2 \frac{dU + pdV}{T}$$

1) 恒压变温过程

(1) 体系 ΔS 的求算。

因为 S 是状态函数，ΔS 与途径无关，所以无论过程是否可逆，体系的 ΔS 必须设计可逆过程求算。对可逆恒压变温过程，可直接求算；对不可逆恒压变温过程，设计可逆恒压变温过程求算。

$$\boxed{p_1,V_1,T_1} \xrightarrow{[p]} \boxed{p_1,V_1,T_2}$$
$$\xrightarrow{[p],可逆}$$

$$\Delta S = \int_1^2 \frac{\delta Q_R}{T} = \int_1^2 \frac{\delta Q_p}{T} = \int_1^2 \frac{nC_{p,m}dT}{T} \tag{3-15}$$

若 $C_{p,m}$=常数，则

$$\Delta S = nC_{p,m} \ln \frac{T_2}{T_1} \tag{3-16}$$

(2) 环境 $\Delta S_环$ 的求算。

若为可逆恒压变温过程，则

$$\Delta S_环 = \int_1^2 \frac{\delta Q_{环,R}}{T_环} = \int_1^2 \frac{-\delta Q_R}{T} = -\Delta S$$

$$\Delta S_总 = \Delta S_环 + \Delta S = 0$$

若为不可逆恒压变温过程，则

$$\Delta S_环 = \frac{-Q}{T_环} = \frac{-nC_{p,m}(T_2 - T_1)}{T_环}$$

$$\Delta S_总 = \Delta S_环 + \Delta S > 0$$

2) 恒容变温过程

(1) 体系 ΔS 的求算。

恒容变温过程 ΔS 的求算方法与恒压变温过程的相同，无论过程是否可逆，体系的 ΔS 必须设计可逆过程求算。

$$\Delta S = \int_1^2 \frac{\delta Q_R}{T} = \int_1^2 \frac{\delta Q_V}{T} = \int_1^2 \frac{nC_{V,m}\mathrm{d}T}{T} \tag{3-17}$$

若 $C_{V,m}$=常数，则

$$\Delta S = nC_{V,m} \ln \frac{T_2}{T_1} \tag{3-18}$$

(2) 环境 $\Delta S_{环}$ 的求算。

若为可逆恒容变温过程，则

$$\Delta S_{环} = \int_1^2 \frac{\delta Q_{环,R}}{T_{环}} = \int_1^2 \frac{-\delta Q_R}{T} = -\Delta S$$

$$\Delta S_{总} = \Delta S_{环} + \Delta S = 0$$

若为不可逆恒容变温过程，则

$$\Delta S_{环} = \frac{-Q}{T_{环}} = \frac{-nC_{V,m}(T_2 - T_1)}{T_{环}}$$

$$\Delta S_{总} = \Delta S_{环} + \Delta S > 0$$

3) 理想气体恒温过程

(1) 体系 ΔS 的求算。

理想气体恒温过程 ΔS 的求算方法与恒压变温过程的相同，无论过程是否可逆，体系的 ΔS 必须设计可逆过程(或设计可逆过程)求算。

对理想气体，过程恒温，则

$$\mathrm{d}U = \delta Q + \delta W = 0$$

所以　　　　　　　　　　　　　　　$\delta Q = -\delta W$

$$\Delta S = \int_1^2 \frac{\delta Q_R}{T} = \int_1^2 \frac{-\delta W_R}{T} = \int_1^2 \frac{p\mathrm{d}V}{T} = \int_1^2 \frac{nR\mathrm{d}V}{V} = nR \ln \frac{V_2}{V_1} = nR \ln \frac{p_1}{p_2} \tag{3-19}$$

(2) 环境 $\Delta S_{环}$ 的求算。

若为理想气体恒温可逆过程，则

$$\Delta S_{环} = \int_1^2 \frac{\delta Q_{环,R}}{T_{环}} = \int_1^2 \frac{-\delta Q_R}{T} = -\Delta S$$

$$\Delta S_{总} = \Delta S_{环} + \Delta S = 0$$

若为理想气体恒温不可逆过程，则

$$\Delta S_{环} = \frac{Q_{环}}{T_{环}} = \frac{-Q}{T_{环}}$$

$$\Delta S_{总} = \Delta S_{环} + \Delta S > 0$$

4) 理想气体的简单 p、V、T 变化过程

对于理想气体的简单 p、V、T 变化过程，可设计不同的可逆过程求算 ΔS。例如，设计下列可逆过程进行计算：

$$\Delta S = \Delta S_1 + \Delta S_2$$

$$\Delta S = nC_{V,\mathrm{m}} \ln \frac{T_2}{T_1} + nR \ln \frac{V_2}{V_1} \tag{3-20}$$

将 $\dfrac{V_2}{V_1} = \dfrac{p_1 T_2}{p_2 T_1}$ 代入式(3-20)，可得

$$\Delta S = nC_{p,\mathrm{m}} \ln \frac{T_2}{T_1} + nR \ln \frac{p_1}{p_2} \tag{3-21}$$

将 $\dfrac{T_2}{T_1} = \dfrac{p_2 V_2}{p_1 V_1}$ 代入式(3-21)，可得

$$\Delta S = nC_{p,\mathrm{m}} \ln \frac{V_2}{V_1} + nC_{V,\mathrm{m}} \ln \frac{p_2}{p_1} \tag{3-22}$$

式(3-20)、式(3-21)、式(3-22)是等效的，对理想气体的可逆、不可逆过程均适用。而 $\Delta S_{环}$ 则必须根据具体过程求算。对可逆过程：

$$\Delta S_{环} = \int_1^2 \frac{\delta Q_{环,\mathrm{R}}}{T_{环}} = \int_1^2 \frac{-\delta Q_{\mathrm{R}}}{T} = -\Delta S$$

$$\Delta S_{总} = \Delta S_{环} + \Delta S = 0$$

对不可逆过程：

$$\Delta S_{环} = \frac{Q_{环}}{T_{环}} = \frac{-Q}{T_{环}}$$

$$\Delta S_{总} = \Delta S_{环} + \Delta S > 0$$

5) 绝热可逆过程

绝热可逆过程为等熵过程，所以

$$\Delta S = \int_1^2 \frac{\delta Q_{\mathrm{R}}}{T} = 0 , \quad \Delta S_{环} = 0 , \quad \Delta S_{总} = 0$$

6) 绝热不可逆过程

$$\Delta S_{环} = \frac{Q_{环}}{T_{环}} = \frac{-Q}{T_{环}} = 0$$

该过程体系 ΔS 的求算需设计可逆过程完成。**注意，在始态与终态之间不能设计一步完成的绝热可逆过程，因为在指定的始态和终态之间，绝热途径只有一条。**通常需要设计两步可逆过程来实现状态的变化。例如，理想气体绝热不可逆膨胀过程，其可逆过程设计如下：

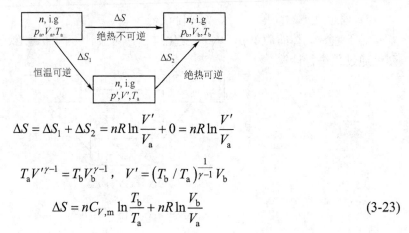

$$\Delta S = \Delta S_1 + \Delta S_2 = nR \ln \frac{V'}{V_a} + 0 = nR \ln \frac{V'}{V_a}$$

$$T_a V'^{\gamma-1} = T_b V_b^{\gamma-1}, \quad V' = \left(T_b / T_a\right)^{\frac{1}{\gamma-1}} V_b$$

$$\Delta S = n C_{V,m} \ln \frac{T_b}{T_a} + nR \ln \frac{V_b}{V_a} \tag{3-23}$$

说明只要是理想气体的单纯 p、V、T 变化过程，式(3-20)、式(3-21)、式(3-22)均可用来计算体系的 ΔS。

2. **热从高温向低温的不可逆传递过程**

1) 恒温热传导

两热源间的恒温热传导可视为绝热封闭体系中进行的过程。将两热源分别视为大的储热器，因此在热传导过程中 T_1、T_2 可视为恒定。

设计可逆过程求体系熵变 ΔS。第一步，将温度为 T_1 的理想气体与部分热源 I 接触，令理想气体恒温可逆膨胀从 I 吸热 Q，则 I 的熵变为

$$\Delta S_{\mathrm{I}} = \int_1^2 \frac{-\delta Q_R}{T_1} = -\frac{Q}{T_1}$$

第二步，将该理想气体与 I 脱离，绝热可逆膨胀至温度为 T_2，此步的 $\Delta S'=0$。

第三步，将温度为 T_2 的理想气体与 II 接触，进行恒温可逆压缩直至将 Q 的热传给 II，则 II 的熵变为

$$\Delta S_{\mathrm{II}} = \int_1^2 \frac{\delta Q_R}{T_2} = \frac{Q}{T_2}$$

故
$$\Delta S = \Delta S_{\mathrm{I}} + \Delta S_{\mathrm{II}} = -\frac{Q}{T_1} + \frac{Q}{T_2} = Q\left(\frac{1}{T_2} - \frac{1}{T_1}\right) \tag{3-24}$$

因为　　　　　　　　　　　　　　　$T_2 < T_1$

所以　　　　　　　　　　　　　　　$\Delta S > 0$

　　对绝热封闭体系　　　　　　　　$Q_环 = 0$

故　　　　　　　　　　　　　　　　$\Delta S_环 = 0$

所以　　　　　　　　　　　　　　　$\Delta S_总 > 0$

2) 变温热传导

两个温度不同的有限物体 A、B 相接触，最后达到热平衡的过程就属于这类过程，其特点是两物体始态温度不同，而终态温度相同。在计算 ΔS 之前，首先需确定终态温度。

因为体系绝热，所以

$$-Q_A = Q_B$$

若 C_p=常数，则

$$-C_{p,A}(T - T_A) = C_{p,B}(T - T_B)$$

解得

$$T = \frac{C_{p,A}T_A + C_{p,B}T_B}{C_{p,A} + C_{p,B}}$$

设 A、B 之间的热传导为恒压可逆过程，则

$$\begin{aligned}\Delta S = \Delta S_A + \Delta S_B &= \int_{T_A}^{T} \frac{n_A C_{p,m,A}}{T}dT + \int_{T_B}^{T} \frac{n_B C_{p,m,B}}{T}dT \\ &= n_A C_{p,m,A}\ln\frac{T}{T_A} + n_B C_{p,m,B}\ln\frac{T}{T_B}\end{aligned} \tag{3-25}$$

若所研究体系为两种不同温度的物质相混合，其 ΔS 的计算方法与变温热传导相同。

3. 恒温恒压下，不同惰性理想气体的混合过程

不同惰性理想气体的混合意味着混合过程中没有发生化学变化，这是一个不可逆过程。可设计可逆过程来完成这一状态变化。

第一步：将每种气体分别进行恒温可逆膨胀至各自终态体积均为混合后的总体积 V，则

$$\Delta S_1 = \Delta S_a + \Delta S_b = n_a R\ln\frac{V}{V_a} + n_b R\ln\frac{V}{V_b} = -n_a R\ln x_a - n_b R\ln x_b = -R\sum_B n_B \ln x_B$$

第二步：将分别膨胀后的两种气体进行可逆的恒温混合，混合后的终态总体积为 V。

理想气体恒温过程，有 $\Delta U=0$，每种气体混合前后体积均为 V，$W=0$，所以 $Q_R=0$。故

$$\Delta S_2 = 0$$

混合过程的总熵差为

$$\Delta S = \Delta S_1 + \Delta S_2 = -R\sum_B n_B \ln x_B$$

摩尔混合熵为

$$\Delta S_m = \frac{\Delta S}{\sum_B n_B} = -R\sum_B x_B \ln x_B \tag{3-26}$$

因为 $Q_{IR}=0$，故 $\Delta S_环 = 0$。

$$\Delta S_总 = \Delta S + \Delta S_环 = -R\sum_B n_B \ln x_B > 0$$

讨论：

(1) 因为 $x_B<1$，所以 $\Delta S_总>0$，过程不可逆。

(2) 同种理想气体混合：$x_B=1$，则 $\Delta S=0$。

(3) 若两种气体温度不同时，ΔS 的计算参考变温热传导。

(4) 熵的微观本质。

不同种类的惰性气体混合后混乱度增加，体系的熵增加。据此可以看出：**熵是混乱度的量度**。

4. 相变化过程

1) 可逆相变

体系发生可逆相变满足恒温、恒压条件，所以 $Q_R = Q_p = \Delta H_相$。

$$\Delta S = \int_1^2 \frac{\delta Q_R}{T} = \frac{Q_p}{T} = \frac{\Delta H_相}{T} \tag{3-27}$$

$$\Delta S_环 = \frac{Q_环}{T_环} = \frac{-\Delta H_相}{T} = -\Delta S$$

$$\Delta S_总 = \Delta S + \Delta S_环 = 0$$

2) 恒温、恒压不可逆相变

对恒温、恒压不可逆相变过程，体系熵变的计算需通过设计可逆过程、利用可逆相变热来完成。

【例 3-1】 求 -10℃、$p^\ominus$ 的 1 mol 水变为 -10℃、$p^\ominus$ 的冰过程的 ΔS。

(1) 已知：$\Delta_l^s H_m^\ominus(H_2O, 273.15\,K) = -6020\,J\cdot mol^{-1}$，$C_{p,m}(H_2O,s) = 37.6\,J\cdot mol^{-1}\cdot K^{-1}$，$C_{p,m}(H_2O,l) = 75.3\,J\cdot mol^{-1}\cdot K^{-1}$。

(2) 若已知 -10℃ 的水的饱和蒸气压为 259.94 Pa，说明计算 ΔS 的方法。

解 (1) 设计可逆途径如下：①和③为恒压可逆变温过程，②为恒温、恒压可逆相变过程。

$$\Delta S = \Delta S_1 + \Delta S_2 + \Delta S_3 = nC_{p,m}(H_2O,l)\ln\frac{T_2}{T_1} + \frac{n\Delta_l^s H_m^\ominus(H_2O, 273.15\,K)}{T_2} + nC_{p,m}(H_2O,s)\ln\frac{T_1}{T_2} = -20.69(J\cdot K^{-1})$$

$$\Delta_l^s H(H_2O, 263.15\,K) = \Delta H_1 + \Delta H_2 + \Delta H_3$$
$$= nC_{p,m,H_2O(l)}(T_2 - T_1) + n(-6020) + nC_{p,m,H_2O(s)}(T_1 - T_2)$$
$$= -5643(J)$$

$$\Delta S_环 = -\frac{Q}{T_环} = -\frac{n\Delta_l^s H(H_2O, 263.15\,K)}{T_环} = -\frac{-5643}{263.15} = 21.44(J\cdot K^{-1})$$

$$\Delta S_总 = \Delta S + \Delta S_环 = -20.69 + 21.44 = 0.75(J\cdot K^{-1})>0$$

因此，过程能够发生且为不可逆过程。注意：虽然体系的熵是降低的，但总体熵是增加的。

(2) 设计可逆途径如下：①和③为恒温可逆变压过程，②为恒温、恒压可逆相变过程。

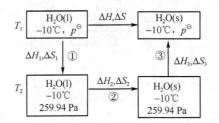

根据 $\Delta S=\int_1^2 \mathrm{d}S=\int_1^2\left(\dfrac{\partial S}{\partial p}\right)_T \mathrm{d}p$，可分别求得 ΔS_1 和 ΔS_3，根据 $-10℃$、$259.94\ \mathrm{Pa}$ 下 $H_2O(l)\longrightarrow H_2O(s)$ 的可逆相变热可计算 ΔS_2，则 $\Delta S=\Delta S_1+\Delta S_2+\Delta S_3$。

3) 恒温、非恒压不可逆相变

【例 3-2】　$100℃$、$p^{\ominus}$ 的 1 mol 水向真空蒸发为 $100℃$、$p^{\ominus}$ 的水蒸气，求过程的 ΔS。

$$
\begin{array}{ccc}
\boxed{\begin{array}{c} H_2O(l) \\ 100℃,\ p^{\ominus} \end{array}} & \xrightarrow[\ T_{环}=100℃\ ]{\text{向真空蒸发}} & \boxed{\begin{array}{c} H_2O(g) \\ 100℃,\ p^{\ominus} \end{array}}
\end{array}
$$

$$[T,p]\text{可逆},\Delta S_1$$

$$\Delta S = \Delta S_1 = \frac{\Delta H_{相}}{T}$$

$$\Delta U = Q + W = Q，\quad \Delta H = \Delta H_{相}$$

$$\Delta S_{环} = \frac{Q_{环}}{T_{环}} = -\frac{Q}{T_{环}} = -\frac{\Delta U}{T} = -\frac{(p_g V_g - p_1 V_1) - \Delta H}{T} \approx \frac{p^{\ominus} V_g}{T} - \frac{\Delta H_{相}}{T}$$

$$\Delta S_{总} = \Delta S + \Delta S_{环} = \frac{\Delta H_{相}}{T} + \frac{p^{\ominus} V_g}{T} - \frac{\Delta H_{相}}{T} = \frac{p^{\ominus} V_g}{T} > 0$$

因此，过程能够发生且为不可逆过程。

5. T-S 图及其应用

根据熵的定义式 $\mathrm{d}S = \dfrac{\delta Q_R}{T}$，可得体系在可逆过程中吸收的热为

$$Q_R = \int T \mathrm{d}S \tag{3-28}$$

体系所吸收的热还可用热容计算：

$$Q_R = \int C \mathrm{d}T \tag{3-29}$$

比较发现，式(3-28)比式(3-29)更有优势，式(3-28)对任一可逆过程均适用，而式(3-29)则有一定的限制条件，例如，等温过程中吸收的热就不能用式(3-29)计算。但可用式(3-28)计算

$$Q_R = \int T \mathrm{d}S = T(S_2 - S_1) \tag{3-30}$$

以 T 为纵坐标、S 为横坐标表示热力学过程的 T-S 图称为温-熵图，在热功计算中被广泛使用。例如，体系从状态 A 变到状态 B，在 T-S 图上，AB 曲线下的面积即为该过程所吸收的热(图 3-1)。

在计算热机循环效率时使用 T-S 图更为方便，如图 3-2 所示，曲线 ACB 下的面积为吸收的热量，曲线 BDA 下的面积为放出的热量，$ACBDA$ 的面积为所做的功。热机效率为

$$\eta = \frac{-W}{Q_H} = \frac{ACBDA\text{的面积}}{\text{曲线}ACB\text{下的面积}} \qquad (3\text{-}31)$$

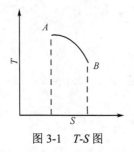

图 3-1　$T\text{-}S$ 图

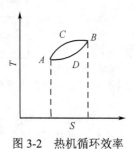

图 3-2　热机循环效率

3.6　自　由　能

3.6.1　目的

用熵判据判别封闭体系内过程变化的方向和限度时，需使用总体熵变判据：

$$\Delta S_\text{总} = \Delta S + \Delta S_\text{环} \geqslant 0$$

这样，除需计算体系的熵变外，还要计算环境的熵变，而环境熵变的计算通常是比较困难的。较为方便的办法是只研究体系的热力学性质的改变，而不必考虑环境的情况。这就需要一个能用来判别任一封闭体系中所发生的过程的方向和限度，且只与体系有关的新状态函数。对处于热平衡和力学平衡的封闭体系，人们通常在两种情况下研究物质变化的方向和限度：①在恒温、恒容条件下研究气相化学反应；②在恒温、恒压条件下研究相变化或液相化学反应。将这两类过程的特征与克劳修斯不等式结合，就引出了两个新的体系的状态函数——亥姆霍兹自由能和吉布斯自由能，用自由能来判别过程变化的方向和限度可使问题大大简化。

3.6.2　亥姆霍兹自由能 A

1. 定义

对于封闭体系，在温度恒定时，即 $T=T_\text{环}=$常数，克劳修斯不等式 $dS \geqslant \dfrac{\delta Q}{T_\text{环}}$ 可写为

$$dS \geqslant \frac{\delta Q}{T} \qquad \text{或} \qquad d(TS) \geqslant \delta Q$$

由热力学第一定律 $\delta Q = dU - \delta W$ 得

$$d(TS) \geqslant (dU - \delta W)$$

整理得

$$d(U - TS) \leqslant \delta W \qquad (3\text{-}32)$$

定义：

$$A \equiv U - TS \qquad (3\text{-}33)$$

A 称为亥姆霍兹自由能(或功函)。A 是状态函数的数学组合，所以其本身也是体系的状态函数，属于广度性质，具有能量单位。

封闭体系，恒温条件下，将式(3-33)代入式(3-32)，得
$$\mathrm{d}A \leqslant \delta W \tag{3-34}$$
或
$$\Delta A \leqslant W \tag{3-35}$$

2. 亥姆霍兹自由能判据

1) 封闭体系，恒温过程($W = W_{体} + W'$)
$$\Delta A \leqslant W \begin{cases} <W，过程能发生且为不可逆过程 \\ =W，过程能发生且为可逆过程 \\ >W，过程不能发生 \end{cases}$$

2) 封闭体系，恒温、恒容($W_{体}=0$)过程
$$\Delta A \leqslant W' \begin{cases} <W'，过程能发生且为不可逆过程 \\ =W'，过程能发生且为可逆过程 \\ >W'，过程不能发生 \end{cases}$$

3) 封闭体系，恒温、恒容，且 $W'=0$ 过程
$$\Delta A \leqslant 0 \text{ 或} \left(\frac{\partial A}{\partial \xi}\right)_{T,V} \leqslant 0 \begin{cases} <0，过程能发生且为不可逆过程 \\ =0，过程能发生且为可逆过程 \\ >0，过程不能发生 \end{cases}$$

在封闭体系、恒温、恒容，且 $W'=0$ 的条件下，过程朝着亥姆霍兹自由能降低的方向进行，直到 A 达到最小值不变为止。不可逆过程的限度是 $\Delta A=0$，体系达到平衡。

3.6.3　吉布斯自由能 G

1. 定义

封闭体系、恒温、恒压条件下，$p_{ex}=p=$常数，根据式(3-32)可得
$$\mathrm{d}(U - TS) \leqslant (-p_{ex}\mathrm{d}V + \delta W')$$
$$\mathrm{d}(U - TS) \leqslant [-\mathrm{d}(pV) + \delta W']$$
整理可得
$$\mathrm{d}(U - TS + pV) \leqslant \delta W'$$
即
$$\mathrm{d}(H - TS) \leqslant \delta W' \tag{3-36}$$
定义：
$$G \equiv H - TS \tag{3-37}$$
G 称为吉布斯自由能。G 是状态函数的数学组合，所以其本身也是体系的**状态函数，属于广度性质，具有能量单位**。
封闭体系、恒温、恒压条件下，将式(3-37)代入式(3-36)，得
$$\mathrm{d}G \leqslant \delta W' \tag{3-38}$$
或
$$\Delta G \leqslant W' \tag{3-39}$$

2. 吉布斯自由能判据

1) 封闭体系，恒温、恒压过程

$$\Delta G \leqslant W' \begin{cases} <W', & \text{过程能发生且为不可逆过程} \\ =W', & \text{过程能发生且为可逆过程} \\ >W', & \text{过程不能发生} \end{cases}$$

2) 封闭体系，恒温，恒压，$W'=0$

$$\Delta G \leqslant 0 \text{ 或} \left(\frac{\partial G}{\partial \xi}\right)_{T,p} \leqslant 0 \begin{cases} <0, & \text{过程能发生且为不可逆过程} \\ =0, & \text{过程能发生且为可逆过程} \\ >0, & \text{过程不能发生} \end{cases}$$

封闭体系、恒温、恒压、只做体积功的条件下，过程朝着吉布斯自由能降低的方向进行，直到 G 达到最小值不变为止。不可逆过程的限度是 $\Delta G = 0$，体系达到平衡。

注意：

(1) 封闭体系仅恒温但不恒压的条件下，ΔG 判据不能用，ΔA 判据可以用。

(2) 封闭体系仅满足恒温且 $p_1 = p_2 = p$，但 $p \neq p_{ex}$(非刚性壁)，ΔG 判据也不能用。

3.6.4　ΔG 和 ΔA 的计算

1. ΔA 的计算

封闭体系：$\Delta A = \Delta U - \Delta(TS) = \Delta U - (T_2 S_2 - T_1 S_1)$

封闭体系、恒温过程：$\Delta A = \Delta U - T\Delta S$

封闭体系、恒温可逆过程：$\Delta A = W_{总,R} = W_R + W_R'$

封闭体系、$W'=0$、恒温可逆过程：$\Delta A = -\int_1^2 p\,dV$

封闭体系、$W'=0$、恒温、恒容、可逆过程：$\Delta A = 0$

2. ΔG 的计算

封闭体系：$\Delta G = \Delta H - \Delta(TS) = \Delta H - (T_2 S_2 - T_1 S_1)$

封闭体系、恒温过程：$\Delta G = \Delta H - T\Delta S$

封闭体系、恒温、恒压、可逆过程：$\Delta G = W_R'$

封闭体系、$W'=0$、恒温、恒压、可逆过程：$\Delta G = 0$

到目前为止，我们引入的基本的热力学函数有 U、H、S、A、G。这些热力学函数之间存在的相互关系为：$H = U + pV$，$A = U - TS$，$G = H - TS = U + pV - TS = A + pV$。这些热力学函数随 p、V、T 等的变化量有些是可以通过实验测定得到的，有些则不能。我们如何得到这些难测量的物理量呢？借助热力学的基本方程可以用易测量物理量表达难测量的物理量。

3.7　组成恒定的封闭体系的热力学基本方程

3.7.1　引言

研究对象：封闭体系，组成恒定。

研究目的：用易测量物理量表达难测量或不可测量的物理量。

易测量物理量：$C_p = \left(\dfrac{\partial H}{\partial T}\right)_p$，$C_V = \left(\dfrac{\partial U}{\partial T}\right)_V$，$\mu_{\text{J-T}} = \left(\dfrac{\partial T}{\partial p}\right)_H$，$\mu_{\text{J}} = \left(\dfrac{\partial T}{\partial V}\right)_U$，$\alpha = \dfrac{1}{V}\left(\dfrac{\partial T}{\partial V}\right)_p$，

$\kappa = -\dfrac{1}{V}\left(\dfrac{\partial T}{\partial p}\right)_V$

难测量物理量：$\left(\dfrac{\partial U}{\partial V}\right)_T$，$\left(\dfrac{\partial H}{\partial p}\right)_T$，$\left(\dfrac{\partial S}{\partial p}\right)_T$，$\left(\dfrac{\partial U}{\partial p}\right)_T$，$\cdots$

研究方法：利用热力学第一、第二定律导出的热力学函数之间的关系式，从而导出易测量物理量与难测量物理量之间的关系。

3.7.2　热力学基本方程

1. 基本方程

推导热力学基本方程的前提条件：组成恒定的封闭体系、只做体积功的可逆过程。

由热力学第一定律可得

$$\mathrm{d}U = \delta Q_{\text{R}} + \delta W_{\text{R}} = \delta Q_{\text{R}} - p\,\mathrm{d}V \tag{3-40}$$

由热力学第二定律可得

$$\mathrm{d}S = \frac{\delta Q_{\text{R}}}{T} \qquad \delta Q_{\text{R}} = T\mathrm{d}S \tag{3-41}$$

将式(3-41)代入式(3-40)，并将 U、H、S、A、G 之间的相互关系引入，即可得到四个组成恒定的封闭体系的热力学基本方程

$$\mathrm{d}U = T\mathrm{d}S - p\mathrm{d}V \tag{3-42}$$

$$\mathrm{d}H = T\mathrm{d}S + V\mathrm{d}p \tag{3-43}$$

$$\mathrm{d}A = -S\mathrm{d}T - p\mathrm{d}V \tag{3-44}$$

$$\mathrm{d}G = -S\mathrm{d}T + V\mathrm{d}p \tag{3-45}$$

式(3-42)～式(3-45)也称为吉布斯方程。这四个方程对应的函数关系可表示为

$$\begin{aligned} U &= U(S,V) \\ H &= H(S,p) \\ A &= A(T,V) \\ G &= G(T,p) \end{aligned} \tag{3-46}$$

2. 适用条件

(1) 适用于组成恒定的封闭体系、$W' = 0$ 的可逆过程(过程中允许有可逆相变化和可逆化学变化发生)。

(2) 不适用于有不可逆相变化和化学变化发生的过程。

(3) 适用于不可逆的简单 p、V、T 变化过程。

第(3)条的原因在于所得到的热力学基本方程虽然在推导过程中使用了可逆过程条件，但它们均为状态函数的组合，仅与体系的状态有关。对组成恒定的封闭体系，从同一始态出发到达同一终态，无论过程是否可逆，过程的状态函数增量是相同的。区别在于，对于不可逆 p、V、T 变化过程，$T\mathrm{d}S$ 不代表不可逆过程体系与环境交换的热，$p\mathrm{d}V$ 不代表不可逆过程的功。只有可逆过程，$T\mathrm{d}S$ 才代表热，$p\mathrm{d}V$ 才代表功。

3. 偏微商与体系性质的关系

将热力学基本方程与相应的函数关系式(3-46)的全微分方程对比，可得到在一定条件下，某状态函数的偏微商与体系的某一性质的关系。

例如，由 $U=U(S,V)$，可得其全微分式

$$\mathrm{d}U=\left(\frac{\partial U}{\partial S}\right)_V \mathrm{d}S+\left(\frac{\partial U}{\partial V}\right)_S \mathrm{d}V$$

将该全微分式与式(3-42) $\mathrm{d}U=T\mathrm{d}S-p\mathrm{d}V$ 对比可得

$$T=\left(\frac{\partial U}{\partial S}\right)_V,\quad p=-\left(\frac{\partial U}{\partial V}\right)_S$$

同理可得

$$T=\left(\frac{\partial U}{\partial S}\right)_V=\left(\frac{\partial H}{\partial S}\right)_p,\quad p=-\left(\frac{\partial U}{\partial V}\right)_S=-\left(\frac{\partial A}{\partial V}\right)_T$$

$$V=\left(\frac{\partial H}{\partial p}\right)_S=\left(\frac{\partial G}{\partial p}\right)_T,\quad S=-\left(\frac{\partial A}{\partial T}\right)_V=-\left(\frac{\partial G}{\partial T}\right)_p$$

3.7.3　麦克斯韦关系式

根据状态函数的全微分性质，我们可以推导出状态函数的偏微商之间的关系式——麦克斯韦关系式。

设有一状态函数：$Z=f(x,y)$，则

$$\mathrm{d}Z=\left(\frac{\partial Z}{\partial x}\right)_y \mathrm{d}x+\left(\frac{\partial Z}{\partial y}\right)_x \mathrm{d}y=M\mathrm{d}x+N\mathrm{d}y$$

所以

$$\left(\frac{\partial M}{\partial y}\right)_x=\left(\frac{\partial N}{\partial x}\right)_y$$

根据上述原理，由热力学基本方程(左列)可得四个麦克斯韦关系(右列)。

$$\begin{aligned}
\mathrm{d}U&=T\mathrm{d}S-p\mathrm{d}V & \left(\frac{\partial T}{\partial V}\right)_S&=-\left(\frac{\partial p}{\partial S}\right)_V\\
\mathrm{d}H&=T\mathrm{d}S+V\mathrm{d}p & \left(\frac{\partial T}{\partial p}\right)_S&=\left(\frac{\partial V}{\partial S}\right)_p\\
\mathrm{d}A&=-S\mathrm{d}T-p\mathrm{d}V & -\left(\frac{\partial S}{\partial V}\right)_T&=-\left(\frac{\partial p}{\partial T}\right)_V\\
\mathrm{d}G&=-S\mathrm{d}T+V\mathrm{d}p & -\left(\frac{\partial S}{\partial p}\right)_T&=\left(\frac{\partial V}{\partial T}\right)_p
\end{aligned}\tag{3-47}$$

3.7.4　麦克斯韦关系的应用

应用热力学基本方程和麦克斯韦关系式，可推导出 U、H、S、A 和 G 随温度、压力或体积等的变化与易测量物理量之间的关系式，下面举例说明。

1. $\left(\dfrac{\partial U}{\partial V}\right)_T$

由 $\mathrm{d}U = T\mathrm{d}S - p\mathrm{d}V$，可得

$$\left(\frac{\partial U}{\partial V}\right)_T = T\left(\frac{\partial S}{\partial V}\right)_T - p = T\left(\frac{\partial p}{\partial T}\right)_V - p \tag{3-48}$$

根据 $\mathrm{d}A = -S\mathrm{d}T - p\mathrm{d}V$，可得

$$\left(\frac{\partial S}{\partial V}\right)_T = \left(\frac{\partial p}{\partial T}\right)_V \tag{3-48a}$$

因为 $\left(\dfrac{\partial p}{\partial T}\right)_V \left(\dfrac{\partial T}{\partial V}\right)_p \left(\dfrac{\partial V}{\partial p}\right)_T = -1$，故

$$\left(\frac{\partial p}{\partial T}\right)_V = -\left(\frac{\partial V}{\partial T}\right)_p \bigg/ \left(\frac{\partial V}{\partial p}\right)_T \tag{3-48b}$$

又

$$\alpha = \frac{1}{V}\left(\frac{\partial V}{\partial T}\right)_p \qquad \kappa = -\frac{1}{V}\left(\frac{\partial V}{\partial p}\right)_T \tag{3-48c}$$

将式(3-48a)、式(3-48b)和式(3-48c)代入式(3-48)，可得

$$\left(\frac{\partial U}{\partial V}\right)_T = T\left(\frac{\partial p}{\partial T}\right)_V - p = \frac{\alpha T}{\kappa} - p \tag{3-49}$$

应用式(3-49)可求实际气体进行恒温过程的 ΔU_T。例如，对于范德华气体，由范德华方程可得

$$p = \frac{nRT}{V - nb_0} - \frac{n^2 a_0}{V^2} \qquad \left(\frac{\partial p}{\partial T}\right)_V = \frac{nR}{V - nb_0}$$

$$\Delta U_T = \int_1^2 \left(\frac{\partial U}{\partial V}\right)_T \mathrm{d}V = \int_1^2 \left[T\left(\frac{\partial p}{\partial T}\right)_V - p\right]\mathrm{d}V = \int_1^2 \frac{n^2 a_0}{V^2}\mathrm{d}V = n^2 a_0\left(\frac{1}{V_1} - \frac{1}{V_2}\right)$$

2. $\left(\dfrac{\partial U}{\partial p}\right)_T$

因为 $\mathrm{d}U = T\mathrm{d}S - p\mathrm{d}V$，$\mathrm{d}G = -S\mathrm{d}T + V\mathrm{d}p$，$\left(\dfrac{\partial S}{\partial p}\right)_T = -\left(\dfrac{\partial V}{\partial T}\right)_p$，所以

$$\left(\frac{\partial U}{\partial p}\right)_T = T\left(\frac{\partial S}{\partial p}\right)_T - p\left(\frac{\partial V}{\partial p}\right)_T = -T\left(\frac{\partial V}{\partial T}\right)_p - p\left(\frac{\partial V}{\partial p}\right)_T = -TV\alpha + pV\kappa \tag{3-50}$$

3. $\left(\dfrac{\partial U}{\partial T}\right)_p$

由 $dU = TdS - pdV$ 可得

$$\left(\frac{\partial U}{\partial T}\right)_p = T\left(\frac{\partial S}{\partial T}\right)_p - p\left(\frac{\partial V}{\partial T}\right)_p$$

恒压下，根据 $dS = \dfrac{\delta Q_R}{T} = \dfrac{C_p dT}{T}$ 可得

$$\left(\frac{\partial S}{\partial T}\right)_p = \frac{C_p}{T} \tag{3-51}$$

所以

$$\left(\frac{\partial U}{\partial T}\right)_p = T\left(\frac{\partial S}{\partial T}\right)_p - p\left(\frac{\partial V}{\partial T}\right)_p = C_p - pV\alpha \tag{3-52}$$

4. $\left(\dfrac{\partial H}{\partial p}\right)_T$

根据 $dH = TdS + Vdp$、$dG = -SdT + Vdp$、$\left(\dfrac{\partial S}{\partial p}\right)_T = -\left(\dfrac{\partial V}{\partial T}\right)_p$ 可得

$$\left(\frac{\partial H}{\partial p}\right)_T = T\left(\frac{\partial S}{\partial p}\right)_T + V = -T\left(\frac{\partial V}{\partial T}\right)_p + V = -TV\alpha + V \tag{3-53}$$

5. $\left(\dfrac{\partial S}{\partial T}\right)_V$

恒容下，根据 $dS = \dfrac{\delta Q_R}{T} = \dfrac{C_V dT}{T}$ 可得

$$\left(\frac{\partial S}{\partial T}\right)_V = \frac{C_V}{T} \tag{3-54}$$

6. $\left(\dfrac{\partial G}{\partial p}\right)_T$

$$dG = -SdT + Vdp, \quad dG = \left(\frac{\partial G}{\partial T}\right)_p dT + \left(\frac{\partial G}{\partial p}\right)_T dp$$

对比可得

$$\left(\frac{\partial G}{\partial p}\right)_T = V$$

7. $\left(\dfrac{\partial G}{\partial T}\right)_p$

在恒压下，由 $dG = -SdT + Vdp$ 可得

$$\left(\frac{\partial G}{\partial T}\right)_p = -S$$

$$\left(\frac{\partial \Delta G}{\partial T}\right)_p = \left[\frac{\partial (G_2 - G_1)}{\partial T}\right]_p = \frac{\partial G_2}{\partial T} - \frac{\partial G_1}{\partial T} = -(S_2 - S_1) = -\Delta S$$

即

$$\left(\frac{\partial \Delta G}{\partial T}\right) = -\Delta S \tag{3-55}$$

8. 吉布斯-亥姆霍兹方程

在恒定压力下，将 G/T 对 T 微分，可得

$$\left[\frac{\partial (G/T)}{\partial T}\right]_p = \frac{T(\partial G/\partial T)_p - G}{T^2} = \frac{-TS - G}{T^2} = \frac{-H}{T^2} \tag{3-56}$$

$$\left[\frac{\partial (\Delta G/T)}{\partial T}\right]_p = \frac{T(\partial \Delta G/\partial T)_p - \Delta G}{T^2} = \frac{-T\Delta S - \Delta G}{T^2}$$

在温度 T 时，$-T\Delta S - \Delta G = -\Delta H$，所以

$$\left[\frac{\partial (\Delta G/T)}{\partial T}\right]_p = \frac{-\Delta H}{T^2} \qquad \text{或} \qquad d\left(\frac{\Delta G}{T}\right)_p = \frac{-\Delta H}{T^2}dT \tag{3-57}$$

式(3-56)、式(3-57)均称为吉布斯-亥姆霍兹公式。

应用：当 ΔH 在指定温度范围内为常数时，将式(3-57)积分，若已知恒压下 T_1 时的 ΔG_1，可求 T_2 时的 ΔG_2。

$$\frac{\Delta G_2}{T_2} - \frac{\Delta G_1}{T_1} = \Delta H\left(\frac{1}{T_2} - \frac{1}{T_1}\right) = \Delta H\left(\frac{T_1 - T_2}{T_2 T_1}\right) \tag{3-58}$$

同理可得

$$\left[\frac{\partial (A/T)}{\partial T}\right]_V = \frac{-U}{T^2} \qquad \left[\frac{\partial (\Delta A/T)}{\partial T}\right]_V = \frac{-\Delta U}{T^2} \tag{3-59}$$

3.7.5 ΔU、ΔH、ΔA、ΔS 和 ΔG 的计算

1. 组成恒定封闭体系、只做体积功、无相变化、无化学变化的简单 p、V、T 变化过程

1) ΔU 的计算

$$dU = \left(\frac{\partial U}{\partial T}\right)_p dT + \left(\frac{\partial U}{\partial p}\right)_T dp$$

将式(3-50)、式(3-52)代入上式，得

$$\Delta U = \int_1^2 (C_p - pV\alpha)dT - \int_1^2 (TV\alpha - pV\kappa)dp \tag{3-60}$$

若过程中有相变化，在可逆相变点将积分断开，计算应分为三部分：相变前简单 p、V、T 变化的积分，加可逆相变的 ΔU，再加相变后的简单 p、V、T 变化的积分。

【例 3-3】　　求证：当 $U = U(T,p)$ 时，对理想气体，有

$$\Delta U = \int_1^2 n C_{V,m} dT$$

证明　对理想气体

$$dU = \left(\frac{\partial U}{\partial T}\right)_p dT + \left(\frac{\partial U}{\partial p}\right)_T dp$$

由式(3-50)，得

$$\left(\frac{\partial U}{\partial p}\right)_T = -T\left(\frac{\partial V}{\partial T}\right)_p - p\left(\frac{\partial V}{\partial p}\right)_T = -T\left(\frac{nR}{p}\right) - p\left(-\frac{nRT}{p^2}\right) = 0$$

即对理想气体，有

$$\left(\frac{\partial U}{\partial p}\right)_T = 0 \tag{3-61}$$

由式(3-52)，得

$$\Delta U = \int_1^2 \left(\frac{\partial U}{\partial T}\right)_p dT = \int_1^2 (C_p - pV\alpha) dT$$

因为 $\alpha = \frac{1}{V}\left(\frac{\partial V}{\partial T}\right)_p = \frac{1}{V}\left[\partial\left(\frac{nRT}{p}\right)\middle/\partial T\right]_p = \frac{nR}{pV}$，代入上式，得

$$\Delta U = \int_1^2 (C_p - pV\alpha) dT = \int_1^2 (C_p - nR) dT = \int_1^2 C_V dT = \int_1^2 n C_{V,m} dT$$

即

$$\Delta U = \int_1^2 n C_{V,m} dT$$

2) ΔH 的计算

$$dH = \left(\frac{\partial H}{\partial T}\right)_p dT + \left(\frac{\partial H}{\partial p}\right)_T dp$$

将 C_p 的定义式及式(3-53)代入上式，得

$$dH = C_p dT + (-TV\alpha + V) dp$$

$$\Delta H = \int_1^2 dH = \int_1^2 C_p dT + \int_1^2 (-TV\alpha + V) dp \tag{3-62}$$

用与例 3-3 类似的方法可以证明：对理想气体，$\Delta H = \int_1^2 n C_{p,m} dT$。

3) ΔS 的计算

$$dS = \left(\frac{\partial S}{\partial T}\right)_p dT + \left(\frac{\partial S}{\partial p}\right)_T dp$$

将式(3-51)及麦克斯韦关系代入上式，得

$$dS = \frac{C_p}{T} dT - \alpha V dp$$

$$\Delta S = \int_1^2 \frac{C_p}{T} dT - \int_1^2 \alpha V dp \tag{3-63}$$

4) ΔG 的计算

$$dG = -S dT + V dp \qquad \Delta G = \int_1^2 -S dT + \int_1^2 V dp \tag{3-64}$$

对恒温过程

$$\Delta G_T = \int_1^2 V \mathrm{d}p \tag{3-65}$$

或

$$\Delta G_T = \Delta H - T\Delta S \tag{3-66}$$

5) ΔA 的计算

$$\mathrm{d}A = -S\mathrm{d}T - p\mathrm{d}V \qquad \Delta A = \int_1^2 -S\mathrm{d}T - \int_1^2 p\mathrm{d}V \tag{3-67}$$

对恒温过程

$$\Delta A_T = -\int_1^2 p\mathrm{d}V \tag{3-68}$$

或

$$\Delta A = \Delta U - T\Delta S \tag{3-69}$$

2. 相变过程

前提条件：封闭体系，$W' = 0$

1) 可逆相变过程(恒温、恒压可逆相变过程)

$$\Delta G = \Delta H - T\Delta S = \Delta H_{相} - T\frac{\Delta H_{相}}{T} = 0 \tag{3-70}$$

$$\Delta A_{T,p} = -\int_1^2 p\mathrm{d}V = -p(V_2 - V_1) \tag{3-71}$$

或

$$\Delta A = \Delta G - \Delta(pV) = -p(V_2 - V_1)$$

2) 恒温、恒压不可逆相变过程

【例 3-4】　计算 $-10℃$、$p^{\ominus}$ 下，$H_2O(l) \longrightarrow H_2O(s)$ 过程的 ΔG、ΔA。

解　因为题给相变过程为不可逆过程，需设计以下可逆相变过程进行计算：

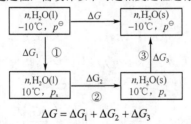

$$\Delta G = \Delta G_1 + \Delta G_2 + \Delta G_3$$

$$\Delta G_1 = \int_{p^{\ominus}}^{p_s} V_1 \mathrm{d}p, \quad \Delta G_2 = 0(可逆相变), \quad \Delta G_3 = \int_{p_s}^{p^{\ominus}} V_s \mathrm{d}p$$

$$\Delta G = \Delta G_1 + \Delta G_3 = \int_{p_s}^{p^{\ominus}} (V_s - V_1) \mathrm{d}p$$

$$\Delta A = \Delta G - \Delta(pV) = \Delta G - p(V_s - V_1)$$

3) 恒温、非恒压不可逆相变过程

【例 3-5】　在 $100℃$、$0.5\,p^{\ominus}$ 下，$100℃$、$p^{\ominus}$ 的 $1\ \mathrm{mol}$ 水在恒温条件下蒸发成 $100℃$、$0.5\,p^{\ominus}$ 的水蒸气，计算过程的 ΔG、ΔA。假设气体可作为理想气体处理。

解

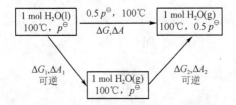

$$\Delta G_1 = 0$$

$$\Delta G_2 = \int_{p^\ominus}^{0.5p^\ominus} V_g \mathrm{d}p = \int_{p^\ominus}^{0.5p^\ominus} \frac{nRT}{p} \mathrm{d}p = nRT\ln\frac{1}{2} = -2150(\mathrm{J})$$

$$\Delta G = \Delta G_1 + \Delta G_2 = -2150(\mathrm{J})\ (过程不满足恒温恒压，不可作判据)$$

$$\Delta A_1 = \Delta G_1 - \Delta(pV) = -nRT = -3102(\mathrm{J})$$

$$\Delta A_2 = \Delta G_2 = -2150(\mathrm{J})$$

$$\Delta A = \Delta A_1 + \Delta A_2 = -3102 - 2150 = -5252(\mathrm{J})\ (过程恒温，可作判据)$$

3.8　组成变化的封闭体系的热力学基本方程

3.8.1　引言

研究对象：处于热平衡、力平衡但未处于物质平衡的封闭体系，且 $W'=0$。

研究目的：判别物质变化的方向和限度。

研究方法：化学势判据。

3.8.2　组成变化的均相封闭体系的吉布斯方程

组成变化的封闭体系的吉布斯方程是在组成恒定的封闭体系的吉布斯方程的基础上推导得到的。为便于理解，根据组成恒定的封闭体系的吉布斯方程取 U、H、A 和 G 的函数关系：

$$U = U(S,V) \qquad H = H(S,p) \qquad A = A(T,V) \qquad G = G(T,p)$$

对组成变化的封闭体系，$W'=0$ 时，U、H、A 和 G 除上述函数关系外，还随组成的改变而发生变化，所以

$$U = U(S,V,n_1,n_2,\cdots,n_k)\ ,\quad H = H(S,p,n_1,n_2,\cdots,n_k)$$

$$A = A(T,V,n_1,n_2,\cdots,n_k)\ ,\quad G = G(T,p,n_1,n_2,\cdots,n_k)$$

以 $G = G(T,p,n_1,n_2,\cdots,n_k)$ 为例，推导吉布斯方程如下：

$$\mathrm{d}G = \left(\frac{\partial G}{\partial T}\right)_{p,n}\mathrm{d}T + \left(\frac{\partial G}{\partial p}\right)_{T,n}\mathrm{d}p + \left(\frac{\partial G}{\partial n_1}\right)_{T,p,n_{j\neq1}}\mathrm{d}n_1 + \left(\frac{\partial G}{\partial n_2}\right)_{T,p,n_{j\neq2}}\mathrm{d}n_2 + \cdots + \left(\frac{\partial G}{\partial n_k}\right)_{T,p,n_{j\neq k}}\mathrm{d}n_k$$

即

$$\mathrm{d}G = \left(\frac{\partial G}{\partial T}\right)_{p,n}\mathrm{d}T + \left(\frac{\partial G}{\partial p}\right)_{T,n}\mathrm{d}p + \sum_{\mathrm{B}}\left(\frac{\partial G}{\partial n_{\mathrm{B}}}\right)_{T,p,n_{j\neq\mathrm{B}}}\mathrm{d}n_{\mathrm{B}} \tag{3-72}$$

式(3-72)中，下标 p,n 表示压力和组成恒定；T,n 表示温度和组成恒定；$T,p,n_{j\neq\mathrm{B}}$ 表示温度、压力及除组分 B 以外的其他组分恒定。

令

$$\mu_{\mathrm{B}} = \left(\frac{\partial G}{\partial n_{\mathrm{B}}}\right)_{T,p,n_{j\neq\mathrm{B}}} \tag{3-73}$$

μ_{B} 称为化学势。将式(3-72)与组成恒定封闭体系的吉布斯方程比较，并将式(3-73)代入，得

$$\mathrm{d}G = -S\mathrm{d}T + V\mathrm{d}p + \sum_{\mathrm{B}}\mu_{\mathrm{B}}\mathrm{d}n_{\mathrm{B}} \tag{3-74}$$

式(3-74)即为组成变化的封闭体系的吉布斯方程之一。

1. 吉布斯方程

根据上述方法，同样可导出其他三个热力学基本方程。四个组成变化的封闭体系的吉布斯方程及相应的化学势定义式如下：

$$dU = TdS - pdV + \sum_B \mu_B dn_B，\quad 其中 \mu_B = \left(\frac{\partial U}{\partial n_B}\right)_{S,V,n_{j\neq B}}$$

$$dH = TdS + Vdp + \sum_B \mu_B dn_B，\quad 其中 \mu_B = \left(\frac{\partial H}{\partial n_B}\right)_{S,p,n_{j\neq B}}$$

$$dA = -SdT - pdV + \sum_B \mu_B dn_B，\quad 其中 \mu_B = \left(\frac{\partial A}{\partial n_B}\right)_{T,V,n_{j\neq B}}$$

$$dG = -SdT + Vdp + \sum_B \mu_B dn_B，\quad 其中 \mu_B = \left(\frac{\partial G}{\partial n_B}\right)_{T,p,n_{j\neq B}}$$

$$(3\text{-}75)$$

式(3-75)中右边四个关系式为化学势的四种定义式。在实际应用时，后两种定义方式用得较多，特别是 $\mu_B = \left(\frac{\partial G}{\partial n_B}\right)_{T,p,n_{j\neq B}}$，因为恒温、恒压条件是很普遍的，这就为使用化学势判据提供了方便。因此，在定义化学势时，如不作特殊说明，就是指用吉布斯自由能定义的形式。

2. 化学势

1) 定义

$$\mu_B \equiv \left(\frac{\partial G}{\partial n_B}\right)_{T,p,n_{j\neq B}} \tag{3-76}$$

根据定义，$\mu_B = \mu_B(T,p,n_1,n_2,\cdots)$，属强度性质。

其他定义：$\mu_B \equiv \left(\frac{\partial U}{\partial n_B}\right)_{S,V,n_{j\neq B}}$，$\mu_B \equiv \left(\frac{\partial H}{\partial n_B}\right)_{S,p,n_{j\neq B}}$，$\mu_B \equiv \left(\frac{\partial A}{\partial n_B}\right)_{T,V,n_{j\neq B}}$

2) 对纯物质

吉布斯自由能为广度性质，具有加和性。对纯物质：$G_B^* = n_B G_{m,B}^*$，故

$$\mu_B^* = \left(\frac{\partial G_B^*}{\partial n_B}\right)_{T,p,n_{j\neq B}} = G_{m,B}^* \tag{3-77}$$

式中，*代表纯物质。

即对纯物质，化学势就等于摩尔吉布斯自由能。

3. 讨论

(1) 吉布斯方程适用条件：组成变化的均相封闭体系，$W'=0$。
(2) 化学势共有四种定义方式，是等效的但要注意各自的条件。

(3) 麦克斯韦关系对组成变化的吉布斯方程同样适用。

例如，某三组分体系

$$dG = -SdT + Vdp + \mu_1 dn_1 + \mu_2 dn_2 + \mu_3 dn_3$$

则有　　　　$-\left(\frac{\partial S}{\partial p}\right)_{T,n} = \left(\frac{\partial V}{\partial T}\right)_{p,n}$　　　　(组成恒定)

$$-\left(\frac{\partial S}{\partial n_1}\right)_{T,p,n_{j\neq1}} = \left(\frac{\partial \mu_1}{\partial T}\right)_{p,n}$$　　　　(恒压及组分 2、3 不变)

$$-\left(\frac{\partial V}{\partial n_1}\right)_{T,p,n_{j\neq1}} = \left(\frac{\partial \mu_1}{\partial p}\right)_{T,n}$$　　　　(恒温及组分 2、3 不变)

注：上式中的下标"1"也可以是"2"或"3"。根据需要，共可以写出 7 个等式。

3.8.3 组成变化的多相封闭体系的热力学基本方程

对多相体系中的每一相，均相封闭体系的热力学基本方程均可适用。

例如，由 β 相和 δ 相构成的两相体系，当体系达到热平衡和力学平衡时

对 β 相：　　$$dG^\beta = -S^\beta dT^\beta + V^\beta dp^\beta + \sum_B \mu_B^\beta dn_B^\beta$$　　　(3-78)

对 δ 相：　　$$dG^\delta = -S^\delta dT^\delta + V^\delta dp^\delta + \sum_B \mu_B^\delta dn_B^\delta$$　　　(3-79)

多相体系：　　$$dG = dG^\beta + dG^\delta = \sum_\alpha dG^\alpha$$　　　(3-80)

将式(3-78)、式(3-79)代入式(3-80)，得

$$dG = -\sum_\alpha S^\alpha dT^\alpha + \sum_\alpha V^\alpha dp^\alpha + \sum_\alpha \sum_B \mu_B^\alpha dn_B^\alpha$$　　　(3-81)

由于体系已达到热平衡和力平衡，所以各相的 dT 值和 dp 值均分别相等，即

$$-\sum_\alpha S^\alpha dT^\alpha = -dT \sum_\alpha S^\alpha = -SdT$$

$$\sum_\alpha V^\alpha dp^\alpha = dp \sum_\alpha V^\alpha = Vdp$$

因此，式(3-81)可表示为

$$dG = -SdT + Vdp + \sum_\alpha \sum_B \mu_B^\alpha dn_B^\alpha$$　　　(3-82)

同理可得

$$dA = -SdT - pdV + \sum_\alpha \sum_B \mu_B^\alpha dn_B^\alpha$$　　　(3-83)

$$dH = TdS + Vdp + \sum_\alpha \sum_B \mu_B^\alpha dn_B^\alpha$$　　　(3-84)

$$dU = TdS - pdV + \sum_\alpha \sum_B \mu_B^\alpha dn_B^\alpha$$　　　(3-85)

式(3-82)～式(3-85)为组成变化的多相封闭体系的热力学基本方程。

3.9 化学势判据

根据封闭体系，$W'=0$，恒温、恒压条件下的吉布斯自由能判据及式(3-82)，对于 $W'=0$，处于热平衡和力学平衡的封闭体系，体系中发生一微小物质变化时，有

$$封闭体系，W'=0，[T,p]: \quad \mathrm{d}G_{T,p} = \sum_{\alpha} \sum_{\mathrm{B}} \mu_{\mathrm{B}}^{\alpha} \mathrm{d}n_{\mathrm{B}}^{\alpha} \leqslant 0 \tag{3-86}$$

同理可得

$$封闭体系，W'=0，[T,V]: \quad \mathrm{d}A_{T,V} = \sum_{\alpha} \sum_{\mathrm{B}} \mu_{\mathrm{B}}^{\alpha} \mathrm{d}n_{\mathrm{B}}^{\alpha} \leqslant 0 \tag{3-87}$$

$$封闭体系，W'=0，[S,V]: \quad \mathrm{d}U_{S,V} = \sum_{\alpha} \sum_{\mathrm{B}} \mu_{\mathrm{B}}^{\alpha} \mathrm{d}n_{\mathrm{B}}^{\alpha} \leqslant 0 \tag{3-88}$$

$$封闭体系，W'=0，[S,p]: \quad \mathrm{d}H_{S,p} = \sum_{\alpha} \sum_{\mathrm{B}} \mu_{\mathrm{B}}^{\alpha} \mathrm{d}n_{\mathrm{B}}^{\alpha} \leqslant 0 \tag{3-89}$$

3.9.1 相变化过程的化学势判据

这里所讨论的体系是封闭体系，$W'=0$，并且体系已处于热平衡、力学平衡和化学平衡，但不处于相平衡。体系发生一相变过程，有

$$\mathrm{d}G_{T,p} = \sum_{\alpha} \sum_{\mathrm{B}} \mu_{\mathrm{B}}^{\alpha} \mathrm{d}n_{\mathrm{B}}^{\alpha} \leqslant 0$$

即

$$\sum_{\alpha} \sum_{\mathrm{B}} \mu_{\mathrm{B}}^{\alpha} \mathrm{d}n_{\mathrm{B}}^{\alpha} \leqslant 0 \tag{3-90}$$

假设在 β 相与 δ 相共存的体系中，B 物质的物质的量 $\mathrm{d}n_{\mathrm{B}}$ 从 β 相转移到 δ 相，则式(3-90)可写为

$$(\mu_{\mathrm{B}}^{\beta} \mathrm{d}n_{\mathrm{B}}^{\beta} + \mu_{\mathrm{B}}^{\delta} \mathrm{d}n_{\mathrm{B}}^{\delta}) \leqslant 0$$

因为 $-\mathrm{d}n_{\mathrm{B}}^{\beta} = \mathrm{d}n_{\mathrm{B}}^{\delta}$，且 $\mathrm{d}n_{\mathrm{B}}^{\delta} > 0$，所以

$$(-\mu_{\mathrm{B}}^{\beta} \mathrm{d}n_{\mathrm{B}}^{\delta} + \mu_{\mathrm{B}}^{\delta} \mathrm{d}n_{\mathrm{B}}^{\delta}) \leqslant 0$$

$$(\mu_{\mathrm{B}}^{\delta} - \mu_{\mathrm{B}}^{\beta}) \mathrm{d}n_{\mathrm{B}}^{\delta} \leqslant 0$$

故

$$\mu_{\mathrm{B}}^{\delta} - \mu_{\mathrm{B}}^{\beta} \leqslant 0$$

即

$$\mu_{\mathrm{B}}^{\delta} \leqslant \mu_{\mathrm{B}}^{\beta} \tag{3-91}$$

因此，相变化过程的化学势判据可表示如下：

$$\mu_{\mathrm{B}}^{\delta} \leqslant \mu_{\mathrm{B}}^{\beta} \begin{cases} "<"，变化方向：\beta \to \delta \\ "="，变化限度：\mu_{\mathrm{B}}^{\delta} = \mu_{\mathrm{B}}^{\beta} \end{cases}$$

相变化方向：从化学势高的相向化学势低的相转化。

相平衡的条件：物质 B 在各相中的化学势相等。

3.9.2 化学变化过程的化学势判据

对于封闭体系，$W'=0$，并且体系已处于热平衡、力学平衡和相平衡，但不处于化学平衡的条件下，体系发生一化学变化过程，有

$$dG = \sum_\alpha \sum_B \mu_B^\alpha dn_B^\alpha \leqslant 0$$

当体系已达到相平衡时

$$dG = \sum_B \mu_B dn_B \leqslant 0 \tag{3-92}$$

因为 $dn_B = \nu_B d\xi$，且 $d\xi > 0$，代入式(3-92)，得

$$dG = \sum_B \mu_B dn_B = \sum_B \mu_B \nu_B d\xi \leqslant 0$$

即

$$\left(\frac{\partial G}{\partial \xi}\right)_{T,p} = \sum_B \nu_B \mu_B \leqslant 0 \tag{3-93}$$

因此，化学变化过程的化学势判据可表示如下：

$$\left(\frac{\partial G}{\partial \xi}\right)_{T,p} = \sum_B \nu_B \mu_B \leqslant 0 \begin{cases} \text{"<"，过程能发生且为不可逆过程} \\ \text{"="，过程能发生且为可逆过程} \end{cases}$$

化学变化的方向：向 $\left(\dfrac{\partial G}{\partial \xi}\right)_{T,p}$ 降低的方向进行；

化学变化的限度：至 $\left(\dfrac{\partial G}{\partial \xi}\right)_{T,p} = 0$ 为止，即

$$\left(\sum_B \nu_B \mu_B\right)_{产物} = \left(\sum_B \nu_B \mu_B\right)_{反应物}$$

应该注意的是：在反应进程中，物质 B 的化学势是在不断变化的。化学势是强度性质，将 $\sum_B \nu_B \mu_B \leqslant 0$ 描述为"反应物的化学势之和大于产物的化学势之和，反应从左向右进行"是不妥当的，因为强度性质不能加和。$\nu_B \mu_B d\xi$ 的意义是反应进度发生 $d\xi$ 变化时所引起的组分 B 的吉布斯自由能的微小变化值，不再是 B 的化学势。$\sum_B \nu_B \mu_B$ 可描述为：在指定 T、p 和组成的条件下，在一个无限大的体系中反应进度变化 $\Delta\xi = 1$ mol 引起的体系的吉布斯自由能的变化。或在指定 T、p 和组成的条件下，在一个有限体系中反应进度变化 $d\xi$ 引起的体系的吉布斯自由能的微小变化值随 $d\xi$ 的变化率。

3.10　气体的化学势

根据式(3-91)和式(3-93)，对组成变化的体系，通过对体系中各组分化学势的计算即可判别其方向和限度。那么，化学势如何计算呢？

3.10.1　理想气体的化学势

1. 纯理想气体的化学势

对于纯物质：$\mu^* = G_m^*$，根据吉布斯方程，对于理想气体，在恒温条件下，有

$$d\mu^* = dG_m^* = -S_m^* dT + V_m^* dp = V_m^* dp = \frac{RT}{p} dp = RTd\ln p$$

$$\int_{\mu^*(T,p_1)}^{\mu^*(T,p_2)} d\mu^* = \int_{p_1}^{p_2} RTd\ln p$$

$$\mu^*(T,p_2) - \mu^*(T,p_1) = RT\ln\frac{p_2}{p_1} \tag{3-94}$$

由于 G^*、μ^* 的绝对值无法求得，只能求取其相对值，所以人们选择标准态作为求取相对值的参考态。

纯理想气体的标准态规定为：T、$p^\ominus$ 时的纯理想气体状态。

根据式(3-94)，以纯理想气体的标准态为始态，则理想气体在 T、p 下的化学势为

$$\mu^*(T,p) = \mu^*(T,p^\ominus) + RT\ln\frac{p}{p^\ominus} = \mu^\ominus(T) + RT\ln\frac{p}{p^\ominus} \tag{3-95}$$

式中，$\mu^\ominus(T)$ 为标准化学势；p 为纯理想气体在温度为 T 时的压力；$p^\ominus$ 为纯理想气体在温度为 T 时的标准态压力。

2. 混合理想气体的化学势

由于理想气体分子间除弹性碰撞外，无其他相互作用，所以混合理想气体中每一种组分(分压为 p_B)的行为与该组分单独存在并占有与混合气体相同体积时的行为相同。因此，在混合气体中，某组分气体 B 的化学势 μ_B 也就与该组分气体在纯态时的化学势 μ_B^* 相同，即

$$d\mu_B = RTd\ln p_B$$

$$\int_{\mu_B^\ominus}^{\mu_B} d\mu_B = \int_{p^\ominus}^{p_B} RTd\ln p_B$$

$$\mu_B(T,p_B) = \mu_B^\ominus(T) + RT\ln\frac{p_B}{p^\ominus} \tag{3-96}$$

式中

$$\mu_B(T,p_B) = \mu_B(T,p,x_1,x_2,\cdots,x_{k-1}) = \mu_B(T,p,n_1,n_2,\cdots,n_k)$$

将 $p_B = px_B$ 代入式(3-96)，得

$$\mu_B(T,p_B) = \mu_B^\ominus(T) + RT\ln\frac{p}{p^\ominus} + RT\ln x_B \tag{3-97}$$

式中，$\mu_B^\ominus(T)$ 为 T、$p^\ominus$ 下的纯理想气体 B 的化学势；$\mu_B(T,p_B)$ 为 T、总压为 p 下的混合理想气体中组分 B 的化学势。

3.10.2　实际气体的化学势

1. 纯实际气体的化学势

对于纯理想气体：$d\mu^* = RTd\ln p$

对于纯实际气体，在恒温条件下，吉布斯方程 $d\mu = dG = -SdT + Vdp$ 仍可写成

$$\mathrm{d}\mu^* = V_{\mathrm{m}}^* \mathrm{d}p$$

但 $V_{\mathrm{m}}^* \neq RT/p$，所以 $\mathrm{d}\mu^* \neq RT\mathrm{d}\ln p$。

为使纯实际气体具有与理想气体相似的化学势表达式，人们对实际气体采用下列等式：

$$\mathrm{d}\mu^* = RT\mathrm{d}\ln f \tag{3-98}$$

式中，f 称为逸度，其量纲与压力相同，在 SI 制中单位为 Pa。

在恒温下，纯实际气体逸度 f 的定义如下：

$$\begin{cases} \mathrm{d}\mu = RT\mathrm{d}\ln f \\ \lim\limits_{p\to 0} \dfrac{f}{p} = 1 \end{cases} \tag{3-99}$$

逸度系数：$\gamma = \dfrac{f}{p}$ 或 $f = \gamma p$。

对理想气体：$\gamma = 1$，$f = p$。

为求得实际气体的化学势，仍需取参考态。我们仍以理想气体的标准态为参考态(T、$p^{\ominus} = 10^5\,\mathrm{Pa}$ 下的纯理想气体状态)。

对式(3-98)积分，始态取标准态，终态为任意状态。因为对理想气体有 $f = p$，所以标准态下：$f^{\ominus} = p^{\ominus}$。

$$\int_{\mu^{\ominus}}^{\mu} \mathrm{d}\mu^* = \int_{f^{\ominus}}^{f} RT\mathrm{d}\ln f$$

$$\mu^*(T,p) = \mu^*(T,p^{\ominus}) + RT\ln\frac{f}{f^{\ominus}}$$

或

$$\mu(T,p) = \mu^{\ominus}(T,p^{\ominus}) + RT\ln\frac{f}{p^{\ominus}} \tag{3-100}$$

或

$$\mu(T,p) = \mu^{\ominus}(T) + RT\ln\frac{\gamma p}{p^{\ominus}}$$

或

$$\mu(T,p) = \mu^{\ominus}(T) + RT\ln\frac{p}{p^{\ominus}} + RT\ln\gamma \tag{3-101}$$

式中，$\mu(T,p)$ 为实际气体在 T、p 下的化学势；$\mu^{\ominus}(T)$ 为实际气体在 T、$p^{\ominus}$ 下的标准态的化学势。

纯实际气体的标准态规定为：纯实际气体在 T、$f^{\ominus} = p^{\ominus} = 10^5\,\mathrm{Pa}$、$\gamma = 1$ 且具有理想气体性质的状态。

实际气体的标准态是一个客观不存在的假想态，因为只有在 $p\to 0$ 时，有 $\gamma = 1$，而在 $p^{\ominus} = 10^5\,\mathrm{Pa}$ 下，$\gamma \neq 1$。如图 3-3 所示，实际气体的标准态是 I 点($f = p = 10^5\,\mathrm{Pa}$，$\gamma = 1$)，而不是 $f = 10^5\,\mathrm{Pa}$ 的 R 点。

2. 混合实际气体的化学势

为了得到与混合理想气体的化学势表达式相似的混合实际气体的化学势表达式，定义了混合实际气体中组分 B 的逸度 f_{B}。

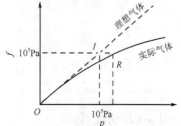

图 3-3　实际气体的标准态

在恒温恒组成下，混合实际气体中组分 B 逸度定义如下：

$$\begin{cases} \mathrm{d}\mu_B = RT\mathrm{d}\ln f_B \\ \lim\limits_{p\to 0}\dfrac{f_B}{p_B} = \lim\limits_{p\to 0}\dfrac{f_B}{px_B} = 1 \end{cases} \tag{3-102}$$

逸度系数：

$$\gamma_B = \frac{f_B}{p_B} \tag{3-103}$$

$$\int_{\mu_B^\ominus}^{\mu_B} \mathrm{d}\mu_i = \int_{f^\ominus}^{f_B} RT\mathrm{d}\ln f_B$$

$$\mu_B(T, p_B) = \mu_B^\ominus(T) + RT\ln\frac{f_B}{p^\ominus} \tag{3-104}$$

$$\mu_B(T, p_B) = \mu_B^\ominus(T) + RT\ln\frac{p_B}{p^\ominus} + RT\ln\gamma_B \tag{3-105}$$

式中，$\mu_B(T, p_B)$ 为混合实际气体中组分 B 在 T、分压 p_B 下的化学势；$\mu_B^\ominus(T)$ 为混合实际气体中组分 B 的标准化学势。

混合实际气体中组分 B 的标准态规定为：纯气体 B 在 T、$f^\ominus = p^\ominus = 10^5\,\mathrm{Pa}$、$\gamma = 1$ 且具有理想气体性质的状态。

3.10.3 逸度的计算

1. 纯气体逸度的计算

1) 状态方程法

$$[T]\,\mathrm{d}\mu = V_m\mathrm{d}p = RT\mathrm{d}\ln f$$

$$\int_{f^\ominus}^{f} RT\mathrm{d}\ln f = \int_{p^\ominus}^{p} V_m\mathrm{d}p \tag{3-106}$$

积分下限也可为极低压力：当 $p\to 0$ 时，$f_0 = p_0 \to 0$

$$\int_{f_0}^{f} RT\mathrm{d}\ln f = \int_{p_0}^{p} V_m\mathrm{d}p \tag{3-107}$$

将实际气体的 V 与 p 之间的函数关系代入式(3-106)或式(3-107)，完成积分，即可求得 f 值。

2) 图解积分法

根据式(3-107)积分时，积分下限取极低压力 p_0，当 $p_0\to 0$ 时，$V_m\to\infty$。为避免积分困难，可根据实验数据先求出实际气体体积 V_m^r 与 RT/p 的差值，再通过图解积分求得 f 值。方法如下：

$$令 \qquad \alpha = \frac{RT}{p} - V_m^r \qquad V_m^r = \frac{RT}{p} - \alpha \tag{3-108}$$

将式(3-108)代入式(3-107)，得

$$RT\int_{f_0}^{f} \mathrm{d}\ln f = \int_{p_0}^{p} V_m^r\mathrm{d}p = \int_{p_0}^{p}\left(\frac{RT}{p} - \alpha\right)\mathrm{d}p$$

即

$$RT\int_{f_0}^{f} \mathrm{d}\ln f = RT\int_{p_0}^{p} \mathrm{d}\ln p - \int_{p_0}^{p} \alpha\,\mathrm{d}p \tag{3-109}$$

$$RT \ln \frac{f}{f_0} = RT \ln \frac{p}{p_0} - \int_{p_0}^{p} \alpha \mathrm{d}p$$

当 $p_0 \to 0$ 时，$f_0 = p_0 \to 0$，整理可得

$$RT \ln \frac{f}{p} = RT \ln \gamma = -\int_{p_0}^{p} \alpha \mathrm{d}p \tag{3-110}$$

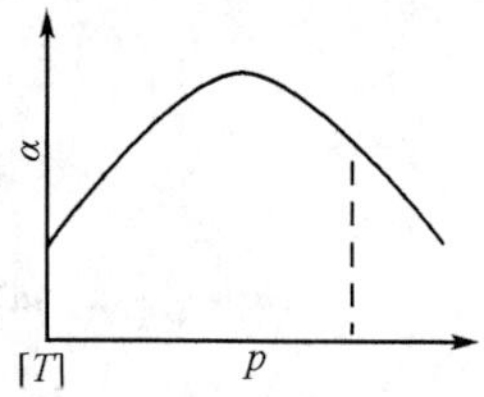

根据式(3-110)，通过图解积分(图 3-4)可求得 γ 值，进而求得 f 值。

3) 对比状态法

对实际气体，采用普遍化的状态方程 $pV = ZnRT$，将其代入 α 的定义式(3-108)

$$\alpha = \frac{RT}{p} - V_{\mathrm{m}}^{\mathrm{r}} = \frac{RT}{p} - \frac{ZRT}{p} \tag{3-111}$$

图 3-4　NH_3 的 $\alpha\text{-}p$ 图

将式(3-111)代入式(3-110)，可得

$$RT \ln \gamma = \int_{p_0}^{p} -\left(\frac{RT}{p} - \frac{ZRT}{p} \right) \mathrm{d}p = \int_{p_0}^{p} RT(Z-1) \frac{\mathrm{d}p}{p} \tag{3-112}$$

将对比参数引入式(3-112)，得

$$\ln \gamma = \lim_{p_{\mathrm{r},0} \to 0} \int_{p_{\mathrm{r},0}}^{p_{\mathrm{r}}} (z-1) \mathrm{d} \ln p_{\mathrm{r}} \tag{3-113}$$

式(3-113)表明，在相同对比温度 T_{r} 和对比压力 p_{r} 下，所有气体具有相同的逸度系数。根据式(3-113)，可以绘出 $\gamma = f(T_{\mathrm{r}}, p_{\mathrm{r}})$ 图。也就是说，可以从压缩因子图绘制出普适于任何气体的逸度系数图，此图称为牛顿(Newton)图。

2. 混合气体逸度的计算

混合气体中各组分的分子间相互作用不同于纯气体中同类分子间相互作用。因此，纯气体的逸度不同于该气体在混合气体中的逸度，但可借助路易斯(Lewis)规定解决该问题。

路易斯规定：混合气体中组分 B 的逸度 f_{B} 等于纯 B 气体在混合气体 T、p 下的逸度 f_{B}^{*} 与组分 B 在混合气体中的摩尔分数的乘积，即

$$f_{\mathrm{B}} = f_{\mathrm{B}}^{*} x_{\mathrm{B}} \tag{3-114}$$

又因为 $f_{\mathrm{B}}^{*} = \gamma_{\mathrm{B}}^{*} p$，其中，$\gamma_{\mathrm{B}}^{*}$ 为纯 B 气体在混合气体的 T、p 下的逸度系数，由

$$f_{\mathrm{B}} = f_{\mathrm{B}}^{*} x_{\mathrm{B}} = \gamma_{\mathrm{B}}^{*} x_{\mathrm{B}} p$$

$$f_{\mathrm{B}} = \gamma_{\mathrm{B}} p_{\mathrm{B}} = \gamma_{\mathrm{B}} x_{\mathrm{B}} p$$

可得

$$\gamma_{\mathrm{B}} = \gamma_{\mathrm{B}}^{*} \tag{3-115}$$

可以看出，混合气体中组分 B 的逸度系数等于纯气体 B 在混合气体 T、p 下的逸度系数。

【例 3-6】　1 mol 某气体的状态方程为 $pV_{\mathrm{m}}=RT+bp$，式中，$b>0$。求该气体在 T、p 时的 f 表达式。

解　$\mathrm{d}\mu = RT\mathrm{d}\ln f = V_{\mathrm{m}}\mathrm{d}p$

因为

$$V_{\mathrm{m}} = \frac{RT}{p} + b$$

所以

$$RT\mathrm{d}\ln f = \frac{RT}{p}\mathrm{d}p + b\mathrm{d}p$$

$$\lim_{p_0 \to 0}\left(RT\int_{f_0}^{f}\mathrm{d}\ln f\right) = \lim_{p_0 \to 0}\left(RT\int_{p_0}^{p}\mathrm{d}\ln p\right) + \int_{p_0}^{p}b\mathrm{d}p$$

当 $p_0 \to 0$ 时，$f_0 = p_0$

$$RT\ln f - RT\ln f_0 = RT\ln p - RT\ln p_0 + b(p - p_0)$$

即

$$RT\ln\frac{f}{p} = bp$$

$$f = p\exp\left(\frac{bp}{RT}\right)$$

当 $b \to 0$ 时，$f = p$，理想气体。

思　考　题

下列说法是否正确？为什么？

(1) 自发过程一定是不可逆的，所以不可逆过程也一定是自发的。

(2) 体系经不可逆过程到达终态，则一定有体系的 $\Delta S > 0$。

(3) 在绝热封闭体系中发生一不可逆过程，体系由状态 A 变化到状态 B，而后可经绝热不可逆过程回到状态 A。

(4) 体系达平衡时的熵值最大，吉布斯自由能的值最小。

(5) 某气体的状态方程为 $p(V_\mathrm{m} - b) = RT$，若该气体在绝热条件下向真空膨胀，体系的温度是升高、降低还是不变？

第 4 章　热力学函数规定值

本章重点及难点

(1) 规定焓及规定热力学能。
(2) 热力学第三定律及规定熵。
(3) 物质各种状态的熵值的计算。
(4) 应用各种规定值及表册数据求化学反应的热力学函数增量的计算。

4.1　本章知识结构框架

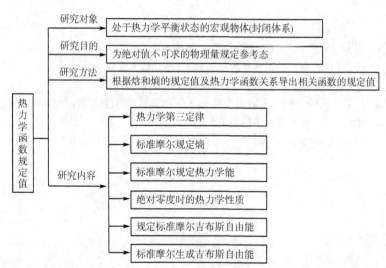

　　在热力学中，通过实验数据我们只能求算体系的两个不同状态间的热力学函数的变化值，而无法求得体系某一状态函数(如 U、H、S、A、G)的绝对值。在绝大多数情况下，我们更需要知道始、终状态间热力学函数的变化值，但如果能预知体系各状态函数的相对大小，则会为化学反应等过程的计算带来很大的方便。于是人们为状态函数选择了一个基线作为基准，并规定其热力学函数值，通常规定为零。从该基准到某一状态的热力学函数变化值就是该状态的热力学函数规定值。

4.2　规　定　焓

4.2.1　焓的零点

　　规定在 298.15 K、10^5 Pa、标准态下的稳定单质的摩尔焓为零，即

$$H_m^{\ominus} (稳定单质，298.15\ K)=0 \tag{4-1}$$

4.2.2　稳定单质在 T、p 下的规定摩尔焓 $H_m(T, p)$

由式(4-1)和式(3-62)可得

$$H_m(T, p) = H_m(T, p) - H_m^\ominus(298.15\,\text{K}) = \Delta H_m$$
$$= \int_{298.15\,\text{K}}^{T} C_{p,m}(T, p^\ominus)\mathrm{d}T + \int_{p^\ominus}^{p} (V_m - T\alpha V_m)\mathrm{d}p \tag{4-2}$$

4.2.3　任一纯化合物 B 在 298.15 K 时的标准规定摩尔焓 $H_m^\ominus(\text{B}, 298.15\,\text{K})$

$H_m^\ominus(\text{B}, 298.15\,\text{K})$ 均等于其在 298.15 K 时的标准摩尔生成焓 $\Delta_f H_m^\ominus(\text{B}, 298.15\,\text{K})$，即

$$H_m^\ominus(\text{B}, 298.15\,\text{K}) = \Delta_f H_m^\ominus(\text{B}, 298.15\,\text{K}) \tag{4-3}$$

4.2.4　化学反应在 298.15 K 时的标准摩尔反应焓 $\Delta_r H_m^\ominus(298.15\,\text{K})$

$$\Delta_r H_m^\ominus(298.15\,\text{K}) = \sum_B \nu_B H_m^\ominus(\text{B}, 298.15\,\text{K}) = \sum_B \nu_B \Delta_f H_m^\ominus(\text{B}, 298.15\,\text{K}) \tag{4-4}$$

4.3　规定热力学能

根据标准规定摩尔焓的规定及 $U_m^\ominus = H_m^\ominus - p^\ominus V_m^\ominus$ 可计算热力学能。

4.3.1　稳定单质的热力学能规定值

$$U_m^\ominus(\text{稳定单质}, \ 298.15\,\text{K}) = -p^\ominus V_m^\ominus \tag{4-5}$$

4.3.2　化合物 B 的热力学能规定值

$$U_m^\ominus(\text{B}, 298.15\,\text{K}) = H_m^\ominus(\text{B}, 298.15\,\text{K}) - p^\ominus V_m^\ominus \tag{4-6}$$

4.3.3　其他规定

统计力学中规定分子在基态时能量为零。
结构化学中规定组成分子的原子相距无穷远时为能量的零点。

4.4　规　定　熵

熵的规定值的基础是热力学第三定律,而热力学第三定律是根据大量的实验事实提出的大胆假设,后被实验证实成为定律。

4.4.1　热力学第三定律

1. 理查兹实验

1902 年,理查兹根据对自发原电池电动势测定的大量实验指出：随着温度的降低, ΔG 和 ΔH 趋于一致,即

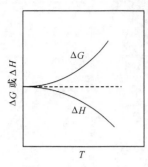

图 4-1　$\Delta G(\Delta H)$-T 图

$$\lim_{T \to 0}(\Delta G - \Delta H) = 0$$

2. 能斯特热定理

在 $T \to 0$ 时，ΔG 和 ΔH 趋于一致。那么，它们是以何种方式趋于一致的呢？1906 年，能斯特(Nernst)提出假设：ΔG 和 ΔH 以渐近线的方式趋近，并且在 0 K 时它们不但吻合且共切于同一水平线(图 4-1)，即

$$\lim_{T \to 0}\left(\frac{\partial \Delta G}{\partial T}\right)_p = \lim_{T \to 0}\left(\frac{\partial \Delta H}{\partial T}\right)_p = 0 \tag{4-7}$$

根据热力学关系式

$$\left(\frac{\partial G}{\partial T}\right)_p = -S \qquad \left(\frac{\partial H}{\partial T}\right)_p = C_p$$

所以

$$\left(\frac{\partial \Delta G}{\partial T}\right)_p = -\Delta S \tag{4-8}$$

$$\left(\frac{\partial \Delta H}{\partial T}\right)_p = \Delta C_p \tag{4-9}$$

能斯特提出：任何物质的恒温反应，有

$$\lim_{T \to 0}\Delta S = 0$$

后来，西蒙(Simon)等的工作证明，只有处于内部平衡的纯物质的等温过程才遵守这一公式。因此，能斯特热定理描述为：对任何恒温过程，当 $T \to 0$ 时，处于内部平衡的任何纯物质的熵变等于零。能斯特热定理也是热力学第三定律的一种表达方式。

3. 普朗克假设

1912 年，普朗克(Planck)增加了一个假设来扩充能斯特热定理，他提出：纯液体或纯固体在绝对零度时的熵值趋于零，即

$$S(0\ \mathrm{K}) = 0 \tag{4-10}$$

4. 路易斯和兰德尔表述

1923 年路易斯和兰德尔(Randall)对普朗克假设重新界定，提出了令人满意的热力学第三定律表述方式：**绝对零度时任何纯物质的完美晶体的熵值为零。**

数学表述式：

$$\lim_{T \to 0}S = 0 \tag{4-11}$$

完美晶体：晶体没有缺陷，内部处于平衡的晶体称为完美晶体。

注意： $\lim\limits_{T \to 0}S = 0$ 是规定，是假定在 $T \to 0$ 时 $S_0 = 0$，实际上并不一定为零，这是因为这里没有考虑同位素和核自旋交换对熵的贡献，这部分贡献在通常的化学反应中不发生变化。

5. 绝对零度达不到原理

热力学第三定律的另一种表述是：不能用有限的手续，将任何一个体系的温度降低到绝对零度——绝对零度达不到原理。

4.4.2　绝对零度时的热力学性质

1. G 与 H 等值

$$G_0 = H_0 - TS_0 = H_0 \tag{4-12}$$

2. 化学变化中的 ΔC_p

$$\lim_{T\to 0}\left(\frac{\partial \Delta G}{\partial T}\right)_p = \lim_{T\to 0}\left(\frac{\partial \Delta H}{\partial T}\right)_p = \lim_{T\to 0}\Delta C_p = 0 \tag{4-13}$$

即

$$\lim_{T\to 0}\Delta C_p = 0 \tag{4-14}$$

3. C_p 和 C_V 的极限值

因为

$$\mathrm{d}S_p = \frac{\delta Q_p}{T} = \frac{C_p}{T}\mathrm{d}T$$

所以

$$S(T) = S(0\,\mathrm{K}) + \int_{0\,\mathrm{K}}^{T}\frac{C_p}{T}\mathrm{d}T$$

在 $T\to 0$ 时，$S(T)\to 0$，$S(0\,\mathrm{K})=0$，所以

$$\int_{0\,\mathrm{K}}^{T}\frac{C_p}{T}\mathrm{d}T = 0 \tag{4-15}$$

为保证在所有温度时 S 具有有限值，必有

$$\lim_{T\to 0}C_p = 0 \tag{4-16}$$

同理

$$\lim_{T\to 0}C_V = 0 \tag{4-17}$$

4. 压力和体积的温度系数

根据热力学第三定律 $\lim\limits_{T\to 0}S = 0$ 可知，任何纯物质完美晶体在 0 K 时的熵值为零，与压力和体积无关。所以

$$\lim_{T\to 0}\left(\frac{\partial S}{\partial p}\right)_T = 0 \tag{4-18}$$

$$\lim_{T\to 0}\left(\frac{\partial S}{\partial V}\right)_T = 0 \tag{4-19}$$

根据麦克斯韦关系式

$$\left(\frac{\partial S}{\partial p}\right)_T = -\left(\frac{\partial V}{\partial T}\right)_p \qquad -\left(\frac{\partial S}{\partial V}\right)_T = -\left(\frac{\partial p}{\partial T}\right)_V$$

有

$$\lim_{T \to 0} \left(\frac{\partial V}{\partial T} \right)_p = 0 \qquad (4\text{-}20)$$

$$\lim_{T \to 0} \left(\frac{\partial p}{\partial T} \right)_V = 0 \qquad (4\text{-}21)$$

$$\lim_{T \to 0} \alpha = \lim_{T \to 0} \left[\frac{1}{V} \left(\frac{\partial V}{\partial T} \right)_p \right] = 0 \qquad (4\text{-}22)$$

4.4.3 物质的摩尔规定熵 $S_m(T,p)$

1. 定义

以热力学第三定律规定的 $S_0 = 0$ 为基础，求得 1 mol 任何纯物质在温度为 T、压力为 p 状态的熵值称为该物质在该指定状态下的规定熵(第三定律熵、绝对熵)。

$$\boxed{\begin{array}{c} 1 \text{ mol 纯物质} \\ \text{完美晶体} \\ 0\text{K}, p_0, S_0 \end{array}} \xrightarrow{\Delta S = \int_1^2 dS} \boxed{\begin{array}{c} 1 \text{ mol 纯物质} \\ T, p \\ S_m(T,p) \end{array}}$$

$$\Delta S = S_m(T, p) - S_0 = \int_1^2 dS \qquad (4\text{-}23)$$

2. 计算

由式(4-23)可得

$$S_m(T, p) = S_m(T, p) - S_m(0 \text{ K}, p_0) = \Delta S = \int_1^2 dS \qquad (4\text{-}24)$$

设 $S = S(T, p)$

$$dS = \left(\frac{\partial S}{\partial T} \right)_p dT + \left(\frac{\partial S}{\partial p} \right)_T dp = \frac{C_{p,m}}{T} dT - \left(\frac{\partial V}{\partial T} \right)_p dp$$

$$dS = \frac{C_{p,m}}{T} dT - \alpha V_m dp \qquad (4\text{-}25)$$

将式(4-25)代入式(4-24)，得

$$S_m(T, p) = \int_{0 \text{ K}}^{T} \frac{C_{p,m}}{T} dT - \int_{p_0}^{p} \alpha V_m dp \qquad (4\text{-}26)$$

4.4.4 物质的标准摩尔规定熵 $S_m^{\ominus}(T)$

若体系处于标准状态下，$p = p_0 = p^{\ominus}$，则由式(4-26)得

$$S_m^{\ominus}(T) = \int_{0 \text{ K}}^{T} \frac{C_{p,m}^{\ominus}}{T} dT \qquad (4\text{-}27)$$

注意:

(1) 若在 0 K~T 有相变化发生，则应分开计算其熵变。

$$S_m^{\ominus}(T) = \Delta S = \int_{0 \text{K}}^{T_f} \frac{C_{p,m}^{\ominus}(s)}{T} dT + \frac{\Delta_{fus} H_m^{\ominus}}{T_f} + \int_{T_f}^{T_b} \frac{C_{p,m}^{\ominus}(l)}{T} dT + \frac{\Delta_{vap} H_m^{\ominus}}{T_b} + \int_{T_b}^{T} \frac{C_{p,m}^{\ominus}(g)}{T} dT \qquad (4\text{-}28)$$

从上述计算可知：$S(g) > S(l) > S(s)$。

(2) 极低温度 T' 下的 $C_{p,m}^{\ominus}(s)$ 值难以测定，故通常用德拜立方公式求 0 K～T' 极低温度区间的 $S_m^{\ominus}(T)$。

$$C_{p,m}^{\ominus}(s) \approx C_{V,m}^{\ominus}(s) = \alpha' \left(\frac{T}{\Theta_D} \right)^3 = \alpha T^3 \qquad (4\text{-}29)$$

式(4-29)称为德拜立方公式，Θ_D 为德拜特征温度。

$$S_m^{\ominus}(B, 298.15\ \text{K}) = \int_{0\,\text{K}}^{T'} \alpha T^3 \frac{\mathrm{d}T}{T} + \int_{T'}^{298.15\,\text{K}} \frac{C_{p,m}^{\ominus}}{T} \mathrm{d}T = \int_{0\,\text{K}}^{T'} \alpha T^2 \mathrm{d}T + \int_{T'}^{298.15\,\text{K}} \frac{C_{p,m}^{\ominus}}{T} \mathrm{d}T \qquad (4\text{-}30)$$

(3) 在热力学函数表中列出的纯物质的标准摩尔规定熵的数值一般为 $S_m^{\ominus}(298.15\ \text{K})$。

(4) 任意 T、p 下的熵值 $S_m(T,p)$ 的求算。

根据式(4-26)

$$\Delta S = S_m(T, p) - S_m^{\ominus}(298.15\ \text{K}) = \int_{298.15\,\text{K}}^{T} \frac{C_{p,m}}{T} \mathrm{d}T - \int_{p^{\ominus}}^{p} \alpha V_m \mathrm{d}p$$

所以

$$S_m(T, p) = S_m^{\ominus}(298.15\ \text{K}) + \int_{298.15\,\text{K}}^{T} \frac{C_{p,m}}{T} \mathrm{d}T - \int_{p^{\ominus}}^{p} \alpha V_m \mathrm{d}p \qquad (4\text{-}31)$$

4.4.5　化学反应的标准摩尔熵变

对任一化学反应：$0 = \sum_{B} \nu_B B$

298.15 K 时反应的标准摩尔熵变为

$$\Delta_r S_m^{\ominus}(298.15\ \text{K}) = \sum_{B} \nu_B S_m^{\ominus}(B, 298.15\ \text{K}) \qquad (4\text{-}32)$$

任意温度 T 时

$$\Delta_r S_m^{\ominus}(T) = \sum_{B} \nu_B S_m^{\ominus}(B, T) = \left[\sum_{B} \nu_B S_m^{\ominus}(B, T) \right]_p - \left[\sum_{B} |\nu_B| S_m^{\ominus}(B, T) \right]_r \qquad (4\text{-}33)$$

恒压下，将式(4-33)对 T 求导，得

$$\left[\frac{\partial \Delta_r S_m^{\ominus}(T)}{\partial T} \right]_p = \sum_{B} \nu_B \left[\frac{\partial S_m^{\ominus}(B, T)}{\partial T} \right]_p = \sum_{B} \nu_B \frac{C_{p,m}(B, T)}{T} \qquad (4\text{-}34)$$

对式(4-34)积分，有

$$\Delta_r S_m^{\ominus}(T) = \Delta_r S_m^{\ominus}(298.15\ \text{K}) + \int_{298.15\,\text{K}}^{T} \frac{\sum \nu_B C_{p,m}(B, T)}{T} \mathrm{d}T \qquad (4\text{-}35)$$

4.5　规定标准摩尔吉布斯自由能

4.5.1　纯物质 B 的规定标准摩尔吉布斯自由能 $G_m^{\ominus}(B, T)$

温度 T、标准态下的纯物质 B 的规定标准摩尔吉布斯自由能 $G_m^{\ominus}(B, T)$ 为

$$G_m^{\ominus}(B, T) = H_m^{\ominus}(B, T) - T S_m^{\ominus}(B, T) \qquad (4\text{-}36)$$

例如，298.15 K 时

$$G_m^\ominus(B, 298.15\ K) = H_m^\ominus(B, 298.15\ K) - 298.15\ K \times S_m^\ominus(B, 298.15\ K)$$

$$= \Delta_f H_m^\ominus(B, 298.15\ K) - 298.15\ K \times S_m^\ominus(B, 298.15\ K)$$

对稳定单质，298.15 K 时，因为

$$H_m^\ominus(稳定单质, 298.15\ K) = 0$$

所以

$$G_m^\ominus(稳定单质, 298.15\ K) = 298.15\ K \times S_m^\ominus(稳定单质, 298.15\ K) \tag{4-37}$$

4.5.2 化合物 B 的标准摩尔生成吉布斯自由能 $\Delta_f G_m^\ominus(B, T)$

1. 定义

从各自单独处于温度为 T 的标准状态下的稳定单质反应物，生成单独处于温度 T 标准状态下的 1 mol 纯化合物过程的吉布斯自由能变化量称为标准摩尔生成吉布斯自由能。

例如，B 在 298.15 K 的标准摩尔生成吉布斯自由能 $\Delta_f G_m^\ominus(B, 298.15\ K)$ 是指下列反应的吉布斯自由能变化：

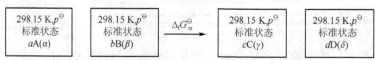

2. 注意

$$\Delta_f G_m^\ominus(稳定单质, 298.15\ K) = 0; \quad \Delta_f G_m^\ominus(稳定单质, T) = 0$$

3. 计算

由规定标准摩尔吉布斯自由能求算标准摩尔生成吉布斯自由能：

$$\Delta_f G_m^\ominus(B, T) = G_m^\ominus(B, T) - \sum_i |\nu_i| G_{m,i}^\ominus(稳定单质\ i, T) \tag{4-38}$$

热力学手册一般给出的是 298.15 K 下的数据：$\Delta_f G_m^\ominus(B, 298.15\ K)$。

4.5.3 化学反应的标准摩尔吉布斯自由能 $\Delta_r G_m^\ominus(T)$

1. 定义

从各自单独处于温度为 T 的标准态下化学计量数摩尔的纯反应物，完全反应后生成各自单独处于温度同样为 T 的标准态下化学计量数摩尔的纯产物的过程的吉布斯自由能变化。

例如，298.15 K 下，反应 $a\text{A}(\alpha) + b\text{B}(\beta) \rightleftharpoons c\text{C}(\gamma) + d\text{D}(\delta)$

298.15 K, $p^\ominus$ 标准状态 aA(α)	298.15 K, $p^\ominus$ 标准状态 bB(β)	$\xrightarrow{\Delta_r G_m^\ominus}$	298.15 K, $p^\ominus$ 标准状态 cC(γ)	298.15 K, $p^\ominus$ 标准状态 dD(δ)

2. 计算

$\Delta_r G_m^{\ominus}(298.15\,\text{K})$ 的计算可采用不同的方法。例如

(1) 　　　　　　$\Delta_r G_m^{\ominus}(298.15\,\text{K}) = \sum \nu_B \Delta_f G_m^{\ominus}(B, 298.15\,\text{K})$　　　　　(4-39)

(2) 　　　　　　$\Delta_r G_m^{\ominus}(298.15\,\text{K}) = \sum \nu_B G_m^{\ominus}(B, 298.15\,\text{K})$　　　　　(4-40)

(3) 　　$\Delta_r G_m^{\ominus}(298.15\,\text{K}) = \Delta_r H_m^{\ominus}(298.15\,\text{K}) - T\Delta_r S_m^{\ominus}(298.15\,\text{K})$　　(4-41)

3. 由 $\Delta_r G_m^{\ominus}(298.15\,\text{K})$ 求 $\Delta_r G_m^{\ominus}(T)$

根据吉布斯-亥姆霍兹方程

$$\left[\frac{\partial\left(\Delta_r G_m^{\ominus}/T \right)}{\partial T} \right]_p = -\frac{\Delta_r H_m^{\ominus}}{T^2}$$

可得

$$\frac{\Delta_r G_m^{\ominus}(T)}{T} - \frac{\Delta_r G_m^{\ominus}(298.15\,\text{K})}{298.15\,\text{K}} = -\int_{298.15\,\text{K}}^{T} \frac{\Delta_r H_m^{\ominus}}{T^2} \mathrm{d}T \qquad (4\text{-}42)$$

其中

$$\Delta_r H_m^{\ominus}(T) = \Delta_r H_m^{\ominus}(298.15\,\text{K}) + \int_{298.15\,\text{K}}^{T} \Delta C_p^{\ominus} \mathrm{d}T$$

思 考 题

下列说法是否正确？为什么？

(1) 在温度 T、标准状态下，水的标准摩尔规定焓等于水的标准摩尔生成焓。

(2) 热力学第三定律规定：任何纯物质的完美晶体的熵值为零。

(3) 因为 298.15 K、标准态下的纯物质 B 的标准摩尔规定焓和标准摩尔规定熵为零，所以规定标准摩尔吉布斯自由能为

$$G_m^{\ominus}(B, 298.15\,\text{K}) = H_m^{\ominus}(B, 298.15\,\text{K}) - TS_m^{\ominus}(B, 298.15\,\text{K}) = 0$$

(4) 因为温度 T、标准态下的稳定单质 B 的标准摩尔规定焓不等于零，所以温度 T、标准态下稳定单质 B 的标准摩尔生成焓不等于零。

(5) 因为 298.15 K、标准态下的稳定单质 B 的标准摩尔规定焓为零，所以在 298.15 K、标准态下，以各稳定单质为反应物的反应的焓变为零。

第 5 章　统计力学基本原理

本章重点及难点

(1) 玻耳兹曼分布定律及其应用。
(2) 理想气体分子各种运动形式配分函数的求算。
(3) 近独立等同粒子体系热力学函数的统计力学表达式。
(4) 理想气体的标准摩尔统计熵的求算。
(5) 热力学三大定律的统计力学解释。
(6) 残余熵的解释。

5.1　本章知识结构框架

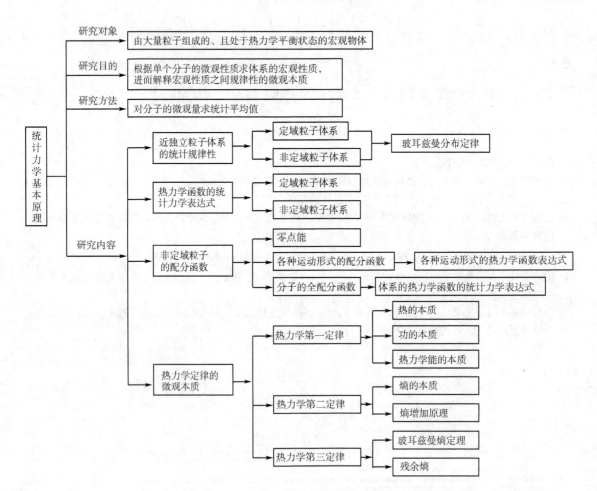

5.2 预 备 知 识

5.2.1 一些名词、术语

1. 粒子

统计力学中的粒子指微观粒子，如分子、原子、电子、质子、光子等微观单元。

2. 体系的分类

1) 沿用热力学分类方法

体系分为：孤立体系、封闭体系和敞开体系。

2) 统计力学分类方法

(1) 按粒子间有无相互作用分类：

近独立粒子体系：粒子之间除弹性碰撞外没有其他相互作用，粒子之间可认为是彼此
独立无关的，如理想气体、理想晶体。

相依粒子体系：粒子之间除弹性碰撞外还有不可忽略的相互作用，粒子之间不能看作
是彼此独立无关的，如实际气体、实际晶体。

(2) 按粒子的运动特点分类：

定域粒子体系(或称为可别粒子体系)：组成体系的 N 个同种粒子各在一定的位置运动，
根据位置坐标可区分粒子，如晶体、固体。

非定域粒子体系(或称为等同粒子体系)：组成体系的 N 个同种粒子处于非定域的混乱运
动中，彼此间无法区别，粒子彼此等同，如纯气体、纯液体。

理想气体属于近独立等同(非定域)粒子体系；理想晶体属于近独立可别(定域)粒子体系。

5.2.2 体系微观状态的描述

1. 经典力学的描述方法

1) 经典力学对粒子微观运动状态的描述

在统计力学中，以广义动量 p 代替速度 v，以广义坐标 q 表示空间坐标。在直角坐标中，
一个粒子的微观运动状态由三个广义坐标 q_x、q_y、q_z 和三个广义动量 p_x、p_y、p_z 的瞬时数值来
确定。

在经典统计力学中，常借用几何表示来描述粒子的微观运动状态。由三个广义坐标(q_x、
q_y、q_z)和三个广义动量(p_x、p_y、p_z)构成的一个六维空间称为子相宇或 μ 空间，"相"指运动状
态，"宇"指空间。"子相宇"所描述的是粒子的微观运动状态。子相宇中的一个点有确定的
三个坐标和三个动量的数值，因此它代表一个粒子的某一微观运动状态。在经典力学中，可根
据粒子的空间坐标识别它们，故经典统计认为粒子是可区别的。

2) 经典力学对体系微观运动状态的描述

对于由 N 个粒子构成的体系，由 $3N$ 个广义坐标(q_x、q_y、q_z)和 $3N$ 个广义动量(p_x、p_y、p_z)
来描述体系的微观运动状态。$3N$ 个广义坐标和 $3N$ 个广义动量构成一个 $6N$ 维空间。这个 $6N$

维空间称为大相宇或称 Γ 空间。"大相宇"所描述的是整个体系的微观运动状态，即体系在某一时刻的微观运动状态可用大相宇中的一个点表示，也可用子相宇中的 N 个点的分布表示。大相宇中的一个小体积元代表体系的一组状态集。

3) 自由度

确定一个质点或一个体系在空间的位置所必须给出的独立坐标的数目称为自由度。

小结

	经典力学	统计力学	几何描述

$$
\begin{cases}
\text{粒子} & \begin{cases} x,y,z \\ v_x,v_y,v_z \end{cases} \quad \begin{cases} q_x,q_y,q_z \\ p_x,p_y,p_z \end{cases} \Big\} \text{6维空间}\atop\text{子相宇(}\mu\text{空间)} \\
\text{体系} & N\text{个粒子} \quad \begin{cases} 3N\text{个}q \\ 3N\text{个}p \end{cases} \Big\} \text{6}N\text{维空间}\atop\text{大相宇(}\Gamma\text{空间)}
\end{cases}
$$

2. 量子力学的描述方法

1) 量子力学对粒子微观运动状态的描述

量子力学的观点认为同种微观粒子是等同的、不可区别的。根据测不准原理，粒子不可能同时具有确定的坐标和动量数值，因此粒子的微观运动状态就不能用经典力学的方法描述。量子力学用波函数 ψ 的数值描述粒子的微观运动状态。一个 ψ_i 的数值表示粒子一个可能的微观运动状态。用量子力学描述的微观运动状态又称为量子状态。通过解粒子的薛定谔方程可得到粒子的波函数 ψ_i、与 ψ_i 相对应的能级 ε_i 以及同一能级上的简并度 g_i。

因此，在量子力学中用粒子的 ψ_i、ε_i、g_i 的数值来描述粒子的微观运动状态，而 ψ_i、ε_i、g_i 又是由一套量子数决定的。

2) 量子力学对体系微观运动状态的描述

量子力学对体系微观运动状态的描述必须借助统计力学。只要从量子力学求出一个粒子的可能的全部能级 ε_i，以及每个能级上的量子状态数 g_i，同时知道 N 个粒子在某一时刻在这些能级上分布的数目，每一可区别的分布方式代表体系的某一微观运动状态，即知道粒子在每一个能级上出现的概率，就能确定由 N 个粒子组成的体系在这一时刻的微观运动状态。在统计力学中并不需要粒子状态函数 ψ_i 的具体形式，只需要粒子能级的具体表达式。

小结

$$
\begin{cases}
\text{粒子：波函数}\psi_i\text{，能量}\varepsilon_i\text{，简并度}g_i \\
\text{体系：一套分布}
\end{cases}
$$

例如，由 $100N$ 个粒子构成的体系

能级	ε_0	ε_1	ε_2	ε_3	ε_4	$\cdots$
简并度	g_0	g_1	g_2	g_3	g_4	$\cdots$
某一时刻粒子分布	n_0 $(80N)$	n_1 $(10N)$	n_2 $(5N)$	n_3 $(2N)$	n_4 $(3N)$	$\cdots$
另一时刻粒子分布	n_0' $(90N)$	n_1' $(5N)$	n_2' $(3N)$	n_3' $(2N)$	n_1' $(0N)$	$\cdots$

……

体系的 $100N$ 个粒子的每一种可区别的分布方式,表示体系在这一时刻的一个微观运动状态。

3. 相空间与量子状态之间的关系

在某些量子特征不显著的情况下,将经典力学描述的子相宇中的一个点代表的粒子的某一微观运动状态,修正为 h^3(h 为普朗克常量)的一个小体积元来代表粒子的某一微观运动状态(某一量子状态)。将大相宇中的一个点修正为 h^{3N} 的一个小体积元来代表体系某一微观运动状态。根据量子力学的测不准原理,一个粒子的坐标 q 和动量 p 不可能同时具有确定的数值,只能在一定限度的误差 Δq 和 Δp 范围内同时被确定,并且 Δq 和 Δp 满足测不准关系式,即

粒子:子相宇中的点→体积元 h^3

$$\left.\begin{array}{c} q_x, q_y, q_z \\ p_x, p_y, p_z \end{array}\right\} \longrightarrow \begin{cases} \Delta p_x \cdot \Delta q_x = h \\ \Delta p_y \cdot \Delta q_y = h \\ \Delta p_z \cdot \Delta q_z = h \end{cases}$$

体系:大相宇中的点→体积元 h^{3N}

5.2.3　分子的运动形式和能级表达式

1. 分子的运动形式

分子的运动形式包括平动(t)、转动(r)、振动(v)、电子运动(e)和核运动(n)。在假设分子的各种运动形式之间是彼此独立无关的前提下,分子运动的能量、简并度和波函数与各运动形式的能量、简并度和波函数之间的关系如下:

分子的能量:$\varepsilon = \varepsilon_t + \varepsilon_r + \varepsilon_v + \varepsilon_e + \varepsilon_n$

分子的简并度:$g = g_t \cdot g_r \cdot g_v \cdot g_e \cdot g_n$

分子的波函数:$\psi = \psi_t \cdot \psi_r \cdot \psi_v \cdot \psi_e \cdot \psi_n$

2. 子的能级表达式

这里只介绍三维平动子、刚性转子和一维谐振子的能级公式,而电子和核的能级公式不在这里介绍,因为在一般的化学反应体系中,电子、原子核均处于基态,而在统计力学中又规定基态的能量为零。

1) 三维平动子的平动能

设粒子质量为 m,在边长分别为 a、b、c 的长方形势箱中作自由运动。在箱内粒子运动的势能为 0。在箱面上的势能为∞。解三维平动粒子(当作一个质点)的薛定谔方程,得到平动能级公式:

$$\varepsilon_t = \frac{h^2}{8m}\left(\frac{n_x^2}{a^2} + \frac{n_y^2}{b^2} + \frac{n_z^2}{c^2}\right) \tag{5-1}$$

式中,n_x, n_y, n_z 为平动量子数;$n_x, n_y, n_z = 1, 2, 3, \cdots$。

若 $a = b = c$,$a^2 = b^2 = c^2 = V^{2/3}$,则

$$\varepsilon_t = \frac{h^2}{8mV^{2/3}}\left(n_x^2 + n_y^2 + n_z^2\right)$$

设

$$n^2 = n_x^2 + n_y^2 + n_z^2$$

则

$$\varepsilon_t = \frac{h^2}{8mV^{2/3}}n^2 \tag{5-2}$$

由式(5-2)可知：①ε_t是量子化的；②ε_t与$V^{2/3}$成反比，体积越大，平动能越小；③$n_x^2 + n_y^2 + n_z^2 = 1$时，$\varepsilon_t = \dfrac{3h^2}{8mV^{2/3}} = 10^{-40}$ J；④平动能是简并的，简并度g_i为不同的n_x、n_y、n_z取值所具有的同一能量数值的组合方式数。例如

$\varepsilon_i / \left(\dfrac{h^2}{8mV^{2/3}} \right)$	n_x	n_y	n_z	g_i
3	1	1	1	1
6	2	1	1	
	1	2	1	3
	1	1	2	
9	2	2	1	
	2	1	2	3
	1	2	2	

每一套n_x、n_y、n_z的数值对应一个状态函数ψ，即对应一个量子状态(微观运动状态)。对同一能量数值，有几套n_x、n_y、n_z的数值，就有几个量子状态，这也就是简并度g的数值。

2) 刚性转子的转动能

双原子分子绕质心的转动可看作一个刚性转子绕质心的转动。刚性转子在转动中保持形状和大小不变。若分子中两原子间的距离为r，原子质量分别为m_1和m_2，则转子的约化质量μ和转动惯量I分别为

$$\mu = \frac{m_1 m_2}{m_1 + m_2} \qquad I = \mu r^2$$

解刚性转子的薛定谔方程，即可得到刚性转子的转动能级公式：

$$\varepsilon_r = \frac{J(J+1)h^2}{8\pi^2 I} \tag{5-3}$$

式中，J为转动量子数，$J = 0, 1, 2, 3, \cdots$。

从式(5-3)可看出：①转动能级是量子化的；②转动能与转动惯量I、转动量子数J有关；③转动能级是简并的，在同一能级上其简并度g_r为$g_r = 2J+1$；④$J = 0$时，$\varepsilon_r = 0$。

3) 一维谐振子的振动能

双原子分子沿化学键方向的振动可用一维谐振子的模型进行处理。解一维谐振子的薛定谔方程，即可得到一维谐振子的振动能级公式：

$$\varepsilon_v = (v + \frac{1}{2})h\nu \tag{5-4}$$

式中，v为振动量子数，$v = 0, 1, 2, 3, \cdots$；ν为振动频率。

从式(5-4)可看出：①振动能级是量子化的；②$v = 0$时，$\varepsilon_{v,0} = \dfrac{1}{2}h\nu \approx 10^{-20}$ J，称为零点振动能；③振动能级是非简并的，即$g_v = 1$。

3. 各种运动形式能级间隔的大小

通过比较分子各种运动形式的能级间隔与 kT 数值的相对大小，就能区分哪些运动形式的能级是紧密的，可以作为能量连续变化的经典情况处理；哪些运动形式的能量量子化特征特别显著，不能作为经典情况处理。

例如，$T=298.15\ K$ 时，$kT \approx 4 \times 10^{-21}\ J$ (k 是玻耳兹曼常量)，计算可得

$\Delta\varepsilon_t \approx 10^{-40}\ J = 10^{-19}\,kT$ (可采用积分法求和)

$\Delta\varepsilon_r \approx 10^{-23}\ J = 10^{-2}\,kT$ (通常可采用积分法求和)

$\Delta\varepsilon_v \approx 10^{-20}\ J = 10\,kT$ (需级数展开求和)

$\Delta\varepsilon_e \approx 100\,kT$ (经常处于基态而不激发，但有例外)

$\Delta\varepsilon_n \gg 100\,kT$ (总是处于基态)

可以看出，平动能级间隔很小，平动能可看作是连续变化的，一般平动运动可当作经典情况处理，采用积分求和。

转动能级在多数情况下也可以作为经典情况处理。

振动能级间隔已达 $10\,kT$，故振动能级必须考虑能量变化的不连续性，不能当作经典情况处理，应采用级数展开法求和。

多数分子内的电子能级间隔相当大，因此在常温下，电子经常处于基态而不激发。但有例外，如 NO，常温下电子能级差超过 kT 值不多。对这类分子，较高电子能级的电子态也需考虑。

原子核的能级差更大，在一般的物理化学过程中，原子核总是处于最低的基态能级上。

5.2.4　统计力学的基本定理

统计力学的基本定理和假设一般都不能直接严格证明，但由这些基本假设推论出的一切结果都是正确的，这也就间接证明了基本假设的正确性。

1. 等概率定理

对处于热力学平衡状态的孤立体系(U、V、N 恒定的体系)，其所有的各个微观运动状态都有相同的概率——等概率定理。用数学式表示为

$$P_1 = P_2 = P_3 = \cdots = P_\Omega = \frac{1}{\Omega} \tag{5-5}$$

式中，P_i 为体系的第 i 个微观运动状态出现的概率；Ω 为体系的总的微观状态数。

2. 宏观量是微观量的平均值定理

体系在一段时间内观测的宏观量等于相应的微观量对所有的微观运动状态的平均值，这就是宏观量是微观量的平均值定理。用数学式表示为

$$\langle F \rangle = \sum_{i=1}^{\Omega} F_i P_i \tag{5-6}$$

式中，F 为体系的某一物理量；F_i 为体系在第 i 个微观运动状态时的该物理量。

3. 玻耳兹曼熵定理

玻耳兹曼熵定理的数学式为

$$S = k \ln \Omega \tag{5-7}$$

式中，S 为孤立体系的熵；Ω 为孤立体系的总微观状态数；k 为玻耳兹曼常量。

适用条件：处于热力学平衡态的孤立体系。

5.2.5 斯特林公式

在统计力学的数学处理中，需要使用以下斯特林(Stirling)公式：

当 $N > 20$　　　　　　　　$\ln N! = \ln \left[\sqrt{2\pi N} \left(\dfrac{N}{e} \right)^N \right]$

当 $N > 100$　　　　　　　$\ln N! = N \ln N - N \tag{5-8}$

5.3 近独立粒子体系的统计规律性

本节研究对象：由大量近独立粒子组成的体系。可分为

$\begin{cases} \text{近独立定域(可别)粒子体系，如理想晶体。} \\ \text{近独立非定域(等同)粒子体系，如理想气体。} \end{cases}$

研究目的：由单个分子的性质求取体系的宏观性质。

玻耳兹曼熵定理 $S = k \ln \Omega$ 是连接体系的微观性质与宏观性质的桥梁。只要求得体系的 Ω，就可以得到体系的 S。然后，根据热力学函数之间的关系即可获得体系的其他热力学函数。在一定的条件下，体系的 Ω 就等于体系的各种能量分布类型的微观状态数目 t_X 的总和。但由于 Ω 的数值巨大，无法精确求得。数值计算表明，体系的最概然分布的最大微观状态数 t_{max} 与 Ω 存在以下关系：

$$\ln \Omega \approx \ln t_{max}，\quad 即 \quad S = k \ln \Omega \approx k \ln t_{max}$$

这样，就可用 t_{max} 代替 Ω 求得体系的 S。

研究方法：最概然分布 $\rightarrow t_{max} \rightarrow \Omega \rightarrow S = k \ln \Omega = k \ln t_{max} \rightarrow$ 热力学函数。

经典力学认为一切同种微观粒子都可以根据它们的位置加以区分。因此，近独立定域粒子体系遵守经典统计，即玻耳兹曼统计。

量子力学认为一切同种微观粒子都是等同的、不可区分的。因此，近独立等同粒子体系应遵守量子统计。

讨论顺序：先介绍经典统计，再介绍量子统计。通过比较就会发现，在大多数情况下量子统计与修正的经典统计可得到相同的结果。

5.3.1 近独立定域(可别)粒子体系

当体系达到热力学平衡态时，体系的 U、V、N 恒定，而且 $S = k \ln \Omega$。

1. 体系的能量分布类型

体系的能量分布、能量分布类型、分布类型均表达的是同一概念，即在一定的宏观条件下，

在某一时刻，组成体系的 N 个粒子在粒子许可能级上是如何分布的。

根据"独立、定域粒子"的模型，体系的可能分布类型如下：

能级	简并度	某一时刻 分布类型 X	另一时刻 分布类型 X'	再一时刻 分布类型 X''	…
ε_0	g_0	n_0	$n_{0'}$	$n_{0''}$	…
ε_1	g_1	n_1	$n_{1'}$	$n_{1''}$	…
ε_2	g_2	n_2	$n_{2'}$	$n_{2''}$	…
⋮	⋮	⋮	⋮	⋮	…
ε_j	g_j	n_j	$n_{j'}$	$n_{j''}$	…
⋮	⋮	⋮	⋮	⋮	…
微观状态数		t_X	$t_{X'}$	$t_{X''}$	

其中每一套分布数，n_1，n_2，n_3，$\cdots$，n_j，$\cdots$，代表体系的某一能量分布类型，且每种分布类型都要满足下列限制条件，即

$$N = \sum_j n_j = \sum_j n_{j'} = \sum_j n_{j''} = \cdots \tag{5-9}$$

$$U = \sum_j n_j \varepsilon_j = \sum_j n_{j'} \varepsilon_j = \sum_j n_{j''} \varepsilon_j = \cdots \tag{5-10}$$

2. 体系某一能量分布类型 X 的微观状态数 t_X

在讨论体系的能量分布类型时，我们只考虑了在某一能级上有多少个粒子，并没有指定是哪几个粒子。由于粒子是可别的，不同能级上的两个粒子做一交换就产生一个新的微观状态。此外，若能级是简并的，还有在同一能级的不同量子状态上的分布方式数问题。

例如，需求分布类型 X 的微观状态数 t_X。为简单起见，先将能级看作是非简并的，只考虑粒子按能级分布的微观状态数，然后再考虑按简并态分布的微观状态数。两者相乘即为粒子按简并能级分布的微观状态数，亦即此分布类型的微观状态数。

1) 粒子按非简并能级排列的微观状态数

$$t_X = \frac{N!}{n_0! \, n_1! \, n_2! \cdots n_j! \cdots} = \frac{N!}{\prod_j n_j!} \quad (j = 1, 2, 3, \cdots) \tag{5-11}$$

如何理解这一能量分布微观状态数的表达式呢？假设 N 个粒子的能量均不相同，即一个粒子占据一个能级，则 N 个粒子占据 N 个能级的全排列为 $N!$。但实际上这 N 个粒子的能量并不是完全不同，而是有 n_0 个粒子的能量同为 ε_0；有 n_1 个粒子的能量同为 ε_1；有 n_2 个粒子的能量同为 ε_2；$\cdots\cdots$；有 n_j 个粒子的能量同为 ε_j；$\cdots\cdots$

由于非简并能级上只有一个量子状态，同一能级上的粒子的交换并不引起分布方式的变化，因此在 $N!$ 个排列方法中应扣除同一能级上粒子互换而产生的方式数 $n_j!$，粒子按非简并能级排列的微观状态数为

$$\frac{N!}{n_0! \, n_1! \, n_2! \cdots n_j! \cdots} = \frac{N!}{\prod_j n_j!} \quad (j = 1, 2, 3, \cdots) \tag{5-12}$$

2) 粒子按量子态排列的微观状态数

若能级是简并的，在 ε_j 能级上有 g_j 个简并度，即拥有 g_j 个不同的量子状态，而且假设每

个量子状态容纳的粒子数不受限制，也就是每个量子状态可以重复出现，则在 ε_j 能级上的 n_j 个粒子在 g_j 个简并态内有 $g_j g_j g_j \cdots = g_j^{n_j}$ 个分布方式，即

在 ε_0 能级有 n_0 个粒子，在 g_0 个量子状态上产生 $g_0^{n_0}$ 个微观状态

在 ε_1 能级有 n_1 个粒子，在 g_1 个量子状态上产生 $g_1^{n_1}$ 个微观状态

……

在 ε_j 能级有 n_j 个粒子，在 g_j 个量子状态上产生 $g_j^{n_j}$ 个微观状态

……

因此，对某一分布类型 n_0，n_1，n_2，$\cdots$，n_j，$\cdots$，其在各能级的简并态上分布的方式数为

$$g_0^{n_0} \cdot g_1^{n_1} \cdot g_2^{n_2} \cdots g_j^{n_j} \cdots = \prod_j g_j^{n_j} \tag{5-13}$$

3) 按简并能级分布的某一分布类型的微观状态数

由上面的讨论可知，对于某一分布类型 X 来说，它所拥有的微观状态数 t_X 应为 N 个粒子按非简并能级排列的方式数[式(5-12)]与按简并态排列的方式数[式(5-13)]的乘积，即

$$t_X = \frac{N!}{\prod_j n_j!} \prod_j g_j^{n_j} = N! \prod_j \frac{g_j^{n_j}}{n_j!} \tag{5-14}$$

同理

$$t_{X'} = N! \prod_j \frac{g_j^{n_{j'}}}{n_{j'}!}, \quad t_{X''} = N! \prod_j \frac{g_j^{n_{j''}}}{n_{j''}!}, \cdots$$

同时满足

$$\sum_j n_j = \sum_j n_{j'} = \sum_j n_{j''} = \cdots = N$$

$$\sum_j n_j \varepsilon_j = \sum_j n_{j'} \varepsilon_j = \sum_j n_{j''} \varepsilon_j = \cdots = U$$

3. 体系的总微观状态数

体系的总微观状态数 Ω 应是体系所有可能的分布类型的微观状态数的总和。

$$\Omega = t_X + t_{X'} + t_{X''} + \cdots = N! \sum_{U,N} \prod_j \left(\frac{g_j^{n_j}}{n_j!} \right) \tag{5-15}$$

且满足 $\sum_j n_j = N$，$\sum_j n_j \varepsilon_j = U$。

因此，体系的总微观状态数 Ω 除了与粒子的微观性质(ε_j, g_j)有关外，还是体系的宏观条件 U，V，N 的函数，即

$$\Omega = \Omega(U,V,N)$$

若能求得 Ω，则体系的热力学函数 S 就能根据玻耳兹曼熵定理 $S = k \ln \Omega$ 求得。然而，要精确求出体系的总微观状态数 Ω 是不可能的，也是不必要的。因为组成体系的粒子数 N 很大，体系的分布类型很多，所以无法精确求出。不过，体系可能的各种分布类型出现的概率并不相等，其中只有一种分布类型出现的概率最大，它所拥有的微观状态数最多，为 t_{max}，此分布类

型称为最概然分布。最概然分布对 Ω 的贡献最大。可以证明，总微观状态数的对数与最概然分布微观状态数的对数几乎没有差别，即

$$\ln \Omega \approx \ln t_{\max} = \ln \left[N! \prod_j \left(\frac{g_j^{n_j^*}}{n_j^*!} \right) \right]$$

因此，只要求出使微观状态数为最大值 $t_{\max}$ 时的那一套分布：n_0^*，n_1^*，$n_2^*, \cdots$，$n_j^* \cdots$，即可求出 $t_{\max}$。根据玻耳兹曼熵定理

$$S = k \ln \Omega = k \ln t_{\max}$$

就可求出体系的热力学函数 S。最概然分布所拥有的微观状态数最多，出现的概率最大，它可以代表体系处于热力学平衡状态时的一切分布状态。最概然分布又称为玻耳兹曼分布，求玻耳兹曼分布是统计力学的核心问题。

4. 玻耳兹曼分布定律

1) 玻耳兹曼分布定律的推求方法

求取最概然分布，也就是求取使 t_X 为最大值 $t_{\max}$ 时的那一套分布，可采用数学上的拉格朗日(Lagrange)待定乘子法，即求多元函数具有极值条件的方法。

体系的每一种分布类型均满足以下两个条件：

$$g = \sum_j n_j - N = 0$$

$$h = \sum_j n_j \varepsilon_j - U = 0$$

设多元函数 f 为

$$f = \ln t_X + \alpha g + \beta h \tag{5-16}$$

求极值

$$\mathrm{d}f = \mathrm{d}(\ln t_X + \alpha g + \beta h) = 0 \tag{5-17}$$

式中，α、β 为待定常数。

将式(5-17)展开为以下一组方程：

$$\begin{cases} \dfrac{\partial \ln t_X}{\partial n_0} + \alpha \dfrac{\partial g}{\partial n_0} + \beta \dfrac{\partial h}{\partial n_0} = 0 \\[2mm] \dfrac{\partial \ln t_X}{\partial n_1} + \alpha \dfrac{\partial g}{\partial n_1} + \beta \dfrac{\partial h}{\partial n_1} = 0 \\[1mm] \quad\vdots \\[1mm] \dfrac{\partial \ln t_X}{\partial n_j} + \alpha \dfrac{\partial g}{\partial n_j} + \beta \dfrac{\partial h}{\partial n_j} = 0 \\[1mm] \quad\vdots \end{cases} \tag{5-18}$$

且

$$\begin{cases} g = \sum_j n_j - N = 0 \\ h = \sum_j n_j \varepsilon_j - U = 0 \end{cases}$$

解得

$$n_0^* = g_0 \mathrm{e}^{\alpha} \mathrm{e}^{\beta \varepsilon_0}$$
$$n_1^* = g_1 \mathrm{e}^{\alpha} \mathrm{e}^{\beta \varepsilon_1}$$
$$\vdots$$
$$n_j^* = g_j \mathrm{e}^{\alpha} \mathrm{e}^{\beta \varepsilon_j}$$
$$\vdots$$

通式

$$n_j^* = g_j \mathrm{e}^{\alpha} \mathrm{e}^{\beta \varepsilon_j} \quad (j = 0,1,2,\cdots) \tag{5-19}$$

式中，$j=0, 1, 2, \cdots$，表示许可的能级。所求出的 n_j^* 即为使 t_X 为最大值 $t_{\max}$，且使 $\ln t_{\max}$ 为最大值的最概然分布，n_j^* 表示在 $\varepsilon_0, \varepsilon_1, \varepsilon_2, \varepsilon_3, \cdots$，能级上的一套分布数 $n_1^*, n_2^*, n_3^*, \cdots, n_j^* \cdots$。

2) 求待定乘子 α

由下节可求得

$$\beta = -\frac{1}{kT} \tag{5-20}$$

我们先在承认式(5-20)成立的条件下，推导待定乘子 α。根据 $\sum_j n_j = N$ 及式(5-19)，有

$$\sum_j n_j^* = \sum_j g_j \mathrm{e}^{\alpha} \mathrm{e}^{\beta \varepsilon_j} = \sum_j g_j \mathrm{e}^{\alpha} \mathrm{e}^{-\varepsilon_j/kT} = N$$

可得

$$\mathrm{e}^{\alpha} = \frac{N}{\sum_j g_j \exp(-\varepsilon_j / kT)} = \frac{N}{q}$$

即

$$\alpha = \ln \frac{N}{q} \tag{5-21}$$

式中，$q = \sum_j g_j \exp(-\varepsilon_j / kT)$，$q$ 称为分子配分函数。

将式(5-20)和式(5-21)代入式(5-19)，可得

$$n_j^* = \frac{N}{q} \cdot g_j \exp(-\varepsilon_j/kT) \quad \text{或写成} \quad n_j = \frac{N}{q} \cdot g_j \exp(-\varepsilon_j/kT) \tag{5-22}$$

式(5-22)即为体系最概然分布的表达式，称为玻耳兹曼分布，或玻耳兹曼分布定律。

玻耳兹曼分布定律的适用条件：热力学平衡态近独立可别粒子的孤立体系。

5. 玻耳兹曼分布定律的其他形式

根据需要，玻耳兹曼分布定律[式(5-22)]可转化为各种不同的形式。

1) 粒子出现在某一能级 ε_j 上的概率(或分布分数)

$$P_j = \frac{n_j}{N} = \frac{g_j}{q}\exp(-\varepsilon_j/kT) \tag{5-23}$$

2) 两个能级上的粒子数之比

$$\frac{n_i}{n_j} = \frac{g_i}{g_j}\exp[-(\varepsilon_i - \varepsilon_j)/kT] \tag{5-24}$$

3) 经典统计中的常用表达方式

在经典统计中通常不考虑简并度，即 $g=1$，则式(5-24)可写成

$$\frac{n_i}{n_j} = \exp[-(\varepsilon_i - \varepsilon_j)/kT] = \exp(-\Delta\varepsilon/kT) = \exp(-\Delta E/RT) \tag{5-25}$$

式中

$$\Delta\varepsilon = \varepsilon_i - \varepsilon_j, \quad N_A\varepsilon_j = E_j, \quad kN_A = R, \quad \Delta E = N_A(\varepsilon_i - \varepsilon_j)$$

若规定 $\varepsilon_0 = 0$，则有

$$\frac{n_i}{n_0} = \exp[-(\varepsilon_i - \varepsilon_0)/kT] = \exp(-\varepsilon_i/kT)$$

或

$$n_i = n_0\exp(-\varepsilon_i/kT) = n_0\exp(-E_i/RT) \tag{5-26}$$

4) 玻耳兹曼分布定律适用于任一运动形式

例如，对于分子的振动，玻耳兹曼分布定律可写成

$$\frac{n_v}{N} = \frac{g_v}{q}e^{-\varepsilon_v/kT} \quad 或 \quad n_v = \frac{N}{q}g_ve^{-\varepsilon_v/kT} \tag{5-27}$$

5.3.2 近独立非定域(等同)粒子体系

上面讨论的对近独立定域粒子体系进行处理的统计力学方法称为玻耳兹曼统计，或称经典统计。近独立定域粒子体系也称为玻耳兹曼体系。

1. 玻耳兹曼统计特点

(1) 粒子是可区别的，粒子之间彼此独立无关。
(2) 粒子能级的任一量子状态上能容纳的粒子数不受限制。

2. 量子力学观点

(1) 一切同种微观粒子是等同的、无法区别的。因此，近独立非定域粒子体系又称为近独立等同粒子体系。
(2) 一切微观粒子可分为两类：费米子和玻色子。

费米子：①描写费米子的 ψ 是反对称的；②基本粒子(质子、中子、电子)和由奇数个基本粒子组成的原子和分子称为费米子，如 NO，N 的原子序数为 7，O 的原子序数为 8，组成 NO 的基本粒子数为

$$粒子数＝7+7+7+8+8+8=45$$

所以 NO 是费米子；③费米子的特点是在量子状态上遵守泡利不相容原理，即每个量子状态最多只能容纳一个粒子。

玻色子：①光子、介子和由偶数个基本粒子组成的原子和分子称为玻色子；②玻色子的特点是每个量子状态上的粒子数不受限制。

(3) 非定域同种粒子所有能级都是高度简并的，即 $g_i \gg n_i$ (0 K 除外)。

3. 近独立等同粒子体系的分类

近独立等同粒子体系可分为三类：

(1) 费米-狄拉克体系(统计)。

由大量费米子组成的近独立非定域粒子体系称为费米-狄拉克体系，遵守费米-狄拉克统计。

(2) 玻色-爱因斯坦体系(统计)。

由大量玻色子组成的近独立非定域粒子体系称为玻色-爱因斯坦体系，遵守玻色-爱因斯坦统计。

费米-狄拉克统计和玻色-爱因斯坦统计应用的是量子力学规律，统称为量子统计。

(3) 修正的玻耳兹曼体系(统计)。

从下面的讨论可看到，在某些情况下，将近独立可别粒子体系的玻耳兹曼统计进行等同性修正后，就可适用于近独立非定域粒子体系，故后者在某些情况下又称为修正的玻耳兹曼体系。

下面分别介绍这三类体系的统计公式。

1) 玻色-爱因斯坦体系

采用与推导玻耳兹曼分布定律类似的方法，经过一系列数学处理，即可得到玻色-爱因斯坦体系粒子的最概然分布公式：

$$n_j = \frac{g_j}{\exp(-\alpha - \beta \varepsilon_j) - 1} \tag{5-28}$$

2) 费米-狄拉克体系

采用同样的推导方法，即可得到费米-狄拉克体系粒子的最概然分布公式：

$$n_j = \frac{g_j}{\exp(-\alpha - \beta \varepsilon_j) + 1} \tag{5-29}$$

3) 修正的玻耳兹曼体系

(1) 体系的某一分布类型的微观状态数。

我们已经得到近独立可别粒子体系的某一能量分布类型的微观状态数[式(5-14)]：

$$t_X = N! \prod_j \frac{g_j^{n_j}}{n_j!}$$

可别粒子体系的 N 个可别粒子在不同能级上的排列方式数为 $N!$，这对等同粒子体系来说，由于粒子是等同的，不存在粒子排列在不同能级上产生不同微观状态的问题，所以只有一种排列方式。因此，在式(5-14)中应扣除 $N!$。除以 $N!$ 称为等同性修正。这样，近独立等同粒子体系某一分布类型的微观状态数 t_X 应为

$$t_X = \frac{1}{N!}\left(N!\prod_j \frac{g_j^{n_j}}{n_j!} \right) = \prod_j \frac{g_j^{n_j}}{n_j!} \qquad (5\text{-}30)$$

等同性修正，在数学上似乎难以理解，但在统计力学中，这是由于等同粒子体系(如气体)，除了极低温度以外，气体分子能级的简并度很大，即对各个能级上均有 $g_j \gg n_j$。在这种情况下，玻色统计、费米统计的结果都变为修正的玻耳兹曼统计的结果，即无论体系服从哪种统计，实际上某一分布的微观状态数的值都是相同的。这是因为量子状态远远大于粒子数时，不需要问某个量子状态被几个粒子占据就可以保证每个量子状态最多容纳一个粒子。

(2) 最概然分布。

采用拉格朗日待定乘子法可求出近独立等同粒子体系最概然分布公式：

$$n_j = \frac{g_j}{\exp(-\alpha - \beta\varepsilon_j)} \qquad \text{或} \qquad n_j = \frac{N}{q}g_j\exp(-\varepsilon_j/kT)$$

可以看出，修正的玻耳兹曼体系的最概然分布公式与近独立可别粒子体系的玻耳兹曼分布公式[式(5-22)]是相同的。因此，在处理近独立非定域粒子体系时，将近独立定域粒子体系的结果进行等同性修正后，即可应用。

4. 三种统计方法的比较

为便于比较，将三种统计方法得到的分布公式罗列如下：

玻色-爱因斯坦分布：$n_j = \dfrac{g_j}{\exp(-\alpha - \beta\varepsilon_j) - 1}$

费米-狄拉克分布：$n_j = \dfrac{g_j}{\exp(-\alpha - \beta\varepsilon_j) + 1}$

玻耳兹曼分布：$n_j = \dfrac{g_j}{\exp(-\alpha - \beta\varepsilon_j)}$

严格地说，近独立等同粒子体系的分布不是遵守玻色-爱因斯坦统计，就是遵守费米-狄拉克统计。但在通常的情况下，我们经常遇到的近独立等同粒子体系，用量子统计和用玻耳兹曼统计会得到相同的结果。从三个统计公式可以看出：

若 $e^{-\alpha}e^{-\beta\varepsilon_j} \gg 1$，则

$$e^{-\alpha}e^{-\beta\varepsilon_j} - 1 \approx e^{-\alpha}e^{-\beta\varepsilon_j} + 1 \approx e^{-\alpha}e^{-\beta\varepsilon_j}$$

由式(5-20)可得

$$e^{-\alpha}e^{-\beta\varepsilon_j} = e^{-\alpha}e^{\varepsilon_j/kT}$$

一般取基态能级 $\varepsilon_0 = 0$，其他能级均是正值，即 $\varepsilon_j > 0$，故有 $e^{\varepsilon_j/kT} > 1$，则 $e^{-\alpha}e^{-\beta\varepsilon_j} \gg 1$ 的条件变为 $e^{-\alpha} \gg 1$，或 $e^{\alpha} \ll 1$。

对修正的玻耳兹曼体系，已知 $e^{\alpha} = \dfrac{N}{q}$，一般 N 约为 10^{24}，q 约为 10^{30}，所以 $e^{\alpha} \ll 1$ 的条件是能够满足的。

例如，理想气体，只要

$$e^{\alpha} = \frac{N}{q} = \frac{N}{\left(\dfrac{2\pi mkT}{h^2}\right)^{3/2} V} \ll 1 \tag{5-31}$$

就能运用玻耳兹曼统计。从式(5-31)可以看出，只要满足以下条件：①体系温度不是太低；②体系体积不是太小，密度不是太大；③粒子的质量不是太小，则引用玻耳兹曼统计不致引起较大误差。物理化学中遇到的体系均能满足这些条件。但有几个例外：

(1) 空腔辐射的频率(光子气)分布遵守玻色统计。

(2) 金属和半导体中的电子分布遵守费米统计。

(3) 1 K 附近的 ^{3}He 遵守费米统计。

(4) 1 K 附近的 ^{4}He 遵守玻色统计。

结论：通常情况下，近独立等同粒子体系，如理想气体，可用玻耳兹曼统计处理。

5.3.3　近独立粒子体系的统计规律性

近独立定域粒子体系和物理化学中遇到的近独立非定域粒子体系，在平衡时粒子的能量分布遵守玻耳兹曼分布定律：

$$n_j = \frac{N}{q} g_j \exp(-\varepsilon_j / kT)$$

只有空腔辐射中的光子气、金属中的自由电子气以及极低温度下的液氦除外。

5.4　近独立粒子体系热力学函数的统计力学表达式

根据玻耳兹曼分布公式 $n_j = \dfrac{N}{q} g_j \exp(-\varepsilon_j / kT)$ ，用表示一个粒子的配分函数 $q = \sum_j g_j \exp(-\varepsilon_j / kT)$ 表达出由大量近独立粒子组成的宏观体系的热力学函数，从而实现从微观结构数据计算宏观热力学函数的目的。

5.4.1　求待定乘子 β

在前面已经用到 $\beta = -\dfrac{1}{kT}$ ，其量纲是能量的倒数。现在我们来证明它。

由热力学可知 $\mathrm{d}U = T\mathrm{d}S - p\mathrm{d}V$ ，恒容时，有

$$\left(\frac{\partial S}{\partial U}\right)_{N,V} = \frac{1}{T} \tag{5-32}$$

由统计力学可知

$$\left.\begin{array}{l} S = k \ln t_{\max} = k \ln \prod_j \dfrac{g_j^{n_j}}{n_j!} \\[2mm] n_j = \dfrac{N}{q} g_j e^{\beta \varepsilon_j} \\[2mm] \ln N! = N \ln N - N \end{array}\right\} \text{推导可得} \left(\frac{\partial S}{\partial U}\right)_{N,V} = -k\beta \tag{5-33}$$

由式(5-32)和式(5-33)可得

$$\beta = -\frac{1}{kT}$$

β 的物理意义：热力学温度的统计力学量度。

5.4.2　粒子的配分函数

1. 定义

在玻耳兹曼统计中，一个粒子(指一个原子、分子等)的配分函数定义如下：

$$q \equiv \sum_j g_j \exp(-\varepsilon_j / kT) = g_0 e^{-\varepsilon_0/kT} + g_1 e^{-\varepsilon_1/kT} + \cdots + g_j e^{-\varepsilon_j/kT} + \cdots \tag{5-34}$$

式中，ε_j 表示粒子许可的能级；g_j 为在 ε_j 能级上的量子状态数。定义式还可表达为

$$q \equiv \sum_{\text{量子态}} \exp(-\varepsilon_j / kT) \tag{5-35}$$

q 的物理意义：一个粒子所有可能达到的有效的量子状态之和；或一个粒子所有可能达到的量子状态的玻耳兹曼因子之和。

2. 粒子配分函数的意义

玻耳兹曼分布公式[式(5-22)]可表示为

$$\frac{n_j}{N} = \frac{g_j \exp(-\varepsilon_j / kT)}{q} = \frac{g_j \exp(-\varepsilon_j / kT)}{\sum_j g_j \exp(-\varepsilon_j / kT)} \tag{5-36}$$

式中，右方分子是 q 中的一项。可以看出，**q 中的一项与 q 之比是粒子在 j 能级上出现的概率(分布分数)。**

q 中的任意两能级上粒子数之比为

$$\frac{n_i}{n_j} = \frac{g_i \exp(-\varepsilon_i / kT)}{g_j \exp(-\varepsilon_j / kT)} \tag{5-37}$$

从式(5-37)可以看出，q 中的任意两项之比是两个能级上粒子分布数之比。因此，粒子配分函数的意义可描述为：**配分函数中的各项表示粒子在能级上分配的函数。**

注意：配分函数是量纲为 1 的纯数。

有了粒子的配分函数，我们如何用一个粒子的配分函数表示由 N 个近独立粒子组成的体系的热力学性质呢？

5.4.3　近独立非定域粒子体系热力学函数的统计力学表达式

根据玻耳兹曼熵定理和玻耳兹曼分布公式，用粒子的配分函数 q，可表示由 N(很大的数目)个近独立非定域粒子组成的体系(如理想气体)的热力学函数。

应该强调指出，这里的近独立非定域粒子体系是遵守经典统计的修正的玻耳兹曼体系，得到的热力学函数表达式不适用于只遵守量子统计的玻色-爱因斯坦体系和费米-狄拉克体系。

1. 熵 S

$$S = k \ln \Omega = k \ln t_{\max} = k \ln \prod_j \frac{g_j^{n_j}}{n_j!} \tag{5-38}$$

将玻耳兹曼分布公式 $n_j = \frac{N}{q} g_j \exp(-\varepsilon_j/kT)$ 和斯特林公式 $\ln N! = N \ln N - N$ 代入式(5-38) 并进行计算、整理，可得熵的计算式：

$$S = Nk + Nk \ln \frac{q}{N} + \frac{U}{T} = k \ln \frac{q^N}{N!} + \frac{U}{T} \tag{5-39}$$

2. 亥姆霍兹自由能 A

由式(5-39)可得

$$TS = NkT + NkT \ln \frac{q}{N} + U$$

则

$$A = U - TS = -NkT - NkT \ln \frac{q}{N} \tag{5-40}$$

亥姆霍兹自由能 A 的统计力学表达式比较简单，因而应用也比较广泛。

3. 吉布斯自由能 G

$$G = H - TS = U + pV - TS = A + pV$$

1) 理想气体

对理想气体，有 $pV = NkT$，所以

$$G = A + pV = -NkT - NkT \ln \frac{q}{N} + NkT = -NkT \ln \frac{q}{N} \tag{5-41}$$

2) 一般情况

因为 $\mathrm{d}A = -S\mathrm{d}T - p\mathrm{d}V$，所以

$$p = -\left(\frac{\partial A}{\partial V}\right)_{T,N} = NkT \left(\frac{\partial \ln q}{\partial V}\right)_{T,N}$$

$$G = -NkT - NkT \ln \frac{q}{N} + VNkT \left(\frac{\partial \ln q}{\partial V}\right)_{T,N} \tag{5-42}$$

4. 熵的其他表达式

对于组成恒定的封闭体系：$\mathrm{d}A = -S\mathrm{d}T - p\mathrm{d}V$，则

$$S = -\left(\frac{\partial A}{\partial T}\right)_{V,N}$$

将式(5-40)代入上式，得

$$S = -\left(\frac{\partial A}{\partial T}\right)_{V,N} = Nk + Nk \ln \frac{q}{N} + NkT \left(\frac{\partial \ln q}{\partial T}\right)_{V,N} \tag{5-43}$$

同理，$dG = -SdT + Vdp$ ，则

$$S = -\left(\frac{\partial G}{\partial T}\right)_{p,N}$$

将式(5-41)代入上式，得

$$S = -\left(\frac{\partial G}{\partial T}\right)_{p,N} = Nk\ln\frac{q}{N} + NkT\left(\frac{\partial \ln q}{\partial T}\right)_{p,N} \tag{5-44}$$

5. 热力学能 U

由式(5-40)和式(5-43)，可得

$$U = A + TS = NkT^2\left(\frac{\partial \ln q}{\partial T}\right)_{V,N} \tag{5-45}$$

6. 焓 H

由式(5-41)和式(5-44)，可得

$$H = G + TS = NkT^2\left(\frac{\partial \ln q}{\partial T}\right)_{p,N} \tag{5-46}$$

7. 化学势

分子的化学势
$$\mu = \left(\frac{\partial A}{\partial N}\right)_{T,V} = -kT\ln\frac{q}{N} \tag{5-47}$$

摩尔化学势
$$\mu_{\text{m}} = -RT\ln\frac{q}{N_{\text{A}}} , \quad G_{\text{m}} = -RT\ln\frac{q}{N_{\text{A}}}$$

8. 其他

$$C_V = \left(\frac{\partial U}{\partial T}\right)_{V,N} , \quad C_p = \left(\frac{\partial H}{\partial T}\right)_{p,N} , \quad p = -\left(\frac{\partial A}{\partial V}\right)_{T,N} = NkT\left(\frac{\partial \ln q}{\partial V}\right)_{T,N} , \quad \cdots$$

5.4.4　近独立定域粒子体系热力学函数的统计力学表达式

用与近独立非定域粒子体系相同的处理方法，可得到用粒子的配分函数 q 表示的近独立定域粒子体系的热力学函数表达式。

1. 熵 S

由 $S = k\ln\Omega = k\ln t_{\max} = k\ln\left(N!\prod_j \frac{g_j^{n_j}}{n_j!}\right)$ 可得

$$S = Nk\ln q + \frac{U}{T} \tag{5-48}$$

对式(5-48)进行等同性修正，即可得到 S 的非定域粒子体系的表达式[式(5-39)]

$$S = Nk \ln q + \frac{U}{T} + k \ln \frac{1}{N!} = \frac{U}{T} + Nk \ln q - Nk \ln N + Nk$$

即

$$S = Nk + \frac{U}{T} + Nk \ln \frac{q}{N} \quad \text{(等同粒子体系)}$$

2. 亥姆霍兹自由能 A

由式(5-48)可得

$$A = U - TS = -NkT \ln q \tag{5-49}$$

3. 熵的其他表达式

$$S = -\left(\frac{\partial A}{\partial T}\right)_{V,N} = Nk \ln q + NkT \left(\frac{\partial \ln q}{\partial T}\right)_{V,N} \tag{5-50}$$

4. 热力学能 U

$$U = A + TS_V = NkT^2 \left(\frac{\partial \ln q}{\partial T}\right)_{V,N} \tag{5-51}$$

5. 吉布斯自由能 G

$$G = A + pV = -NkT \ln q + NkTV \left(\frac{\partial \ln q}{\partial V}\right)_{T,N} \tag{5-52}$$

6. 焓 H

$$H = G + TS = NkT^2 \left(\frac{\partial \ln q}{\partial T}\right)_{V,N} + NkTV \left(\frac{\partial \ln q}{\partial V}\right)_{T,N} \tag{5-53}$$

7. 分子的化学势

$$\mu = \left(\frac{\partial A}{\partial N}\right)_{T,V} = -kT \ln(q/N) \tag{5-54}$$

在近独立定域粒子体系热力学函数的统计力学表达式中，吉布斯自由能 G 和焓 H 的表达式比较复杂，故不常用，而亥姆霍兹自由能 A 的表达式相对比较简单，所以在统计力学中经常使用 A 的表达式。

根据上面的表达式，我们只要能求出一个分子的配分函数 q，就能计算出体系的热力学函数值。如何求一个分子的配分函数的问题，这是统计力学中要解决的关键性问题。

5.5　近独立非定域分子的配分函数

如何求一个近独立非定域分子的配分函数？如何用分子的配分函数求理想气体的热力学性质？解决问题的步骤如下：①将分子的配分函数按五种彼此独立的运动形式进行因子分解；

②分别求各种运动形式的配分函数及各种运动形式对体系热力学性质的贡献;③得到双原子分子、单原子分子和多原子分子的全配分函数；④求气体的热力学性质。

5.5.1　分子配分函数的因子分解

1. 因子分解

在预备知识中已经介绍过，一个分子的运动形式可以近似看作由彼此独立的平动、转动、振动、电子运动和核自旋运动所组成。因此，一个分子能级 j 上的总能量可看作各种运动形式的能量之和：

$$\varepsilon_j = \varepsilon_{j,t} + \varepsilon_{j,r} + \varepsilon_{j,v} + \varepsilon_{j,e} + \varepsilon_{j,n} \tag{5-55}$$

分子能级 j 上的简并度(或称量子状态数)也应该是各种运动形式能级上的简并度之乘积：

$$g_j = g_{j,t} \cdot g_{j,r} \cdot g_{j,v} \cdot g_{j,e} \cdot g_{j,n} \tag{5-56}$$

所以，一个分子的配分函数，根据定义并将式(5-55)和式(5-56)代入，可表示为

$$
\begin{aligned}
q &= \sum_j g_j \exp(-\varepsilon_j / kT) \\
&= \sum_j g_{j,t} g_{j,r} g_{j,v} g_{j,e} g_{j,n} \exp\left(-\frac{\varepsilon_{j,t} + \varepsilon_{j,r} + \varepsilon_{j,v} + \varepsilon_{j,e} + \varepsilon_{j,n}}{kT}\right)
\end{aligned}
\tag{5-57}
$$

从数学上可证明，几个独立变数乘积的求和等于各自求和的乘积。因为各运动形式之间彼此独立无关，所以可各自求和：

$$
\begin{aligned}
q &= \sum_j g_{j,t} e^{-\varepsilon_{j,t}/kT} \cdot \sum_j g_{j,r} e^{-\varepsilon_{j,r}/kT} \cdot \sum_j g_{j,v} e^{-\varepsilon_{j,v}/kT} \cdot \sum_j g_{j,e} e^{-\varepsilon_{j,e}/kT} \cdot \sum_j g_{j,n} e^{-\varepsilon_{j,n}/kT} \\
&= q_t \cdot q_r \cdot q_v \cdot q_e \cdot q_n = q_t \cdot q_i
\end{aligned}
\tag{5-58}
$$

即分子的全配分函数等于平动、转动、振动、电子运动和核运动配分函数的乘积。其中，

$$q_i = q_r \cdot q_v \cdot q_e \cdot q_n$$

q_i 为分子内部运动的配分函数，称为内配分函数，其与体积无关。

平动配分函数 　　　　　　$$q_t = \sum_j g_{j,t} e^{-\varepsilon_{j,t}/kT} \tag{5-59}$$

转动配分函数 　　　　　　$$q_r = \sum_j g_{j,r} e^{-\varepsilon_{j,r}/kT} \tag{5-60}$$

振动配分函数 　　　　　　$$q_v = \sum_j g_{j,v} e^{-\varepsilon_{j,v}/kT} \tag{5-61}$$

电子配分函数 　　　　　　$$q_e = \sum_j g_{j,e} e^{-\varepsilon_{j,e}/kT} \tag{5-62}$$

核配分函数 　　　　　　$$q_n = \sum_j g_{j,n} e^{-\varepsilon_{j,n}/kT} \tag{5-63}$$

2. 各种运动形式对体系热力学性质的贡献

由于近似地认为分子的各种运动形式彼此独立无关,因此各种运动形式对体系的热力学性质均应有独立的贡献。体系的热力学性质是体系各种运动形式的热力学性质之和。现在我们讨

论适用于修正的玻耳兹曼体系的各种运动形式对体系热力学性质的贡献。

1) 热力学能 U

$$
\begin{aligned}
U &= NkT^2\left(\frac{\partial \ln q}{\partial T}\right)_{V,N} \\
&= NkT^2\left(\frac{\partial \ln q_t}{\partial T}\right)_{V,N} + NkT^2\frac{\mathrm{d}\ln q_v}{\mathrm{d}T} + NkT^2\frac{\mathrm{d}\ln q_r}{\mathrm{d}T} + NkT^2\frac{\mathrm{d}\ln q_e}{\mathrm{d}T} + NkT^2\frac{\mathrm{d}\ln q_n}{\mathrm{d}T}
\end{aligned}
\tag{5-64}
$$

$$
U = U_t + U_r + U_v + U_e + U_n
\tag{5-65}
$$

2) 熵 S

$$
\begin{aligned}
S &= Nk + Nk\ln\frac{q}{N} + NkT\left(\frac{\partial \ln q}{\partial T}\right)_{V,N} \\
&= \left[Nk + Nk\ln\frac{q_t}{N} + NkT\left(\frac{\partial \ln q_t}{\partial T}\right)_{V,N}\right] + \left(Nk\ln q_r + NkT\frac{\mathrm{d}\ln q_r}{\mathrm{d}T}\right) \\
&\quad + \left(Nk\ln q_v + NkT\frac{\mathrm{d}\ln q_v}{\mathrm{d}T}\right) + \left(Nk\ln q_e + NkT\frac{\mathrm{d}\ln q_e}{\mathrm{d}T}\right) + \left(Nk\ln q_n + NkT\frac{\mathrm{d}\ln q_n}{\mathrm{d}T}\right)
\end{aligned}
\tag{5-66}
$$

$$
S = S_t + S_r + S_v + S_e + S_n
\tag{5-67}
$$

注意:

(1) 分子的平动属外部运动, 其与体系的体积有关。因此, 只有平动配分函数与体系的体积 V 有关, 所以平动项用偏导数, 其他用全导数。

(2) 等同性修正项($N\ln N - N$)归于平动熵中, 因为粒子的不可区分性只表现在外部的平动运动, 对分子的内部运动谈不上等同性修正问题。

(3) 其他函数的等同性修正项也归于平动运动项中。

3) 亥姆霍兹自由能 A

$$
\begin{aligned}
A &= -NkT - NkT\ln\frac{q}{N} = \left(-NkT - NkT\ln\frac{q_t}{N}\right) + \left(-NkT\ln q_r\right) \\
&\quad + \left(-NkT\ln q_v\right) + \left(-NkT\ln q_e\right) + \left(-NkT\ln q_n\right)
\end{aligned}
\tag{5-68}
$$

$$
A = A_t + A_r + A_v + A_e + A_n
\tag{5-69}
$$

4) 吉布斯自由能 G(以理想气体为例)

$$
G = -NkT\ln\frac{q}{N} = \left(-NkT\ln\frac{q_t}{N}\right) + \left(-NkT\ln q_r\right) + \left(-NkT\ln q_v\right) + \left(-NkT\ln q_e\right) + \left(-NkT\ln q_n\right)
\tag{5-70}
$$

$$
G = G_t + G_r + G_v + G_e + G_n
\tag{5-71}
$$

3. 玻耳兹曼分布定律的独立性

由于将分子的运动分解为彼此独立的各种运动形式, 因而玻耳兹曼分布定律可以应用于粒子的每一种运动形式, 而与其他运动形式无关。例如, 在 j 能级上

$$
n_t = \frac{N}{q_t}g_t\,\mathrm{e}^{-\varepsilon_t/kT} \qquad \text{或} \qquad \frac{n_t}{N} = \frac{g_t\,\mathrm{e}^{-\varepsilon_t/kT}}{q_t}
\tag{5-72}
$$

$$n_r = \frac{N}{q_r} g_r e^{-\varepsilon_r/kT} \tag{5-73}$$

$$n_v = \frac{N}{q_v} g_v e^{-\varepsilon_v/kT} \tag{5-74}$$

粒子出现在 j 能级上的概率等于在 j 能级上各种运动形式的概率之积。

$$P_j = \frac{n_j}{N} = \frac{g_j}{q} e^{-\varepsilon_j/kT} = \frac{g_t g_r g_v g_e g_n}{q_t q_r q_v q_e q_n} \exp\left[-(\varepsilon_t + \varepsilon_r + \varepsilon_v + \varepsilon_e + \varepsilon_n)/kT\right]$$

$$P_j = \left(\frac{g_t}{q_t} e^{-\varepsilon_t/kT}\right) \cdot \left(\frac{g_r}{q_r} e^{-\varepsilon_r/kT}\right) \cdot \left(\frac{g_v}{q_v} e^{-\varepsilon_v/kT}\right) \cdot \left(\frac{g_e}{q_e} e^{-\varepsilon_e/kT}\right) \cdot \left(\frac{g_n}{q_n} e^{-\varepsilon_n/kT}\right)$$

$$P_j = P_t \cdot P_r \cdot P_v \cdot P_e \cdot P_n \tag{5-75}$$

总之，若能分别求出各种运动形式的配分函数，就能求出各种运动形式的热力学函数，也就能求出体系的热力学函数。而内配分函数的各部分是由光谱数据和量子力学公式定出的，这就将光谱实验数据和宏观的热力学性质联系起来了。

4. 零点能对配分函数的影响

在求算分子的配分函数时，需要知道分子的能量。由于能量的绝对值无法确定，因而能量零点的选择有任意性。使用不同的能量标度，计算得到的配分函数不同，这对相关热力学量的计算也会产生影响。为了计算简便，规定分子基态能量为能量零点，即

规定：分子处于基态时的能量为零，即 $\varepsilon_0 = 0$ 。

$$q \equiv \sum_j g_j e^{-\varepsilon_j/kT} = g_0 e^{-\varepsilon_0/kT} + g_1 e^{-\varepsilon_1/kT} + g_2 e^{-\varepsilon_2/kT} + \cdots$$

$$q = g_0 + g_1 e^{-\varepsilon_1/kT} + g_2 e^{-\varepsilon_2/kT} + \cdots$$

若以任一能值为能量零点，此时分子基态的能量 $\varepsilon_0 \neq 0$ ，则

$$q_0 = \sum_j g_j e^{-(\varepsilon_j + \varepsilon_0)/kT} = e^{-\varepsilon_0/kT} \sum_j g_j e^{-\varepsilon_j/kT} = e^{-\varepsilon_0/kT} q$$

$$q_0 = e^{-\varepsilon_0/kT} q \tag{5-76}$$

因此，求 q 时注意能量零点的规定，一般地， $\varepsilon_0 = 0$ 。

在绝对零度时，分子当然处在基态，按此规定，分子在绝对零度时的能量为零。

5.5.2　平动配分函数

1. q_t 的计算

一个质量为 m 的分子在边长分别为 a、b、c 的长方形容器中的平动运动可看作是一个三维平动子的运动。根据平动配分函数 q_t 的定义式(5-59)

$$q_t = \sum_{\text{能级}} g_t e^{-\varepsilon_t/kT} = \sum_{\text{量子态}} e^{-\varepsilon_t/kT} \tag{5-77}$$

将三维平动子的能级公式

$$\varepsilon_{\mathrm{t}} = \frac{h^2}{8m}\left(\frac{n_x^2}{a^2} + \frac{n_y^2}{b^2} + \frac{n_z^2}{c^2}\right)$$

代入式(5-77)，得

$$
\begin{aligned}
q_{\mathrm{t}} &= \sum_{n_x n_y n_z} \exp\left[-\frac{h^2}{8mkT}\left(\frac{n_x^2}{a^2} + \frac{n_y^2}{b^2} + \frac{n_z^2}{c^2}\right)\right] \\
&= \sum_{n_x=1}^{\infty} \exp\left(-\frac{h^2}{8mkT}\frac{n_x^2}{a^2}\right)\sum_{n_y=1}^{\infty}\exp\left(-\frac{h^2}{8mkT}\frac{n_y^2}{b^2}\right)\sum_{n_z=1}^{\infty}\exp\left(-\frac{h^2}{8mkT}\frac{n_y^2}{b^2}\right) \\
&= q_x \cdot q_y \cdot q_z
\end{aligned}
\tag{5-78}
$$

式中，q_x、q_y、q_z 分别为三个坐标轴方向上运动的一维平动子的配分函数。这里假设了三维平动子在 x、y、z 三个方向的运动是彼此独立无关的。

平动能级间隔较小，可用积分号代替求和号。将上式积分求和，求得平动配分函数的计算公式如下：

$$q_{\mathrm{t}} = \left(\frac{2\pi mkT}{h^2}\right)^{3/2} V \tag{5-79}$$

$$q_x = \left(\frac{2\pi mkT}{h^2}\right)^{1/2} a \qquad q_y = \left(\frac{2\pi mkT}{h^2}\right)^{1/2} b \qquad q_z = \left(\frac{2\pi mkT}{h^2}\right)^{1/2} c$$

注意：

(1) 平动配分函数的计算公式对单原子分子、双原子分子和多原子分子均适用。

(2) 计算时，分子基态的平动能 $\varepsilon_{\mathrm{t,0}} = 0$。实际计算可知，$\varepsilon_{\mathrm{t,0}} \approx 0$。例如，$N_2$ 分子，一般在 **298.15 K**，$V=1000\,\mathrm{cm^3}$ 时，$\varepsilon_{\mathrm{t}}^{(1)} = 10^{-40}\,\mathrm{J}$，可忽略不计，故分子在平动基态时的能量为零。

(3) q_{t} 与粒子的质量 m、温度 T 和体积 V 均有关。

(4) 一维平动配分函数 f_{t}(如 q_x、q_y、q_z)正比于 $T^{1/2}$。

2. 平动对体系热力学性质的贡献

根据式(5-79)，有

$$\ln q_{\mathrm{t}} = \ln\left(\frac{2\pi mk}{h^2}\right)^{3/2} + \frac{3}{2}\ln T + \ln V \tag{5-80}$$

$$\left(\frac{\partial \ln q_{\mathrm{t}}}{\partial T}\right)_{V,N} = \frac{3}{2T} \tag{5-81}$$

1) 体系的平动能

$$U_{\mathrm{t}} = NkT^2\left(\frac{\partial \ln q_{\mathrm{t}}}{\partial T}\right)_{V,N} = \frac{3}{2}NkT = \frac{3}{2}RT \text{ (理想气体)} \tag{5-82}$$

2) 平动熵

$$S_{\mathrm{t}} = Nk + Nk\ln\frac{q_{\mathrm{t}}}{N} + NkT\left(\frac{\partial \ln q_{\mathrm{t}}}{\partial T}\right)_{V,N} = \frac{5}{2}Nk + Nk\ln\left[\left(\frac{2\pi mkT}{h^2}\right)^{3/2}\cdot\frac{V}{N}\right] \tag{5-83}$$

对于理想气体，$pV=NkT$，将其代入式(5-83)，得理想气体的平动熵为

$$S_t = \frac{5}{2}Nk + Nk \ln\left[\left(\frac{2\pi mkT}{h^2}\right)^{3/2} \cdot \frac{kT}{p}\right] \tag{5-84}$$

在 298.15 K 时，将各常数代入式(5-84)，可求得 1 mol 理想气体的标准摩尔熵为

$$S_m^\ominus(298.15\,\mathrm{K}) = (12.47\ln M + 108.784)\,\mathrm{J\cdot mol^{-1}\cdot K^{-1}} \tag{5-85}$$

式中，M 为分子的摩尔质量，单位为 $\mathrm{g\cdot mol^{-1}}$。

　3) 平动自由能

$$G_t = -NkT\ln\frac{q_t}{N} = NkT\ln\left[\left(\frac{2\pi mkT}{h^2}\right)^{3/2}\frac{V}{N}\right] \tag{5-86}$$

$$A_t = -NkT - NkT\ln\frac{q_t}{N} = -NkT - NkT\ln\left[\left(\frac{2\pi mkT}{h^2}\right)^{3/2}\frac{V}{N}\right] \tag{5-87}$$

【例 5-1】　试用统计力学的方法证明：单原子分子理想气体恒压变温过程的熵变是恒容变温过程的熵变的 5/3 倍。

　　证明　恒压变温过程　　$\boxed{T_1, V_1, p_1}$ → $\boxed{T_2, V_2, p_1}$

$$S_t = \frac{5}{2}Nk + Nk\ln\left[\left(\frac{2\pi mkT}{h^2}\right)^{3/2}\cdot\frac{kT}{p}\right] = \frac{5}{2}Nk + Nk\ln\left[\left(\frac{2\pi m}{h^2}\right)^{3/2}\cdot\frac{k^{5/2}}{p}T^{5/2}\right]$$

$$= \frac{5}{2}Nk + Nk\ln\left[\left(\frac{2\pi m}{h^2}\right)^{3/2}\cdot\frac{k^{5/2}}{p}\right] + \frac{5}{2}Nk\ln T$$

$$\Delta S_{t,p} = \left\{\frac{5}{2}Nk + Nk\ln\left[\left(\frac{2\pi m}{h^2}\right)^{3/2}\cdot\frac{k^{5/2}}{p}\right] + \frac{5}{2}Nk\ln T_2\right\} - \left\{\frac{5}{2}Nk + Nk\ln\left[\left(\frac{2\pi m}{h^2}\right)^{3/2}\cdot\frac{k^{5/2}}{p}\right] + \frac{5}{2}Nk\ln T_1\right\}$$

所以

$$\Delta S_{t,p} = \frac{5}{2}Nk\ln\frac{T_2}{T_1}$$

　　恒容变温过程　　$\boxed{T_1, V_1, p_1}$ → $\boxed{T_2, V_1, p_2}$

$$S_t = \frac{5}{2}Nk + Nk\ln\left[\left(\frac{2\pi mkT}{h^2}\right)^{3/2}\cdot\frac{V}{N}\right] = \frac{5}{2}Nk + Nk\ln\left[\left(\frac{2\pi mk}{h^2}\right)^{3/2}\cdot\frac{V}{N}T^{3/2}\right]$$

$$= \frac{5}{2}Nk + Nk\ln\left[\left(\frac{2\pi mk}{h^2}\right)^{3/2}\cdot\frac{V}{N}\right] + \frac{3}{2}Nk\ln T$$

所以

$$\Delta S_{t,V} = \frac{3}{2}Nk\ln\frac{T_2}{T_1}$$

故

$$\frac{\Delta S_{t,p}}{\Delta S_{t,V}} = \left(\frac{5}{2}Nk\ln\frac{T_2}{T_1}\right)\Big/\left(\frac{3}{2}Nk\ln\frac{T_2}{T_1}\right) = \frac{5}{3}$$

5.5.3　转动配分函数

1. 异核双原子分子及不对称线形多原子分子

1) 异核双原子分子 A—B 的转动

分子中，A、B 原子的质量分别为 m_A、m_B 且可视为质点，核间距为 r。一个双原子分子

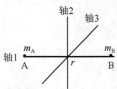

绕质心的转动可视作一个刚性转子绕质心的转动，其可分解为三个彼此独立的围绕三个轴的转动。轴 1 通过两原子中心连线，轴 2 和轴 3 通过质心且与轴 1 互相垂直。讨论分子绕轴 1 的转动是没有意义的，因为无法鉴别它是否在转动。我们只需考虑分子绕轴 2 和轴 3 的转动，即异核双原子分子的转动自由度是 2，而且认为绕轴 2 和轴 3 转动的转动惯量是相等的，即

$$I = I_2 = I_3 = \mu r^2$$

式中，μ 为折合质量，$\mu = \dfrac{m_A m_B}{m_A + m_B}$。

2) 不对称线形多原子分子 A—B—C 的转动

不对称线形多原子分子的转动与异核双原子分子相似，绕轴 1 的转动是没有意义的，转动自由度是 2，绕轴 2 和轴 3 转动的转动惯量为

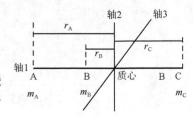

$$I = I_2 = I_3 = m_A r_A^2 + m_B r_B^2 + m_C r_C^2$$

且

$$r_A m_A + r_B m_B = r_C m_C$$

3) 异核双原子分子和不对称线形多原子分子的转动配分函数

根据分子转动配分函数的定义式(5-60)

$$q_r = \sum_{能级} g_r e^{-\varepsilon_r / kT}$$

又已知 $g_r = 2J + 1$，$\varepsilon_r = J(J+1)\dfrac{h^2}{8\pi^2 I}$，可得

$$q_r = \sum_{J=0}^{\infty} (2J+1) \exp\left[-\frac{J(J+1)h^2}{8\pi^2 IkT} \right] \tag{5-88}$$

令

$$\Theta_r = \frac{h^2}{8\pi^2 Ik} \tag{5-89}$$

Θ_r 为转动特征温度，是物质的特性参数，具有温度量纲。将式(5-89)代入式(5-88)，则

$$q_r = \sum_{J=0}^{\infty} (2J+1) \exp\left[-\frac{J(J+1)\Theta_r}{T} \right] \tag{5-90}$$

分子的转动特征温度可由分子的光谱数据求得。大多数分子的 Θ_r 值很小。根据温度 T 与 Θ_r 值的相对大小，对 q_r 表达式中的求和号可分三种情况进行处理。

(1) $T \gg \Theta_r$（$T > 100\,\text{K}$, $T > 5\,\Theta_r$）。

在这种情况下，从数学上可知，式(5-90)中的求和号可用积分式代替，则

$$q_r = \int_0^{\infty} (2J+1) \exp\left[-\frac{J(J+1)\Theta_r}{T} \right] dJ$$

积分可得

$$q_r = \frac{T}{\Theta_r} = \frac{8\pi^2 IkT}{h^2} \tag{5-91}$$

由于转动自由度为 2，所以一维转动配分函数正比于 $T^{1/2}$。

(2) $T > \Theta_r$。

在 $T > \Theta_r$ 的情况下，通常用 Muholland 近似公式展开求转动配分函数

$$q_r = \frac{T}{\Theta_r}\left[1 + \frac{1}{3}\frac{\Theta_r}{T} + \frac{1}{15}\left(\frac{\Theta_r}{T}\right)^2 + \frac{4}{315}\left(\frac{\Theta_r}{T}\right)^3 + \cdots\right] \tag{5-92}$$

一般只取 2～3 项即可。

(3) $T \leqslant \Theta_r$。

在 $T \leqslant \Theta_r$ 的情况下，需按定义式(5-90)展开求取 q_r，即

$$q_r = \sum_{J=0}^{\infty}(2J+1)\exp\left[-\frac{J(J+1)\Theta_r}{T}\right]$$

$$= 1 + 3\exp\left(-\frac{2\Theta_r}{T}\right) + 5\exp\left(-\frac{6\Theta_r}{T}\right) + 7\exp\left(-\frac{12\Theta_r}{T}\right) + \cdots$$

2. 同核双原子分子及对称线形多原子分子

同核双原子分子如 A—A，对称线形多原子分子如 A—B—A，A—B—B—A 等。

同核双原子分子及对称线形多原子分子的转动与原子的核磁矩相对取向有关。根据光谱实验的结果，这类分子的转动量子数 J 不能取任意值，只能或为偶数 0，2，4，6，$\cdots$，或为奇数 1，3，5，$\cdots$，不能两者兼有。因此，这类分子的转动配分函数应表示为

$$q_r' = \sum_{J=0,2,4,\cdots}(2J+1)\exp\left[-\frac{J(J+1)\Theta_r}{T}\right] \tag{5-93}$$

或

$$q_r'' = \sum_{J=1,3,5,\cdots}(2J+1)\exp\left[-\frac{J(J+1)\Theta_r}{T}\right] \tag{5-94}$$

当 $T \gg \Theta_r$ 时

$$q_r' = q_r'' = \frac{1}{2}q_r = \frac{T}{2\Theta_r} \tag{5-95}$$

式中，"2" 为分子的对称数，通常用符号 σ 表示。

分子对称数 σ：分子在空间转动 360° 时，其结构在空间复原的次数。

对称线形分子，如 A—A，$\sigma=2$；非对称线形分子，如 A—B，$\sigma=1$。

因此，对双原子分子及线形多原子分子，无论分子对称与否，在 $T \gg \Theta_r$ $(T>100\ \text{K}, T>5\Theta_r)$ 的条件下，有

$$q_r = \frac{T}{\sigma\Theta_r} = \frac{8\pi^2 IkT}{\sigma h^2} \tag{5-96}$$

规定：分子转动基态的能量为零，即 $\varepsilon_{r,0} = 0$。

3. 双原子分子及线形多原子分子的转动对体系热力学性质的贡献

$T \gg \Theta_r$ 时，$\ln q_r = \ln\dfrac{T}{\sigma\Theta_r}$，$\dfrac{\mathrm{d}\ln q_r}{\mathrm{d}T} = \dfrac{1}{T}$

$$U_r = NkT^2\frac{\mathrm{d}\ln q_r}{\mathrm{d}T} = NkT \tag{5-97}$$

$$S_r = Nk\ln q_r + NkT\frac{\mathrm{d}\ln q_r}{\mathrm{d}T} = Nk\ln\frac{T}{\sigma\Theta_r} + Nk = Nk\ln\frac{8\pi^2 IkT}{\sigma h^2} + Nk \tag{5-98}$$

$$A_r = -NkT \ln q_r = -NkT \ln \frac{T}{\sigma \Theta_r} \tag{5-99}$$

$$G_r = -NkT \ln q_r = -NkT \ln \frac{T}{\sigma \Theta_r} \tag{5-100}$$

4. 非线形分子

对非线形分子，其分子的转动配分函数为

$$q_r = \frac{8\pi^2 (2\pi kT)^{3/2}}{\sigma h^3} \times (I_x \cdot I_y \cdot I_z)^{1/2} \tag{5-101}$$

5.5.4　振动配分函数

近独立非定域分子的振动是指分子中两个原子之间的距离作周期性的变化。因此，对一个单原子分子，讨论它的振动是没有意义的。

1. 双原子分子

1）振动配分函数 q_v

双原子分子沿化学键方向的振动可视作一维谐振子的振动。一维谐振子的能级公式(5-4)为

$$\varepsilon_v = (v + \frac{1}{2})h\nu \qquad (v = 0, 1, 2, \cdots)$$

式中，ν 为振动频率。一维谐振子能级是非简并的，$g_v = 1$。因此，一个双原子分子的振动配分函数为

$$q_v = \sum_v g_v \exp\left(-\frac{\varepsilon_v}{kT}\right) = \sum_v \exp\left[-\left(v + \frac{1}{2}\right)h\nu / kT\right]$$

$$= \exp\left(-\frac{h\nu}{2kT}\right)\left[1 + \exp\left(-\frac{h\nu}{kT}\right) + \exp\left(-\frac{2h\nu}{kT}\right) + \cdots\right] = \exp\left(-\frac{h\nu}{2kT}\right)\sum_v \exp\left(-\frac{v h\nu}{kT}\right)$$

因为振动能级间隔 $h\nu = 10kT$，所以 q_v 表达式中的求和号不能用积分号代替，可采用以下方法处理。

令 $x = \exp\left(-\dfrac{h\nu}{kT}\right) \ll 1 \;\; (h\nu > 10kT)$，则

$$q_v = \exp\left(-\frac{h\nu}{2kT}\right)(1 + x + x^2 + x^3 + \cdots) \tag{5-102}$$

当 $x \ll 1$ 时，$1 + x + x^2 + \cdots = \dfrac{1}{1-x}$，将其代入式(5-102)，可得

$$q_v = \frac{\exp\left(-h\nu/2kT\right)}{1 - \exp(-h\nu / kT)} \tag{5-103}$$

在计算振动配分函数时，同样规定振动基态的能量作为能量的零点(规定最低振动能级的能量为零)。因此，当 $\nu = 0$ 时，即

$$\varepsilon_{v,0} = \frac{1}{2}h\nu = 0 \tag{5-104}$$

$\varepsilon_{v,0}$ 称为零点振动能。将式(5-104)代入式(5-4)，则振动能的计算公式为

$$\varepsilon_v = vh\nu \tag{5-105}$$

则分子的振动配分函数为

$$q_v = \sum_{v=0}^{\infty} \exp\left(-\frac{vh\nu}{kT}\right) = \frac{1}{1 - \exp(-h\nu/kT)} \tag{5-106}$$

令

$$\Theta_v = \frac{h\nu}{k} \tag{5-107}$$

Θ_v 称为振动特征温度，由分子的微观性质所决定。一般数值较高，约为几千开(K)。ν 为双原子分子的振动频率，通常用波数表示(式中的 c 是指光速)，则

$$\Theta_v = \frac{hc\tilde{\nu}}{k} = 1.4387\tilde{\nu} \tag{5-108}$$

$$q_v = \frac{1}{1 - \exp(-\Theta_v/T)} \qquad \left(\varepsilon_{v,0} = \frac{1}{2}h\nu = 0\right) \tag{5-109}$$

2) 振动对体系热力学性质的贡献

(1) 视振动基态为能量零点，即 $\varepsilon_{v,0} = 0$，则

$$q_v = \frac{1}{1 - \exp(-\Theta_v/T)} = \frac{1}{1 - \exp(-h\nu/kT)}$$

$$\ln q_v = -\ln[1 - \exp(-\Theta_v/T)]$$

$$\frac{d\ln q_v}{dT} = \frac{\exp(-\Theta_v/T)}{1 - \exp(-\Theta_v/T)}\frac{h\nu}{kT^2} = \frac{h\nu}{kT^2}\frac{1}{\exp(\Theta_v/T) - 1}$$

通常情况

$$U_v = H_v = NkT^2\frac{d\ln q_v}{dT} = \frac{Nk\Theta_v}{\exp(\Theta_v/T) - 1} \tag{5-110}$$

$$S_v = Nk\ln q_v + NkT\frac{d\ln q_v}{dT} = \frac{Nk\Theta_v/T}{\exp(\Theta_v/T) - 1} - Nk\ln[1 - \exp(-\Theta_v/T)] \tag{5-111}$$

极限情况

当 $\Theta_v \gg T$ 时，$q_v \to 1$，$U_v = H_v = 0$，$S_v = 0$。

当 $\Theta_v \ll T$ 时，称为振动自由度全部开放，此时

$$q_v \to \frac{kT}{h\nu} = \frac{T}{\Theta_v}$$

$$U_v = H_v = NkT$$

$$S_v = Nk + Nk\ln\frac{T}{\Theta_v}$$

一维 q_v 与 T 的关系：q_v 正比于 $T^0 \sim T^1$。

(2) 视振动基态能量为

$$\varepsilon_{v,0} = \frac{1}{2}h\nu$$

通常情况

$$q_v = \frac{\exp(-h\nu/2kT)}{1 - \exp(-\Theta_v/T)}$$

$$U_v = H_v = \frac{Nk\Theta_v}{\exp(\Theta_v/T) - 1} + \frac{1}{2}Nh\nu \qquad (5\text{-}112)$$

$$S_v = Nk\ln\frac{1}{[1 - \exp(-\Theta_v/T)]} + \frac{Nk\Theta_v/T}{\exp(\Theta_v/T) - 1} \qquad (5\text{-}113)$$

比较式(5-110)与式(5-112)、式(5-111)与式(5-113)可知，U_v 与零点能的选择有关，但 S_v 则与其无关。

极限情况

当 $\Theta_v \gg T$ 时，$q_v = \exp(-h\nu/2kT)$，$U_v = H_v = \frac{1}{2}Nh\nu$，$S_v = 0$。

当 $\Theta_v \ll T$ 时，$q_v = [\exp(-h\nu/2kT)]\dfrac{T}{\Theta_v}$，$U_v = H_v = \dfrac{1}{2}Nh\nu + NkT$，$S_v = Nk + Nk\ln\left(\dfrac{T}{\Theta_v}\right)$。

计算表明，U、H、A、G 与零点能的选择有关，但 S 则与其无关。

2. 多原子分子

1) 线形多原子分子

对线形多原子分子，其平动自由度为 3，转动自由度为 2，则振动自由度为

$$3n - 3 - 2 = 3n - 5 \qquad (5\text{-}114)$$

式中，n 为分子中所包含原子的数目。

当 $\varepsilon_{v,0} = 0$ 时

$$q_v = \prod_{i=1}^{3n-5} \frac{1}{1 - \exp(-h\nu/kT)} \qquad (5\text{-}115)$$

2) 非线形分子

对非线形多原子分子，其平动自由度为 3，转动自由度为 3，则振动自由度为

$$3n - 3 - 3 = 3n - 6 \qquad (5\text{-}116)$$

当 $\varepsilon_{v,0} = 0$ 时

$$q_v = \prod_{i=1}^{3n-6} \frac{1}{1 - \exp(-h\nu/kT)} \qquad (5\text{-}117)$$

5.5.5 电子配分函数

1. q_e 的计算

根据定义式(5-62)，一个电子的配分函数为

$$\begin{aligned}
q_e &= \sum_i g_{e,i} \exp(-\varepsilon_{e,i}/kT) \\
&= g_{e,0}\exp(-\varepsilon_{e,0}/kT) + g_{e,1}\exp(-\varepsilon_{e,1}/kT) + g_{e,2}\exp(-\varepsilon_{e,2}/kT) + \cdots \\
&= \exp(-\varepsilon_{e,0}/kT)[g_{e,0} + g_{e,1}\exp(-\Delta\varepsilon_1/kT) + g_{e,2}\exp(-\Delta\varepsilon_2/kT) + \cdots]
\end{aligned}$$

式中，$\Delta\varepsilon_1 = \varepsilon_{e,1} - \varepsilon_{e,0}$，$\Delta\varepsilon_2 = \varepsilon_{e,2} - \varepsilon_{e,0}, \cdots$

电子的能级间隔 $\Delta\varepsilon$ 较大，一般为 $100\,kT$。除少数例外，在进行化学反应的温度下，原子

或分子中的电子处于基态。因此，电子配分函数的计算公式简化为

$$q_e = g_{e,0} \exp(-\varepsilon_{e,0}/kT) \tag{5-118}$$

规定：电子在基态时的能量为零，即 $\varepsilon_{e,0} = 0$。

将 $\varepsilon_{e,0} = 0$ 代入式(5-118)，可得

$$q_e = g_{e,0} \tag{5-119}$$

关于 $g_{e,0}$ 的确定

单原子分子：根据原子光谱项中能量最低的光谱支项 $^{2S+1}L_J$ 确定：

$$g_{e,0} = 2J+1 \tag{5-120}$$

例如，Na 原子：$3S^1$，$l = 0$，$L = 0$，$S = 1/2$，$J = L+S = 1/2$，$g_{e,0} = 2J+1 = 2$。

双原子分子：根据原子光谱项中能量最低的光谱项的自旋多重度确定：

$$g_{e,0} = 2S+1 \tag{5-121}$$

式中，S 为总自旋量子数。

又如，H_2：$S = 0$，$g_{e,0} = 1$ (无未成对电子)。

O_2：$S = 1$，$g_{e,0} = 3$ (有两个未成对电子)。

NO：$S = 1/2$，$g_{e,0} = 2$ (有一个未成对电子)。

多原子分子：一般 $S = 0$，故 $g_{e,0} = 1$。

2. 电子运动对体系热力学函数的贡献

1) 热力学能

若 $\varepsilon_{e,0} = 0$，$q_e = g_{e,0}$

$$U_e = NkT^2 \frac{d\ln q_e}{dT} = 0 \tag{5-122}$$

若 $\varepsilon_{e,0} \neq 0$，$q_e = g_{e,0} \exp(-\varepsilon_{e,0}/kT)$

$$U_e = N\varepsilon_{e,0} \tag{5-123}$$

2) 熵

$$S_e = Nk\ln q_e + NkT \frac{d\ln q_e}{dT} = Nk\ln g_{e,0} \quad (\varepsilon_{e,0} = 0) \tag{5-124}$$

大多数分子：$g_{e,0} = 1$，所以 $S_e = 0$。但也有例外存在。

【例 5-2】 已知 NO 分子的 $g_{e,0} = 2$，$g_{e,1} = 2$，电子第一激发态与基态能级的波数差为 $\Delta\tilde{\nu} = 121\,\text{cm}^{-1}$，求 $U_{m,e}$，$S_{m,e}$ (L 为阿伏伽德罗常量)。

解　$q_e = \exp(-\varepsilon_{e,0}/kT)[g_{e,0} + g_{e,1}\exp(-\Delta\varepsilon_1/kT)]$

$\varepsilon = h\nu = hc\tilde{\nu}$，$\Delta\varepsilon_{e,1}/k = hc\Delta\tilde{\nu}/k = 174.3\,\text{K}$，则

$$q_e = \exp(-\varepsilon_{e,0}/kT)[(2 + 2\exp(-174.3/T)]$$

$$U_{m,e} = L\varepsilon_{e,0} + \frac{(174.3\,\text{K})Lk}{\exp(174.3\,\text{K}/T)+1}$$

$$S_{m,e} = Lk\ln\left[2\left(1+\exp(-174.3\,\text{K}/T)\right)\right] + \frac{(174.3\,\text{K})Lk}{T[\exp(174.3\,\text{K}/T)+1]}$$

计算结果还表明，零点能的选择对 $U_{m,e}$ 的值有影响，但对 $S_{m,e}$ 的值无影响。

5.5.6　核配分函数

原子核的能级差值都很大，因此在一般温度下，核激发的机会很小，核自旋运动均处于基态。所以，根据定义，在 $\varepsilon_{n,0} = 0$ 的条件下，核的配分函数表示为

$$q_n = g_{n,0} \exp(-\varepsilon_{n,0}/kT) = g_{n,0} \tag{5-125}$$

$$g_{n,0} = \prod_i (2i+1) \tag{5-126}$$

式中，i 为核自旋量子数。

可求得

$$U_n = 0, \quad S_n = Nk \ln g_{n,0} \tag{5-127}$$

在物理化学所讨论的化学变化中，原子的核能态是维持不变的。因此，化学变化过程的 $\Delta U_n = 0$，$\Delta S_n = 0$。在计算热力学量时，习惯上不考虑核自旋的贡献。在分子的全配分函数中也通常将核配分函数忽略不计。

以上我们解决了如何从分子的结构数据求算分子的各种运动形式的配分函数问题。分析分子所具有的运动形式，就可以得到一个非定域分子的全配分函数。

5.5.7　分子的全配分函数

1. 单原子分子的全配分函数

根据刚性转子和一维谐振子的概念，一个单原子分子的转动和振动是没有意义的。因此，在计算单原子分子的全配分函数时，只需考虑分子的平动、电子运动和核自旋运动。在电子不激发的条件下，单原子分子的全配分函数可表示为

$$q = q_t \cdot q_e \cdot q_n = \left(\frac{2\pi mkT}{h^2}\right)^{3/2} \cdot V \cdot g_{e,0} \cdot g_{n,0} \tag{5-128}$$

2. 双原子分子的全配分函数

$$
\begin{aligned}
q &= q_t \cdot q_r \cdot q_v \cdot q_e \cdot q_n \\
&= \left(\frac{2\pi mkT}{h^2}\right)^{3/2} \cdot V \cdot \frac{T}{\sigma \Theta_r} \cdot \frac{1}{1 - \exp(-\Theta_v/T)} \cdot g_{e,0} \cdot g_{n,0}
\end{aligned} \tag{5-129}
$$

以上双原子分子的全配分函数表达式是在一定的近似条件下得到的。这些近似条件为①以分子基态作为能量零点，即 $\varepsilon_0 = 0$；②把分子的运动分解为彼此独立的各种运动形式；③电子不激发；④把分子的转动看作刚性转子的转动；⑤把分子的振动看作一维谐振子的简谐振动。

尽管有这些近似，但分子配分函数的表达式还是抓住了分子的主要特征，只要温度不是太高或太低，其误差不会很大。检验分子配分函数的表达式是否正确，最好的方法是将从分子配分函数求得的体系的热力学量与实验测得的量进行比较，看它们是否一致。这也是检验统计力学的处理是否正确的方法之一，下面以理想气体为例来说明这个问题。

5.6 理 想 气 体

理想气体是典型的近独立非定域粒子体系。从热力学角度来看，无论是单原子分子气体、双原子分子气体，还是多原子分子气体，只要压力趋于零，都可看作理想气体。在这里首先用统计力学方法推导出理想气体状态方程，求出理想气体的摩尔热容和摩尔熵，并与实验值进行比较，以检验统计力学处理的正确性。

5.6.1 理想气体状态方程

1 mol 理想气体的亥姆霍兹自由能为(L 为阿伏伽德罗常量)

$$A_m = -LkT - LkT \ln \frac{q}{L}$$

将其代入热力学基本方程 $dA = -SdT - pdV$，可得

$$p = -\left(\frac{\partial A}{\partial V}\right)_T = LkT\left(\frac{\partial \ln q}{\partial V}\right)_T$$

近独立非定域粒子体系的分子全配分函数 q 中，只有平动配分函数 q_t 与体积 V 有关，所以

$$p = LkT\left(\frac{\partial \ln q}{\partial V}\right)_T = LkT\left\{\partial \ln\left[\left(2\pi mkT/h^2\right)^{\frac{3}{2}}\cdot V\right]\bigg/\partial V\right\}_T = LkT\left(\frac{\partial \ln V}{\partial V}\right)_T = \frac{LkT}{V}$$

即由统计力学推导可得

$$p = LkT/V_m$$

由实验结果可得

$$p = RT/V_m$$

将二者结果比较可得

$$k = R/L = 1.3805\times 10^{-23}\ \text{J}\cdot\text{K}^{-1}$$

这样，我们得到了玻耳兹曼常量 k 的物理意义：k 是一个气体分子的气体常数。

5.6.2 恒容摩尔热容

1. 单原子分子理想气体

$$C_{V,m} = \left(\frac{\partial U_m}{\partial T}\right)_V = \left(\frac{\partial U_{m,t}}{\partial T}\right)_V + \frac{dU_{m,r}}{dT} + \frac{dU_{m,v}}{dT} + \frac{dU_{m,e}}{dT}$$

单原子分子无转动、振动可言，在电子不激发的温度下

$$U_{m,t} = \frac{3}{2}LkT\ ,\quad C_{V,m} = \left(\frac{\partial U_{m,t}}{\partial T}\right)_V = \frac{3}{2}Lk = \frac{3}{2}R$$

2. 双原子分子理想气体

$$C_{V,m} = \left(\frac{\partial U_m}{\partial T}\right)_V = \left(\frac{\partial U_{m,t}}{\partial T}\right)_V + \frac{dU_{m,r}}{dT} + \frac{dU_{m,v}}{dT} + \frac{dU_{m,e}}{dT}$$

双原子分子在转动可激发、振动和电子不激发的温度下

$$U_{m,r} = LkT$$

$$C_{V,m} = \left(\frac{\partial U_{m,t}}{\partial T}\right)_V + \frac{dU_{m,r}}{dT} = \frac{3}{2}Lk + Lk = \frac{5}{2}Lk = \frac{5}{2}R$$

以上结果与实验所得的单原子分子理想气体 $C_{V,m} = \frac{3}{2}R$，双原子分子理想气体 $C_{V,m} = \frac{5}{2}R$ 的结果是一致的。

5.6.3　标准摩尔熵

在热力学中，以热力学第三定律为基础，借助量热实验数据，如热容和各种相变热数据，求出的理想气体或其他物质在 298.15 K、10^5 Pa 下的标准摩尔熵称为量热熵(calorimetric entropy) $S_{m,cal}^{\ominus}(298.15\,K)$。根据分子结构数据，用统计力学方法计算出的熵称为统计熵(statistical entropy) $S_{m,stat}^{\ominus}(298.15\,K)$。比较某些理想气体在 298.15 K、$10^5$ Pa 下的标准摩尔量热熵和统计熵的数值发现，二者能较好地符合，这就说明了统计力学理论处理的正确性。

用统计力学的方法求体系的熵的方法归纳如下。

1. 单原子分子理想气体

$$S_{m,stat}^{\ominus}(298.15\,K) = S_t^{\ominus} + S_e^{\ominus} \tag{5-130}$$

$$S_{m,stat}^{\ominus}(298.15\,K) = \left[\frac{5}{2}R + R\ln\left(\frac{2\pi mkT}{h^2}\right)^{3/2}\frac{V_m}{L}\right] + R\ln g_{e,0} \tag{5-131}$$

$$= \left[\frac{5}{2}R + R\ln\left(\frac{2\pi mkT}{h^2}\right)^{3/2}\frac{kT}{p}\right] + R\ln g_{e,0}$$

$$S_{m,stat}^{\ominus}(298.15\,K) = 12.47\ln[M/(g\cdot mol^{-1})] + 108.784 + R\ln g_{e,0} \tag{5-132}$$

2. 双原子分子理想气体

$$S_{m,stat}^{\ominus} = S_{t,m}^{\ominus} + S_{r,m}^{\ominus} + S_{v,m}^{\ominus} + S_{e,m}^{\ominus}$$

$$= \left[\frac{5}{2}R + R\ln\left(\frac{2\pi mkT}{h^2}\right)^{3/2}\frac{V_m}{L}\right] + \left[R + R\ln\frac{T}{\sigma\Theta_r}\right] \tag{5-133}$$

$$+ \left\{R\cdot\frac{\Theta_v/T}{\exp(\Theta_v/T)-1} - R\ln[1-\exp(-\Theta_v/T)]\right\} + R\ln g_{e,0}$$

5.7　系综(相依粒子体系)

5.7.1　玻耳兹曼统计的局限性

1. 玻耳兹曼统计只适用于近独立粒子体系

这是因为在玻耳兹曼统计中体系的能量表示为各粒子能量的加和,而这对于粒子间的相互

作用力大到不能忽略的程度的相依粒子体系是不成立的。

2. 玻耳兹曼统计只适用于孤立粒子体系

这是因为在推导玻耳兹曼分布时应用了等概率定理，而等概率定理只适用于孤立体系。

因此，严格地说，玻耳兹曼统计只适用于理想气体和理想晶体。我们实际遇到的体系是实际气体、液体、固体等，其粒子间的相互作用力很大，不能将它们近似地视作近独立粒子体系，体系的总能量也不再是每个粒子能量的总和。

5.7.2　系综

为了克服玻耳兹曼统计的局限性，使统计力学能处理相依粒子体系，吉布斯在 1901 年建立了系综统计力学。在玻耳兹曼统计中，统计单位是单个粒子，而在系综方法中，统计单位是整个体系。

1. 定义

系综：大量彼此独立的拷贝体系的集合。

拷贝体系：所研究宏观体系的某一可能的微观状态。

拷贝体系的宏观性质与所研究体系的热力学性质完全相同。因此，系综是热力学体系所有可能的微观运动状态总和的形象化的模型。系综是一个客观上不存在的抽象概念，它是统计理论的一种表现形式。

2. 拷贝体系的特点

1) 拷贝体系之间是可以区别的

组成系综的拷贝体系的宏观状态虽然完全相同，但其微观状态却彼此不同。

2) 拷贝体系之间可看作是彼此独立

系综的能量是各拷贝体系的能量之和。但拷贝体系之间允许有能量交换和物质交换。

3) 在系综中，拷贝体系的数目任意大

若将系综分割，其每一小部分的拷贝体系的数目也非常大。

3. 系综分类

系综可分为以下三种类型。

1) 微正则系综

由 U、V、N 恒定的孤立体系所组成的系综称为微正则系综。玻耳兹曼方法就是微正则系综方法。

2) 正则系综

由 T、V、N 恒定的封闭体系所组成的系综称为正则系综。

3) 巨正则系综

由 T、V、μ(化学势)恒定的敞开体系所组成的系综称为巨正则系综。

5.7.3　正则系综要点

正则系综是由大量 T、V、N 相同的拷贝体系所组成。由于拷贝体系与所研究体系在宏观性质上相同，因此常省略"拷贝"一词(将正则系综中的"拷贝体系"直接用"体系"表示)。体系之间被刚性透热壁隔开，只允许能量通过，而不允许粒子通过。因此，组成系综的大量体系就有一个能量分布问题。系综的 U 的平均值取决于整个系综的温度，整个系综被刚性绝热壁包围，这样，系综可看作一个孤立体系。所以，5.2 节中讨论的统计力学基本定理均可适用。

由于系综中的每一体系代表体系的一个可能微观运动状态，因而体系之间是可区别的。这样，我们只要将统计单位提高一个级别，就能应用近独立可别粒子体系的玻耳兹曼统计方法研究系综统计规律，即将玻耳兹曼统计中的体系换成正则系综方法中的系综；将粒子换成体系；将体系的最概然分布换成系综的最概然分布；将粒子的配分函数换成体系的配分函数；将体系的热力学函数统计表达式换成系综的热力学函数统计表达式。

玻耳兹曼统计和正则系综统计结果对照如下(N 为组成系综的体系数目，ω 为拷贝体系能级上的简并度)：

统计类型	玻耳兹曼统计	正则系综统计
统计单位	粒子	体系
最概然分布	体系的最概然分布 $S_{\text{体}} = k \ln t_{\max}$	系综的最概然分布 $S_{\text{系}} = k \ln \Omega_{\max}$ $S_{\text{体}} = S_{\text{系}}/N$
配分函数	分子配分函数 $q = \sum g_i \exp(-\varepsilon_i / kT)$	正则配分函数 $z = \sum \omega_i \exp(-E_i / kT)$

5.8　热力学定律的统计力学解释

现在，我们用统计力学方法，从微观角度解释热力学定律的微观本质。

5.8.1　热力学第一定律

1. 热力学能的本质

对于近独立粒子体系，玻耳兹曼统计中的热力学能为

$$U = \sum_j n_j \varepsilon_j \tag{5-134}$$

式中，n_j 表示在 ε_j 能级上的粒子数；$\sum_j$ 表示对所有的能级 j 求和；U 为组成体系的近独立粒子的能量之和。而每个近独立粒子的能量 ε_j 又是粒子的各种运动形式的能量之和，即

$$\varepsilon_j = \varepsilon_t + \varepsilon_r + \varepsilon_v + \varepsilon_e + \varepsilon_n \tag{5-135}$$

因此，近独立粒子体系的热力学能是组成体系的所有粒子的各种运动形式的能量之和。

对于相依粒子体系来说，体系的热力学能除包含各个粒子的动能外，还要包含粒子间的相互作用能：

$$U = \sum_j n_j \varepsilon_j + U_{\text{I}}(r) \tag{5-136}$$

式中，$U_{\text{I}}(r)$ 为粒子之间的相互作用能。

2. 功的本质

从热力学的角度看，封闭体系、$W'=0$、可逆过程，根据热力学第一定律，有

$$dU = \delta Q + (-pdV) \tag{5-137}$$

从统计力学的角度看，对于近独立粒子体系，有

$$U = \sum_j n_j \varepsilon_j$$

则

$$dU = \sum_j \varepsilon_j dn_j + \sum_j n_j d\varepsilon_j \tag{5-138}$$

式中，$\sum_j \varepsilon_j dn_j$ 为能级上分布的粒子数的改变对热力学能变化的贡献；$\sum_j n_j d\varepsilon_j$ 为能级能量的改变对热力学能变化的贡献。与热力学第一定律对比可知，这两项分别代表热和体积功，且可以证明，$\sum_j \varepsilon_j dn_j$ 代表热，$\sum_j n_j d\varepsilon_j$ 代表体积功。

将代表体积功的一项证明如下：

$$\sum_j n_j d\varepsilon_j = \sum_j n_j \left(\frac{\partial \varepsilon_j}{\partial V}\right)_{T,N} dV \tag{5-139}$$

根据 $n_j = \dfrac{N}{q} g_j \exp(-\varepsilon_j / kT)$，得

$$\varepsilon_j = -kT\left(\ln \frac{n_j}{Ng_j} + \ln q\right)$$

所以

$$\left(\frac{\partial \varepsilon_j}{\partial V}\right)_{T,N} = -kT\left(\frac{\partial \ln q}{\partial V}\right)_{T,N} = -kT\left(\frac{\partial \ln q_t}{\partial V}\right)_{T,N} \tag{5-140}$$

因为在分子的全配分函数中，只有平动配分函数与体积有关。将式(5-140)代入式(5-139)，得

$$\sum_j n_j d\varepsilon_j = \sum_j n_j \left(\frac{\partial \varepsilon_j}{\partial V}\right)_{T,N} dV = \sum_j n_j \left[-kT\left(\frac{\partial \ln q_t}{\partial V}\right)_{T,N}\right]dV$$

$$= -NkT\left(\frac{\partial \ln q_t}{\partial V}\right)_{T,N} dV = -pdV = \delta W$$

根据 $\varepsilon_t = \dfrac{h^2}{8mV^{2/3}}(n_x^2 + n_y^2 + n_z^2)$ 可知，体积变化改变能级高低。

体积功的统计意义为：只改变粒子的能级而不改变能级上分布的粒子数。

3. 热的本质

$\sum_j \varepsilon_j dn_j$ 代表热。当体系吸热时，高能级上分布的粒子数增加；而当体系放热时，低能级上分布的粒子数增加。

热的统计意义为：只改变粒子在能级上的分布数而不改变粒子的能级。

5.8.2　热力学第二定律

1. 熵的本质

孤立体系达到热力学平衡时，熵与微观状态数之间的关系为

$$S = k \ln \Omega = k \ln t_{\max}$$

式中，Ω 为孤立体系达到热力学平衡时的总微观状态数；$t_{\max}$ 为孤立体系达到热力学平衡时最概然分布的微观状态数，即实现最概然分布的方式数。某一宏观状态拥有的微观状态越多，其混乱程度越高。混乱程度越高，熵就越大。孤立体系中发生的一切自发过程，体系的熵总是增加的，达到平衡时熵为最大。因此，孤立体系中发生的一切自发过程，体系的微观状态数总是增加的，总是从有序向无序方向进行。达到热力学平衡时，体系的微观状态数最多，混乱度最大。所以，熵的微观意义可描述为：**熵是体系混乱度的量度或有序度的量度。**

2. 孤立体系的熵增加原理

由热力学第二定律可知，孤立体系中发生的一切自发过程，体系的熵总是增加的，达到平衡时，体系的熵最大，即

$$\left(\frac{\partial S}{\partial \xi} \right)_{U,V,N} \geqslant 0$$

由统计力学可知，孤立体系中发生的自发过程，其微观状态数是增加的，达到平衡时，体系的微观状态数达到极大值，即有下列关系式：

$$\left(\frac{\partial \ln t_{\max}}{\partial \xi} \right)_{U,V,N} \geqslant 0 \quad \text{或} \quad \left(\frac{\partial \ln \Omega}{\partial \xi} \right)_{U,V,N} \geqslant 0$$

根据玻耳兹曼熵定理，可得

$$\left(\frac{\partial S}{\partial \xi} \right)_{U,V,N} \geqslant 0$$

【例 5-3】　将分别处于 601.4 K、$p^{\ominus}$ 下的 3 mol $H_2(g)$ 和 5 mol $N_2(g)$ 在恒温、恒压条件下混合，求混合过程的 ΔS。计算结果说明什么问题？假设气体可作为理想气体处理。

解

| 3 mol H_2
 601.4 K
 $p^{\ominus}$ | + | 5 mol N_2
 601.4 K
 $p^{\ominus}$ | $\xrightarrow{601.4\ \text{K}, p^{\ominus}}$ | 3 mol $H_2(g)$ + 5 mol N_2 (g)
 601.4 K，$p^{\ominus}$，$V_{H_2} + V_{N_2}$ |

$$V_{H_2} = \frac{n_{H_2} RT}{p^{\ominus}} = \frac{3 \times 8.314 \times 601.4}{10^5} = 0.15 (\text{m}^3)$$

$$V_{N_2} = \frac{n_{H_2} RT}{p^{\ominus}} = \frac{5 \times 8.314 \times 601.4}{10^5} = 0.25 (\text{m}^3)$$

$$V_{H_2} + V_{N_2} = 0.40 (\text{m}^3)$$

由热力学第二定律可得

$$\Delta S = n_{H_2} R \ln \frac{V_{H_2} + V_{N_2}}{V_{H_2}} + n_{N_2} R \ln \frac{V_{H_2} + V_{N_2}}{V_{N_2}}$$

$$= 3R \ln \frac{0.4}{0.15} + 5R \ln \frac{0.4}{0.25} = 24.46 + 19.54 = 44(\text{J}) > 0$$

由统计力学

$$\Delta S = S_{后} - S_{前}$$

$$S = Nk \ln \frac{q}{N} + Nk + \frac{U}{T} = Lnk \ln \frac{q}{Ln} + Lnk + \frac{U}{T} = nR \ln \frac{q}{Ln} + nR + \frac{U}{T}$$

$$S_{前} = S_{H_2} + S_{N_2} = n_{H_2} R \ln \frac{q_{H_2}}{Ln_{H_2}} + n_{N_2} R \ln \frac{q_{N_2}}{Ln_{N_2}} + (n_{H_2} + n_{N_2})R + \frac{U}{T}$$

$$S_{后} = S'_{H_2} + S'_{N_2} = n_{H_2} R \ln \frac{q'_{H_2}}{Ln_{H_2}} + n_{N_2} R \ln \frac{q'_{N_2}}{Ln_{N_2}} + (n_{H_2} + n_{N_2})R + \frac{U}{T}$$

式中，q_{H_2}、q_{N_2} 和 q'_{H_2}、q'_{N_2} 分别为气体 H_2、N_2 混合前和混合后分子的全配分函数；$U = U_{H_2} + U_{N_2}$；L 为阿伏伽德罗常量。

　　混合前

$$q_{H_2} = (q_t \cdot q_r \cdot q_v \cdot q_e)_{H_2} = \frac{(2\pi m_{H_2} kT)^{3/2}}{h^3} \cdot V_{H_2} \cdot (q_r \cdot q_v \cdot q_e)_{H_2}$$

$$q_{N_2} = (q_t \cdot q_r \cdot q_v \cdot q_e)_{N_2} = \frac{(2\pi m_{N_2} kT)^{3/2}}{h^3} \cdot V_{N_2} \cdot (q_r \cdot q_v \cdot q_e)_{N_2}$$

　　混合后

$$q'_{H_2} = (q'_t \cdot q_r \cdot q_v \cdot q_e)_{H_2} \frac{(2\pi m_{H_2} kT)^{3/2}}{h^3} \cdot (V_{H_2} + V_{N_2}) \cdot (q_r \cdot q_v \cdot q_e)_{H_2}$$

$$q'_{N_2} = (q'_t \cdot q_r \cdot q_v \cdot q_e)_{N_2} = \frac{(2\pi m_{N_2} kT)^{3/2}}{h^3} \cdot (V_{H_2} + V_{N_2}) \cdot (q_r \cdot q_v \cdot q_e)_{N_2}$$

　　所以

$$\Delta S = n_{H_2} R \ln \frac{V_{H_2} + V_{N_2}}{V_{H_2}} + n_{N_2} R \ln \frac{V_{H_2} + V_{N_2}}{V_{N_2}} = 44(\text{J}) > 0$$

　　理想气体在恒温、恒压条件下的混合过程只与粒子的平动运动有关。根据

$$\varepsilon_t = \frac{h^2}{8mV^{2/3}}(n_x^2 + n_y^2 + n_z^2)$$

可知，当分子运动的 V 增加时，ε_t 降低，分子可及的能级数增加，体系的混乱度增加，所以熵 S 增加。

　　根据 $q = \frac{(2\pi mkT)^{3/2}}{h^3} \cdot V$ 及 $S = Nk \ln \frac{q}{N} + Nk + \frac{U}{T}$ 可知，当分子运动 V 增加时，分子的配分函数 q 增加，所以熵 S 增加。

5.8.3　热力学第三定律

1. S_0 的统计表达式

　　热力学第三定律规定，绝对零度时纯物质完美晶体的熵有：$\lim\limits_{T \to 0} S = 0$，即 $S_0 = 0$。

　　根据玻耳兹曼熵定理，在 0 K 时

$$S_0 = k \ln \Omega_0$$

式中，Ω_0 为体系在基态时的简并度(微观状态数)。在绝对零度时，处于内部平衡的纯物质的完美晶体当然处于基态。分子的各种运动形式在基态时的简并度均为 1，因此体系只有一种分布方式，微观状态数 $\Omega_0 = 1$，故 $S_0 = 0$。这就从微观角度解释了热力学第三定律。

实际上纯物质的完美晶体的 Ω_0 并不等于 1，原因如下：

(1) 核自旋的存在。

晶体中的每一个原子在核基态时的核自旋量子数为 i，就有$(2i=1)$个核自旋简并态。由 N 个原子构成的晶体，每一个原子的 $i=1$，则核自旋对 Ω_0 的贡献为 3^N，核自旋对 S_0 的贡献为

$$k\ln 3^N = Nk\ln 3$$

(2) 同位素的存在。

对于纯物质，如纯 FCl 实际上是 75.5%的 $^{19}F^{35}Cl$ 和 24.5%的 $^{19}F^{37}Cl$ 的混合物，因此在 FCl 晶体中，有 $F^{35}Cl$ 和 $F^{37}Cl$ 分子在晶体不同位置上的不同排列方式，其微观状态数 Ω_0 并不是 1。

统计力学中，用配分函数计算统计熵时是忽略核自旋和同位素混合对熵的贡献的，因为在化学变化中通常不发生核自旋状态的改变，同位素比例的变化也可忽略不计。采用这种方法，纯物质的完美晶体的 $\Omega_0 = 1$，$S_0 = 0$，这就同热力学结果完全一致了。

注意：统计力学熵仍然不是熵的绝对值，因为忽略了核自旋和同位素混合对熵的贡献。

2. 残余熵

量热熵是以绝对零度时 $S_0 = 0$ 为计算熵值的零点，而统计熵则是以 $S_0 = k\ln\Omega_0$ 为计算熵值的零点。对大多数气体来说，在 0 K 时，$\Omega_0 = 1$，两者在数值上是一致的。但对某些物质，如 CO、NO、N_2O、H_2O、H_2 等，在温度趋于绝对零度时晶体内部没有达到平衡，体系内部的某些无序因素被冻结，$\Omega_0 \neq 1$，$S_0 \neq 0$。在统计熵的计算结果中包含这部分的贡献，但在量热熵中却反映不出这部分构型的无序性对熵的贡献，因此统计熵大于量热熵。我们把统计熵与量热熵之间的差值称为残余熵或构型熵。

$$S_m^{\ominus}(残余, 298.15\ K) = S_{m,stat}^{\ominus}(298.15\ K) - S_{m,cal}^{\ominus}(298.15\ K)$$

【例 5-4】 解释 CO、N_2O、NO 晶体产生残余熵的原因。

解 以 CO 为例来解释产生残余熵的原因。实验测得

$$S_m^{\ominus}(CO，残余) = 4.65\ J\cdot K^{-1}\cdot mol^{-1}$$

晶体中的每一个 CO 分子都有两种可能的取向，即 CO 或 OC 形式。由于 CO 的偶极矩很小(0.1 deb，1 deb=$3.335\ 64\times10^{-30}\ C\cdot m$)，所以两种取向的能差 $\Delta\varepsilon$ 很小。因此，在形成晶体时，每一种取向的 CO 分子数接近相等。当 $T\to 0$ 且达到热力学平衡时，所有的 CO 分子在最低能级上应该只有一种取向。要把原来晶体中另一取向的 CO 分子转动 180°需要一定的活化能，而低温下的分子是没有这么大的能量的。因此，在 $T\to 0$ 时，晶体中的 CO 分子仍然保持原来的取向。一个 CO 分子有两种取向，1 mol 晶体应有 2^L 种构型方式，故 $\Omega_0 = 2^L$，则

$$S_m^{\ominus}(残余) = k\ln\Omega_0 = k\ln 2^L = R\ln 2 = 5.77\ J\cdot K^{-1}\cdot mol^{-1}$$

这就是统计熵大于量热熵的差值，即残余熵值。由于在降温的过程中还会有部分 CO 的取向发生变化，因此实验测得的残余熵小于计算值。

N_2O 和 NO 与 CO 的情况类似，但 NO 在体系中形成二聚体，因此 1 mol NO 晶体应有 $2^{\frac{1}{2}L}$ 种构型方式，故

$$S_m^{\ominus}(NO,残余) = k\ln 2^{\frac{1}{2}L} = \frac{1}{2}R\ln 2$$

【例 5-5】 解释 H_2 晶体产生残余熵的原因。

解　实验测得

$$S_m^{\ominus}(H_2，残余) = 6.6\ J \cdot K^{-1} \cdot mol^{-1}(实验值)$$

氢为正氢和仲氢的混合物。氢是同核双原子分子，其转动量子数 J 只能取奇数或偶数。由量子力学可知，对于正氢，$J = 1,3,5,\cdots$，分子处于基态时，$J = 1$，$g_{r,0} = 3$；对于仲氢，$J = 0,2,4,\cdots$，分子处于基态时，$J = 0$，$g_{r,0} = 1$。在 $T \to 0$ 时，正氢应全部转变为仲氢，然而事实上，正氢转变为仲氢的速度很慢，在极低温度下，氢仍是含 3/4 正氢和含 1/4 仲氢的介稳混合物。正氢的 $J = 1$，其简并度 $g_{r,0} = 3$，每个正氢分子的转动对熵的贡献为 $k\ln3$。介稳混合物的残余摩尔熵为

$$S_m^{\ominus}(残余) = k\ln 3^{\frac{3}{4}L} = \frac{3}{4}Lk\ln 3 = \frac{3}{4}R\ln 3 = 6.85\ J \cdot K^{-1} \cdot mol^{-1}$$

与实验值 $6.6\ J \cdot K^{-1} \cdot mol^{-1}$ 基本一致。

注意：熵不是单个分子的性质。因此，尽管我们能从分子的微观性质计算出热力学体系的熵，单个分子却是没有熵的。只有对大量分子的集合体，熵才有意义。

思　考　题

(1) 根据配分函数的定义 $q = \sum_j g_j \exp(-\varepsilon_j/kT)$ 可知，零点能的选择不同，分子的配分函数不同。因此，用配分函数计算热力学函数 U、H、S、A、G、C_V、C_p 时，零点能的不同选择会影响 U、H、S、A、G、C_V、C_p 的计算值，同时也会影响玻耳兹曼分布数 n_i^* 的数值。这个结论正确吗？为什么？

(2) 根据热力学能公式

$$U = NkT^2\left(\frac{\partial \ln q}{\partial T}\right)_{V,N}$$

可知，只要求得分子配分函数 q，就可计算出体系的热力学能。这与热力学中所说"热力学能的绝对值不可知"是否相互矛盾？为什么？

(3) 在状态函数 U、H、S、A、G 中，对于定域粒子体系和非定域粒子体系，热力学函数与配分函数之间的关系式均不相同。这个结论正确吗？为什么？

第6章　混合物和溶液

本章重点及难点

(1) 偏摩尔量的定义与性质。

(2) 液体混合物及溶液中各组分化学势表达式及标准态的规定。

(3) 混合热力学性质与超额函数。

(4) 活度的概念、活度及活度系数的求算。

(5) 稀溶液的依数性及其应用。

(6) 电解质溶液中电解质的平均活度及平均活度系数的求算。

6.1　本章知识结构框架

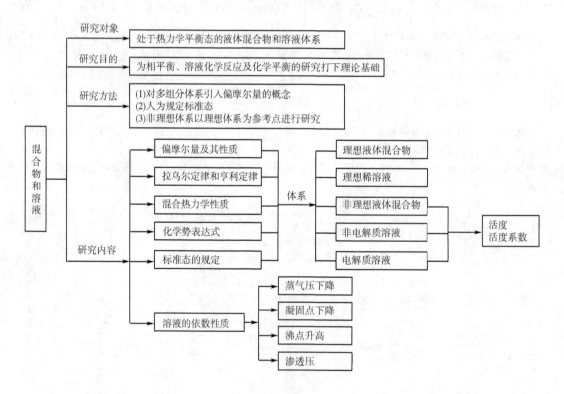

6.2　组成浓度表示法

在溶液热力学中，所研究的混合物和溶液均属于多组分均相体系。

混合物：不同物质可以任意比例均匀地混合为一相的体系。

溶液：不同物质不能以任意比例完全互溶，只能部分互溶成均匀一相。

应该注意的是：混合物中各组分是等同的，所遵循的规律相同；溶液中的组分有溶剂、溶质之分。溶剂和溶质所遵循的规律不同。溶剂一般为液态或固态。溶质可以是气态、液态或固态，其在溶剂中有一定溶解度。

对于多组分体系，组成对体系的性质有显著的影响。根据需要，体系的组成常采取不同的表示方法。应熟练掌握这些不同的浓度表示法及其换算方法。

6.2.1　物质 B 的摩尔分数 x_B

B 的物质的量 n_B 与体系的总物质的量 $\sum_B n_B$ 之比称为摩尔分数，或物质的量分数，即

$$x_B = \frac{n_B}{\sum_B n_B} \tag{6-1}$$

显然，$\sum_B x_B = 1$。摩尔分数是量纲为 1 的纯数。

6.2.2　物质 B 的物质的量浓度 c_B

物质 B 的物质的量 n_B 与混合物(或溶液)的体积 V 之比称为物质 B 的物质的量浓度(或称 B 的浓度、体积摩尔浓度)，即

$$c_B = \frac{n_B}{V} \tag{6-2}$$

c_B 的 SI 制单位为 $mol \cdot m^{-3}$。习惯上用 $mol \cdot dm^{-3}$ 或 $mol \cdot L^{-1}$ 较多。

对二组分体系，x_B 与 c_B 之间的关系为

$$x_B = \frac{c_B M_A}{\rho + c_B(M_A - M_B)}$$

式中，M_A 和 M_B 分别为物质 A 和物质 B 的摩尔质量；ρ 为混合物或溶液的密度。

对于极稀溶液，ρ 接近于纯溶剂的密度 ρ_A，而且 $c_B(M_A - M_B) \ll \rho$，因此

$$x_B = c_B M_A / \rho$$

注意：由于体积与温度有关，所以物质的量浓度随温度而变，但摩尔分数和质量摩尔浓度与温度无关。

6.2.3　物质 B 的质量摩尔浓度

质量摩尔浓度常用于表达溶液中溶质的含量。溶剂 A 中溶质 B 的质量摩尔浓度 m_B 的定义为：溶质 B 的物质的量 n_B 除以溶剂 A 的质量。

$$m_B = \frac{n_B}{n_A M_A} \tag{6-3}$$

式中，n_A 为溶剂 A 的物质的量。质量摩尔浓度的 SI 单位是 $mol \cdot kg^{-1}$。

x_B 与 m_B 之间的关系：

$$x_B = \frac{m_B M_A}{1 + M_A \sum_B m_B} \quad \text{或} \quad m_B = \frac{x_B}{(1 - \sum_{B \neq A} x_B) M_A}$$

在极稀溶液中，$\sum_B m_B \to 0$，$\sum_{B \neq A} x_B \ll 1$，所以 $x_B = m_B M_A$。

6.2.4　物质 B 的质量分数 W_B

B 的质量 m_B 与体系的总质量 $\sum\limits_B m_B$ 之比称为 B 的质量分数,即

$$W_B = \frac{m_B}{\sum\limits_B m_B} \tag{6-4}$$

注意:

(1) 式(6-4)中的 m_B 为物质 B 的质量，该符号与 B 的质量摩尔浓度 m_B 是同一符号，使用时要注意 m_B 的物理意义。

(2) 质量分数的表达要规范。

例如，15%的硫酸应表达为：$W_{H_2SO_4} = 0.15 = 15\%$，不能写成：$H_2SO_4\%=15\%$。

6.3　偏摩尔量

设 X 为体系的广度(或称容量)性质，如 V、U、H、S、A、G 等，广度性质的摩尔量为 X_m。

对纯物质均相体系，广度性质具有加和性。 当体系的温度、压力一定时，X_m 具有确定的值。因此，在恒温、恒压条件下，对一定量纯物质：$X = f(T, p)$，$X = nX_m$。

对多组分均相体系， 除质量外，体系的任一广度性质，在相同的 T 和 p 下，通常并不等于构成该体系前各纯物质的相应广度性质的总和，即

$$X_B \neq n_B X_{m,B} \text{ (理想液体混合物除外)}$$

$$X \neq \sum n_B X_{m,B}$$

多组分均相体系的广度性质除与体系的温度、压力有关，还取决于体系的组成。

$$X = X(T, p, n_1, n_2, \cdots)$$

那么，在多组分体系中，每一组分对体系的热力学性质的贡献如何确定呢？这就提出了偏摩尔量的概念。下面以体积为例，给出偏摩尔量的概念，因为体积易于理解且容易通过实验验证。

6.3.1　偏摩尔体积 V_B

1. 定义

纯物质的摩尔体积 V_m 属强度性质，且 $V_m^* = f(T, p)$。例如，在 25℃、$p^\ominus$ 下，纯 $H_2O(A)$ 的 $V_m^*(A) = 18.09\,cm^3 \cdot mol^{-1}$，纯 $C_2H_5OH(B)$ 的 $V_m^*(B) = 58.35\,cm^3 \cdot mol^{-1}$。由 1 mol 水和 1 mol 乙醇组成二组分体系，该体系的总体积可分别通过计算和实验测定得到。

总体积的计算值：$V_总(计算) = 1 \times 18.09 + 1 \times 58.35 = 76.44\,(cm^3)$

总体积的实际测量值：$V_总(实验) = 74.4\,cm^3$。

两者的差值：$\Delta V = 76.44\,cm^3 - 74.4\,cm^3 = 2.04\,cm^3$

为什么计算值和实测值之间有如此大的差别呢？这是因为当物质处于多组分体系中时，分子之间的相互作用力与其单独存在时是不同的，不同物质的分子体积也各不相同。因此，多组

分体系的体积不仅与温度和压力有关，还与体系的组成有关，即

$$V = V(T, p, n_1, n_2, \cdots, n_k)$$

$$dV = \left(\frac{\partial V}{\partial T}\right)_{p,n} dT + \left(\frac{\partial V}{\partial p}\right)_{T,n} dp + \left(\frac{\partial V}{\partial n_1}\right)_{T,p,n_{j\neq1}} dn_1 + \left(\frac{\partial V}{\partial n_2}\right)_{T,p,n_{j\neq2}} dn_2 + \cdots + \left(\frac{\partial V}{\partial n_k}\right)_{T,p,n_{j\neq k}} dn_k$$

$$= \left(\frac{\partial V}{\partial T}\right)_{p,n} dT + \left(\frac{\partial V}{\partial p}\right)_{T,n} dp + \sum_{B=1}^{k} \left(\frac{\partial V}{\partial n_B}\right)_{T,p,n_{j\neq B}} dn_B$$

定义：
$$V_B \equiv \left(\frac{\partial V}{\partial n_B}\right)_{T,p,n_{j\neq B}} \tag{6-5}$$

式中，V_B 为组分 B 的偏摩尔体积。

物质 B 的摩尔体积为 $V_m(B)$，其他表示还有 $V_m^*(B)$, $V_{m,B}$, $\tilde{V}_B$。

2. 物理意义

在体系温度、压力及除组分 B 以外其他组分的物质的量均恒定的条件下，体系体积随组分 B 的物质的量的变化率，即在体系温度、压力及组成恒定的情况下(当体系的量无限大时这一点可以满足)，向体系中加入 1 mol 物质 B 对体系体积的贡献称为 B 的偏摩尔体积。

6.3.2　其他偏摩尔量

1. 偏摩尔量 X_B 的定义

对于多组分体系：$X = X(T, p, n_1, n_2, \cdots, n_k)$

$$dX = \left(\frac{\partial X}{\partial T}\right)_{p,n} dT + \left(\frac{\partial X}{\partial p}\right)_{T,n} dp + \sum_{B=1}^{k} \left(\frac{\partial X}{\partial n_B}\right)_{T,p,n_{j\neq B}} dn_B$$

定义：
$$X_B \equiv \left(\frac{\partial X}{\partial n_B}\right)_{T,p,n_{j\neq B}} \tag{6-6}$$

对纯物质体系：$X_B = X_{m,B}$。例如，$V_B = V_{m,B}$。

一些热力学函数的偏摩尔量如下：

$$\begin{aligned}
U_B = \left(\frac{\partial U}{\partial n_B}\right)_{T,p,n_{j\neq B}} && A_B = \left(\frac{\partial A}{\partial n_B}\right)_{T,p,n_{j\neq B}} \\
H_B = \left(\frac{\partial H}{\partial n_B}\right)_{T,p,n_{j\neq B}} && G_B = \left(\frac{\partial G}{\partial n_B}\right)_{T,p,n_{j\neq B}} = \mu_B \\
S_B = \left(\frac{\partial S}{\partial n_B}\right)_{T,p,n_{j\neq B}} && C_{p,B} = \left(\frac{\partial C_p}{\partial n_B}\right)_{T,p,n_{j\neq B}}
\end{aligned} \tag{6-7}$$

注意：

(1) 定义物质 B 的偏摩尔量的条件必须是恒温、恒压、除 B 组分外其他组分均恒定。

(2) 只有偏摩尔吉布斯自由能才等于化学势：$G_B = \mu_B$。

(3) 只有广度性质才有相应的偏摩尔量，强度性质没有相应的偏摩尔量。

2. 偏摩尔量的物理意义

一定温度、压力下，处于一定组成的均相多组分体系中的 1 mol 物质 B 对该体系广度性质 X 的贡献。

3. 偏摩尔量与摩尔量比较

(1) 二者均为 1 mol 物质的性质，属于强度性质。

(2) 物质的摩尔量只是温度、压力的函数：$X_m(B)=X_m(B,T,p)$；而偏摩尔量则是温度、压力和体系组成的函数：$X_B=X_B(T,p,组成)$。

(3) 纯物质 B 的摩尔量与 B 在多组分体系中的偏摩尔量是不相等的：$X_m(B)\neq X_B$ (理想液体混合物除外)。

(4) 纯物质的摩尔体积 $V_m(B)>0$，虽然大部分物质的偏摩尔体积 V_B 也是大于零的，但其也有小于或等于零的情况出现。例如，$MgSO_4$ 水溶液，在一定浓度范围内，

$$V_{MgSO_4}=\left(\frac{\partial V}{\partial n_B}\right)_{T,p,n_{j\neq B}}<0。$$

6.3.3　偏摩尔量的加和公式

$$X=X(T,p,n_1,n_2,\cdots,n_k)$$

恒温、恒压条件下

$$dX=X_1dn_1+X_2dn_2+\cdots+X_kdn_k \tag{6-8}$$

在 T、p 保持恒定且组成不变的情况下(各组分的量的改变按确定的比例进行)，将式(6-8)对各物质的量进行积分，即可得到加和公式：

$$X=\int_0^X dX=X_1\int_0^{n_1}dn_1+X_2\int_0^{n_2}dn_2+\cdots+X_k\int_0^{n_k}dn_k=X_1n_1+X_2n_2+\cdots+X_kn_k$$

即

$$X=\sum_{B=1}^k n_B X_B \tag{6-9}$$

加和公式的物理意义：指定 T、p 和组成的条件下，体系容量性质 X 等于各组分物质的量 n_B 与相应偏摩尔量 X_B 乘积之和。

例如，$G=\sum_B n_B G_B=\sum_B n_B \mu_B$，二组分体系：$G=n_1G_1+n_2G_2$。

6.3.4　同一组分不同偏摩尔量之间的关系

纯物质的热力学函数间存在着许多关系式，只要用偏摩尔量来代替其中相应的广度性质，就可适用于多组分均相体系了。

1. 热力学定义式

对纯物质：$H=U+pV$，$A=U-TS$，$G=H-TS$，$\cdots$。

对多组分体系，用 $\left(\frac{\partial}{\partial n_B}\right)_{T,p,n_{j\neq B}}$ 作用于各定义式，即可得到相应的偏摩尔量之间的关系。

例如，$\left(\dfrac{\partial H}{\partial n_B}\right)_{T,p,n_{j\neq B}}=\left(\dfrac{\partial U}{\partial n_B}\right)_{T,p,n_{j\neq B}}+p\left(\dfrac{\partial V}{\partial n_B}\right)_{T,p,n_{j\neq B}}$，即 $H_B=U_B+pV_B$。同理，$A_B=U_B-TS_B$，

$G_B=H_B-TS_B$，…

2. 组成恒定的吉布斯方程

依上述方法，在偏摩尔量间组成恒定的吉布斯方程仍然成立。

$$\mathrm{d}U_B=T\mathrm{d}S_B-p\mathrm{d}V_B \qquad \mathrm{d}H_B=T\mathrm{d}S_B+V_B\mathrm{d}p$$

$$\mathrm{d}A_B=-S_B\mathrm{d}T-p\mathrm{d}V_B \qquad \mathrm{d}G_B=-S_B\mathrm{d}T+V_B\mathrm{d}p$$

麦克斯韦关系也同样成立。

3. 其他

由 $\left[\dfrac{\partial(G/T)}{\partial T}\right]_{p,n}=-\dfrac{H}{T^2}$，可得

$$\left[\frac{\partial(G_B/T)}{\partial T}\right]_{p,n}=-\frac{H_B}{T^2}$$

6.3.5　不同组分的同种偏摩尔量之间的关系——吉布斯-杜安方程

下面以吉布斯自由能为例，推导吉布斯-杜安（Duhem）方程。

根据 $G=G(T,p,n_1,n_2,\cdots,n_k)$，取全微分可得

$$\mathrm{d}G=\left(\frac{\partial G}{\partial T}\right)_{p,n}\mathrm{d}T+\left(\frac{\partial G}{\partial p}\right)_{T,n}\mathrm{d}p+\sum_B\left(\frac{\partial G}{\partial n_B}\right)_{T,p,n_{j\neq B}}\mathrm{d}n_B$$

即

$$\mathrm{d}G=-S\mathrm{d}T+V\mathrm{d}p+\sum_B\mu_B\mathrm{d}n_B \tag{6-10}$$

将加和公式 $G=\sum_B n_B G_B=\sum_B n_B\mu_B$ 取全微分，可得

$$\mathrm{d}G=\sum_B n_B\mathrm{d}\mu_B+\sum_B\mu_B\mathrm{d}n_B \tag{6-11}$$

由式(6-10)和式(6-11)，可得

$$S\mathrm{d}T-V\mathrm{d}p+\sum_B n_B\mathrm{d}\mu_B=0 \tag{6-12}$$

$[T,p]$条件下，式(6-12)可写为

$$\sum_B n_B\mathrm{d}\mu_B=0 \tag{6-13}$$

或

$$\sum_B n_B\mathrm{d}G_B=0$$

或

$$\sum_B x_B\mathrm{d}G_B=0$$

式(6-13)称为吉布斯-杜安方程。

若从式(6-9)开始进行推导，可得到任意广度性质偏摩尔量的吉布斯-杜安方程

$$\sum_B n_B dX_B = 0 \tag{6-14}$$

或

$$\sum_B x_B dX_B = 0 \tag{6-15}$$

例如，对二元体系，吉布斯-杜安方程可展开为

$$n_1 dV_1 + n_2 dV_2 = 0 \quad \text{或} \quad x_1 dV_1 + x_2 dV_2 = 0$$

上式表明，当二元体系中组分 1 的偏摩尔体积发生变化，则组分 2 的偏摩尔体积随之发生变化，且两者的变化满足上述关系。对其他广度性质偏摩尔量也可以得到同样的展开式，如

$$n_1 d\mu_1 + n_2 d\mu_2 = 0 \quad \text{或} \quad x_1 d\mu_1 + x_2 d\mu_2 = 0$$

对多元体系，可展开为

$$n_1 dV_1 + n_2 dV_2 + \cdots + n_k dV_k = 0 \quad \text{或} \quad x_1 dV_1 + x_2 dV_2 + \cdots + x_k dV_k = 0$$

$$n_1 d\mu_1 + n_2 d\mu_2 + \cdots + n_k d\mu_k = 0 \quad \text{或} \quad x_1 d\mu_1 + x_2 d\mu_2 + \cdots + x_k d\mu_k = 0$$

6.3.6 偏摩尔量的求算方法

下面讨论的以偏摩尔体积为例的求算方法，对其他偏摩尔量的求算也同样适用。

1) 解析式法

例如，NaBr 水溶液的体积与其质量摩尔浓度 m 的关系如下：

$$V = 1002.93 + 23.189m + 2.197m^{\frac{3}{2}} - 0.178m^2$$

则 NaBr 的偏摩尔体积为

$$V_{NaBr} = \left(\frac{\partial V}{\partial m}\right)_{T,p,H_2O} = 23.189 + \frac{3}{2} \times 2.197m^{\frac{1}{2}} - 2 \times 0.178m$$

虽然解析式中溶液的体积表达为 NaBr 的质量摩尔浓度的函数，但这与表达为物质的量的函数是等同的。可以将这种表示理解为是在 1 kg NaBr 水溶液中测定的该解析式。

2) 斜率法

例如，25℃、$p^\ominus$ 下，在固定物质 A 的量的条件下加入不同量的 B，测得溶液体积与溶液中 B 的物质的量之间的关系曲线如图 6-1(a)所示。若求溶液中 B 的物质的量分别为 n_a 和 n_b 时 B 的偏摩尔体积，则在曲线上作点 a 和 b 的切线，切线的斜率即为 B 在不同浓度下的偏摩尔体积。可以看出，B 的浓度不同，则体系中每摩尔 B 对体系体积的贡献不同。

3) 截距法

图 6-1(b)是水(A)和乙醇(B)构成的体系的 V_m-x_B 曲线图，若溶液浓度为 x_e，则在曲线上作点 e 的切线，并延长该切线分别与 $x_A=1$ 和 $x_B=1$ 的垂线相交，则两交点分别为水和乙醇的偏摩尔体积。

根据 V_m 与 x_B 的数学关系，可以用计算的方法得到溶液中各组分的偏摩尔体积。

对于由 A 和 B 构成的二组分体系

$$V_m = x_A V_A + x_B V_B = (1-x_B)V_A + x_B V_B \qquad dV_m = V_A d(1-x_B) + V_B dx_B = (V_B - V_A)dx_B$$

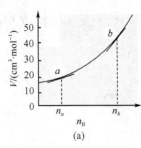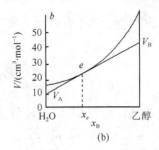

图 6-1 A-B 体系的体积-组成图

(a)斜率法；(b)截距法

由上述二式解得

$$V_A = V_m - x_B \left(\frac{\partial V_m}{\partial x_B} \right)_{T,p} \qquad V_B = V_m + (1 - x_B) \left(\frac{\partial V_m}{\partial x_B} \right)_{T,p}$$

对于其他广度性质的偏摩尔量若采用切线法求算时，同理可推导出

$$X_A = X_m - x_B \left(\frac{\partial X_m}{\partial x_B} \right)_{T,p} \qquad X_B = X_m + (1 - x_B) \left(\frac{\partial X_m}{\partial x_B} \right)_{T,p}$$

【例 6-1】 303 K、10^5 Pa 下，实验测得苯(1)和环己烷(2)的液体混合物的摩尔体积 V_m 与苯的摩尔分数 x_1 之间存在下列函数关系：

$$V_m / (\mathrm{cm}^3 \cdot \mathrm{mol}^{-1}) = 109.4 - 16.8 x_1 - 2.64 x_1^2$$

计算 x_1=0.3 的溶液中苯(1)和环己烷(2)的偏摩尔体积。

解 采用截距法，当 x_1=0.3 时

$$V_m = 109.4 - 16.8 x_1 - 2.64 x_1^2 = 104.12 \ (\mathrm{cm}^3 \cdot \mathrm{mol}^{-1})$$

$$V_1 = V_m - x_2 \left(\frac{\partial V_m}{\partial x_2} \right)_{T,p} = V_m + (1 - x_1) \left(\frac{\partial V_m}{\partial x_1} \right)_{T,p}$$

$$= 109.4 - 16.8 x_1 - 2.64 x_1^2 + (1 - x_1)(-16.8 - 5.28 x_1)$$

$$= 92.6 - 5.28 x_1 + 2.64 x_1^2$$

$$= 91.25 \ (\mathrm{cm}^3 \cdot \mathrm{mol}^{-1})$$

根据偏摩尔量的加和公式 $V = n_1 V_1 + n_2 V_2$，有 $V_m = x_1 V_1 + x_2 V_2$，所以

$$V_2 = \frac{V_m - x_1 V_1}{x_2} = \frac{104.12 - 0.3 \times 91.25}{0.7} = 109.55 \ (\mathrm{cm}^3 \cdot \mathrm{mol}^{-1})$$

6.4 拉乌尔定律和亨利定律

在一定温度下，一定组成的溶液与其蒸气平衡共存时，其蒸气称为饱和蒸气。溶液的饱和蒸气是溶液中各组分饱和蒸气的混合气体。饱和蒸气的总压称为该溶液在相应温度 T 时的饱和蒸气压。溶液的蒸气压不仅与溶液中各组分的本性及温度有关，而且与溶液的组成有关。溶液的蒸气压与溶液组成间的关系比较复杂，但对于稀溶液，实验发现存在两个重要的定律：拉乌尔定律和亨利定律。

6.4.1 拉乌尔定律

1886 年拉乌尔对恒温下稀溶液的溶剂总结出一条经验规律："溶剂中加入非挥发溶质后，

溶液中溶剂的蒸气分压 p_A 等于在同一温度下的纯溶剂饱和蒸气压 p_A^* 乘以溶液中溶剂的摩尔分数"，即

$$p_A = p_A^* x_A \tag{6-16}$$

该定律称为拉乌尔定律。

习惯上，溶剂的下标用"A"表示，溶质用"B"表示。

因为 $p_A = p_A^* x_A = p_A^*(1-x_B) = p_A^* - p_A^* x_B$，所以

$$x_B = \frac{p_A^* - p_A}{p_A^*} \tag{6-17}$$

式(6-17)表明，**溶剂蒸气压的相对降低值等于溶质的摩尔分数**。这是拉乌尔定律的另一种表示方法。

6.4.2 亨利定律

1803 年亨利对恒温下稀溶液的溶质总结出另一条经验规律，"稀溶液在一定温度和平衡状态下，气体在液体中的溶解度与该气体的平衡分压成正比"，即

$$p_B = K_{x,B} x_B \qquad (x_B \to 0) \tag{6-18}$$

此定律称为亨利定律。式中比例常数 $K_{x,B}$ 称为亨利常数，它的大小取决于温度、溶剂及溶质的本性。溶质浓度标度方法不同时，亨利常数也各不相同。当溶质的浓度分别用摩尔分数 x_B、质量摩尔浓度 m_B 和物质的量浓度 c_B 表示时，亨利定律可表示为

$$p_B = K_{x,B} x_B = K_{m,B} m_B / m^\ominus = K_{c,B} c_B / c^\ominus$$

在**稀溶液**中，二组分体系中溶质的摩尔分数 x_B、质量摩尔浓度 m_B 和物质的量浓度 c_B 间存在下列关系(ρ 为密度，M_A 为溶剂的摩尔质量)：

$$x_B = M_A m_B = (M_A / \rho_A) c_B$$

则恒温下，$K_{x,B}$、$K_{m,B}$、$K_{c,B}$ 之间的关系可推导如下：

$$p_B = K_{x,B} x_B = K_{x,B} M_A m_B = K_{m,B} m_B / m_B^\ominus$$

即

$$K_{x,B} = K_{m,B} / (M_A m^\ominus) \tag{6-19}$$

式中，M_A 的单位为 $kg \cdot mol^{-1}$。同理

$$K_{c,B} = K_{x,B} M_A c^\ominus / \rho_A \tag{6-20}$$

注意：应用亨利定律时，要求溶质气、液两相的分子状态相同。

例如，HCl 在气相的分子状态为 HCl，在苯中也为 HCl，所以 HCl 的苯溶液可用亨利定律；但其水溶液不能用亨利定律，因为 HCl 在水中是以 H^+ 和 Cl^- 的形式存在。

6.4.3 拉乌尔定律和亨利定律的比较

经验表明，由按任意比例混合均能完全互溶的两种挥发性液体 A 和 B 形成的溶液，若在 $x_B \to 1$ 的浓度范围内遵守拉乌尔定律，则在 $x_B \to 0$ 的浓度范围内遵守亨利定律。p_B 与 x_B 间的关系曲线如图 6-2 所示。

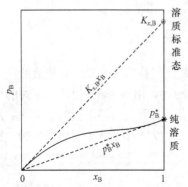

图 6-2　溶质的蒸气压与组成的关系

6.5　理想液体混合物

6.5.1　理想液体混合物的定义

1. 定义

由多个组分构成的液体混合物中的任一组分 B，在其全部浓度($x_B = 0 \sim 1$)范围内均服从拉乌尔定律($p_B = p_B^* x_B$)，则该液体混合物称为理想液体混合物或理想溶液。

例如，对于由 A 和 B 构成的二组分理想液体混合物体系，有

$$p_A = p_A^* x_A, \quad p_B = p_B^* x_B$$

溶液的总蒸气压为

$$p = p_A + p_B = p_A^* x_A + p_B^* x_B = p_A^*(1 - x_B) + p_B^* x_B$$

即

$$p = p_A^* + (p_B^* - p_A^*) x_B \tag{6-21}$$

理想液体混合物在客观上并不存在。但由分子性质、结构、大小等非常相近的组分构成的混合物均可近似看作理想液体混合物。例如，$^{12}CH_3I$-$^{13}CH_3I$、C_2H_5Br-C_2H_5I、苯-甲苯、正己烷-正庚烷等混合物均可作为理想液体混合物处理。

2. 微观本质

体系中各组分分子间相互作用力相等，即

$$f_{A\text{-}A} = f_{A\text{-}B} = f_{B\text{-}B}$$

另外，理想液体混合物的平衡气相组成服从分压定律

$$p = \sum_B p_B, \quad p_B = p y_B$$

式中，y_B 为气相中组分 B 的摩尔分数。

6.5.2　化学势表达式

理想液体混合物在指定温度 T 下达到气-液平衡时，混合物中任一组分 B 的化学势

$$
\begin{aligned}
\mu_B(l, T, p, x_B) &= \mu_B(g, T, p_B) \\
&= \mu_B^{\ominus}(g, T) + RT \ln(p_B / p^{\ominus}) \qquad (p_B = p_B^* x_B) \\
&= \mu_B^{\ominus}(g, T) + RT \ln(p_B^* / p^{\ominus}) + RT \ln x_B \\
&= \mu_B^*(l, T, p_B^*) + RT \ln x_B \\
&= \mu_B^*(l, T, p^{\ominus}) + \int_{p^{\ominus}}^{p_B^*} V_{m,B}^*(l) \mathrm{d}p + RT \ln x_B \qquad (\mathrm{d}\mu = V \mathrm{d}p)
\end{aligned}
$$

其中

$$\mu_B^*(l, T, p_B^*) = \mu_B^{\ominus}(g, T) + RT \ln(p_B^* / p^{\ominus})$$

或

$$\mu_B^*(l, T, p_B^*) = \mu_B^*(l, T, p^{\ominus}) + \int_{p^{\ominus}}^{p_B^*} V_{m,B}^*(l) \mathrm{d}p$$

因此，理想液体混合物中任一组分的化学势表达式为

$$\mu_B(l,T,p,x_B) = \mu_B^*(l,T,p^\ominus) + \int_{p^\ominus}^{p_B^*} V_{m,B}^*(l)\mathrm{d}p + RT\ln x_B \tag{6-22}$$

考虑到凝聚体系在式(6-22)中的积分项数值很小，可忽略不计，则式(6-22)变为

$$\mu_B(l,T,p,x_B) = \mu_B^*(l,T,p_B^\ominus) + RT\ln x_B \tag{6-23}$$

或

$$\mu_B(l,T,p,x_B) = \mu_B^\ominus(l,T,p^\ominus) + RT\ln x_B = \mu_B^\ominus(T) + RT\ln x_B \tag{6-24}$$

式(6-24)也是理想液体混合物的热力学定义式。式中，$\mu_B^\ominus(T)$ 为标准化学势。

标准态规定：在温度 T、标准压力 $p^\ominus$ 下的纯液体物质 B 的状态。

6.5.3 偏摩尔性质

讨论多组分体系中某一组分 B 的偏摩尔性质的目的是要确定其与纯组分 B 的摩尔性质之间的关系。

1. 偏摩尔体积

由 $\mathrm{d}\mu_B = \mathrm{d}G_B = -S_B\mathrm{d}T + V_B\mathrm{d}p$ 可得

$$V_B = \left(\frac{\partial \mu_B}{\partial p}\right)_T$$

由式(6-23)可得

$$\left(\frac{\partial \mu_B}{\partial p}\right)_{T,n} = \left(\frac{\partial \mu_B^*}{\partial p}\right)_{T,n} + RT\left(\frac{\partial \ln x_B}{\partial p}\right)_{T,n}$$

因为体系组成恒定，$\left(\dfrac{\partial \ln x_B}{\partial p}\right)_{T,n} = 0$，所以

$$V_B = V_{m,B}^* \tag{6-25}$$

2. 偏摩尔焓

根据吉布斯-亥姆霍兹公式，可得

$$\left[\frac{\partial(G_B/T)}{\partial T}\right]_{p,n} = -\frac{H_B}{T^2} \qquad \text{或} \qquad \left[\frac{\partial(\mu_B/T)}{\partial T}\right]_{p,n} = -\frac{H_B}{T^2}$$

由式(6-23)可得

$$\left[\frac{\partial(\mu_B/T)}{\partial T}\right]_{p,n} = \left[\frac{\partial(\mu_B^*/T)}{\partial T}\right]_{p,n}$$

所以

$$H_B = H_{m,B}^* \tag{6-26}$$

3. 偏摩尔熵

由 $\mathrm{d}\mu_B = \mathrm{d}G_B = -S_B\mathrm{d}T + V_B\mathrm{d}p$ 可得

$$\left(\frac{\partial \mu_{\mathrm{B}}}{\partial T}\right)_{p,n} = -S_{\mathrm{B}}$$

由式(6-23)可得

$$\left(\frac{\partial \mu_{\mathrm{B}}}{\partial T}\right)_{p,n} = \left(\frac{\partial \mu_{\mathrm{B}}^{*}}{\partial T}\right)_{p,n} + R \ln x_{\mathrm{B}}$$

所以

$$S_{\mathrm{B}} = S_{\mathrm{m,B}}^{*} - R \ln x_{\mathrm{B}} \tag{6-27}$$

6.5.4　混合热力学性质

在恒温、恒压条件下，理想液体混合物的某一热力学性质与纯组分该热力学性质的差值，称为该理想液体混合物的混合热力学性质。

$$[T,p] \qquad \Delta_{\mathrm{mix}} X = X_{混合后} - X_{混合前} = \sum_{\mathrm{B}} n_{\mathrm{B}} X_{\mathrm{B}} - \sum_{\mathrm{B}} n_{\mathrm{B}} X_{\mathrm{m,B}}^{*}$$

即

$$\Delta_{\mathrm{mix}} X = \sum_{\mathrm{B}} n_{\mathrm{B}} (X_{\mathrm{B}} - X_{\mathrm{m,B}}^{*}) \tag{6-28}$$

1. 混合体积

由式(6-25)，可得

$$\Delta_{\mathrm{mix}} V = \sum_{\mathrm{B}} n_{\mathrm{B}} (V_{\mathrm{B}} - V_{\mathrm{m,B}}^{*}) = 0 \tag{6-29}$$

2. 混合焓

由式(6-26)，可得

$$\Delta_{\mathrm{mix}} H = \sum_{\mathrm{B}} n_{\mathrm{B}} (H_{\mathrm{B}} - H_{\mathrm{m,B}}^{*}) = 0 \tag{6-30}$$

3. 混合热力学能

$$\Delta_{\mathrm{mix}} U = \Delta_{\mathrm{mix}} H - p \Delta_{\mathrm{mix}} V = 0 \tag{6-31}$$

4. 混合熵

由式(6-27)，可得

$$\Delta_{\mathrm{mix}} S = \sum_{\mathrm{B}} n_{\mathrm{B}} (S_{\mathrm{B}} - S_{\mathrm{m,B}}^{*}) = -R \sum_{\mathrm{B}} n_{\mathrm{B}} \ln x_{\mathrm{B}} > 0 \tag{6-32}$$

虽然过程的 $\Delta_{\mathrm{mix}} S > 0$，但其不可作为理想液体混合物形成过程的热力学判据使用，因为 $\Delta_{\mathrm{mix}} S$ 不是总体熵变。

当混合物的物质的量为 1 mol 时，摩尔混合熵为

$$\Delta_{\mathrm{mix}} S_{\mathrm{m}} = -R \sum_{\mathrm{B}} x_{\mathrm{B}} \ln x_{\mathrm{B}} \tag{6-33}$$

5. 混合吉布斯自由能

由式(6-28)和式(6-23)可得

$$\Delta_{mix}G = \sum_{B} n_B(G_B - G_{m,B}^*) = \sum_{B} n_B(\mu_B - \mu_B^*) = RT\sum_{B} n_B \ln x_B < 0 \qquad (6\text{-}34)$$

故在恒温、恒压、$W'=0$ 的条件下，理想液体混合物的形成过程是一能进行且不可逆的过程。$\Delta_{mix}G$ 可作为热力学判据使用。

当混合物的物质的量为 1 mol 时，摩尔混合吉布斯自由能为

$$\Delta_{mix}G_m = RT\sum_{B} x_B \ln x_B \qquad (6\text{-}35)$$

6. 混合亥姆霍兹自由能

$$\Delta_{mix}A = \Delta_{mix}U - T\Delta_{mix}S = \Delta_{mix}G < 0 \qquad (6\text{-}36)$$

$\Delta_{mix}A$ 能作为热力学判据使用，因为过程满足恒温、$W'=0$ 的判据使用条件。

【例 6-2】 液体 A 和液体 B 能形成理想混合物。在 323 K 时，含 1 mol A 和 2 mol B 的混合物 I 的总蒸气压为 33 330 Pa；在混合物 I 中再加入 1mol A 形成混合物 II，则总蒸气压升至 39 996 Pa。计算：

(1) 纯液体 A 和 B 的饱和蒸气压。

(2) 混合物 I 的气相组成。

(3) 混合物 II 的混合过程吉布斯自由能和熵的变化值。

(4) 若在混合物 II 中再加入 2 mol B 形成混合物III，其总蒸气压的值为多少？

解 (1) 根据 $p_A^* x_A + p_B^* x_B = p_总$，有

$$\frac{1}{3}p_A^* + \frac{2}{3}p_B^* = 33\,330\,Pa \qquad \frac{1}{2}p_A^* + \frac{1}{2}p_B^* = 39\,996\,Pa$$

解得

$$p_A^* = 59\,994\,Pa \qquad p_B^* = 19\,998\,Pa$$

(2) $p_总 y_A = p_A = p_A^* x_A$

$$y_A = \frac{p_A^* x_A}{p_总} = \frac{59\,994 \times 1/3}{33\,330} = 0.6 \qquad y_B = 0.4$$

(3) $\Delta_{mix}G_m = RT\sum_{i} x_i \ln x_i = RT(x_A \ln x_A + x_B \ln x_B) = 8.314 \times 323 \times (0.5 \times \ln 0.5 + 0.5 \times \ln 0.5) = -1861\,(J\cdot mol^{-1})$

$$\Delta_{mix}S_m = -R\sum_{i} x_i \ln x_i = -\frac{\Delta_{mix}G_m}{T} = \frac{1861}{323} = 5.76\,(J\cdot mol^{-1}\cdot K^{-1})$$

(4) $p_总 = p_A^* x_A + p_B^* x_B = \frac{1}{3}p_A^* + \frac{2}{3}p_B^* = 33\,330\,Pa$

混合物III的组成与混合物 I 相同，所以总蒸气压相同。

6.6　理想稀溶液

6.6.1　定义

溶液浓度很稀时，若溶剂服从拉乌尔定律，溶质服从亨利定律，该溶液称为理想稀溶液。例如，气体溶解在液体中所形成的溶液可看成是理想稀溶液。

上述定义可表达如下：

溶剂 A：$x_A \to 1$ 且 $p_A = p_A^* x_A$，溶质 B：$x_B \to \varepsilon$ 且 $p_B = K_{x,B} x_B$，则该溶液称为理想稀溶液。

6.6.2　化学势表达式

由于理想稀溶液的溶剂和溶质所遵循的规律各不相同，所以化学势表达式也不相同。

1. 溶剂 A

理想稀溶液的溶剂 A 遵守拉乌尔定律，故其化学势表达式与理想液体混合物任一组分的化学势表达式(6-24)相同，即

$$\mu_A(l,T,p,x_A) = \mu_A^\ominus(l,T) + RT\ln x_A$$

标准态：在溶液温度 T、标准压力 $p^\ominus$ 下的纯液态溶剂 A 的状态。

2. 溶质 B

当理想稀溶液与其蒸气达平衡时，溶质 B 在理想稀溶液中的化学势应与气相化学势相等。设蒸气为理想气体，则有

$$\mu_B(l,T,p,x_B) = \mu_B(g,T,p_B) = \mu_B^\ominus(g,T) + RT\ln\frac{p_B}{p^\ominus} \tag{6-37}$$

由于理想稀溶液的溶质遵守亨利定律，将用不同浓度表示的亨利定律代入式(6-37)，即可得到不同浓度表示的溶质 B 的化学势表达式。

(1)　$p_B = K_{x,B}x_B$

$$\mu_B(l,T,p,x_B) = \mu_B^\ominus(g,T) + RT\ln\frac{K_{x,B}}{p^\ominus} + RT\ln x_B$$

$$\mu_B(l,T,p,x_B) = \mu_{B,x}^\ominus(T) + RT\ln x_B \tag{6-38}$$

式中　　　　　$$\mu_{B,x}^\ominus(T) = \mu_B^\ominus(g,T) + RT\ln\frac{K_{x,B}}{p^\ominus} \tag{6-39}$$

标准态：在 T、$p^\ominus$ 下，将 $p_B = K_{x,B}x_B$ 外延到 $x_B=1$ 的溶质 B 的假想状态[图 6-3(a)]。

(2)　$p_B = K_{m,B}\dfrac{m_B}{m^\ominus}$

$$\mu_B(l,T,p,m_B) = \mu_B^\ominus(g,T) + RT\ln\frac{K_{m,B}}{p^\ominus} + RT\ln\frac{m_B}{m^\ominus}$$

$$\mu_B(l,T,p,m_B) = \mu_{B,m}^\ominus(T) + RT\ln\frac{m_B}{m^\ominus} \tag{6-40}$$

式中　　　　　$$\mu_{B,m}^\ominus(T) = \mu_B^\ominus(g,T) + RT\ln\frac{K_{m,B}}{p^\ominus} \tag{6-41}$$

标准态：在 T、$p^\ominus$ 下将 $p_B = K_{m,B}\dfrac{m_B}{m^\ominus}$ 外延到 $m_B = m^\ominus = 1\,mol\cdot kg^{-1}$ 溶液的假想状态[图 6-3(b)]。

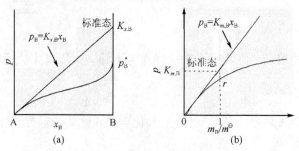

图 6-3　溶质 B 的标准态

(3) $\quad p_B = K_{c,B} \dfrac{c_B}{c^{\ominus}}$

$$\mu_B(l,T,p,c_B) = \mu_B^{\ominus}(g,T) + RT \ln \frac{K_{c,B}}{p^{\ominus}} + RT \ln \frac{c_B}{c^{\ominus}}$$

$$\mu_B(l,T,p,c_B) = \mu_{B,c}^{\ominus}(T) + RT \ln(c_B/c^{\ominus}) \tag{6-42}$$

式中
$$\mu_{B,c}^{\ominus}(T) = \mu_B^{\ominus}(g,T) + RT \ln \frac{K_{c,B}}{p^{\ominus}} \tag{6-43}$$

标准态：在 T、$p^{\ominus}$ 下将 $p_B = K_{c,B} \dfrac{c_B}{c^{\ominus}}$ 外延到 $c_B = c^{\ominus} = 1\, mol \cdot dm^{-3}$ 溶液的假想状态。

思考：

(1) $\mu_{B,x}$，$\mu_{B,m}$，$\mu_{B,c}$ 是否相等？为什么？相等，因为其只与体系的状态有关。

(2) $\mu_{B,x}^{\ominus}$，$\mu_{B,m}^{\ominus}$，$\mu_{B,c}^{\ominus}$ 是否相等？为什么？不相等，因为各标准化学势的标准态不同。

6.6.3　偏摩尔量

理想稀溶液的溶剂 A 的化学势表达式与理想液体混合物中的任一组分的化学势表达式是相同的，所以它们的偏摩尔量的关系式是相同的。为便于比较溶剂和溶质的偏摩尔量，将理想稀溶液的溶剂 A 的偏摩尔量与溶质 B 的偏摩尔量一同给出。

1. 偏摩尔体积

溶剂 A　$V_A = V_{m,A}^{*}$

溶质 B　由 $d\mu_B = dG_B = -S_B dT + V_B dp$ 和 $\mu_B = \mu_B^{\ominus} + RT \ln x_B$ 可得

$$V_B = \left(\frac{\partial \mu_B}{\partial p}\right)_{T,n} = \left(\frac{\partial \mu_B^{\ominus}}{\partial p}\right)_{T,n} = V_B^{\ominus} \neq V_{m,B}^{*}$$

即
$$V_B = V_B^{\ominus} \neq V_{m,B}^{*} \tag{6-44}$$

式中，$V_B^{\ominus}$ 为溶质 B 处于标准态下的偏摩尔体积。

2. 偏摩尔焓

溶剂 A　$H_A = H_{m,A}^{*}$

溶质 B　　$-\dfrac{H_B}{T^2} = \left[\dfrac{\partial(\mu_B / T)}{\partial T}\right]_{p,n} = \left[\dfrac{\partial(\mu_B^\ominus / T)}{\partial T}\right]_{p,n} = -\dfrac{H_B^\ominus}{T^2}$

即　　　　　　　　　　　　　　　　　　　　$H_B = H_B^\ominus$　　　　　　　　　　　　　　　　　　(6-45)

因为 $\mu_B^\ominus = \mu_B^\ominus(T)$，所以 $H^\ominus = H_B^\ominus(T)$，故 $H_B = H_B(T)$，有

$$H_B = H_B^\ominus = H_B^\infty \tag{6-46}$$

式中，H_B^∞ 为无限稀释溶液中的偏摩尔焓。

3. 偏摩尔熵

溶剂 A　　$S_A = S_{m,A}^* - R\ln x_A$

溶质 B　　$-S_B = \left(\dfrac{\partial\mu_B}{\partial T}\right)_{p,n} = \left(\dfrac{\partial\mu_B^\ominus}{\partial T}\right)_{p,n} + R\ln x_B$

$$S_B = S_B^\ominus - R\ln x_B \tag{6-47}$$

$$S_B \neq S_B^\ominus \neq S_B^\infty \tag{6-48}$$

式中，S_B^∞ 为无限稀释溶液中的偏摩尔熵。

4. 偏摩尔吉布斯自由能

溶剂 A　　$G_A = G_A^\ominus + RT\ln x_A = G_A^* + RT\ln x_A$

溶质 B　　　　　　　　　　　　　　$G_B = G_B^\ominus + RT\ln x_B$　　　　　　　　　　　(6-49)

$$G_B \neq G_B^\ominus \neq G_B^\infty \tag{6-50}$$

6.6.4　理想稀溶液的混合热力学性质

1. 混合体积

$$\Delta_{mix}V = n_A(V_A - V_{m,A}^*) + \sum_{B\neq A} n_B(V_B - V_{m,B}^*) = \sum_{B\neq A} n_B(V_B - V_{m,B}^*) \neq 0 \tag{6-51}$$

2. 混合熵

$$\Delta_{mix}S = n_A(S_A - S_{m,A}^*) + \sum_{B\neq A} n_B(S_B - S_{m,B}^*) = -n_A R\ln x_A + \sum_{B\neq A} n_B(S_B^\ominus - R\ln x_B - S_{m,B}^*) \neq 0 \tag{6-52}$$

3. 混合吉布斯自由能

$$\Delta_{mix}G = n_A(G_A - G_{m,A}^*) + \sum_{B\neq A} n_B(G_B - G_{m,B}^*) = n_A RT\ln x_A + \sum_{B\neq A} n_B(\mu_B^\ominus + RT\ln x_B - \mu_B^*) \neq 0 \tag{6-53}$$

4. 混合焓

$$\Delta_{mix}H = n_A(H_A - H_{m,A}^*) + \sum_{B \neq A} n_B(H_B - H_{m,B}^*) = \sum_{B \neq A} n_B(H_B - H_{m,B}^*) \neq 0 \qquad (6\text{-}54)$$

$\Delta_{mix}H$ 表示恒温、恒压下，溶液形成过程的热效应，称为溶解热或混合热。在工程上，溶解热可分为两类：摩尔积分溶解热和摩尔微分溶解热。

1) 摩尔积分溶解热 $\Delta_{sol}H_{m,B}^I$

在指定 T、p 下，将 1 mol 溶质 B 溶于一定量溶剂 A 中时的总焓变称为摩尔积分溶解热或变浓溶解热。

$$\Delta_{sol}H_{m,B}^I = \Delta_{sol}H_{m,B}^I(T, p, x_B)$$

对二组分体系

$$\Delta_{mix}H = H - H^* = n_A(H_A - H_{m,A}^*) + n_B(H_B - H_{m,B}^*)$$

$$\Delta_{sol}H_{m,B}^I = \frac{\Delta_{mix}H}{n_B} = \frac{n_A}{n_B}(H_A - H_{m,A}^*) + (H_B - H_{m,B}^*) \qquad (6\text{-}55)$$

例如，在 25℃、10^5Pa 下，1 mol(36.5 g)气态 HCl 溶解在 10 mol(180 g)H$_2$O(l)中时共放出 69.3 kJ 的热，此过程可用下式表示：

$$HCl(g) + 10H_2O(l) \longrightarrow HCl(aq, 5.55 \text{ mol} \cdot L^{-1})$$

$$\Delta_{sol}H_m^I(HCl, aq, 5.55 \text{ mol} \cdot L^{-1}) = -69.3 \text{ kJ} \cdot \text{mol}^{-1}$$

式中，$\Delta_{sol}H_m^I(HCl, aq, 5.55 \text{ mol} \cdot L^{-1})$ 代表体积摩尔浓度为 5.55 mol $\cdot$ L^{-1} 的 HCl 水溶液的摩尔积分溶解热。

$\Delta_{sol}H_{m,B}^{\ominus,I}(298.15 \text{ K})$ 为基础热数据，使用时可查表。

2) 摩尔微分溶解热 $\Delta_{sol}H_{m,B}^D$

指定 T、p 下，在指定组成的溶液中加入 dn_B 的组分 B 所产生的微小热量 δQ 与 dn_B 的比值称为摩尔微分溶解热。

微分溶解热也可以理解为在大量指定组成的溶液中，加入 1 mol 组分 B 时所产生的热量。因为溶液的量很大，所以尽管加入 1 mol 组分 B，溶液的组成仍可视为不变。因此，摩尔微分溶解热又称为定浓溶解热。

对二组分体系

$$\Delta_{mix}H = H - H^*[= n_A(H_A - H_{m,A}^*) + n_B(H_B - H_{m,B}^*)]$$

$$\Delta_{sol}H_{m,B}^D = \left(\frac{\partial \Delta_{mix}H}{\partial n_B}\right)_{T,p,n_A} = \left(\frac{\partial H}{\partial n_B}\right)_{T,p,n_A} - \left(\frac{\partial H^*}{\partial n_B}\right)_{T,p,n_A} = H_B - H_{m,B}^*$$

即

$$\Delta_{sol}H_{m,B}^D = H_B - H_{m,B}^* \qquad (6\text{-}56)$$

3) 两者之间的关系

摩尔积分溶解热和摩尔微分溶解热可直接从实验上测得，作为基础热数据，手册上可查到其 25℃时的数值。两者之间还存在着以下关系：

$$\Delta_{mix}H = n_A(H_A - H_{m,A}^*) + n_B(H_B - H_{m,B}^*) = n_A\Delta_{sol}H_{m,A}^D + n_B\Delta_{sol}H_{m,B}^D$$

$$\Delta_{sol}H_{m,B}^{I} = \frac{n_A}{n_B}\Delta_{sol}H_{m,A}^{D} + \Delta_{sol}H_{m,B}^{D} \qquad (6\text{-}57)$$

6.7 非理想液体混合物

6.7.1 定义

混合物中，任一组分 B 不遵守拉乌尔定律，即 $p_B \neq p_B^* x_B$ 或 $\mu_B \neq \mu_B^{\ominus}(T, p^{\ominus}) + RT\ln x_B$，则该混合物为非理想液体混合物。

1. 产生偏差的原因

组成混合物的各物质的分子大小及分子间相互作用力的差别较大是产生偏差的主要原因。

2. 偏差表示方法

讨论非理想液体混合物时是以理想液体混合物为参考态。对不同的对象，表示偏差的方法不同。
(1) 表示非理想液体混合物中某一组分对拉乌尔定律的偏差程度用活度 a 和活度系数 γ。
(2) 表示非理想液体混合物体系对理想液体混合物体系的偏差程度用超额函数 X^E。

6.7.2 活度和活度系数

1. 活度

组分 B 的活度 a_B、活度系数 γ_B 与浓度 x_B 之间的关系为

$$a_{x,B} = \gamma_{x,B} x_B \qquad (6\text{-}58)$$

$$\gamma_{x,B} = \frac{a_{x,B}}{x_B}$$

如果采用不同的浓度，则

$$a_{m,B} = \gamma_{m,B}\frac{m_B}{m^{\ominus}}, \quad a_{c,B} = \gamma_{c,B}\frac{c_B}{c^{\ominus}} \qquad (6\text{-}59)$$

2. 偏差类型

如果气相为理想气体，对非理想液体混合物，拉乌尔定律可表达为

$$p_B = p_B^* a_B, \quad a_B = p_B / p_B^*$$

如果气相为非理想气体，则有

$$f_B = f_B^* a_B, \quad a_B = f_B / f_B^*$$

因此，a_B 为称为相对逸度。

若 $\gamma_B > 1$，$a_{x,B} > x_B$，$p_B > p_B^* x_B$，非理想液体混合物对理想液体混合物有正偏差。

若 $\gamma_B < 1$，$a_{x,B} < x_B$，$p_B < p_B^* x_B$，非理想液体混合物对理想液体混合物有负偏差。

若 $\gamma_B = 1$，理想液体混合物。

6.7.3　组分 B 化学势表达式

1. 化学势表达式

对理想液体混合物，根据其化学势表达式(6-24)，可得

$$x_B = \exp\left[\frac{\mu_B(l,T,p,x_B) - \mu_B^{\ominus}(l,T)}{RT}\right] \tag{6-60}$$

对非理想液体混合物，为使式(6-60)仍然成立，用活度 a_B 代替浓度 x_B，即

$$a_B = \exp\left[\frac{\mu_B(l,T,p,x_B) - \mu_B^{\ominus}(l,T)}{RT}\right] \tag{6-61}$$

这样，由式(6-61)得到的非理想液体混合物中组分 B 的化学势表达式就与理想液体混合物的具有了相同的形式：

$$\mu_B(l,T,p,x_B) = \mu_B^*(l,T) + RT\ln a_B = \mu_B^{\ominus}(l,T) + RT\ln a_B \tag{6-62}$$

将式(6-58)代入式(6-62)，可得

$$\mu_B(l,T,p,x_B) = \mu_B^*(l,T) + RT\ln a_B = \mu_B^{\ominus}(l,T) + RT\ln\gamma_{x,B} + RT\ln x_B \tag{6-63}$$

标准态：T、$p^{\ominus}$ 下的纯液体 B，此时 $\gamma_B = 1, x_B = 1$。

注意：在标准态时，要求 $\gamma_B = 1, a_B = 1$。如果只有 $a_B = 1$，虽然有 $\mu_B(l,T,p,x_B) = \mu_B^{\ominus}(l,T)$，但这只是数值上的相等，即 $a_B = 1$ 的状态并不一定是标准态。

2. 活度的其他表示

当非理想液体混合物与气相(理想气体)达平衡时

$$\mu_B(l,T,p,x_B) = \mu_B(g,T,p) = \mu_B^{\ominus}(g,T) + RT\ln(p_B/p^{\ominus})$$
$$= \mu_B^{\ominus}(g,T) + RT\ln(p_B^{\ominus}/p^{\ominus}) + RT\ln(p_B/p_B^{\ominus})$$

即
$$\mu_B(l,T,p,x_B) = \mu_B^{\ominus}(l,T) + RT\ln(p_B/p_B^{\ominus}) \tag{6-64}$$

将式(6-64))与式(6-62)对比可得

$$a_B = p_B/p_B^{\ominus} \tag{6-65}$$

式中，$p_B^{\ominus}$ 为液体混合物中组分 B 在标准态时的压力。

若标准态是纯液态，则 $p_B^{\ominus} = p_B^*$，有

$$a_B = p_B/p_B^* \tag{6-66}$$

若标准态是遵守亨利定律的假想态，则 $p_B^{\ominus} = K_B$，有

$$a_B = p_B/K_B \tag{6-67}$$

当非理想液体混合物与气相(非理想气体)达平衡时

$$\mu_B(l,T,p,x_B) = \mu_B^{\ominus}(l,T) + RT\ln(f_B/f_B^{\ominus}) \tag{6-68}$$

将式(6-68)与式(6-62)对比可得

$$a_B = f_B/f_B^{\ominus} \tag{6-69}$$

式中，f_B 为给定状态下气相中组分 B 的逸度；$f_B^\ominus$ 为同温度标准状态下的逸度。

可以看出，活度为无因次量，是温度、压力和组成的函数，同时还取决于所选的标准态，即
$$a_B = a_B(T, p, x_1, x_2, \cdots, \text{标准态})$$

6.7.4　转移性质

将一定量的组分 B 从液体混合物 I 转移到液体混合物 II 时所需做的功为非体积功。在一定 T、p 下，若要求所需做的最小功即为体系吉布斯自由能的变化量 $\Delta G_{T,p}$，如转移的组分 B 的物质的量为 n_B，则

$$
\begin{aligned}
\Delta G_{T,p} &= G(\text{II}) - G(\text{I}) = \sum_i n_i G_i(\text{II}) - \sum_i n_i G_i(\text{I}) \\
&= n_B[\mu_B(\text{II}) - \mu_B(\text{I})] \\
&= n_B\{[\mu_B^\ominus(\text{II}) + RT\ln a_B(\text{II})] - [\mu_B^\ominus(\text{I}) + RT\ln a_B(\text{I})]\} \\
&= n_B RT \ln\left[\frac{a_B(\text{II})}{a_B(\text{I})}\right]
\end{aligned}
\tag{6-70}
$$

对于理想液体混合物

$$\Delta G_{T,p} = n_B RT \ln\left[\frac{x_B(\text{II})}{x_B(\text{I})}\right] \tag{6-71}$$

$$\Delta S_{T,p} = n_B[S_B(\text{II}) - S_B(\text{I})] = -n_B R \ln\left[\frac{x_B(\text{II})}{x_B(\text{I})}\right] \tag{6-72}$$

6.7.5　超额函数 X^E

活度系数 γ_B 只能表示多组分均相体系中某一组分 B 的非理想性。若要衡量整个体系的非理想性，则需要用超额函数，因为其包含了体系中所有组分的非理想性。超额函数或过量函数 X^E 等于非理想混合物的广度性质 X^r 与理想混合物的相应广度性质 X^i 之差

$$X^E = X^r - X^i \tag{6-73}$$

显然

超额函数=非理想液体混合物的混合热力学性质−理想液体混合物的混合热力学性质

即

$$X^E = \Delta_{\text{mix}} X^r - \Delta_{\text{mix}} X^i \tag{6-74}$$

1. 超额吉布斯自由能 G^E

$$G^E = \Delta_{\text{mix}} G^r - \Delta_{\text{mix}} G^i$$

$$\Delta_{\text{mix}} G^i = RT \sum_B n_B \ln x_B$$

$$\Delta_{\text{mix}} G^r = G_{\text{混后}} - G_{\text{混前}} = \sum_B n_B G_B - \sum_B n_B G_{m,B}^* = \sum_B n_B(\mu_B - \mu_B^*)$$

$$\Delta_{\text{mix}} G^r = RT \sum_B n_B \ln \gamma_B + RT \sum_B n_B \ln x_B \tag{6-75}$$

所以
$$G^E = RT \sum_B n_B \ln \gamma_B \tag{6-76}$$

当 $G^E > 0$ 时为正偏差；当 $G^E < 0$ 时为负偏差。

2. 其他超额函数

超额熵：
$$S^E = -\left(\frac{\partial G^E}{\partial T}\right)_{p,n} = -R\sum_B n_B \ln \gamma_B - RT\sum_B n_B \left(\frac{\partial \ln \gamma_B}{\partial T}\right)_{p,n} \tag{6-77}$$

超额焓：
$$H^E = G^E + TS^E = -RT^2 \sum_B n_B \left(\frac{\partial \ln \gamma_B}{\partial T}\right)_{p,n} \tag{6-78}$$

超额体积：
$$V^E = \left(\frac{\partial G^E}{\partial p}\right)_{T,n} = RT\sum_B n_B \left(\frac{\partial \ln \gamma_B}{\partial p}\right)_{T,n} \tag{6-79}$$

6.7.6 非理想液体混合物的分类

根据超额函数的相对大小，可将非理想液体混合物分为三类：正规溶液、无热溶液和非无热溶液。

1. 正规溶液

若 $|H^E| \gg |S^E|$ 或 $S^E = 0$，则 $G^E = H^E$，即正规溶液的非理想性完全是由混合时的热效应造成的，其混合熵与理想混合物的相同。

2. 无热溶液

若 $TS^E \gg H^E$ 或 $H^E \approx 0$，则 $G^E = -TS^E$，即无热溶液的非理想性完全是由混合熵造成的，其混合焓与理想混合物的近似相等。

3. 非无热溶液

若 $S^E \neq 0$, $H^E \neq 0$，即非无热溶液的非理想性是混合焓、混合熵共同作用的结果。

6.8 非电解质溶液

因为溶液中的溶剂和溶质所遵循的规律是不同的，所以必须分别处理，处理时以理想稀溶液为参考态。一般以 A 代表溶剂，而以 B、C 等代表不同的溶质。

6.8.1 溶剂 A 的化学势表达式

$$\mu_A(l,T,p,x_A) = \mu_A^*(T,p^*) + RT\ln a_A = \mu_A^\ominus(T) + RT\ln \gamma_A + RT\ln x_A \tag{6-80}$$

标准态： 在溶液 T、$p^\ominus$ 下的纯溶剂状态。

6.8.2 溶质 B 的化学势表达式

溶质的浓度表示可分别用 m_B、c_B、x_B 表示，虽然化学势表达式的形式相同，但标准态的选取不同。

$$\mu_B(T,p,m_B) = \mu_{m,B}^\ominus(T) + RT\ln a_{m,B} = \mu_{m,B}^\ominus(T) + RT\ln \gamma_{m,B} + RT\ln(m_B/m^\ominus) \tag{6-81}$$

标准态: 在 T、$p^\ominus$ 下，将亨利定律 $p_B = K_{m,B}\dfrac{m_B}{m^\ominus}$ 外延至 $m_B = m^\ominus = 1\,\mathrm{mol\cdot kg^{-1}}$，同时 $\gamma_{m,B}=1$ 的假想态。

$$\mu_B(B,T,p,c_B) = \mu_{c,B}^\ominus(T) + RT\ln a_{c,B} = \mu_{c,B}^\ominus(T) + RT\ln \gamma_{c,B} + RT\ln\frac{c_B}{c^\ominus} \tag{6-82}$$

标准态: 在 T、$p^\ominus$ 下，将亨利定律 $p_B = K_{c,B}\dfrac{c_B}{c^\ominus}$ 外延至 $c_B = c^\ominus = 1\,\mathrm{mol\cdot dm^{-3}}$，同时 $\gamma_{c,B}=1$ 的假想态。

$$\mu_B(B,T,p,x_B) = \mu_{x,B}^\ominus(T) + RT\ln \gamma_{x,B} + RT\ln x_B \tag{6-83}$$

标准态: 在 T、$p^\ominus$ 下，将亨利定律 $p_B = K_{x,B}x_B$ 外延至 $x_B = 1$，同时 $\gamma_{x,B} = 1$ 的假想态。

6.8.3　注意

(1) 标准态不是无限稀溶液，而是浓度为 1 个浓度单位、$\gamma=1$ 且遵守亨利定律的溶液。

(2) 当溶液无限稀释时，溶剂 $x_A \to 1$，溶质 $x_B \to 0$，$\gamma_A = 1$，$\gamma_B \to 1$，此时溶液具有理想稀溶液的性质。

(3) 不同浓度表示法的各量之间的关系:

i) $\mu_B(T,p,m_B) = \mu_B(T,p,c_B) = \mu_B(T,p,x_B)$，为什么?

原因: 平衡时，体系中各组分的化学势有确定的值，不会因浓度的表示方法不同而改变。

ii) $\mu_{m,B}^\ominus \neq \mu_{c,B}^\ominus \neq \mu_{x,B}^\ominus$，$a_{m,B} \neq a_{c,B} \neq a_{x,B}$，$\gamma_{m,B} \neq \gamma_{c,B} \neq \gamma_{x,B}$，为什么?

原因: 不同浓度表示下的标准态不同，对应的体系状态也就不同，所以与标准态有关的量就不相同，即标准化学势不同，活度不同，活度系数也不相同。

6.8.4　$\gamma_{m,B}$、$\gamma_{c,B}$、$\gamma_{x,B}$ 之间的定量关系

根据式(6-39)、式(6-41)和式(6-43)，式(6-81)～式(6-83)可写成

$$\mu_B = \mu_B^\ominus(g,T) + RT\ln\frac{K_{m,B}}{p^\ominus} + RT\ln a_{m,B} \tag{6-84}$$

$$\mu_B = \mu_B^\ominus(g,T) + RT\ln\frac{K_{c,B}}{p^\ominus} + RT\ln a_{c,B} \tag{6-85}$$

$$\mu_B = \mu_B^\ominus(g,T) + RT\ln\frac{K_{x,B}}{p^\ominus} + RT\ln a_{x,B} \tag{6-86}$$

将式(6-19)和式(6-20)代入式(6-84)～式(6-86)，整理可得

$$\frac{a_{m,B}}{a_{x,B}} = \frac{K_{x,B}}{K_{m,B}} = \frac{1}{K_{m,B}}\left(\frac{K_{m,B}}{M_A m^\ominus}\right) = \frac{1}{M_A m^\ominus} \tag{6-87}$$

又 $\dfrac{a_{m,B}}{a_{x,B}} = \dfrac{\gamma_{m,B}m_B/m^\ominus}{\gamma_{x,B}x_B} = \dfrac{1}{M_A m^\ominus}$，可得

$$\frac{\gamma_{m,B}}{\gamma_{x,B}} = \frac{x_B}{M_A m_B} \tag{6-88}$$

同理

$$\frac{a_{c,B}}{a_{x,B}} = \frac{K_{x,B}}{K_{c,B}} = \frac{1}{K_{c,B}}\left(\frac{K_{c,B}}{M_A c^\ominus}\right) = \frac{\rho_A}{M_A c^\ominus} \tag{6-89}$$

$$\frac{a_{c,B}}{a_{x,B}} = \frac{\gamma_{c,B} c_B / c^\ominus}{\gamma_{x,B} x_B} = \frac{\rho_A}{M_A c^\ominus}$$

可得

$$\frac{\gamma_{c,B}}{\gamma_{x,B}} = \frac{x_B \rho_A}{M_A c_B} \tag{6-90}$$

6.9 溶液的依数性质

6.9.1 依数性质

1. 定义

溶液中被观察到的溶剂的性质，如蒸气压下降、沸点升高、凝固点下降和渗透压只依赖于溶剂的性质和溶液中溶质的质点数，与溶质的性质无关，故此四种性质称为溶液的依数性质。

2. 显示依数性质的条件

(1) 相互平衡的两相，一为纯组分相，一为溶液相。
(2) 溶剂的活度系数 γ_A 不依赖于溶质的性质。当 $x_A \rightarrow 1$ 时，这一条件总能被满足，故溶液越稀，依数性质越准确。

3. 应用

(1) 确定溶质的摩尔质量。
(2) 确定活度系数 γ。

6.9.2 蒸气压降低

前提条件：溶质不挥发。
对二组分非理想稀溶液，拉乌尔定律可表达为

$$p_A = p_A^* a_A = p_A^* \gamma_{x,A} x_A$$

若溶质不挥发，则

$$p = p_A = p_A^* \gamma_{x,A} x_A$$

$$\Delta p = p_A^* - p_A = p_A^* - p = p_A^*(1 - \gamma_{x,A} x_A) \tag{6-91}$$

式中，Δp 称为蒸气压降低值。
对理想稀溶液或溶液浓度足够稀时，有 $\gamma_{x,A} = 1$，所以

$$\Delta p = p_A^* - p = p_A^* x_B \tag{6-92}$$

$$x_B = \frac{n_B}{n_A + n_B} = \frac{n_B}{n_A} = \frac{W_B / M_B}{W_A / M_A} = \frac{\Delta p}{p_A^*}$$

则

$$M_B = \frac{W_B M_A}{W_A} \cdot \frac{p_A^*}{\Delta p} \tag{6-93}$$

因此，从蒸气压降低值的测定即可求得溶质的摩尔质量 M_B。

6.9.3　沸点升高

前提条件：溶质不挥发。

体系达到两相平衡时，纯溶剂蒸气 $\rightleftharpoons$ 液态溶液，有

$$\mu_A^*(g) = \mu_A(l) = \mu_A^*(l) + RT \ln a_A$$

可得

$$R \ln a_A = \frac{\mu_A^*(g) - \mu_A^*(l)}{T}$$

将 $\mu_A^*(l) + RT \ln a_A = \mu_A^*(g)$ 对 T 偏微商并将上式代入，得

$$\left[\frac{\partial \mu_A^*(l)}{\partial T}\right]_p + R \ln a_A + RT \left(\frac{\partial \ln a_A}{\partial T}\right)_p = \left[\frac{\partial \mu_A^*(g)}{\partial T}\right]_p$$

即

$$-S_{m,A}^*(l) + R \ln a_A + RT \left(\frac{\partial \ln a_A}{\partial T}\right)_p = -S_{m,A}^*(g)$$

$$RT \left(\frac{\partial \ln a_A}{\partial T}\right)_p = S_{m,A}^*(l) - S_{m,A}^*(g) - \frac{\mu_A^*(g) - \mu_A^*(l)}{T}$$

$$= \frac{[\mu_A^*(l) + TS_{m,A}^*(l)] - [\mu_A^*(g) + TS_{m,A}^*(g)]}{T}$$

$$= \frac{H_{m,A}^*(l) - H_{m,A}^*(g)}{T} = -\frac{\Delta_l^g H_{m,A}^*}{T}$$

$$\left(\frac{\partial \ln a_A}{\partial T}\right)_p = -\frac{\Delta_l^g H_{m,A}^*}{RT^2} = -\frac{\Delta_{vap} H_{m,A}^*}{RT^2}$$

式中，$\Delta_{vap} H_{m,A}^*$ 为纯溶剂的摩尔蒸发焓，设其为常数，对上式积分：

$$\int_1^{a_A} d\ln a_A = \int_{T_b^*}^{T_b} -\frac{\Delta_{vap} H_{m,A}^*}{RT^2} dT$$

$$\ln a_A = \frac{\Delta_{vap} H_{m,A}^*}{R} \left(\frac{1}{T_b} - \frac{1}{T_b^*}\right) \tag{6-94}$$

对理想稀溶液：$\gamma_A = 1, a_A = x_A$，则

$$\ln x_A = \frac{\Delta_{vap} H_{m,A}^*}{R}\left(\frac{1}{T_b} - \frac{1}{T_b^*}\right) \tag{6-95}$$

又 $\ln x_A = \ln(1 - x_B) = -x_B - \frac{x_B^2}{2} - \cdots \approx -x_B\,(x_B < 0.01$ 时，误差 $< 1\%)$，代入式(6-95)，整理得

$$\Delta T_b = T_b - T_b^* = \left(\frac{R T_b^* T_b}{\Delta_{vap} H_{m,A}^*}\right) x_B \tag{6-96}$$

式中，$\Delta T_b = T_b - T_b^*$ 称为溶液的正常沸点升高值。

$\ln x_A$ 的展开式限制了 x_B 所允许的最大值，因而在式(6-96)中以 T_b^* 代替 T_b 所引起的误差就可以忽略不计了。

$$\Delta T_b = \left[\frac{R(T_b^*)^2}{\Delta_{vap} H_{m,A}^*}\right] x_B = K_b' x_B \tag{6-97}$$

又

$$x_B = \frac{n_B}{n_A + n_B} \approx \frac{n_B}{n_A} = \frac{m_B}{1/M_A} = m_B M_A \tag{6-98}$$

式中，M_A 的单位为 $kg \cdot mol^{-1}$；m_B 的单位为 $kg \cdot mol^{-1}$。

将式(6-98)代入式(6-97)，可得

$$\Delta T_b = \left[\frac{R(T_b^*)^2 M_A}{\Delta_{vap} H_{m,A}^*}\right] m_B = K_b m_B$$

即

$$\Delta T_b = K_b m_B \tag{6-99}$$

式中，K_b 为沸点升高常数

$$K_b = \frac{R(T_b^*)^2 M_A}{\Delta_{vap} H_{m,A}^*} \tag{6-100}$$

沸点升高常数仅依赖于溶剂的性质，与溶质的性质无关。例如，水的沸点升高常数 $K_b = 0.512\,K \cdot kg \cdot mol^{-1}$。

从沸点升高值的测定可求溶质的摩尔质量：

$$m_B = \frac{n_B}{W_A} = \frac{W_B/M_B}{W_A} \tag{6-101}$$

将式(6-101)代入式(6-99)，可得

$$M_B = \frac{K_b W_B}{\Delta T_b W_A} \tag{6-102}$$

6.9.4　凝固点降低

在研究凝固点降低时，对溶质挥发与否无要求，但要求两相平衡时的固相为纯溶剂固相，即

纯溶剂固相 ⇌ 液态溶液

平衡时

$$\mu_A^*(s) = \mu_A(l) = \mu_A^*(l) + RT \ln a_A$$

采用与研究沸点升高时的推导方法完全一样的步骤，可得

$$\ln a_A = \frac{\Delta_{fus}H_{m,A}^*}{R}\left(\frac{1}{T_f^*} - \frac{1}{T_f}\right) \tag{6-103}$$

对理想稀溶液

$$\Delta T_f = T_f^* - T_f = \left[\frac{R(T_f^*)^2 M_A}{\Delta_{fus}H_{m,A}^*}\right] m_B = K_f m_B \tag{6-104}$$

即

$$\Delta T_f = K_f m_B \tag{6-105}$$

式中，ΔT_f 为溶液的正常凝固点降低值；K_f 为凝固点降低常数。

$$K_f = \frac{R(T_f^*)^2 M_A}{\Delta_{fus}H_{m,A}^*} \tag{6-106}$$

凝固点降低常数仅依赖于溶剂的性质，与溶质的性质无关。例如，水的凝固点降低常数 $K_f = 1.86\,\mathrm{K \cdot kg \cdot mol^{-1}}$。

由式(6-105)推导可得

$$M_B = \frac{K_f\, W_B}{\Delta T_f W_A} \tag{6-107}$$

因此，从凝固点降低值的测定同样可求溶质的摩尔质量。

6.9.5　对沸点升高，凝固点降低的定性解释

凝固点降低和沸点升高现象可从图 6-4 中各 μ-T 线的交点位置得到解释。图中，实线 ac、bd、ce 分别为纯溶剂的蒸气、液体和固体的 μ-T 线。虚线 ae 为溶液中溶剂的 μ-T 线。

根据热力学基本方程 $d\mu = dG = -SdT + Vdp$，有

$$(\partial\mu/\partial T)_p = -S$$

因此，图中各线的斜率为$-S$。而 S 总是正值，故斜率均为负。又

$$S(气) > S(液) > S(固)$$

所以

|ac 线的斜率| > |bd 线的斜率| > |ce 线的斜率|

因为 $\mu_A^*(T,p) > \mu_A(T,p)$，所以溶液中溶剂的 μ-T 线(ae 线)在纯溶剂的 μ-T 线(bd 线)下方。

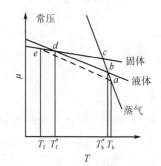

图 6-4　凝固点降低和沸点升高的 μ–T 图

当体系达到两相平衡时，物质在平衡两相中的化学势相等。图中两条线的交点 a、b、d、e 即为相应的两相平衡：b、d 分别为纯溶剂的气-液、液-固平衡；a、e 分别为溶液、纯溶剂的气相和固相的两相平衡。

ac 线和 ae 线的交点 a 对应的温度为溶液的沸点 T_b，ac 线和 bd 线的交点 b 对应的温度为纯溶剂的沸点 T_b^*，可知溶液的沸点高于纯溶剂的沸点。

ae 线和 ce 线的交点 e 对应的温度为溶液的凝固 T_f，ce 线和 bd 线的交点 d 对应的温度为

纯溶剂的凝固点 T_f^*，可知溶液的凝固点降低。

6.9.6 渗透压

在如图 6-5 所示的容器中，用一个只允许溶剂 A 分子透过的半透膜 aa′隔开，左边放入纯溶剂 A，右边放入非电解质溶质 B 在 A 中的溶液。

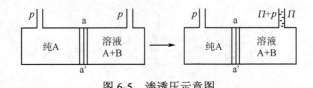

图 6-5　渗透压示意图

始态时，$T_L = T_R$，$p_L = p_R = p$（p_L、p_R 也可不等）。纯溶剂的化学势为 $\mu_{A,L}^*(T,p)$，溶液中溶剂的化学势为 $\mu_{A,R}(T,p)$，且

$$\mu_{A,R}(T,p) = \mu_{A,R}^*(T,p) + RT \ln a_A$$

因为 $a_A = \dfrac{p_A}{p_A^*} < 1$，且 $p_L = p_R = p$，所以

$$\mu_A^*(T,p) < \mu_A(T,p)$$

因此，渗透方向为溶剂 A 从左边纯溶剂一方透过半透膜向右边溶液一方渗透。

为了阻止纯溶剂一方的溶剂分子通过半透膜，需要在溶液上方施加额外压力以增加溶液中溶剂 A 的化学势。为使半透膜两边溶剂 A 的化学势相等所需要施加额外压力 Π 称为渗透压。

终态时，右边细管中的液面上升，压力增加，体系达到渗透平衡。

若达到渗透平衡时，左右两边的压力分别是 p 和 $p+\Pi$

$$\mu_{A,L}^*(T,p) = \mu_{A,R}(T,p+\Pi) = \mu_{A,R}(T,p) + \int_p^{p+\Pi} V_A \mathrm{d}p$$

$$= \mu_{A,R}^*(T,p) + RT \ln a_A + \int_p^{p+\Pi} V_A \mathrm{d}p$$

即
$$-RT \ln a_A = V_A \Pi \tag{6-108}$$

若溶液一方为理想稀溶液，则 $a_A = x_A$，而

$$\ln x_A = \ln(1 - x_B) = -x_B - \frac{x_B^2}{2} - \cdots \approx -x_B$$

代入式(6-108)，可得

$$RT x_B = \Pi V_A \tag{6-109}$$

对稀溶液，$x_B \approx \dfrac{n_B}{n_A}$，$\Pi n_A V_A \approx \Pi V$（$V_A$ 为溶剂 A 的偏摩尔体积，V 为溶液的体积），则式(6-109)可写为

$$\Pi V = n_B RT \tag{6-110}$$

或

$$\Pi = \frac{n_B}{V}RT = c_B RT \qquad (6\text{-}111)$$

式(6-111)称为范特霍夫渗透压公式。将式(6-111)展开，可得

$$\Pi = c_B RT = \frac{W_B / M_B}{V}RT$$

$$M_B = \frac{W_B}{\Pi V}RT \qquad (6\text{-}112)$$

根据式(6-112)，可由渗透压 Π 求溶质 B 的摩尔质量。

应用：

(1) 求大分子溶质的 M_B。

(2) 利用反渗透，可进行海水淡化、污水处理。

注意：在进行反渗透时，渗透压为进行反渗透时所需要的最小压力。

【例 6-3】 化合物 B 溶于水构成稀水溶液，298 K 时测得渗透压为 2.15×10^5 Pa。已知：水的凝固点降低常数 $K_f = 1.86\ \text{K} \cdot \text{kg} \cdot \text{mol}^{-1}$，水的沸点升高常数 $K_b = 0.512\ \text{K} \cdot \text{kg} \cdot \text{mol}^{-1}$，298 K 时纯水的饱和蒸气压为 3167 Pa。试回答以下问题：

(1) 求该溶液溶质 B 的浓度 x_B。

(2) 求溶液的凝固点、沸点和蒸气压的变化值。

(3) 上述计算结果能说明什么问题？

解 (1) $\Pi = c_B RT$，$c_B = \dfrac{\Pi}{RT} = \dfrac{2.15 \times 10^5 \times 10^{-3}}{8.314 \times 298} = 0.0868\ (\text{mol} \cdot \text{dm}^{-3})$

对于稀水溶液，其密度与水近似相等，所以

$$x_B = c_B M_{H_2O} / \rho = 1.56 \times 10^{-3}, \quad m_B = c_B / \rho = 0.0868\ (\text{mol} \cdot \text{kg}^{-1})$$

(2) $\Delta T_f = K_f m_B = 1.86 \times 0.0868 = 0.161\ (\text{K})$

$$\Delta T_b = K_b m_B = 0.512 \times 0.0868 = 0.0444\ (\text{K})$$

$$\Delta p = p_A^* - p = p_A^* x_B = 3167 \times 1.56 \times 10^{-3} = 4.94\ (\text{Pa})$$

(3) 计算结果表明，如果通过测定稀溶液的依数性质求溶质的摩尔质量，用渗透压法和凝固点降低法较为准确。

6.10 非电解质溶液的活度和活度系数的测定

通过实验确定非电解质溶液的活度和活度系数有不同的方法，这里主要介绍几种常用的方法。

6.10.1 蒸气压法

1. 非理想液体混合物

若与非理想液体混合物达平衡的气相为理想气体，则任一组分 B 的活度和活度系数为

$$a_B = \gamma_{x,B} x_B = \frac{p_B}{p_B^{\ominus}} = \frac{y_B p}{p_B^*} \qquad (6\text{-}113)$$

$$\gamma_{x,B} = \frac{p_B}{x_B p_B^\ominus} = \frac{y_B p}{x_B p_B^*} \tag{6-114}$$

若气相为非理想气体混合物，则任一组分B的活度和活度系数为

$$a_B = \frac{f_B}{f_B^\ominus} = \frac{f_B}{p_B^\ominus} = \frac{f_B}{p_B^*} \tag{6-115}$$

$$\gamma_{x,B} = \frac{a_B}{x_B} \tag{6-116}$$

2. 非电解质溶液

溶剂 A：若气相为理想气体　　　　$a_A = \dfrac{p_A}{p_A^\ominus} = \dfrac{p_A}{p_A^*}$ (6-117)

若气相为非理想气体　　　　$a_A = \dfrac{f_A}{p_A^\ominus} = \dfrac{f_A}{p_A^*}$ (6-118)

溶质 B：　　　　$p_B = K_{m,B} a_{m,B} = K_{m,B} \dfrac{m_B}{m^\ominus} \gamma_{m,B}$

若气相为理想气体　　　　$a_{m,B} = \dfrac{p_B}{K_{m,B}}, \quad \gamma_{m,B} = a_{m,B} \Big/ \left(\dfrac{m_B}{m^\ominus}\right)$ (6-119)

若气相为非理想气体　　　　$a_{m,B} = \dfrac{f_B}{K_{m,B}}$ (6-120)

6.10.2　凝固点降低法

根据式(6-103)，有

$$\ln a_A = \frac{\Delta_{fus} H_{m,A}^*}{R}\left(\frac{1}{T_f^*} - \frac{1}{T_f}\right) = -\frac{\Delta_{fus} H_{m,A}^*}{R(T_f^*)^2}\Delta T_f$$

从实验测得凝固点降低值 ΔT_f，即可求得该浓度下的溶剂活度 a_A 及 γ_A。

6.10.3　从某一组分的活度系数求另一组分的活度系数

1. 由溶质的 γ_B 求溶剂的 γ_A

根据吉布斯-杜安公式 $\sum_B x_B d\mu_B = 0$ 及化学势表达式，推导可得[①]

$$d\ln\gamma_A = -\frac{x_B}{x_A}d\ln\gamma_B \tag{6-121}$$

将式(6-121)积分，即可得 γ_A 与 γ_B 之间的关系。积分下限取无限稀溶液，上限为某一浓度溶液。溶液无限稀时具有理想稀溶液性质，溶剂遵守拉乌尔定律，溶质遵守亨利定律，即

$$x_A \to 1, \quad a_A = x_A \to 1, \quad \gamma_A = 1, \quad \ln\gamma_A = 0$$

---

① 推导过程参考文献：朱志昂，阮文娟. 物理化学. 5 版. 北京：科学出版社，2014：141.

$$x_B \to 0, \quad a_B = x_B \to 0, \quad \gamma_B = 1, \quad \ln \gamma_B = 0$$

所以

$$\int_0^{\ln \gamma_A} \mathrm{d} \ln \gamma_A = \int_0^{\ln \gamma_B} -\frac{x_B}{x_A} \mathrm{d} \ln \gamma_B$$

积分得

$$\ln \gamma_A = \int_0^{\ln \gamma_B} -\frac{x_B}{x_A} \mathrm{d} \ln \gamma_B \tag{6-122}$$

根据式(6-122)，采用图解积分即可由 γ_B 求得 γ_A。

2. 由溶剂的 γ_A 求溶质的 γ_B

将式(6-121)重排

$$\mathrm{d} \ln \gamma_B = -\frac{x_A}{x_B} \mathrm{d} \ln \gamma_A \tag{6-123}$$

对无限稀溶液，由于 $x_B \to 0$ 时直接积分有困难，所以在稀溶液范围内任选一参考点 x'_B 作为下限，即

积分下限：一定浓度 x'_B 时，对应有 γ'_B，γ'_A

积分上限：某一浓度 x_B 时，对应有 γ_B，γ_A

所以

$$\int_{\ln \gamma'_B}^{\ln \gamma_B} \mathrm{d} \ln \gamma_B = -\int_{\ln \gamma'_A}^{\ln \gamma_A} \frac{x_A}{x_B} \mathrm{d} \ln \gamma_A$$

$$\ln \frac{\gamma_B}{\gamma'_B} = -\int_{\ln \gamma'_A}^{\ln \gamma_A} \frac{x_A}{x_B} \mathrm{d} \ln \gamma_A \tag{6-124}$$

根据式(6-124)，由图解积分法可求得 γ_B / γ'_B，据此可求 γ'_B，方法如下所述。

固定 x'_B (任选)，求一系列 x_B 时的 $\ln \dfrac{\gamma_B}{\gamma'_B}$ 值，再以 $\ln \dfrac{\gamma_B}{\gamma'_B}$ 对 x_B 作图，外推至 $x_B=0$ 时，有 $\gamma_B=1$，

所以

$$\lim_{x_B \to 0} \ln \frac{\gamma_B}{\gamma'_B} = \frac{1}{\gamma'_B}$$

由直线截距求得 γ'_B，进而求得 γ_B 及 $a_B = \gamma_B x_B$。

6.10.4　利用分配系数求活度系数

如果已知溶质在一种溶剂中的活度，则其在与此溶剂完全不互溶的另一种溶剂中的活度可通过分配系数求得。

在恒温、恒压条件下，如果一种物质溶解在两种同时存在互不相溶的液体 α 和 β 中达到平衡时，该物质在两相中浓度之比为常数，称为能斯特分配定律，即在低浓度时有

$$\frac{c_B^\alpha}{c_B^\beta} = K(T, p) \tag{6-125}$$

能斯特分配定律可通过化学势表达式推导得出，方法如下所述。

物质 B 在液体 α 和 β 中达到平衡相时，有

$$\mu_B^\alpha = \mu_B^\beta$$

即

$$\mu_B^{\ominus\alpha} + RT\ln a_B^\alpha = \mu_B^{\ominus\beta} + RT\ln a_B^\beta$$

所以

$$\frac{a_B^\alpha}{a_B^\beta} = \exp\left(\frac{\mu_B^{\ominus\beta} - \mu_B^{\ominus\alpha}}{RT}\right) = K(T,p) \tag{6-126}$$

实验测出分配系数 K，若已知稀溶液 a_B^α，即可求得 a_B^β。在低浓度时，可用浓度代替活度，即为式(6-125)。

能斯特分配定律可用于萃取分离。

【例 6-4】　298 K 时，水(A)和丙醇(B)混合物的摩尔分数与蒸气压数据如下：

x_A	p_A/Pa	p_B/Pa
1.00	3173	0
0.99	3146	357
0.60	2893	1893
0.05	536	2773
0.00	0	2901

(1) 试分别在下列标准态下，求出 x_A =0.6 时混合物中水与丙醇的活度。
(a) 以纯液体为标准态。
(b) 以与具有亨利常数 K 的蒸气压呈平衡的假想液体为标准态。
(c) 以与蒸气压为 100 Pa 呈平衡的假想液体为标准态。
(2) x_A=0.6 的液体混合物对理想液体混合物呈正偏差还是负偏差？依据是什么？

解　(1) (a) $\gamma_A^R = \dfrac{p_A}{a_A} = \dfrac{p_A}{p_A^* x_A} = \dfrac{2893}{3173\times0.6} = 1.52$　　　$\gamma_B^R = \dfrac{p_B}{a_B} = \dfrac{p_B}{p_B^* x_B} = \dfrac{1893}{2901\times0.4} = 1.63$

(b) $K_{x,A} = (p_A/x_A)_{x_A\to0} = 536/0.05 = 10\,720\,(Pa)$　　　$K_{x,B} = (p_B/x_B)_{x_B\to0} = 357/0.01 = 35\,700\,(Pa)$

$$\gamma_A^H = \frac{p_A}{K_x x_A} = \frac{2893}{10\,720\times0.6} = 0.450 \qquad \gamma_B^H = \frac{p_B}{K_x x_B} = \frac{1893}{35\,700\times0.4} = 0.133$$

(c) $\gamma_A^\ominus = \dfrac{p_A}{a_A} = \dfrac{p_A}{p_A^\ominus x_A} = \dfrac{2893}{1000\times0.6} = 4.82$　　　$\gamma_B^\ominus = \dfrac{p_B}{a_B} = \dfrac{p_B}{p_B^\ominus x_B} = \dfrac{1893}{1000\times0.4} = 4.73$

(2) $G^E = RT\sum_B n_B\ln\gamma_B^R = 8.314\times298\times(0.6\times\ln1.52 + 0.4\times\ln1.63) = 1107\,(J)$

因为 $G^E>0$，所以该混合物对理想液体混合物呈正偏差。

或：因为 $\gamma_A^R = 1.52>1$，$\gamma_B^R = 1.63>1$，所以该混合物对理想液体混合物呈正偏差。

6.11　电解质溶液

6.11.1　电解质的分类

1. 强电解质和弱电解质

溶剂一定时，根据中等浓度下溶液的导电性，电解质可分为弱电解质和强电解质两大类。

例如，以水作为溶剂时，强电解质有 HCl、H_2SO_4、NaCl、$MgSO_4$、KCl 等；弱电解质有 NH_3、CH_3COOH、CO_2 等。

物质在纯固态时就处于离子状态，如 NaCl、KCl 等，晶体是由正离子和负离子构成的，称为真正电解质。

物质在纯固态时处于分子状态，如 CH_3COOH、HCl 等，称为潜在电解质。当它们溶于溶剂(水)后，与溶剂起作用而形成正、负两种离子。

2. Z_+-Z_- 型电解质

根据正、负离子的价数(Z_+为正离子的价数，Z_-为负离子的价数)，电解质又可分为：1-1 型电解质，如 NaCl、KCl 等；2-1 型电解质，如 $Ba(NO_3)_2$、$BaCl_2$ 等；1-2 型电解质，如 Na_2SO_4、K_2CO_3 等；2-2 型电解质，如 $MgSO_4$、$CuSO_4$ 等。

6.11.2 化学势表达式

对由溶剂 A、电解质 B 构成的体系，若 B 的分子式表示为 $C_{v_+}D_{v_-}$，在溶液中

$$C_{v_+}D_{v_-} = v_+C^{Z_+} + v_-D^{Z_-}$$

例如，$Ba(NO_3)_2 = Ba^{2+} + 2NO_3^-$。

若在溶液中，溶剂 A、正离子、负离子的物质的量分别为 n_A、n_+、n_-，在没有形成离子对的情况下

$$n_+ = v_+n_B, \quad n_- = v_-n_B$$

根据吉布斯方程，有

$$\begin{aligned} dG &= -SdT + Vdp + \mu_A dn_A + \mu_+ dn_+ + \mu_- dn_- \\ &= -SdT + Vdp + \mu_A dn_A + (v_+\mu_+ + v_-\mu_-)dn_B \\ &= -SdT + Vdp + \mu_A dn_A + \mu_B dn_B \end{aligned}$$

所以

$$\mu_B = v_+\mu_+ + v_-\mu_-$$

1. 溶剂 A

$$\mu_A(l,T,p,x_A) = \mu_A^\ominus(T) + RT\ln a_A = \mu_A^\ominus(T) + RT\ln\gamma_A + RT\ln x_A$$

标准态：溶液 T、$p^\ominus$ 下的纯液态溶剂 A。

溶剂化学势表达式与非电解质溶液中溶剂 A 的化学势表达式相同。

2. 溶质(电解质)B

$$\mu_B = \left(\frac{\partial G}{\partial n_B}\right)_{T,p,n_A} = v_+\mu_+ + v_-\mu_- \tag{6-127}$$

根据 $\mu_B = \mu_B^\ominus(T) + RT\ln a_B$，有

$$\mu_+(\text{正离子},T,p,m_B) = \mu_+^\ominus(T) + RT\ln a_+$$

或
$$\mu_+ = \mu_+^\ominus(T) + RT\ln\left(\gamma_+ \frac{m_+}{m^\ominus}\right) \tag{6-128}$$

$$\mu_-(\text{负离子},T,p,m_B) = \mu_-^\ominus(T) + RT\ln a_-$$

或
$$\mu_- = \mu_-^\ominus(T) + RT\ln\left(\gamma_- \frac{m_-}{m^\ominus}\right) \tag{6-129}$$

式中，$a_+ = \gamma_+ \frac{m_+}{m^\ominus}$；$a_- = \gamma_- \frac{m_-}{m^\ominus}$；$m_+ = \nu_+ m_B$；$m_- = \nu_- m_B$。

正(负)离子的标准态： 溶液 T、$p^\ominus$ 下，$m_+(m_-) = m^\ominus = 1\,\text{mol}\cdot\text{kg}^{-1}$，$\gamma_+ = 1$(或 $\gamma_- = 1$)且遵守亨利定律的假想溶液状态。

将式(128)和式(129)代入式(127)，得

$$\mu_B = \nu_+\mu_+ + \nu_-\mu_- = (\nu_+\mu_+^\ominus + \nu_-\mu_-^\ominus) + RT\ln\left[\left(\gamma_+\frac{m_+}{m^\ominus}\right)^{\nu_+}\left(\gamma_-\frac{m_-}{m^\ominus}\right)^{\nu_-}\right]$$

即
$$\mu_B = \mu_B^\ominus + RT\ln\left[\left(\gamma_+\frac{m_+}{m^\ominus}\right)^{\nu_+}\left(\gamma_-\frac{m_-}{m^\ominus}\right)^{\nu_-}\right] \tag{6-130}$$

因为正、负离子是不能单独存在的，为使用方便，定义以下关系：

$$\nu \equiv \nu_+ + \nu_-,\quad m_+ = \nu_+ m_B,\quad m_- = \nu_- m_B,\quad \nu_\pm^\nu \equiv \nu_+^{\nu_+}\nu_-^{\nu_-}$$

$$m_\pm^\nu \equiv m_+^{\nu_+}m_-^{\nu_-},\quad \gamma_\pm^\nu \equiv \gamma_+^{\nu_+}\gamma_-^{\nu_-},\quad a_\pm^\nu \equiv a_+^{\nu_+}a_-^{\nu_-},\quad a_\pm \equiv \gamma_\pm\left(\frac{m_\pm}{m^\ominus}\right)$$

式中，$\gamma_\pm$ 为平均离子活度系数；$m_\pm$ 为平均离子质量浓度；$a_\pm$ 为平均离子活度。

根据上述定义，式(6-130)可写为

$$\mu_B = \mu_B^\ominus(T) + RT\ln\left[\gamma_\pm^\nu\left(\frac{m_\pm}{m^\ominus}\right)^\nu\right] = \mu_B^\ominus(T) + RT\ln a_\pm^\nu = \mu_B^\ominus(T) + RT\ln a_B$$

所以
$$a_B = a_\pm^\nu \tag{6-131}$$

溶液中电解质 B 的标准态为：溶液 T、$p^\ominus$ 下、$m_B = m^\ominus = 1\,\text{mol}\cdot\text{kg}^{-1}$、$\gamma_\pm = 1$且遵守亨利定律的假想溶液。

6.11.3　德拜-休克尔极限公式

德拜-休克尔(Debye-Hückel)极限公式是一种半经验的求算 $\gamma_\pm$ 的方法。

在 25℃，101 325 Pa 下，当离子强度 $I_m < 0.01$ 时

$$\lg\gamma_\pm = -0.509 Z_+|Z_-|\frac{\sqrt{I_m}}{1 + 0.328a\sqrt{I_m}} \tag{6-132}$$

对极稀溶液
$$\lg\gamma_\pm = -0.509 Z_+|Z_-|\sqrt{I_m} \tag{6-133}$$

在 25℃, 10^5Pa 下

$$\lg\gamma_\pm = -0.5115 Z_+|Z_-|\sqrt{I_m} \tag{6-134}$$

式中

$$I_m = \frac{1}{2} \sum_i m_i Z_i^2 \tag{6-135}$$

例如，欲求浓度为 m_B 的 $CaCl_2$ 的 $\gamma_\pm$，可应用德拜-休克尔极限公式计算。该体系的离子强度为

$$I_m = \frac{1}{2} \sum_i Z_i^2 m_i = \frac{1}{2} \times (2^2 m_+ + 1^2 m_-) = \frac{1}{2} \times (4m_B + 2m_B) = 3m_B$$

$$\lg \gamma_\pm = -0.509 Z_+ \left| Z_- \right| \sqrt{I_m} = -0.509 \times 2 \times 1 \times \sqrt{3m_B} = -1.767\sqrt{m_B}$$

$$\gamma_\pm = \exp(-2.303 \times 1.767\sqrt{m_B})$$

对正、负离子，可用下列公式求算活度系数：

$$\ln \gamma_i = -\frac{A Z_i^2 \sqrt{I}}{1 + \beta a \sqrt{I}} \tag{6-136}$$

I 很小时

$$\ln \gamma_i = -A Z_i^2 \sqrt{I} \tag{6-137}$$

6.12 多组分体系中某一组分的热力学函数规定值

单组分体系的热力学函数规定值已在第 4 章中介绍，这里着重讨论多组分体系中某一组分 B 的偏摩尔量 G_B、H_B、S_B 的规定值和 B 物质的标准偏摩尔生成函数 $\Delta_f H_B^\ominus$、$\Delta_f G_B^\ominus$、$\Delta_f S_B^\ominus$ 的求算方法。

6.12.1 G_B、H_B、S_B

对纯物质，25℃、$p^\ominus$ 下的稳定单质，有 $H_m^* = 0$。

根据热力学第三定律，纯物质完美晶体在 0 K 时有 $S_m^* = 0$。

$$G_m^* = H_m^* - TS_m^*$$

借助于偏摩尔量与摩尔量之间的关系，我们可以用摩尔量表达偏摩尔量的规定。

1. 液体混合物(完全互溶溶液)

对理想液体混合物

$$H_B = H_{m,B}^*$$

$$G_B = \mu_B = \mu_B^* + RT \ln x_B = G_{m,B}^* + RT \ln x_B$$

$$S_B = S_{m,B}^* - R \ln x_B$$

对非理想液体混合物

$$H_B = G_B + TS_B$$

$$G_B = \mu_B = \mu_B^* + RT \ln(\gamma_B x_B) = G_{m,B}^* + RT \ln(\gamma_B x_B)$$

$$S_B = -\left(\frac{\partial G_B}{\partial T}\right)_{p,n}$$

标准态：溶液 T、$p^\ominus$ 下的纯组分 B。

2. 部分互溶溶液

溶剂 A：同非理想液体混合物。

溶质 B：

$$G_B = \mu_B = \mu_B^{\ominus} + RT\ln\left(\gamma_{m,B}\frac{m_B}{m^{\ominus}}\right) \tag{6-138}$$

$$S_B = -\left(\frac{\partial G_B}{\partial T}\right)_{p,n} \qquad H_B = G_B + TS_B$$

标准态：溶液 T、$p^{\ominus}$ 下，$\frac{m_B}{m^{\ominus}}=1, \gamma_{m,B}=1$ 且符合亨利定律的假想状态。

求 $\mu_B^{\ominus}$ 的方法：

方法一：

$$\mu_B^{\ominus}(T) = \mu_B^{\ominus}(g,T) + RT\ln\left(\frac{K_{m,B}}{p^{\ominus}}\right)$$

方法二：饱和溶解度法。

当溶质 B 在溶液达饱和平衡时，有

$$饱和溶液 \rightleftharpoons 纯物质(气态，或液态，或固态)$$

则

$$\mu_B(sat,T,p) = \mu_B^*(s,T,p) = G_B^*(s,T,p)$$

即

$$\mu_B^{\ominus}(T) + RT\ln\left(\gamma_{m,B}^{sat}\frac{m_B^{sat}}{m^{\ominus}}\right) = G_{m,B}^*(T,p)$$

所以

$$\mu_B^{\ominus}(T) = G_{m,B}^*(T,p) - RT\ln\left(\gamma_{m,B}^{sat}\frac{m_B^{sat}}{m^{\ominus}}\right) \tag{6-139}$$

将式(139)代入式(138)，得

$$G_B = \mu_B^{\ominus}(T) + RT\ln\left(\gamma_{m,B}\frac{m_B}{m^{\ominus}}\right) = G_{m,B}^*(T,p) - RT\ln\left(\gamma_{m,B}^{sat}\frac{m_B^{sat}}{m^{\ominus}}\right) + RT\ln\left(\gamma_{m,B}\frac{m_B}{m^{\ominus}}\right)$$

即

$$G_B = G_{m,B}^*(T,p) - RT\ln\left(\gamma_{m,B}^{sat}\frac{m_B^{sat}}{m^{\ominus}}\right) + RT\ln\left(\gamma_{m,B}\frac{m_B}{m^{\ominus}}\right) \tag{6-140}$$

6.12.2　溶液中溶质 B 的标准偏摩尔生成函数 $\Delta_f X_m^{\ominus}(B, soln, T)$

1. 定义

$$\Delta_f G_m^{\ominus}(B,soln,T) \equiv G_B^{\ominus}(T) - G_e^{\ominus}(T) \equiv \mu_B^{\ominus}(T) - G_e^{\ominus}(T) \tag{6-141}$$

式中，$\mu_B^{\ominus}(T)$ 为溶液 T、$p^{\ominus}$ 下溶质 B 的标准化学势；$G_B^{\ominus}(T)$ 为溶液 T、$p^{\ominus}$ 下溶质 B 的偏摩尔吉布斯自由能；$G_e^{\ominus}(T)$ 为 T、$p^{\ominus}$ 下生成 1 mol 纯溶质 B 所需纯单质的标准自由能之和。

2. 求算

将式(6-139)代入式(6-141)，可得

$$\Delta_f G_m^\ominus(B, \text{so ln}, T) = \mu_B^\ominus(T) - G_e^\ominus(T) = G_{m,B}^* - RT \ln\left(\gamma_{m,B}^{\text{sat}} \frac{m_B^{\text{sat}}}{m^\ominus}\right) - G_e^\ominus(T)$$

即

$$\Delta_f G_m^\ominus(B, \text{so ln}, T) = \Delta_f G_m^\ominus(B, T) - RT \ln\left(\gamma_{m,B}^{\text{sat}} \frac{m_B^{\text{sat}}}{m^\ominus}\right) \tag{6-142}$$

式中，$\Delta_f G_m^\ominus(B, T) = G_{m,B}^\ominus - G_e^\ominus$，$\Delta_f G_m^\ominus(B, T)$ 为纯物质 B 的标准摩尔生成吉布斯自由能。

6.13　溶液中离子的热力学函数规定值

由于无法通过实验单独测定 $\mu_+^\ominus$ 或 $\mu_-^\ominus$，而只能求得 $\mu_B^\ominus$，因此人们做出如下规定。

规定：水溶液中 H^+ 的标准偏摩尔生成吉布斯自由能在任何温度下均为零，即

$$\Delta_f G_m^\ominus(H^+, \text{aq}, T) \equiv 0 \tag{6-143}$$

这是下列反应的标准生成吉布斯自由能：

$$\frac{1}{2} H_2(\text{理想气体}, T, p^\ominus) \longrightarrow H^+(\text{aq}, m = 1\,\text{mol} \cdot \text{dm}^{-3}, \gamma = 1) + e^-(\text{ss})$$

因为 $\dfrac{d\Delta G^\ominus}{dT} = -\Delta S^\ominus$，$\Delta H^\ominus = \Delta G^\ominus + T\Delta S^\ominus$，所以

$$\Delta_f S_m^\ominus(H^+, \text{aq}, T) = 0, \quad \Delta_f H_m^\ominus(H^+, \text{aq}, T) = 0$$

因为热力学数据表中列出的是 $\Delta_f H_B^\ominus$、$\Delta_f G_B^\ominus$ 和 $S_B^\ominus$，而不是 $\Delta_f S_B^\ominus$，所以又规定：

$$S_m^\ominus(H^+, \text{aq}, T) \equiv 0, \quad C_p^\ominus(H^+, \text{aq}, T) \equiv 0$$

式中，$e^-(\text{ss})$ 为某种特殊标准态下的 1mol 电子。

规定了 $H^+(\text{aq}, T)$ 的标准热力学函数值为零后，测定出电解质 $H_{\nu_+}D_{\nu_-}(\text{aq}, T)$ 的热力学函数值，可求出任何负离子 $D^{z-}(\text{aq}, T)$ 的热力学函数值。再测出电解质 $C_{\nu_+}D_{\nu_-}(\text{aq}, T)$ 的热力学函数值，又可求出正离子 C^{z+} 的热力学函数值。在热力学函数表中所列的水溶液中离子的标准摩尔生成热、标准摩尔生成吉布斯自由能和标准摩尔熵就是按上述规定方法求出的。显然，这些离子的热力学函数规定值只适用于水溶液。

思　考　题

(1) 溶液体系的化学势等于溶液中各组分的化学势之和。这个结论正确吗？

(2) 将葡萄糖溶于水中得葡萄糖(B)的质量分数为 0.005 的溶液，当分别采用 x_B、m_B、c_B 表示葡萄糖的浓度时，其标准态的选择也就不同，不同浓度标度的葡萄糖的化学势也不同，这种说法对吗？为什么？

(3) 北方人冬天吃冻梨前，将冻梨放入凉水中浸泡，过一段时间后冻梨内部解冻了，但表面结了一层薄冰，为什么？

(4) 农田中施肥太浓时植物会被烧死；盐碱地的农作物长势不良，甚至枯萎，为什么？

(5) 将物质的量浓度相同的葡萄糖水溶液和氯化钠水溶液以相同的速度冷却降温，两杯溶液会同时结冰吗？为什么？

第7章 化学平衡

本章重点及难点

(1) 用化学反应等温式判别化学变化的方向和限度。

(2) 标准平衡常数和经验平衡常数的定义、特征及相互关系。

(3) 平衡常数的各种求算方法及平衡组成的计算。

(4) 用统计力学方法，从分子配分函数直接求算理想气体反应体系的 $K_p^{\ominus}$。

(5) 温度对平衡常数的影响的定性判别和定量计算。

(6) 压力、惰性气体对理想气体反应平衡的影响及组成变化的计算。

7.1 本章知识结构框架

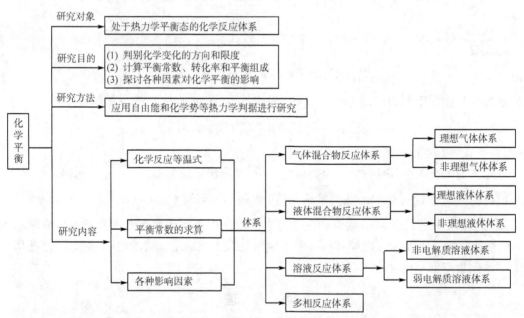

研究化学平衡显然离不开化学反应，当遇到一个想研究的反应时，首先是不是会想到这样的问题：这个反应能进行吗？它会朝哪个方向进行？用什么方法来判定它是否能进行、朝哪个方向进行呢？这就是我们要解决的第一个问题。

如果反应能进行，我们关心的下一个问题是什么？进行一个反应的目的之一自然是产物的产率，那么如何确定反应的效率呢？也就是如何确定转化率 α、产率和平衡组成？这就是我们要解决的第二个问题。

如果通过研究发现产率很低，经济上很不划算，但又希望通过这个反应得到产物，我们接着要解决的问题是什么呢？那就是我们是否可以改变一下反应的条件，研究温度、压力、反应物的配比、随反应物进入体系的惰性物质等对反应的影响。这就是我们要解决的第三个问题。

本章按照体系分类分别解决上述三个问题。

7.2　理想气体混合物中的化学平衡

7.2.1　化学反应等温式

1. 等温式

一般化学反应可表示为

$$a B_1 + b B_2 + \cdots = e B_m + f B_{m+1} + \cdots$$

或
$$0 = \sum_{B} \nu_B B \tag{7-1}$$

式中，ν_B 为化学计量数，是一个量纲为 1 的纯数，对反应物取负值，对产物取正值；B 为反应组元(反应物或产物)。

判别化学变化的方向和限度的化学势判据[式(3-93)]为

$$\left(\frac{\partial G}{\partial \xi} \right)_{T,p} = \sum_{B} \nu_B \mu_B \leqslant 0$$

说明在恒温、恒压条件下，反应进度由 ξ 变到 $\xi+\mathrm{d}\xi$ 时，若体系自由能的变化为负值，则此反应能发生，且为不可逆过程。若体系自由能的变化为零，则反应已达化学平衡。由于 ξ 到 $\xi+\mathrm{d}\xi$ 是一微小变化过程，故各组分的化学势 μ_B 可视为不变。

对于理想气体，将 $\mu_B = \mu_B^\ominus(T) + RT \ln \dfrac{p_B}{p^\ominus}$ 代入式(3-93)，有

$$\left(\frac{\partial G}{\partial \xi} \right)_{T,p} = \sum_{B} \nu_B \mu_B^\ominus(T) + RT \ln \prod_{B} \left(\frac{p_B}{p^\ominus} \right)^{\nu_B} \leqslant 0 \tag{7-2}$$

令
$$\Delta_r G_m^\ominus(T) \equiv \sum_{B} \nu_B \mu_B^\ominus \tag{7-3}$$

$$Q_p^\ominus \equiv \prod_{B} \left(\frac{p_B}{p^\ominus} \right)^{\nu_B} \tag{7-4}$$

式中，$\Delta_r G_m^\ominus(T)$ 为反应的标准摩尔吉布斯自由能；$Q_p^\ominus$ 为实际反应体系在某一时刻的压力商。

将式(7-3)和式(7-4)代入式(7-2)，得

$$\left(\frac{\partial G}{\partial \xi} \right)_{T,p} = \Delta_r G_m^\ominus(T) + RT \ln Q_p^\ominus \leqslant 0 \tag{7-5}$$

式(7-5)称为化学反应等温式。例如，对化学反应

$$a A + b B = c C + d D$$

$$\Delta_r G_m^\ominus = c \mu_C^\ominus + d \mu_D^\ominus - a \mu_A^\ominus - b \mu_B^\ominus$$

$$Q_p^\ominus = \frac{\left(p_C / p^\ominus \right)^c \cdot \left(p_D / p^\ominus \right)^d}{\left(p_A / p^\ominus \right)^a \cdot \left(p_B / p^\ominus \right)^b}$$

反应达平衡时

$$\left(\frac{\partial G}{\partial \xi}\right)_{T,p} = \Delta_r G_m^\ominus(T) + RT \ln \prod_B \left(\frac{p_{B,eq}}{p^\ominus}\right)^{\nu_B} = 0 \tag{7-6}$$

令
$$K_p^\ominus \equiv \prod_B \left(\frac{p_{B,eq}}{p^\ominus}\right)^{\nu_B} \tag{7-7}$$

式中，$K_p^\ominus$ 为标准压力平衡常数，或称为热力学平衡常数。将式(7-7)代入式(7-6)，可得

$$\Delta_r G_m^\ominus(T) = -RT \ln K_p^\ominus \tag{7-8}$$

将式(7-8)代入式(7-5)，得

$$\left(\frac{\partial G}{\partial \xi}\right)_{T,p} = -RT \ln K_p^\ominus + RT \ln Q_p^\ominus \leqslant 0 \tag{7-9}$$

可得
$$Q_p^\ominus \leqslant K_p^\ominus \tag{7-10}$$

即可以通过对比 $Q_p^\ominus$ 与 $K_p^\ominus$ 的值判别化学反应的方向和限度：

$$\begin{cases} Q_p^\ominus < K_p^\ominus，反应向右进行；\\ Q_p^\ominus = K_p^\ominus，反应已达平衡；\\ Q_p^\ominus > K_p^\ominus，反应向左进行。 \end{cases}$$

2. 讨论

1) ΔG、$\Delta_r G$、$\Delta_r G_m$、$\Delta_r G_m^\infty$、$\Delta_r G_m^\ominus$ 和 $(\partial G / \partial \xi)_{T,p}$ 的物理意义

过程的吉布斯自由能变化的常用表达方式有 ΔG、$\Delta_r G$、$\Delta_r G_m$、$\Delta_r G_m^\infty$、$\Delta_r G_m^\ominus$ 和 $(\partial G / \partial \xi)_{T,p}$，其中，有的含义相同，有的却有很大的差异。

ΔG：在恒温、恒压条件下，反应体系在 t_1 时刻的自由能为 G_1，在 t_2 时刻的自由能为 G_2，而体系在 $t_1 \sim t_2$ 时刻的自由能之差为

$$\Delta G = G_2 - G_1 = \sum_B n_{B,2}\mu_{B,2} - \sum_B n_{B,1}\mu_{B,1}$$

$\Delta_r G, \Delta_r G_m^\infty, (\partial G / \partial \xi)_{T,p}$：这三种表达方式的含义是相同的，均表示在指定 T、p 和组成的条件下，无限大的反应体系中，反应进度变化 $\Delta\xi = 1$ mol 时，体系的自由能变化，可用 $\Delta_r G_m^\infty$ 表示；或在指定 T、p 和组成的有限量反应体系条件下，体系的 G 随反应进度 ξ 的变化率 $(\partial G / \partial \xi)_{T,p}$。而 $\Delta_r G$ 则是 $\Delta_r G_m^\infty$、$(\partial G / \partial \xi)_{T,p}$ 的简化表达方式，所以

$$\Delta_r G = \Delta_r G_m^\infty = (\partial G / \partial \xi)_{T,p}$$

$(\partial G / \partial \xi)_{T,p}$ 是一势函数，可理解为反应进度变化 $d\xi$ 时引起的反应体系吉布斯自由能的微小变化值随 $d\xi$ 的变化率。例如，对于反应 $aB_1 + bB_2 \Longrightarrow eB_m + fB_{m+1}$，$(\partial G / \partial \xi)_{T,p}$ 为 $ad\xi$(摩尔)的反应物 B_1 与 $bd\xi$(摩尔)的反应物 B_2 完全反应，生成 $ed\xi$(摩尔)的产物 B_m 和 $fd\xi$(摩尔)的产物 B_{m+1} 的吉布斯自由能微小变化值随 $d\xi$ 的变化率，即反应的摩尔吉布斯自由能变化值。若其小

于零，则反应从左向右进行。

$\Delta_r G_m$：在恒温、恒压条件下，反应体系在 t_1 时刻的自由能为 G_1、反应进度为 ξ_1，在 t_2 时刻的自由能为 G_2、反应进度为 ξ_2，体系在这两时刻的自由能之差与反应进度之差的比值：

$$\Delta_r G_m = \frac{\Delta G}{\Delta \xi} = \frac{G_2 - G_1}{\xi_2 - \xi_1}$$

$\Delta_r G_m^{\ominus}$：处于温度为 T、标准状态下的化学计量数摩尔的反应物完全反应后，生成处于温度为 T、标准状态下的化学计量数摩尔的产物这一假想过程的吉布斯自由能的变化，称为标准摩尔反应吉布斯自由能(变)。

$$\Delta_r G_m^{\ominus} = \sum_B \nu_B G_m^{\ominus}(T) = \sum_B \nu_B \mu_m^{\ominus}(T)$$

对指定计量反应方程的理想气体反应，$\Delta_r G_m^{\ominus}$ 仅是 T 的函数，而 ΔG、$\Delta_r G$、$\Delta_r G_m$、$\Delta_r G_m^{\infty}$、$(\partial G / \partial \xi)_{T,p}$ 是 T、p、ξ 的函数。显然

$$\Delta G \neq \Delta_r G \neq \Delta_r G_m \neq \Delta_r G_m^{\ominus}$$

为了避免混淆，人们定义了一个势函数：化学亲和势，用 A 表示。

$$-A = \left(\frac{\partial G}{\partial \xi} \right)_{T,p} \tag{7-11}$$

式中，A 表示体系在指定条件下反应能力的大小，是体系指定状态的强度性质。

2) $\Delta_r G_m^{\ominus}(T) = -RT \ln K_p^{\ominus}$

在方程 $\Delta_r G_m^{\ominus}(T) = -RT \ln K_p^{\ominus}$ 中，$\Delta_r G_m^{\ominus}(T)$ 和 $K_p^{\ominus}$ 所表示的是体系的两个不同的状态。$K_p^{\ominus}$ 所反映的是化学反应体系的平衡性质，而 $\Delta_r G_m^{\ominus}(T)$ 则是指在温度 T、标准状态下按计量方程进行一个 ξ 为 1 mol 的反应体系的吉布斯自由能的变化。

7.2.2 平衡常数及其应用

平衡常数分为标准平衡常数和经验平衡常数。常用的标准平衡常数有标准压力平衡常数和标准浓度平衡常数；常用的经验平衡常数包括：压力平衡常数、浓度平衡常数、物质的量平衡常数和摩尔分数平衡常数。

1. 标准平衡常数

以化学反应式(7-1)为例。

$$0 = \sum_B \nu_B B$$

1) 标准压力平衡常数 $K_p^{\ominus}$

平衡时，$\Delta_r G_m^{\ominus}(T) = -RT \ln K_p^{\ominus}$

$$K_p^{\ominus} = \exp\left(-\frac{\Delta_r G_m^{\ominus}}{RT} \right) = \prod_B \left(\frac{p_{B,eq}}{p^{\ominus}} \right)^{\nu_B} = K_p^{\ominus}(T)$$

从上式可以看出：

(1) $K_p^{\ominus} = K_p^{\ominus}(T)$，即温度一定，$K_p^{\ominus}$ 一定。

(2) $K_p^{\ominus}$ 与标准态的选取有关。

(3) $K_p^{\ominus}$ 是量纲为 1 的纯数。

(4) $K_p^{\ominus}$ 的取值范围：$0 < K_p^{\ominus} < \infty$。

当 $K_p^{\ominus} \gg 1$ 时，$\Delta_r G_m^{\ominus} \ll 0$。严格地说，我们不能根据 $\Delta_r G_m^{\ominus}$ 的数值来判别反应的方向。但根据经验，一般若 $\Delta_r G_m^{\ominus} < -40\,\mathrm{kJ \cdot mol^{-1}}$，反应可以向右进行；若 $\Delta_r G_m^{\ominus} > 40\,\mathrm{kJ \cdot mol^{-1}}$，反应可以向左进行。应该注意，这仅是估算，并非一定如此。

2) 标准浓度平衡常数 $K_c^{\ominus}$

将理想气体状态方程

$$p_{B,eq} = \frac{n_B RT}{V} = c_{B,eq} RT$$

代入式(7-7)，得

$$K_p^{\ominus} = \left(\frac{p_{B,eq}}{p^{\ominus}}\right)^{\nu_B} = \prod_B \left(\frac{c_{B,eq} RT}{c^{\ominus}} \cdot \frac{c^{\ominus}}{p^{\ominus}}\right)^{\nu_B}$$

$$= \prod_B \left(\frac{c_{B,eq}}{c^{\ominus}}\right)^{\nu_B} \cdot \left(\frac{c^{\ominus} RT}{p^{\ominus}}\right)^{\sum_B \nu_B} = K_c^{\ominus} \left(\frac{c^{\ominus} RT}{p^{\ominus}}\right)^{\sum_B \nu_B}$$

即

$$K_p^{\ominus} = K_c^{\ominus} \left(\frac{c^{\ominus} RT}{p^{\ominus}}\right)^{\sum_B \nu_B} \tag{7-12}$$

式中

$$K_c^{\ominus} = \prod_B \left(\frac{c_{B,eq}}{c^{\ominus}}\right)^{\nu_B} = f(T) \tag{7-13}$$

同理，$K_c^{\ominus}$ 是量纲为 1 的纯数，但其数值与标准态选取有关。在温度一定时，对指定化学反应，$K_c^{\ominus}$ 是一常数。

注意：

(1) 对理想气体反应体系选取 $p^{\ominus}$ 为标准态时，$\Delta_r G_m^{\ominus} \neq -RT \ln K_c^{\ominus}$。

(2) 当 $\sum\limits_B \nu_B = 0$ 时，由式(7-12)得 $K_p^{\ominus} = K_c^{\ominus}$，所以 $\Delta_r G_m^{\ominus} = -RT \ln K_p^{\ominus} = -RT \ln K_c^{\ominus}$。但这只是间接的数学关系，是有条件的。

2. 经验平衡常数

对于反应

$$a\mathrm{A} + b\mathrm{B} \underset{k_-}{\overset{k_+}{\rightleftharpoons}} c\mathrm{C} + d\mathrm{D} \tag{7-14}$$

$$K = \frac{[\mathrm{C}]_{eq}^c [\mathrm{D}]_{eq}^d}{[\mathrm{A}]_{eq}^a [\mathrm{B}]_{eq}^b} \tag{7-15}$$

式中，K 为经验平衡常数。与标准平衡常数相比，经验平衡常数 K 是有单位的。当采用不同的浓度表示方法时，有不同的经验平衡常数。

1) 压力平衡常数 K_p

$$K_p = \prod_B p_{B,eq}^{\nu_B} \tag{7-16}$$

K_p 的单位：$[压力单位]^{\sum_B \nu_B}$，如 $[Pa]^{\sum_B \nu_B}$。

2) 浓度平衡常数 K_c

$$K_c = \prod_B c_{B,eq}^{\nu_B} \tag{7-17}$$

K_c 的单位：$[mol \cdot dm^{-3}]^{\sum_B \nu_B}$。将 $p_B = c_{B,eq}RT$ 代入式(7-16)，可得

$$K_p = K_c (RT)^{\sum_B \nu_B} \tag{7-18}$$

对指定的化学反应体系，K_p 及 K_c 仅是温度的函数。当 T 一定时，K_p 及 K_c 为确定的常数。

3) 物质的量平衡常数 K_n

将 $p_{B,eq} = \dfrac{n_{B,eq}}{\sum_B n_{B,eq}} p$ 代入式(7-16)可得

$$K_p = \left(\prod_B n_{B,eq}^{\nu_B} \right) \left(\frac{p}{\sum_B n_{B,eq}} \right)^{\sum_B \nu_B} = K_n \left(\frac{p}{\sum_B n_{B,eq}} \right)^{\sum_B \nu_B} \tag{7-19}$$

$$K_n = \prod_B n_{B,eq}^{\nu_B} \tag{7-20}$$

K_n 的单位：$[mol]^{\sum_B \nu_B}$。

在式(7-19)中，p 为总压；$K_n = f(T, p, \sum_B n_{B,eq})$，即 K_n 除与温度、压力有关外，还与体系中惰性气体的量有关。

4) 摩尔分数平衡常数 $K_x(K_y)$

将 $p_{B,eq} = x_{B,eq} p$ 代入式(7-16)，可得

$$K_p = \left(\prod_B x_{B,eq}^{\nu_B} \right) p^{\sum_B \nu_B} = K_x p^{\sum_B \nu_B} \tag{7-21}$$

$$K_x = \prod_B x_{B,eq}^{\nu_B} \tag{7-22}$$

K_x 为量纲为 1 的纯数，$K_x = f(T, p)$。

3. 标准平衡常数与经验平衡常数之间的关系

$$K_p^{\ominus} = K_p \left(p^{\ominus} \right)^{-\sum \nu_B} \tag{7-23}$$

$$K_c^{\ominus} = K_c \left(c^{\ominus}\right)^{-\sum \nu_{\mathrm{B}}} \tag{7-24}$$

规定：$p^{\ominus} = 10^5\,\mathrm{Pa}$（以前的规定是 $p^{\ominus} = 101\,325\,\mathrm{Pa} = 1\,\mathrm{atm}$）；$c^{\ominus} = 1\,\mathrm{mol}^{-1}\cdot\mathrm{dm}^{-3}$。

标准平衡常数可由热力学数据直接求得，而经验平衡常数可通过实验测量求得。

4. 应注意的问题

1) 指定计量方程

平衡常数的数值与化学反应计量方程的写法有关，所以给出反应的平衡常数时，除要指明温度外，还需给出化学反应的计量方程，同时还要说明是标准平衡常数还是经验平衡常数。

2) 纯液体、纯固体参加的反应

若有纯液体或纯固体参加反应，由于在恒温时对纯液体或纯固体有

$$\mu_{\mathrm{B,eq}}^*(T,p) - \mu_{\mathrm{B}}^{\ominus}(T) = \int_{p^{\ominus}}^{p} V_{\mathrm{m}}^*(\mathrm{B})\mathrm{d}p \approx 0$$

即

$$\mu_{\mathrm{B,eq}}^*(T,p) \approx \mu_{\mathrm{B}}^{\ominus}(T)$$

因此，$K_p^{\ominus} = \prod_{\mathrm{B}} \left[\dfrac{p_{\mathrm{B,eq}}(\mathrm{g})}{p^{\ominus}}\right]^{\nu_{\mathrm{B}}}$ 中只含有气相组分的分压，而在 $\Delta_{\mathrm{r}} G_{\mathrm{m}}^{\ominus} = \sum_{\mathrm{B}} \nu_{\mathrm{B}} \mu_{\mathrm{B}}^{\ominus}$ 中则包含各种

相态的全部组元的 $\mu_{\mathrm{B}}^{\ominus}$。例如，反应

$$\mathrm{CaCO_3(s)} =\!=\!= \mathrm{CaO(s) + CO_2(g)}$$

$$K_p^{\ominus} = p_{\mathrm{CO_2,eq}} / p^{\ominus} \qquad \text{或} \qquad K_p = p_{\mathrm{CO_2,eq}}$$

$$\left(\frac{\partial G}{\partial \xi}\right)_{T,p} = \Delta_{\mathrm{r}} G_{\mathrm{m}}^{\ominus} + RT \ln Q_p^{\ominus} \leq 0$$

$$Q_p^{\ominus} = p_{\mathrm{CO_2}} / p^{\ominus}$$

$$\Delta_{\mathrm{r}} G_{\mathrm{m}}^{\ominus} = \mu^{\ominus}(\mathrm{CaO,s}) + \mu^{\ominus}(\mathrm{CO_2,g}) - \mu^{\ominus}(\mathrm{CaCO_3,s})$$

5. 利用平衡常数计算平衡组成

若已知反应的平衡常数即可计算平衡组成；若已知体系的原始组成，根据平衡常数即可求平衡转化率、平衡产率。

1) 平衡转化率(理论转化率、最高转化率)

$$\text{平衡转化率} = \frac{\text{达平衡后原料转化为产品的物质的量}}{\text{投入原料的物质的量}} \times 100\%$$

平衡转化率是理论转化率或最高转化率，而实际转化率常低于平衡转化率，其极限就是平衡转化率。

2) 平衡产率(理论产率、最高产率)

$$\text{平衡产率} = \frac{\text{平衡时主要产品的物质的量}}{\text{原料按化学反应式全部转化为主要产品时所应得到产品的物质的量}} \times 100\%$$

当有副反应发生时，平衡产率低于平衡转化率；当无副反应时，两者是一致的。

3) 计算举例

【例 7-1】 已知 298.15 K 时反应 $CO(g)+2H_2(g) \Longrightarrow CH_3OH(g)$ 的 $\Delta_r G_m^\ominus = -24.8\,kJ\cdot mol^{-1}$，今有混合气体含 CO：50%，$H_2$：20%，$CH_3OH$：10%，D：20%(物质的量比，D 为惰性组分)。求在 298.15 K 及 $p=2p^\ominus$ 下，平衡体系中各组分的分压。

解 首先判别反应进行的方向

$$\left(\frac{\partial G}{\partial \xi}\right)_{T,p} = \Delta_r G_m^\ominus + RT\ln Q_p^\ominus$$

$$= -24.80 + 10^{-3}RT\ln\left[\frac{(0.1\times 2p^\ominus / p^\ominus)_{CH_3OH}}{(0.5\times 2p^\ominus / p^\ominus)_{CO}(0.2\times 2p^\ominus / p^\ominus)_{H_2}^2}\right]$$

$$= -24.25(kJ\cdot mol^{-1})<0$$

所以，反应向右进行。

$$K_p^\ominus = \exp\left(-\frac{\Delta_r G_m^\ominus}{RT}\right) = \exp\left(-\frac{-24\,800}{8.314\times 298.15}\right) = 2.21\times 10^4$$

$$K_p = K_p^\ominus (p^\ominus)^{-2} = 2.21\times 10^4 (p^\ominus)^{-2}$$

确定计算基准：取反应物 CO 的起始量为 5 mol，设平衡时消耗 CO 为 α mol。

		CO(g)	+ 2H₂(g)	⟹ CH₃OH(g)	D
$t=0, \dfrac{n_{i,0}}{mol}$		5	2	1	2
$t=t_{eq}, \dfrac{n_{i,eq}}{mol}$		$5-\alpha$	$2-2\alpha$	$1+\alpha$	2
$t=t_{eq}, \dfrac{p_{i,eq}}{Pa}$		$\dfrac{5-\alpha}{2(5-\alpha)}p$	$\dfrac{2-2\alpha}{2(5-\alpha)}p$	$\dfrac{1+\alpha}{2(5-\alpha)}p$	

$$K_p = \prod_B p_{B,eq}^{\nu_B} = \left[\frac{1+\alpha}{2(5-\alpha)}p\right]\cdot\left[\frac{5-\alpha}{2(5-\alpha)}p\right]^{-1}\cdot\left[\frac{2(1-\alpha)}{2(5-\alpha)}p\right]^{-2}$$

$$= \frac{(1+\alpha)(5-\alpha)}{(1-\alpha)^2}(2p^\ominus)^{-2} = \frac{(1+\alpha)(5-\alpha)}{4(1-\alpha)^2}(p^\ominus)^{-2}$$

$$= 2.21\times 10^4 (p^\ominus)^{-2}$$

解得 $\alpha = 0.9905$ mol。

$$p_{CO} = p^\ominus \quad p_{H_2} = 4.74\times 10^{-3}p^\ominus \quad p_{CH_3OH} = 0.496p^\ominus \quad p_D = 0.499p^\ominus$$

7.2.3 平衡常数的计算

1. 实验测定求经验平衡常数

经验平衡常数可通过实验测定平衡组成来求算。实验测定平衡组成时，视具体情况可以采用物理的或化学的方法。

2. 由表册数据求 25℃时的 $K_p^\ominus$

由 25℃时的热力学函数表册数据可求得化学反应的 $\Delta_r G_m^\ominus(298\,K)$，然后根据公式

$K_p^{\ominus} = \exp\left(-\Delta_r G_m^{\ominus} / RT\right)$ 即可求算出化学反应的标准压力平衡常数。下面介绍几种常用的求算 $\Delta_r G_m^{\ominus}(298\ \text{K})$ 的方法。

1) $\Delta_r G_m^{\ominus} = \Delta_r H_m^{\ominus} - T\Delta_r S_m^{\ominus}$

$$\Delta_r H_m^{\ominus}(298\ \text{K}) = \sum_B \nu_B \Delta_f H_m^{\ominus}(\text{B}, 298\ \text{K}) \qquad \text{或} \qquad \Delta_r H_m^{\ominus}(298\ \text{K}) = -\sum_B \nu_B \Delta_c H_m^{\ominus}(\text{B}, 298\ \text{K})$$

$$\Delta_r S_m^{\ominus}(298\ \text{K}) = \sum_B \nu_B S_m^{\ominus}(\text{B}, 298\ \text{K})$$

2) $\Delta_r G_m^{\ominus}(298\ \text{K}) = \sum_B \nu_B \Delta_f G_m^{\ominus}(\text{B}, 298\ \text{K})$

【例 7-2】　250℃、$p^{\ominus}$ 下，1 mol PCl_5 部分解离为 PCl_3 和 Cl_2，平衡时混合物的密度 $\rho = 2.695\ \text{g} \cdot \text{dm}^{-3}$。试计算 PCl_5 的解离度和解离平衡常数 K_p。假设体系可作为理想气体处理。

解　设解离度为 α

$$PCl_5(g) \;=\!=\; PCl_3(g) \;+\; Cl_2(g)$$

$$t = 0, \frac{n_B}{\text{mol}} \qquad n \qquad\qquad 0 \qquad\qquad 0$$

$$t = t_{eq}, \frac{n_{B,eq}}{\text{mol}} \quad n(1-\alpha) \qquad n\alpha \qquad\qquad n\alpha$$

$$\sum_B n_{B,eq} = n(1+\alpha)\ \text{mol}$$

平衡时

$$pV = n(1+\alpha)RT$$

根据质量守恒原理，有

$$n = \frac{W_{PCl_5}}{M_{PCl_5}} = \frac{W_{混}}{M_{PCl_5}}$$

所以

$$p = \frac{W_{混}}{V} \cdot \frac{1}{M_{PCl_5}}(1+\alpha)RT = \rho\frac{1+\alpha}{M_{PCl_5}}RT$$

解得

$$\alpha = \frac{pM_{PCl_5}}{\rho RT} - 1 = 0.8$$

当 $n = 1\ \text{mol}$ 时

$$K_p = K_n \left(\frac{p}{\sum n_{B,eq}}\right)^{\sum \nu_B} = \frac{\alpha^2 p}{1-\alpha^2} = 182.6\ \text{kPa}$$

该题将 PCl_5 在初始时的物质的量设定为 n，有利于从物理意义上理清推导思路。

7.2.4　用统计力学方法从分子结构数据求算 $K_p^{\ominus}$

如何用统计力学的方法求算 $K_p^{\ominus}$ 呢？我们先探讨一下基本思路。

对于反应

$$0 = \sum_B \nu_B B$$

平衡时
$$\sum_{B} \nu_B \mu_B = 0$$

用统计力学的方法可求得 $\mu_B = -kT \ln \dfrac{q_B}{N_B}$，而 μ_B 由 q_B 决定。因此，求解的顺序为

$$q_B \rightarrow \mu_B \rightarrow K_p^{\ominus}$$

在第 5 章中，求解分子的配分函数 q_B 时是以分子的各种运动形式的基态为能量零点，而对于化学反应的平衡体系，只有当能量零点是公共的时，才能比较各物质反应能力的大小。取公共能量标度确定体系的能量零点后，各分子配分函数及理想气体的热力学性质表达式均将发生变化。在公共的能量标度下，一个分子在基态时相对于公共能量零点的能值为 ε_0，ε_0 称为分子的零点能。在 0 K 时，分子一定在基态，1 mol 物质在 0 K 时的能值为 $U_0 = L\varepsilon_0$，U_0 称为物质的摩尔零点能。

因此，首先将 q_B 表达为取公共能量零点的配分函数 $q_{U_0, B}$，然后依次求算。

1. 化学反应体系的公共能量零点

1) 分子的配分函数
取分子的各种运动形式的基态为能量零点时

$$q = \sum_j g_j \exp(-\varepsilon_j / kT)$$

取公共能量零点时

$$q_{U_0} = \sum_j g_j \exp[-(\varepsilon_j + \varepsilon_0)/kT] = q\exp(-\varepsilon_0/kT) \tag{7-25}$$

$$\ln q_{U_0} = \ln q - \frac{\varepsilon_0}{kT} = \ln q - \frac{U_{m,0}}{RT} \tag{7-26}$$

$$\left(\frac{\partial \ln q_{U_0}}{\partial T}\right)_{V,N} = \left(\frac{\partial \ln q}{\partial T}\right)_{V,N} + \frac{U_{m,0}}{RT^2} \tag{7-27}$$

2) 热力学函数
对于近独立非定域粒子体系，选用公共能量标度后，各摩尔热力学函数的表达式分别为

$$U_m = RT^2\left(\frac{\partial \ln q_{U_0}}{\partial T}\right)_{V,N} = RT^2\left(\frac{\partial \ln q}{\partial T}\right)_{V,N} + U_{m,0} \tag{7-28}$$

$$S_m = R + R\ln\frac{q_{U_0}}{L} + RT\left(\frac{\partial \ln q_{U_0}}{\partial T}\right)_{V,N} = R + R\ln\frac{q}{L} + RT\left(\frac{\partial \ln q}{\partial T}\right)_{V,N} \tag{7-29}$$

$$A_m = -RT - RT\ln\frac{q_{U_0}}{L} = -RT - RT\ln\frac{q}{L} + U_{m,0} \tag{7-30}$$

$$G_m = -RT\ln\frac{q_{U_0}}{L} = -RT\ln\frac{q}{L} + U_{m,0} \tag{7-31}$$

$$H_m = RT^2\left(\frac{\partial \ln q_{U_0}}{\partial T}\right)_{p,N} = RT^2\left(\frac{\partial \ln q}{\partial T}\right)_{p,N} + U_{m,0} \tag{7-32}$$

$$\mu_{\mathrm{m}} = G_{\mathrm{m}} = -RT \ln \frac{q_{U_0}}{L} = -RT \ln \frac{q}{L} + U_{\mathrm{m},0} \tag{7-33}$$

分子化学势为

$$\mu = -kT \ln \frac{q}{N} + \varepsilon_0 \tag{7-34}$$

2. 平衡常数的统计力学表达式

设理想气体反应

$$a\mathrm{A} + b\mathrm{B} = c\mathrm{C} + d\mathrm{D}$$

达到化学平衡时

$$\sum_{\mathrm{B}} \nu_{\mathrm{B}} \mu_{\mathrm{B}} = 0 \tag{7-35}$$

一个分子的化学势

$$\mu_{\mathrm{B}} = -kT \ln \frac{q_{\mathrm{B}}}{N_{\mathrm{B}}} + \frac{U_{\mathrm{m},0}(\mathrm{B})}{L} \tag{7-36}$$

式中，N_{B} 为平衡时体系中 B 分子的数目。将式(7-36)代入式(7-35)，可得

$$\ln \frac{\left(q_{\mathrm{A}}/N_{\mathrm{A}}\right)^a \left(q_{\mathrm{B}}/N_{\mathrm{B}}\right)^b}{\left(q_{\mathrm{C}}/N_{\mathrm{C}}\right)^c \left(q_{\mathrm{D}}/N_{\mathrm{D}}\right)^d} = -\frac{\Delta_{\mathrm{r}} U_{\mathrm{m},0}}{RT} \tag{7-37}$$

式中，$\Delta_{\mathrm{r}} U_{\mathrm{m},0}$ 为 0 K、反应进度为 1 mol 时零点热力学能的变化。

$$\Delta_{\mathrm{r}} U_{\mathrm{m},0} = c U_{\mathrm{m},0}(\mathrm{C}) + d U_{\mathrm{m},0}(\mathrm{D}) - a U_{\mathrm{m},0}(\mathrm{A}) - b U_{\mathrm{m},0}(\mathrm{B}) \tag{7-38}$$

由式(7-37)可得

$$\frac{\left(q_{\mathrm{A}}/N_{\mathrm{A}}\right)^a \left(q_{\mathrm{B}}/N_{\mathrm{B}}\right)^b}{\left(q_{\mathrm{C}}/N_{\mathrm{C}}\right)^c \left(q_{\mathrm{D}}/N_{\mathrm{D}}\right)^d} = \exp\left(-\frac{\Delta_{\mathrm{r}} U_{\mathrm{m},0}}{RT}\right) \tag{7-39}$$

将 q_{B} 分解为体积 V 与不含体积部分 f_{B} 的积：

$$q_{\mathrm{B}} = f_{\mathrm{B}} V$$

式中，f_{B} 为除体积因子外 B 分子的全配分函数。且已知 $pV = NkT$，则

$$\frac{q_{\mathrm{B}}}{N_{\mathrm{B}}} = \frac{f_{\mathrm{B}} V}{N_{\mathrm{B}}} = \frac{f_{\mathrm{B}} kT}{p^{\ominus}} \cdot \frac{p^{\ominus}}{p_{\mathrm{B}}}$$

所以

$$\frac{p_{\mathrm{B}}}{p^{\ominus}} = \frac{f_{\mathrm{B}} kT}{p^{\ominus}} \cdot \frac{N_{\mathrm{B}}}{q_{\mathrm{B}}} \tag{7-40}$$

将式(7-39)和式(7-40)代入标准压力平衡常数表达式中，得

$$K_p^{\ominus} = \frac{\left(\dfrac{p_{\mathrm{C}}}{p^{\ominus}}\right)^c \left(\dfrac{p_{\mathrm{D}}}{p^{\ominus}}\right)^d}{\left(\dfrac{p_{\mathrm{A}}}{p^{\ominus}}\right)^a \left(\dfrac{p_{\mathrm{B}}}{p^{\ominus}}\right)^b} = \frac{\left(\dfrac{f_{\mathrm{C}} kT}{p^{\ominus}}\right)^c \cdot \left(\dfrac{f_{\mathrm{D}} kT}{p^{\ominus}}\right)^d}{\left(\dfrac{f_{\mathrm{A}} kT}{p^{\ominus}}\right)^a \cdot \left(\dfrac{f_{\mathrm{B}} kT}{p^{\ominus}}\right)^b} \cdot \frac{\left(\dfrac{N_{\mathrm{C}}}{q_{\mathrm{C}}}\right)^c \cdot \left(\dfrac{N_{\mathrm{D}}}{q_{\mathrm{D}}}\right)^d}{\left(\dfrac{N_{\mathrm{A}}}{q_{\mathrm{A}}}\right)^a \cdot \left(\dfrac{N_{\mathrm{B}}}{q_{\mathrm{B}}}\right)^b}$$

所以

$$K_p^{\ominus} = \left(\prod_{B} f_B^{\nu_B} \right) \left(\frac{kT}{p^{\ominus}} \right)^{\sum\limits_{B} \nu_B} \exp\left(-\frac{\Delta_r U_{m,0}}{RT} \right) \tag{7-41}$$

式(7-41)为标准压力平衡常数的统计力学表达式。当然，经过一些转化，也可以得到其他的表达式。例如，对 1 mol 物质

$$\frac{kT}{p^{\ominus}} = \frac{V_m^{\ominus}}{L}$$

所以

$$\frac{f_B kT}{p^{\ominus}} = \frac{f_B V_m^{\ominus}}{L} = \frac{q_B^{\ominus}}{L} \tag{7-42}$$

式中，$V_m^{\ominus}$ 为 1 mol 物质在标准状态时占据的体积；$q_B^{\ominus}$ 为一个 B 分子在标准状态时的全配分函数。将式(7-42)代入式(7-41)，得

$$K_p^{\ominus} = \prod_{B} \left(\frac{q_B^{\ominus}}{L} \right)^{\nu_B} \exp\left(-\frac{\Delta_r U_{m,0}}{RT} \right) \tag{7-43}$$

从上面的讨论可以看出，只要求得分子的配分函数 q 和化学反应的 $\Delta_r U_{m,0}$，即可从分子结构数据求得宏观体系的平衡常数。

3. $\Delta_r U_{m,0}(\Delta_r U_{m,0}^{\ominus})$ 的求算

求算 $\Delta_r U_{m,0}$ 的最简便的方法是反应物和产物不仅在基态，而且各自均在标准态、0 K、$p^{\ominus}$，以 $\Delta_r U_{m,0}^{\ominus}$ 代替 $\Delta_r U_{m,0}$。根据式(7-38)，有

$$\Delta_r U_{m,0}^{\ominus} = \left[c U_{m,0}^{\ominus}(C) + d U_{m,0}^{\ominus}(D) \right] - \left[a U_{m,0}^{\ominus}(A) + b U_{m,0}^{\ominus}(B) \right] \tag{7-44}$$

式中，$\Delta_r U_{m,0}^{\ominus}$ 为 0 K 时化学反应的标准摩尔热力学能。

1) 量热法

0 K 时，$U_{m,0}^{\ominus} = H_{m,0}^{\ominus} - p^{\ominus} V_m^{\ominus} = H_{m,0}^{\ominus} - RT = H_{m,0}^{\ominus}$，则

$$\Delta_r U_{m,0}^{\ominus} = \Delta_r H_{m,0}^{\ominus} \tag{7-45}$$

根据基尔霍夫定律

$$\Delta_r H_m^{\ominus}(T) = \Delta_r H_{m,0}^{\ominus}(0\,K) + \int_{0\,K}^{T} \Delta C_p(T) dT = \Delta_r U_{m,0}^{\ominus}(0\,K) + \int_{0\,K}^{T} \Delta C_p(T) dT$$

所以

$$\Delta_r U_{m,0}^{\ominus}(0\,K) = \Delta_r H_m^{\ominus}(T) - \int_{0\,K}^{T} \Delta C_p(T) dT \tag{7-46}$$

2) 表册数据法

在标准状态下，由式(7-32)可得

$$H_m^{\ominus}(T) = RT^2 \left(\frac{\partial \ln q^{\ominus}}{\partial T} \right)_p + U_{m,0}^{\ominus} \tag{7-47}$$

所以

$$\frac{H_{\mathrm{m}}^{\ominus}(T) - U_{\mathrm{m},0}^{\ominus}}{T} = RT\left(\frac{\partial \ln q^{\ominus}}{\partial T}\right)_p \tag{7-48}$$

式中，$\dfrac{H_{\mathrm{m}}^{\ominus}(T) - U_{\mathrm{m},0}^{\ominus}}{T}$ 称为焓函数。

根据光谱数据求出标准态时各物质的分子配分函数 $q^{\ominus}$，可计算出各种物质在不同温度下的焓函数。焓函数数据已列表成册供查用。根据式(7-47)和式(7-48)，得

$$\Delta_{\mathrm{r}} U_{\mathrm{m},0}^{\ominus} = \Delta_{\mathrm{r}} H_{\mathrm{m}}^{\ominus}(T) - T\Delta\left[\frac{H_{\mathrm{m}}^{\ominus}(T) - U_{\mathrm{m},0}^{\ominus}}{T}\right] \tag{7-49}$$

3）由分子的离解能 D 求 $\Delta_{\mathrm{r}} U_{\mathrm{m},0}^{\ominus}$

分子的离解能 D 为组成分子的各原子在相距无穷远处且均处于基态时的能量与分子基态能量之差。单位为 $J \cdot mol^{-1}$ 或 $J \cdot$ 分子$^{-1}$。

若选择以原子的基态能量为计算 q 的公共能量零点，以分子中两原子相距无穷远的状态为原子基态，则

$$D_{\mathrm{A}} = 0 - \varepsilon_{0,\mathrm{A}}^{\ominus} = -\varepsilon_{0,\mathrm{A}}^{\ominus}$$

同理 $D_{\mathrm{B}} = -\varepsilon_{0,\mathrm{B}}^{\ominus}$，$D_{\mathrm{C}} = -\varepsilon_{0,\mathrm{C}}^{\ominus}$，$D_{\mathrm{D}} = -\varepsilon_{0,\mathrm{D}}^{\ominus}$，则

$$\Delta_{\mathrm{r}} U_{\mathrm{m},0}^{\ominus} = c U_{\mathrm{m},0}^{\ominus}(\mathrm{C}) + d U_{\mathrm{m},0}^{\ominus}(\mathrm{D}) - a U_{\mathrm{m},0}^{\ominus}(\mathrm{A}) - b U_{\mathrm{m},0}^{\ominus}(\mathrm{B}) = c L \varepsilon_{0,\mathrm{C}}^{\ominus} + d L \varepsilon_{0,\mathrm{D}}^{\ominus} - a L \varepsilon_{0,\mathrm{A}}^{\ominus} - b L \varepsilon_{0,\mathrm{B}}^{\ominus}$$

即

$$\Delta_{\mathrm{r}} U_{\mathrm{m},0}^{\ominus} = L(a D_{\mathrm{A}} + b D_{\mathrm{B}} - c D_{\mathrm{C}} - d D_{\mathrm{D}}) \tag{7-50}$$

4. 用分子结构数据求 $K_p^{\ominus}$ 举例

【例7-3】 求反应 $2AB \Longrightarrow A_2 + B_2$ 的 $K_p^{\ominus}$ 的统计力学表达式。

解 因为 $\sum\limits_{\mathrm{B}} \nu_{\mathrm{B}} = 0$，所以将式(7-41)展开

$$K_p^{\ominus} = \left(\prod_{\mathrm{B}} f_{\mathrm{B}}^{\nu_{\mathrm{B}}}\right)\left(\frac{kT}{p^{\ominus}}\right)^{\sum\limits_{\mathrm{B}} \nu_{\mathrm{B}}} \exp\left(-\frac{\Delta_{\mathrm{r}} U_{\mathrm{m},0}}{RT}\right)$$

得

$$K_p^{\ominus} = \frac{f_{\mathrm{A}_2} \cdot f_{\mathrm{B}_2}}{f_{\mathrm{AB}}^2} e^{-\Delta_{\mathrm{r}} U_{\mathrm{m},0}^{\ominus}/RT} = \frac{(q_{\mathrm{t}}' q_{\mathrm{r}} q_{\mathrm{v}} q_{\mathrm{e}} q_{\mathrm{n}})_{\mathrm{A}_2} \cdot (q_{\mathrm{t}}' q_{\mathrm{r}} q_{\mathrm{v}} q_{\mathrm{e}} q_{\mathrm{n}})_{\mathrm{B}_2}}{(q_{\mathrm{t}}' q_{\mathrm{r}} q_{\mathrm{v}} q_{\mathrm{e}} q_{\mathrm{n}})_{\mathrm{AB}}^2} e^{-\Delta_{\mathrm{r}} U_{\mathrm{m},0}^{\ominus}/RT} \tag{7-51}$$

在式(7-51)中

$$q_{\mathrm{t}}' = \left(\frac{2\pi m_{\mathrm{A}_2} kT}{h^2}\right)^{3/2} = \left(\frac{2\pi M_{\mathrm{A}_2} kT}{L h^2}\right)^{3/2}$$

式中，只有摩尔质量 M 与物质种类有关，其他各物理量对各物质均相同，可在式(7-51)中消去。因此，平动配分函数项变为

$$\left(\frac{M_{\mathrm{A}_2} \cdot M_{\mathrm{B}_2}}{M_{\mathrm{AB}}^2}\right)^{3/2}$$

在式(7-51)中

$$q_r = \frac{8\pi^2 IkT}{\sigma h^2} = \frac{T}{\sigma \Theta_r}$$

式中，只有转动惯量 I(或转动特征温度 Θ_r)和分子对称数 σ 与物质种类有关。因此，转动配分函数项变为

$$\frac{I_{A_2} \cdot I_{B_2}}{I_{AB}^2} \cdot \frac{\sigma_{AB}^2}{\sigma_{A_2} \cdot \sigma_{B_2}} \qquad \text{或} \qquad \frac{\Theta_{r,AB}^2}{\Theta_{r,A_2} \cdot \Theta_{r,B_2}} \cdot \frac{\sigma_{AB}^2}{\sigma_{A_2} \cdot \sigma_{B_2}}$$

对同核双原子分子：$\sigma = 2$，对异核双原子分子：$\sigma = 1$。

在式(7-51)中

$$q_v = \frac{1}{1 - \exp(-h\nu/kT)} = \frac{1}{1 - \exp(-\Theta_v/T)}$$

式中，振动频率 ν(或振动特征温度 Θ_v)与物质种类有关。因此，振动配分函数项变为

$$\prod_B \left(1 - e^{-h\nu_B/kT}\right)^{-\nu_B} = \prod_B \left(1 - e^{-\Theta_{v,B}/T}\right)^{-\nu_B}$$

对双原子分子，近似处理时，取 $q_v \approx 1$ 一般不会引起明显误差；大多数双原子分子中的电子处在基态，且 $g_{e,0} = 1$，所以 $q_e = 1$；核的状态在反应前后不变，所以核自旋配分函数 q_n 在化学平衡常数计算中可不考虑。因此，分子数不变的反应的标准压力平衡常数可表达为

$$K_p^\ominus = \left(\frac{M_{A_2} \cdot M_{B_2}}{M_{AB}^2}\right)^{3/2} \cdot \left(\frac{I_{A_2} \cdot I_{B_2}}{I_{AB}^2}\right) \cdot \left(\frac{\sigma_{AB}^2}{\sigma_{A_2} \cdot \sigma_{B_2}}\right) \cdot \exp\left(\frac{-\Delta_r U_{m,0}^\ominus}{RT}\right)$$

【例 7-4】 判断 300 K 时下列反应的方向：

$$AB + CD \Longrightarrow AC + BD$$

已知：该反应的 $\Delta_r U_{m,0}^\ominus = 659.9\ \text{J} \cdot \text{mol}^{-1}$；在 101 325 Pa，混合气体中含各物质的摩尔分数分别为：$x_{AB} = 0.40$、$x_{CD} = 0.15$、$x_{AC} = 0.35$ 和 $x_{BD} = 0.10$；AB、CD、AC 和 BD 的转动惯量 $I/(10^{-47}\ \text{kg} \cdot \text{m}^2)$ 分别为 0.613、0.458、0.919 和 0.512；A、B、C、D 的相对原子质量及 AB、CD、AC 和 BD 的振动特征频率分别近似相等。

解

$$K_p^\ominus = \left(\frac{M_{AC} \cdot M_{BD}}{M_{AB} \cdot M_{CD}}\right)^{3/2} \cdot \left(\frac{I_{AC} \cdot I_{BD}}{I_{AB} \cdot I_{CD}}\right) \cdot \left(\frac{\sigma_{AB} \cdot \sigma_{CD}}{\sigma_{AC} \cdot \sigma_{BD}}\right) \cdot \exp\left(\frac{-\Delta_r U_{m,0}^\ominus}{RT}\right)$$

$$= 1 \times \left(\frac{0.919 \times 0.512}{0.613 \times 0.458}\right) \cdot \left(\frac{2 \times 2}{2 \times 2}\right) \cdot \exp\left(\frac{-659.9}{8.314 \times 300}\right)$$

$$= 1.675 \times 0.769 = 1.288$$

$$Q_p^\ominus = \frac{x_{AC} \cdot x_{BD}}{x_{AB} \cdot x_{CD}} = \frac{0.35 \times 0.10}{0.40 \times 0.15} = 0.583$$

因为 $Q_p^\ominus < K_p^\ominus$，所以反应向右进行。

5. 由表册数据求 $K_p^\ominus$

由表册数据求 $K_p^\ominus$ 是一种间接的求算方法。根据式(7-8)

$$\Delta_r G_m^\ominus = -RT \ln K_p^\ominus$$

只要求得 $\Delta_r G_m^\ominus$，即可得到 $K_p^\ominus$ 值。而 $\Delta_r G_m^\ominus$ 除可用热力学方法求算外，还可由分子的配分函数求出。

$\Delta_r G_m^\ominus$ 的求算方法：

1 mol 物质在温度 T、标准状态下，物质的标准摩尔吉布斯自由能 $G_m^\ominus$ 由式(7-31)可表示为

$$G_m^\ominus(T) = -RT\ln\frac{q^\ominus}{L} + U_{m,0}^\ominus \tag{7-52}$$

或

$$-\frac{G_m^\ominus(T) - U_{m,0}^\ominus}{T} = R\ln\frac{q^\ominus}{L} \tag{7-53}$$

式中，$-\dfrac{G_m^\ominus(T) - U_{m,0}^\ominus}{T}$ 称为自由能函数。各物质的自由能函数已列入手册，供查用。由式(7-8)、式(7-52)和式(7-53)可得

$$R\ln K_p^\ominus = -\frac{\Delta_r G_m^\ominus}{T} = \Delta\left[-\frac{G_m^\ominus(T) - U_{m,0}^\ominus}{T}\right] - \frac{\Delta_r U_{m,0}^\ominus}{T} \tag{7-54}$$

例如，对反应　$aA+bB \rightleftharpoons cC+dD$，有

$$R\ln K_p^\ominus = -\frac{\Delta_r G_m^\ominus}{T} = \Delta\left[-\frac{G_m^\ominus(T) - U_{m,0}^\ominus}{T}\right] - \frac{\Delta_r U_{m,0}^\ominus}{T}$$

$$= \sum_B \nu_B\left[-\frac{G_m^\ominus(T) - U_{m,0}^\ominus}{T}\right]_B - \frac{\Delta_r U_{m,0}^\ominus}{T}$$

$$= c\left[-\frac{G_m^\ominus(T) - U_{m,0}^\ominus}{T}\right]_C + d\left[-\frac{G_m^\ominus(T) - U_{m,0}^\ominus}{T}\right]_D$$

$$- a\left[-\frac{G_m^\ominus(T) - U_{m,0}^\ominus}{T}\right]_A - b\left[-\frac{G_m^\ominus(T) - U_{m,0}^\ominus}{T}\right]_B - \frac{\Delta_r U_{m,0}^\ominus}{T}$$

7.2.5　互相联系的反应的平衡

1. 同时平衡和独立反应

体系中一种或几种物质同时参加两个或两个以上的反应，这些相互联系的反应的平衡称为同时平衡(也称偶合反应)。例如，用 $CH_4(g)$ 和 $H_2O(g)$ 混合气体制取 $H_2(g)$ 可能存在下列气相反应：

(1) $CH_4 + H_2O \rightleftharpoons CO + 3H_2$，$K_{p,1}$

(2) $CO + H_2O \rightleftharpoons CO_2 + H_2$，$K_{p,2}$

(3) $CH_4 + 2H_2O \rightleftharpoons CO_2 + 4H_2$，$K_{p,3}$

其中，反应(3)=反应(1)+反应(2)，所以 $K_{p,3} = K_{p,1}K_{p,2}$。因此，三个平衡反应中只有两个是独立反应。平衡时每个物种的量都有确定的值。

2. 同时平衡举例

【例 7-5】　由 $NaHCO_3(s)$、$Na_2CO_3(s)$、$CuSO_4\cdot5H_2O(s)$ 和 $CuSO_4\cdot3H_2O(s)$ 组成的体系在 323 K 时达到如下同时平衡，求体系中 $CO_2(g)$ 的分压。

(1) $2NaHCO_3(s) \rightleftharpoons Na_2CO_3(s) + H_2O(g) + CO_2(g)$，$K_{p,1}$

(2) $CuSO_4\cdot5H_2O(s) \rightleftharpoons CuSO_4\cdot3H_2O(s) + 2H_2O(g)$，$K_{p,2}$

已知反应(1)的分解压力为 4.0 kPa，反应(2)的水蒸气压力为 6.05 kPa。

解 设同时平衡时，体系中生成 CO_2 的分压为 p_{CO_2}，H_2O 的分压为 p_{H_2O}。

$$K_{p,1} = p_{H_2O} \cdot p_{CO_2} = \left(\frac{4.0 \times 10^3 \, Pa}{2}\right)^2 \qquad K_{p,2} = p_{H_2O}^2 = (6.05 \times 10^3 \, Pa)^2$$

解得

$$p_{CO_2} = 330.6 \, Pa \qquad p_{H_2O} = 6.05 \times 10^3 \, Pa$$

3. 同时平衡的应用

利用同时平衡的原理，可以使一些反应效果极差或不易进行的反应能够顺利进行。例如，某反应(1)，A+B ══ M+D，其 $\Delta_r G_{m,1}^{\ominus} > 0$，$K_{p,1} < 1$，在只投入反应物 A、B 的体系中只会有很少量的产物 M、D 生成，体系即达到平衡。现有另一反应(2)，M+R ══ S+T，其 $\Delta_r G_{m,2}^{\ominus} \ll 0$，$K_{p,2} \gg 1$。若使两个反应同时在一个体系中进行，由于反应(2)极易进行，大量消耗 M，使反应(1)中的 M 浓度趋于零，$Q_p^{\ominus} \to 0$，$RT \ln Q_p^{\ominus} \to -\infty$，因此

$$\left(\frac{\partial G}{\partial \xi}\right)_{T,p,n} = \Delta_r G_m^{\ominus}(T) + RT \ln Q_p^{\ominus} < 0$$

这样，反应(1)就可以不断地进行下去。

偶合反应在工业有机合成、生物体核酸水解方面都有很好的应用。例如，核酸水解反应，其 $\Delta_r G_m^{\ominus} \gg 0$，若偶合一 $\Delta_r G_m^{\ominus} \ll 0$ 的无机磷酸盐反应，就可使核酸水解反应顺利进行。

7.2.6 各种因素对化学平衡的影响

1. 温度的影响

对一个达到平衡的化学反应体系，在保持体系压力恒定的条件下改变体系的温度会对化学平衡产生何种影响呢？

1) 范特霍夫方程

将 $\Delta_r G_m^{\ominus} = -RT \ln K_p^{\ominus}$ 代入吉布斯-亥姆霍兹方程

$$\left[\frac{\partial\left(\Delta_r G_m^{\ominus}/T\right)}{\partial T}\right]_p = \frac{-\Delta_r H_m^{\ominus}}{T^2}$$

得

$$\left[\frac{\partial \ln K_p^{\ominus}}{\partial T}\right]_p = \frac{\Delta_r H_m^{\ominus}}{RT^2} \tag{7-55}$$

式(7-55)称为范特霍夫等压方程。因为理想气体的 $K_p^{\ominus}$ 只是温度的函数，与压力无关，故该方程可写为

$$\frac{d \ln K_p^{\ominus}}{dT} = \frac{\Delta_r H_m^{\ominus}}{RT^2} \tag{7-56}$$

注意： $\Delta_r H_m^{\ominus}$ 为化学反应的标准摩尔反应焓变，$K_p^{\ominus}$ 为与标准态选取有关的平衡常数，但不是在标准态下进行反应的平衡常数，即两者所对应的不是体系的同一状态。

2) 范特霍夫方程的应用

范特霍夫方程也可写成以下形式：

$$\frac{dK_p^{\ominus}}{dT} = \frac{K_p^{\ominus} \Delta_r H_m^{\ominus}}{RT^2}$$

(1) 定性判别温度对 $K_p^{\ominus}$ 的影响。

对吸热反应：$\Delta_r H_m^{\ominus} > 0$，$\dfrac{dK_p^{\ominus}}{dT} > 0$，$T\uparrow$，$K_p^{\ominus}\uparrow$，反应平衡右移。

对放热反应：$\Delta_r H_m^{\ominus} < 0$，$\dfrac{dK_p^{\ominus}}{dT} < 0$，$T\uparrow$，$K_p^{\ominus}\downarrow$，反应平衡左移。

$\left|\Delta_r H_m^{\ominus}\right|$ 越大，反应对温度的变化越敏感，T 对 $K_p^{\ominus}$ 的影响也就越大。

(2) 定量计算。

对式(7-56)积分：

$$\int d \ln K_p^{\ominus} = \int \frac{\Delta_r H_m^{\ominus}}{RT^2} dT \tag{7-57}$$

式中，$\Delta_r H_m^{\ominus}$ 为温度的函数。若温度变化范围不大，则 $\Delta_r H_m^{\ominus} \approx$ 常数。

由式(7-57)的不定积分，可得

$$\ln K_p^{\ominus} = -\frac{\Delta_r H_m^{\ominus}}{RT} + B \tag{7-58}$$

以 $\ln K_p^{\ominus}$ 对 $1/T$ 作图得一直线，直线的斜率为 $-\Delta_r H_m^{\ominus}/R$。由此可得到一定温度范围内的平均标准摩尔反应焓变 $\Delta_r H_m^{\ominus}$。

因为 $\Delta_r G_m^{\ominus} = \Delta_r H_m^{\ominus} - T\Delta_r S_m^{\ominus}$，$\Delta_r G_m^{\ominus} = -RT\ln K_p^{\ominus}$，所以

$$-RT\ln K_p^{\ominus} = \Delta_r H_m^{\ominus} - T\Delta_r S_m^{\ominus}$$

$$\ln K_p^{\ominus} = -\frac{\Delta_r H_m^{\ominus}}{RT} + \frac{\Delta_r S_m^{\ominus}}{R} \tag{7-59}$$

以 $\ln K_p^{\ominus}$ 对 $1/T$ 作图得一直线，由直线的截距可求得 $\Delta_r S_m^{\ominus}$，由斜率可求得 $-\Delta_r H_m^{\ominus}$。

由式(7-57)的定积分，可得

$$\ln \frac{K_p^{\ominus}(T_2)}{K_p^{\ominus}(T_1)} = -\frac{\Delta_r H_m^{\ominus}}{R}\left(\frac{1}{T_2} - \frac{1}{T_1}\right) \tag{7-60}$$

若积分时温差较大，则 $\Delta_r H_m^{\ominus} = f(T)$，不能作为常数处理，而需将具体的函数关系式代入积分，一般地，

$$\Delta_r H_m^{\ominus} = \Delta a + \Delta bT + \Delta cT^2$$

$$\ln K_p^{\ominus} = \frac{1}{R} \int_1^2 \frac{\Delta a + \Delta bT + \Delta cT^2}{T^2} dT \tag{7-61}$$

2. 压力的影响

根据 $\Delta_r G_m^{\ominus} = \sum_B \nu_B \mu_B^{\ominus}$，$\Delta_r G_m^{\ominus} = -RT\ln K_p^{\ominus}$，对理想气体，有

$$\ln K_p^{\ominus} = -\frac{\Delta_r G_m^{\ominus}}{RT} = -\frac{\sum_B \nu_B \mu_B^{\ominus}}{RT}$$

因为 $K_p^{\ominus} = f(T)$，即 $K_p^{\ominus}$ 只是温度的函数，所以

$$\left(\frac{\partial \ln K_p^{\ominus}}{\partial p}\right)_T = 0 \tag{7-62}$$

又 $K_p^{\ominus} = K_c^{\ominus}(RT)^{\sum_B \nu_B} = K_x^{\ominus}\left(\frac{p}{p^{\ominus}}\right)^{\sum_B \nu_B}$，则

$$\ln K_p^{\ominus} = \ln K_c^{\ominus} + \left(\sum_B \nu_B\right)\ln(RT) = \ln K_x^{\ominus} + \left(\sum_B \nu_B\right)\ln \frac{p}{p^{\ominus}}$$

所以

$$\left(\frac{\partial \ln K_c^{\ominus}}{\partial p}\right)_T = 0 \tag{7-63}$$

$$\left(\frac{\partial \ln K_x^{\ominus}}{\partial p}\right)_T = \frac{-\sum_B \nu_B}{p} \tag{7-64}$$

若 $\sum_B \nu_B < 0$，$p\uparrow, K_x^{\ominus}\uparrow$，平衡右移。

若 $\sum_B \nu_B > 0$，$p\uparrow, K_x^{\ominus}\downarrow$，平衡左移。

若 $\sum_B \nu_B = 0$，p 对 $K_x^{\ominus}$ 无影响。

3. 惰性气体的影响

1) 恒温、恒容下加入惰性气体

在保持反应体系[T, V]条件下加入惰性气体，因为 $p_B = \frac{n_B RT}{V}$，n_B、T、V 不变，所以 p_B 不变，则 Q_p 不变，仍有 $Q_p = K_p$，且不变。故[T, V]下加入惰性气体对平衡无影响。

2) 恒温、恒压下加入惰性气体

在[T, p]下向体系中加入惰性气体，体系的体积 $V\uparrow$，$\sum_B n_B \uparrow$，$p_B = \frac{n_B RT}{V}\downarrow$，使 Q_p 发生变化，反应的平衡点移动。

根据 $K_n = K_p \left(p / \sum\limits_{B} n_{B,eq} \right)^{-\sum\limits_{B} \nu_B}$ ，当温度一定时，K_p 不变，有

$$\left(\frac{\partial \ln K_n}{\partial \sum\limits_{B} n_{B,eq}} \right)_{T,p} = \frac{\sum\limits_{B} \nu_B}{\sum\limits_{B} n_{B,eq}} \tag{7-65}$$

若 $\sum \nu_B > 0$，　$\sum\limits_{B} n_{B,eq} \uparrow, K_n \uparrow$，平衡右移。

若 $\sum \nu_B < 0$，　$\sum\limits_{B} n_{B,eq} \uparrow, K_n \downarrow$，平衡左移。

若 $\sum \nu_B = 0$，对平衡无影响。

4. 反应物配比对平衡转化率的影响

用数学上求极值的方法可以证明，若原料气中只有反应物而没有产物，反应物的物质的量比等于反应式的计量系数比时，平衡时反应进度 ξ 最大。在 ξ 最大时，平衡混合物中产物的摩尔分数也最大。例如，反应

$$aA + bB \Longrightarrow cC + dD$$

当 $n_{A,0} / n_{B,0} = a / b$ 时，产物 C、D 在平衡混合物中的含量(摩尔分数)最大。因此，反应的最佳原料配比为：反应物配比＝计量系数比。

【例 7-6】　将 NaHCO$_3$ 固体放入真空容器中发生下列反应：

$$2NaHCO_3(s) \Longrightarrow Na_2CO_3(s) + H_2O(g) + CO_2(g)$$

已知 298 K 时上述反应的 $\Delta_r G_m^{\ominus} = 29.46 \text{ kJ} \cdot \text{mol}^{-1}$，$\Delta_r H_m^{\ominus} = 129.2 \text{ kJ} \cdot \text{mol}^{-1}$。假设气体可作为理想气体处理，$p^{\ominus} = 10^5 \text{Pa}$。

(1) 计算在 298 K 时体系的平衡总压力。

(2) 体系的温度为多高时，平衡总压力为 10^5Pa？

(3) 在 298 K，$p^{\ominus}$ 条件下的大气中，H$_2$O(g) 和 CO$_2$(g) 的分压力分别为 3167 Pa 和 30.4 Pa。将纯的 NaHCO$_3$ 固体放入大气中，NaHCO$_3$ 在等温、等压下是否会分解？

解　(1) $K_p^{\ominus} = \exp\left(\frac{-\Delta_r G_m^{\ominus}}{RT} \right) = 6.85 \times 10^{-6}$

设平衡总压力为 p，平衡时

$$p_{H_2O} = p_{CO_2} = \frac{1}{2} p \qquad K_p^{\ominus} = \left(\frac{p_{H_2O}}{p^{\ominus}} \right)\left(\frac{p_{CO_2}}{p^{\ominus}} \right) = \frac{1}{4}\left(\frac{p}{p^{\ominus}} \right)^2$$

$$p = \sqrt{4K_p^{\ominus}} \, p^{\ominus} = 523.4 \text{ Pa}$$

(2) $p = 10^5$ Pa 时

$$K_p^{\ominus}(T_2) = \frac{1}{4}\left(\frac{p}{p^{\ominus}} \right)^2 = 0.25 \qquad \ln \frac{K_p^{\ominus}(T_2)}{K_p^{\ominus}(T_1)} = \frac{\Delta_r H_m^{\ominus}}{R}\left(\frac{1}{T_1} - \frac{1}{T_2} \right)$$

$$\frac{1}{T_2} = \frac{1}{T_1} - \frac{R}{\Delta_r H_m^{\ominus}} \ln \frac{K_p^{\ominus}(T_2)}{K_p^{\ominus}(T_1)} = 3.365 \times 10^{-3} - 0.676 \times 10^{-3} = 2.68 \times 10^{-3} (\text{K}^{-1})$$

可得

$$T_2 = 373.13 \text{ K}$$

(3) $p_{H_2O} = 3167 \text{ Pa}$, $p_{CO_2} = 30.4 \text{ Pa}$

$$Q_p^\ominus = \frac{p_{H_2O}}{p^\ominus} \times \frac{p_{CO_2}}{p^\ominus} = \frac{3167 \times 30.4}{(10^5)^2} = 9.628 \times 10^{-6}$$

因为 $Q_p^\ominus > K_p^\ominus$，所以 $NaHCO_3$ 的分解反应不能进行。

7.3 非理想气体混合物中的化学平衡

7.3.1 逸度平衡常数

逸度平衡常数可分为两类：标准逸度平衡常数和经验逸度平衡常数。

1. 标准逸度平衡常数 $K_f^\ominus$

根据第 3 章化学势判据，体系达到化学平衡时，有

$$\left(\frac{\partial G}{\partial \xi}\right)_{T,p} = \sum_B \nu_B \mu_B = 0 \tag{7-66}$$

对非理想气体，$\mu_B = \mu_B^\ominus(T) + RT \ln \dfrac{f_B}{p^\ominus}$，代入式(7-66)，得

$$\sum_B \nu_B \mu_B^\ominus(T) + RT \ln \prod_B \left(f_{B,eq}/p^\ominus\right)^{\nu_B} = 0 \tag{7-67}$$

式中，$f_{B,eq}$ 为化学平衡时组分 B 的逸度；$\mu_B^\ominus(T)$ 为非理想气体 B 的标准化学势。

$$\sum_B \nu_B \mu_B^\ominus(T) = -RT \ln \prod_B \left(f_{B,eq}/p^\ominus\right)^{\nu_B}$$

即

$$\Delta_r G_m^\ominus = -RT \ln \prod_B \left(f_{B,eq}/p^\ominus\right)^{\nu_B} \tag{7-68}$$

定义：

$$K_f^\ominus = \prod_B \left(f_{B,eq}/p^\ominus\right)^{\nu_B} \tag{7-69}$$

式中，$K_f^\ominus$ 称为标准逸度平衡常数。将式(7-69)代入式(7-68)，得

$$\Delta_r G_m^\ominus = -RT \ln K_f^\ominus \tag{7-70}$$

$$K_f^\ominus = \exp\left(-\Delta_r G_m^\ominus/RT\right) \tag{7-71}$$

从式(7-70)可以看出，$K_f^\ominus$ 只是温度的函数，即 $K_f^\ominus = K_f^\ominus(T)$。对指定化学反应，在一定温度下，$K_f^\ominus$ 是常数。

将 $f_B = \gamma_B p_B$ 代入式(7-69)，可得

$$K_f^\ominus = \prod_B \left(\frac{f_{B,eq}}{p^\ominus}\right)^{\nu_B} = \prod_B \left(\frac{\gamma_B p_{B,eq}}{p^\ominus}\right)^{\nu_B} = \prod_B \left(\gamma_B\right)^{\nu_B} \cdot \prod_B \left(p_{B,eq}/p^\ominus\right)^{\nu_B} = K_\gamma \cdot K_p^\ominus$$

因为 γ 是 T、p 的函数，而 $K_f^\ominus$ 与压力无关，有

$$K_f^\ominus(T) = K_\gamma(T,p) \cdot K_p^\ominus \tag{7-72}$$

所以

$$K_p^\ominus = K_p^\ominus(T,p)$$

注意：低压气体体系 $K_\gamma = 1$，$K_p^\ominus = K_f^\ominus$。

高压气体体系 $K_\gamma \neq 1$，此时的 $K_f^\ominus$ 与低压下的 $K_f^\ominus$ 相同，因为其与压力无关，但 $K_p^\ominus \neq K_f^\ominus$。

2. 经验逸度平衡常数 K_f

定义：

$$K_f = \prod_B f_{B,eq}^{\nu_B} \tag{7-73}$$

将式(7-73)与式(7-69)比较，可得

$$K_f = K_f^\ominus (p^\ominus)^{\sum\limits_B \nu_B} \tag{7-74}$$

所以

$$K_f(T) = K_\gamma(T,p) \cdot K_p \tag{7-75}$$

$$K_p = K_p(T,p)$$

对理想气体，$K_\gamma = 1$，$K_f = K_p$。

对实际气体，低压：$K_\gamma = 1$，$K_f = K_p$；高压：$K_\gamma \neq 1$，此时的 K_f 与低压下的 K_f 相同，因为其与压力无关，但 $K_p \neq K_f$，$K_p / K_\gamma = K_f$，求高压实际气体的转化率时，应先由 K_f 和 $K_\gamma \rightarrow K_p$，再由 $K_p \rightarrow \alpha$。

【例 7-7】 已知反应 $CO(g) + H_2O(g) \longrightarrow CO_2(g) + H_2(g)$ 在 723 K、10^5 Pa 下的 $K_p = 7.56 \times 10^{-2}$，若将压力从 10^5 Pa 提高至 300×10^5 Pa，计算反应的 K_p。平衡是否移动?向何方向移动?

(1) 体系按理想气体处理。

(2) 体系按实际气体计算，已知 $\gamma_{CO_2} = 1.09$，$\gamma_{H_2} = 1.10$，$\gamma_{CO} = 1.23$，$\gamma_{H_2O} = 0.77$。

解 (1) 对理想气体

$$K_p = K_p^\ominus (p^\ominus)^{\sum \nu_B} \qquad \sum_B \nu_B = 0$$

$$\left(\frac{\partial \ln K_p}{\partial p}\right)_T = \left(\frac{\partial \ln K_p^\ominus}{\partial p}\right)_T = 0 \qquad \left(\frac{\partial \ln K_x}{\partial p}\right)_T = \frac{-\sum\limits_B \nu_B}{p} = 0$$

所以，K_p 只是温度的函数，增加压力对平衡没有影响。因此

$$K_p(10^5 \text{ Pa}) = K_p(300 \times 10^5 \text{ Pa}) = 7.56 \times 10^{-2}$$

(2) 对实际气体，低压下，$K_f(10^5 \text{ Pa}) = K_p(10^5 \text{ Pa}) = 7.56 \times 10^{-2}$

高压下，$K_p(T,300\times10^5\,\text{Pa}) = \dfrac{K_f}{K_\gamma} = 7.56\times10^{-2}\times\dfrac{1.23\times0.77}{1.09\times1.10} = 5.97\times10^{-2}$

$$K_x = K_p(p)^{-\sum\limits_{\text{B}}\nu_\text{B}} = K_p$$

因此，对实际气体，随压力的增加，K_p 降低，所以 K_x 降低，平衡左移。

7.3.2 化学反应等温式

反应体系在某一时刻，根据化学势判据及非理想气体的化学势表达式，有

$$(\partial G/\partial\xi)_{T,p} = \sum_\text{B}\nu_\text{B}\mu_\text{B} \leqslant 0$$

$$(\partial G/\partial\xi)_{T,p} = \Delta_\text{r}G_\text{m}^\ominus + RT\ln Q_f^\ominus \leqslant 0 \tag{7-76}$$

或

$$-RT\ln K_f^\ominus + RT\ln Q_f^\ominus \leqslant 0 \tag{7-77}$$

若 $Q_f^\ominus < K_f^\ominus$，反应向右进行。

若 $Q_f^\ominus = K_f^\ominus$，反应达到平衡。

若 $Q_f^\ominus > K_f^\ominus$，反应向左进行。

7.3.3 各种因素对化学平衡的影响

1. 温度的影响

由范特霍夫方程

$$\frac{\text{d}\ln K_f^\ominus}{\text{d}T} = \frac{\Delta_\text{r}H_\text{m}^\ominus}{RT^2} \tag{7-78}$$

可知，若 $\Delta_\text{r}H_\text{m}^\ominus > 0$，$T\uparrow$，$K_f^\ominus\uparrow$；若 $\Delta_\text{r}H_\text{m}^\ominus < 0$，$T\uparrow$，$K_f^\ominus\downarrow$。定性判别和定量计算与理想气体相同。

2. 压力的影响

压力对 $K_f^\ominus$ 无影响，但对 K_γ 和 $K_p^\ominus$ 均有影响，所以

$$\left(\frac{\partial\ln K_f^\ominus}{\partial p}\right)_T = 0,\quad \left(\frac{\partial\ln K_p^\ominus}{\partial p}\right)_T \neq 0,\quad \left(\frac{\partial\ln K_\gamma}{\partial p}\right)_T \neq 0$$

7.4 理想液体混合物中的化学平衡

7.4.1 标准摩尔分数平衡常数

体系达到化学平衡时

$$\sum_{\mathrm{B}} \nu_{\mathrm{B}} \mu_{\mathrm{B}}^{\mathrm{eq}} = 0$$

对理想液体混合物，$\mu_{\mathrm{B}}^{\mathrm{eq}} = \mu_{\mathrm{B}}^{\ominus}(T) + RT \ln x_{\mathrm{B}}^{\mathrm{eq}}$，代入上式，得

$$\sum_{\mathrm{B}} \nu_{\mathrm{B}} \mu_{\mathrm{B}}^{\ominus} + RT \ln \prod_{\mathrm{B}} \left(x_{\mathrm{B}}^{\mathrm{eq}} \right)^{\nu_{\mathrm{B}}} = 0 \tag{7-79}$$

定义：

$$K_x^{\ominus} = \prod_{\mathrm{B}} \left(x_{\mathrm{B}}^{\mathrm{eq}} \right)^{\nu_{\mathrm{B}}} \tag{7-80}$$

式中，$K_x^{\ominus}$ 称为标准摩尔分数平衡常数。将式(7-80)代入式(7-79)，可得

$$\Delta_{\mathrm{r}} G_{\mathrm{m}}^{\ominus}(T) = -RT \ln K_x^{\ominus} \tag{7-81}$$

或

$$K_x^{\ominus} = \exp\left[-\frac{\Delta_{\mathrm{r}} G_{\mathrm{m}}^{\ominus}(T)}{RT} \right]$$

注意：

(1) $x_{\mathrm{B}}^{\mathrm{eq}}$ 是化学平衡时物质 **B** 的摩尔分数，$K_x^{\ominus} = K_x^{\ominus}(T)$，其值与标准态的选取有关。

(2) 标准态为温度 T、压力 $p^{\ominus}$ 下的纯液态 **B**。

7.4.2　化学反应等温式

由 $\left(\partial G / \partial \xi \right)_{T,p} = \sum_{\mathrm{B}} \nu_{\mathrm{B}} \mu_{\mathrm{B}} \leqslant 0$ 和 $\mu_{\mathrm{B}} = \mu_{\mathrm{B}}^{\ominus}(T) + RT \ln x_{\mathrm{B}}$，可得

$$\left(\partial G / \partial \xi \right)_{T,p} = \sum_{\mathrm{B}} \nu_{\mathrm{B}} \mu_{\mathrm{B}}^{\ominus} + RT \ln \prod_{\mathrm{B}} \left(x_{\mathrm{B}} \right)^{\nu_{\mathrm{B}}} \leqslant 0 \tag{7-82}$$

即

$$\left(\partial G / \partial \xi \right)_{T,p} = \Delta_{\mathrm{r}} G_{\mathrm{m}}^{\ominus} + RT \ln Q_x^{\ominus} \leqslant 0 \tag{7-83}$$

或

$$\left(\partial G / \partial \xi \right)_{T,p} = -RT \ln K_x^{\ominus} + RT \ln Q_x^{\ominus} \leqslant 0 \tag{7-84}$$

式中，$Q_x^{\ominus} = \prod_{\mathrm{B}} \left(x_{\mathrm{B}} \right)^{\nu_{\mathrm{B}}}$。式(7-83)和式(7-84)称为化学反应等温式。

若 $Q_x^{\ominus} < K_x^{\ominus}$，反应向右进行。

若 $Q_x^{\ominus} = K_x^{\ominus}$，反应达到平衡。

若 $Q_x^{\ominus} > K_x^{\ominus}$，反应向左进行。

7.4.3　温度的影响

推导可得范特霍夫方程

$$\frac{\mathrm{d} \ln K_x^{\ominus}}{\mathrm{d} T} = \frac{\Delta_{\mathrm{r}} H_{\mathrm{m}}^{\ominus}(T)}{RT^2} \tag{7-85}$$

式中，$\Delta_r H_m^\ominus(T) = \sum_B \nu_B H_m^\ominus(B,T) = \sum_B \nu_B \Delta_f H_m^\ominus(B,T)$。

温度对化学平衡的影响可参照理想气体混合物中的化学平衡进行讨论。

压力对凝聚体系化学平衡的影响可忽略不计。

7.5　非理想液体混合物中的化学平衡

非理想液体混合物与理想液体混合物在化学势表达式上的差异体现在对浓度的表达。当以活度代替浓度时，非理想液体混合物中任一组分的化学势表达式可表示为

$$\mu_B = \mu_B^\ominus(T) + RT \ln a_B \tag{7-86}$$

据此，可推导出与理想液体混合物化学平衡表达式的数学形式相同的非理想液体混合物的化学平衡表达式。由于推导方式与理想液体混合物相同，所以这里只列出相应的结果。

对非理想液体混合物，体系达到化学平衡时，有

$$\sum_B \nu_B \mu_B^{eq} = 0$$

将式(7-86)代入上式，采用与理想液体混合物相同的推导方法，可得

$$\Delta_r G_m^\ominus = -RT \ln K_a^\ominus \tag{7-87}$$

式中

$$K_a^\ominus = \prod_B \left(a_B^{eq}\right)^{\nu_B} = \prod_B \left(\gamma_{x,B}^{eq} \cdot x_B^{eq}\right)^{\nu_B} \tag{7-88}$$

$K_a^\ominus$ 称为标准活度平衡常数，且 $K_a^\ominus = K_a^\ominus(T)$。

同理，推导可得

$$\left(\partial G/\partial \xi\right)_{T,p} = \Delta_r G_m^\ominus + RT \ln Q_a^\ominus \tag{7-89}$$

式中

$$Q_a^\ominus = \prod_B \left(a_B\right)^{\nu_B} = \prod_B \left(\gamma_{B,x} \cdot x_B\right)^{\nu_B} \tag{7-90}$$

注意：$K_a^\ominus$ 为量纲为 1 的纯数，其值与标准态的选取有关。

7.6　理想稀溶液的化学平衡

对理想稀溶液讨论的前提是：体系中只有溶质参加反应，溶剂不参加反应。

7.6.1　标准平衡常数

体系达到化学平衡时

$$\sum_B \nu_B \mu_B^{eq} = 0$$

当稀溶液中溶质的浓度采取不同的表达方式时，其化学势表达式中的浓度项随之改变，标准态的规定也随之改变(见第 6 章)。因此，我们会得到不同的平衡常数表达方式。由于推导方

式与前面相同，所以这里只列出相应的结果。

(1)　$\mu_B^{eq} = \mu_{B,x}^{\ominus}(T) + RT \ln x_B^{eq}$

$$\Delta_r G_{m,x}^{\ominus}(T) = -RT \ln K_x^{\ominus} \tag{7-91}$$

$$K_x^{\ominus} = \prod_B \left(x_B^{eq}\right)^{\nu_B} = \exp\left[-\Delta_r G_{m,x}^{\ominus}(T)/RT\right] \tag{7-92}$$

$$K_x^{\ominus} = K_x^{\ominus}(T)$$

(2)　$\mu_B^{eq} = \mu_{B,m}^{\ominus}(T) + RT \ln\left(m_B^{eq}/m^{\ominus}\right)$

$$\Delta_r G_{m,m}^{\ominus}(T) = -RT \ln K_m^{\ominus} \tag{7-93}$$

$$K_m^{\ominus} = \prod_B \left(m_B^{eq}/m^{\ominus}\right)^{\nu_B} = \exp\left[-\Delta_r G_{m,m}^{\ominus}(T)/RT\right] \tag{7-94}$$

$$K_m^{\ominus} = K_m^{\ominus}(T)$$

(3)　$\mu_B^{eq} = \mu_{B,c}^{\ominus}(T) + RT \ln\left(c_B^{eq}/c^{\ominus}\right)$

$$\Delta_r G_{m,c}^{\ominus}(T) = -RT \ln K_c^{\ominus} \tag{7-95}$$

$$K_c^{\ominus} = \prod_B \left(c_B^{eq}/c^{\ominus}\right)^{\nu_B} = \exp\left[-\Delta_r G_{m,c}^{\ominus}(T)/RT\right] \tag{7-96}$$

$$K_c^{\ominus} = K_c^{\ominus}(T)$$

注意：

(1) $\Delta_r G_{m,x}^{\ominus} \neq \Delta_r G_{m,m}^{\ominus} \neq \Delta_r G_{m,c}^{\ominus}$，$K_x^{\ominus} \neq K_m^{\ominus} \neq K_c^{\ominus}$，原因在于采用不同浓度时，所选取的各自的标准态不同。因此，在表示理想稀溶液的平衡常数时要注意标准态的选取。

(2) 查表求算 $\Delta_r G_m^{\ominus}$ 时也应注意标准态的规定。

$$\Delta_r G_{m,x}^{\ominus}(T) = \sum_B \nu_B \Delta_f G_{m,x}^{\ominus}(B, soln, T) \tag{7-97}$$

$$\Delta_r G_{m,m}^{\ominus}(T) = \sum_B \nu_B \Delta_f G_{m,m}^{\ominus}(B, soln, T) \tag{7-98}$$

$$\Delta_r G_{m,c}^{\ominus}(T) = \sum_B \nu_B \Delta_f G_{m,c}^{\ominus}(B, soln, T) \tag{7-99}$$

7.6.2　经验平衡常数

理想稀溶液也有自己的经验平衡常数，表达如下：

$$K_x = \prod_B \left(x_B^{eq}\right)^{\nu_B}, \quad K_m = \prod_B \left(m_B^{eq}\right)^{\nu_B}, \quad K_c = \prod_B \left(c_B^{eq}\right)^{\nu_B} \tag{7-100}$$

7.6.3　化学反应等温式

采用与前面相同的推导方法，可得到用不同浓度表达的化学反应等温式：

$$\left(\partial G/\partial \xi\right)_{T,p} = -RT \ln K_x^{\ominus} + RT \ln Q_x^{\ominus} \leqslant 0 \tag{7-101}$$

$$(\partial G/\partial \xi)_{T,p} = -RT\ln K_m^{\ominus} + RT\ln Q_m^{\ominus} \leqslant 0 \tag{7-102}$$

$$(\partial G/\partial \xi)_{T,p} = -RT\ln K_c^{\ominus} + RT\ln Q_c^{\ominus} \leqslant 0 \tag{7-103}$$

注意：$K^{\ominus}$ 与 $Q^{\ominus}$ 要用相同的浓度标度。

7.6.4 温度的影响

根据前面讨论的结果，可得到不同浓度表示下的范特霍夫方程：

$$\frac{\mathrm{d}\ln K_m^{\ominus}}{\mathrm{d}T} = \frac{\Delta_r H_{\mathrm{m},m}^{\ominus}(T)}{RT^2} \tag{7-104}$$

$$\frac{\mathrm{d}\ln K_c^{\ominus}}{\mathrm{d}T} = \frac{\Delta_r H_{\mathrm{m},c}^{\ominus}(T)}{RT^2} \tag{7-105}$$

$$\frac{\mathrm{d}\ln K_x^{\ominus}}{\mathrm{d}T} = \frac{\Delta_r H_{\mathrm{m},x}^{\ominus}(T)}{RT^2} \tag{7-106}$$

注意：由于标准态的选取不同，所以 $\Delta_r H_{\mathbf{m},x}^{\ominus} \neq \Delta_r H_{\mathbf{m},m}^{\ominus} \neq \Delta_r H_{\mathbf{m},c}^{\ominus}$。

7.6.5 压力的影响

对于凝聚体系，压力的影响可忽略不计。

7.7 非电解质溶液的化学平衡

7.7.1 标准活度平衡常数

由于溶液中溶剂(A)和溶质(B)所遵循的规律不同，所以溶液中的反应式可表示为

$$0 = \nu_A A + \sum_{B \neq A} \nu_B B \tag{7-107}$$

达到化学平衡时

$$\nu_A \mu_A + \sum_{B \neq A} \nu_B \mu_B = 0 \tag{7-108}$$

溶剂的化学势表达式为

$$\mu_A(T,p,m_C^{eq}) = \mu_A^{\ominus}(T) + RT\ln a_A^{eq} = \mu_A^{\ominus}(T) + RT\ln(\gamma_A^{eq} x_A^{eq}) \tag{7-109}$$

溶质的化学势表达式为

$$\mu_B(T,p,m_C^{eq}) = \mu_{B,m}^{\ominus}(T) + RT\ln a_{m,B}^{eq} = \mu_{B,m}^{\ominus}(T) + RT\ln\left(\gamma_{m,B}^{eq}\frac{m_B^{eq}}{m^{\ominus}}\right) \tag{7-110}$$

将溶剂、溶质的化学势表达式代入式(7-108)，得

$$\nu_A \mu_A^{\ominus}(T) + \sum_{B \neq A} \nu_B \mu_{B,m}^{\ominus}(T) + RT\ln(a_A^{eq})^{\nu_A} + RT\ln\prod_B (a_{m,B}^{eq})^{\nu_B} = 0$$

或

$$\nu_A \mu_A^\ominus(T) + \sum_{B \neq A} \nu_B \mu_{B,m}^\ominus(T) + RT \ln(\gamma_A^{eq} x_A^{eq})^{\nu_A} + RT \ln \prod_B \left(\gamma_{m,B}^{eq} \frac{m_B^{eq}}{m^\ominus} \right)^{\nu_B} = 0 \tag{7-111}$$

令

$$\Delta_r G_{m,m} = \nu_A \mu_A^\ominus(T) + \sum_{B \neq A} \nu_B \mu_{B,m}^\ominus(T) \tag{7-112}$$

$$K_a^\ominus = \left(\gamma_A^{eq} \cdot x_A^{eq} \right)^{\nu_A} \prod_B \left(\gamma_{m,B}^{eq} \cdot \frac{m_B^{eq}}{m^\ominus} \right)^{\nu_B} \tag{7-113}$$

则

$$\Delta_r G_{m,m}^\ominus = -RT \ln K_a^\ominus = -RT \ln(\gamma_A^{eq} x_A^{eq})^{\nu_A} - RT \ln \prod_B \left(\gamma_{m,B}^{eq} \frac{m_B^{eq}}{m^\ominus} \right)^{\nu_B} \tag{7-114}$$

式(7-113)所表示的是非电解质溶液中溶剂和溶质均参加反应的标准活度平衡常数，在以下两种情况下，该式可以简化。

(1) 若溶剂不参加反应，则 $\nu_A = 0$，大多数反应均如此。此时

$$K_{a,m}^\ominus = \prod_{B \neq A} \left(a_{m,B}^{eq} \right)^{\nu_B} = \prod_{B \neq A} \left(\gamma_{m,B}^{eq} \cdot \frac{m_B^{eq}}{m^\ominus} \right)^{\nu_B} = \exp \left(-\frac{\Delta_r G_{m,m}^\ominus}{RT} \right) \tag{7-115}$$

$$\Delta_r G_{m,m}^\ominus = \sum_B \nu_B \mu_{B,m}^\ominus(T) \tag{7-116}$$

同理可得

$$K_{a,c}^\ominus = \prod_{B \neq A} \left(a_{c,B}^{eq} \right)^{\nu_B} = \prod_{B \neq A} \left(\gamma_{c,B}^{eq} \cdot \frac{c_B^{eq}}{c^\ominus} \right)^{\nu_B} = \exp \left(-\frac{\Delta_r G_{m,c}^\ominus}{RT} \right) \tag{7-117}$$

$$\Delta_r G_{m,c}^\ominus = \sum_B \nu_B \mu_{B,c}^\ominus(T) \tag{7-118}$$

$$K_{a,x}^\ominus = \prod_{B \neq A} \left(a_{B,x}^{eq} \right)^{\nu_B} = \prod_{B \neq A} \left(\gamma_{x,B}^{eq} \cdot x_B^{eq} \right)^{\nu_B} = \exp \left(-\frac{\Delta_r G_{m,m}^\ominus}{RT} \right) \tag{7-119}$$

$$\Delta_r G_{m,x}^\ominus = \sum_B \nu_B \mu_{B,x}^\ominus(T) \tag{7-120}$$

(2) 若溶剂参加反应，但为稀溶液，则 $x_A \to 1, \gamma_A \to 1$。在这种情况下要特别注意，$K_{a,m}^\ominus$ 虽然与溶剂不参加反应的情况相同，但 $\Delta_r G_{m,m}^\ominus$ 却是不同的。

$$K_{a,m}^\ominus = \prod_{B \neq A} \left(a_{m,B}^{eq} \right)^{\nu_B} = \prod_{B \neq A} \left(\gamma_{m,B}^{eq} \cdot \frac{m_B^{eq}}{m^\ominus} \right)^{\nu_B}$$
$$\Delta_r G_{m,m}^\ominus = \nu_A \mu_A^\ominus + \sum_B \nu_B \mu_{B,m}^\ominus \tag{7-121}$$

$$K_{a,c}^\ominus = \prod_{B \neq A} \left(a_{c,B}^{eq} \right)^{\nu_B} = \prod_{B \neq A} \left(\gamma_{c,B}^{eq} \cdot \frac{c_B^{eq}}{c^\ominus} \right)^{\nu_B}$$
$$\Delta_r G_{m,c}^\ominus = \nu_A \mu_A^\ominus + \sum_B \nu_B \mu_{B,c}^\ominus \tag{7-122}$$

注意：$\mu_{B,m}^{\ominus} \neq \mu_{B,c}^{\ominus}$，$\Delta_r G_{m,m}^{\ominus} \neq \Delta_r G_{m,c}^{\ominus}$，$K_{a,m}^{\ominus} \neq K_{a,c}^{\ominus}$，为什么？

7.7.2 求 $K_a^{\ominus}$ 的方法

1. 实验测定

通过实验可测得体系中各组分的 n_B^{eq}、m_B^{eq}、c_B^{eq}，同时测得 $\gamma_{x,B}$、$\gamma_{m,B}$、$\gamma_{c,B}$，即可求得 $K_a^{\ominus}$。

2. 热力学方法

利用热力学数据可求得 $\Delta_r G_m^{\ominus}(T)$，进而求得 $K_a^{\ominus}$：

$$\Delta_r G_m^{\ominus}(T) = -RT \ln K_a^{\ominus}$$

而

$$\Delta_r G_m^{\ominus}(T) = \sum_B \nu_B \Delta_f G_m^{\ominus}(B, soln, T)$$

求溶液中物质 B 的标准偏摩尔吉布斯自由能 $\Delta_f G_m^{\ominus}(B, soln, T)$ 的方法介绍如下。

1) 饱和溶解度法

根据饱和溶解度法推导可得[见式(6-142)]

$$\Delta_f G_m^{\ominus}(B, soln, T) = \Delta_f G_m^{\ominus}(B, T) - RT \ln \left(\gamma_{m,B}^{sat} \cdot \frac{m_B^{sat}}{m^{\ominus}} \right)$$

2) 纯液体平衡蒸气压法

已知某一纯液体 B 的饱和蒸气压为 p_s^l，浓度为 $c = c_B^{\ominus} = 1\,mol \cdot dm^{-3}$ 的 B 的水溶液的饱和蒸气压为 p_s^{aq}，可采用以下方法求 $\Delta_f G_m^{\ominus}(B, soln, T)$。

恒温时，设计途径如下：

$$B(l, p^{\ominus}) \xrightarrow{\Delta G} B(aq, c_B^{\ominus} = 1\,mol \cdot dm^{-3}, p^{\ominus})$$
$$\downarrow \Delta G_1 \qquad\qquad \uparrow \Delta G_5$$
$$B(l, p_s^l) \qquad\qquad B(aq, c_B^{\ominus} = 1\,mol \cdot dm^{-3}, p_s^{aq})$$
$$\downarrow \Delta G_2 \qquad\qquad \uparrow \Delta G_4$$
$$B(g, p_s^l) \xrightarrow{\Delta G_3} B(g, p_s^{aq})$$

$$\Delta G = \Delta_f G_m^{\ominus}(B, aq, c^{\ominus} = 1\,mol \cdot dm^{-3}) - \Delta_f G_m^{\ominus}(B, l)$$
$$\Delta G = \Delta G_1 + \Delta G_2 + \Delta G_3 + \Delta G_4 + \Delta G_5$$

因为 $\Delta G_2 = \Delta G_4 = 0$(平衡)，$\Delta G_1$ 和 ΔG_5 可忽略不计，所以

$$\Delta G = \int_{p^{\ominus}}^{p_s^l} V_l dp + 0 + \int_{p_s^l}^{p_s^{aq}} V_g dp + 0 + \int_{p_s^{aq}}^{p^{\ominus}} V_{aq} dp$$

$$\Delta G \approx \int_{p_s^l}^{p_s^{aq}} V_g dp = \int_{p_s^l}^{p_s^{aq}} \frac{RT}{p} dp = RT \ln \frac{p_s^{aq}}{p_s^l}$$

$$\Delta_f G_m^{\ominus}(B, aq, c^{\ominus} = 1\,mol \cdot dm^{-3}) = \Delta G + \Delta_f G_m^{\ominus}(B, l)$$

7.7.3 化学反应等温式

根据前面介绍的方法，同样可得到以下化学反应等温式和判据：

$$\left(\partial G/\partial \xi\right)_{T,p} = \Delta_r G_m^\ominus + RT \ln Q_a^\ominus \tag{7-123}$$

或

$$\left(\partial G/\partial \xi\right)_{T,p} = -RT \ln K_a^\ominus + RT \ln Q_a^\ominus \leqslant 0$$

$$\begin{cases} Q_a^\ominus < K_a^\ominus，反应向右进行。 \\ Q_a^\ominus = K_a^\ominus，反应达到平衡。 \\ Q_a^\ominus > K_a^\ominus，反应向左进行。 \end{cases}$$

7.8 电解质溶液中的化学平衡(弱电解质)

7.8.1 水的电离平衡

电解质溶液的溶剂通常是水。因此，研究电解质溶液中的化学平衡经常是研究水溶液中的离子反应平衡。许多离子反应是酸碱反应，酸是质子给予体，碱是质子接受体。水分子是两性的，它既可以作为酸，也可以作为碱。在纯水或水溶液中，存在下列电离平衡：

$$H_2O + H_2O \rightleftharpoons H_3O^+ + OH^- \tag{7-124}$$

反应的标准活度平衡常数为

$$K_a^\ominus = K_w^\ominus = \frac{a_{H_3O^+} a_{OH^-}}{a_{H_2O}^2} \tag{7-125}$$

式中，$K_w^\ominus$ 为水的标准离子积常数。

水的标准态：温度为 T、压力为 $p^\ominus$ 下的纯液态水。

在标准态下，$a_{H_2O} = 1$。因此，一般情况下，纯水：$a_{H_2O} = 1$；水溶液：$a_{H_2O} = \gamma_{H_2O} x_{H_2O}$；极稀水溶液：$x_{H_2O} \to 1$，$\gamma_{H_2O} \to 1$，故 $a_{H_2O} \to 1$。

习惯上浓度用质量摩尔浓度(m_B)表示。因此，标准活度平衡常数通常也以 $m_B^\ominus$ 为基准，用 $K_{a,m}^\ominus(T)$ 表示。

$$\begin{aligned} K_w^\ominus = K_{a,m}^\ominus &= a_{H_3O^+} \cdot a_{OH^-} \\ &= [\gamma_{H_3O^+} \cdot (m_{H_3O^+}/m^\ominus)] \cdot [\gamma_{OH^-} \cdot (m_{OH^-}/m^\ominus)] \\ &= \gamma_\pm^2 \cdot \left[m_{H_3O^+} m_{OH^-} / (m^\ominus)^2 \right] \end{aligned} \tag{7-126}$$

对于纯水：实验表明，25℃时，$K_w^\ominus = 1.00 \times 10^{-14}$；$\gamma_\pm = 1$，$m_{H_3O^+} = m_{OH^-} = 1.00 \times 10^{-7} \, \text{mol} \cdot \text{kg}^{-1}$。

取 $\gamma_\pm = 1$ 是否合理可以通过德拜-休克尔极限公式的计算结果进行验证。离子强度为

$I = 1.00 \times 10^{-7} \text{mol} \cdot \text{kg}^{-1}$，根据德拜-休克尔极限公式计算可得 $\gamma_\pm = 0.9996 \to 1$，说明取 $\gamma_\pm = 1$ 是合理的。

7.8.2 弱酸在水中的解离平衡

弱酸 HX 在水中的解离平衡可表示为

$$\text{HX} + \text{H}_2\text{O} \Longrightarrow \text{H}_3\text{O}^+ + \text{X}^- \tag{7-127}$$

$$K_{a,m}^\ominus = \frac{\left(\gamma_{\text{H}_3\text{O}^+} m_{\text{H}_3\text{O}^+} / m^\ominus\right)\left(\gamma_{\text{X}^-} m_{\text{X}^-} / m^\ominus\right)}{\gamma_{\text{HX}} m_{\text{HX}} / m^\ominus} \tag{7-128}$$

式中，$K_{a,m}^\ominus$ 为弱酸解离反应的标准活度平衡常数。

对弱酸稀水溶液：$x_{\text{H}_2\text{O}} \to 1$，所以 $\gamma_{\text{H}_2\text{O}} \to 1$；$m_{\text{HX}} \to 0$，所以 $\gamma_{\text{HX}} \to 1$。因此

$$K_{a,m}^\ominus = \frac{\gamma_\pm^2 m_{\text{H}_3\text{O}^+} m_{\text{X}^-} / (m^\ominus)^2}{m_{\text{HX}} / m^\ominus} \tag{7-129}$$

注意：

(1) $K_{a,m}^\ominus$ **很小(如 10^{-10})时，要考虑水解离的 H_3O^+ 的影响；而 $K_{a,m}^\ominus$ 较大(如 10^{-5})时，可忽略水的解离。**

(2) 同离子效应会对弱酸解离产生抑制作用。

【例 7-8】 浓度为 $1.0 \times 10^{-4} \text{mol} \cdot \text{kg}^{-1}$ 的 HIO 在水中解离平衡，25℃时 $K_a^\ominus = 2.3 \times 10^{-11}$，求 $m_{\text{H}_3\text{O}^+}$。

解 设平衡时溶液中 $m_{\text{H}_3\text{O}^+} / m^\ominus = x$。

$$\text{HIO} + \text{H}_2\text{O} \Longrightarrow \text{H}_3\text{O}^+ + \text{IO}^-$$

平衡时 $\quad\quad\quad 1.0 \times 10^{-4} - x \quad\quad\quad x \quad x$

$$K_{a,m}^\ominus = \frac{a_{\text{H}_3\text{O}^+} a_{\text{IO}^-}}{a_{\text{HIO}} a_{\text{H}_2\text{O}}} = \frac{\gamma_\pm \cdot m_{\text{H}_3\text{O}^+} m_{\text{IO}^-} / (m^\ominus)^2}{a_{\text{H}_2\text{O}} \cdot \gamma_{\text{HIO}} m_{\text{HIO}} / m^\ominus}$$

对稀溶液：$\gamma_{\text{HIO}} \approx 1$，$\gamma_\pm \approx 1$，$a_{\text{H}_2\text{O}} \approx 1$，$10^{-4} - x \approx 10^{-4}$，则

$$K_{a,m}^\ominus = \frac{x^2}{1.0 \times 10^{-4}} = 2.3 \times 10^{-11}, \quad x = 4.8 \times 10^{-8}$$

即

$$m_{\text{H}_3\text{O}^+} = 4.8 \times 10^{-8} \text{mol} \cdot \text{kg}^{-1} \text{(碱性)}$$

上述计算结果显然是不正确的，因为纯水中 $m_{\text{H}_3\text{O}^+} = 1.00 \times 10^{-7} \text{mol} \cdot \text{kg}^{-1}$，而 HIO 水溶液中的 $m_{\text{H}_3\text{O}^+}(\text{HIO}) < m_{\text{H}_3\text{O}^+}(\text{H}_2\text{O})$，表明 HIO 在水中显碱性，而 HIO 是弱酸，故水的离解不可忽略不计。溶液中应同时存在两个平衡：

$$\text{HIO} + \text{H}_2\text{O} \Longrightarrow \text{H}_3\text{O}^+ + \text{IO}^-$$

$$\text{H}_2\text{O} + \text{H}_2\text{O} \Longrightarrow \text{H}_3\text{O}^+ + \text{OH}^-$$

因此，溶液中存在 5 种物质：H_2O、HIO、H_3O^+、IO^-、OH^-。

对稀水溶液：$a_{H_2O} \approx 1$，$\gamma_{HIO} \approx 1$，$\gamma_{\pm} \approx 1$。

$$K_w^{\ominus} = 1 \times 10^{-14} = \frac{m_{H_3O^+}}{m^{\ominus}} \cdot \frac{m_{OH^-}}{m^{\ominus}} \qquad K_{a,m}^{\ominus} = 2.3 \times 10^{-11} = \frac{m_{H_3O^+} m_{IO^-} / (m^{\ominus})^2}{m_{HIO} / m^{\ominus}}$$

溶液呈电中性：$m_{H_3O^+} = m_{OH^-} + m_{IO^-}$

物质守恒：$m_I = m_{HIO} + m_{IO^-} = 1.0 \times 10^{-4} \, \text{mol} \cdot \text{kg}^{-1}$

解得

$$m_{H_3O^+} = 1.1 \times 10^{-7} \, \text{mol} \cdot \text{kg}^{-1}$$

结果表明 HIO 水溶液呈弱酸性。

7.9　多相化学平衡

7.9.1　气-固或气-液多相化学平衡

在某些化学反应中，反应组元并不都处于一相。例如，反应 $CaCO_3(s) \Longrightarrow CaO(s) + CO_2(g)$ 就是一个多相反应，在该反应中包含两个不同的纯固相和一个纯气相。体系达到化学平衡时，平衡条件仍可用式(3-93)表示，即

$$\sum_B \nu_B \mu_B = 0$$

将各物质的化学势表达式 $\mu_B = \mu_B^{\ominus} + RT \ln a_B$ 代入，可得

$$\Delta_r G_m^{\ominus}(T) = \sum_B \nu_B \mu_B^{\ominus}(T) = \sum_B \nu_B G_m^{\ominus}(B,T) = \sum_B \nu_B \Delta_f G_m^{\ominus}(B,T) \tag{7-130}$$

$$\Delta_r G_m^{\ominus}(T) = -RT \ln K_a^{\ominus}$$

$$K_a^{\ominus} = \frac{a_{CaO(s)} \cdot a_{CO_2(g)}}{a_{CaCO_3(s)}}$$

压力不高时，$a_{CaO(s)} \approx 1$，$a_{CaCO_3(s)} \approx 1$，$a_{CO_2} = p_{CO_2}/p^{\ominus}$，所以

$$K_a^{\ominus} = p_{CO_2(g)} / p^{\ominus}$$

式中，$p_{CO_2(g)}$ 为平衡反应体系中 CO_2 气体的压力，即 CO_2 的平衡分压。这就是说，在一定温度下，$CaCO_3(s)$ 上面的 CO_2 的压力是恒定的，这个压力又称为 $CaCO_3(s)$ 的分解压力。若分解的气态产物不止一种，则气态的总压称为分解压力，例如，反应

$$NH_4HS(s) \Longrightarrow NH_3(g) + H_2S(g)$$

$$p_{分解} = p = p_{NH_3(g)} + p_{H_2S(g)}$$

注意：当有纯固体或纯液体参加反应时，在压力不太高的情况下，因为纯固体和纯液体的活度均可近似为 1，所以在平衡常数的表示式中只出现气态反应物质的平衡分压。

当用关系式 $K_a^{\ominus} = \exp\left(-\dfrac{\Delta_r G_m^{\ominus}}{RT}\right)$ 求算 $K_a^{\ominus}$ 时，计算 $\Delta_r G_m^{\ominus}$ 的式(7-130)中则包含了反应中的每一种物质：气体、纯固体和纯液体等。

7.9.2 难溶盐在水中的平衡

难溶盐 $M_{\nu_+} X_{\nu_-}$ 在水中的溶解平衡可表示为

$$M_{\nu_+} X_{\nu_-}(s) \Longrightarrow \nu_+ M^{Z_+}(aq) + \nu_- X^{Z_-}(aq) \tag{7-131}$$

平衡时，

$$\sum_B \nu_B \mu_B = 0$$

即

$$\nu_+ \mu_+ + \nu_- \mu_- - \mu(M_{\nu_+} X_{\nu_-}) = 0$$

$$\Delta_r G_m^{\ominus}(T) = -RT \ln K_a^{\ominus} = -RT \ln \left(a_+^{\nu_+} a_-^{\nu_-} / a_s \right) \tag{7-132}$$

式中，a_s 为难溶盐的活度，在压力不太高的情况下，$a_s = 1$。

$$K_a^{\ominus} = \frac{a_+^{\nu_+} \cdot a_-^{\nu_-}}{a_s} = \frac{(\gamma_+ m_+ / m^{\ominus})^{\nu_+} (\gamma_- m_- / m^{\ominus})^{\nu_-}}{a_s} \tag{7-133}$$

$$K_a^{\ominus} = K_{sp}^{\ominus} = \gamma_{\pm}^{\nu} (m_+ / m^{\ominus})^{\nu_+} (m_- / m^{\ominus})^{\nu_-}$$

式中，$K_{sp}^{\ominus}$ 为标准溶度积常数，其相应的经验常数为

$$K_{sp} = \gamma_{\pm}^{\nu} \cdot m_+^{\nu_+} \cdot m_-^{\nu_-} \tag{7-134}$$

式中，$\nu = \nu_+ + \nu_-$。

若 K_{sp} 很小，则 $\gamma_{\pm} = 1$；但当溶解度较大时，$\gamma_{\pm}$ 与 1 的偏差较大，不能近似当作 1 处理。

注意：

(1) 若在难溶盐的水溶液中加入惰性盐，由于其能够影响溶液的离子强度，从而对 $\gamma_{\pm}$ 产生影响，因此会对难溶盐的溶解度产生影响。

(2) 同离子效应同样会对难溶盐的解离产生抑制作用。

思 考 题

下列说法是否正确?为什么?

(1) 因为 $\Delta_r G_m^{\ominus}(T) = -RT \ln K_p^{\ominus}$，所以 $\Delta_r G_m^{\ominus}(T)$ 是反应达到平衡时吉布斯自由能的变化值。

(2) 在一定的温度、压力下，某反应的 $\Delta_r G_m > 0$。为使反应能够进行，可采用的方法之一是在该反应体系中加入合适的催化剂。

(3) 对实际气体反应：$3H_2 + N_2 \Longrightarrow 2NH_3$，可通过增加体系的总压力提高标准逸度平衡常数 $K_f^{\ominus}$ 的值。

(4) 对理想气体的化学反应，当温度一定时 $K_p^{\ominus}$ 有定值，因此在温度不变的条件下，体系的平衡组成不变。

(5) 多相反应中，$K_p^{\ominus}$ 中只包含参加反应的气相组元，根据 $\Delta_r G_m^{\ominus}(T) = -RT \ln K_p^{\ominus}$ 可判断，计算该类反应的 $\Delta_r G_m^{\ominus}$ 时，也不需考虑参加反应的凝聚相组元。

(6) 对于化学反应，有 $\sum_B \nu_B \mu_B \leq 0$，即若反应物的化学势之和大于产物的化学势之和，则反应从左向右进行。

第8章 相 平 衡

本章重点及难点

(1) 相数、独立组分数、自由度数的确定。
(2) 相律及其应用。
(3) 克拉贝龙-克劳修斯方程的应用。
(4) 二组分体系相图的绘制及相图分析。
(5) 杠杆规则用于二组分两相平衡体系中各相的相对量的计算。

8.1　本章知识结构框架

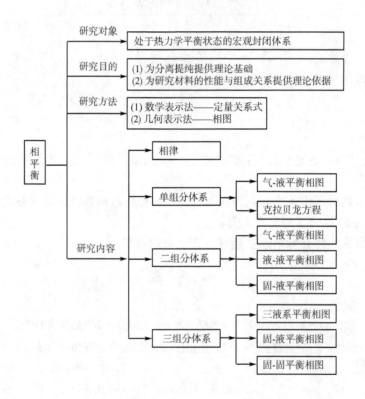

8.2　相　律

8.2.1　基本概念

1. 相及相数

相：在体系内部物理性质和化学性质完全相同、均匀的部分称为相。
相数：体系中所包含的相的总数称为相数，用 Φ 或 P 表示。

体系内部只有一个相的体系称为均相(单相)体系。含两个或两个以上的相的体系称为非均相(多相)体系。

2. 物种数和独立组分数

物种数：体系中所含有的所有化学物质的种类数称为体系的物种数，用 S 表示。

独立组分数：确定平衡体系中所有各相组成所需要的最少的物种数称为独立组分数或组分数，用 C 表示。

S 与 C 的关系：

$$C = S - R - R'$$

式中，R 为平衡体系中独立的化学平衡的数目；R' 为化学平衡时在同一相中的浓度限制条件，或溶液中的电中性条件。

注意：R' 是指在同一相中的浓度限制条件，有时不同相中也有浓度限制条件，但不在此限制条件内。

【例 8-1】　抽空容器中，$NH_3(g)$ 在高温下分解达到平衡，求体系的独立组分数。

解　一个化学反应，存在 3 种物质：NH_3、N_2 和 H_2，有 1 个浓度限制条件，所以

$$S = 3，R = 1，R' = 1(n_{N_2} : n_{H_2} = 1 : 3)，C = 3 - 1 - 1 = 1$$

【例 8-2】　抽空容器中放置 $NH_4HCO_3(s)$，恒温 400 K 按下列反应达到分解平衡，求体系的独立组分数。

$$NH_4HCO_3(s) \Longrightarrow NH_3(g) + H_2O(g) + CO_2(g)$$

解　一个化学反应，存在 4 种物质，且 $NH_3 : H_2O = 1 : 1$，$NH_3 : CO_2 = 1 : 1$，所以

$$S = 4，R = 1，R' = 2，C = S - R - R' = 4 - 1 - 2 = 1$$

体系的物种数可随考虑问题的角度不同而不同，但独立组分数对给定体系有确定的值，即对于给定体系，体系的独立组分数是相同的，而物种数可以不同。

【例 8-3】　求同时饱和 KCl、$NaNO_3$ 水溶液体系的独立组分数。

解　(1) 物种以分子为单位：

$$S = 3 (KCl，NaNO_3，H_2O)，R - 0，R' = 0，C = 3 - 0 - 0 = 3$$

(2) 物种以分子、离子等为单位：

$$S = 7 (KCl，NaNO_3，H_2O，K^+，Cl^-，Na^+，NO_3^-)$$

$$R = 2：KCl(s) \Longrightarrow K^+ + Cl^-，\quad NaNO_3(s) \Longrightarrow Na^+ + NO_3^-$$

体系中浓度之间的关系可写出下列 3 个：

$$[K^+] = [Cl^-]，\quad [Na^+] = [NO_3^-]$$

$$[K^+] + [Na^+] = [Cl^-] + [NO_3^-]$$

但其中只有 2 个是独立的，所以 $R' = 2$。

$[K^+] + [Na^+] = [Cl^-] + [NO_3^-]$ 称为电中性条件。这个条件源于体系是电中性的，所以溶液中正离子的总价数和负离子的总价数相等，这也是浓度限制条件。

$$C = S - R - R' = 7 - 2 - 2 = 3$$

(3) 若考虑水的解离：

$$S = 9 (KCl，NaNO_3，H_2O，K^+，Cl^-，Na^+，NO_3^-，H^+，OH^-)$$

$$R = 3: \quad KCl(s) \Longrightarrow K^+ + Cl^-, \quad NaNO_3(s) \Longrightarrow Na^+ + NO_3^-, \quad H_2O(l) \Longrightarrow H^+ + OH^-$$

体系中浓度之间的关系可写出下列 4 个：

$$[K^+] = [Cl^-], \quad [Na^+] = [NO_3^-], \quad [H^+] = [OH^-]$$

$$[K^+] + [Na^+] + [H^+] = [Cl^-] + [NO_3^-] + [OH^-]$$

但其中只有 3 个是独立的，所以 $R' = 3$，则

$$C = S - R - R' = 9 - 3 - 3 = 3$$

可以看出，在除溶剂水外其他物质中均不含有 H^+ 和 OH^- 的情况下，求独立组分数时可以不考虑水的解离，因为考虑水的解离时，S 增加 2，R 增加 1，R' 增加 1，最终对 C 的数值不产生影响。

3. 自由度(数)

在不破坏相平衡相态的条件下能独立改变的强度性质(的数目)称为自由度(数)，或确定热力学平衡体系的状态所需的最少的独立变数(强度性质)(的个数)称为自由度(数)。自由度数用 f 表示。

8.2.2　相律

相平衡体系中独立组分数 C、相数 Φ 和自由度数 f 之间的定量关系称为相律：

自由度数＝体系变量的总数－变量之间的关系式数

1. 相律的推导

例如，某多相平衡体系，含有 S 种物质，在温度 T、压力 p 下呈 Φ 相平衡。

1) 体系变量的总数

体系中的每一相：共有 $(S-1)$ 个组分的摩尔分数 x_i，1 个 T，1 个 p，强度性质总数 $= S-1+1+1 = S+1$。

体系中有 Φ 个相：强度性质的总数 $= (S+1)\Phi$。

因此，体系变量的总数为 $(S+1)\Phi$。

2) 变量之间的关系式数

体系中的每一组分：相平衡时，其在各项中的化学势相等：

$$\mu_B^\alpha = \mu_B^\beta = \mu_B^\gamma = \cdots = \mu_B^\varphi = \cdots = \mu_B^\Phi$$

共有 $(\Phi-1)$ 个化学势关系式。

体系中有 S 个组分：共有 $S(\Phi-1)$ 个化学势关系式。

温度 T：相平衡时，各相的 T 相等，共有 $(\Phi-1)$ 关系式。

压力 p：相平衡时，各相的 p 相等，共有 $(\Phi-1)$ 关系式。

另外，体系中有 R 个化学反应达到平衡；有 R' 个浓度限制条件。

因此，变量之间的关系式数为：$S(\Phi-1)+2(\Phi-1)+R+R'$。

自由度数 ＝ 体系变量的总数－变量之间的关系式数

$$f = (S+1)\Phi - S(\Phi-1) - 2(\Phi-1) - R - R' = (S-R-R') - \Phi + 2$$

即
$$f = C - \Phi + 2 \tag{8-1}$$

2. 讨论

(1) 相律只适用于平衡体系。

(2) 某一物质在某一相中不存在时，相律同样适用。

若某一相不含有某种物质时，则该相浓度变量减少一个，而相平衡条件中该物质在各相中化学势相等的关系式也相应减少一个。

(3) $f = C - \Phi + 2$ 中的 "2" 为温度和压力，即外界对体系的影响只考虑 T、p。若需考虑其他因素，如电场、磁场、重力场等对体系的影响，则相律为

$$f = C - \Phi + n \tag{8-2}$$

式中，n 为外界影响因素。

例：体系为渗透平衡，有两个压力：p_1 和 p_2，则

$$f = C - \Phi + 3 \quad (3 \text{ 指 } T、p_1、p_2)$$

(4) 在只考虑 T、p 时，若还有 N 个其他限制条件时

$$f = C - \Phi + 2 - N \tag{8-3}$$

(5) 条件自由度。

若 T 或 p 确定：

$$f^* = C - \Phi + 1 \tag{8-4}$$

若 T 和 p 均确定：

$$f^{**} = C - \Phi \tag{8-5}$$

【例 8-4】 抽空容器中放置 $NaHCO_3(s)$，400 K 时达到分解平衡，求体系的独立组分数和自由数。

$$2NaHCO_3(s) \Longrightarrow Na_2CO_3(s) + H_2O(g) + CO_2(g)$$

解 $S = 4$，$R = 1$，$R' = 1$，$C = S - R - R' = 4 - 1 - 1 = 2$；$\Phi = 3$（两个固相，一个气相）

$$f^* = C - \Phi + 1 = 2 - 3 + 1 = 0$$

8.3 单组分体系

(1) 单组分体系相律分析。

对单组分体系：$f = C - \Phi + 2 = 1 - \Phi + 2 = 3 - \Phi$。

当 $\Phi_{min} = 1$ 时，$f_{max} = 2$（变量为 T 和 p）。

当 $\Phi = 2$ 时，$f = 1$（变量为 T 或 p）。

当 $\Phi_{max} = 3$ 时，$f_{min} = 0$。

因此，对单组分体系，最多只能有三相平衡共存；而自由度数最大是 2，通常取 T 和 p。

(2) 单组分体系相平衡的研究方法。

i) 相图：T-p 平面图。

ii) 克拉贝龙(Clapeyron)方程：T-p 间的定量关系。

8.3.1 水的相图

1. 相图绘制

根据水的气-液、气-固和液-固等相平衡数据绘制的水的相图如图 8-1 所示。

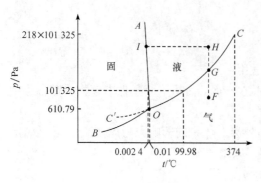

图 8-1　水的相图

水的相图中的 3 条两相平衡线(实线)相交于 O 点，构成 Y 字形，将图面分为 3 个单相区域。

2. 相图分析

(1) 单相区：$\Phi = 1$，$f = C - \Phi + 2 = 1-1+2 = 2$。

在单相区中，确定体系状态需两个变量：T 和 p；或在不破坏相平衡的条件下，可独立改变的变量数为 2。

图中共有 3 个单相区：气相区、液相区、固相区。

(2) 两相平衡线：$\Phi = 2$，$f = C - \Phi + 2 = 1-2+2 = 1$。

在两相平衡线上，确定体系状态只需 1 个变量：T 或 p；或在不破坏相平衡的条件下，可独立改变的变量数为 1。

(i) OC 线——$H_2O(l)$ 与 $H_2O(g)$ 的两相平衡共存的饱和蒸气压线、沸点线。

OC 线的斜率为正，T 升高，p 增大。

OC 线的终点 C 为纯水的临界点 (374℃，218 $p^\ominus$)。

OC' 线(虚线)为过冷水与饱和蒸气两相共存曲线，此体系处于亚稳定状态，蒸气压比同温度下的冰的蒸气压高(OB 线)。

(ii) OA 线——$H_2O(s)$ 与 $H_2O(l)$ 的两相平衡共存线。

OA 线的斜率为负，T 升高，p 减小，表明随 p 的增加，冰的熔点降低。

当 OA 线延长至 2000 $p^\ominus$ 以上时，有不同晶形的冰出现，相图变得复杂。

在 101 325 Pa 时，纯水的冰点是 0.0024℃。

(iii) OB 线——$H_2O(s)$ 与 $H_2O(g)$ 的两相平衡共存的饱和蒸气压线。

OB 线的斜率为正，且比 OC 线的要大，说明 T 对冰的蒸气压影响比对液态水的大。

(3) 三相点 O 点：$\Phi = 3$，$f = C - \Phi + 2 = 1-3+2 = 0$。

水处于三相点时，自由度为零，所以水的三相点有固定的温度和压力，分别为：$T = 273.16$ K (0.01℃)，$p = 610.79$ Pa (或 0.006 028 $p^\ominus$，4.58 mmHg)。

水的冰点的温度和压力分别为：$T \approx 273.15$ K (0℃)，$p = 101 325$ Pa (1atm)。

水处于三相点时的温度和压力与我们习惯上所说的水的冰点的温度和压力是不同的，为什么呢？

水处于三相点时，体系平衡共存的三相为：纯 $H_2O(s)$、纯 $H_2O(l)$ 和纯 $H_2O(g)$。

水处于冰点时，体系平衡共存的三相为：纯 $H_2O(s)$、溶有空气的 $H_2O(l)$ 和混有空气的 $H_2O(g)$。

由于水中溶入了空气，冰点降低 0.002 42℃；由于压力从 0.006 028$p^\ominus$ 升至 1$p^\ominus$，又使冰点降低 0.007 47℃。两种效应的总和使得水的冰点比三相点低 0.009 89℃，故水的冰点为

$$0.01℃-0.009\ 89℃ = 0.000\ 11℃ \approx 0℃$$

3. 相图应用

根据水的相图，我们可以很快地确定在一定 T、p 下 H_2O 所处的状态是几相平衡，平衡共存的是哪几相。当体系恒温变压(如 $F \rightarrow G \rightarrow H$)或恒压变温(如 $I \rightarrow H$)时(图 8-1)，体系的相态又是如何发生变化的。

8.3.2　克拉贝龙方程

1. 克拉贝龙方程的推导

对于单组分体系的两相平衡，根据相平衡条件及热力学关系式，推导可得

$$\frac{\mathrm{d}p}{\mathrm{d}T} = \frac{\Delta_\alpha^\beta H_\mathrm{m}}{T \Delta_\alpha^\beta V_\mathrm{m}} \tag{8-6}$$

式(8-6)称为克拉贝龙方程。式中，$\Delta_\alpha^\beta H_\mathrm{m}$ 和 $\Delta_\alpha^\beta V_\mathrm{m}$ 分别表示由 α 相可逆变到 β 相的摩尔焓变和摩尔体积变化。

适用条件：克拉贝龙方程只适用于单组分体系的任意两相(气-液、固-液、固-气)平衡，用以讨论两相平衡时 T、p 之间的定量关系。

2. 固-液平衡

$$B(s) \Longleftrightarrow B(l)$$

将克拉贝龙方程用于固-液平衡，则

$$\frac{\mathrm{d}p}{\mathrm{d}T} = \frac{\Delta_\mathrm{fus} H_\mathrm{m}}{T \Delta_\mathrm{s}^\mathrm{l} V_\mathrm{m}} = \frac{\Delta_\mathrm{s}^\mathrm{l} H_\mathrm{m}}{T \Delta_\mathrm{s}^\mathrm{l} V_\mathrm{m}} \tag{8-7}$$

式中，$\Delta_\mathrm{fus} H_\mathrm{m}$ 为摩尔熔化热，$\Delta_\mathrm{s}^\mathrm{l} V_\mathrm{m} = V_\mathrm{m}^\mathrm{l} - V_\mathrm{m}^\mathrm{s}$；对于大多数物质 $\Delta_\mathrm{s}^\mathrm{l} V_\mathrm{m} > 0$，但水例外。当冰转化为水时，摩尔体积减小，即 $\Delta_\mathrm{s}^\mathrm{l} V_\mathrm{m} < 0$。所以

$$\frac{\mathrm{d}p}{\mathrm{d}T} < 0$$

因此，在水的相图上，固-液曲线的斜率为负值。

3. 液-气或固-气平衡

$$B(l) \Longleftrightarrow B(g) \quad \text{或} \quad B(s) \Longleftrightarrow B(g)$$

1) 克拉贝龙-克劳修斯方程

将克拉贝龙方程用于液-气(或固-气平衡)，且气体可作为理想气体处理，则

$$\frac{\mathrm{d}p}{\mathrm{d}T} = \frac{\Delta_\mathrm{l}^\mathrm{g} H_\mathrm{m}}{T \Delta_\mathrm{l}^\mathrm{g} V_\mathrm{m}} = \frac{\Delta_\mathrm{l}^\mathrm{g} H_\mathrm{m}}{T(V_\mathrm{g} - V_\mathrm{l})} \approx \frac{\Delta_\mathrm{l}^\mathrm{g} H_\mathrm{m}}{T V_\mathrm{g}} = \frac{\Delta_\mathrm{l}^\mathrm{g} H_\mathrm{m}}{T \cdot \dfrac{RT}{p}}$$

整理可得　　　　　　　　　　$$\frac{\mathrm{d}\ln p}{\mathrm{d}T} = \frac{\Delta_l^g H_m}{RT^2} \tag{8-8}$$

或　　　　　　　　　　　　　$$\frac{\mathrm{d}\ln p}{\mathrm{d}T} = \frac{\Delta_s^g H_m}{RT^2} \tag{8-9}$$

式(8-8)和式(8-9)称为克拉贝龙-克劳修斯方程(克-克方程)。

若 $\Delta_l^g H_m$ 为常数，对克-克方程积分可得

$$\ln p = -\frac{\Delta_l^g H_m}{RT} + C \tag{8-10}$$

$$\ln \frac{p_2}{p_1} = -\frac{\Delta_l^g H_m}{R}\left(\frac{1}{T_2} - \frac{1}{T_1}\right) \tag{8-11}$$

2) 适用条件

(1) 单组分体系两相平衡且其中一相为气相，且气体可作为理想气体处理。

(2) 因为 $V_g \gg V_l\,(V_s)$，所以 $\Delta V = V_g - V_l\,(V_s) \approx V_g$。

(3) 不适用于高蒸气压体系，因为此类气体不能作为理想气体处理，且 ΔV 不能近似为 V_g。

3) 应用

(1) 可由 T_1 下的 p_1，求 T_2 时的 p_2。

(2) 可由 T_1、p_1 和 T_2、p_2 求相变热 $\Delta_l^g H_m$。

(3) 根据 $\ln p$-$1/T$ 的直线关系，可由斜率求相变热。

注意：若 $\Delta H = f(T)$，应代入积分式求解。

8.3.3　特鲁顿规则

对非极性液体，正常沸点 T_b 时的蒸发热与 T_b 的比值为一常数，称为特鲁顿(Trouton)规则。

$$\frac{\Delta_{vap} H_m}{T_b} = \Delta_{vap} S_m \approx 88\ \mathrm{J \cdot mol^{-1} \cdot K^{-1}} \tag{8-12}$$

【例 8-5】　聚丙烯是丙烯单体聚合而成的。丙烯单体的储存以液体状态为好，试估计能耐多大压力的储罐可满足储存液体丙烯的要求。已知丙烯的沸点为–47.4℃，夏天最高温度为60℃。

　　解　由特鲁顿规则：$\dfrac{\Delta_l^g H_m}{T_b} \approx 88\ \mathrm{J \cdot mol^{-1} \cdot K^{-1}}$，可得

$$\Delta_l^g H_m = 88 \times (273.15 - 47.4) = 19\,866\ \mathrm{J \cdot mol^{-1}}$$

$$\ln \frac{p_2}{p_1} = -\frac{\Delta_l^g H_m}{R}\left(\frac{1}{T_2} - \frac{1}{T_1}\right)$$

$$\ln \frac{p_2}{101\,325} = -\frac{19\,866}{R}\left(\frac{1}{273.15 + 60} - \frac{1}{273.15 - 47.4}\right)$$

$$p_2 = 3.086 \times 10^6\ \mathrm{Pa} = 3.086 \times 10^3\ \mathrm{kPa}$$

由计算可知，能耐压大于 3.086×10^3 kPa 的储罐可满足储存液体丙烯的要求。

8.4 二组分体系

对二组分体系：$C = 2$，$f = C - \Phi + 2 = 4 - \Phi$。

当 $\Phi_{min} = 1$ 时，$f_{max} = 3$ (T、p、x)。

当 $\Phi = 2$ 时，$f = 2$ (T、p，或 T、x，或 p、x)。

当 $\Phi = 3$ 时，$f = 1$ (T，或 p，或 x)。

当 $\Phi_{max} = 4$ 时，$f_{min} = 0$。

因此，二组分体系中最大的自由度数值为 3，而最多共存的相数是 4。

对多组分体系用相图研究较为方便，但因二组分体系的自由度数为 3，绘制相图就需要三维直角坐标的立体图。为便于观察，通常恒定一个变量，用立体图的截面图表示。

(1) p-x 图 (T 恒定)，$f^* = C - \Phi + 1 = 3 - \Phi$ (f^* 称为条件自由度)。

(2) T-x 图 (p 恒定)，$f^* = C - \Phi + 1 = 3 - \Phi$。

(3) T-p 图 (x 恒定)，$f^* = C - \Phi + 2 - 1 = 3 - \Phi$。

二组分体系的相图种类很多，大致可以分为三大类型：气-液平衡、液-液平衡、固-液平衡。每一类平衡体系的相图又可划分为若干种类型。

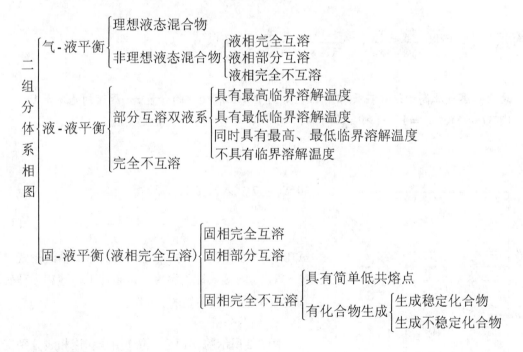

8.4.1 气-液平衡

1. 液相为理想液体混合物(封闭体系)的气-液平衡相图

1) 恒温下的 p-x 图 (压力-组成图)

$$f^* = C - \Phi + 1 = 2 - \Phi + 1 = 3 - \Phi$$

a. 相图绘制

因为液相为理想液体混合物，所以该 p-x 图可根据通过计算得到的 p-$x(y)$ 之间的关系绘制。

设：某理想液体混合物由 A、B 两种液体组成，纯 A 和纯 B 的饱和蒸气压分别为 p_A^* 和 p_B^*，且 $p_A^* > p_B^*$。

(1) 总压 p 与液相组成 x_A 的关系曲线——液相线。

$$p = p_A + p_B = p_A^* x_A + p_B^* x_B = p_A^* x_A + p_B^*(1 - x_A)$$

即

$$p = p_B^* + (p_A^* - p_B^*)x_A \tag{8-13}$$

从式(8-13)可以看出，p 与 x_A 呈直线关系。当 $x_A = 0$ 时，$p = p_B^*$；$x_A = 1$ 时，$p = p_A^*$，连接这两点即可得到液相线。这是从理论上绘制出的相线。

(2) 总压 p 与气相组成 y_A 的关系曲线——气相线。

因为 $p_A = p y_A$，$p_B = p y_B$，所以

$$p_A = p_A^* x_A = p y_A \qquad p_B = p_B^* x_B = p y_B \tag{8-14}$$

由式(8-14)可得

$$\frac{y_A}{y_B} = \frac{x_A}{x_B} \frac{p_A^*}{p_B^*} \tag{8-15}$$

因为 $p_A^* > p_B^*$，所以 $\dfrac{y_A}{y_B} < \dfrac{x_A}{x_B}$，即 $\dfrac{y_A}{1 - y_A} > \dfrac{x_A}{1 - x_A}$，所以

$$y_A > x_A \tag{8-16}$$

结论：蒸气压高的组分在气相中的含量高于其在液相中的含量——蒸馏的基本原理。

由式(8-15)、$x_B = 1 - x_A$ 和 $y_B = 1 - y_A$ 可解得

$$x_A = \frac{y_A p_B^*}{p_A^* + (p_B^* - p_A^*)y_A} \tag{8-17}$$

将式(8-17)代入式(8-13)，可得

$$p = \frac{p_A^* p_B^*}{y_A(p_B^* - p_A^*) + p_A^*} \tag{8-18}$$

式(8-18)所显示的 p 与 y_A 之间的关系为曲线形式，且 $y_A < x_A$。图 8-2 即为温度一定条件下，液相为理想液体混合物的气-液平衡的 p-x 图。

b. 相图分析

图 8-2 所示的 p-x 图中的气相线和液相线分别交于纯 A 和纯 B 的饱和蒸气压点，形成一个梭形区，并将相图划分为三个区域。

(1) 单相区。

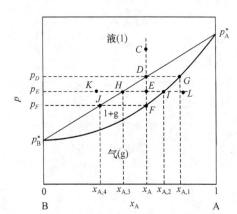

图 8-2 二组分气-液平衡的 p-x 图

梭形区以上为液相区，梭形区以下为气相区。

$\Phi = 1$，$f^* = C - \Phi + 1 = 2 - 1 + 1 = 2(p$ 和 $x)$，即在单相区中 p 和 x 可在一定的范围内变化而不致引起体系相态的改变。

(2) 气、液两相共存区。

梭形区以内为气、液两相区。

$\Phi = 2$，$f^* = C - \Phi + 1 = 2 - 2 + 1 = 1(p$ 或 $x)$，即为保持两相平衡，p 和 x 中只有一个可独立改变，另一个变量则随之而定。

(3) 线。

液相线（$p_B^*\ JHD\ p_A^*$）：物系状态点处于液相线上时为气-液两相平衡，但其中气相的量极少。

气相线（$p_B^*\ FIG\ p_A^*$）：物系状态点处于气相线上时为气-液两相平衡，但其中液相的量极少。

在两相线上：$\Phi = 2$，$f^* = C - \Phi + 1 = 2 - 2 + 1 = 1(p$ 或 $x)$。

(4) 点。

梭形区的两个端点分别为 $x_A = 0$(纯 B)和 $x_A = 1$(纯 A)的单组分体系两相平衡点。

$C = 1$，$\Phi = 2$，$f^* = C - \Phi + 1 = 1 - 2 + 1 = 0$，即温度一定的条件下，这两个点具有确定的 p 和 x 值。

c. 相图应用

从相图上考察组成恒定(如 x_A)而压力不断变化($C \to D \to E \to F$)或压力恒定(如 p_E)而组成不断变化($K \to H \to E \to I \to L$)过程中所经历的相的变化，可了解到体系相态的变化。

d. 杠杆规则

由图 8-2 可知，当体系的总组成为 x_A、压力为 p_E 时，体系的状态点在 E 点，此时体系呈气、液两相平衡。而 H 点和 I 点分别代表体系中液相和气相的平衡状态，其组成分别为 $x_{A,3}$ 和 $x_{A,2}$。体系的总组成保持不变，仍为 x_A。E 点称为物系点，而 H 点和 I 点称为相点，HEI 水平线称为结线。图中其他的体系点、相点和结线，如 C、D、E、F、K、L 均可称为体系状态点；D、H、J、G、I、F 为相点；线段 JF、HI、DG 为结线。有时体系状态点与相点会重合在一点上，如组成为 $x_{A,3}$ 的 H 点，可以是体系状态点也是相点。

位于同一结线上的所有体系状态点对应的平衡共存的两个相的组成均分别恒定(因为相点的位置不变)，不同的是两相的相对量，如在 HI 结线上的任一体系状态点对应的两个相点均为 H 点(液相)和 I 点(气相)。如何求出对应的气、液两相的相对量呢？可借助杠杆规则进行计算。

设体系与平衡的气、液相的组成及物质的量的符号如下，相对关系如图 8-3 所示。

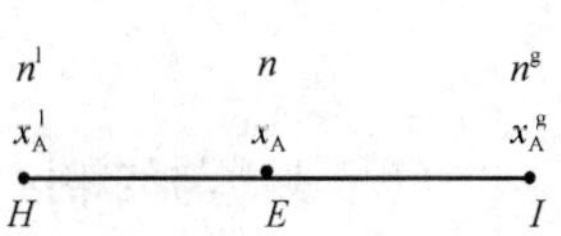

体系 E，组成 x_A，物质的量 n；

液相 H，组成 x_A^l，物质的量 n^l；

图 8-3 杠杆规则

气相 I，组成 x_A^g，物质的量 n^g。

则有

$$x_A = \frac{n_A}{n^l + n^g}, \quad n_A = n_A^l + n_A^g, \quad n = n^l + n^g$$

因为

$$n_A = x_A(n^l + n^g) = n_A^l + n_A^g = x_A^l n^l + x_A^g n^g$$

所以

$$n^l(x_A - x_A^l) = n^g(x_A^g - x_A) \tag{8-19}$$

将式(8-29)与图 8-3 对照可得到下列关系：

$$n^l \overline{HE} = n^g \overline{EI} \tag{8-20}$$

同理
$$n\overline{HE} = n^g \overline{HI} \tag{8-21}$$

$$n\overline{EI} = n^l \overline{HI} \tag{8-22}$$

式(8-20)~式(8-22)所显示的关系恰与杠杆原理一致，故称为杠杆规则。

当用质量分数 W 表示体系的组成时，式(8-19)可表示为

$$m^l(W_A - W_A^l) = m^g(W_A^g - W_A) \tag{8-23}$$

$$m = m^l + m^g$$

注意：

(1) 杠杆规则只适用于两相平衡，即气-液、气-固、液-液、液-固、固-固平衡等，用以确定平衡两相的相对量。

(2) 使用时单位上要统一，即 n-x_A、m-W_A。

2) 恒压下的 T-x 图(温度-组成图)

$$f^* = C - \Phi + 1 = 3 - \Phi$$

a. 相图绘制

设：某理想液体混合物由 A、B 两种液体组成，且 $p_A^* > p_B^*$，所以 $T_A^* < T_B^*$。根据实验测得的体系达到气-液两相平衡时的系列 T-x^l、T-x^g 数据，即可绘制出体系的 T-x 图，如图8-4所示。

b. 相图分析

T-x 图与 p-x 图类似，图中气相线和液相线将相图划分为三个区域，两条线分别交于纯 A 和纯 B 的沸点。相图中的点、线和区域的分析参照 p-x 图即可。简单描述如下。

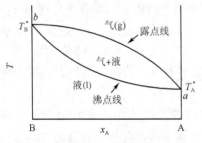

图8-4　二组分气-液平衡的 T-x 图

(1) 区域。

梭形区以上为气相区，梭形区以下为液相区，梭形区以内为气-液两相共存相区。

(2) 线。

气相线：与气相区相邻的是气相线，也称露点线。

液相线：与液相区相邻的是液相线，也称沸点线或泡点线。

(3) 点。

点 a 和点 b 分别为 A 和 B 的单组分体系气-液两相平衡的沸点。

c. 相图应用

T-x 图可用于指导挥发性不同的组分的分离。

(1) 分馏的基本原理。

挥发度高的组分沸点低，饱和蒸气压高，其在气相中含量高。

在恒压下加热组成为 x_A 的二组分体系。当温度到达图8-5中的 I 点时，开始出现气相，其组成为 Q 点所对应的 $x_{A,1}$，其中含有较多的 A 组分。继续升温，则形成更多的蒸气，液相中则含较多的低挥发、高沸点的 B 组分。如果将 Q 点所代表的蒸气全部凝结成液体(组成为 $x_{A,1}$)后再加热，其刚出现的气相组成为 R 点所对应的 $x_{A,2}$，$x_{A,2} > x_{A,1}$。如此重复气化和凝结，最后

可得纯 A($x_A=1$)。这种操作称为分馏。

(2) 分馏装置(泡罩塔)。

图 8-6 是分馏装置示意图,主要由三个部件构成:蒸馏瓶 A(其中有加热器 B)、蒸馏柱 D(其中有许多块塔板,其构造如图所示)以及冷凝器 F。

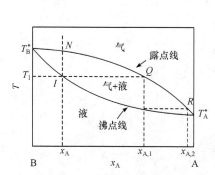

图 8-5　分馏的基本原理

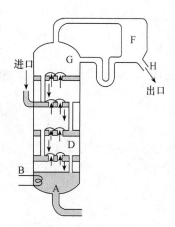

图 8-6　分馏装置示意图(塔顶得纯 A, 塔底得纯 B)

样品进入蒸馏柱后,在每块塔板上,向下流动的液体与向上流动的蒸气通过泡罩充分接触。蒸气中难挥发组分在冷凝过程中放出的热量用于蒸发液体中易挥发组分。这样,到达上一块塔板的蒸气中就含有较多的易挥发组分,到达下一块塔板上的液体中就含有较多的难挥发组分。当塔板足够多时就有可能使挥发度不同的组分彼此分开。

挥发度低的组分留在塔底的蒸馏瓶 A 中;挥发度高的组分在塔(柱)顶通过冷凝器 F 一部分由出口取出,另一部分通过回流孔 G 返回到塔(柱)中。返回部分与取出部分之比称为回流比。回流比可以影响蒸馏产品的质量。回流比越小,蒸馏质量越高。

2. 非理想液体混合物

非理想液体混合物中存在不服从拉乌尔定律的组分,因此其气-液平衡相图不同于理想液体混合物的相图,需要通过杜安-马居尔(Margules)公式进行讨论。

1) 杜安-马居尔公式

根据吉布斯-杜安公式 $\sum\limits_{B} x_B dX_B = 0$,有

$$\sum_{B} x_B d\mu_B = 0 \tag{8-24}$$

对气相为理想气体的气-液两相平衡,有

$$\mu_B^l = \mu_B^g = \mu_B^\ominus + RT \ln \frac{p_B}{p^\ominus}$$

$$d\mu_B = RT d\ln p_B \tag{8-25}$$

将式(8-25)代入式(8-24),得

$$\sum_{B} x_B d\ln p_B = 0 \tag{8-26}$$

对二组分体系：

$$x_A d\ln p_A + x_B d\ln p_B = 0 \tag{8-27}$$

$[T, p]$
$$d\ln p_A = \left(\frac{\partial \ln p_A}{\partial x_A}\right)_{T,p} dx_A \tag{8-28}$$

$$d\ln p_B = \left(\frac{\partial \ln p_B}{\partial x_B}\right)_{T,p} dx_B = -\left(\frac{\partial \ln p_B}{\partial x_B}\right)_{T,p} dx_A \tag{8-29}$$

将式(8-28)和式(8-29)代入式(8-27)，整理可得

$$\left(\frac{\partial \ln p_A}{\partial \ln x_A}\right)_{T,p} = \left(\frac{\partial \ln p_B}{\partial \ln x_B}\right)_{T,p} \tag{8-30}$$

式(8-30)称为杜安-马居尔公式。

对气相为实际气体的两相平衡，式(8-30)可写成

$$\left(\frac{\partial \ln f_A}{\partial \ln x_A}\right)_{T,p} = \left(\frac{\partial \ln f_B}{\partial \ln x_B}\right)_{T,p} \tag{8-31}$$

式中，f 为气体的逸度。

推论：

(1) 若组分 A 在 $x_A = x_{A,1} \rightarrow x_{A,2}$ 浓度范围内服从 $p_A = p_A^* x_A$，则组分 B 在同一浓度范围内服从 $p_B = K_{B,x} x_B$(为同一组成下的不同组分)。

(2) 若组分 A 在液相的含量增加($x_A \uparrow$)后，其在气相的分压增加($p_A \uparrow$)，则 B 在气相的分压下降($p_B \downarrow$)。

(3) 若组分 A 对拉乌尔定律有正偏差($p_A > p_A^* x_A$)，则组分 B 对拉乌尔定律也有正偏差($p_B > p_B^* x_B$)。

2) 气相总压与气、液相组成的关系

经推导，可得气相总压 p 与气、液相组成 x_A^g、x_A^l 之间的关系如下：

$$\left(\frac{\partial \ln p}{\partial x_A^g}\right)_T = \frac{x_A^g - x_A^l}{x_A^g (1 - x_A^g)} \tag{8-32}$$

(1) 若 $\left(\dfrac{\partial \ln p}{\partial x_A^g}\right)_T > 0$，则 $x_A^g > x_A^l$，即当气相中组分 A 增加，总压也升高时，则气相中组分 A 的浓度大于液相中组分 A 的浓度。

(2) 若 $\left(\dfrac{\partial \ln p}{\partial x_A^g}\right)_T < 0$，则 $x_A^g < x_A^l$，即当气相中组分 A 增加，总压降低时，则气相中组分 A 的浓度小于液相中组分 A 的浓度。

(3) 若 $\left(\dfrac{\partial \ln p}{\partial x_A^g}\right)_T = 0$，则 $x_A^g = x_A^l$，即在总压与组成无关的情况下，p-x 相图上曲线出现最高点或最低点，气相中组分 A 的浓度等于液相中组分 A 的浓度。

3)气-液平衡相图

根据上述理论分析和实验结果,非理想液体混合物的气-液平衡相图可分为三种类型:一般偏差(包括一般正偏差和一般负偏差)、最大正偏差和最大负偏差。

a. 一般正偏差和一般负偏差

与理想液体混合物的气、液平衡相图相比,这类相图的正偏差或负偏差都不大,总压处在纯液体 A 和 B 的饱和蒸气压之间,如图 8-7 所示。属于这种情况的体系有 CCl_4-C_6H_6、$CHCl_3$-$(C_2H_5)_2O$、CH_3OH-H_2O、C_6H_6-$(CH_3)_2CO$、CS_2-CCl_4 等。

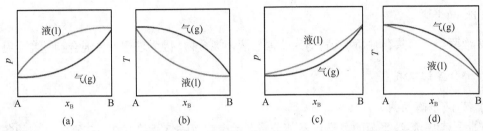

图 8-7 (a)、(b)分别为一般正偏差的 p-x 和 T-x 图;(c)、(d)分别为一般负偏差的 p-x 和 T-x 图

b. 最大正偏差

具有最大正偏差的相图如图 8-8 所示,其 p-x 曲线上出现最高点,T-x 曲线上有最低点,相应组成的混合物($x_B = x_E$)称为共沸混合物。属于这种情况的体系有:C_6H_6-C_6H_{12}、CH_3OH-$CHCl_3$、CS_2-$(CH_3)_2CO$、H_2O-C_2H_5OH 等。

在 T-x 图中,E 为最低恒(共)沸点;T_E 为最低恒(共)沸温度。

c. 最大负偏差

具有最大负偏差的相图如图 8-9 所示,其 p-x 曲线上出现最低点,T-x 曲线上有最高点,相应组成的混合物($x_B = x_E$)称为共沸混合物。属于这种情况的体系有:$CHCl_3$-$(CH_3)_2CO$、$HCHO$-H_2O、HNO_3-H_2O、HCl-H_2O 等。

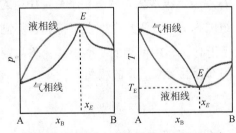

图 8-8 具有最大正偏差的 p-x 和 T-x 图

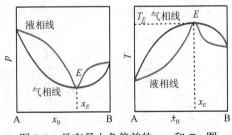

图 8-9 具有最大负偏差的 p-x 和 T-x 图

在 T-x 图中,E 称为最高恒(共)沸点;T_E 称为最高恒(共)沸温度。

d. 共沸点的特征

(1) 在共沸点处,$\dfrac{dT}{dx_B} = 0 \left(\dfrac{dp}{dx_B} = 0 \right)$(极值点),有 $x_E = y_E$,此组成下的液态混合物称为共沸混合物。

(2) p 一定时,x_E 一定;p 改变,x_E 改变。故共沸混合物的组成与总压有关,而纯化合物的组成不随压力而变。因此,虽然共沸混合物在一定压力下有固定沸点,但其不是纯化合物。

共沸混合物只是在气-液平衡时两相有相同组成而已。

(3) 用恒压蒸馏方法无法对共沸混合物进行组分分离。

(4) 对给定体系，p 一定时，在共沸温度下，$f^* = 0$，因为附加条件 $N = 1$ ($x_E = y_E$)
$$f^* = C - \Phi + 1 - N = 2 - 2 + 1 - 1 = 0$$

(5) 将处于共沸点的混合物精馏分离，只能得到一种纯物质和一个共沸混合物。对具有最低共沸点的体系来说，分馏结果，馏出物总是共沸混合物；而对具有最高共沸点的体系，馏出物则是纯组分 A 或 B。

8.4.2 液-液平衡

液-液两相平衡共存时，两液相均为非理想液体混合物，因为理想液体混合物是完全互溶的。

1. 部分互溶双液系

1) 液-液平衡相图

在此只考虑液-液平衡的凝聚体系部分，不考虑或忽略气相的存在。在压力一定的条件下，此类相图的 T-x 图有四种类型。

a. 具有最高临界溶解温度

例如，H_2O(B)-C_6H_5OH(A)体系。

a) 相图绘制

绘制此类相图一般有两种方法：恒温变浓度法和恒定浓度变温法。

(1) 恒温变浓度法。在恒定温度的条件下，向纯液体 B 中逐渐加入纯液体 A，分别记录每次加入后达平衡时两液相的饱和溶解度，即可绘制出相图。

(2) 恒定浓度变温法。配制含一定量 A、B 的混合液。例如，该混合体系的浓度为 $x_{A,3}$ (图 8-10)，在温度 T_1 时，体系达到两液相平衡(此两相溶液称为共轭溶液，或共轭双液层)，一相为 A 在 B 中的饱和溶液(称为 B 相或 B 层)，其组成为 $x_{A,1}$；另一相为 B 在 A 中的饱和溶液(称为 A 相或 A 层)，其组成为 $x_{A,2}$。将体系温度升至 T_2，体系在 T_2 温度下再次达到两液相平衡，B 相的组成为 $x'_{A,1}$；A 相的组成为 $x'_{A,2}$。依此类推，可得到各不同温度下体系达到两相平衡时 A、B 两相的平衡组成。将实验数据绘制成图即可得到部分互溶双液系的相图。

b) 相图分析

(1) 区域。

帽形线 DCE 将相图分为两个区域。

帽形线以外为单相区：$\Phi = 1$，$f^* = 2-1+1=2$(T 和 x)。

帽形线以内为两相区：$\Phi = 2$，$f^* = 2-2+1=1$(T 或 x)。

(2) 线。

帽形线上为两相共存区，但其中有一相的量很少。

CD 线：A 在 B 中的饱和溶解度曲线。

CE 线：B 在 A 中的饱和溶解度曲线。

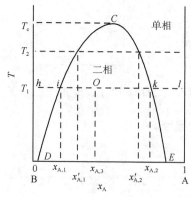

图 8-10 液-液平衡相图

(3) 点。

C 点：最高临界溶解点，或最高会溶点。

C 点是 CD 线与 CE 线的交点，当体系处于该点时，平衡共存的两相的浓度相等，即 $N = 1$，此时

$$f^* = C - \Phi + 1 - N = 2-2+1-1 = 0$$

T_c 为最高会溶温度。

c) 相图应用

根据相图并利用杠杆规则可求平衡共存两相的相对量。

b. 具有最低临界溶解温度

水-三乙胺体系的相图是这类相图的典型代表，其相图如图 8-11 所示。

c. 同时具有最高和最低临界溶解温度

水-烟酸体系的相图是这类相图的典型代表，其相图如图 8-12 所示。

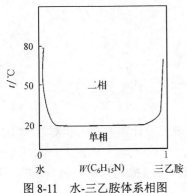

图 8-11 水-三乙胺体系相图

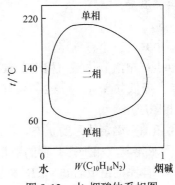

图 8-12 水-烟酸体系相图

d. 不具有临界溶解温度

乙醚和水构成的双液系相图属于这种类型。在它们成为溶液存在的温度范围内一直是彼此部分互溶，但没有临界溶解温度存在。

2) 气-液平衡相图

对于部分互溶双液系体系，如有气相存在时，就构成了部分互溶双液系的气-液平衡相图。图 8-13 为气相出现在临界溶解温度以上时的气-液平衡相图，当气相出现在临界溶解温度以下时，其气-液平衡 t-x 图如图 8-14 所示。

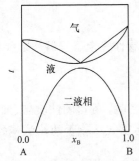

图 8-13 气相出现在临界溶解温度以上时的气-液平衡相图

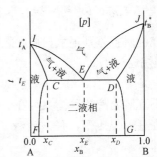

图 8-14 部分互溶双液系的气-液平衡相图

a. 相图分析

(1) 区域。

如图 8-14 所示，相图中有三个单相区(f^*=2–1+1=2)、三个两相区(f^*=2–2+1=1)。

(2) 线。

相图中共有七条线，除 CED 为三相线外，其余六条均为两相共存线。

CF、DG 线：饱和溶解度曲线(液-液平衡线) ⎫
IE、JE 线：气相线 ⎫ 气-液平衡线 ⎬ f^*=2–2+1=1。
IC、JD 线：液相线 ⎭ ⎭

CED 线：三相线，共存的三相为： $\alpha(l)+\beta(l)+g$， f^*=2–3+1=0。

处在三相线上的任一体系状态点均为三相平衡共存，且共存三相的组成均为 C、E、D 三点所对应的组成。对给定体系，压力确定后，C、E、D 三点有确定的值，不能任意变动。但处在三相线上不同位置的体系，其平衡共存三相的相对量不同。对应此三相平衡的温度 t_E 称为最低共沸温度。

(3) 点。

相图中共有三个特殊点。

I、J 点：单组分体系两相平衡点，f^*=1–2+1=0。

E 点：最低共沸点，f^*=2–3+1=0。

b. 相图应用

利用相图可确定体系的状态、各相组成；借助杠杆规则可计算两相的相对量；而借助三相线 CED 可求得与气相平衡共存的液相的最大量。

例如，体系的组成若在 CED 线上 CE 之间的 O 点，可求得与气相平衡共存的α液相的最大量：

```
        α相    体系    气相    β相
        |──────|──────|──────|
        C      O      E      D
```

组成用 x_B 时， $\dfrac{n_c}{n_g}=\dfrac{\overline{OE}}{\overline{CO}}$ 。

组成用 W_B 时， $\dfrac{m_c}{m_g}=\dfrac{\overline{OE}}{\overline{CO}}$ 。

同理，若体系的组成在 ED 之间，则可求得与气相平衡共存的β液相的最大量。

2. 液相完全不互溶的液-气平衡和水蒸气蒸馏

两种液体在性质上差别很大，彼此之间的溶解度非常小，可看作完全不互溶，如水-烷烃、水-芳烃、水-环烷烃等。

1) p-T 图

两种彼此不互溶的液体平衡共处在一个体系中时，彼此互不影响，各自的性质与它们单独存在时相同。在任何温度下，**任何两种不互溶的液体混合物的总蒸气压等于两纯液体的饱和蒸气压之和**，即

$$p=p_A+p_B=p_A^*+p_B^*$$

体系的沸点是总蒸气压等于外压时的温度。因此，**任何两种不互溶的液体混合物的沸点**

低于构成该混合物的任一种纯液体的沸点。例如，水-苯体系，当外压 $p_{ex} = p^{\ominus}$ 时，水的沸点 $t_b(H_2O) = 100℃$，苯的沸点 $t_b(C_6H_6) = 80.1℃$，而水与苯混合物的沸点为

$$t_b(H_2O+C_6H_6) = 69.9℃$$

图 8-15 为由 A 和 B 构成的液相完全不互溶体系的 p-T 图和 T-x 图。

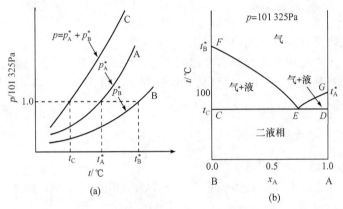

图 8-15 液相完全不互溶体系的 p-T 图(a)和 T-x 图(b)

2) T-x 图

a. 相图分析

(1) 区域。

如图 8-15 所示，相图中有一个单相区、三个两相区。

(2) 线。

相图中共有三条线，两条是两相共存线，一条是三相线。

FE 线
GE 线
} 气、液两相共存线，$f^* = 2-2+1 = 1$。

CED 线：三相线，共存的三相为：A(l)+g(x_E)+B(l)，$f^* = 2-3+1 = 0$。

(3) 点。

相图中特殊的点共有三个。

F、G 点：纯 B 和纯 A 的单组分体系两相平衡点，$f^* = 1-2+1 = 0$。

E 点：共沸点，t_C 为共沸温度。

在共沸温度，E 点的气相组成可由分压定律求出：

$$y_A = \frac{p_A^*}{p} = \frac{p_A^*}{p_A^* + p_B^*} \tag{8-33}$$

b. 相图的应用：水蒸气蒸馏

设：蒸出一定量有机物的质量为 m_B，水蒸气的用量为 m_{H_2O}。

$$p_{H_2O} = p_{H_2O}^* = y_{H_2O}p , \quad p_B = p_B^* = y_Bp$$

$$\frac{p_{H_2O}^*}{p_B^*} = \frac{y_{H_2O}}{y_B} = \frac{n_{H_2O}}{n_B} = \frac{m_{H_2O}M_B}{m_B M_{H_2O}}$$

所以
$$\frac{m_{H_2O}}{m_B} = \frac{M_{H_2O}}{M_B}\frac{p^*_{H_2O}}{p^*_B} \tag{8-34}$$

式中，$\dfrac{m_{H_2O}}{m_B}$ 称为水蒸气消耗系数。水蒸气消耗系数越小，表示水蒸气蒸馏的效率越高。

8.4.3　固-液平衡(合金、水盐体系)

前提条件：液相完全互溶且气相不存在。

对凝聚体系，压力对相平衡的影响可忽略不计，因此用 T-x 图即可表示固-液平衡相图。根据固相各物质的互溶程度，T-x 图可分为三种类型：固相完全不互溶、固相部分互溶和固相完全互溶。

1. 固相完全不互溶的固-液平衡

1) 形成简单低共熔混合物体系

能形成简单低共熔混合物的典型体系有：Bi-Cd、Pb-Sb、Si-Al、KCl-Ag、C_6H_6-CH_3Cl、$CHCl_3$-$C_6H_5NH_2$、苯-萘等。

绘制固-液平衡相图的方法可分为两类：对合金体系可采用热分析法，对水盐体系则采用溶解度法。

a. 热分析法

a) 相图绘制

采用热分析法绘制合金相图的一般过程如下：

$$二元合金 \xrightarrow{加热} 熔化 \xrightarrow[\text{冷却}]{\text{缓慢均匀}} T\text{-}t关系数据 \longrightarrow 步冷曲线 \longrightarrow T\text{-}x相图$$

例如，Bi-Cd 体系，所配制的 Bi、Cd 含量的质量分数及所对应的步冷曲线的线号如下：

W_{Cd}/%	0	20	40	70	100
线号	a	b	c	d	e

实验得到的步冷曲线(图 8-16 左图)的线形分为三类：a 线(e 线)形、b 线(d 线)形及 c 线形。

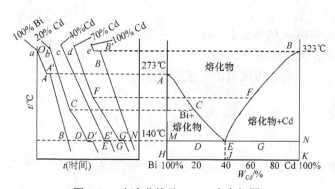

图 8-16　步冷曲线及 Bi-Cd 合金相图

(1) a 线：纯 Bi (e 线：纯 Cd，与 a 线类似)，单组分体系。

aA 段：液态铋 Bi(l)的降温过程，$f^* = 1-1+1 = 1$，变量为 T，即在不改变相态的条件下，体系温度随时间降低。

A 点：体系中开始析出固态铋 Bi(s)，$f^* = 1-2+1=0$，单组分体系两相平衡。

AA′ 水平段：体系中 Bi(l) ⟶ Bi(s) 的相变过程，Bi(l)、Bi(s) 两相共存：$f^* = 1-2+1=0$。因此，随时间的推移，体系的温度不变，步冷曲线呈水平线段。

A′ 点：体系中 Bi(l) 几乎全部消失。

A′M 及以下段：Bi(s) 的降温过程，$f^* = 1-1+1=1$，变量为 T，即在不改变相态的条件下，体系温度可变。

(2) *b* 线：含 20% 的 Cd (*d* 线：含 70% 的 Cd，与 *b* 线类似)。

bC 段：液态铋镉熔化物 [Bi+Cd](l) 的降温过程，$f^* = 2-1+1=2$，变量为 T、x。

C 点：体系中开始析出 Bi(s)，$f^* = 2-2+1=1$，变量为 T 或 x。

CD 段：体系中 Bi(l) ⟶ Bi(s) 的相变过程，[Bi+Cd](l)、Bi(s) 两相共存：$f^* = 2-2+1=1$，变量为 T 或 x。

D 点：体系中 Cd (s) 也开始析出。

DD′ 水平段：体系中 Bi(l) ⟶ Bi(s)、Cd(l) ⟶ Cd(s) 的相变过程，Bi(s)、[Bi+Cd](l)、Cd(s) 三相共存：$f^* = 2-3+1=0$。因此，随时间的推移，体系的温度不变，步冷曲线呈水平线段。

D′ 点：体系中 [Bi+Cd](l) 几乎全部消失。

D′ 以下段：Bi(s)、Cd(s) 的降温过程，$f^* = 2-2+1=1$。

(3) c 线：含 40% 的 Cd。

cE 段：[Bi+Cd](l) 的降温过程，$f^* = 2-1+1=2$，变量为 T、x。

E 点：体系中 Bi(s)、Cd(s) 同时开始析出。

EE′ 水平段：体系中 Bi(l) ⟶ Bi(s)、Cd(l) ⟶ Cd(s) 的相变过程，Bi(s)、[Bi+Cd](l)、Cd(s) 三相共存，$f^* = 2-3+1=0$。因此，随时间的推移，体系的温度不变，步冷曲线呈水平线段。

E′ 点：体系中 [Bi+Cd](l) 几乎全部消失。

E′ 以下段：Bi(s)、Cd(s) 的降温过程，$f^* = 2-2+1=1$。

将各步冷曲线的转折点、水平段的温度及相应的相组成描绘在 *T-x* 图上(图 8-16 右图)，得到图中的 *A*、*B*、*C*、*D*、*E*、*F*、*G* 点。连接 *A*、*C*、*E* 的 *AE* 线是 Bi 随 Cd 的加入其凝固点降低曲线，根据相图可得到凝固点降低值。连接 *B*、*F*、*E* 的 *BE* 线是 Cd 随 Bi 的加入其凝固点降低曲线，根据相图同样可得其凝固点降低值。*D*、*E*、*G* 三点的水平连接线为三相平衡线。

b) 相图分析

(1) 区域。

图中有一个单相区、三个两相区，各相区的相态见图 8-16 右图。

单相区：$f^* = 2-1+1=2$。

两相区：$f^* = 2-2+1=1$。

(2) 线。

图中共有三条线，两条两相线、一条三相线。

AE 线：Bi 的凝固点降低曲线 ⎫
BE 线：Cd 的凝固点降低曲线 ⎬ 固、液两相共存线，$f^* = 2-2+1=1$。

MEN 线：三相线，共存的三相为：Bi(s)+熔化物(E)+ Cd(s)，$f^* = 2-3+1=0$。

(3) 点。

相图中共有三个特殊点。

A、*B* 点：分别为 Bi 和 Cd 的熔点，或单组分体系两相平衡点，$f^*=1-2+1=0$。

E 点：低共熔点，t_E 为低共熔温度，对应 *E* 点组成的混合物称为低共熔混合物。

c) 相图应用

(1) 根据相图可求得 ΔT_f，从而可求得熔融液中可视为溶剂(A)的组分的活度和活度系数

$$\ln a_A = \frac{\Delta_{fus}H^*_{m,A}}{R}\left(\frac{1}{T_f^*}+\frac{1}{T_f}\right)$$

(2) 根据相图可绘制步冷曲线；根据杠杆规则可计算平衡共存两相的相对量。

(3) 能形成低共熔点的合金的熔点一般大大低于纯金属的熔点，利用此性质可制作保险丝。

例如，纯 Bi 熔点为 $t^*_{m,Bi}=273℃$；纯 Cd 熔点为 $t^*_{m,Cd}=323℃$。当将 40%的 Cd 和 60%的 Bi 构成低共熔混合物时，其熔点为 $t_m=140℃$。

b. 溶解度法

溶解度法适用于水盐体系，根据体系固-液平衡数据可绘制出其相图。

例如，H_2O-$NaNO_3$ 体系相图如图 8-17 所示，图中区域、线和点的意义及自由度分析如下。

(1) 区域。

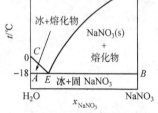

图 8-17　H_2O-$NaNO_3$ 相图

图中有一个单相区、三个两相区，各相区的相态见图 8-17。

单相区：$f^*=2-1+1=2$。

两相区：$f^*=2-2+1=1$。

(2) 线。

相图中共有三条线，两条两相线、一条三相线。

CE 线：水的凝固点降低曲线

DE 线：盐的凝固点降低曲线

　　　　或盐在水中的饱和溶解曲线 ⎫ 固、液两相共存线，$f^*=2-2+1=1$。

AEB 线：三相线，共存的三相为：$H_2O(s)$+溶液(E)+$NaNO_3(s)$，$f^*=2-3+1=0$

(3) 点。

相图中共有三个特殊点。

C、*D* 点：分别为 $H_2O(s)$ 和 $NaNO_3(s)$ 的熔点，或单组分体系两相平衡点，$f^*=1-2+1=0$(注：通常水盐体系相图中不出现 *D* 点)。

E 点：低共熔点，t_E 为低共熔温度，对应 *E* 点组成的混合物称为低共熔混合物，也称为冰盐合金。

通常绘制水盐体系相图的温度低于 $100℃$。例如，$H_2O(A)$-$(NH_4)_2SO_4(B)$体系相图如图 8-18 所示。

a) 相图分析

(1) 区域。

图中有一个单相区、三个两相区，各相区的相态见图 8-18。

(2) 线。

相图中共有三条线，两条两相线、一条三相线。

DE 线：水的凝固点降低曲线 $\big\}$ 固、液两相共存线，$f^*=2-2+1=1$。
CE 线：盐的饱和溶解度曲线

MEN 线：三相线，共存的三相为：$H_2O(s)$+溶液(E)+$(NH_4)_2SO_4$ (s)，$f^*=2-3+1=0$。

(3) 点。

E 点：低共熔点，t_E 为低共熔温度，对应 E 点组成的混合物称为低共熔混合物，也称为冰盐合金。对 H_2O-$(NH_4)_2SO_4$ 体系

$$W_B = 38.4\%, \quad t_E = -19.05℃$$

b) 相图应用

(1) 制冷：H_2O-$NaCl$ 体系的低共熔点为 $-21℃$；$CaCl_2 \cdot 6H_2O$-H_2O 体系的低共熔点为$-50℃$。

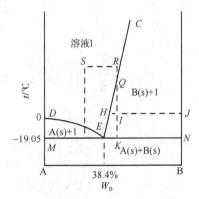

图 8-18　H_2O-$(NH_4)_2SO_4$ 相图

(2) 分离提纯：例如，$H_2O(A)$-$(NH_4)_2SO_4(B)$体系(图8-18)。含30%的$(NH_4)_2SO_4(B)$的体系状态点在 S 点，该体系降温时首先析出冰，达不到分离盐的目的。因此，首先应将此溶液浓缩，使其含$(NH_4)_2SO_4(B)$的量在 E 点右侧的 R 点，降温至 Q 点开始析出$(NH_4)_2SO_4(B)$固体，随温度下降，固体盐增加，至略高于 t_E 温度时可得到最大量的盐固体。

利用杠杆规则可以求得析出的盐固体的量。例如，体系的状态点在 I 点时

$$\frac{固相量}{液相量}=\frac{HI}{IJ} \quad 或 \quad \frac{固相量}{原体系总量}=\frac{HI}{HJ}$$

体系的状态点略高于 K 点时

$$\frac{最大固相量}{原体系总量}=\frac{EK}{EN}$$

(3) 稀溶液的依数性质(同前)。

2) 形成稳定化合物体系

某些二组分体系可以形成稳定的固态化合物，并能与液相平衡共存。

例如，苯酚(P)-苯胺(A)体系，P 与 A 可形成 1:1 的化合物 PA：

$$P + A = PA$$

体系中：$S=3$，$R=1$，$R'=0$，$C=2$。因此，该体系仍是二组分体系。

固相 P、A 和 PA 间彼此均不互溶，其相图如图 8-19 所示。将相图从化合物 PA 的垂线分割开，可以得到两张具有简单低共熔体系的相图，一个是 P-PA 体系，另一个是 PA-A 体系。液相是 P、PA 和 A 的平衡均相熔化物。

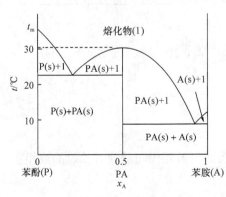

图 8-19　形成稳定化合物相图

如果将组成为 $x_A=0.5$ 的熔化物冷却，达到 PA 的凝固点31℃时，只有纯固态化合物 PA 凝固出来，而且温度保持不变，直至所有熔化物完全凝固为 PA 温度才开

始下降,体系如同单组分体系,$f^* = 1-2+1=0$。

某些二组分体系可以形成 n 种化合物,则其相图可以看作由$(n+1)$张简单低共熔体系的相图组成。例如,水和硫酸体系可以形成三种化合物,如图 8-20 所示,其中包含四个简单低共熔体系的相图。

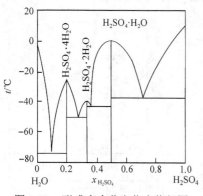

图 8-20　形成多个稳定化合物相图

3) 形成不稳定化合物

a. 同成分熔点 t_m 与异成分熔点 t_p

同成分熔点 t_m:固态化合物熔化为液态熔化物时,固、液两相的组成相同(均为化合物)称为同成分熔化。熔化温度称为同成分熔点(稳定化合物的熔点)。

异成分熔点 t_p:固态化合物熔化为液态熔化物时,固、液两相的组成不同(固态化合物在熔化过程中分解)称为异成分熔化。熔化温度称为异成分熔点,也称转熔点或转熔温度(不稳定化合物的分解温度)。

b. 形成不稳定化合物相图

在某些情况下,所形成的固态化合物在未达其熔点时即分解成新的固相和组成不同于原来固态化合物的液相。这种固态化合物称为不稳定化合物,其具有异成分熔点/转熔点,其分解过程称为转熔反应。

例如,Na-K 体系,$Na_2K(s)$在未达到其熔点,即在 t_p 时发生分解:

$$Na_2K(s) \longrightarrow Na(s)+熔液$$

此时体系达三相平衡,$f^* = 2-3+1=0$。温度和各组成均固定不变。各相区的相态如图 8-21 所示。相图中,E 点为低共熔点;两条水平线为三相线。各三相组成分别为

QNP 线:$Na(s)+ Na_2K(s)+熔液$。

CED 线:$Na_2K(s)+熔液+ K(s)$。

若将组成为 y 的熔化物冷却,则到达 M 点时,$Na(s)$开始析出,熔化物中 K 含量增加,熔化物的组成在继续冷却过程中沿 MP 曲线变化。当温度到达转熔点 t_P时,$Na(s)$与熔化物反应,生成化合物 $Na_2K(s)$,体系成为三相平衡体系,条件自由度为零。当反应完成后,体系成为含 $Na(s)$和$Na_2K(s)$的两相平衡体系时,体系的温度才能继续下降。属于这种情况的二组分体系有:CaF_2-$CaCl_2$、SiO_2-Al_2O_3、Na_2SO_4-H_2O 等。

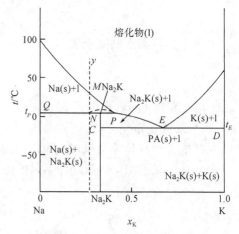

图 8-21　形成不稳定化合物相图

2. 固相完全互溶的固-液平衡

某些二组分体系的固/液态溶液均可完全互溶,则这类体系的相图与前面讨论过的液相完全互溶的气-液平衡相图类似,也可分为三类。

1) 固/液态溶液均可视为理想溶液

例如,Au-Ag、Cu-Ni、Co-Ni、NH_4SCN-KSCN 等体系,它们的基本相图形式如图 8-22(a)

所示。

2) 具有最大正偏差或最低共熔点

例如，Au-Cu 体系，相图如图 8-22(b)所示。

3) 具有最大负偏差或最高共熔点

相图如图 8-22(c)所示。

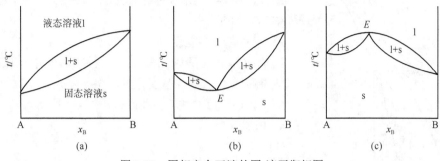

图 8-22 固相完全互溶的固-液平衡相图

3. 固相部分互溶的固-液平衡

某些二组分体系在液态可以完全互溶,而固态则在一定的浓度范围内形成部分互溶的两固相。对这类体系的相图，这里选择其中的两种类型进行讨论。

1) 体系有一低共熔点

由 A、B 构成的固相部分互溶的二组分固-液平衡 T-x 图如图 8-23 所示。这类相图与部分互溶双液系的气-液平衡相图相似。

a. 相图分析

a) 区域

各相区的相态如图 8-23 所示。

b) 线

相图中共有七条线：两条液相线、两条固相线、两条固相部分互溶的饱和溶解度曲线和一条三相线。

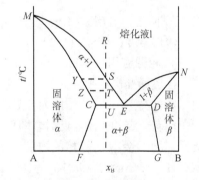

图 8-23 固相部分互溶的固-液平衡相图

(1) 液相线：固-液平衡时的液相组成线。物系状态点处在液相线上时为固-液两相平衡，但其中固相的量极少。

ME 线：固(α)-液平衡的液相线

NE 线：固(β)-液平衡的液相线

(2) 固相线：固-液平衡时的固相组成线。物系状态点处在固相线上时为固-液两相平衡，但其中液相的量极少。

MC 线：固(α)-液平衡的固相线

ND 线：固(β)-液平衡的固相线

(3) 固相部分互溶的饱和溶解度曲线。

CF 线：固-固平衡时 B 在 A 中的固溶体(α)的饱和溶解度曲线

DG 线：固-固平衡时 A 在 B 中的固溶体(β)的饱和溶解度曲线

(4) 三相线：DEC 线。共存的三相为：固溶体 α+固溶体 β+熔液 l。

属于这类体系的有 KNO_3-$TiNO_3$、KNO_3-$NaNO_3$、AgCl-CuCl、Ag-Cu、Pb-Sb 等。

b. 相图应用

(1) 根据杠杆规则求两相的相对量。

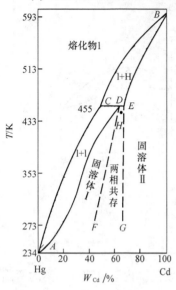

图 8-24　Cd-Hg 固-液平衡相图

(2) 根据相图可知随着温度(或组成)的变化体系相态的变化。

例如，图 8-23 所示的处于 R 点(x_B=0.5)某一熔化物的冷却过程中相态的变化。

2) 体系有转熔温度

当构成体系的两种物质中有一种物质的熔点低于体系的三相线温度时，三相线温度称为转熔温度。

例如，Cd-Hg 体系，其相图如图 8-24 所示。

a. 相图分析

(1) 区域。

各相区的相态如图 8-24 所示。

(2) 线。

相图中共有七条线。

BC、CA 线为液相线。

BE、DA 线为固相线。

DF、EG 线为固相部分互溶的饱和溶解度曲线。

CDE 线为三相线，f^*=2–3+1=0，共存的三相为固溶体 I (组成 D)+固溶体 II(组成 E)+熔液(组成 C)。

转熔温度：455 K (182℃)。

b. 相图应用

在镉标准电池中，为什么镉汞齐电极中 Cd 的浓度要控制在 5%～14%？由 Hg-Cd 相图可知，在常温下，Cd 的浓度为 5%～14%的体系处于熔化物和固溶体 I 两相平衡区，且 Cd 在两相中均有一定的浓度。此时，即使体系中 Cd 的总量发生微小的变化，也只是改变两相的相对质量，而不会改变两相的浓度，因此电极电势可保持不变的数值。属于这类体系的实例有 AgCl-LiCl、$AgNO_3$-$NaNO_3$ 等。

注意：在考察一个凝聚体系的相图时，应该注意下列情况：低共熔点、固态混合物、固态熔液、固态化合物、转熔反应、转熔温度等。任何更为复杂的相图一般都可以根据上述情况得到解释。

【例 8-6】　在一定压力下，A 与 B 的二组分凝聚体系固-液 T-x 图如图 8-25 所示。

(1) 指出图中各部分的相态及自由度数。

(2) 在图上标明体系中的三相线，并说明分别是哪三相共存。

(3) 画出分别从 a、b 点冷却的步冷曲线。

解　(1) 1 为液体 l，f^*=2；2 为固溶体 α，f^*=2；3 为固溶体 β，f^*=2；4 为 l+α，f^*=1；5 为 α+β，f^*=1；6 为 l+β，f^*=1；7 为 l_1+l_2，f^*=1；8 为 l+β，f^*=1。

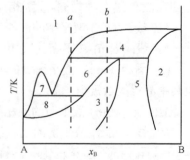

图 8-25　A、B 二组分凝聚体系固-液 T-x 图

(2) 三相线(图 8-26): ijk 线: $l_1 + l_2 + \beta$; def 线: $1 + \alpha + \beta$。

(3) 见图 8-26 右侧。

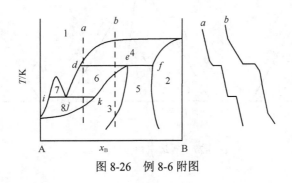

图 8-26 例 8-6 附图

8.5 三组分体系

对三组分体系: $C = 3$, $f = 3 - \Phi + 2 = 5 - \Phi$。

当 $\Phi_{min} = 1$, $f_{max} = 4$ (T、p、两个浓度)。

当 $f_{min} = 0$, $\Phi_{max} = 5$。

在 T、p 恒定的条件下, $f_{max}^{**} = 2$。因此, 研究三组分体系的相平衡可用平面三角形坐标图。平面三角形坐标图分为等边三角形和等腰三角形两类。本节主要采用等边三角形表示法描绘三组分体系相图。讨论的相图包括三组分液-液平衡体系相图和三组分固-液平衡体系相图。

8.5.1 等边三角形坐标

1. 表示方法

例如, 某三组分体系由 A、B、C 构成。

等边三角形的三个顶点分别表示纯的单组分 A、B、C; 三条边 AB、BC、CA 分别表示三个二组分体系; 三角形中的任一点 E 表示一个三组分体系的某一状态。三角形坐标是逆时针坐标, 对 E 点所表示的二组分体系, 其组成的确定方法如下:

如图 8-27(a)过 E 点作平行于各边的平行线, 每条平行线可用于确定其对角组分的组成。例如, AB 的平行线与三角形分别交于 g 和 g' 点, 其所对的角是 C, 所以这条平行线用于确定 C 的含量, 即 Bg 表示含 C 的量。同理, Af 表示 B 的含量; Ca 表示 A 的含量。

2. 特征

(1) AB 平行线(gg')上任意一点, 其 C 的含量相等, 即均在 g 点[图 8-27(a)]。

(2) C 点对 AB 连线上的任一点, A、B 的含量成比例, 即 $Ca/Ab = Ca'/Ab'$[图 8-27(b)]。

(3) 由两个三组分体系 D、E 构成的新三组分体系, 其组成在 DE 连线上[图 8-27(c)]。

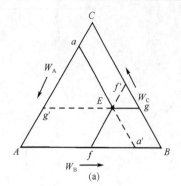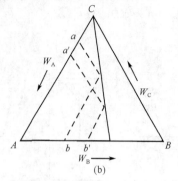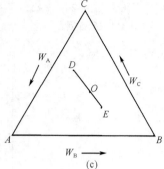

图 8-27　等边三角形坐标表示法

8.5.2　部分互溶的三组分液-液平衡体系

1. 含有一对部分互溶的三液体体系

典型的这类体系有乙酸(C)-氯仿(A)-水(B)体系，丙酮(C)-水(A)-乙醚(B)体系等。

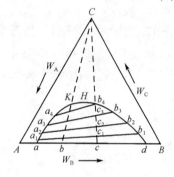

图 8-28　一对部分互溶的三组分相图

1) 相图绘制

根据液-液平衡溶解度数据绘制的 A-B-C 三组分体系 (A 与 B 部分互溶、A 与 C 及 B 与 C 完全互溶)的平面相图如图 8-28 所示。

实验方法：配制组成为 c 点所示的 A、B 混合液放入瓶中，充分振摇后静置，即呈两个二组分溶液平衡共存的双液层。该双液层称为二组分共轭双液层或共轭溶液。

A 层：B 在 A 中的饱和溶液，组成为 a 点。

B 层：A 在 B 中的饱和溶液，组成为 b 点。

向上述体系中加入一定量的物质 C，物系点沿 cC 线移动至点 c_1，平衡时形成两个组成分别为 a_1 和 b_1 的三组分双液层，称为共轭双液层或共轭溶液。

A 层：B 在含有 C 的 A 中的饱和溶液，组成为 a_1 点。

B 层：A 在含有 C 的 B 中的饱和溶液，组成为 b_1 点。

加入物质 C 至物系点 c_2 时，共轭双液层的组成为 a_2、b_2；至物系点 c_3 时，……

相图中 ab，a_1b_1，a_2b_2，…称为结线，由于 C 在两液层中分配的量并不相等，故结线与底边并不平行。

2) 相图分析

(1) 区域。

帽形线外为单相区：$f^{**} = 3 - 1 = 2$。

帽形线内为两相区：$f^{**} = 3 - 2 = 1$。

(2) 线。

aK 线：B 在含有 C 的 A 中的饱和溶解度曲线。

bK 线：A 在含有 C 的 B 中的饱和溶解度曲线。

(3) 点。

K 点：会溶点/临界点/褶点，$f^{**} = C - \Phi - N = 3 - 2 - 1 = 0$，A 层和 B 层浓度相同。

H 点：曲线最高点，$f^{**} = 3 - 2 = 1$。

3) 相图应用

(1) 利用杠杆规则可求共轭双液层两相的相对量。

例如，对组成为 c_1 的体系，有

$$A \text{ 层的量/B 层的量} = c_1b_1/a_1c_1$$

或

$$\text{体系的量/ A 层的量} = a_1b_1/c_1b_1$$

(2) 萃取。

简单萃取

当两液层的浓度较小时，可根据能斯特分配定律计算萃取效率。

$$K(T) = c_B^{\alpha} / c_B^{\beta}$$

式中，$K(T)$ 为分配系数。

若原始溶液的溶剂为 C，溶质为 B，萃取剂为 A，达到分配平衡时，有

$$K(T) = c_B^C / c_B^A \tag{8-35}$$

设：原始溶液体积为 V_1，含 B 为 y_0 mol，萃取剂 A 的体积为 V_2，平衡时，A 中含 B 为 y mol，则

$$K = \frac{c_B^C}{c_B^A} = \frac{(y_0 - y)/V_1}{y/V_2} = \frac{(y_0 - y)V_2}{yV_1} \tag{8-36}$$

一次萃取后，原溶液中剩余 B 的摩尔分数 F_1 为

$$F_1 = \frac{y_0 - y}{y_0} \tag{8-37}$$

即

$$y = y_0(1 - F_1) \tag{8-38}$$

将式(8-38)代入式(8-36)，得

$$F_1 = \frac{KV_1}{KV_1 + V_2} \tag{8-39}$$

若进行 n 次萃取，原始溶液中剩余 B 的摩尔分数 F_n 为

$$F_n = \left(\frac{KV_1}{KV_1 + V_2} \right)^n \tag{8-40}$$

计算结果表明，用等量的萃取剂分多次萃取比只进行一次萃取的效率高。

连续多级萃取

当溶质在溶液中浓度较大时，利用三组分液-液平衡相图研究萃取较为方便。

例如，石油原油经铂重整后得到的重整油内含芳烃($C_6 \sim C_8$)约 30%，烷烃($C_6 \sim C_9$)约 70%。芳烃和烷烃常形成恒沸物，用普通蒸馏的方法无法分离。近年来找到了一些选择性好、萃取效率高的溶剂，如二甘醇、三甘醇、环丁砜、二甲亚砜等，因而在芳香烃生产中大都采用萃取法。为简便起见，以含量较多的庚烷代表烷烃，以苯代表芳烃，以二甘醇作为萃取剂，用苯-二甘醇-正庚烷体系的相图[图 8-29(a)]来说明工业上的连续多级萃取过程，图中 F 为原始溶液组成点。

$$F\text{点} \xrightarrow[\text{沿}FB\text{移动}]{\text{加二甘醇}} O_2\text{点} \begin{cases} x_2\text{二甘醇层} \\ y_2\text{正庚烷层} \xrightarrow[\text{沿}y_2B\text{移动}]{\text{加二甘醇}} O_1\text{点} \begin{cases} x_1\text{二甘醇层} \cdots\cdots \\ y_1\text{正庚烷层} \end{cases} \end{cases}$$

继续循环多次，即可得到不含苯的纯的正庚烷，从而达到分离。工业上的萃取过程在萃取塔[图 8-29(b)]中进行。

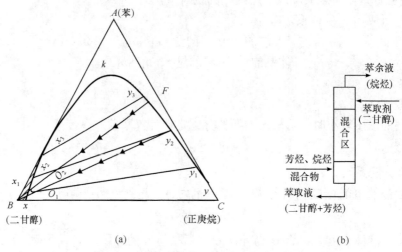

图 8-29　连续多级萃取相图(a)和萃取塔(b)

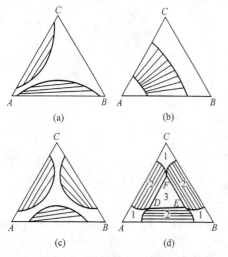

图 8-30　含有两对和三对部分互溶的三液体体系

2. 含有两对和三对部分互溶的三液体体系

含有两对和三对部分互溶的三液系的相图如图 8-30 所示，其中(a)为两个两相区不重叠；(b)为两个两相区重叠成为一个两相区，这种情况取决于体系的性质和温度；(c)为三个两相区不重叠；(d)为三个两相区重叠。在图 8-30(d)中，区域 1、2、3 分别为单相、两相、三相平衡共存区。在三相区内，任一混合物都是三相平衡体系，根据相律 $f^{**} = 3-3 = 0$，即在固定的 T 和 p 下，在三相区内的物系点虽可不同，但不同物系的三相组成却是相同的，即三角形 DEF 中的任一物系点的平衡三相的组成均分别为 D、E、F 点所代表的组成。各物系的区别在于平衡三相的相对量各不相同。

3. 三相区内杠杆规则的应用

以图 8-30(d)中的三相区 DEF 为例(图 8-31)，三相区内的 P 点为物系点；连接 E、P 并延长至 DF 上的 G 点，连接 F、P 并延长至 DE 上的 H 点，则三个相的相对量之比仍可依杠杆规则求得，即

$$\frac{液相D的量}{液相E的量} = \frac{\overline{HE}}{\overline{DH}} \qquad \frac{液相D的量}{液相F的量} = \frac{\overline{FG}}{\overline{GD}}$$

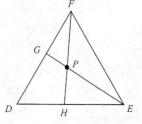

图 8-31　三相区内杠杆规则

8.5.3 三组分固-液平衡体系

属于三组分固-液平衡的体系很多，这里只讨论两个固体盐与水构成的体系，且两种盐有一共同离子，如 NH_4Cl-NH_4NO_3-H_2O、KNO_3-$NaNO_3$-H_2O 体系等。

1. 两个固相与一个液相的水盐体系

在恒温、恒压下，根据实验数据绘制的水盐体系的相图如图 8-32 所示。

1) 相图分析

(1) 点。

图中有六个特殊点。

A、*B* 点：两种纯固体盐。

C 点：纯水。

D 点：A 在水中的饱和溶解度。

F 点：B 在水中的饱和溶解度。

E 点：三相点，A(s)、B(s) 及同时饱和了 A、B 的水溶液 E。

(2) 线。

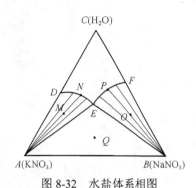

图 8-32 水盐体系相图

图中有两条饱和溶解度曲线。

DNE 线：A 在含有 B 的水溶液中的溶解度曲线。

FPE 线：B 在含有 A 的水溶液中的溶解度曲线。

(3) 区域。

图中有一个单相区、两个双相区和一个三相区。

CDEFC 区：单液区(含有不饱和的 A、B 水溶液)。

ADEA 区：固-液两相区。例如，体系 M 点，连接 *AM* 并延长至曲线 *DE* 交于 *N* 点，该体系平衡的两相为纯 A(s) 和组成在 *N* 点的溶液。

BFEB 区：固-液两相区。例如，体系 O 点，连接 *BO* 并延长至曲线 *FE* 交于 *P* 点，该体系平衡的两相为纯 B(s) 和组成在 *P* 点的溶液。

AEBA 区：三相区。在该相区中的任一体系状态点，平衡共存的三相均为 A(s)、B(s) 和对 A、B 均已饱和的溶液，其组成为 *E* 点。只是不同体系点的三相的相对量不同。

2) 相图应用

水盐体系的相图可用于盐类的纯化与分离。

例如，要将图 8-33(a) 中 *G* 点所示体系的 A(s) 和 B(s) 混合物进行分离，可采用以下方法。

方法一：向体系中加水，体系点沿 *GC* 线移动进入 *AEDA* 区，可分离得到 A(s)。在该区域，体系的状态点越接近 *AE* 线，则分离得到的 A(s) 越多。

方法二：改变温度。

在 KNO_3-$NaNO_3$-H_2O 体系[图 8-33(b)] 中，*MB* 和 *LA* 线及三角形构成的是该体系 298 K 时的相图；*M″D″B* 和 *L″D″A* 线及三角形构成的是该体系 373 K 时的相图。

(1) 物系点为 x (KNO$_3$ 含量较多)。

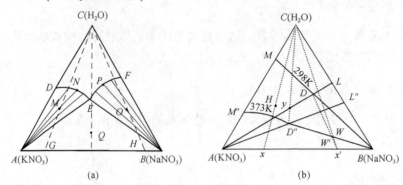

图 8-33 水盐体系相图应用

$$x点 \xrightarrow[298\,K]{加水} M''D''线以上的区域(H点) \begin{cases} KNO_3(s) \\ 溶液 \end{cases} \xrightarrow[373\,K]{加热至} 溶液$$

$$\xrightarrow[除杂质]{过滤} 滤液 \xrightarrow[298\,K]{冷却至} 析出KNO_3(s)$$

(2) 物系点为 x' (NaNO$_3$ 含量较多)。

$$x'点 \xrightarrow[升温至373\,K]{加水} W点 \begin{cases} NaNO_3(s) \\ 溶液D'' \end{cases} \xrightarrow[加水]{冷却至298\,K} y点 \begin{cases} KNO_3(s) \\ 溶液D \end{cases} \xrightarrow[加热至373\,K]{溶解原料x'} W'点 \begin{cases} NaNO_3(s) \\ 溶液D'' \end{cases}$$

循环

通过循环即可分离出更多的纯 KNO$_3$(s)和纯 NaNO$_3$(s)。

2. 有复盐形成的体系

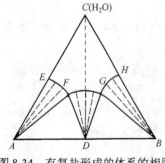

图 8-34 有复盐形成的体系的相图

体系中若有复盐形成，其相图如图 8-34 所示，图中 D 点即为复盐 A_mB_n。相图分析如下。

(1) 点。

F 点：三相点，共存的三相为：A(s)+ A_mB_n (s)+溶液(组成 F 点)。

G 点：三相点，共存的三相为：B(s)+ A_mB_n (s)+溶液(组成 G 点)。

(2) 线。

EF 线：A 在水溶液中的溶解度曲线。

GH 线：B 在水溶液中的溶解度曲线。

FG 线：复盐在水溶液中的溶解度曲线。

(3) 区域。

$AFDA$：三相区，共存的三相为：A(s)＋A_mB_n(s)+溶液(F 点)。

$BGDB$：三相区，共存的三相为：B(s)＋A_mB_n(s)+溶液(G 点)。

其他点、线、区域可参考简单的无复盐生成的相图分析。

这类相图在分析时可在相图的 D、C 间连一条线，将相图分为两部分，每一部分相当于一个简单的无复盐生成的相图。

3. 有水合物生成的体系

例如，A 与水可生成水合物 D，其相图如图 8-35 所示。

相图分析如下。

(1) 点。

D 点：固态水合物。

E 点：水合物 D 在纯水中的溶解度。

F 点：三相点，纯 D(s)+纯 B(s)+溶液(F)。

(2) 线。

EF 线：D 在含有 B 的水溶液中的溶解度曲线。

GF 线：B 在含有 D 的水溶液中的溶解度曲线。

(3) 区域(见相图)。

其他点、线、区域可参考简单的无水合物生成的相图分析。

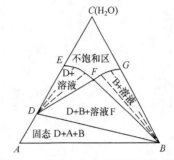

图 8-35　有水合物生成的体系的相图

8.5.4　三组分固-固平衡体系

只介绍三个组分均为固相时不互溶，而均为液相时则完全互溶的体系的相图。

例如，图 8-36 所示的 Bi-Sn-Pb 体系相图，图中的"1"代表溶液相。

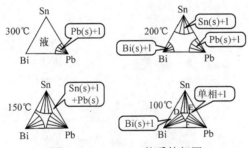

图 8-36　Bi-Sn-Pb 体系的相图

思　考　题

下列说法是否正确？为什么？

(1) 含有 $CaCO_3(s)$、$CaO(s)$、$CO_2(g)$ 的体系与 $CO_2(g)$ 和 $N_2(g)$ 的混合物达渗透平衡，则体系的自由度数 $f=1$。

(2) 二组分理想液体混合物气-液平衡体系中因为存在两个浓度限制条件，即 $p_A = p_A^* x_A$，$p_B = p_B^* x_B$，所以 $C = S - R = 2 - 2 = 0$。

(3) 已知在某温度下 A 和 B 部分互溶成一对共轭溶液，由于两个液层的组成不同，所以它们必对应于不同组成的气相。

(4) 在一定压力下，A、B 构成的气-液平衡相图上有一最高恒沸点，由于恒沸混合物的组成与其气相组成相同，所以恒沸混合物是化合物。

(5) 对于二组分完全互溶的体系，总可以用精馏的方法将其分离成两个纯组分。

第二部分

化学动力学

化学动力学导言

对所研究的化学反应体系，在用热力学的方法解决了反应方向和限度的问题以后，随之而来的问题是：①一个能进行的反应需要多长时间能够完成，即它的反应速率是多少？②为什么有的反应在瞬间完成(如爆炸)，而有的反应则需要很长时间？③是否可以使反应在我们所期待的时间内完成？等等。化学热力学无法给出这些问题的答案，这需要依靠化学动力学的基本原理和方法来解决。

化学动力学的研究对象、研究目的、研究方法和研究内容如下：

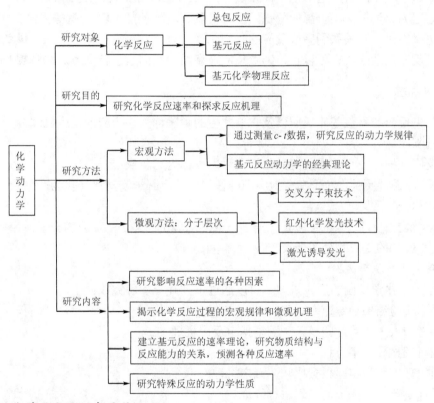

化学动力学的主要任务是什么呢？

一、化学动力学的主要任务

化学动力学的主要任务是研究化学反应速率、探求反应机理。

化学反应速率如何表达？如何测定？

1. 反应速率 r

在恒容条件下，对于均相反应：

$$aA+bB+\cdots \longrightarrow eE+fF+\cdots$$

化学反应中某组元的反应速率用该组元的物质的量浓度随时间的变化率表示：

$$r_A = -\frac{dc_A}{dt}, \quad r_B = -\frac{dc_B}{dt}, \quad r_E = \frac{dc_E}{dt}, \quad r_F \frac{dc_F}{dt}, \quad \cdots$$

化学反应的速率则定义为

$$r = -\frac{1}{a}\frac{dc_A}{dt} = -\frac{1}{b}\frac{dc_B}{dt} = \cdots = \frac{1}{e}\frac{dc_E}{dt} = \frac{1}{f}\frac{dc_F}{dt} = \cdots$$

这种定义方式的特点是用反应体系中的任一组元表示的反应速率均是相等的。

2. 反应速率的测定

测定反应速率主要是测定反应过程中反应物或产物的浓度随时间变化的数据,然后通过数据处理就可获得反应速率。根据反应速率的不同,可采用不同的测定方法。

(1) 慢反应:化学法(加阻滞剂,停止反应)、物理法(某物理量与时间的关系)。

(2) 快反应:停流、弛豫(温度阶跃、压力阶跃、场阶跃)、闪光光解等方法。

反应速率的快、慢关系到完成反应的时间长短。**为什么反应的速率有快、慢之分?**

通过对反应机理的研究可以找出影响反应速率的内在因素。**什么是反应机理?**

3. 反应机理

组成总包反应的那些基元反应以及它们发生的顺序称为该反应的反应机理,也称为反应历程或反应机制。

总包反应:描述一个宏观反应的化学计量方程称为总包反应。

基元反应:大量反应物粒子在碰撞中不经任何中间步骤一步直接转化为产物的反应称为基元反应,或称一步反应。

基元化学物理反应(态-态反应):处于某一量子状态(如 i、j)的反应物分子,生成处于某一量子状态(如 k、l)的生成物分子的反应。

如何确定反应机理呢?

要确定一个化学反应的反应机理,可以通过下列几个步骤完成:

(1) 根据实验结果确定速率方程。

(2) 参考前人工作的经验及各种因素拟定反应机理。

(2) 由机理推导速率方程。

(4) 将机理方程与实验数据比较,确定机理的可靠性。

(5) 设计实验对所提出的机理进行验证。

化学反应的动力学过程的特征是什么?

二、化学反应的动力学过程的特征

化学反应的动力学过程的特征可通过速率方程、动力学方程描述。

1. 速率方程与动力学方程

速率方程(也称微分形式的速率方程)所描述的是反应速率与反应组元浓度间的关系;动力学方程(也称积分形式的速率方程)所描述的是反应组元浓度与时间之间的关系。动力学方程是速率方程的积分形式。

2. 速率常数与反应级数

速率常数是体系中各反应物种的浓度均为单位浓度时的反应速率。

用速率常数表征反应体系的速率特征时，可摆脱浓度的影响。其值的大小能直接反映出反应速率的快慢和反应的难易程度。

速率方程中物质 B 的浓度的指数称为 B 的反应分级数。某些反应的总级数为各物质分级数的和。但不是所有反应的总级数都可以用这种方法求得。

不同级数的反应具有不同的动力学规律。那么**如何确定反应的速率方程？如何确定反应的级数？**

3. 速率方程的确定

根据质量作用定律可直接写出指定基元反应的微分形式的速率方程。总包反应的速率方程需要通过实验确定。

确定速率方程的关键是确定反应级数的数值。根据浓度随时间变化的实验数据可采用不同的方法求反应级数，如积分法、微分法、半衰期法、孤立法等。

4. 影响速率常数的各种因素

速率常数是反应物种均为单位浓度时的反应速率。因此，凡能够影响反应速率的因素均能对速率常数产生影响，如温度、压力、溶剂、催化剂等。

对于化学反应体系的动力学研究，除了采用实验方法外，也可以通过理论研究预测基元反应的速率。

三、动力学研究的基本理论——基元反应速率理论

基元反应是复合反应进行时的具体步骤。在动力学实验的基础上，将基元反应按不同方式组合，就可构成各类复杂反应的反应机理。各反应机理所表现出的动力学特征是不同的。

在基元反应中，**原子和分子是如何发生反应的？如何根据分子的微观性质从理论上求得基元反应的速率常数？**这是基元反应速率理论研究的主要内容。

基元反应速率理论包括：气相反应刚球碰撞理论(S.C.T.)、过渡状态理论(T.S.T.)、单分子反应速率理论、分子反应动力学等。

气相反应碰撞理论认为：气体分子为无结构的刚球；反应物要发生反应必须经过分子碰撞，反应的速率取决于碰撞频率。但碰撞能是怎样转化为反应物分子内部的势能？怎样达到化学键的新旧交替的活化状态？以及怎样翻越反应能垒？过渡状态理论可以给出回答以上问题的清晰图像。

四、特殊反应的动力学过程

将化学反应动力学过程的基本规律应用于特殊的反应体系，就可以解决这些体系的动力学问题。

1. 溶液中的反应

溶液中进行的反应与气相反应的最大区别是什么？

溶液中进行的反应与气相反应的最大区别就在于溶剂分子的存在。溶液中进行的反应是在反应介质(溶剂)中进行。反应介质不同，一般会影响反应速率。速率不同，反映出反应机理的变化。因此，研究溶剂对化学反应的影响是溶液反应动力学的主要内容之一。

2. 催化反应

催化反应的最大特点就是催化剂。催化剂可以改变反应速率，但不能改变反应的始、终状态，即不能改变反应的平衡转化率。**为什么？**

催化剂可以改变反应速率是因为其可以改变反应途径，这也就改变了反应的活化能，反应速率随之改变，但它不能改变反应体系的始、终状态，即平衡转化率不变，反应焓不变，但改变了某一时刻反应的产率。

3. 光化学反应

光化学反应与热化学反应的区别是什么？

光化学反应是在光的作用下进行的化学反应，或吸收光子引发的化学反应。

光化学反应的活化能源于光辐射能；热化学反应的活化能源于分子间碰撞，源于环境提供的热能。

光化学反应与热化学反应相比，机理和速率方程有什么不同？

光化学反应的激发过程只与入射光的强度有关，与反应物浓度无关，因为根据光化学第二定律：在光化学的初级过程中，体系每吸收一个光子则活化一个分子(或原子)。

第9章 化学动力学基础

本章重点及难点

(1) 一级、二级、零级、n 级等简单级数反应的特征。

(2) 反应级数的确定，速率常数、反应转化率以及达到一定转化率所需要时间的计算。

(3) 温度对反应速率的影响；阿伦尼乌斯公式及其应用。

(4) 对峙反应、平行反应和连串反应的动力学特点。

(5) 复合反应的近似处理方法，从反应机理推导速率方程。

(6) 根据实验速率方程推测可能的反应机理。

9.1 本章知识结构框架

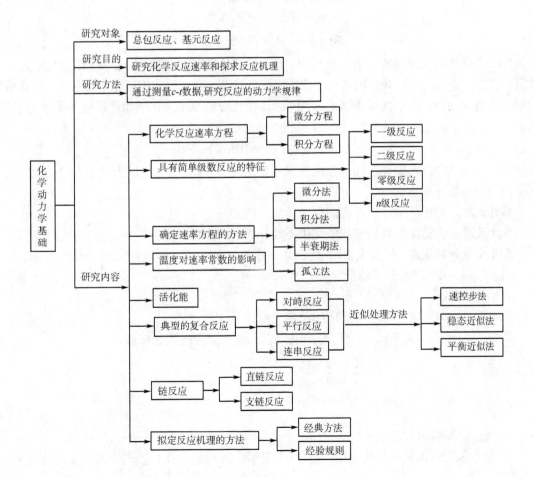

9.2　基本概念和基本定理

9.2.1　总包反应、基元反应和基元化学物理反应

总包反应、基元反应和基元化学物理反应是三个不同层次的关于反应的概念。

例如，溴化氢气体的合成反应，其反应的化学计量方程为

$$H_2 + Br_2 \longrightarrow 2HBr$$

这是 HBr 合成反应的**总包反应**。

该反应是一个复杂反应,所以反应进行时并非是一个氢分子与一个溴分子直接反应生成两个溴化氢分子。研究表明，反应的进行由以下几个步骤所组成：

$$Br_2 + M \longrightarrow 2Br + M$$
$$Br + H_2 \longrightarrow HBr + H$$
$$H + Br_2 \longrightarrow HBr + Br$$
$$H + HBr \longrightarrow H_2 + Br$$
$$Br + Br + M \longrightarrow Br_2 + M$$

上述每一个具体的反应步骤称为基元反应。基元反应是没有中间物的一步反应,反应通过一个过渡态完成。基元反应的概念仍是一个宏观概念。如果从分子层次上讨论基元反应，则反应中的每一个组元均是处于不同量子状态的,那么这个反应就是基元化学物理反应，或态-态反应。例如

$$Br(i) + H_2(j) \longrightarrow HBr(k) + H(l)$$

式中, i、j、k 和 l 分别表示各相应反应组元所处的量子状态。因此, 以上三个不同层次的关于反应的概念可描述如下：

总包反应：描述一个宏观反应的化学计量方程。

基元反应：大量反应物粒子在碰撞中不经任何中间步骤一步直接转化为产物的反应。

基元化学物理反应(态-态反应)：处于某一量子状态(如 i、j)的反应物分子转化为处于某一量子状态(如 k、l)的产物分子的反应。

其他反应的概念：

简单反应：只含有一个基元反应的总包反应。

复合反应(或**复杂反应**)：含有两个或两个以上基元反应的**总包反应**。

9.2.2　反应速率 r

1. 定义

1) 反应速率表示方法一

反应速率在 SI 国际单位制中用符号 "v" 表示，现在采用符号 "r" 表示。定义如下：

$$r = \frac{1}{\nu_B} \frac{1}{V} \frac{dn_B}{dt}$$

式中，ν_B 为 B 物质的计量系数；V 为反应体系的体积。

在恒容条件下([V])：
$$r = \frac{1}{\nu_B} \frac{\mathrm{d}(n_B / V)}{\mathrm{d}t} = \frac{1}{\nu_B} \frac{\mathrm{d}c_B}{\mathrm{d}t} \tag{9-1}$$

为克服体积对反应速率的影响，在本章中只讨论恒容条件下的反应速率。例如，均相反应

$$a\mathrm{A} + b\mathrm{B} + \cdots \longrightarrow e\mathrm{E} + f\mathrm{F} + \cdots$$

根据反应速率的定义，该反应的速率可用不同的反应组元表示如下：

$$r = -\frac{1}{a} \frac{\mathrm{d}c_A}{\mathrm{d}t} = -\frac{1}{b} \frac{\mathrm{d}c_B}{\mathrm{d}t} = \cdots = \frac{1}{e} \frac{\mathrm{d}c_E}{\mathrm{d}t} = \frac{1}{f} \frac{\mathrm{d}c_F}{\mathrm{d}t} = \cdots \tag{9-2}$$

因为反应速率总为正值，所以对于反应物而言前面应加一负号。
r 的单位为 $\mathrm{mol \cdot dm^{-3} \cdot s^{-1}}$。

采用式(9-2)的定义方式，以反应体系中的任一组元求得的反应的速率均是相同的。

2) 反应速率表示方法二

在表达反应速率时，也可采用其他的表示方法。例如

反应物的消耗速率：
$$r_A = -\frac{\mathrm{d}c_A}{\mathrm{d}t} , \quad r_B = -\frac{\mathrm{d}c_B}{\mathrm{d}t} \tag{9-3}$$

产物的生成速率：
$$r_E = \frac{\mathrm{d}c_E}{\mathrm{d}t} , \quad r_F = \frac{\mathrm{d}c_F}{\mathrm{d}t} \tag{9-4}$$

在这种表示法中，$r_A \neq r_B \neq r_E \neq r_F$。

3) 两种表示法的关系

比较式(9-2)、式(9-3)和式(9-4)，可得

$$r_A = ar , \quad r_B = br , \quad r_E = er , \quad r_F = fr$$

通式为

$$r_B = |\nu_B| r \tag{9-5}$$

即

$$\frac{r_A}{a} = \frac{r_B}{b} = \cdots = \frac{r_E}{e} = \frac{r_F}{f} = \cdots$$

4) 气相反应的反应速率表示方法

气相反应的压力比浓度更容易测定，因此可用压力代替浓度：

$$r' = \frac{1}{\nu_B} \frac{\mathrm{d}p_B}{\mathrm{d}t} \quad (r' \neq r) \tag{9-6}$$

注意：

(1) 说明某反应的反应速率时，必须同时给出反应的计量方程。

(2) 不同的表示方法中，反应速率的关系：$r_B = |\nu_B| r$。

(3) 反应速率 r 是标量，总是取正值，所以反应物的消耗速率定义式中加一负号。

2. 反应速率的测量

通过实验测定反应速率时，需要测定反应物或产物的浓度 c 随时间 t 变化的 c-t 关系曲线(图 9-1)，曲线上某一点的切线的斜

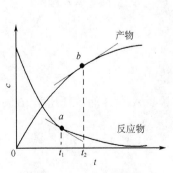

图 9-1 c-t 动力学曲线

率即为该点所对应时刻该组元的反应速率。

a 点反应物速率：$r_a = -\dfrac{\mathrm{d}c_a}{\mathrm{d}t}$

表示反应物在 t_1 时刻的反应速率为 r_a。

b 点产物速率：$r_b = \dfrac{\mathrm{d}c_b}{\mathrm{d}t}$

表示产物在 t_2 时刻的反应速率为 r_b。

测量 $c\text{-}t$ 数据的方法可根据半衰期 $t_{1/2}$ 的大小确定。

$\left.\begin{array}{l}\text{慢反应} \\ (t_{1/2} > \text{几秒})\end{array}\right\{$ 化学法：加阻滞剂，停止反应，测定停止反应的各时刻对应的各反应物
                                质的浓度等。

     物理法：测定反应过程中，某物理量与 t 的关系。要求该物理量与浓度呈
            线性关系或简单关系，如压力、旋光、吸光度、电导率等。

$t_{1/2}$ 范围	方法
$10^{-3}\sim 1\text{s}$	停流(stopped flow)
$10^{-10}\sim 10^{-2}\,\text{s}$	弛豫 $\left\{\begin{array}{l}\text{温度阶跃}(T\text{-jump}) \\ \text{压力阶跃}(p\text{-jump}) \\ \text{场阶跃}(\text{field-jump})\end{array}\right.$
$10^{-12}\sim 10^{-9}\,\text{s}$	闪光光解（flash photolysis）

快反应 $\left\{\vphantom{\begin{array}{l}1\\1\\1\\1\end{array}}\right.$

9.2.3 速率方程

速率方程可分为两类：微分形式的速率方程(也称速率方程)和积分形式的速率方程(也称动
力学方程)。以反应

$$aA + bB \longrightarrow eE + fF$$

为例分别讨论速率方程及相关概念。

1. 微分形式的速率方程与反应级数

1) 微分形式的速率方程

在一定温度下，反应速率与反应体系中各组元浓度的某种函数关系式称为速率方程。速率
方程有以下几种表示方式。

反应的速率方程：

$$r = -\frac{1}{a}\frac{\mathrm{d}c_A}{\mathrm{d}t} = kc_A^{\alpha}c_B^{\beta}c_E^{\gamma}c_F^{\delta} \tag{9-7}$$

$$r = \frac{1}{e}\frac{\mathrm{d}c_E}{\mathrm{d}t} = kc_A^{\alpha}c_B^{\beta}c_E^{\gamma}c_F^{\delta}$$

A 和 B 的消耗速率方程：

$$r_A = -\frac{\mathrm{d}c_A}{\mathrm{d}t} = k_A c_A^{\alpha}c_B^{\beta}c_E^{\gamma}c_F^{\delta} \tag{9-8}$$

$$r_B = -\frac{\mathrm{d}c_B}{\mathrm{d}t} = k_B c_A^{\alpha}c_B^{\beta}c_E^{\gamma}c_F^{\delta}$$

E 和 F 的生成速率方程：

$$r_E = \frac{dc_E}{dt} = k_E c_A^\alpha c_B^\beta c_E^\gamma c_F^\delta \tag{9-9}$$

$$r_F = \frac{dc_F}{dt} = k_F c_A^\alpha c_B^\beta c_E^\gamma c_F^\delta$$

2) 反应级数

速率方程式(9-7)～式(9-9)中，浓度的指数 α、β、γ 和 δ 分别称为反应组元 A、B、E 和 F 的反应分级数；$n = \alpha + \beta + \gamma + \delta$，$n$ 称为反应的总级数，简称反应级数。

反应级数可为正整数、分数、零和负数。

3) 速率常数 k

速率方程中的系数 k 称为速率常数。在式(9-7)～式(9-9)中，k 为反应的速率常数；k_A 和 k_B 分别为 A 和 B 的消耗速率常数；k_E 和 k_F 分别为 E 和 F 的生成速率常数。

比较可得

$$k_A = ak, \quad k_B = bk, \quad k_E = ek, \quad k_F = fk$$

通式为

$$k_B = |\nu_B| k \tag{9-10}$$

对一定的反应体系，速率常数还与反应温度、压力、催化剂、反应介质等有关，即 $k=f(T, p, 催化剂等)$。

k 的物理意义：体系中反应物种均为单位浓度时的反应速率。

用速率常数表征反应体系的速率特征时，可摆脱浓度的影响。k 值的大小能直接反映出化学反应速率的快慢和反应的难易程度。

r 的量纲：[浓度]·[时间]$^{-1}$。

k 的量纲：随反应级数而变。

2. 积分形式的速率方程

对微分形式的速率方程进行积分，得到浓度与时间的关系 $c=f(t)$，称为动力学方程。通过实验得到的浓度与时间的关系曲线(c-t 曲线)称为动力学曲线。

3. 理想气体反应的速率常数

对于气体反应，速率方程中的浓度用压力 p 表示时：

$$r' = \frac{1}{\nu_B}\frac{dp_B}{dt} = k_p p_B^n \tag{9-11}$$

式中，k_p 为压力速率常数。

如果速率方程中的浓度用 c 表示时，则

$$r = \frac{1}{\nu_B}\frac{dc_B}{dt} = k_c c_B^n \tag{9-12}$$

式中，k_c 为浓度速率常数。

理想气体反应的 k_p 与 k_c 的关系推导如下：

根据理想气体状态方程，有 $c = p/RT$。将其代入式(9-12)，并结合式(9-11)，有

$$r = \frac{1}{\nu_B}\frac{dc_B}{dt} = \frac{1}{\nu_B}\frac{d(p_B/RT)}{dt} = \frac{1}{RT}\frac{1}{\nu_B}\frac{dp_B}{dt} = \frac{1}{RT}k_p p_B^n \qquad (9\text{-}13)$$

又

$$r = \frac{1}{\nu_B}\frac{dc_B}{dt} = k_c c_B^n = k_c (\frac{p_B}{RT})^n \qquad (9\text{-}14)$$

比较式(9-13)和式(9-14)并整理可得

$$k_p = k_c (RT)^{1-n} \qquad (9\text{-}15)$$

9.2.4　反应机理与反应分子数

1. 反应机理的含义

组成总包反应的那些基元反应以及它们发生的顺序称为该反应的反应机理,也称为反应历程或反应机制。

2. 反应分子数

基元化学物理反应中,作为反应物参加反应的粒子数(不大于 3 的正整数)称为反应分子数。

根据参加反应的反应物分子数可将基元化学物理反应分为:单分子反应、双分子反应和三分子反应(较少)。

3. 反应分子数与反应级数的区别

	反应级数	反应分子数
概念范畴	宏观概念	微观概念(基元化学物理反应)
取值范围	整数、分数、正数、负数、零	不大于 3 的正整数(1, 2, 3)
	对于简单反应、基元反应二者数值相等,但意义不同!	

9.2.5　质量作用定律

在一定温度下,基元反应的反应速率与反应物浓度成正比,浓度的指数即为计量方程的计量系数, 称为质量作用定律(1879)。

例如, 基元反应　$aA + bB \longrightarrow cC + dD$, 根据质量作用定律, 在恒温下

$$r = -\frac{1}{a}\frac{dc_A}{dt} = -\frac{1}{b}\frac{dc_B}{dt} = \frac{1}{c}\frac{dc_C}{dt} = \frac{1}{d}\frac{dc_D}{dt} = k c_A^a c_B^b$$

$$r_A = -\frac{dc_A}{dt} = k_A c_A^a c_B^b \qquad r_C = \frac{dc_C}{dt} = k_C c_A^a c_B^b$$

适用条件:①基元反应;②反应物浓度不太大,且反应速率由化学过程决定,而不是由其他过程(如扩散)所控制的反应。

9.2.6　阿伦尼乌斯定理

1889 年,阿伦尼乌斯(Arrhenius)通过大量实验与理论的论证,揭示了在恒定浓度的条件下,反应速率常数对温度的依赖关系, 建立了著名的阿伦尼乌斯定理。

1. 定理的三种不同表示形式

指数式
$$k = Ae^{-E_a/RT} \qquad\qquad (9\text{-}16)$$

对数式
$$\ln k = \ln A - \frac{E_a}{RT} \qquad\qquad (9\text{-}17)$$

微分式
$$\frac{\mathrm{d}\ln k}{\mathrm{d}T} = \frac{E_a}{RT^2} \qquad\qquad (9\text{-}18)$$

式中，A 为指前因子；E_a 为阿伦尼乌斯活化能。

2. 适用条件

阿伦尼乌斯定理的适用条件：①基元反应；②某些复合反应。

对于复合反应(或复杂反应)，k 为总包反应的表观速率常数；E_a 为表观活化能。

遵守阿伦尼乌斯定理的复合反应称为阿伦尼乌斯型反应,不遵守阿伦尼乌斯定理的复合反应称为反阿伦尼乌斯型反应。

9.2.7　反应独立共存原理

基元反应的反应速率常数和服从的基本动力学规律不因其他基元反应的存在与否而有所改变，称为反应独立共存原理。

例如，有一基元反应 Ⅰ：
$$A + B \longrightarrow C + D$$

根据质量作用定律，反应的速率 r_{I} 可表示为
$$r_{\mathrm{I}} = \left(-\frac{\mathrm{d}c_A}{\mathrm{d}t}\right)_{\mathrm{I}} = k_{\mathrm{I}} c_A c_B$$

反应物 A 和 B 的消耗速率相等，可表示为
$$r_A = -\frac{\mathrm{d}c_A}{\mathrm{d}t} = r_B = -\frac{\mathrm{d}c_B}{\mathrm{d}t} = r_{\mathrm{I}} = k_{\mathrm{I}} c_A c_B$$

当在反应 Ⅰ 体系中加入 X，发生另一独立的基元反应 Ⅱ：
$$A + X \longrightarrow 2B + E$$

根据反应独立共存原理，当有基元反应 Ⅱ 存在时，基元反应 Ⅰ 的 k_{I} 不发生改变，而且基元反应 Ⅱ 的速度常数 k_{II} 也不受基元反应 Ⅰ 的影响，则
$$r_{\mathrm{II}} = \left(-\frac{\mathrm{d}c_A}{\mathrm{d}t}\right)_{\mathrm{II}} = k_{\mathrm{II}} c_A c_X = \frac{1}{2}\left(\frac{\mathrm{d}c_B}{\mathrm{d}t}\right)_{\mathrm{II}}$$

但当基元反应 Ⅰ 和 Ⅱ 共存时，A 和 B 的消耗速率发生了变化。A 的消耗速率为
$$r_A = -\frac{\mathrm{d}c_A}{\mathrm{d}t} = \left(-\frac{\mathrm{d}c_A}{\mathrm{d}t}\right)_{\mathrm{I}} + \left(-\frac{\mathrm{d}c_A}{\mathrm{d}t}\right)_{\mathrm{II}} = r_{\mathrm{I}} + r_{\mathrm{II}}$$

B 的消耗速率为
$$r_B = -\frac{\mathrm{d}c_B}{\mathrm{d}t} = (\text{B的消耗速率}) - (\text{B的生成速率})$$
$$= \left(-\frac{\mathrm{d}c_B}{\mathrm{d}t}\right)_{\mathrm{I}} - \left(\frac{\mathrm{d}c_B}{\mathrm{d}t}\right)_{\mathrm{II}} = r_{\mathrm{I}} - 2r_{\mathrm{II}} = k_{\mathrm{I}} c_A c_B - 2k_{\mathrm{II}} c_A c_X$$

反应独立共存原理表明，一个基元反应的速率常数及其指前因子、活化能不因其他组分或基元反应的存在与否有所改变。

9.3　具有简单级数的反应

具有简单级数的反应应满足以下三个条件：

(1) 反应级数是简单的整数或分数，但反应可能是简单反应也可能是复杂反应。

(2) 反应条件：恒温、恒容。

(3) 反应是不可逆的，没有逆向反应发生。

研究此类反应的目的是为了寻找反应的规律性特征：速率方程、动力学方程、半衰期、线性关系等。为讨论方便，以下内容均采用反应物 A 的消耗速率进行讨论。

9.3.1　一级反应($n=1$)

反应通式：$a\text{A} \longrightarrow$ 产物

反应速率与反应物浓度的一次方成正比的反应称为一级反应。典型的一级反应有热分解反应、异构化反应、放射性元素蜕变反应等。

$$a\text{A} \longrightarrow 产物$$

$$
\begin{array}{lll}
t=0 & c_{\text{A},0} & 0 \\
t=t & c_{\text{A}} & c_{\text{A},0}-c_{\text{A}}
\end{array}
$$

1. 速率方程

A 的消耗速率方程

$$r_{\text{A}} = -\frac{dc_{\text{A}}}{dt} = k_{\text{A}} c_{\text{A}} \tag{9-19}$$

由式(9-19)可得

$$\left(-\frac{dc_{\text{A}}}{c_{\text{A}}}\right)\Big/ dt = k_{\text{A}} \tag{9-20}$$

一级反应特征 1： k_{A} 的量纲为[时间]$^{-1}$。

一级反应特征 2： 单位时间内 A 消耗的百分数是个常数。

由式(9-20)可得 k_{A} 的意义：单位时间内反应物 A 消耗的百分数。

2. 动力学方程

将式(9-19)积分，即可得到一级反应的动力学方程：

$$\ln\frac{c_{\text{A}}}{c_{\text{A},0}} = -k_{\text{A}}t \quad 或 \quad \ln c_{\text{A}} = -k_{\text{A}}t + \ln c_{\text{A},0} \quad 或 \quad c_{\text{A}} = c_{\text{A},0}e^{-k_{\text{A}}t} \tag{9-21}$$

一级反应特征 3： $\ln c_{\text{A}}$-t 呈直线关系，直线的斜率 $= -k_{\text{A}}$。

3. 半衰期 $t_{1/2}$

反应物消耗一半所需的时间称为半衰期。

设：A 的转化率为 x_A，则

$$x_A = \frac{c_{A,0} - c_A}{c_{A,0}} \quad 或 \quad c_A = c_{A,0}(1 - x_A) \tag{9-22}$$

将式(9-22)代入式(9-21)，可得

$$t = \frac{1}{k_A} \ln \frac{1}{1 - x_A} \tag{9-23}$$

即**一级反应达到一定转化率所需要的时间与初始浓度无关**。

当 $x_A = \frac{1}{2}$ 时

$$t_{1/2} = \frac{\ln 2}{k_A} = \frac{0.693}{k_A} \tag{9-24}$$

一级反应特征 4：一级反应半衰期 $t_{1/2}$ 与初始浓度无关。

当 $x_A = \frac{3}{4}$ 时

$$t_{3/4} = \frac{\ln 4}{k_A} = 2t_{1/2} \tag{9-25}$$

一级反应特征 5：$\dfrac{t_{3/4}}{t_{1/2}} = 2:1$。

4. 一级反应的动力学曲线

当 $t \to \infty$ 时，$c_A \to 0$，即完成一级反应所需时间无限长。但在动力学研究中，一般认为反应达到 7 个半衰期反应便趋于完成。因为，当 $t = 7t_{1/2}$ 时

$$t = 7t_{1/2} = \frac{7\ln 2}{k_A} = \frac{\ln 2^7}{k_A}$$

$$\ln \frac{c_{A,0}}{c_A} = k_A t = \ln 2^7$$

$$c_A = \frac{c_{A,0}}{2^7} = \frac{c_{A,0}}{128}$$

在反应物浓度已达到初始浓度的 1/128 时，可以认为反应已趋于完成。

9.3.2 二级反应($n = 2$)

反应速率与反应物浓度的平方成正比的反应称为二级反应，如 HI 热分解，乙烯、丙烯等二聚，乙酸乙酯皂化反应等。

1. 只有一种反应物的二级反应

反应通式：$a\text{A} \longrightarrow$ 产物

1) 速率方程

$$r_A = -\frac{dc_A}{dt} = k_A c_A^2 \tag{9-26}$$

二级反应特征 1：k_A 的量纲为 [浓度]$^{-1}$·[时间]$^{-1}$。

2) 动力学方程

将式(9-26)积分，即可得到其动力学方程：

$$\frac{1}{c_A} - \frac{1}{c_{A,0}} = k_A t \tag{9-27}$$

二级反应特征 2：$\dfrac{1}{c_A}$-t 呈直线关系。

3) 半衰期

将式(9-22) $[c_A = c_{A,0}(1-x_A)]$ 代入动力学方程，可得

$$t = \frac{1}{k_A c_{A,0}} \frac{x_A}{1-x_A}$$

当 $x_A = \dfrac{1}{2}$ 时

$$t_{1/2} = \frac{1}{k_A c_{A,0}} \tag{9-28}$$

二级反应特征 3：二级反应的半衰期与初始浓度成反比，$t_{1/2} \propto \dfrac{1}{c_{A,0}}$。

当 $x_A = \dfrac{3}{4}$ 时

$$t_{3/4} = 3\frac{1}{k_A c_{A,0}} = 3t_{1/2} \tag{9-29}$$

二级反应特征 4：$\dfrac{t_{3/4}}{t_{1/2}} = 3:1$。

2. 有两种反应物的二级反应

反应通式：$aA + bB \longrightarrow$ 产物

$$
\begin{array}{cccc}
 & aA + & bB \longrightarrow & \text{产物} \\
t=0 & c_{A,0} & c_{B,0} & 0 \\
t=t & c_A & c_B &
\end{array}
$$

1) A 和 B 的起始浓度与化学计量系数成比例

由于 A 和 B 的起始浓度与化学计量系数成比例，而反应中 A 与 B 必然以 a/b 的比例发生反应，所以每一时刻体系中 A 与 B 的浓度比保持不变，即有

$$\frac{c_{A,0}}{c_{B,0}} = \frac{a}{b} \quad \rightarrow \quad \frac{c_A}{c_B} = \frac{a}{b} \quad \rightarrow \quad c_B = \frac{b}{a}c_A$$

速率方程：

$$-\frac{dc_A}{dt} = k_A c_A c_B = k_A c_A \left(\frac{b}{a}c_A\right) = k'_A c_A^2$$

式中，$k'_A = \dfrac{b}{a}k_A$。

这与只有一种反应物的二级反应的速率方程[式(9-26)]相同，所以其各种规律、特征均与只有一种反应物的二级反应相同，如动力学方程：$\dfrac{1}{c_A} - \dfrac{1}{c_{A,0}} = k_A' t$；半衰期：$t_{1/2} = \dfrac{1}{k_A' c_{A,0}}$；等等。

2) A 和 B 的起始浓度不相等，且与化学计量系数不成比例

$$c_{A,0} \neq c_{B,0} \quad \text{且} \quad \frac{c_{A,0}}{c_{B,0}} \neq \frac{a}{b}$$

(1) 速率方程

$$r_A = -\frac{dc_A}{dt} = k_A c_A c_B \tag{9-30}$$

设：t 时刻已反应掉 A 的浓度为 y，则已反应掉 B 的浓度为 $\dfrac{b}{a} y$，有

体系中剩余 A 的浓度为

$$c_A = c_{A,0} - y \tag{9-31}$$

体系中剩余 B 的浓度为

$$c_B = c_{B,0} - \frac{b}{a} y \tag{9-32}$$

将式(9-31)和式(9-32)代入式(9-30)，得

$$-\frac{dc_A}{dt} = -\frac{d(c_{A,0} - y)}{dt} = k_A (c_{A,0} - y)\left(c_{B,0} - \frac{b}{a} y\right)$$

或

$$\frac{dy}{dt} = k_A (c_{A,0} - y)\left(c_{B,0} - \frac{b}{a} y\right) \tag{9-33}$$

(2) 动力学方程。

将式(9-33)积分，得

$$\int_0^y \frac{dy}{(c_{A,0} - y)\left(c_{B,0} - \dfrac{b}{a} y\right)} = \int_0^t k_A \, dt$$

$$\frac{1}{c_{B,0} - (b/a)c_{A,0}} \ln \frac{c_{A,0}\left(c_{B,0} - \dfrac{b}{a} y\right)}{c_{B,0}(c_{A,0} - y)} = k_A t \tag{9-34}$$

此类二级反应的特征 1：$\ln \dfrac{c_{A,0}\left(c_{B,0} - \dfrac{b}{a} y\right)}{c_{B,0}(c_{A,0} - y)}$-$t$ 作图呈直线关系。

(3) 半衰期。

此类二级反应的特征 2：由于 $c_{A,0} \neq c_{B,0}$，所以 A 和 B 的半衰期并不相同。

在求半衰期时，需定义相对于 A 或 B 的半衰期进行求算。

当 $y = \dfrac{1}{2} c_{A,0}$ 时

$$t_{1/2}(A) = \cfrac{1}{k_A\left(c_{B,0} - \cfrac{b}{a}c_{A,0}\right)}\ln\cfrac{2c_{B,0} - \cfrac{b}{a}c_{A,0}}{c_{B,0}}$$

当 $c_B = \dfrac{1}{2}c_{B,0}$ 时

$$t_{1/2}(B) = \cfrac{1}{k_A\left(c_{B,0} - \cfrac{b}{a}c_{A,0}\right)}\ln\cfrac{c_{A,0}}{2c_{A,0} - \cfrac{a}{b}c_{B,0}}$$

9.3.3　零级反应($n = 0$)

反应通式：aA $\longrightarrow$ 产物

反应速率与反应物浓度无关的反应称为零级反应。例如，表面上发生的复相催化反应，高压下氨在钨丝上的分解反应均为零级反应。

$$
\begin{array}{ccc}
& a\text{A} \longrightarrow & \text{产物} \\
t = 0 & c_{A,0} & 0 \\
t = t & c_A & c_{A,0} - c_A
\end{array}
$$

1. 速率方程

$$r_A = -\frac{\mathrm{d}c_A}{\mathrm{d}t} = k_A \qquad\qquad (9\text{-}35)$$

零级反应特征1： 反应速率等于速率常数。

零级反应特征2： k_A 的量纲为[浓度]·[时间]$^{-1}$。

2. 动力学方程

将式(9-35)积分，得

$$c_{A,0} - c_A = k_A t \qquad\qquad (9\text{-}36)$$

零级反应特征3： c_A-t 作图呈直线关系。

当 $c_A = 0$ 时

$$t = \frac{c_{A,0}}{k_A} \qquad\qquad (9\text{-}37)$$

零级反应特征4： 完成反应所需的时间是有限的。

3. 半衰期

当 $c_A = \dfrac{1}{2}c_{A,0}$ 时

$$t_{1/2} = \frac{c_{A,0}}{2k_A} \qquad\qquad (9\text{-}38)$$

零级反应特征5： 半衰期与反应物初始浓度成正比。

9.3.4　n 级反应

1. 速率方程

只讨论速率方程为下列形式的 n 级反应：

$$r_A = -\frac{dc_A}{dt} = k_A c_A^n \tag{9-39}$$

式中，n 可以是 0、1、2、3、$\cdots$，整数，也可为非整数。在下列几种情况下，其速率方程具有上述通式。

(1) 只有一种反应物，即 $aA \longrightarrow$ 产物。

(2) 若反应为：$aA + bB + cC \longrightarrow$ 产物，除一种组分(如 A)外，其他组分(如 B、C 等)大量过量(至少是 A 的 30 倍及以上)，以保证过量组分的浓度在反应中可视为常数，则有

$$r_A = -\frac{dc_A}{dt} = k_A c_A^\alpha c_B^\beta c_C^\gamma \approx k_A (c_{B,0}^\beta c_{C,0}^\gamma) c_A^\alpha = k_A' c_A^\alpha$$

式中，α 为 A 的分级数；$k_A' = k_A (c_{B,0}^\beta c_{C,0}^\gamma)$。

此类反应称为假级数反应(如假 α 级反应)或准级数反应，因为在上述实验条件下，体系所反映出的反应级数并非其真正的反应级数 $n = \alpha + \beta + \gamma$。

k_A' 为假级数反应(准级数反应)速率常数，或表观速率常数。

(3) 各反应组分的初始浓度之比等于反应的计量系数之比，即

$$\frac{c_{A,0}}{a} = \frac{c_{B,0}}{b} = \frac{c_{C,0}}{c} \rightarrow \frac{c_A}{a} = \frac{c_B}{b} = \frac{c_C}{c}$$

则

$$-\frac{dc_A}{dt} = k_A c_A^\alpha c_B^\beta c_C^\gamma = k_A c_A^\alpha \left(\frac{b}{a} c_A\right)^\beta \left(\frac{c}{a} c_A\right)^\gamma = \left[k_A \left(\frac{b}{a}\right)^\beta \left(\frac{c}{a}\right)^\gamma\right] c_A^{\alpha+\beta+\gamma}$$

所以

$$-\frac{dc_A}{dt} = k_A' c_A^n$$

式中，$n = \alpha + \beta + \gamma$，称为反应的总级数；$k_A' = k_A \left(\frac{b}{a}\right)^\beta \left(\frac{c}{a}\right)^\gamma$。

2. 动力学方程

将式(9-39)积分处理时，可分为两种情况讨论。

(1) $n = 1$

$$\ln \frac{c_A}{c_{A,0}} = -k_A t \text{ (见一级反应部分)}$$

(2) $n \neq 1$

$$\frac{1}{n-1}\left(\frac{1}{c_A^{n-1}} - \frac{1}{c_{A,0}^{n-1}}\right) = k_A t \tag{9-40}$$

可见，$\dfrac{1}{c_A^{n-1}} - t$ 呈直线关系，直线的斜率为 k_A。

3. 分数寿期 t_θ

定义：反应物 A 消耗了某一分数 θ 所需的时间称为分数寿期 t_θ。

反应通式：$a\text{A} \longrightarrow \text{P}$

$$a\text{A} \longrightarrow \text{P}$$

$t = 0$ 时　　$c_{A,0}$

$t = t_\theta$ 时　　$c_A = c_{A,0}(1-\theta)$

一级反应 $(n = 1)$ 　　　　　　　　n 级反应 $(n \neq 1)$

$$t_\theta = \frac{1}{k_A} \ln \frac{1}{1-\theta} \qquad\qquad t_\theta = \frac{1}{(n-1)k_A c_{A,0}^{n-1}} \left[\frac{1}{(1-\theta)^{n-1}} - 1 \right]$$

$\theta = \dfrac{1}{2}$ 时，　$t_{1/2} = \dfrac{0.693}{k_A}$ 　　　　　　$t_{1/2} = \dfrac{2^{n-1}-1}{(n-1)k_A c_{A,0}^{n-1}}$

各级反应速率方程及其特征总结见表 9-1。

表 9-1　符合通式 $-\dfrac{dc_A}{dt} = k_A c_A^n$ 的各级反应及其特征总结

级数	速率方程		特征		
	微分式	积分式	$t_{1/2}$	直线关系	k_A 的单位
0	$-\dfrac{dc_A}{dt} = k_A$	$c_{A,0} - c_A = k_A t$	$\dfrac{c_{A,0}}{2k_A}$	c_A - t	[浓度]·[时间]$^{-1}$
1	$-\dfrac{dc_A}{dt} = k_A c_A$	$\ln c_{A,0} - \ln c_A = k_A t$	$\dfrac{\ln 2}{k_A}$	$\ln c_A$ - t	[时间]$^{-1}$
2	$-\dfrac{dc_A}{dt} = k_A c_A^2$	$\dfrac{1}{c_A} - \dfrac{1}{c_{A,0}} = k_A t$	$\dfrac{1}{k_A c_{A,0}}$	$\dfrac{1}{c_A}$ - t	[浓度]$^{-1}$·[时间]$^{-1}$
3	$-\dfrac{dc_A}{dt} = k_A c_A^3$	$\dfrac{1}{2}\left(\dfrac{1}{c_A^2} - \dfrac{1}{c_{A,0}^2}\right) = k_A t$	$\dfrac{3}{2k_A c_{A,0}^2}$	$\dfrac{1}{c_A^2}$ - t	[浓度]$^{-2}$·[时间]$^{-1}$
n	$-\dfrac{dc_A}{dt} = k_A c_A^n$	$\dfrac{1}{n-1}\left(\dfrac{1}{c_A^{n-1}} - \dfrac{1}{c_{A,0}^{n-1}}\right) = k_A t$	$\dfrac{2^{n-1}-1}{(n-1)k_A c_{A,0}^{n-1}}$	$\dfrac{1}{c_A^{n-1}}$ - t	[浓度]$^{1-n}$·[时间]$^{-1}$

9.3.5　物理量 ψ 对时间 t 的动力学方程[非 $c = f(t)$ 形式]

通过实验测定反应体系中某组元的浓度与时间的关系数据时，更常用的测量方法是物理法，即测定与浓度有关的物理量，如压力 p、体积 V、吸光度 A、摩尔电导率 Λ_m 等随时间变化的关系数据。根据浓度与物理量的关系，将浓度 c 对 t 的动力学方程转化为这些物理量对时间 t 的函数关系。推导可得[①]

对一级反应，有

$$\ln \frac{\psi_\infty - \psi_0}{\psi_\infty - \psi_t} = k_A t = |\nu_A| kt \tag{9-41}$$

---

①朱志昂，阮文娟. 物理化学. 5 版. 北京：科学出版社，2014：238.

对 n 级反应，有

$$\left(\frac{\psi_\infty-\psi_0}{\psi_\infty-\psi_t}\right)^{n-1}=(n-1)k_A t c_{A,0}^{n-1}+1$$

或

$$\frac{1}{(\psi_\infty-\psi_t)^{n-1}}=(n-1)k_A\left(\frac{c_{A,0}}{\psi_\infty-\psi_0}\right)^{n-1}t+\frac{1}{(\psi_\infty-\psi_0)^{n-1}} \tag{9-42}$$

【例 9-1】　实验发现，某反应 A$\longrightarrow$2B+C 在 500 K 下进行时，反应速率与产物浓度无关，且 A 的半衰期与其起始浓度无关。现在 500 K 下将纯 A(g)引入真空容器中，反应 10 min 时测得容器内的总压为 200 kPa。经足够长的时间后，可近似认为 A 已全部转化为产物，此时容器内的总压为 384 kPa。试计算：

(1) A 的初始压力。

(2) 反应的速率常数和半衰期。

(3) 100 min 时 A 的转化率。

解　因为反应速率与产物浓度无关，且 A 的半衰期与其起始浓度无关，所以反应的速率方程为

$$-\frac{\mathrm{d}p_A}{\mathrm{d}t}=k_A p_A$$

$$
\begin{array}{cccc}
& \text{A(g)} & \!\!\!=\!\!\!= & 2\text{B(g)} & + & \text{C(g)} \\
t=0 & p_{A,0} & & 0 & & 0 \\
t=t & p_A & & 2(p_{A,0}-p_A) & & p_{A,0}-p_A \\
t=\infty & 0 & & 2p_{A,0} & & p_{A,0}
\end{array}
$$

由上可知，反应至 t 时刻时体系的总压为 $p_t=3p_{A,0}-2p_A$，而 t_∞ 时体系的总压为 $p_\infty=3p_{A,0}$。

(1) 由 $p_\infty=3p_{A,0}$ 可得 $p_{A,0}=\dfrac{p_\infty}{3}=\dfrac{384}{3}=128(\text{Pa})$

(2) $t=10$ min 时，由 $p_t=3p_{A,0}-2p_A$ 可得

$$p_A=\frac{3p_{A,0}-p_t}{2}=\frac{384-200}{2}=92(\text{Pa})$$

对于一级反应

$$k=\frac{1}{t}\ln\frac{p_{A,0}}{p_A}=\frac{1}{10}\ln\frac{128}{92}=0.033(\text{min}^{-1})\qquad t_{1/2}=\frac{\ln 2}{k}=21(\text{min})$$

(3) 对于一级反应，由 $t=\dfrac{1}{k_A}\ln\dfrac{1}{1-x_A}$，可得

$$x_A=1-\mathrm{e}^{-kt}=1-\exp(-0.033\times100)=0.963=96.3\%$$

9.4　速率方程的确定

只讨论如何从动力学实验数据(c-t 数据)确定具有下列简单形式的速率方程：

$$r=kc_A^n \qquad \text{或} \qquad r=kc_A^\alpha c_B^\beta c_C^\gamma\cdots$$

在这类方程中，动力学参数只有速率常数 k 和反应级数 n、α、β、γ、$\cdots$，所以确定速率方程就是确定这两类参数。而 k 是一个常数，因此问题的关键是确定反应级数的数值。求反应级数的方法有多种，下面只介绍几种常用的方法。

确定反应级数常用的基础数据为 c-t 关系数据。

9.4.1　积分法(尝试法)

1. 计算法

将实验获得的各组 c-t 数据分别代入不同级数的动力学方程中计算 k 值，若代入 α 级反应的积分式中算出的各 k 值均相同(在误差范围内可视为相同)，则该反应就是 α 级。

例如，将 m 组 c-t 数据分别代入一级反应的动力学方程中计算 k 值。

$$m组\begin{cases} c_{A,1}\text{-}t_1 \rightarrow \ln c_{A,1}\text{-}t_1 \rightarrow k_{A,1} \\ c_{A,2}\text{-}t_2 \rightarrow \ln c_{A,2}\text{-}t_2 \rightarrow k_{A,2} \\ \vdots \quad\quad \vdots \quad\quad\quad \vdots \quad\quad \vdots \\ c_{A,m}\text{-}t_m \rightarrow \ln c_{A,m}\text{-}t_m \rightarrow k_{A,m} \end{cases}$$

若 $k_{A,1} \approx k_{A,2} \approx k_{A,3} \approx \cdots \approx k_{A,m}$，则该反应为一级反应。

$$\overline{k_A} = \sum_i k_{A,i} / m$$

2. 作图法

将 m 组 c-t 数据按各级数动力学方程中相应的 c-t 之间的函数关系作图。

若 $\ln c$-t 呈直线，则为一级反应；若 $1/c^{n-1}$-t 呈直线，则为 n 级反应。

注: 对物理量 Ψ-t 数据的使用方法同上。例如，对一级反应

$$\ln \frac{\Psi_\infty - \Psi_0}{\Psi_\infty - \Psi_t} = k_A t = |v_A| kt$$

若以 $\ln \dfrac{\Psi_\infty - \Psi_0}{\Psi_\infty - \Psi_t}$-$t$ 作图得一直线，则说明反应为一级反应，从直线斜率可求得速率常数 k_A。

对 n 级反应

$$\frac{1}{(\Psi_\infty - \Psi_t)^{n-1}} = (n-1)k_A \left(\frac{c_{A,0}}{\Psi_\infty - \Psi_0} \right)^{n-1} t + \frac{1}{(\Psi_\infty - \Psi_0)^{n-1}}$$

若以 $\dfrac{1}{(\Psi_\infty - \Psi_t)^{n-1}}$ 对 t 作图为一直线，则为 n 级反应，从其斜率可求得 k_A 值。

3. 尝试法的优缺点

(1) 选准级数时，线性关系好且可直接得到 k 值。

(2) 选不准时，需反复尝试。而当数据范围较小时，不同级数间难以区分。

(3) 积分法一般适用于反应级数是简单整数的反应，若级数是分数或小数时，很难尝试成功，最好还是采用微分法或其他方法。

注意: 在积分法中，动力学测量的时间需要足够长，通常应在 4 个半衰期以上，c-t(或 Ψ-t) 数据至少在 8 组以上，否则所确定的反应级数的可靠性较差。

9.4.2　微分法

(1) 速率方程形式为

$$r_A = -\frac{dc_A}{dt} = k_A c_A^n \tag{9-43}$$

方法一：利用 $c\text{-}t$ 数据，将式(9-43)取对数，得

$$\ln(-\frac{dc_A}{dt}) = \ln k_A + n \ln c_A \tag{9-44}$$

在 $c\text{-}t$ 曲线上不同 c_A 处作切线，求出相应的斜率 $\frac{dc_A}{dt}$。将每组 $c_{A,i}$ - $\left(\frac{dc_A}{dt}\right)_i$ 数据分别代入式(9-44)，可分别求得若干个 $k_{A,i}$ 和 n_i 的值，各取平均值即可分别得到反应的 k_A 和 n。

当 $c_{A,i}$ - $\left(\frac{dc_A}{dt}\right)_i$ 数据足够多时，以 $\ln\left(-\frac{dc_A}{dt}\right)$ 对 $\ln c_A$ 作线性回归，直线的斜率= n，截距= $\ln k_A$。

方法二：起始浓度法。

当反应产物对反应速率有影响时，为排除产物的干扰，常采用起始浓度法。对起始浓度处，反应的速率方程可表示为

$$r_{A,0} = -\frac{dc_{A,0}}{dt} = k_A c_{A,0}^n \tag{9-45}$$

实验中取若干个不同的 $c_{A,0}$，测出各自的 $c_A\text{-}t$ 曲线，在每条曲线的起始浓度 $c_{A,0}$ 处求出相应的斜率 $\frac{dc_{A,0}}{dt}$。将式(9-45)取对数，得

$$\ln\left(-\frac{dc_{A,0}}{dt}\right) = \ln k_A + n \ln c_{A,0} \tag{9-46}$$

以 $\ln\left(-\frac{dc_{A,0}}{dt}\right)$ - $\ln c_{A,0}$ 作线性回归，直线斜率 n 即为组分 A 的反应级数，从截距可求出 k_A。对于逆向也能进行的反应，起始浓度法显然更为可靠。

(2) 速率方程形式为

$$r_A = -\frac{dc_A}{dt} = k_A c_A^\alpha c_B^\beta c_C^\gamma$$

将方程取对数，得

$$\ln r_A = \ln\left(-\frac{dc_A}{dt}\right) = \ln k_A + \alpha \ln c_A + \beta \ln c_B + \gamma \ln c_C \tag{9-47}$$

设计实验分别求算 α、β和γ。

先求α：做两次实验，条件为：$c_{B,0}$、$c_{C,0}$固定，只改变 $c_{A,0}$，分别求得 $r'_{A,0}$、$r''_{A,0}$，代入式(9-47)，有

$$\ln r'_{A,0} = \ln k_A + \alpha \ln c'_{A,0} + \beta \ln c_{B,0} + \gamma \ln c_{C,0} \tag{9-48}$$

$$\ln r''_{A,0} = \ln k_A + \alpha \ln c''_{A,0} + \beta \ln c_{B,0} + \gamma \ln c_{C,0} \tag{9-49}$$

用式(9-49)减去式(9-48)，得

$$\alpha = \frac{\ln(r''_{A,0} / r'_{A,0})}{\ln(c''_{A,0} / c'_{A,0})} \tag{9-50}$$

同理可分别求得 β、γ 值。

9.4.3 半衰期法

速率方程形式为

$$r_A = -\frac{dc_A}{dt} = k_A c_A^n$$

当 $n=1$ 时，$t_{1/2} = \ln 2 / k_A$，即若半衰期与初始浓度无关则为一级反应。

当 $n \neq 1$ 时

$$t_{1/2} = \frac{2^{n-1}-1}{(n-1)k_A c_{A,0}^{n-1}} = \frac{B}{c_{A,0}^{n-1}} \tag{9-51}$$

式中，B 为常数。将式(9-51)取对数，有

$$\ln t_{1/2} = \ln B + (1-n)\ln c_{A,0} \tag{9-52}$$

取不同的 $c_{A,0}$ 做两次实验，得两组 $t_{1/2}$-$c_{A,0}$ 数据，分别代入式(9-52)，可得

$$n = 1 + \frac{\ln(t'_{1/2} / t''_{1/2})}{\ln(c''_{A,0} / c'_{A,0})} \tag{9-53}$$

若取不同的 $c_{A,0}$ 做多次实验，得多组 $t_{1/2}$-$c_{A,0}$ 数据，根据式(9-52)，以 $\ln t_{1/2}$ 对 $\ln c_{A,0}$ 作图得一直线，直线的斜率$=1-n$，可得反应级数 n。

实际上，**当产物对反应速率没有影响时**，只要通过实验得到 c_A-t 数据，从 c_A-t 曲线上便可得到一系列的 $c_{A,0}$，依次读出相应的一系列半衰期(图 9-2)，即可以 $\ln t_{1/2}$ 对 $\ln c_{A,0}$ 作图得到反应级数 n(图 9-3)。上述方法也适用于分数寿期(半衰期为分数寿期的一个特例)。

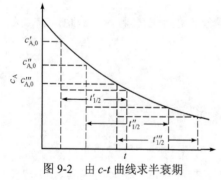

图 9-2　由 c-t 曲线求半衰期

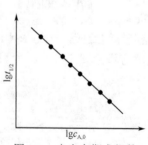

图 9-3　由半衰期求级数

分数寿期$(n \neq 1)$：
$$t_\theta = \frac{1}{(n-1)k_A c_{A,0}^{n-1}}\left[\frac{1}{(1-\theta)^{n-1}}-1\right] = \frac{B'}{c_{A,0}^{n-1}} \tag{9-54}$$

$$n = 1 + \frac{\ln(t'_\theta / t''_\theta)}{\ln(c''_{A,0} / c'_{A,0})} \tag{9-55}$$

【例 9-2】　300 K 时，反应 $A + 2B \rightleftharpoons 2C + D$ 有下列实验事实。

(1) 当按化学计量比进料时，测得下列实验数据：

t/min	0	43	129
$[B]/(\text{mol}\cdot\text{dm}^{-3})$	0.12	0.06	0.03

(2) 第二次实验中$[B]_0$相同，$[A]_0$增加 1 倍时，反应速率增大至实验(1)的 2 倍。
假设反应速率方程为 $r = k[A]^{\alpha}[B]^{\beta}$，求 α、β 值，并求反应的速率常数。

解　根据第 1 次实验，有

$$
\begin{array}{ccccccc}
& A(g) & + & 2B(g) & \Longrightarrow & 2C(g) & + & D \\
t=0 & 0.06 & & 0.12 & & 0 & & 0 \\
t=t & 0.06-x & & 0.12-2x & & 2x & & x
\end{array}
$$

$$r = k[A]^{\alpha}[B]^{\beta} = k[A]^{\alpha}(2[A])^{\beta} = 2^{\beta}k[A]^{\alpha+\beta} \tag{1}$$
$$r = 2^{\beta}k(0.06-x)^{\alpha+\beta}$$

$[B]_0 = 0.12 \text{ mol}\cdot\text{dm}^{-3}$ 时，$t_{1/2} = 43 \text{ min}$。

$[B]_0 = 0.06 \text{ mol}\cdot\text{dm}^{-3}$ 时，$t_{1/2} = (129-43) \text{ min} = 86 \text{ min}$。

用半衰期法求反应的总级数 $\alpha+\beta$，有

$$\alpha+\beta = 1 + \frac{\ln(t_{1/2}/t'_{1/2})}{\ln([B]'_0/[B]_0)} = 1 + \frac{\ln(43/86)}{\ln(0.06/0.12)} = 2$$

结合第 1、2 次实验有

$$r_{0,1} = k[A]^{\alpha}_{0,1}[B]^{\beta}_{0,1} = k(0.06)^{\alpha}(0.12)^{2-\alpha}$$
$$r_{0,2} = k[A]^{\alpha}_{0,2}[B]^{\beta}_{0,2} = k(0.12)^{\alpha}(0.12)^{2-\alpha}$$

$$\frac{r_{0,1}}{r_{0,2}} = \left(\frac{0.06}{0.12}\right)^{\alpha} = \frac{1}{2}$$

解得 $\alpha=1$，$\beta=1$，所以 $r = k[A][B]$。

根据式(1)，有

$$r = -\frac{d[A]}{dt} = -\frac{d(0.06-x)}{dt} = 2k(0.06-x)^2$$

$$\frac{1}{0.06-x} - \frac{1}{0.06} = 2kt \tag{2}$$

$t = 43 \text{ min}$ 时，$[B] = 0.12 - 2x = 0.06 \text{ mol}\cdot\text{dm}^{-3}$，得 $x = 0.03 \text{ mol}\cdot\text{dm}^{-3}$。代入式(2)，得 $k = 0.194 \text{ min}^{-1}$。

9.4.4　孤立法

当速率方程形式为 $r_A = -\dfrac{dc_A}{dt} = k_A c_A^{\alpha} c_B^{\beta} c_C^{\gamma}\cdots$ 时，确定反应级数可以采用微分法，但实验中孤立法的使用更为广泛。

用孤立法确定反应级数的实验方法如下：

求 α 时，取 $c_{B,0}, c_{C,0}\cdots \gg c_{A,0}$，则

$$r = (k c_{B,0}^{\beta} c_{C,0}^{\gamma}\cdots)c_A^{\alpha} = k' c_A^{\alpha}$$

式中，$k'_A = k_A c_B^{\beta} c_C^{\gamma}\cdots \approx k_A c_{B,0}^{\beta} c_{C,0}^{\gamma}\cdots$

用前面介绍的方法可求得组分 A 的级数 α 及表观速率常数 k'。

同理，求 β 时，取 $c_{A,0}, c_{C,0},\cdots \gg c_{B,0}$；求 γ 时，取 $c_{A,0}, c_{B,0},\cdots \gg c_{C,0}$……

注意：在这类体系中，对于过量的物质，在实验中可近似作为常数处理，但其无半衰期可言，半衰期是针对低浓度物质而言的。例如，A 为低浓度物质

$$t_{1/2}(A) = \frac{2^{\alpha-1}-1}{(\alpha-1)k_A' c_{A,0}^{\alpha-1}} = \frac{2^{\alpha-1}-1}{(\alpha-1)k_A c_{B,0}^{\beta} c_{C,0}^{\gamma}\cdots c_{A,0}^{\alpha-1}}$$

9.5　温度对速率常数的影响

9.5.1　范特霍夫规则

1884 年范特霍夫(van't Hoff)提出，温度每升高 10 K，反应速率常数增加至原来的 2~4 倍。

$$k_{T+10}/k_T \approx 2 \sim 4$$

9.5.2　阿伦尼乌斯定理

1889 年阿伦尼乌斯提出了反应速率常数 k 与温度 T 之间的数学关系，其可表示为以下三种形式：

微分式　　　　　　　　$$\frac{\mathrm{d}\ln k}{\mathrm{d}T} = \frac{E_a}{RT^2}$$　　　　　　(9-56)

对数式　　　　　　　　$$\ln k = \ln A - \frac{E_a}{RT}$$　　　　　　(9-57)

指数式　　　　　　　　$$k = A\mathrm{e}^{-E_a/RT}$$　　　　　　(9-58)

式中，E_a 为阿伦尼乌斯活化能，单位为 $J\cdot mol^{-1}$；A 为指前因子，单位与 k 相同。

(1) 阿伦尼乌斯认为，E_a 与 A 均为由反应特性决定的常数，与温度无关。

实际上，E_a 和 A 均与温度有关。当 $E_a \gg RT$ 时，可近似认为 E_a 与 T 无关，对一般反应这一点还是较易满足的。关于 E_a、A 与温度的关系将在第 10 章中讨论。

(2) $\ln k$-$1/T$ 作图呈直线，由直线的斜率可求得 E_a，由截距可求得 A。

(3) 阿伦尼乌斯公式适用条件：①均相基元反应；②大多数复杂反应。

9.5.3　总包反应速率对反应温度的依赖关系

根据总包反应速率 r 与反应温度 T 的关系，可将反应分为阿伦尼乌斯型反应和反阿伦尼乌斯型反应。一些典型的 r-T 关系曲线如图 9-4 所示。

1. 阿伦尼乌斯型反应

由 $k = A\mathrm{e}^{-E_a/RT}$ 可知，当 $T\to 0$ 时，$k\to 0$，$r\to 0$；当 $T\to\infty$ 时，$k\to A$，$r\to$ 常数。所得 r-T 关系为完整的 S 形曲线，如图 9-4(a)所示。由于一般反应只能在有限温度范围内进行，r-T 关系只有 S 形曲线中的一部分，如图中虚线方框部分所示，图 9-4(b)为其放大图。

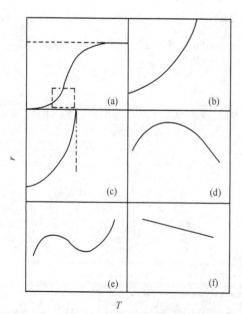

图 9-4　总包反应速率对反应温度的依赖关系曲线

2. 反阿伦尼乌斯型反应

反阿伦尼乌斯型反应有以下几种类型：
(1) 有爆炸极限的反应，如图 9-4(c)所示。
(2) 酶催化反应，如图 9-4(d)所示。
(3) 煤的燃烧反应，如图 9-4(e)所示。
(4) NO 的氧化反应，如图 9-4(f)所示。

9.5.4　阿伦尼乌斯活化能 E_a

1. 定义及其物理意义

1) 定义
任何速率过程的活化能 E_a 可普遍定义为

$$E_a \equiv RT^2 \frac{\mathrm{d}\ln k}{\mathrm{d}T} \equiv -R \frac{\mathrm{d}\ln k}{\mathrm{d}(1/T)} \tag{9-59}$$

根据定义，阿伦尼乌斯活化能 E_a 也称微分活化能，或简称活化能。
适用条件：基元反应和阿伦尼乌斯型复杂反应。
2) 物理意义
对于基元反应，阿伦尼乌斯活化能为反应的真实活化能，其物理意义为**使普通分子变为活化分子所需的最小能量称为活化能**。
3) 活化能与反应组元的平均能量的关系
设：基元对峙反应

$$A \underset{k_b, E_{a,b}}{\overset{k_f, E_{a,f}}{\rightleftarrows}} C$$

反应式中，k_f 和 $E_{a,f}$ 分别为正向反应速率常数和活化能；k_b 和 $E_{a,b}$ 分别为逆向反应速率常数和活化能；$\bar{E}_A$ 和 $\bar{E}_C$ 分别为反应物分子 A 和产物分子 C 的平均能量。
设 K_C 为上述基元对峙反应的平衡常数，有

$$K_C = \frac{k_f}{k_b} \tag{9-60}$$

将式(9-60)取对数，并将式(9-56)代入，得

$$\frac{\mathrm{d}\ln K_C}{\mathrm{d}T} = \frac{\mathrm{d}\ln k_f}{\mathrm{d}T} - \frac{\mathrm{d}\ln k_b}{\mathrm{d}T} = \frac{E_{a,f} - E_{a,b}}{RT^2} \tag{9-61}$$

在恒容条件下，范特霍夫方程为

$$\frac{\mathrm{d}\ln K_C^{\ominus}}{\mathrm{d}T} = \frac{\Delta_r U_m^{\ominus}}{RT^2} \tag{9-62}$$

对比式(9-61)和式(9-62)，可得

$$E_{a,f} - E_{a,b} = \Delta_r U_m^{\ominus} \tag{9-63}$$

又 $\Delta_r U_m^{\ominus} = \bar{E}_A - \bar{E}_C$，所以

$$\Delta_r U_m^{\ominus} = \overline{E}_A - \overline{E}_C = E_{a,f} - E_{a,b}$$

即

$$\overline{E}_A + E_{a,f} = \overline{E}_C + E_{a,b} = 活化物 B 的能量$$

故

$$E_{a,f} = 活化物 B 的能量 - \overline{E}_A \tag{9-64}$$

$$E_{a,b} = 活化物 B 的能量 - \overline{E}_C \tag{9-65}$$

4) 阿伦尼乌斯活化能的统计力学解释

1925 年，托尔曼(Tolman)用统计力学方法证明，**对于基元反应，活化能是 1 mol 活化分子的平均能量与 1 mol 普通分子的平均能量之差。**

从式(9-64)和式(9-65)也可以看出，其与托尔曼用统计力学方法证明的结果是一致的。因此，阿伦尼乌斯活化能与各能量间的关系可用图 9-5 表示。

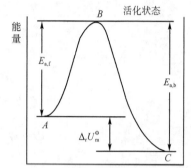

图 9-5　$E_{a,f}$、$E_{a,b}$ 与 $\Delta_r U_m^{\ominus}$ 的关系

5) 表观活化能

对复杂反应，E_a 称为总包反应的表观活化能，用 $E_{a,obs}$ 表示。而总包反应的表观速率常数为 k_{obs}。式(9-58)可表示为

$$k_{obs} = A_{obs} e^{-E_{a,obs}/RT} \tag{9-66}$$

例如，$k_{obs} = \dfrac{k_1 \cdot k_3^2}{k_2}$，将 $k_i = A_i e^{-E_{a,i}/RT}$ 代入，可得

$$k_{obs} = \frac{k_1 \cdot k_3^2}{k_2} = \frac{A_1 \cdot A_3^2}{A_2} \exp\left[-\left(\frac{E_{a,1} + 2E_{a,3} - E_{a,2}}{RT} \right) \right]$$

与式(9-66)对比，可得

$$E_{a,obs} = E_{a,1} + 2E_{a,3} - E_{a,2} \qquad A_{obs} = \frac{A_1 \cdot A_3^2}{A_2}$$

2. 活化能对反应速率的影响

从阿伦尼乌斯指数式 $k = A e^{-E_a/RT}$ 可看出，E_a 对 k 的影响比指前因子 A 的影响显著。在相同的 T、A 条件下，反应的 E_a 越大，则反应速率常数 k 越小。一般有以下规律：一般反应 $E_a = 40 \sim 400\ \mathrm{kJ \cdot mol^{-1}}$；快速反应 $E_a < 40\ \mathrm{kJ \cdot mol^{-1}}$；以 $E_a = 60 \sim 250\ \mathrm{kJ \cdot mol^{-1}}$ 的反应居多；$E_a > 400\ \mathrm{kJ \cdot mol^{-1}}$ 的反应慢到难以观测。

室温下，E_a 每增加 4 $\mathrm{kJ \cdot mol^{-1}}$，$k$ 值降低 80%；若 E_a 下降 4 $\mathrm{kJ \cdot mol^{-1}}$，则 k 为原来的 5 倍；若降低 8 $\mathrm{kJ \cdot mol^{-1}}$，则 k 为原来的 25 倍。

那么，在温度对反应速率的影响中，活化能的高低会产生何种影响呢？

设：有两个不同的反应，各反应的速率常数和活化能如下：

反应 1：k_1，E_1

反应 2：k_2，E_2

则

$$\frac{k_1}{k_2} = \frac{A_1 e^{-E_1/RT}}{A_2 e^{-E_2/RT}} = \frac{A_1}{A_2} e^{(E_2-E_1)/RT} \approx e^{(E_2-E_1)/RT} \quad (假设\ A_1 \approx A_2)$$

$$\frac{\mathrm{d}\ln(k_1/k_2)}{\mathrm{d}T} = \frac{E_1 - E_2}{RT^2} \tag{9-67}$$

若　$E_1 > E_2$，则　$\dfrac{\mathrm{d}\ln(k_1/k_2)}{\mathrm{d}T} > 0$，当 $T\uparrow$，$\dfrac{k_1}{k_2}\uparrow$，即 k_1 的增加值 $> k_2$ 的增加值。

若　$E_1 < E_2$，则　$\dfrac{\mathrm{d}\ln(k_1/k_2)}{\mathrm{d}T} < 0$，当 $T\uparrow$，$\dfrac{k_1}{k_2}\downarrow$，即 k_1 的增加值 $< k_2$ 的增加值。

结论：活化能高的反应比活化能低的反应对温度的变化更敏感。

温度对竞争反应速率影响的一般规则：**高温有利于 E_a 较大的反应，低温有利于 E_a 较小的反应。**

3. 阿伦尼乌斯活化能的求算

1) 由 k-T 实验数据求 E_a

前提条件：E_a 与温度无关，或温度变化范围不是很大。

对式(9-56)做积分运算，由 k-T 数据可得 E_a。

(1) 作图法。

根据 $\ln k = -\dfrac{E_a}{RT} + C$，$\ln k$ - $\dfrac{1}{T}$ 呈直线关系，由斜率 $m = -\dfrac{E_a}{R}$ 可求得 E_a。

(2) 积分法。

根据

$$\ln\frac{k(T_2)}{k(T_1)} = \frac{E_a}{R}\left(\frac{1}{T_1} - \frac{1}{T_2}\right) \tag{9-68}$$

在已知两组 k-T 数据的条件下即可求得 E_a 值。

以上方法适用于基元反应，也适用于非基元反应，但对非基元反应，求得的是表观活化能 E_{obs}。

当温度变化范围很大时，以 $\ln k$ 对 $1/T$ 作图不能得到很好的直线。这说明 E_a 是温度的函数，此时，阿伦尼乌斯指数式可修正为含有三个参量的经验公式：

$$k = AT^m e^{-E/RT}$$

与阿伦尼乌斯公式对比可得

$$E_a = E + mRT$$

这部分内容将在第 10 章中详细讨论。

2) 基元反应活化能的估算(经验规则)

在无法通过实验方法获取 E_a 值时，人们还可以根据一些经验规则，从反应所涉及的化学键的键能(ε_{ij})来估算基元反应的活化能，所得结果对分析反应速率问题还是很有帮助的。

(1) 基元反应　A—A+B—B⟶2A—B

$$E_a \approx (\varepsilon_{AA} + \varepsilon_{BB}) \times 30\% \tag{9-69}$$

(2) 分子分解为自由基的基元反应　$A_2 + M \longrightarrow 2A\cdot + M$

$$E_a \approx \varepsilon_{AA} \tag{9-70}$$

(3) 自由基的复合反应 $2A \cdot + M \longrightarrow A_2 + M$

$$E_a \approx 0 \tag{9-71}$$

(4) 自由基与分子之间的基元反应 $A_2 + X \cdot \longrightarrow X + A \cdot$ (放热方向)

对放热方向：

$$E_a \approx 5.5\%(\varepsilon_{AA}) \tag{9-72}$$

对吸热方向：

$$E_a' \approx E_a + |\Delta H| \tag{9-73}$$

用键能估算反应热：$\Delta H = \sum$ (反应物键能) $- \sum$ (生成物键能)

4. 应用

1) 反应温度的求算

在一定的条件下，将阿伦尼乌斯关系式与反应的动力学方程联用，可确定反应的温度。

例如，若已知反应的指前因子 A、反应级数 n 及活化能 E_a，欲使反应在 t 时刻 B 的转化率为 x，如何求得反应温度 T？

解题思路：将反应的动力学方程与活化能的指数式联用即可求得反应温度 T。

当 $n = 1$ 时：$\ln \dfrac{c_{B,0}}{c_B} = k_A t = A e^{-E_a/RT} \cdot t$，解方程可求得 T。

当 $n \neq 1$ 时：$\dfrac{1}{n-1}\left(\dfrac{1}{c_B^{n-1}} - \dfrac{1}{c_{B,0}^{n-1}} \right) = k_A t = A e^{-E_a/RT} \cdot t$，解方程可求得 T。

2) 反应时间的求算

例如，已知某一反应的 E_a、n 和 $c_{A,0}$，以及在温度 T_1 下反应在 t_1 时刻的 B 的浓度 c_B，如何确定在 T_2 温度下达到具有与 B 在 t_1 时刻相同转化率的时间 t_2？

解题思路：将 $-\dfrac{dc_B}{dt} = |\nu_B| k_i c_B^n$ 在不同温度下积分，则有

T_1:

$$-\int_{c_{B,0}}^{c_B} \frac{dc_B}{c_B^n} = \int_0^{t_1} |\nu_B| k_1 dt$$

T_2:

$$-\int_{c_{B,0}}^{c_B} \frac{dc_B}{c_B^n} = \int_0^{t_2} |\nu_B| k_2 dt$$

所以

$$\int_0^{t_1} |\nu_B| k_1 dt = \int_0^{t_2} |\nu_B| k_2 dt$$

得

$$k_1 t_1 = k_2 t_2 \qquad 或 \qquad \frac{k_2}{k_1} = \frac{t_1}{t_2}$$

代入式(9-68)，可得

$$\ln \frac{t_1}{t_2} = \ln \frac{k_2}{k_1} = -\frac{E_a}{R}\left(\frac{1}{T_2} - \frac{1}{T_1} \right)$$

可求得 t_2 的值。

也可以分步求解：根据 n 和 $c_{A,0}$ 及在 T_1 下反应在 t_1 时刻的值求出 $k_1(T_1)$ 值；由 E_a 及 $k_1(T_1)$

求出 $k_2(T_2)$ 值；然后，采取同以上解题相同的方法推出：$\dfrac{k_2}{k_1}=\dfrac{t_1}{t_2}$，即可求得 $t_2=\dfrac{k_1}{k_2}t_1$。

【例 9-3】　反应 $A(g)+2B(g)\longrightarrow E(g)$ 在一密闭容器中进行。假设速率方程的形式为 $r=k_p p_A^\alpha p_B^\beta$。实验发现：①当反应物的起始分压分别为 $p_{A,0}=10$ kPa，$p_{B,0}=400$ kPa 时，反应中 $\ln p_A$ 随时间的变化率与 p_A 无关；②在 300 K 和 310 K 时分别测得 A、B 的起始压力与初始速率 r_0 的实验数据如下：

$p_{A,0}$/kPa	10	10	10
$p_{B,0}$/kPa	10	20	30
$r_0(300\ K)/(kPa\cdot s^{-1})$	0.15	0.30	0.46
$r_0(310\ K)/(kPa\cdot s^{-1})$	0.42	0.83	1.24

试计算：

(1) 速率方程中的 α、β 的值。

(2) 反应的活化能。

解　(1) 求速率方程中的 α、β 的值。

$$A(g)\quad+\quad 2B(g)\quad==\quad C(g)$$
$$t=0\quad p_{A,0}\qquad p_{B,0}\qquad\qquad 0$$
$$t=t\quad p_A\qquad\quad p_B\qquad\qquad p$$
$$p_A=p_{A,0}-p\qquad p_B=p_{B,0}-2p$$

由实验①，当 $p_{A,0}=10$ kPa，$p_{B,0}=400$ kPa 时，B 是大过量的，故

$$-\frac{dp_A}{dt}=k_p p_A^\alpha p_B^\beta=k'p_A^\alpha$$

$$-\frac{d\ln p_A}{dt}=k'p_A^\alpha/p_A$$

若要 $-\dfrac{d\ln p_A}{dt}$ 与 p_A 无关，则 $\alpha=1$。

分析实验②的表中数据发现，保持 $p_{A,0}$ 不变，$p_{B,0}$ 增加，反应的初速率也随之按相应比例增加，所以反应对 B 是一级，即 $\beta=1$。

$$-\frac{dp_A}{dt}=k_p p_A p_B$$

(2) 求反应的活化能。根据 $r_0=-\dfrac{dp_{A,0}}{dt}=k_p p_{A,0} p_{B,0}$ 及题给数据计算 300 K 及 310 K 的 k_p 数值，有

$$k_{p,1}(300\ K)=\frac{r_0}{p_{A,0}p_{B,0}}=\frac{0.15}{10\times10}=1.50\times10^{-3}(s^{-1})$$

$$k_{p,2}(300\ K)=1.50\times10^{-3}(s^{-1})\quad k_{p,3}(300\ K)=1.53\times10^{-3}(s^{-1})$$

可得

$$\langle k_p(300\ K)\rangle=\frac{0.46}{10\times30}=1.51\times10^{-3}(s^{-1})$$

同理可得

$$\langle k_p(310\ K)\rangle=4.16\times10^{-3}(s^{-1})$$

因为 $\ln\dfrac{k_2}{k_1}=\dfrac{E_a}{R}\left(\dfrac{1}{T_1}-\dfrac{1}{T_2}\right)$，$k_c=k_p(RT)^{n-1}=k_p(RT)$，所以

$$\ln \frac{k_c(310\,\text{K})}{k_c(300\,\text{K})} = \ln \frac{k_p(310\,\text{K}) \times 310}{k_p(300\,\text{K}) \times 300} = \frac{E_a}{R}\left(\frac{1}{300} - \frac{1}{310}\right)$$

$$\ln \frac{4.16 \times 10^{-3} \times 310}{1.51 \times 10^{-3} \times 300} = \frac{E_a}{8.314}\left(\frac{1}{300} - \frac{1}{310}\right)$$

解得

$$E_a = 80.89\,\text{kJ} \cdot \text{mol}^{-1}$$

9.6　典型的复合反应

这里主要介绍三种典型的复合反应：对峙反应(对行反应)、平行反应和连串反应。

在处理复合反应时**反应的独立共存原理**非常重要，即"**基元反应的速率常数、指前因子、活化能不因其他组元或基元反应的存在与否而有所改变**"。这条原理的应用会使对由基元反应构成的复合反应的处理更为方便。

9.6.1　对峙反应

正、逆方向均以显著速率进行的反应称为对峙反应，也称对行反应或可逆反应。例如

$$A + B \underset{k_{-1}}{\overset{k_1}{\rightleftharpoons}} Z$$

特点：对峙反应的逆向反应速率相对于正向反应速率不能忽略，其特点是很容易达到平衡。

注意：动力学中的可逆反应是指逆反应也可以显著速率进行，与热力学上的可逆过程含义不同。

常见的对峙反应有光气的合成与分解反应、顺反异构化反应、碘化氢与其单质元素之间的转换反应、分子内重排反应等。

1. 速率方程

例如，正、逆向反应均为一级的对峙反应

$$A \underset{k_{-1}}{\overset{k_1}{\rightleftharpoons}} B$$

$t = 0$	$c_{A,0}$	0
$t = t$	c_A	$c_B = c_{A,0} - c_A$
平衡时	$c_{A,e}$	$c_{B,e} = c_{A,0} - c_{A,e}$

在 t 时刻，正向反应速率 $r_+ = k_1 c_A$，逆向反应速率 $r_- = k_{-1} c_B$。

根据独立共存原理，反应物 A 的净消耗速率为

$$-\frac{dc_A}{dt} = k_1 c_A - k_{-1} c_B = k_1 c_A - k_{-1}(c_{A,0} - c_A)$$

$$-\frac{dc_A}{dt} = (k_1 + k_{-1}) c_A - k_{-1} c_{A,0} \tag{9-74}$$

同理，产物 B 的生成速率为

$$\frac{dc_B}{dt} = k_1 c_A - k_{-1} c_B$$

产物 B 的消耗速率为

$$-\frac{dc_B}{dt} = -k_1 c_A + k_{-1} c_B$$

体系达到平衡时，$r_{+,e} = r_{-,e}$，即

$$k_1 c_{A,e} = k_{-1} c_{B,e} = k_{-1}(c_{A,0} - c_{A,e}) \tag{9-75}$$

所以

$$\frac{c_{B,e}}{c_{A,e}} = \frac{c_{A,0} - c_{A,e}}{c_{A,e}} = \frac{k_1}{k_{-1}} = K_C \tag{9-76}$$

由式(9-75)得 $k_{-1} c_{A,0} = (k_1 + k_{-1}) c_{A,e}$，代入式(9-74)，可得

$$-\frac{dc_A}{dt} = -\frac{d(c_A - c_{A,e})}{dt} = (k_1 + k_{-1}) c_A - (k_1 + k_{-1}) c_{A,e}$$

即

$$-\frac{d(c_A - c_{A,e})}{dt} = (k_1 + k_{-1})(c_A - c_{A,e}) \tag{9-77}$$

2. 动力学方程

对式(9-77)积分可得

$$\ln \frac{c_{A,0} - c_{A,e}}{c_A - c_{A,e}} = (k_1 + k_{-1})t = k_1 \left(1 + \frac{1}{K_C}\right) t \tag{9-78}$$

对 1-1 级对峙反应，以 $\ln(c_A - c_{A,e})$ 对 t 作图得一直线 (图 9-6)，从直线斜率 $= -(k_1 + k_{-1})$ 及 $\frac{k_1}{k_{-1}} = K_C$ 可求得 k_1 和 k_{-1}。

3. 动力学曲线 c-t

特点：经足够长时间，反应物和产物分别趋于各自的平衡浓度。

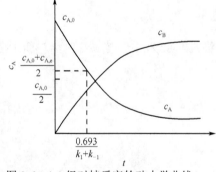

图 9-6 1-1 级对峙反应的动力学曲线

4. 半衰期

定义：$c_A = \frac{1}{2}(c_{A,0} - c_{A,e}) + c_{A,e} = \frac{1}{2}(c_{A,0} + c_{A,e})$ 所需的时间为半衰期。由式(9-78)可得

$$t_{1/2} = \frac{0.693}{k_1 + k_{-1}} \tag{9-79}$$

5. 弛豫法测定快速对峙反应的速率常数

1) 基本原理

对峙反应由于反应速率较快，很难用常规测定 c-t 的方法求出速率常数，通常借助于弛豫方法。

基本原理：对于已达到平衡的对峙反应体系，在极短的时间内(如 1 μs)给一扰动，如使其温度快速升高 5℃，导致反应体系偏离原平衡，但它又会趋于达到一个新平衡。趋于新平衡的过程称为弛豫过程。由于扰动较小，对旧平衡的偏离也较小，可以认为趋于新平衡的过程是线性的。利用测量达到新平衡的时间可求得速率常数。

2) 适用范围

弛豫法只适用于能快速达到平衡的对峙反应体系，同时要求已知其平衡常数。对峙反应的平衡常数借助于热力学方法很容易测得。对于温度跃变弛豫还要求反应体系导电。

例如，用弛豫法(温度跃变)测定一级对峙反应的速率常数 k_1、k_{-1}。

$$A \underset{k_{-1}}{\overset{k_1}{\rightleftharpoons}} B$$

T 时，已达平衡为起点 　　　　$t=0$ 　　$c_{A,0}-x_e$ 　　x_e

给予 ΔT 微扰 　　　　　　　$t=t$ 　　$c_{A,0}-x$ 　　x

$T+\Delta T$ 时体系达新平衡 　　$t=$平衡　$c_{A,0}-x_e'$ 　x_e'

弛豫过程的速率方程

$$\frac{dx}{dt} = k_1 c_A - k_{-1} c_B = k_1(c_{A,0}-x) - k_{-1}x \tag{9-80}$$

选择新平衡时的浓度为参考态，令 $\Delta = x_e' - x$，则 $x = x_e' - \Delta$ (Δ 为弛豫偏离值)，代入式(9-80)，可得

$$\frac{dx}{dt} = -\frac{d\Delta}{dt} = k_1(c_{A,0}-x_e') - k_{-1}x_e' + (k_1+k_{-1})\Delta \tag{9-81}$$

式中，$r_{+,e} = k_1(c_{A,0}-x_e')$，$r_{-,e} = k_{-1}x_e'$。平衡时，$r_{+,e} = r_{-,e}$，代入式(9-81)，可得

$$-\frac{d\Delta}{dt} = (k_1+k_{-1})\Delta \tag{9-82}$$

将式(9-82)积分，当 $t=0$ 时，对新平衡偏离最大：

$$\Delta_0 = x_e' - x_e$$

$$-\int_{\Delta_0}^{\Delta} \frac{d\Delta}{\Delta} = \int_0^t (k_1+k_{-1})dt$$

$$\ln \frac{\Delta_0}{\Delta} = (k_1+k_{-1})t \tag{9-83}$$

定义弛豫时间 τ：弛豫偏离值 Δ 降到最大偏离值 Δ_0 的 $1/e$ 时所需时间称为弛豫时间，即当 $\Delta = \Delta_0/e$ 时，$t=\tau$，代入式(9-83)，得

$$\ln \frac{\Delta_0}{\Delta_0/e} = (k_1+k_{-1})\tau$$

$$\tau = \frac{1}{k_1+k_{-1}} \tag{9-84}$$

将式(9-84)代入式(9-83)，得

$$\Delta = \Delta_0 e^{-t/\tau} \tag{9-85}$$

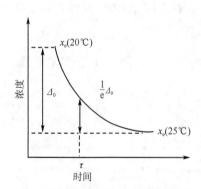

图 9-7 弛豫法测定快速对峙反应的速率常数

通过实验可测出 Δ-t 数据，求得 τ 值(图 9-7)。根据

$$\tau = \frac{1}{k_1 + k_{-1}} \qquad K_C = \frac{k_1}{k_{-1}}$$

可求 k_1，k_{-1}。

9.6.2 平行反应

一种或多种相同的反应物能同时进行不同的、相互独立的反应，这些反应的组合称为平行反应。例如，两个平行发生的均为不可逆的一级反应：

$$C \xleftarrow{k_1} A \xrightarrow{k_2} D$$

1. 速率方程

$$-\frac{\mathrm{d}c_A}{\mathrm{d}t} = k_1 c_A + k_2 c_A = (k_1 + k_2)c_A \tag{9-86}$$

2. 动力学方程

$$\ln \frac{c_A}{c_{A,0}} = -(k_1 + k_2)t \qquad \text{（一级反应）}$$

或

$$c_A = c_{A,0}\mathrm{e}^{-(k_1+k_2)t} \tag{9-87}$$

以 $\ln c_A$ - t 作图呈直线，斜率$=-(k_1 + k_2)$。

3. 一级平行反应的特征

1) 表观速率常数

对一级总包平行反应，由速率方程[式(9-86)]，得

$$-\frac{\mathrm{d}c_A}{\mathrm{d}t} = (k_1 + k_2)c_A = k_{obs}c_A$$

式中，k_{obs} 为表观速率常数，$k_{obs} = k_1 + k_2$。

若体系中有 B(B = 1，2，3，…)个平行进行的反应，则 k_{obs} 可用以下通式表示：

$$k_{obs} = \sum_B k_B \tag{9-88}$$

2) 表观活化能 $E_{a,obs}$

对总包反应，根据阿伦尼乌斯活化能的微分定义式，结合 k_{obs} 通式，可推导出 $E_{a,obs}$ 与各平行反应活化能 $E_{a,i}$ 之间的关系。

$$E_{a,obs} = RT^2 \frac{\mathrm{d}\ln k_{obs}}{\mathrm{d}T} = -R\frac{\mathrm{d}\ln\sum\limits_{B} k_B}{\mathrm{d}(1/T)} = -\frac{R}{\sum\limits_{B} k_B}\frac{\mathrm{d}\sum\limits_{B} k_B}{\mathrm{d}(1/T)}$$

$$= -\frac{R}{\sum\limits_{B} k_B}\left[\sum_{B}\frac{\mathrm{d}k_B}{\mathrm{d}(1/T)}\right] = -\frac{R}{\sum\limits_{B} k_B}\left[\sum_{B} k_B\frac{\mathrm{d}k_B/k_B}{\mathrm{d}(1/T)}\right]$$

$$= \frac{1}{\sum\limits_{B} k_B}\sum_{B}\left\{k_B\left[-R\frac{\mathrm{d}\ln k_B}{\mathrm{d}(1/T)}\right]\right\} = \frac{\sum\limits_{B} k_B E_{a,B}}{\sum\limits_{B} k_B}$$

即

$$E_{a,obs} = \frac{\sum_{B} k_B E_{a,B}}{\sum_{B} k_B} = \frac{k_1 E_{a,1} + k_2 E_{a,2}}{k_1 + k_2}$$

(9-89)

3) $\dfrac{c_C}{c_D} = \dfrac{k_1}{k_2}$

因为

$$\frac{dc_C}{dt} = k_1 c_A = k_1 c_{A,0} \exp[-(k_1 + k_2)t]$$

(9-90)

$$\frac{dc_D}{dt} = k_2 c_A = k_2 c_{A,0} \exp[-(k_1 + k_2)t]$$

(9-91)

将式(9-90)、式(9-91)分别积分可得

$$c_C = \frac{k_1 c_{A,0}}{k_1 + k_2}[1 - e^{-(k_1 + k_2)t}]$$

(9-92)

$$c_D = \frac{k_2 c_{A,0}}{k_1 + k_2}[1 - e^{-(k_1 + k_2)t}]$$

(9-93)

由式(9-92)和式(9-93)，得

$$\frac{c_C}{c_D} = \frac{k_1}{k_2}$$

(9-94)

实验测得 c_C/c_D，可求得 k_1/k_2

$\ln c_A$ - t 呈直线，斜率=$-(k_1 + k_2)$ $\left.\right\}$ 可求得 k_1，k_2。

4. 控制反应条件，提高主反应产率

如果主要产物为 C，因为

$$\frac{c_C}{c_D} = \frac{k_1}{k_2} = \frac{A_1 e^{-E_1/RT}}{A_2 e^{-E_2/RT}}$$

若 $A_1 \approx A_2$，$E_1 > E_2$，则

$$\frac{c_C}{c_D} = \frac{k_1}{k_2} \approx e^{-(E_1 - E_2)/RT}$$

提高 c_C/c_D 的值可采用以下两种方法。

1) 升高温度

$$\frac{d\ln(k_1/k_2)}{dT} = \frac{E_1 - E_2}{RT^2}$$

因为 $E_1 > E_2$，升高温度使 k_1 比 k_2 增加得更快。

2) 加入催化剂

加入催化剂以降低主反应活化能，或提高副反应活化能，均能提高主产物 C 的产率。

【例 9-4】 已知乙烯氧化制环氧乙烷，可发生下列两个反应：

① $C_2H_4(g) + \frac{1}{2}O_2(g) \xrightarrow{k_1} C_2H_4O(g)$

② $C_2H_4(g) + 3O_2(g) \xrightarrow{k_2} 2CO_2(g) + 2H_2O(g)$

在 298 K 时物质的标准摩尔生成吉布斯自由能数据如下：

物质	$C_2H_4O(g)$	$C_2H_4(g)$	$CO_2(g)$	$H_2O(g)$
$\Delta_f G_m^\ominus / (kJ \cdot mol^{-1})$	−13.1	68.1	−394.4	−228.6

当在银催化剂上研究上述反应时，得到反应①及反应②的速率方程形式完全相同，$E_{a,1} = 63.6\ kJ \cdot mol^{-1}$，$E_{a,2} = 82.8\ kJ \cdot mol^{-1}$，而且可以控制 $C_2H_4O(g)$ 进一步氧化的速率极低。

(1) 请从热力学观点讨论乙烯氧化生产环氧乙烷的可行性。

(2) 求 T_1=298 K、T_2=503 K 时两反应的速率之比 r_1/r_2(两反应的指前因子可视为相等)。

(3) 从动力学观点讨论乙烯氧化生产环氧乙烷是否可行，并根据计算结果讨论应如何选择温度。

解　(1) 反应①：$\Delta_r G_m^\ominus(1) = \sum_B \nu_B \Delta_f G_m^\ominus(B) = -13.1 - 68.1 = -81.2(kJ \cdot mol^{-1})$

反应②：$\Delta_r G_m^\ominus(2) = \sum_B \nu_B \Delta_f G_m^\ominus(B) = 2 \times (-394.4 - 228.6) - 68.1 = -1314.1(kJ \cdot mol^{-1})$

从热力学观点看，$\Delta_r G_m^\ominus(2) \ll \Delta_r G_m^\ominus(1)$，所以反应主要按式②进行，直接生成 $C_2H_4O(g)$ 的可能性极小。

(2) 因为 $A_1 = A_2$，有

$$\frac{r_1}{r_2} = \frac{k_1}{k_2} = \exp\left(-\frac{E_{a,1} - E_{a,2}}{RT}\right)$$

T_1=298 K 时

$$\frac{r_1}{r_2} = \exp\left[-\frac{(63.6 - 82.8) \times 10^3}{8.314 \times 298}\right] = 2320$$

T_2=503 K 时

$$\frac{r_1}{r_2} = \exp\left[-\frac{(63.6 - 82.8) \times 10^3}{8.314 \times 503}\right] = 98.6$$

(3) 从动力学的角度看，r_1/r_2 的数值很大，生成 $C_2H_4O(g)$ 还是有可能的。因为 $E_{a,2} > E_{a,1}$，所以降低温度对生成 $C_2H_4O(g)$ 有利。

9.6.3　连串反应

有些反应需经过连续几步方能完成，且前一步的产物为后一步的反应物，如此依次连续进行的反应称为连串反应或连续反应。

这里我们只讨论两个连续进行的不可逆一级反应—— 一级连串反应。

例如，一级连串反应　$A \xrightarrow{k_1} B \xrightarrow{k_2} C$，假定各反应物质的计量系数均为 1。

$$A \xrightarrow{k_1} B \xrightarrow{k_2} C$$

	A	B	C
$t = 0$ 时	$c_{A,0}$	0	0
$t = t$ 时	c_A	c_B	c_C

1. **速率方程和动力学方程**

这里要解决的主要问题是**如何得到 A、B、C 的浓度与时间之间的函数关系式。**

1) A 的消耗速率方程及 c_A-t 关系

根据 A 的消耗速率方程求得 c_A-t 的函数关系最为简便，其与普通一级反应相同。

$$-\frac{dc_A}{dt} = k_1 c_A \qquad \ln\frac{c_A}{c_{A,0}} = -k_1 t \qquad c_A = c_{A,0} e^{-k_1 t} \tag{9-95}$$

2) B 的生成速率方程及 c_B - t 关系

$$\frac{\mathrm{d}c_B}{\mathrm{d}t} = k_1 c_A - k_2 c_B \tag{9-96}$$

将式(9-95)代入式(9-96)，整理可得

$$\frac{\mathrm{d}c_B}{\mathrm{d}t} + k_2 c_B = k_1 c_{A,0} \mathrm{e}^{-k_1 t} \qquad \text{(一阶常微分方程)}$$

解方程，可得

$$c_B = \frac{k_1 c_{A,0}}{k_2 - k_1} (\mathrm{e}^{-k_1 t} - \mathrm{e}^{-k_2 t}) \tag{9-97}$$

3) C 的生成速率方程及 c_C - t 关系

$$\frac{\mathrm{d}c_C}{\mathrm{d}t} = k_2 c_B \tag{9-98}$$

将式(9-97)代入式(9-98)，得

$$\frac{\mathrm{d}c_C}{\mathrm{d}t} = \frac{k_2 k_1 c_{A,0}}{k_2 - k_1} (\mathrm{e}^{-k_1 t} - \mathrm{e}^{-k_2 t})$$

解方程，可得

$$c_C = c_{A,0} \left(1 - \frac{k_2 \mathrm{e}^{-k_1 t} - k_1 \mathrm{e}^{-k_2 t}}{k_2 - k_1} \right) \tag{9-99}$$

c_C - t 关系的另解：借助于 A、B 的解，间接求得 c_C 的解。因为 $c_A + c_B + c_C = c_{A,0}$，所以

$$c_C = c_{A,0} - c_A - c_B = c_{A,0} \left(1 - \frac{k_2 \mathrm{e}^{-k_1 t} - k_1 \mathrm{e}^{-k_2 t}}{k_2 - k_1} \right)$$

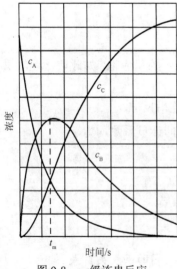

图 9-8　一级连串反应

2. 特征

c_A、c_B、c_C 随时间变化的关系曲线如图 9-8 所示。

1) c_B 有极大值

从图 9-8 可看出，中间物 B 的浓度在反应进程中具有极大值。若以中间物 B 为目标产物，则 c_B 达到极大值的时间称为中间产物的最佳时间 t_m。反应到达最佳时间 t_m 时就应停止，否则目标产物的浓度会下降。

在极大点上，有

$$\frac{\mathrm{d}c_B}{\mathrm{d}t} = 0 \tag{9-100}$$

将式(9-97)代入式(9-100)，得

$$\frac{\mathrm{d}c_B}{\mathrm{d}t} = \frac{k_1 c_{A,0}}{k_2 - k_1} (k_2 \mathrm{e}^{-k_2 t_m} - k_1 \mathrm{e}^{-k_1 t_m}) = 0 \tag{9-101}$$

解得

$$t_m = \frac{\ln(k_1 / k_2)}{k_1 - k_2} \tag{9-102}$$

由式(9-97)、式(9-101)和式(9-102)解得

$$c_{B,m} = c_{A,0} \left(\frac{k_1}{k_2} \right)^{\frac{k_2}{k_2-k_1}} \tag{9-103}$$

2) 连串反应的反应速率

在连串反应中，总包反应的速率取决于反应最慢(速率常数最小)的步骤，此步骤称为速控步(rate controlling process，rcp)。

9.7 复合反应的近似处理方法

从对一级连串反应的讨论可以看出，求解 c_i-t 的关系已非易事，若总包反应中同时包含对峙反应、平行反应和连串反应时，数学上的处理将是十分困难的。例如，下列复合反应就同时包含了这三种典型的复合反应：

$$A \underset{k_{-1}}{\overset{k_1}{\rightleftharpoons}} B \overset{k_2}{\longrightarrow} C$$

$t=0$	$c_{A,0}$	0	0
$t=t$	c_A	c_B	c_C

反应式速率方程为

$$r_A = -\frac{dc_A}{dt} = k_1 c_A - k_{-1} c_B \tag{9-104}$$

$$r_B = \frac{dc_B}{dt} = k_1 c_A - k_{-1} c_B - k_2 c_B \tag{9-105}$$

$$r_C = \frac{dc_C}{dt} = k_2 c_B \tag{9-106}$$

一般可通过解联立方程求得 c_A、c_B 和 c_C，但求解过程复杂。在化学动力学的研究中，对这类问题经常用近似方法处理。常用的近似处理方法有：选取控制步骤法、稳态近似法和平衡近似法。

9.7.1 选取控制步骤法

以连串反应为例。前已述及，连串反应的速率取决于速控步的速率。只要求得速控步的速率就可得到连串反应的总速率。这就大大简化了速率方程的求解。控制步骤与其他各串联步骤的速率相差倍数越多，则此规律就越准确。例如，连串反应：

$$A \overset{k_1}{\longrightarrow} B \overset{k_2}{\longrightarrow} C$$

根据前面的讨论，求解可得

$$c_A = c_{A,0} e^{-k_1 t}$$

$$c_B = \frac{k_1 c_{A,0}}{k_2 - k_1} (e^{-k_1 t} - e^{-k_2 t})$$

解微分方程可得 c_C 的精确解：

$$c_C = c_{A,0} \left[1 - \frac{1}{k_2 - k_1} (k_2 e^{-k_1 t} - k_1 e^{-k_2 t}) \right] \tag{9-107}$$

当 $k_1 \ll k_2$ 时，式(9-107)可化简为 $c_C = c_{A,0}(1 - e^{-k_1 t})$。或：若 $k_1 \ll k_2$，说明 B 的生成很困难但极易消耗，所以 $c_B \approx 0$。

$$c_C = c_{A,0} - c_A - c_B \approx c_{A,0} - c_A = c_{A,0}(1 - e^{-k_1 t})$$

现在采用控制步骤法处理。因为 $k_1 \ll k_2$，所以总反应的速率等于第一步的反应速率，即

$$\frac{dc_C}{dt} = -\frac{dc_A}{dt} = k_1 c_A = k_1 c_{A,0} e^{-k_1 t}$$

$$\int_0^{c_C} dc_C = \int_0^t k_1 c_{A,0} e^{-k_1 t} dt \qquad c_C = c_{A,0}(1 - e^{-k_1 t})$$

可见，采用控制步骤法处理可得到相同的结果，但数学处理大大简化。当然，在采用这种方法处理时，**只有当速控步比其他步骤慢很多时，其精确度才能更高一些**。

9.7.2　稳态近似法

在上述连串反应中，若 B 为活泼中间物(如自由原子或自由基)，则其极易进行下一步反应，即满足 $k_1 \ll k_2$。因此，反应体系中 B 基本上没有积累，c_B 很小。经过一定的诱导期后，B 的浓度趋于稳定，即

$$\frac{dc_B}{dt} \approx 0 \tag{9-108}$$

这时就将 B 说成处于稳定态，这种近似处理的方法称为稳态近似法。

例如，对连串反应：

$$A \xrightarrow{k_1} B \xrightarrow{k_2} C$$

若 $k_1 \ll k_2$，则

$$\frac{dc_B}{dt} = k_1 c_A - k_2 c_B = 0$$

解得

$$c_B = \left(\frac{k_1}{k_2}\right) c_A$$

总包反应速率方程：

$$r = \frac{dc_C}{dt} = k_2 c_B = k_2 \left(\frac{k_1}{k_2}\right) c_A = k_1 c_A = -\frac{dc_A}{dt} = k_1 c_{A,0} e^{-k_1 t}$$

即

$$r = \frac{dc_C}{dt} = k_1 c_{A,0} e^{-k_1 t}$$

动力学方程：

$$\int_0^{c_C} dc_C = \int_0^t k_1 c_{A,0} e^{-k_1 t} dt \qquad c_C = c_{A,0}(1 - e^{-k_1 t})$$

从上述结果可以看出，用稳态近似法、速控步法处理的结果与精确求解的结果相同。

现在处理包括对峙反应、平行反应和连串反应的复合反应：

$$A \underset{k_{-1}}{\overset{k_1}{\rightleftharpoons}} B \xrightarrow{k_2} C$$

若体系满足 $k_2 + k_{-1} \gg k_1$，仍说明 B 的生成很困难但消耗容易，因此可对 B 用稳态近似法

处理如下：

$$\frac{dc_B}{dt} = k_1 c_A - k_{-1} c_B - k_2 c_B = 0$$

解得

$$c_B = \frac{k_1 c_A}{k_{-1} + k_2}$$

总包反应速率方程：

$$r = \frac{dc_C}{dt} = k_2 c_B = \frac{k_2 k_1 c_A}{k_{-1} + k_2} = k_{obs} c_A$$

式中

$$k_{obs} = \frac{k_2 k_1}{k_{-1} + k_2}$$

也可以用 A 的消耗速率表示反应的速率：

$$r = -\frac{dc_A}{dt} = k_1 c_A - k_{-1} c_B = k_1 c_A - k_{-1}\left(\frac{k_1 c_A}{k_{-1} + k_2}\right) = \left(k_1 - \frac{k_{-1} k_1}{k_{-1} + k_2}\right) c_A = \frac{k_1 k_2}{k_{-1} + k_2} c_A = k_{obs} c_A$$

即

$$r = -\frac{dc_A}{dt} = k_{obs} c_A$$

说明用不同的组元表达反应速率时，结果是相同的。

表观速率常数 k_{obs} 与表观活化能 $E_{a,obs}$：

$$k_{obs} = \frac{k_1 k_2}{k_{-1} + k_2}$$

$$E_{a,obs} = -R\frac{d\ln k_{obs}}{d(1/T)} = -R\frac{d\ln k_1}{d(1/T)} - R\frac{d\ln k_2}{d(1/T)} + R\frac{d\ln(k_{-1} + k_2)}{d(1/T)}$$

即

$$E_{a,obs} = E_1 + E_2 - \frac{k_{-1} E_{-1} + k_2 E_2}{k_{-1} + k_2}$$

9.7.3　平衡近似法

例如，对复合反应：

$$A \underset{k_{-1}}{\overset{k_1}{\rightleftarrows}} B \xrightarrow{k_2} C$$

采用平衡近似法处理的前提条件：$k_2 \ll k_1$，$k_1 \ll k_{-1}$。当满足 $k_2 \ll k_1$，$k_1 \ll k_{-1}$ 时，对峙反应步骤可近似为快速平衡，而 k_2 步为慢步骤，有

$$k_1 c_A = k_{-1} c_B$$

解得

$$c_B = \frac{k_1}{k_{-1}} c_A = K_C c_A$$

$$r = \frac{dc_C}{dt} = k_2 c_B = \frac{k_1 k_2}{k_{-1}} c_A = k_2 K_C c_A = k_{obs} c_A$$

表观速率常数：

$$k_{\mathrm{obs}} = \frac{k_1 k_2}{k_{-1}}$$

表观活化能：

$$E_{\mathrm{a,obs}} = E_1 + E_2 - E_{-1}$$

注意：近似处理方法中稳态是近似的稳态，平衡是近似的平衡，用速控步代表反应的速率也是近似的。但在满足各近似处理方法的使用条件下应用时，误差是可以忽略不计的。

9.7.4　三种近似处理方法的比较

例如，反应 A+B——→P 的机理如下：

$$A \underset{k_{-1}}{\overset{k_1}{\rightleftharpoons}} C \qquad C + B \xrightarrow{k_2} P$$

$$\frac{\mathrm{d}c_\mathrm{P}}{\mathrm{d}t} = k_2 c_\mathrm{B} c_\mathrm{C}$$

若 $k_{-1} + k_2 c_\mathrm{B} \gg k_1$，则可对 C 用稳态近似处理：

$$\frac{\mathrm{d}c_\mathrm{C}}{\mathrm{d}t} = k_1 c_\mathrm{A} - k_{-1} c_\mathrm{C} - k_2 c_\mathrm{B} c_\mathrm{C} = 0$$

解得

$$c_\mathrm{C} = \frac{k_1 c_\mathrm{A}}{k_{-1} + k_2 c_\mathrm{B}}$$

所以

$$\frac{\mathrm{d}c_\mathrm{P}}{\mathrm{d}t} = k_2 c_\mathrm{B} c_\mathrm{C} = \frac{k_1 k_2 c_\mathrm{A} c_\mathrm{B}}{k_{-1} + k_2 c_\mathrm{B}}$$

若 $k_{-1} + k_2 c_\mathrm{B} \gg k_1$，且 $k_{-1} \ll k_2 c_\mathrm{B}$，则 A ——→ C 是速控步

$$\frac{\mathrm{d}c_\mathrm{P}}{\mathrm{d}t} = k_1 c_\mathrm{A}$$

若 $k_1 \gg k_2 c_\mathrm{B}$ 及 $k_{-1} \gg k_1$，可用平衡近似法：

$$k_1 c_\mathrm{A} = k_{-1} c_\mathrm{C} \qquad c_\mathrm{C} = \frac{k_1}{k_{-1}} c_\mathrm{A} = K c_\mathrm{A}$$

$$\frac{\mathrm{d}c_\mathrm{P}}{\mathrm{d}t} = \frac{k_1 k_2}{k_{-1}} c_\mathrm{A} c_\mathrm{B}$$

可以看出平衡近似法的要求更严格。在有连串步骤的复合反应中才有可能用稳态近似法。在有对峙步骤的复合反应中才有可能用平衡近似法。对存在速控步且其前面有对峙步骤的复合反应，既可以使用平衡近似也可以采用稳态近似。近似方法能否适用，处理的结果是否可靠，要看近似方法推导出的速率方程是否与实验结果一致。

【例 9-5】　丙酮(R)卤代反应为

$$CH_3COCH_3(R) + X_2 \xrightarrow{\text{HA}} CH_3COCH_2X(P) + HX$$

其中间产物依次为 $(CH_3)_2COH^+$ (C)、$CH_2C(OH)CH_3$ (D)、$CH_2XC(OH)CH_3^+$ (E)，催化剂 HA 是一种酸，

且其反应机理可写为

$$R + HA \xrightarrow{k_1} C + A^-\tag{i}$$

$$C + A^- \xrightarrow{k_2} R + HA\tag{ii}$$

$$C + A^- \xrightarrow{k_3} D + HA\tag{iii}$$

$$D + X_2 \xrightarrow{k_4} E + X^-\tag{iv}$$

$$E + A^- \xrightarrow{k_5} P + HA\tag{v}$$

(1) 请用稳态近似求以丙酮消耗速率表示的反应速率方程。

(2) 若 $k_3 \gg k_2$，速控步为哪一个基元反应？为什么？

(3) 若 $k_3 \ll k_2$，速控步为哪一个基元反应？为什么？

解　(1) 根据稳态近似：

$$-\frac{d[R]}{dt} = k_1[R][HA] - k_2[C][A^-]\tag{a}$$

$$\frac{d[C]}{dt} = k_1[R][HA] - (k_2 + k_3)[C][A^-] = 0\tag{b}$$

由式(b)得

$$[C][A^-] = \frac{k_1}{k_2 + k_3}[R][HA]\tag{c}$$

将式(c)代入式(a)可得

$$-\frac{d[R]}{dt} = \left(k_1 - \frac{k_1 k_2}{k_2 + k_3}\right)[R][HA] = \frac{k_1 k_3}{k_2 + k_3}[R][HA]$$

(2) 当 $k_3 \gg k_2$ 时，$-\dfrac{d[R]}{dt} = k_1[R][HA]$，所以速控步为(i)。

(3) 当 $k_3 \ll k_2$ 时，$-\dfrac{d[R]}{dt} = Kk_3[R][HA]$，反应(i)、(ii)为快速达到平衡，故速控步为(iii)。

9.8　链　反　应

反应一经引发，便能相继发生一系列连续反应，使反应自动发展下去，这类反应称为链反应或链式反应。

9.8.1　链反应的特征

1. 链载体

链载体为存在于链反应中的活性中间体，一般是自由原子和自由基。

在链反应体系中，链载体一方面与体系内稳定分子反应，使反应物转化为产物；另一方面，旧的载体消亡而又生成新的载体。只要链载体不消失，反应就能一直进行下去。因此，链载体的存在及其作用是确定链反应的特征所在。

2. 链反应步骤

所有链反应都包括以下三个步骤。

1) 链的引发

由起始分子生成链载体的过程称为链的引发或链的开始。在此过程中需要断裂化学键。

引发方法：热解离、光照射、放电、加引发剂等。

2) 链的传递

链载体与分子相互作用的交替过程称为链的传递或链的增长。

3) 链的终止

当链载体被全部销毁时，链就终止了。

3. 链反应的分类

链反应一般分为两类：直链反应和支链反应。

1) 直链反应

每个链载体所参加的基元化学物理反应中，生成与消耗的链载体数目相等，这种链反应称为直链反应(或单链反应)。

2) 支链反应

每个链载体所参加的基元化学物理反应中，生成的链载体数目大于消耗的链载体数目，这种链反应称为支链反应。

9.8.2 直链反应

例如，$H_2(g) + Cl_2(g) \xrightarrow{k_{obs}} 2HCl(g)$，实验测得该总包反应的速率方程为

$$\frac{d[HCl]}{dt} = k_{HCl}[Cl_2]^{1/2}[H_2] = 2k_{obs}[Cl_2]^{1/2}[H_2] \tag{9-109}$$

根据 Cl_2 的反应级数为 1/2 可以推断体系中有 Cl 自由原子参与反应，推测其为链反应。由式(9-109)，可推测反应机理(具体推测方法在 9.10 节中介绍)。

1. 链反应机理

(1) $Cl_2 + M \xrightarrow{k_1} 2Cl + M$ (链的引发)

(2) $Cl + H_2 \xrightarrow{k_2} HCl + H$ ⎫

(3) $H + Cl_2 \xrightarrow{k_3} HCl + Cl$ ⎬   (链的传递)

(4) $2Cl + M \xrightarrow{k_4} Cl_2 + M$ (链的终止)

2. 速率方程

根据机理推导速率方程时，反应速率以 HCl 的生成速率表示。推导中对活性中间体(H、Cl)用稳态近似方法处理。

$$\frac{d[HCl]}{dt} = k_2[Cl][H_2] + k_3[H][Cl_2] \tag{9-110}$$

$$\frac{d[Cl]}{dt} = 2k_1[Cl_2][M] - k_2[Cl][H_2] + k_3[H][Cl_2] - 2k_4[Cl]^2[M] = 0 \tag{9-111}$$

$$\frac{d[H]}{dt} = k_2[Cl][H_2] - k_3[H][Cl_2] = 0 \tag{9-112}$$

由式(9-112)，得

$$k_2[Cl][H_2] = k_3[H][Cl_2] \tag{9-113}$$

将式(9-113)代入式(9-111)，得

$$2k_1[\text{Cl}_2][\text{M}] = 2k_4[\text{Cl}]^2[\text{M}]$$

$$[\text{Cl}] = \left(\frac{k_1}{k_4}\right)^{1/2}[\text{Cl}_2]^{1/2} \tag{9-114}$$

将式(9-113)代入式(9-110)，得

$$\frac{\text{d}[\text{HCl}]}{\text{d}t} = 2k_2[\text{Cl}][\text{H}_2] \tag{9-115}$$

将式(9-114)代入式(9-115)，得

$$\frac{\text{d}[\text{HCl}]}{\text{d}t} = 2k_2\left(\frac{k_1}{k_4}\right)^{1/2}[\text{Cl}_2]^{1/2}[\text{H}_2] = 2k_{\text{obs}}[\text{Cl}_2]^{1/2}[\text{H}_2] \tag{9-116}$$

与实验测定的速率方程式(9-109)相符。其中，表观速率常数为

$$k_{\text{obs}} = k_2\left(\frac{k_1}{k_4}\right)^{1/2}$$

3. 表观活化能

将 $k_i = A_i\text{e}^{-E_i/RT}$ 代入 $k_{\text{obs}} = k_2\left(\frac{k_1}{k_4}\right)^{1/2}$，得

$$E_{\text{obs}} = E_2 + \frac{1}{2}(E_1 - E_4) = 0.055 \times \varepsilon_{\text{H}-\text{H}} + \frac{1}{2}(\varepsilon_{\text{Cl}-\text{Cl}} + 0) \approx 145.4\,\text{kJ} \cdot \text{mol}^{-1}$$

若按总包反应直接进行，反应活化能为

$$E_{\text{a}} = 30\%(\varepsilon_{\text{H}-\text{H}} + \varepsilon_{\text{Cl}-\text{Cl}}) = 203\,\text{kJ} \cdot \text{mol}^{-1}$$

显然，从活化能的角度，H_2 与 Cl_2 依链反应机理生成 HCl 是一捷径。

9.8.3　支链反应

由于支链反应中消耗一个链载体的同时再生两个或更多个链载体，所以其为超快速化学反应。常见的支链反应有烃类氧化反应和氢氧混合反应。

在支链反应中，自由基 R 随反应的增长速度是非常迅速的，因此对支链反应不能用稳态近似法处理。

注意：如要控制支链反应的进行，必须及时销毁自由基。否则，反应失控会导致爆炸。支链反应是除热爆炸外的又一引发爆炸的原因。

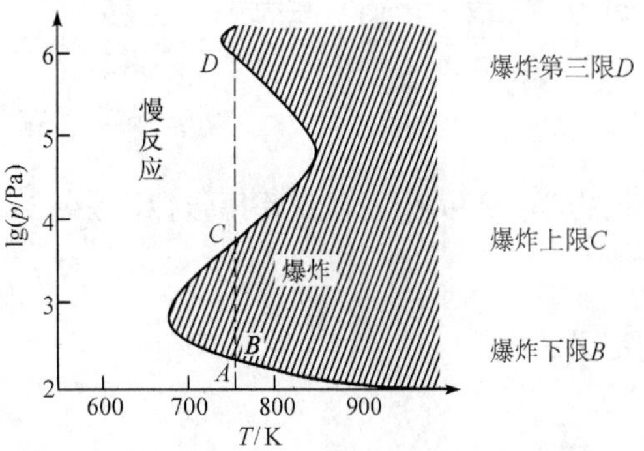

图 9-9　$\text{H}_2 : \text{O}_2 = 2 : 1$(分子比)混合气体的爆炸界限

销毁自由基的途径：①与器壁碰撞而失去活性，称为墙面销毁；②自由基在气相中相互碰撞或与惰性气体相碰而失去活性，称为气相销毁。

例如，氢与氧之间的支链反应，实验结果表明，该反应并非在所有情况下都发生爆炸，爆炸只有在如图 9-9 所示的阴影区内才能发生。观察到三个爆炸界限——下限(B 点)、上限(C 点)和第三限(D 点)。

注意：氢-氧混合体系中：H_2 的含量为 4%~94%(体积分数)，为可爆气；空气中：H_2 的

含量为 **4.1%~74%(体积分数)**，为可爆气。

表 9-2 列出了工业上常见的一些物质的爆炸界限。

表 9-2　几种物质在空气中的爆炸界限

物质	在空气中的爆炸界限(体积分数/%)	
	低限	高限
H_2	4.1	74
NH_3	16	27
CO	12.5	74
CH_4	5.3	14
C_2H_6	3.2	12.5
C_3H_8	2.4	9.5
C_4H_{10}	1.9	8.4
C_2H_2	2.5	80
C_6H_6	1.2	9.5
$(CH_3)_2CO$	2.5	13

9.9　速率常数与平衡常数的关系

对于对峙反应，当体系达到平衡时，从热力学的角度研究平衡体系，体系的平衡常数与各组分的平衡浓度之间存在一数学关系；从动力学的角度研究平衡体系，体系的正、逆反应速率相等。因此，对同一体系而言，在速率常数与平衡常数间也存在一数学关系。

9.9.1　基元反应

例如，对峙基元反应

$$aA+bB \underset{k_b}{\overset{k_f}{\rightleftharpoons}} cC+dD$$

热力学角度：平衡常数为

$$K_C(热)=\frac{c_{C,eq}^c c_{D,eq}^d}{c_{A,eq}^a c_{B,eq}^b}$$

动力学角度：根据质量作用定律，$r_f=k_f c_A^a c_B^b$，$r_b=k_b c_C^c c_D^d$，平衡时，$r_{f,e}=r_{b,e}$，即

$$k_f c_A^a c_B^b = k_b c_C^c c_D^d$$

定义：

$$K_C(动)=\frac{k_f}{k_b}$$

因为

$$K_C(动)=\frac{k_f}{k_b}=\frac{c_{C,eq}^c c_{D,eq}^d}{c_{A,eq}^a c_{B,eq}^b}$$

所以

$$K_C(热)=K_C(动)$$

9.9.2　复合反应

例如，过氯酸水溶液中进行的复杂对峙反应。

$$2Fe^{2+} + 2Hg^{2+} \underset{k_b}{\overset{k_f}{\rightleftharpoons}} 2Fe^{3+} + Hg_2^{2+}$$

热力学角度：平衡常数为

$$K_C(热) = \frac{[Fe^{3+}]_{eq}^2 [Hg_2^{2+}]_{eq}}{[Fe^{2+}]_{eq}^2 [Hg^{2+}]_{eq}^2}$$

动力学角度：对复杂对峙反应，正、逆反应的速率方程必须通过实验确定。上述反应的速率方程为 $r_f = k_f[Fe^{2+}][Hg^{2+}]$，$r_b = k_b[Fe^{3+}][Hg_2^{2+}]^{\frac{1}{2}}$，所以

$$K_C(动) = \frac{k_f}{k_b} = \frac{[Fe^{3+}]_{eq}[Hg_2^{2+}]_{eq}^{\frac{1}{2}}}{[Fe^{2+}]_{eq}[Hg^{2+}]_{eq}}$$

可知

$$K_C(热) = K_C(动)^2$$

9.9.3　Horiuti 关系

1957 年 Horiuti 从理论上证明了 $K_C(热)$ 与正、逆向反应速率常数的关系：

$$K_C(动) = \frac{k_f}{k_b} = [K_C(热)]^{1/S}$$

适用条件：有速控步存在的复杂反应。式中，S 称为速控步的化学计量数(stoichiometric number)。其为完成某一计量方程所表示的反应时，速控步所必须进行的次数。例如，对上述反应，可提出以下反应机理：

(1)　$Fe^{2+} + Hg^{2+} \longrightarrow Fe^{3+} + Hg^+$　　　速控步

(2)　$2Hg^+ \rightleftharpoons Hg_2^{2+}$　　　　　　　快速平衡

从机理可看出，完成一次总包反应时，速控步必须进行两次，即 $S=2$。

某反应在一定条件下其反应机理是唯一的，因而 $K_C(动)$ 的数值是确定的。但一个反应的计量方程可成倍地变化，速控步的化学计量数 S 也随之而变，于是 $K_C(热)$ 也相应地变化。化学计量数 S 可通过实验(如同位素方法)测定，因此平衡常数与速率常数的关系将为确定反应机理提供有价值的信息。

9.10　拟定反应机理的方法

了解反应机理是化学动力学的主要任务之一。下面介绍如何从实验数据拟定反应机理的一般方法和一些经验规则。

9.10.1　拟定反应机理的经典方法

(1) 实验测定各组分的反应级数 n_i、反应的速率常数 k 的数据，从而确定实验速率方程，研究温度的影响。

(2) 拟定各种可能的反应机理。拟定时应该考虑的因素包括：①前人相关工作的资料；②速率因素(机理速率方程与实验速率方程是否一致)；③能量因素(由机理估算出来的表观活化能是否与实验测定的活化能一致)；④结构因素(机理的中间物或过渡态是否与结构化学规律相符合)。

(3) 由机理推导速率方程(质量作用定律、近似处理方法等)。

(4) 将上述方程与实验数据比较(直线化、最佳化拟合等)，确定机理的可靠性。

(5) 设计实验验证(如同位素示踪原子、检测中间物等)。

9.10.2　由速率方程推测反应机理的一些经验规则

1. 速控步反应物的总组成和总价数的确定

若速率方程为

$$r=k\prod_{B}[R_B^{z_B}]^{n_B}$$

式中，R_B 为体系中的稳定组分 B；z_B 为稳定组分 B 的价数；n_B 为组分 B 的分级数。

$$速控步反应物的总组成=\sum_{B}n_B R_B \quad (速控步反应物的总原子数目)$$

$$速控步反应物的总价数=\sum_{B}n_B z_B \quad (速控步反应物所带的总电荷)$$

例如，气相反应　$2NO + O_2 \longrightarrow 2NO_2$，实验测得速率方程为

$$r = k[NO]^2[O_2]$$

总组成：$\sum_{B}n_B R_B = 2\times NO + 1\times O_2 = 2N+4O$

总价数：$\sum_{B}n_B z_B = 2\times 0 + 1\times 0 = 0$

可能的反应机理：

第一种机理：$2NO + O_2 \longrightarrow 2NO_2$　　　　简单反应

第二种机理：$2NO \rightleftharpoons N_2O_2$　　　　快速平衡

　　　　　　　$N_2O_2 + O_2 \longrightarrow 2NO_2$　　　　速控步

第三种机理：$NO + O_2 \rightleftharpoons NO_3$　　　　快速平衡

　　　　　　　$NO_3 + NO \longrightarrow 2NO_2$　　　　速控步

由以上三种机理推导出的速率方程均与实验速率方程一致,说明仅从上述条件不能确定哪种机理是正确的,必须还有其他的旁证才能确定最可能的反应机理。

2. 总包反应的计量系数与反应级数的关系

(1) 若反应体系中某一组分 B 的反应级数 $n_B < |\nu_B|$，则在速控步后面必有该反应物参加的快速反应存在。

例如，反应 $C_6H_5NH_2(A)+2CH_3CO_3H(B) \longrightarrow C_6H_5NO+2CH_3CO_2H+H_2O$

$$r(实验)=k[A][B]$$

总组成：$\sum_{B}n_B R_B = A + B$

总价数：$\sum_B n_B z_B = 0$

可能的反应机理：

$$A+B \xrightarrow{k_1} C_6H_5NHOH+CH_3CO_2H \qquad 速控步$$

$$B+C_6H_5NHOH \xrightarrow{k_2} C_6H_5NO+CH_3CO_2H+H_2O \qquad 快速反应$$

推导可得

$$r=k_1[A][B]$$

(2) 若 $\nu_B = 0$，而 $n_B \neq 0$，则 B 可能为催化剂。

若 $n_B > 0$ 则为正催化剂，它或为速控步前平衡反应的反应物，或参加速控步反应，而在随后的快速反应中再生；若 $n_B < 0$ 则为负催化剂，它出现在速控步前平衡反应的产物一方，而在速控步后作为反应物被消耗。

例如，水溶液中的反应　$OCl^- + I^- \longrightarrow IO^- + Cl^-$

$$r(实验)=k[OCl^-][I^-][OH^-]^{-1} \quad (OH^-为负催化剂)$$

总组成：$\sum_B n_B R_B = OCl + I - OH = Cl + I - H \quad (-H\ 不合理)$

速率方程改写为

$$r=k'[H_2O][OCl^-][I^-][OH^-]^{-1}$$

总组成：$\sum_B n_B R_B = H_2O + OCl + I - OH = H + O + Cl + I$

总价数：$\sum_B n_B z_B = -1$

可能的反应机理：

$$H_2O+OCl^- \underset{}{\overset{K}{\rightleftharpoons}} HOCl+OH^- \qquad 快速平衡$$

$$HOCl+I^- \xrightarrow{k_1} HOI+Cl^- \qquad 速控步$$

$$HOI+OH^- \xrightarrow{k_2} H_2O+OI^- \qquad 快速反应$$

推导的速率方程：

$$r = k_1[HOCl][I^-] = k_1K\frac{[H_2O][OCl^-]}{[OH^-]}[I^-] = k[OCl^-][I^-][OH^-]^{-1}$$

式中，$k = k_1K[H_2O]$。

3. 反应机理与反应级数的关系

(1) 若反应级数 $n \geqslant 3$，速控步前必有若干个快速平衡反应存在。

例如，$CH_3—CH=CH_2(A)+HCl \longrightarrow CH_3—CH_2—CH_2Cl$

$$r(实验)=k[A][HCl]^3$$

总组成：$\sum_B n_B R_B = A + 3HCl$

总价数：$\sum_B n_B z_B = 0$

可能的反应机理：

$$2HCl \underset{}{\overset{K_1}{\rightleftharpoons}} (HCl)_2$$

$$A+HCl \underset{}{\overset{K_2}{\rightleftharpoons}} AHCl$$

$$AHCl+(HCl)_2 \xrightarrow{k_3} CH_3 — CH_2 — CH_2Cl+2HCl$$

由反应机理推导速率方程：

$$r = k_3[AHCl][(HCl)_2] = k_3K_2[A][HCl]K_1[HCl]^2 = k[A][HCl]^3$$

式中，$k = k_3K_1K_2$。

(2) 若 $n_B<0$，则该组元在速控步前平衡产物一方，且不直接参加速控步。

例如，液相反应 $Cr^{3+}+3Ce^{4+} \longrightarrow Cr^{6+}+3Ce^{3+}$

$$r(实验) = k[Ce^{4+}]^2[Cr^{3+}][Ce^{3+}]^{-1}$$

总组成：$\sum_B n_B R_B = Ce + Cr$

总价数：$\sum_B n_B z_B = 8$

可能的反应机理：

$$Ce^{4+}+Cr^{3+} \underset{}{\overset{K}{\rightleftharpoons}} Ce^{3+}+Cr^{4+}$$

$$Ce^{4+}+Cr^{4+} \xrightarrow{k_2} Ce^{3+}+Cr^{5+}$$

$$Ce^{4+}+Cr^{5+} \xrightarrow{k_3} Ce^{3+}+Cr^{6+}$$

推导速率方程：

$$r = k_2K[Ce^{4+}]^2[Cr^{3+}][Ce^{3+}]^{-1} = k[Ce^{4+}]^2[Cr^{3+}][Ce^{3+}]^{-1}$$

式中，$k = k_2K$。

(3) 若 n_B 为分数，则速控步前必有其解离平衡存在。

例如，液相反应 $\frac{1}{2}Hg_2^{2+} + Fe^{3+} \longrightarrow Fe^{2+} + Hg^{2+}$

$$r(实验) = k[Fe^{3+}][Hg_2^{2+}]^{1/2}$$

总组成：$\sum_B n_B R_B = Fe + Hg$

总价数：$\sum_B n_B z_B = 4$

可能的反应机理：

$$Hg_2^{2+} \underset{}{\overset{K}{\rightleftharpoons}} 2Hg^+ \qquad 解离平衡$$

$$Hg^++Fe^{3+} \xrightarrow{k_1} Hg^{2+}+Fe^{2+} \qquad 速控步$$

推导的反应机理方程：

$$r = k_1[Fe^{3+}][Hg^+] = k_1K^{1/2}[Fe^{3+}][Hg_2^{2+}]^{1/2} = k[Fe^{3+}][Hg_2^{2+}]^{1/2}$$

式中，$k = k_1K^{1/2}$。

4. 由极限推广到一般的经验规则

(1) 若速率方程的分母为几项之和，则机理中必有一个或多个中间物存在，且适合用稳态近似法处理。

(2) 选择极限条件，推导极限条件下的速率方程。

(3) 由极限推广到一般：①选取独立的基元反应；②将快速平衡改为对峙反应；③将速控步改为非速控步；④将快速反应改为一般反应；⑤对不稳定中间物采用稳态近似法处理。

【例 9-6】 通过实验测定的反应 $H_2 + Br_2 \longrightarrow 2HBr$ 的速率方程如下：

$$r_{(实验)} = \frac{1}{2}\frac{d[HBr]}{dt} = k\frac{[H_2][Br_2]^{1/2}}{1 + k'[HBr]/[Br_2]}$$

请推测该反应的反应机理。

解 (1) 先考虑极限情况，反应刚开始：$[HBr] \ll [Br_2]$，则有

$$r_{(实验)} = k[H_2][Br_2]^{1/2}$$

速控步的总组成：$\sum_B n_B R_B = 1 \times H_2 + \frac{1}{2} \times Br_2 = H_2 + Br$

总价数：$\sum_B n_B z_B = 0$

因为 $n_{Br_2} = \frac{1}{2}$，根据规则 3(3)：若 n_B 为分数，速控步前必有其解离平衡存在。

可能的机理：

$$Br_2 \underset{k_{-1}}{\overset{k_1}{\rightleftharpoons}} 2Br \qquad 快速平衡$$

$$H_2 + Br \overset{k_2}{\longrightarrow} HBr + H \qquad 速控步$$

推导可得

$$r = k_2\left(\frac{k_1}{k_{-1}}\right)^{1/2}[H_2][Br_2]^{1/2}$$

反应接近完成：$k'[HBr]/[Br_2] \gg 1$，则有

$$r_{(实验)} = \frac{k[H_2][Br_2]^{1/2}}{k'[HBr]}[Br_2]$$

速控步的总组成：$\sum_B n_B R_B = 1 \times H_2 + \frac{3}{2} \times Br_2 - 1 \times HBr = H + Br_2$

总价数：$\sum_B n_B z_B = 0$

$$n_{Br_2} = \frac{3}{2}[规则3(3)], \quad n_{HBr} < 0 [规则3(2)]$$

可能的机理：

$$Br_2 \underset{k_{-3}}{\overset{k_3}{\rightleftharpoons}} 2Br \qquad 快速平衡$$

$$H_2 + Br \underset{k_{-4}}{\overset{k_4}{\rightleftharpoons}} HBr + H \qquad 快速平衡$$

$$H + Br_2 \overset{k_5}{\longrightarrow} HBr + Br \qquad 速控步$$

$$r = \frac{d[HBr]}{dt} = k_5[H][Br_2]$$

推导可得

$$r = \frac{k_5 k_4}{k_{-4}}\left(\frac{k_3}{k_{-3}}\right)^{1/2}\frac{[H_2][Br_2]^{1/2}}{[HBr]}[Br_2]$$

(2) 由极限到一般，反应机理为

$$Br_2 \underset{k_{-1}}{\overset{k_1}{\rightleftharpoons}} 2Br \qquad 非平衡的对峙反应$$

$$H_2 + Br \underset{k_{-2}}{\overset{k_2}{\rightleftharpoons}} HBr + H \qquad 非平衡的对峙反应$$

$$H + Br_2 \overset{k_3}{\longrightarrow} HBr + Br \qquad 非速控步$$

推导速率方程：

$$\frac{d[HBr]}{dt} = k_2[H_2][Br] - k_{-2}[HBr][H] + k_3[H][Br_2]$$

$$\frac{d[H]}{dt} = k_2[H_2][Br] - k_{-2}[HBr][H] - k_3[H][Br_2] = 0$$

$$\frac{d[Br]}{dt} = 2k_1[Br_2] - 2k_{-1}[Br]^2 - k_2[H_2][Br] + k_{-2}[HBr][H] + k_3[H][Br_2]$$

可得

$$r = \frac{k_2(k_1/k_{-1})^{1/2}}{1+(k_{-2}/k_3)} \frac{[H_2][Br_2]^{1/2}}{[HBr]/[Br_2]}$$

$$r_{(实验)} = k\frac{[H_2][Br_2]^{1/2}}{1+k'[HBr]/[Br_2]}$$

比较可得

$$k = k_2\left(\frac{k_1}{k_{-1}}\right)^{1/2} \qquad k' = k_{-2}/k_3$$

9.10.3　经典方法确定反应机理的不充分性

经验规则在推测反应机理时是十分有用的，但实际反应的机理往往更为复杂。拟定不同的反应机理，可能得到同样形式的速率方程；或可能得到在实验误差范围内同样符合的不同形式的速率方程和动力学方程。因此，对所拟定的机理持保留态度是必要的。要确定反应机理通常还需借助其他实验和理论进行验证。常用的方法是检测中间物来验证所设想的反应机理。确定中间物的方法有同位素、示踪原子、闪光光谱、质谱、低温反应使中间物寿命增长等。

思　考　题

下列说法是否正确？为什么？

(1) 一级反应一般是单分子反应。

(2) 反应的半衰期等于反应进行到终点所需时间的一半。

(3) 对于反应 A ⟶ P，如果反应物浓度减少一半，反应的半衰期也下降了一半，则该反应为一级反应。

(4) 某复杂反应的表观速率常数与各基元反应的速率常数之间的关系为 $k = k_2\left(\dfrac{k_1}{2k_4}\right)^{1/2}$，则表观活化能与各基元反应的活化能之间的关系为 $E_a = E_2\left(\dfrac{E_1}{2E_4}\right)^{1/2}$。

(5) 对于反应 A→P，A 消耗 70% 与消耗 35% 所需的时间比是 2：1。

(6) 有一连串反应 A $\overset{k_1}{\longrightarrow}$ B $\overset{k_2}{\longrightarrow}$ C，虽然 B 生成后还会在第二步反应中被消耗，但在 $k_1 \ll k_2$ 的情况下仍可获得高产率的 B。

第10章　基元反应速率理论

本章重点及难点

(1) 碰撞理论和过渡状态理论基本假设的要点及速率常数的计算公式。

(2) 临界能 E_c、零点活化能 $\Delta^{\neq}E_0$、势垒高 E_b、阿伦尼乌斯活化能 E_a 的物理意义及相互关系。

(3) 阿伦尼乌斯活化能 E_a 与活化焓 $\Delta^{\neq}H_{m,c}$ 及活化热力学能 $\Delta^{\neq}U_{m,c}$ 之间的关系。

(4) 活化焓、活化熵的物理意义，艾林(Eyring)公式及其应用。

10.1　本章知识结构框架

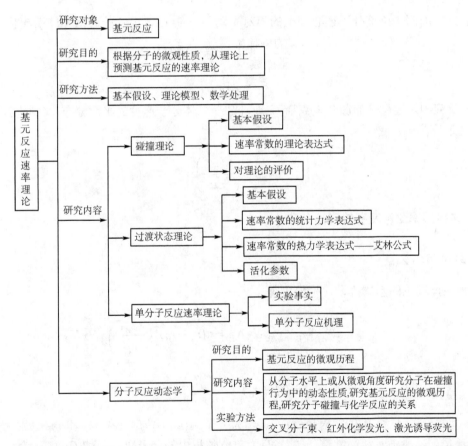

基元反应是复合反应进行时的具体步骤。在动力学实验的基础上，将基元反应按不同方式组合，就可构成各类复杂反应的反应机理。各反应机理所表现出的动力学特征是不同的。

在基元反应中，原子和分子是如何进行反应的，如何根据分子的微观性质从理论上求得基元反应的速率常数，这是基元反应速率理论研究的主要内容。

10.2　气相反应刚球碰撞理论

刚球碰撞理论(SCT)的适用条件：气相或液相进行的**双分子基元反应**。

10.2.1　基本假设

对于双分子基元反应：A+B——→产物。

气相反应刚球碰撞理论的基本假设如下：

(1) 气体分子为无结构的刚球。

(2) 反应物分子必须经碰撞才能发生反应，反应的速率取决于碰撞频率 Z_{AB}，即

$$r \propto Z_{AB}$$

式中，r 为单位时间单位体积内发生反应的分子数；Z_{AB} 为单位时间单位体积内分子 A 和 B 的碰撞次数。

(3) 只有沿两个碰撞分子连心线上的相对平动能 $\varepsilon \geqslant$ 临界能 ε_c 的碰撞才能引起化学反应

$$\frac{\varepsilon \geqslant \varepsilon_c \text{的碰撞数}}{\text{总碰撞数}} = \text{有效碰撞分数}(q)$$

即

$$r = Z_{AB} \cdot q \tag{10-1}$$

(4) 反应中，速度分布服从麦克斯韦-玻耳兹曼气体分子速度的平衡分布，气体分子 A 和 B 的相对速度为

$$v_{AB} = \left(\frac{8k_B T}{\pi \mu}\right)^{\frac{1}{2}} \tag{10-2}$$

10.2.2　碰撞频率 Z_{AB} 及有效碰撞分数 q

1. 碰撞频率 Z_{AB}

根据碰撞理论的基本假设，推导可得

$$Z_{AB} = \pi(r_A + r_B)^2 v_{AB} N_A N_B = \pi(r_A + r_B)^2 \left(\frac{8k_B T}{\pi \mu}\right)^{\frac{1}{2}} N_A N_B$$

即

$$Z_{AB} = (r_A + r_B)^2 \left(\frac{8\pi k_B T}{\mu}\right)^{\frac{1}{2}} N_A N_B \tag{10-3}$$

式中，v_{AB} 为分子 A 和 B 的相对速度；$r_A(r_B)$ 为分子 A(或 B)的半径；m_A 和 m_B 分别为分子 A 和 B 的质量；k_B 为玻耳兹曼常量，N_A、N_B 为单位体积内的分子数(分子数/m³)；μ 为分子 A 和 B 的折合质量，$\mu = \dfrac{m_A \times m_B}{m_A + m_B}$。

2. 有效碰撞分数 q

在反应判据 $\varepsilon \geqslant \varepsilon_c$ 的条件下，经过推导可得

$$q = \exp\left(-\frac{\varepsilon_{\mathrm{c}}}{k_{\mathrm{B}}T}\right) = \exp\left(-\frac{E_{\mathrm{c}}}{RT}\right) \tag{10-4}$$

10.2.3　速率常数的理论表达式

1. 异种双分子基元反应

$$\mathrm{A+B}\longrightarrow 产物$$

(1) 用分子数浓度 N_i（单位为分子数·m^{-3}）表示反应速率及速率常数，根据式(10-1)、式(10-3)和式(10-4)，有

$$r = -\frac{\mathrm{d}N_{\mathrm{A}}}{\mathrm{d}t} = Z_{\mathrm{AB}} \cdot q = (r_{\mathrm{A}} + r_{\mathrm{B}})^2 \left(\frac{8\pi k_{\mathrm{B}}T}{\mu}\right)^{\frac{1}{2}} N_{\mathrm{A}} N_{\mathrm{B}} \mathrm{e}^{-\frac{E_{\mathrm{c}}}{RT}} = k' N_{\mathrm{A}} N_{\mathrm{B}} \tag{10-5}$$

式中，速率常数 k' 的表达式为

$$k' = (r_{\mathrm{A}} + r_{\mathrm{B}})^2 \left(\frac{8\pi k_{\mathrm{B}}T}{\mu}\right)^{\frac{1}{2}} \mathrm{e}^{-\frac{E_{\mathrm{c}}}{RT}} \tag{10-6}$$

(2) 用物质的量浓度 c_i（单位为 $\mathrm{mol \cdot dm}^{-3}$）表示反应速率及速率常数。从 c_i 与 N_i 的单位，可以很容易导出这两种浓度表示之间的关系：

$$c_{\mathrm{A}} = N_{\mathrm{A}} / 10^3 L, \ N_{\mathrm{A}} = 10^3 L c_{\mathrm{A}}, \ N_{\mathrm{B}} = 10^3 L c_{\mathrm{B}} \quad (L \text{ 为阿伏伽德罗常量})$$

$$\begin{aligned} r = -\frac{\mathrm{d}c_{\mathrm{A}}}{\mathrm{d}t} &= \frac{1}{10^3 L}\left(-\frac{\mathrm{d}N_{\mathrm{A}}}{\mathrm{d}t}\right) = \frac{1}{10^3 L}(k' N_{\mathrm{A}} N_{\mathrm{B}}) \\ &= \frac{1}{10^3 L}(k' 10^3 L c_{\mathrm{A}} 10^3 L c_{\mathrm{B}}) \\ &= 10^3 L k' c_{\mathrm{A}} c_{\mathrm{B}} = k c_{\mathrm{A}} c_{\mathrm{B}} \end{aligned} \tag{10-7}$$

将式(10-6)代入式(10-7)，得

$$r = -\frac{\mathrm{d}c_{\mathrm{A}}}{\mathrm{d}t} = 10^3 L (r_{\mathrm{A}} + r_{\mathrm{B}})^2 \left(\frac{8\pi k_{\mathrm{B}}T}{\mu}\right)^{\frac{1}{2}} \mathrm{e}^{-\frac{E_{\mathrm{c}}}{RT}} c_{\mathrm{A}} c_{\mathrm{B}} = k c_{\mathrm{A}} c_{\mathrm{B}} \tag{10-8}$$

式中，速率常数 k 的表达式为

$$k = 10^3 L k' = 10^3 L (r_{\mathrm{A}} + r_{\mathrm{B}})^2 \left(\frac{8\pi k_{\mathrm{B}}T}{\mu}\right)^{\frac{1}{2}} \mathrm{e}^{-\frac{E_{\mathrm{c}}}{RT}} = B T^{\frac{1}{2}} \mathrm{e}^{-\frac{E_{\mathrm{c}}}{RT}} \tag{10-9}$$

2. 同种双分子基元反应

$$\mathrm{A+A}\longrightarrow 产物$$

对同种双分子

$$\mu = \frac{1}{2} m_{\mathrm{A}}, \quad Z_{\mathrm{AA}} = \frac{1}{2} Z_{\mathrm{AB}}$$

(1) 用分子数浓度 N_{A} 表示反应速率及速率常数：

$$r = -\frac{1}{2}\frac{\mathrm{d}N_{\mathrm{A}}}{\mathrm{d}t} = Z_{\mathrm{AA}} \cdot q = \frac{1}{2} Z_{\mathrm{AB}} \cdot q$$

即
$$r = \frac{1}{2}(2r_A)^2 \left(\frac{8\pi k_B T}{m_A / 2}\right)^{\frac{1}{2}} e^{-\frac{E_c}{RT}} N_A^2 = k'' N_A^2 \qquad (10\text{-}10)$$

式中，速率常数 k'' 的表达式为

$$k'' = 8r_A^2 \left(\frac{\pi k_B T}{m_A}\right)^{\frac{1}{2}} e^{-\frac{E_c}{RT}} \qquad (10\text{-}11)$$

(2) 用物质的量浓度 c_A 表示反应速率及速率常数：

$$r = -\frac{1}{2}\frac{dc_A}{dt} = \frac{1}{10^3 L}\left(-\frac{1}{2}\frac{dN_A}{dt}\right) = 10^3 L k'' c_A^2 = kc_A^2 \qquad (10\text{-}12)$$

将式(10-11)代入式(10-12)，得

$$r = -\frac{1}{2}\frac{dc_A}{dt} = 10^3 L 8 r_A^2 \left(\frac{\pi k_B T}{m_A}\right)^{\frac{1}{2}} e^{-\frac{E_c}{RT}} c_A^2 = kc_A^2 \qquad (10\text{-}13)$$

式中，速率常数 k 的表达式为

$$k = 10^3 L k'' = 10^3 L 8 r_A^2 \left(\frac{\pi k_B T}{m_A}\right)^{\frac{1}{2}} e^{-\frac{E_c}{RT}} = B' T^{\frac{1}{2}} e^{-\frac{E_c}{RT}} \qquad (10\text{-}14)$$

比较式(10-9)与式(10-14)可知，异种、同种双分子基元反应的速率常数 k 与温度的函数关系是相同的。

10.2.4　碰撞理论与阿伦尼乌斯公式的比较

1. 临界能 E_c 与活化能 E_a 的关系

以异种双分子基元反应为例，将式(10-9)代入阿伦尼乌斯活化能定义式：

$$E_a = RT^2 \frac{d\ln k}{dT} = RT^2 \frac{d\ln\left(BT^{\frac{1}{2}} e^{-\frac{E_c}{RT}}\right)}{dT} = RT^2 \frac{d\left(\ln B + \frac{1}{2}\ln T - \frac{E_c}{RT}\right)}{dT} = E_c + \frac{1}{2}RT$$

即
$$E_a = E_c + \frac{1}{2}RT \qquad (10\text{-}15)$$

式中，E_c 为摩尔临界能，指 1 mol 反应物分子发生反应时应具有的最低能值，E_c 由分子的性质决定，与 T 无关；E_a 为阿伦尼乌斯活化能，指 1 mol 活化分子的平均能量与 1 mol 反应物分子的平均能量之差。

对一般反应，$E_c \approx 100\,\text{kJ}\cdot\text{mol}^{-1}$，而由式(10-15)可知，$E_a$ 应与 T 有关。但在温度不太高时，$\frac{1}{2}RT$ (如 300 K，$\frac{1}{2}RT = 1.2\,\text{kJ}\cdot\text{mol}^{-1}$)相对于 E_c 可忽略不计。所以

　　低温时：$E_a \approx E_c$ (可认为 E_a 与温度无关)　　　高温时：$E_a \neq E_c$ (E_a 是温度的函数)
因此，可通过实验方法求取 E_c 值，然后根据 E_c 值求得 E_a。

根据式(10-9)　$k = BT^{\frac{1}{2}} e^{-\frac{E_c}{RT}}$，可得

$$\frac{k}{\sqrt{T}} = Be^{-\frac{E_c}{RT}}$$

即

$$\ln\frac{k}{\sqrt{T}} = \ln B - \frac{E_c}{RT}$$

以 $\ln\dfrac{k}{\sqrt{T}}$ 对 $\dfrac{1}{T}$ 作图呈直线关系，由斜率 m 可求得 $E_c = -Rm$。

2. 指前因子 $A_{理论}$

将 $E_c = E_a - \dfrac{1}{2}RT$ 代入式(10-9)，得

$$k = 10^3 L(r_A + r_B)^2 \left(\frac{8\pi k_B T}{\mu}\right)^{\frac{1}{2}} e^{\frac{1}{2}} e^{-\frac{E_a}{RT}}$$

与阿伦尼乌斯公式 $k = Ae^{-\frac{E_a}{RT}}$ 比较，得到指前因子 A 的理论表达式：

$$A_{理论} = 10^3 Le^{\frac{1}{2}}(r_A + r_B)^2 \left(\frac{8\pi k_B T}{\mu}\right)^{\frac{1}{2}} \tag{10-16}$$

A 的实验值是通过动力学实验测得 k 和 E_a 的值，根据阿伦尼乌斯活化能公式 $k = A_{实验}e^{-\frac{E_a}{RT}}$ 计算得到。研究发现：$A_{实验} < A_{理论}$。

3. 方位因子 P

定义：

$$P = \frac{A_{实验}}{A_{理论}}$$

$P \approx 1 \sim 10^{-9}$。一般认为，方位因子(或称为概率因子)P 不是由能量因素而是构型因素造成的。$P < 1$，可能是分子碰撞时在空间取向不合适而引起的。方位因子中包括了降低分子有效碰撞的各种因素。

10.2.5　碰撞理论 k 的理论表达式

考虑到方位因子，k 的理论表达式修正为

$$k = 10^3 LP(r_A + r_B)^2 \left(\frac{8\pi k_B T}{\mu}\right)^{\frac{1}{2}} e^{-\frac{E_c}{RT}} \tag{10-17}$$

10.2.6　对碰撞理论的评价

优点：①对具体反应过程的描述更加直观易懂；②定量解释了基元反应的质量作用定律；③解释了阿伦尼乌斯公式中 A 和 E_a 的意义。

缺点：①由于没有考虑分子结构，计算结果误差较大；②碰撞理论不能计算 P 和 E_c，故有很大局限性。

10.3　过渡状态理论

简单碰撞理论只告诉我们反应物分子的碰撞能大于临界能时反应才能发生,但并未告诉我们碰撞能怎样转化为反应物分子内部的势能,怎样达到化学键新旧交替的活化状态,以及怎样翻越反应能垒等细节。过渡状态理论可以给出回答以上问题的清晰图像。

过渡状态理论(TST)也称活化络合物理论。该理论是在反应体系势能面的基础上提出过渡态的概念,并结合化学平衡且应用统计力学的方法建立起来的。

过渡状态理论的适用条件:气相、液相和固体表面进行的单分子和双分子基元反应;$E_a >$ $5RT$ 的速率过程。

10.3.1　过渡状态理论的基本假设

例如,基元反应 $A + B—C \longrightarrow A—B + C$。

1. 势能面与反应坐标

反应物分子之间相互作用的势能是分子间相对位置的函数,在反应物转化为产物的过程中,体系的势能不断变化。可以画出反应过程中势能变化的势能面图,从中找出最佳的反应途径。

通过量子力学计算得到反应体系的势能面的形状像马鞍。马鞍两侧底部为曲面势能的最低处(如图 10-1 中 R 点和 P 点)分别代表反应物和产物。人坐在马鞍桥上的最低点称为鞍点(图中的 T 点),这是由反应物 R 到产物 P 所必须跨越的能垒中的最低能量途径的最高点。从反应物 R 到产物 P 有不同的反应途径,图中 RTP 途径是能量最低的反应途径。这条途径称为反应坐标。将势能面沿 RTP 剖开便得到了图 10-1 所示的势能面的剖面图,图中纵坐标 V 表示势能;横坐标 q 表示反应坐标,指沿反应途径方向的距离;E_b 为势垒高,反应物必须越过能峰才能生成产物 P,由反应物 R 至马鞍点 T 的高度为势垒高;$\Delta^{\neq} E_0$ 为零点摩尔活化能,$\Delta^{\neq} E_0 = E_b +$ 活化络合物的摩尔零点能–反应物的摩尔零点能。

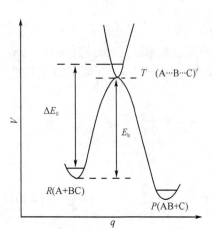

图 10-1　势能面的剖面图

2. 过渡状态

过渡状态理论认为,反应物变为产物的过程中,反应物分子先生成活化络合物,然后变成产物分子。"过渡状态"一词常用作"活化络合物"的同义词,其仅是在连续进行的反应途径中从反应物到产物所经过的一个特殊点。或者说过渡状态仅仅是基元反应中从反应物变到产物的均匀连续过程中的一个状态。

3. 基本假设

过渡状态理论的基本假设大意如下:

(1) 反应物变为产物过程中,反应物分子先生成活化络合物 $(A \cdots B \cdots C)^{\neq}$,活化络合物从反应物一侧跨越马鞍点 T(分界面)变成产物分子。活化络合物$(A\cdots B\cdots C)^{\neq}$用符号 $X^{\neq}$表示。

(2) $X^{\neq}$与反应物之间迅速达到平衡。反应速率等于活化络合物的分解速率。活化络合物以每秒 ν 次的频率分解为产物。

$$A + BC \underset{快速平衡}{\overset{K_c'^{\neq}}{\rightleftharpoons}} (A\cdots B\cdots C)^{\neq} \xrightarrow{慢} 产物$$

$$r = \nu c^{\neq}$$

式中，ν 为 $X^{\neq}$沿反应坐标方向的振动频率；$c^{\neq}$为 $X^{\neq}$的浓度。

(3) 反应物及 $X^{\neq}$的能量分布服从玻耳兹曼能量分布定律。

10.3.2　速率常数的统计力学表达式

对基元反应　$A + BC \longrightarrow AB + C$，有

$$r = -\frac{dc_A}{dt} = kc_A c_{BC} \tag{10-18}$$

根据过渡状态理论的基本假设 2：

$$A + BC \underset{快}{\overset{K_c'^{\neq}}{\rightleftharpoons}} (A\cdots B\cdots C)^{\neq} \xrightarrow{慢} 产物$$

有

$$r = \nu c^{\neq}$$

对 $X^{\neq}$与反应物之间的快速平衡用平衡近似法处理，得

$$K_c'^{\neq} = \frac{c^{\neq}}{c_A c_{BC}}$$

即

$$c^{\neq} = K_c'^{\neq} c_A c_{BC}$$

所以

$$r = \nu c^{\neq} = \nu K_c'^{\neq} c_A c_{BC} \tag{10-19}$$

由式(10-17)和式(10-18)可得

$$k = \nu K_c'^{\neq} \tag{10-20}$$

根据过渡状态理论的基本假设(3)，将用配分函数表达的 $K_c'^{\neq}$ 的统计力学表达式代入式(10-20)，即可得到速率常数的统计力学表达式。

根据式(7-39)

$$\frac{N^{\neq}}{N_A N_B} = \frac{q^{\neq}}{q_A q_B} \exp\left(-\frac{\Delta_r U_{m,0}}{RT}\right)$$

有

$$\frac{c^{\neq}}{c_A c_B} = \frac{N^{\neq}/LV}{(N_A/LV)(N_B/LV)} = \frac{q^{\neq}/LV}{(q_A/LV)(q_B/LV)} \exp\left(-\frac{\Delta_r U_{m,0}}{RT}\right)$$

所以

$$K_c'^{\neq} = \frac{q^{\neq}/LV}{(q_A/LV)(q_{BC}/LV)} e^{-\Delta^{\neq} E_0/RT} \tag{10-21}$$

式中

$$q^{\neq} = q_t^{\neq} \cdot q_r^{\neq} \cdot q_v^{\neq} \cdot q_e^{\neq}$$

若 $X^{\neq}$ 为线形分子：

$$q^{\neq} = \left(f_t^{\neq}\right)^3 \cdot \left(f_r^{\neq}\right)^2 \cdot \left(\prod_{\nu=1}^{3n-5} f_v^{\neq}\right) q_e^{\neq} \tag{10-22}$$

若 $X^{\neq}$ 为非线形分子：

$$q^{\neq} = \left(f_t^{\neq}\right)^3 \cdot \left(f_r^{\neq}\right)^3 \cdot \left(\prod_{\nu=1}^{3n-6} f_v^{\neq}\right) q_e^{\neq} \tag{10-23}$$

在振动自由度中，有一个振动自由度会使活化络合物沿反应坐标方向分解。将此自由度的配分函数 f_{rc} 分离出来，其仍可表示为一维谐振子的配分函数：

$$f_{rc} = \frac{1}{1 - \exp\left(-h\nu / k_B T\right)}$$

由于 ν 很小，一般均满足 $h\nu \ll k_B T$，则上式变为

$$f_{rc} = \frac{k_B T}{h\nu} \tag{10-24}$$

将式(10-24)代入式(10-22)或式(10-23)，可得

$$q^{\neq} = q^{\neq\prime} f_{rc} = q^{\neq\prime} \frac{k_B T}{h\nu} \tag{10-25}$$

对线形 $X^{\neq}$ 分子：

$$q^{\neq\prime} = \left(f_t^{\neq}\right)^3 \cdot \left(f_r^{\neq}\right)^2 \cdot \left(\prod_{\nu=1}^{3n-6} f_v^{\neq}\right) q_e^{\neq}$$

对非线形 $X^{\neq}$ 分子：

$$q^{\neq\prime} = \left(f_t^{\neq}\right)^3 \cdot \left(f_r^{\neq}\right)^3 \cdot \left(\prod_{\nu=1}^{3n-7} f_v^{\neq}\right) q_e^{\neq}$$

将式(10-25)代入式(10-21)，可得

$$K_c^{\neq\prime} = \frac{q^{\neq\prime} / LV}{(q_A / LV)(q_{BC} / LV)} \times \frac{k_B T}{h\nu} e^{\frac{-\Delta^{\neq} E_0}{RT}} = K_c^{\neq} \frac{k_B T}{h\nu} \tag{10-26}$$

式中，q_A、q_{BC} 为反应物分子除体积因子外的全配分函数；$q^{\neq\prime}$ 为除体积因子外活化络合物分子的全配分函数，但少了一个沿反应坐标方向的振动自由度。

$$K_c^{\neq} = \frac{q^{\neq\prime\prime} / LV}{(q_A / LV)(q_{BC} / LV)} e^{\frac{-\Delta^{\neq} E_0}{RT}} \tag{10-27}$$

将式(10-26)代入式(10-20)，可得

$$k = \nu K_c^{\neq\prime} = K_c^{\neq} \nu \frac{k_B T}{h\nu} = \frac{k_B T}{h} K_c^{\neq} \tag{10-28}$$

即

$$k = \frac{k_B T}{h} K_c^{\neq} \tag{10-29}$$

所以

$$k = \frac{k_B T}{h} \frac{q^{\neq\prime} / LV}{(q_A / LV)(q_{BC} / LV)} e^{\frac{-\Delta^{\neq} E_0}{RT}} \tag{10-30}$$

式(10-30)即为理想气体基元反应速率常数的活化络合物理论的统计力学表达式。

10.3.3　过渡状态理论与碰撞理论比较

至此，已经引入的能量符号如下。

E_a 为阿伦尼乌斯活化能，与温度有关。

E_c 为临界能

E_b 为势垒　　　微观性质，取决于分子的性质，与温度无关。

$\Delta^{\neq}E_0$ 为零点能

1. 速率常数表达式

SCT：　$k = 10^3 LP(r_A + r_B)^2 \left(\dfrac{8\pi k_B T}{\mu}\right)^{\frac{1}{2}} \mathrm{e}^{-\frac{E_c}{RT}} = BT^{\frac{1}{2}} \mathrm{e}^{-\frac{E_c}{RT}}$ [见式(10-17)]

TST：　$k = \dfrac{k_B T}{h} \dfrac{q^{\neq\prime}/LV}{\prod\limits_i (q_i/LV)} \mathrm{e}^{\frac{-\Delta^{\neq}E_0}{RT}} = CT^m \mathrm{e}^{\frac{-\Delta^{\neq}E_0}{RT}}$ [见式(10-30)]

对原子与分子间的双分子气相反应：$m = -0.5\sim0.5$。

对分子与分子间的双分子气相反应：$m = -2\sim0.5$。

过渡状态理论考虑分子的结构，碰撞理论可以看作过渡状态理论不考虑分子结构时的一个特例。

2. 阿伦尼乌斯活化能

SCT：　$E_a = E_c + \dfrac{1}{2}RT$ [见式(10-15)]

TST：　$E_a = RT^2 \dfrac{\mathrm{d}\ln k}{\mathrm{d}T} = RT^2 \dfrac{\mathrm{d}\ln\left(CT^m \mathrm{e}^{\frac{-\Delta^{\neq}E_0}{RT}}\right)}{\mathrm{d}T} = \Delta^{\neq}E_0 + mRT$

$$E_a = \Delta^{\neq}E_0 + mRT \tag{10-31}$$

只有当 $E_c \gg \dfrac{1}{2}RT$ 或 $\Delta^{\neq}E_0 \gg mRT$ 时，RT 项才可忽略不计，$E_a \approx \Delta^{\neq}E_0$，$E_a \approx E_c$；也只有在此时，才可认为 E_a 与温度无关。

3. 指前因子

SCT：　$A = 10^3 LP\mathrm{e}^{\frac{1}{2}}(r_A + r_B)^2 \left(\dfrac{8\pi k_B T}{\mu}\right)^{\frac{1}{2}}$ [见式(10-16)]

TST：　$k = \dfrac{k_B T}{h} \dfrac{q^{\neq\prime}/LV}{\prod\limits_i (q_i/LV)} \mathrm{e}^{\frac{-\Delta^{\neq}E_0}{RT}}$ [见式(10-30)]

将 $\Delta^{\neq}E_0 = E_a - mRT$ 代入式(10-30)，可得

$$k = \mathrm{e}^m \frac{k_{\mathrm{B}}T}{h} \frac{q^{\neq'} / LV}{\prod_i (q_i / LV)} \mathrm{e}^{\frac{E_{\mathrm{a}}}{RT}} = A\mathrm{e}^{-\frac{E_{\mathrm{a}}}{RT}}$$

所以

$$A = \mathrm{e}^m \frac{k_{\mathrm{B}}T}{h} \frac{q^{\neq'} / LV}{\prod_i (q_i / LV)} \approx C\mathrm{e}^m T^m \tag{10-32}$$

10.3.4　估算方位因子

根据式(10-32)，若能准确求出 m 值及反应物分子、活化络合物分子的配分函数，就能求得指前因子 A，但这十分困难，通常是进行粗略的估算。

对于双分子气相反应，可以近似地认为 $m = 0$，则式(10-32)可表示为

$$A \approx \frac{k_{\mathrm{B}}T}{h} \frac{q^{\neq'} / LV}{\prod_i (q_i / LV)} \tag{10-33}$$

若过渡态为非线形络合物分子，以 f_{t}' 表示每一个平动自由度上**单位体积**的配分函数，在电子运动均处于基态且电子基态 $g_{\mathrm{e},0} = 0$ 的条件下，式(10-33)可写为

$$A \approx \frac{Lk_{\mathrm{B}}T}{h} \frac{\left[f_{\mathrm{t}}'^{\,3} f_{\mathrm{r}}^3 f_{\mathrm{v}}^{3(N_{\mathrm{A}}+N_{\mathrm{B}})-7} \right]^{\neq}}{\left(f_{\mathrm{t}}'^{\,3} f_{\mathrm{r}}^3 f_{\mathrm{v}}^{3N_{\mathrm{A}}-6} \right)_{\mathrm{A}} \left(f_{\mathrm{t}}'^{\,3} f_{\mathrm{r}}^3 f_{\mathrm{v}}^{3N_{\mathrm{A}}-6} \right)_{\mathrm{B}}} \tag{10-34}$$

由于不同的分子其 f_{t}'、f_{r}、f_{v} 的数量级分别相同，故可以略去分子的不同，则式(10-34)为

$$A \approx \frac{Lk_{\mathrm{B}}T}{h} \frac{f_{\mathrm{v}}^5}{f_{\mathrm{t}}'^{\,3} f_{\mathrm{r}}^3} = 10^3 LP(r_{\mathrm{A}} + r_{\mathrm{B}})^2 \left(\frac{8\pi k_{\mathrm{B}}T}{\mu} \right)^{\frac{1}{2}} = PA' \tag{10-35}$$

若不考虑分子的内部结构，把 A、B 当作硬球，只有平动，活化络合物分子为双原子分子，仅有的一个振动自由度沿反应坐标方向使活化络合物分解，此时过渡状态理论的结果与碰撞理论结果相同，方位因子 $P=1$，可将式(10-33)展开为

$$A' \approx \frac{Lk_{\mathrm{B}}T}{h} \frac{f_{\mathrm{t}}'^{\,3} f_{\mathrm{r}}^2 f_{\mathrm{v}}^0}{f_{\mathrm{t}}'^{\,3} f_{\mathrm{t}}'^{\,3}} = \frac{Lk_{\mathrm{B}}T}{h} \frac{f_{\mathrm{r}}^2}{f_{\mathrm{t}}'^{\,3}} = 10^3 L(r_{\mathrm{A}} + r_{\mathrm{B}})^2 \left(\frac{8\pi k_{\mathrm{B}}T}{\mu} \right)^{\frac{1}{2}} \tag{10-36}$$

由式(10-35)和式(10-36)，可得

$$P = \frac{A}{A'} \approx \left(\frac{f_{\mathrm{v}}}{f_{\mathrm{r}}} \right)^5 \tag{10-37}$$

10.3.5　过渡状态理论的热力学表达式

1. 速率常数 k 的热力学表达式

例如，基元反应 $\mathrm{A} + \mathrm{BC} \longrightarrow \mathrm{P}$，根据过渡状态理论，有

$$\mathrm{A} + \mathrm{BC} \underset{}{\overset{K_{\mathrm{c}}^{\neq}}{\rightleftharpoons}} \mathrm{X}^{\neq} \longrightarrow \mathrm{P}$$

1) 活化参数

由热力学基本关系和化学平衡的内容可知：

$$\Delta_r G_{m,c}^{\ominus} = \Delta_r H_{m,c}^{\ominus} - T\Delta_r S_{m,c}^{\ominus}$$

$$K_c = K_c^{\ominus}(c^{\ominus})^{\sum\limits_B \nu_B}$$

$$\frac{d\ln K_c^{\ominus}}{dT} = \frac{\Delta_r H_{m,c}^{\ominus}}{RT^2}$$

$$\Delta_r G_{m,c}^{\ominus} = -RT\ln K_c^{\ominus} = -RT\ln\prod_B\left(\frac{c_B}{c^{\ominus}}\right)^{\nu_B}$$

对于过程 $A+BC\xrightleftharpoons{K_c^{\neq}}X^{\neq}$，可定义

$$\Delta^{\neq} G_{m,c}^{\ominus} = \Delta^{\neq} H_{m,c}^{\ominus} - T\Delta^{\neq} S_{m,c}^{\ominus} \tag{10-38}$$

$$K_c^{\neq} = K_c^{\ominus\neq}(c^{\ominus})^{\sum\limits_B \nu_B} \tag{10-39}$$

$$\frac{d\ln K_c^{\ominus\neq}}{dT} = \frac{\Delta^{\neq} H_{m,c}^{\ominus}}{RT^2} \tag{10-40}$$

$$\Delta^{\neq} G_{m,c}^{\ominus} = -RT\ln K_c^{\ominus\neq} \tag{10-41}$$

式中，$c^{\ominus}=1\,\mathrm{mol\cdot dm^{-3}}$；$\sum\limits_B \nu_B = \nu_{\neq} + (\nu_A + \nu_{BC}) = 1-n$，其中，$\nu_{\neq}=1$，$\nu_A + \nu_{BC} = -n$，$n$ 为反应分子数；$K_c^{\neq}$ 为活化络合物与反应物之间的平衡常数，仅活化络合物少了一个沿反应方向的振动自由度[见式(10-27)]；$\Delta^{\neq} G_{m,c}^{\ominus}$、$\Delta^{\neq} H_{m,c}^{\ominus}$ 和 $\Delta^{\neq} S_{m,c}^{\ominus}$ 分别简称为活化吉布斯自由能、活化焓和活化熵，统称活化参数，且 $\Delta^{\neq} H_{m,c}^{\ominus}$ 和 $\Delta^{\neq} S_{m,c}^{\ominus}$ 可视为与温度无关的常数。

活化参数的物理意义：由温度为 T、单独处于其标准态($c^{\ominus}=1\,\mathrm{mol\cdot dm^{-3}}$)的纯反应物形成处于标准态($c^{\ominus}=1\,\mathrm{mol\cdot dm^{-3}}$)的 1 mol 活化络合物 $X^{\neq}$ 时的 G、H 和 S 的变化量。

注意：活化参数并不是通常的热力学量，因为在活化过程中去掉了一个振动自由度。

2) 艾林公式

将式(10-39)代入式(10-29)，得

$$k = \frac{k_B T}{h}K_c^{\neq} = \frac{k_B T}{h}(c^{\ominus})^{1-n} K_c^{\ominus\neq} \tag{10-42}$$

将式(10-38)和式(10-41)代入式(10-42)，可得

$$k = \frac{k_B T}{h}(c^{\ominus})^{1-n}\mathrm{e}^{-\Delta^{\neq} G_{m,c}^{\ominus}/RT}$$

$$k = \frac{k_B T}{h}(c^{\ominus})^{1-n}\mathrm{e}^{\Delta^{\neq} S_{m,c}^{\ominus}/R}\mathrm{e}^{-\Delta^{\neq} H_{m,c}^{\ominus}/RT} \tag{10-43}$$

式(10-43)称为艾林公式。

艾林公式的适用条件：气体、液体、固体及溶液中任何形式的基元反应。

艾林公式常用来求活化参数 $\Delta^{\neq} G_{m,c}^{\ominus}$、$\Delta^{\neq} H_{m,c}^{\ominus}$ 和 $\Delta^{\neq} S_{m,c}^{\ominus}$。将艾林公式两边同除以 T，并取对数，得

$$\ln\frac{k}{T} = \left\{ \ln\left[\frac{k_B}{h}(c^{\ominus})^{1-n}\right] + \frac{\Delta^{\neq}S_{m,c}^{\ominus}}{R}\right\} - \frac{\Delta^{\neq}H_{m,c}^{\ominus}}{RT}$$

以 $\ln\frac{k}{T}$ - $\frac{1}{T}$ 作图呈直线，斜率=$-\frac{\Delta^{\neq}H_{m,c}^{\ominus}}{R}$，由截距可求得 $\Delta^{\neq}S_{m,c}^{\ominus}$。

从艾林公式可以看出，反应速率与活化焓、活化熵均有关，且两者对速率常数的影响恰好相反。只要活化焓、活化熵的相对值满足 $\Delta^{\neq}G_{m,c}^{\ominus} = \Delta^{\neq}H_{m,c}^{\ominus} - T\Delta^{\neq}S_{m,c}^{\ominus} \ll 0$，则反应会以很快速率进行。

2. 活化能 E_a 与活化热力学能 $\Delta^{\neq}U_{m,c}^{\ominus}$、活化焓 $\Delta^{\neq}H_{m,c}^{\ominus}$ 之间的关系

$$A + BC \underset{\Delta^{\neq}H_{m,c}^{\ominus}}{\overset{\Delta^{\neq}U_{m,c}^{\ominus}}{\rightleftharpoons}} [A\cdots B\cdots C]^{\neq} \longrightarrow AB + C$$

将式(10-41)代入阿伦尼乌斯活化能的定义式：

$$(E_a)_V = RT^2\frac{d\ln k}{dT} = RT^2\left(\frac{d\ln K_c^{\ominus\neq}}{dT} + \frac{1}{T}\right)$$

其中，$(E_a)_V$ 为恒容条件下以 c 表示浓度的实验活化能。根据范特霍夫方程，应有

$$\frac{d\ln K_c^{\ominus\neq}}{dT} = \frac{\Delta_r U_{m,c}^{\ominus}}{RT^2}$$

代入上式，可得

$$(E_a)_V = \Delta^{\neq}U_{m,c}^{\ominus} + RT \tag{10-44}$$

1) 理想气体恒容反应

将 $\Delta^{\neq}U_{m,c}^{\ominus} = \Delta^{\neq}H_{m,c}^{\ominus} - \sum_B \nu_B RT = \Delta^{\neq}H_{m,c}^{\ominus} - (1-n)RT$ 代入式(10-44)，可得

$$(E_a)_V = \Delta^{\neq}H_{m,c}^{\ominus} + nRT \tag{10-45}$$

式中，n 为理想气体基元反应的反应分子数。

2) 液相或固相恒容反应

将 $\Delta^{\neq}U_{m,c}^{\ominus} = \Delta^{\neq}H_{m,c}^{\ominus} - \Delta(p^{\ominus}V) \approx \Delta^{\neq}H_{m,c}^{\ominus}$ 代入式(10-44)，可得

$$(E_a)_V = \Delta^{\neq}H_{m,c}^{\ominus} + RT \tag{10-46}$$

3) 理想气体反应以压力 p 表示浓度的实验活化能

在第9章中推导得到了压力反应速率常数 k_p 与浓度反应速率常数 k 之间的关系式(9-15)为

$$k_p = k(RT)^{1-n}$$

将式(10-29)代入上式，得

$$k_p = k(RT)^{1-n} = \frac{k_B T}{h}K_c^{\neq}(RT)^{1-n} \tag{10-47}$$

又

$$K_c^{\neq} = K_p^{\neq}(RT)^{-\sum_B \nu_B} = K_p^{\neq}(RT)^{-(1-n)} \tag{10-48}$$

$$K_p^{\neq} = K_p^{\ominus\neq}(p^{\ominus})^{\sum\limits_{B}\nu_B} = K_p^{\ominus\neq}(p^{\ominus})^{1-n} \tag{10-49}$$

将式(10-48)和式(10-49)代入式(10-47)，可得

$$k_p = \frac{k_B T}{h}(p^{\ominus})^{1-n} K_p^{\ominus\neq} \tag{10-50}$$

同前理，可定义：

$$\Delta^{\neq}G_{m,p}^{\ominus} = \Delta^{\neq}H_{m,p}^{\ominus} - T\Delta^{\neq}S_{m,p}^{\ominus}$$

$$\Delta^{\neq}G_{m,p}^{\ominus} = -RT\ln K_p^{\ominus\neq}$$

代入式(10-50)，可得

$$k_p = \frac{k_B T}{h}(p^{\ominus})^{1-n} e^{\Delta^{\neq}S_{m,p}^{\ominus}/R} e^{-\Delta^{\neq}H_{m,p}^{\ominus}/RT} \tag{10-51}$$

将式 (10-51)代入实验活化能$(E_a)_p$的定义式，得

$$(E_a)_p = RT^2\frac{d\ln k_p}{dT} = \Delta^{\neq}H_{m,p}^{\ominus} + RT \tag{10-52}$$

式中，$(E_a)_p$为理想气体反应在恒容条件下以压力 p 表示浓度的实验活化能，不能理解为恒压活化能。从式(10-45)和式(10-52)可看出，阿伦尼乌斯活化能与活化焓有关，而活化焓又与形成活化络合物过程中旧化学键破坏及新化学键形成密切相关。而且**在反应温度不是太高时，将 E_a 与 $\Delta^{\neq}H_m^{\ominus}$ 看作近似相等，不致引起很大的误差。**

3. 指前因子与活化熵的关系

1) 理想气体反应

将 $\Delta^{\neq}H_{m,c}^{\ominus} = E_a - nRT$ 代入式(10-43)，得

$$k = \frac{k_B T}{h}(c^{\ominus})^{1-n} e^{\Delta^{\neq}S_{m,c}^{\ominus}/R} e^{-\Delta^{\neq}H_{m,c}^{\ominus}/RT} = e^n\frac{k_B T}{h}(c^{\ominus})^{1-n} e^{\Delta^{\neq}S_{m,c}^{\ominus}/R} e^{-E_a/RT} = Ae^{-E_a/RT}$$

所以

$$A = e^n\frac{k_B T}{h}(c^{\ominus})^{1-n} e^{\Delta^{\neq}S_{m,c}^{\ominus}/R} \tag{10-53}$$

2) 液、固相反应

将 $\Delta^{\neq}H_{m,c}^{\ominus} = E_a - RT$ 代入式(10-43)，同理可得

$$A = e\frac{k_B T}{h}(c^{\ominus})^{1-n} e^{\Delta^{\neq}S_{m,c}^{\ominus}/R} \tag{10-54}$$

从式(10-53)和式(10-54)可看出，指前因子 A 与活化熵密切相关，即与生成活化络合物过程的构型变化和空间因素有关。

【例10-1】 有一单分子重排反应 A——P，实验测得 393 K 时的速率常数为 $1.806\times10^{-4}\,s^{-1}$，413 K 时为 $9.14\times10^{-4}\,s^{-1}$。试计算该基元反应的阿伦尼乌斯活化能、393 K 时的活化焓和活化熵。

解 根据 $\ln\frac{k_2}{k_1} = \frac{E_a}{R}\left(\frac{T_2-T_1}{T_2 T_1}\right)$，有

$$\ln\frac{9.14\times10^{-4}}{1.806\times10^{-4}}=\frac{E_a}{8.314}\left(\frac{413-393}{413\times393}\right)\qquad E_a=109.4\,\text{kJ}\cdot\text{mol}^{-1}$$

$$\Delta_r^{\neq}H_m=E_a-RT=109.4-8.314\times393\times10^{-3}=106.1(\text{kJ}\cdot\text{mol}^{-1})$$

根据艾林公式 $k=\dfrac{k_B T}{h}\exp\left(\dfrac{\Delta_r^{\neq}S_m}{R}\right)\exp\left(-\dfrac{\Delta_r^{\neq}H_m}{RT}\right)$，有

$$1.806\times10^{-4}=\frac{1.38\times10^{-23}\times393}{6.63\times10^{-34}}\times\exp\left(\frac{\Delta_r^{\neq}S_m}{8.314}\right)\exp\left(-\frac{106\,100}{8.314\times393}\right)$$

可得

$$\Delta_r^{\neq}S_m=-48.9\,\text{J}\cdot\text{mol}^{-1}\cdot\text{K}^{-1}$$

4. 对反应机理的验证

通过实验测得不同温度下的表观速率常数 k_{obs} 的表达式，根据经验规则可推测某一反应机理，求得不同温度下速控步的速率常数 k，应用艾林公式求出速控步的活化焓和活化熵。根据 $\Delta^{\neq}H_{m,c}^{\ominus}$、$\Delta^{\neq}S_{m,c}^{\ominus}$ 的数值大小和符号，可以为验证所推测的反应机理的合理性提供有用的信息。举例如下：

1) S_N2 缔合机理

S_N2 缔合机理的速控步是缔合，因为形成过渡态时不需要完全破坏旧的化学键，故速控步的 $\Delta^{\neq}H_{m,c}^{\ominus}$ 较小；缔合反应物种数减少，过渡态比反应物更为有序，所以 $\Delta^{\neq}S_{m,c}^{\ominus}$ 一般为较大的负值。当空间因素越大，过渡态越拥挤时，活化熵越负。

2) S_N1 解离机理

S_N1 解离机理的速控步是反应物的解离，需打断化学键，因此 $\Delta^{\neq}H_{m,c}^{\ominus}$ 较大。由于反应物的解离，过渡态比反应物更无序，所以 $\Delta^{\neq}S_{m,c}^{\ominus}$ 往往是正值。对于单分子反应，过渡态的构型与反应物类似，故其活化熵值趋于零。

10.4　单分子反应速率理论

过渡状态理论可推广到单分子反应和三分子反应。

10.4.1　单分子反应的实验事实

某些分子的热分解反应、异构化反应属于单分子反应。实验事实表明，在浓度(或压力)较高或较低时，单分子反应所遵守的规律是不同的。

(1) 高压(高浓度)时，单分子反应遵循一级反应规律，且服从阿伦尼乌斯公式。

$$k_{\infty}=A_{\infty}e^{-E_{\infty}/RT}$$

式中，k_{∞}、A_{∞} 和 E_{∞} 分别表示高压(或高浓度)条件下的速率常数、指前因子和活化能。实验测得：$E_{\infty}\approx100\sim200\,\text{kJ}\cdot\text{mol}^{-1}$，$A_{\infty}\approx10^{13}\,\text{s}^{-1}$。

(2) 低压(低浓度)时，单分子反应服从二级反应规律。

为解释上述实验事实，提出了单分子反应机理。

10.4.2　单分子反应机理

1. 林德曼单分子反应机理

1922 年林德曼(Lindemann)机理提出，单分子反应(A ⟶ P)进行时，首先反应物分子相互碰撞，一个 A 分子的部分动能传递给另一个 A 分子，生成活化分子 A^*；A^* 或者与另一个 A 分子相碰撞而失活，或者进行单分子反应生成产物 P。因此，机理可表示如下：

$$A + A \underset{k_{-1}}{\overset{k_1}{\rightleftharpoons}} A^* + A$$

$$A^* \xrightarrow{\ k_2\ } P$$

推导反应的速率方程：

$$r = -\frac{d[A]}{dt} = \frac{d[P]}{dt} = k_2[A^*] \tag{10-55}$$

对 A^* 作稳态近似处理：

$$\frac{d[A^*]}{dt} = k_1[A]^2 - k_{-1}[A^*][A] - k_2[A^*] = 0$$

解得

$$[A^*] = \frac{k_1[A]^2}{k_{-1}[A] + k_2} \tag{10-56}$$

将式(10-56)代入式(10-55)，可得

$$r = -\frac{d[A]}{dt} = \frac{k_1 k_2 [A]^2}{k_{-1}[A] + k_2} \tag{10-57}$$

式(10-57)表明，单分子反应不具有简单的反应级数。

(1) 当浓度或压力较高时，$k_{-1}[A] \gg k_2$，则

$$r = \frac{k_1 k_2}{k_{-1}}[A] = k[A]$$

表现为一级反应，其表观一级反应速率常数 k 为

$$k = \frac{k_1 k_2}{k_{-1}}$$

(2) 当浓度或压力较低时，$k_{-1}[A] \ll k_2$，则

$$r = k_1[A]^2$$

表现为二级反应，其表观二级反应速率常数 $k = k_1$。

(3) 在高压(高浓度)与低压(低浓度)之间

$$r = -\frac{d[A]}{dt} = \frac{k_1 k_2 [A]^2}{k_{-1}[A] + k_2}$$

表现为单分子反应级数在一级与二级之间的渐变过程。

2. RRKM 单分子反应机理

林德曼单分子反应机理在定性说明上是成功的，但是在定量上与实验仍有偏差。后来不少

学者进行修正，目前与实验符合得较好的单分子理论是 RRKM 机理。机理如下：

$$A+A \underset{k_{-1}}{\overset{k_1}{\rightleftharpoons}} A^* + A$$

$$A^* \xrightarrow{k_a} A^{\neq} \xrightarrow{k_b} P$$

其中，A、A^* 与 $A^{\neq}$ 分别为反应物的一般分子、富能的活化分子与过渡态活化络合物；P 为产物。该机理表示，富能分子 A^* 不一定会发生反应，它必须通过分子热力学能量重新分布成活化络合物分子 $A^{\neq}$ 才可能反应。在活化过程中，为了克服势垒 E_0，消耗了 $E^*-E^{\neq}=E_0$ 的能量。E^* 为富能的活化分子的能量，$E^{\neq}$ 为过渡态活化络合物分子 $A^{\neq}$ 的能量。

对 $A^{\neq}$ 作稳态近似处理：

$$\frac{d[A^{\neq}]}{dt} = k_a(E^*)[A^*] - k_b[A^{\neq}] = 0$$

解得

$$k_a(E^*) = \frac{k_b[A^{\neq}]}{[A^*]}$$

RRKM 理论的核心是计算富能的活化分子 A^* 的反应速率常数 k_a，认为 k_a 是 E^* 的函数，A^* 的能量 E^* 越大，能量集中到某一键上的概率越大，反应速率就越快。

10.5　分子反应动力学

分子反应动力学也称为分子反应动态学、微观反应动力学或态-态化学。

10.5.1　研究内容

从分子水平上或从微观角度研究分子在碰撞行为中的动态性质，研究基元反应的微观历程，研究分子碰撞与化学反应的关系。

10.5.2　实验方法

实验方法有交叉分子束、红外化学发光、激光诱导荧光等。

10.5.3　交叉分子束技术

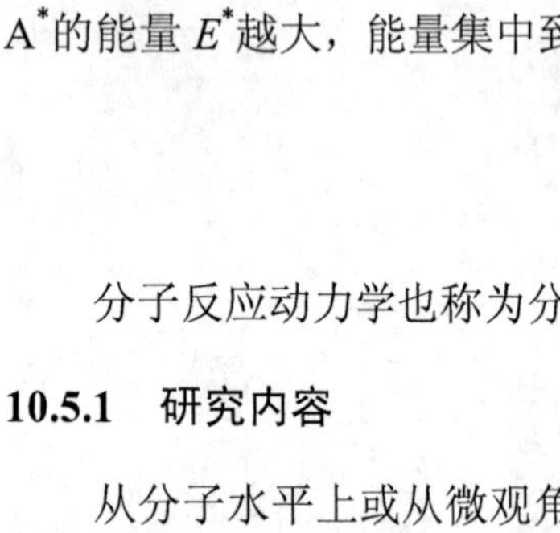

图 10-2　分子束散射实验示意图

交叉分子束(crossed molecular beam)技术是目前分子反应碰撞研究中最强有力的工具。其研究处于特定能态的反应物分子进行单一碰撞的过程。交叉分子束实验的示意图如图 10-2 所示。反应室预先抽真空至压力为 10^{-5} Pa，从炉 A 和炉 B 射出的两股低压的反应物分子束交叉地指向散射区 S。分子束通常是由加热炉中溢流出来的蒸气，借助特殊设备从符合麦克斯韦速度分布的分子中选择指定速度的分子而产生的。分子束的流量极小，在达到 S 之前不发生任何碰撞。到 S 处则发生单一的反应碰撞和非反应碰撞。可以用质谱仪在各种角度上检查散射的反应物分子或产物分子，而产物的速度分布可用速度分析装置测量。一般来说，通过分子束实验大致可获得以下一些重要的动力学参数与信息：

(1) 基元反应的反应起始能量。逐渐增加反应物分子束的相对速度，可以求得反应的起始能量 ε_0，估算反应的活化能。

(2) 基元反应的反应速率常数。从测得的散射角分布求得反应截面，得到微观速率常数，再用统计力学方法即可求得基元反应速率常数。

(3) 产物的能量分布。根据产物的速度分布，可推算产物的平均平动能，反应总能量与它的差值应等于变为分子内部运动的能量。

(4) 反应能的选择。分子束实验可选态，改变平动能 E_t、内部运动能 $E_{int}(v,\ j)$，可以了解平动、振动和转动对克服活化能的影响。

(5) 了解平动能对反应通道的影响。

李远哲和赫希巴赫因创建交叉分子束研究方法、建立起第一台交叉分子束实验装置和进行的分子动力学研究，与加拿大波拉尼教授共同荣获 1986 年诺贝尔化学奖。

思 考 题

下列说法是否正确？为什么？

(1) 因为碰撞理论中的临界能(阈能)E_c 与阿伦尼乌斯活化能 E_a 具有相同的物理意义，所以 $E_a \approx E_c$。

(2) 对于基元反应①A(g)+BC(g)──→AB(g)+C(g)和②A(g)+B(l)──→P(g)，反应的活化焓与阿伦尼乌斯活化能 E_a 之间的关系均可表示为 $E_a = \Delta^{\neq}H_{m,c}^{\ominus} + 2RT$。

(3) 对平行反应，$A+B \xrightarrow{k_1} D$，$A+F \xrightarrow{k_2} G+H$，实验测得 $\Delta^{\neq}S_{m,1}^{\ominus} > \Delta^{\neq}S_{m,2}^{\ominus}$，$\Delta^{\neq}H_{m,1}^{\ominus} > \Delta^{\neq}H_{m,2}^{\ominus}$。若目标产物为 D，则高温有利于得到产物 D。

第 11 章 几类特殊反应的动力学

本章重点及难点

(1) 溶液中反应的特点和溶剂、离子强度对反应的影响。
(2) 催化剂的基本特征。
(3) 酶催化反应机理和速率方程。
(4) 光化学反应特征、量子产率。
(5) 由光化学反应机理推导速率方程。

11.1 本章知识结构框架

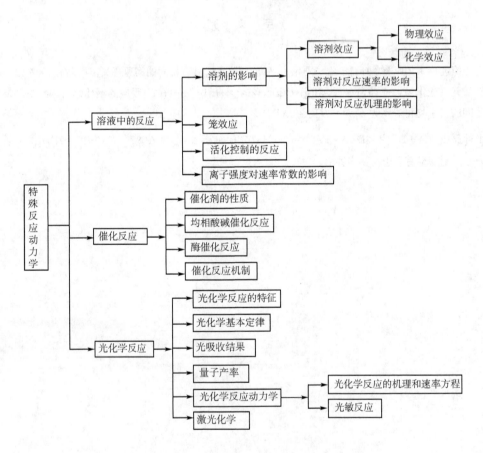

11.2 溶液中的反应

溶液中进行的反应与气相反应的最大区别在于溶剂分子的存在。因此,研究溶剂对化学反应的影响是溶液反应动力学的主要内容之一。

11.2.1　溶剂对速率常数的影响

1. 研究溶剂影响的方法

1) 在气相和液相中分别研究同一反应

使所研究的反应分别在气相和液相中进行，以气相反应为参考态，从而观察溶剂对反应的影响。但同一反应既能在溶液中进行又能在气相中进行是不常见的。

2) 选择一系列溶剂研究同一反应

在不同溶剂中比较同一反应的速率，寻找溶剂影响的规律，这是一种常用的研究方法。

2. 溶剂效应

溶剂对反应的影响可分为两大类：物理效应和化学效应。

1) 物理效应

(1) 溶剂化效应：当在溶液中进行的是解离反应时，溶剂化效应对反应的影响较大。

(2) 传能与传质作用：溶剂在溶液反应中的传能与传质作用与溶剂的动力学性质(如黏度)有关。

(3) 溶剂的介电性质：溶剂的介电性质对离子反应物间的相互作用会产生影响。

2) 化学效应

(1) 催化作用：例如，在均相酸碱催化反应中，溶剂分子经常充当催化剂发挥催化作用。

(2) 溶剂分子参加反应：溶剂分子本身既是反应介质，也是反应物之一，其出现在反应的计量方程中。

3. 溶剂对反应速率的影响

溶剂对反应速率的影响是一个极其复杂的问题，通常这种影响表现为以下几个方面。

1) 溶剂介电常数 D 的影响

对有离子参加的反应，溶剂介电常数越大，离子间引力越弱。因此，介电常数较大的溶剂常不利于离子间化合反应，而有利于解离为正、负离子的反应。

2) 溶剂极性的影响

根据相似相溶原理：若产物极性大于反应物极性，则在极性溶剂中反应速率较大；若反应物极性大于产物极性，则在极性溶剂中反应速率较小。

3) 溶剂化的作用

若溶剂与反应物或产物能生成不稳定的溶剂化物,使反应的活化能降低,则反应速率加快。

若溶剂与反应物或产物能生成稳定的溶剂化物，一般使反应的活化能升高，则反应速率减慢。

若活化络合物溶剂化后的能量降低而降低了反应的活化能，则会使反应速率加快。

4) 氢键的作用

某些质子性溶剂(如 H_2O、ROH 等)可与反应物、产物生成氢键而影响反应速率。

5) 黏度的影响

溶剂的黏度对扩散控制的反应有显著影响。

4. 其他影响

(1) 对反应机理的影响：对具有两个以上机理竞争发生的反应来说，各种机理的反应速率因溶剂的不同会有很大差异。因此，在不同的溶剂中可以有不同的反应机理。

(2) 某些非极性反应物之间的单分子反应和双分子反应的速率常数基本上不受溶剂种类的影响。

11.2.2 溶液中反应的特征

1. 笼效应

在液体中，分子间距离较近，自由运动空间较小。某一个分子可看作被其他分子形成的笼所包围。溶质分子被溶剂分子的笼所包围。这个分子在笼内不停地来回振动并和笼壁碰撞，如果某次振动积累了足够的能量，这个分子就要冲破笼子扩散到别处去，但它立即陷入另一个笼子中而重新开始在笼中振动。液体分子由于这种笼中运动所产生的效应称为笼效应。

2. 遭遇

两个溶质分子(A分子和B分子)扩散到同一个笼子中成为相邻分子的过程称为遭遇。相邻的分子对 A:B 称为遭遇对。

3. 溶液中的反应步骤

一般来说，溶液中进行的化学反应要经过以下步骤。

(1) 扩散：反应物分子 A 和 B 扩散到同一溶剂笼中形成遭遇对 A:B。

(2) 化学反应：遭遇对 A:B 发生反应变为产物或不发生反应而重新分离。遭遇对能维持一定时间，可把它当作一种暂态的中间物。

(3) 产物的扩散：产物从笼中挤出。

如果反应速率很快，反应取决于反应组元的扩散速率，称为扩散控制的反应(快反应)。扩散控制的反应的特点是低活化能。强烈搅拌反应溶液是消除扩散控制的有效方法。

如果反应速率很慢，扩散成为次要因素，则称为活化控制或动力学控制的反应(慢反应)。

例如，溶液中的反应 A+B——→P，反应过程可描述为

$$A + B \underset{k_{-D}}{\overset{k_D}{\rightleftharpoons}} A:B$$

$$A:B \xrightarrow{k_r} P$$

式中，k_D 为扩散过程的速率常数；k_{-D} 为遭遇对分离过程的速率常数；k_r 为遭遇对发生反应的速率常数。

假设经过一定的时间，遭遇对浓度达到了稳态，则根据稳态近似，有

$$\frac{d[A:B]}{dt} = k_D[A][B] - k_{-D}[A:B] - k_r[A:B] = 0$$

解得

$$[A:B] = \frac{k_D[A][B]}{k_{-D} + k_r}$$

反应速率方程为

$$r = k_r[\mathrm{A:B}] = \frac{k_r k_D[\mathrm{A}][\mathrm{B}]}{k_{-D} + k_r} = k_{\mathrm{obs}}[\mathrm{A}][\mathrm{B}] \tag{11-1}$$

式中

$$k_{\mathrm{obs}} = \frac{k_r k_D}{k_{-D} + k_r} \tag{11-2}$$

讨论：

(1) 当 $k_r \gg k_{-D}$ 时，即化学反应很快，一形成遭遇对立即发生反应。此时有 $k \approx k_D$，反应速率方程为

$$r = k_D[\mathrm{A}][\mathrm{B}]$$

此种情况下的反应称为扩散控制的反应。

(2) 当 $k_{-D} \gg k_r$，化学反应是较慢的，式(11-2)变为

$$k = \frac{k_r k_D}{k_{-D}} = K_D k_r$$

式中，$K_D = \dfrac{k_D}{k_{-D}}$ 为遭遇对形成的平衡常数，遭遇对的平衡基本上不受化学反应的影响。

总包反应速率取决于遭遇对的化学反应速率(k_r)，称为活化控制的反应或称动力学控制的反应。

11.2.3　活化控制反应

活化控制反应的速率常数远远小于扩散控制反应的速率常数。由于溶液中分子间的相互作用较强，不能忽略不计，因此不存在单个分子的配分函数。在应用过渡状态理论时，就不存在速率常数 k 的统计力学的简单表达式，只能应用过渡状态理论速率常数 k 的热力学表达式。

溶液中反应 k 的热力学表达式推导如下：

例如，反应 $\mathrm{A+B \longrightarrow P}$，由过渡状态理论可知

$$k = \frac{k_B T}{h}\left(c^{\ominus}\right)^{1-n} K_c^{\ominus \neq} \tag{11-3}$$

溶液中

$$K_a^{\ominus \neq} = \prod_i \left(\frac{\gamma_i c_i}{c^{\ominus}}\right)^{\nu_B} = \frac{\gamma^{\neq}}{\gamma_A \gamma_B} \cdot K_c^{\ominus \neq} = K_\gamma^{\neq} \cdot K_c^{\ominus \neq} \tag{11-4}$$

将式(11-4)代入式(11-3)，得

$$k = \frac{k_B T}{h}\left(c^{\ominus}\right)^{1-n} \frac{K_a^{\ominus \neq}}{K_\gamma^{\neq}} \tag{11-5}$$

将 $\Delta_r^{\neq} G_{\mathrm{m},c}^{\ominus} = -RT \ln K_a^{\ominus \neq}$，$\Delta_r^{\neq} G_{\mathrm{m},c}^{\ominus} = \Delta_r^{\neq} H_{\mathrm{m},c}^{\ominus} - T\Delta_r^{\neq} S_{\mathrm{m},c}^{\ominus}$ 代入式(11-5)，得

$$k = \frac{k_B T}{h K_\gamma^{\neq}}\left(c^{\ominus}\right)^{1-n} \mathrm{e}^{\Delta_r^{\neq} S_{\mathrm{m},c}^{\ominus}/R} \mathrm{e}^{-\Delta_r^{\neq} H_{\mathrm{m},c}^{\ominus}/RT} \tag{11-6}$$

对溶液中的反应，第 10 章已推得 $E_a = \Delta_r^{\neq} H_{\mathrm{m},c}^{\ominus} + RT$，代入式(11-6)，有

$$k = \frac{e}{K_\gamma^{\neq}} \left(\frac{k_B T}{h} \right) \left(c^\ominus \right)^{1-n} e^{\Delta_r^{\neq} S_{m,c}^{\ominus}/R} e^{-E_a/RT} \tag{11-7}$$

将式(11-7)与阿伦尼乌斯活化能公式 $k = A e^{-E_a/RT}$ 比较，可求得指前因子

$$A = \frac{e}{K_\gamma^{\neq}} \left(\frac{k_B T}{h} \right) \left(c^\ominus \right)^{1-n} e^{\Delta_r^{\neq} S_{m,c}^{\ominus}/R} \tag{11-8}$$

对于溶液中的反应,常选取无限稀溶液为参考态。在无限稀溶液中, $\gamma^{\neq} = 1$, $\gamma_A = 1$, $\gamma_B = 1$, 所以 $K_\gamma^{\neq} = \frac{\gamma^{\neq}}{\gamma_A \gamma_B} = 1$ ，则式(11-5)变为

$$k_\infty = \frac{k_B T}{h} \left(c^\ominus \right)^{1-n} K_a^{\ominus \neq} \tag{11-9}$$

一般溶液中

$$k = \frac{k_\infty}{K_\gamma^{\neq}} = k_\infty \frac{\gamma_A \gamma_B}{\gamma^{\neq}} \tag{11-10}$$

$$\lg \left(k / k_\infty \right) = \lg \gamma_A + \lg \gamma_B - \lg \gamma^{\neq} \tag{11-11}$$

11.2.4 离子强度对速率常数的影响

1. 原盐效应

对于离子间进行的反应,溶液的离子强度会直接影响反应速率。

稀溶液中,离子强度对反应速率的影响称为原盐效应。

设有双分子反应

$$A^{z_A} + B^{z_B} \rightleftharpoons \left[(AB)^{z_A + z_B} \right]^{\neq} \longrightarrow P$$

稀溶液中,根据德拜-休克尔极限定律(见第 6 章), $I < 0.01$ 时

$$\lg \gamma_i = -A z_i^2 \sqrt{I_i} \tag{11-12}$$

式中, I 为离子强度, $I = \frac{1}{2} \sum_i m_i z_i^2$; A 为与温度、溶剂有关的常数,25℃时的稀水溶液中:

$A = 0.509 (\text{kg} \cdot \text{mol}^{-1})^{\frac{1}{2}}$ （ $p^\ominus = 101\,325\,\text{Pa}$ ）。将式(11-12)代入式(11-11)，得

$$\lg \left(k / k_\infty \right) = -A z_A^2 \sqrt{I} - A z_B^2 \sqrt{I} + A (z_A + z_B)^2 \sqrt{I}$$

整理可得

$$\lg \left(k / k_\infty \right) = 2 A z_A z_B \sqrt{I} \tag{11-13}$$

从式(11-11)～式(11-13)可以看出,以无限稀溶液为参考态时, k / k_∞ 的值取决于 γ_i ,而 γ_i 是由离子强度 I 决定的, I 则由溶液中的电解质所控制,即 $k / k_\infty \leftarrow \gamma_i \leftarrow I$ (离子强度) $\leftarrow$ 电解质。

(1) 当 z_A 、 z_B 同号时, $I \uparrow$, $k \uparrow$,称为正原盐效应。

(2) 当 z_A 、 z_B 异号时, $I \uparrow$, $k \downarrow$,称为负原盐效应。

(3) 当 z_A 或 z_B 为零(中性分子)时, I 对反应速率无影响,即原盐效应为零。

当 $I < 0.1$ 时

$$\lg \gamma_i = -A z_i^2 \left(\frac{\sqrt{I}}{1+\sqrt{I}} - 0.30I \right)$$

$$\lg \left(k / k_\infty \right) = 2 A z_A z_B \left(\frac{\sqrt{I}}{1+\sqrt{I}} - 0.30I \right)$$

2. 原盐效应产生的原因

当产物与反应物所带电荷不同时，溶液中的离子强度在反应进程中会发生明显变化，此时上述(1)和(2)两种类型反应的 k 值将随反应进程而变化。

当需改变反应物浓度做多次实验时，由于每次实验离子强度不同，k 值也会不同。

3. 消除原盐效应影响的方法

研究离子间反应的动力学行为时，必须在离子强度保持基本恒定的条件下进行，以消除原盐效应对反应速率的影响。

控制离子强度的方法：通常在反应体系中加入大量惰性盐，如 $NaClO_4$、KNO_3 等，使其浓度远高于体系中反应组元在反应进程中所引起的离子浓度(离子强度)的变化，则反应体系的 I 完全由惰性盐控制。

注意：因实验测定的表观速率常数与离子强度有关，故实验所得的动力学数据需注明所加入惰性盐的名称及离子强度的数据。

4. 原盐效应的用途

对于未知反应机理的反应来说，研究速率常数 k 随离子强度的变化可以确定 z_A、z_B，为探讨反应机理提供有用的信息。

11.3　催　化　反　应

11.3.1　基本概念和术语

1. 催化作用与催化剂

当体系中加入少量反应物种以外的其他组分时，引起反应速率的显著改变，而这些外加物质在反应终了时，不因反应而改变其数量和化学性质，这类作用称为催化作用，而此种外加物质称为催化剂。

2. 催化剂类型

催化剂一般可分为四种类型：正催化剂、负催化剂、助催化剂和自催化剂。

(1) 正催化剂：加入后使反应速率增加的催化剂为正催化剂。

(2) 负催化剂：加入后使反应速率降低的催化剂为负催化剂。

(3) 助催化剂：少量加入有催化剂存在的体系使催化剂作用加强，而该外加物质单独存在(无催化剂)时不能加速反应，此外加物质称为助催化剂。

(4) 自催化剂：产物本身具有催化作用的催化剂为自催化剂。

3. 催化反应的分类

一般的催化反应可分为三大类型：均相催化反应、非均相催化反应和酶催化反应。

(1) 均相催化反应：催化剂和反应物、产物均在同一相中，如酸碱催化、均相络合催化等。

(2) 非均相催化反应：反应发生在两相界面上，如气-固催化反应，催化剂为固相，反应物为气相。此类反应又称复相(多相)催化反应或接触催化反应。

(3) 酶催化反应：以酶分子为催化剂的反应为酶催化反应，其介于均相催化反应与非均相催化反应之间。

4. 催化剂的基本特征

(1) 催化剂参与反应，但反应终了时，其化学组成及数量均不改变。

(2) 催化剂能改变到达平衡的时间，但不能改变反应的始、终状态，即平衡转化率不变，反应焓不变。

(3) 催化剂有很强的选择性，某一类反应只能用某些催化剂来进行催化反应。

(4) 催化剂作用的本质是改变反应历程，改变反应的活化能，因而使反应速率发生变化。

(5) 催化剂对少量杂质很敏感，少量杂质会起助催化剂的作用，也会使催化剂失活(称为催化剂中毒)。

5. 催化剂活性

催化剂的活性是衡量催化剂效能的重要指标。催化剂活性可用催化反应速率表示，如果忽略非催化反应的速率，那么催化反应的速率 r 可以定义为

$$r = \frac{1}{Q}\frac{1}{\nu_B}\frac{\mathrm{d}n_B}{\mathrm{d}t} \tag{11-14}$$

式中，Q 表示催化剂的数量，其可以用质量(m)、体积(V)或表面积(A)来表示。其中，以质量表示的反应速率 r_m 称为比反应速率，也称指定条件下催化剂的比活性，r_m 的单位为 $\mathrm{mol^{-1} \cdot s^{-1} \cdot kg^{-1}}$。

6. 催化循环

催化循环是指催化剂分子(或活性位点)通过一组基元反应使反应物分子转化为产物分子，而自身又回到其原始状态的一系列反应形成的闭合循环过程。

7. 转换数

转换数(turnover number，TON)是指单位物质的量的催化剂(或活性位点)在失效前所能转化的底物的物质的量或生成的产物的物质的量。或理解为单个催化剂活性位点转化的反应物分子数。转换数表示单个活性位点平均所能够完成的催化循环的次数，用来表征催化剂的稳定性(寿命)。从该定义可知，转换数是量纲为 1 的纯数。只有 TON>1(通常需要大于 10)才能够说明反应为催化反应(区别于计量反应)。

8. 转换频率

转换频率(turnover frequency，TOF)是指单个催化剂分子(或活性位点)在单位时间内转化的

底物分子数(或生成的产物分子数)的最大值。根据该定义，TOF=TON/失活所需时间。TOF 的单位为时间$^{-1}$，它所表征的是催化剂的最佳效率。

在实际工作中，在测定催化剂表面活性位点数之后，在催化剂失活前的一段时间内测量生成的产物的分子数，求算 TOF，再求 TON。实际上催化剂表面的活性随着时间是逐渐降低的，TOF 也是逐渐降低的。因此，TOF 与 TON 之间更为确切的关系为

$$\text{TOF} \times t \geqslant \text{TON}$$

式中，t 为催化剂失活所需要的时间。

11.3.2　均相酸碱催化

历史上对均相酸碱催化的研究较多，其理论也比较成熟。在均相酸碱催化反应中，最常引用的反应机理是赫茨菲尔德-莱德勒(Herzfeld-Laidler)机理。

1. 赫茨菲尔德-莱德勒机理

$$S+C \underset{k_{-1}}{\overset{k_1}{\rightleftharpoons}} X+Y$$

$$X+W \xrightarrow{k_2} P+Z$$

式中，S 为底物(反应物)；X 为不稳定中间物；P 为主产物；C 为催化剂；Z 可为催化剂或不止一种组元；Y、W 为其他组元或可不存在。

对不稳定中间物 X 可采用稳态近似或平衡近似法作近似处理，应依具体反应而定。

2. H_3O^+ 与 OH^- 的催化

若溶液中同时存在非催化反应(速率常数为 k_0)、酸催化反应(速率常数为 k_{H^+})和碱催化反应(速率常数为 k_{OH^-})，根据赫茨菲尔德-莱德勒机理及稳态近似法，可得此反应的表观速率常数为

$$k_{obs} = k_0 + k_{H^+}[H^+] + k_{OH^-} \cdot K_w / [H^+]$$

若为非催化反应：$k_{obs} = k_0$，$\lg k_{obs} = \lg k_0$

若为酸催化反应：$k_{obs} = k_{H^+}[H^+]$，$\lg k_{obs} = \lg k_{H^+} - \text{pH}$

若为碱催化反应：$k_{obs} = k_{OH^-} \cdot K_w / [H^+]$，$\lg k_{obs} = \lg(k_{OH^-} \cdot K_w) + \text{pH}$

可见，H_3O^+ 催化与 OH^- 催化反应的 $\lg k_{obs}$ 与 pH 之间存在线性关系。

3. 布朗斯台德广义酸碱催化

除 H_3O^+、OH^- 起到酸、碱催化作用外，布朗斯台德(Brönsted)的广义酸(a)或广义碱(b)同样能起催化作用。

k_a、k_b 分别为广义酸、碱催化反应的速率常数。

K_a、K_b 分别为广义的酸、碱的解离常数。

早在 19 世纪 20 年代，布朗斯台德从大量实验总结出以下规律：对于一给定反应，在以不同酸(或碱)作用下，其催化反应速率常数(比催化活性)k_a(或 k_b)的对数与酸(或碱)的解离平衡常

数 K_a(或 K_b)的对数之间存在线性关系:

$$\lg k_a = \alpha_a - \beta_a \lg K_a = \alpha_a + \beta_a pK_a \tag{11-15}$$

$$\lg k_b = \alpha_b - \beta_b \lg K_b = \alpha_b + \beta_b pK_b \tag{11-16}$$

式中,α_a、α_b、β_a、β_b 是由反应本性决定、与催化剂的选择无关的常数。这一关系称为布朗斯台德关系,或称布朗斯台德均相酸催化定律。

11.3.3　直线自由能关系

根据过渡状态理论

$$k = \frac{k_B T}{h}(c^\ominus)^{1-n} \exp\left(-\Delta_r^{\ne} G_{m,c}^\ominus / RT\right)$$

可得

$$(\ln k) \propto (-\Delta_r^{\ne} G_{m,c}^\ominus)$$

根据热力学关系

$$-RT \ln K_c^\ominus = \Delta_r G_{m,c}^\ominus$$

可将布朗斯台德关系表示为

$$\Delta^{\ne} G_{m,c}^\ominus = \alpha' + \beta' \Delta_r G_{m,c}^\ominus \tag{11-17}$$

式(11-17)表明,酸(或碱)催化反应的活化吉布斯自由能 $\Delta^{\ne} G_{m,c}^\ominus$ 与相应酸(或碱)在水中解离反应的标准吉布斯自由能 $\Delta_r G_{m,c}^\ominus$ 之间存在线性关系,这种线性关系称为线性自由能关系。这种关系有其更广泛的意义,布朗斯台德关系仅仅是直线自由能关系的一种特例。我国化学家陈荣悌教授在这方面进行了长期的有创造性的工作。

11.3.4　酶催化反应

在生物体中发生的化学反应大多数能够被酶分子所催化。酶是一种蛋白质分子,其相对分子质量为 $10^4 \sim 10^6$,其质点的直径范围为 $10 \sim 100$ nm。因此,酶催化作用可看作是介于均相与非均相催化之间的催化反应。

酶催化反应特点:高度选择性和很强的活性。

1. 酶催化反应机理

酶催化反应机理有许多种且比较复杂,其中最简单的一种机理是 1913 年由米凯利斯(Michaelis)和门顿(Menten)提出的米凯利斯-门顿机理。该机理认为:反应物 S(或称底物)与酶 E 上的活性中心首先生成络合物 ES,然后其分解为产物 P 和酶。该机理可表示如下:

$$E+S \underset{k_{-1}}{\overset{k_1}{\rightleftharpoons}} ES \overset{k_2}{\longrightarrow} E+P$$

2. 速率方程

根据米凯利斯-门顿机理,有

$$r = \frac{d[P]}{dt} = k_2[ES] \tag{11-18}$$

对中间物 ES 作稳态近似

$$\frac{d[ES]}{dt} = k_1[E][S] - k_{-1}[ES] - k_2[ES] = 0$$

可得

$$[ES] = \frac{k_1[E][S]}{k_{-1} + k_2} = \frac{[E][S]}{K_M} \tag{11-19}$$

式中，K_M 称为米凯利斯常数(米氏常数)，且 $K_M = \dfrac{k_{-1} + k_2}{k_1}$。

因为 $[E]_0 = [E] + [ES]$，所以 $[E] = [E]_0 - [ES]$，代入式(11-19)，得

$$[ES] = \frac{[E]_0[S]}{K_M + [S]} \tag{11-20}$$

将式(11-20)代入式(11-18)，得

$$r = \frac{d[P]}{dt} = \frac{k_2[E]_0[S]}{K_M + [S]} \tag{11-21}$$

采用初始速率法可使问题的处理得到简化，即

$$r_0 = \frac{k_2[E]_0[S]_0}{K_M + [S]_0} \tag{11-22}$$

式(11-22)称为米凯利斯-门顿公式。

根据式(11-22)，以 r_0 对 $[S]_0$ 作图，如图 11-1 所示。

(1) 当 $[S]_0$ 很小时，$[S]_0 \ll K_M$，式(11-22)变为

$$r_0 \approx \frac{k_2}{K_M}[E]_0[S]_0$$

反应为二级反应，对 $[S]_0$ 和 $[E]_0$ 各为一级。

(2) 当 $[S]_0$ 很大时，$[S]_0 \gg K_M$，式(11-22)变为

$$r_0 \approx k_2[E]_0 = r_m$$

式中，r_m 为最大反应速率。此时，所有酶都变成 ES 络合物，反应速率变为最大，与底物浓度无关。

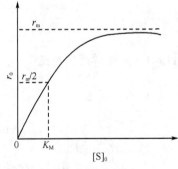

图 11-1　K_M 值

3. K_M 的物理意义

将 $r_m = k_2[E]_0$ 代入式(11-22)，可得

$$r_0 = \frac{r_m[S]_0}{K_M + [S]_0} \tag{11-23}$$

当 $r_0 = \dfrac{1}{2}r_m$ 时，由式(11-23)可得

$$K_M = [S]_0$$

即当初始反应速率达到最大反应速率一半时，米氏常数 K_M 等于初始底物浓度(图 11-1)。

4. 莱恩威弗-伯克公式

将米凯利斯-门顿公式取倒数，得

$$\frac{1}{r_0} = \frac{K_M}{k_2[E]_0} \cdot \frac{1}{[S]_0} + \frac{1}{k_2[E]_0} \tag{11-24}$$

式(11-24)称为莱恩威弗-伯克(Lineweaver-Burk)公式。

在[E]_0一定的条件下，根据实验测得一系列 r_0 -[S]_0 数据，以 $\frac{1}{r_0}$ - $\frac{1}{[S]_0}$ 作图应为直线，由直线的斜率和截距可求出 k_2 和 K_M。

5. 酶变率 $\frac{r_m}{[E]_0}$

酶变率是指单位时间内 1 mol 酶所形成的产物的最大物质的量，或单位时间内一个酶分子所形成的产物的最大分子数。根据上述最简单酶反应机理,酶变率等于 k_2。酶变率一般为 10^{-2}～10^6 s^{-1}，通常为 10^3 s^{-1}。

6. 酶催化反应的阻化作用

酶催化反应的阻化作用(或抑制作用)主要包括竞争性抑制和非竞争性抑制。

竞争性抑制剂：结构与底物相似，其可以占据酶的活性位点，但几乎不发生化学反应，却与底物竞争占据酶的活性中心,作用可逆。稀释抑制剂或加入过量底物可以防止抑制作用发生。

非竞争性抑制剂：作用不可逆，稀释抑制剂或加入大量底物也不能防止抑制作用发生。

11.4　光化学反应

11.4.1　光化学反应特征

1. 反应类型

化学反应一般可分为三种类型：光化学反应、热化学反应和电化学反应。

1) 光化学反应

在光的作用下进行的化学反应，或吸收光子引发的化学反应称为光化学反应。光化学反应的活化能源于光辐射能。

一个光化学过程包括光化学初级过程和光化学次级过程。

光化学初级过程：有激发态分子参加的过程称为初级过程。它以分子吸收光子生成激发态分子开始，以激发态分子消失或该激发态分子的活性转变为不大于周围同类分子而告终。

光化学次级过程:除激发态分子参加的过程以外的后续过程称为次级过程,这属于热反应。

2) 热化学反应

普通化学反应(可称为热反应)由环境提供热能，通过分子间碰撞后活化而引起。

3) 电化学反应

在消耗外电能的情况下或作为电能来源进行的反应称为电化学反应。

2. 光化学反应的特征

1) 电子处于激发态，易反应且选择性高

热化学反应是电子处于基态的原子或分子间的反应。

光化学反应是电子处于激发态的原子或分子间的反应。由于激发态能量高，因此与热化学反应相比，光化学反应不仅更易进行，且选择性更高，因为利用单色光可以将混合物中的某一组分激发成高能量状态，而加热混合物会使反应体系中所有组分的平动能都增加。

2) 反转分布(高能量粒子占大多数)

热化学反应体系的能量分布遵守玻耳兹曼分布，处于能量基态的分子占绝大多数。而光化学反应体系的能量分布不遵守玻耳兹曼分布，属于高能量分子为主的"反转分布"。

3) $(\partial G / \partial \xi)_{T,p} > 0$ 的反应可以发生

热反应的特点是：在恒温、恒压条件下，只有体系自由能降低的反应才有可能发生，在不存在非体积功的条件下不可能发生自由能增加的热反应。

在光化学反应中，分子的活化能来自光吸收。不仅自发反应可以被光照后发生，许多反应也可以在自由能增加的情况下进行。吸收光可以影响化学反应速率，也可以在热反应不能发生的条件下引起化学变化。例如，光合作用，反应 $CO_2 + H_2O \rightleftharpoons$ 碳水化合物 $+O_2$ 的 $\Delta_r G_m^{\ominus} = 2878.6 \text{ kJ} \cdot \text{mol}^{-1}$，在没有光照的情况下反应几乎不能向右进行。但在光的作用下，叶绿素吸收可见光后，可以使反应向右进行。

4) 温度影响很小(影响次级反应)

非催化热反应速率在固定浓度下只受温度变化的影响。

在光化学反应中，温度对光化学初级过程和光化学次级过程的影响是不同的。

初级光吸收过程基本上是与温度无关的。因为活化分子的浓度正比于照射反应物的光强度，即光化学活化与温度毫无关系，所以活化速率通常与温度无关，即使在液氮或液氢下冻成固体时，也可以光解。

次级反应的温度系数一般也是不大的。因为次级反应本身属于热化学反应，所以次级反应的温度系数接近于热反应的温度系数。然而，大多数次级反应是原子或自由基之间，或它们与分子之间的碰撞，对这些反应来说，活化能一般都很小，甚至为零。而反应速率的温度系数取决于活化能的大小，所以可以这样认为，温度对次级反应的影响也较小。

11.4.2　光化学基本定律

1. 光化学第一定律

只有被分子吸收的光才能引起光化学反应。这就是光化学第一定律。

只有吸收了光的分子才能进行光化学反应,但是这并不意味着吸收了光就一定能引起化学反应，因为吸收了光子的激发态分子也可以光物理的形式将能量衰减。

2. 光化学第二定律

在光化学的初级过程，每吸收一个光子只活化一个分子(或原子)。

一个光子的能量：

$$\varepsilon = h\nu = hc / \lambda$$

式中，ν 为光的频率；c 为光速；h 为普朗克常量；λ 为光的波长；L 为阿伏伽德罗常量。

1 mol 光子的能量称为 1 爱因斯坦，用符号 E 表示。

$$1\text{E} = Lh\nu = Lh\frac{c}{\lambda} = \frac{0.1196}{\lambda / \text{m}} \text{J} \cdot \text{mol}^{-1}$$

其他常用单位及换算关系：

$$1\,eV=96.49\,kJ \cdot mol^{-1}=8065.7\,cm^{-1}$$

$$1\,cm^{-1}=0.0119\,kJ \cdot mol^{-1}=1.2398 \times 10^{-4}\,eV$$

$$1\,kW \cdot h=3.6 \times 10^{6}\,J$$

11.4.3　光吸收结果

分子 A 吸收光子后，根据光能量的大小，可以从基态 S_0 跃迁到电子激发态 S_1、S_2、…、T_1、T_2、…，变为电子处于激发态的分子 A^*。

$$A + h\nu \longrightarrow A^* \text{(活化)}$$

A^* 具有高能量，是极不稳定的。它可以通过光物理过程或光化学过程使能量衰减。

1. 光物理过程能量衰减

1) 辐射跃迁

辐射跃迁是指激发态分子通过放射光子而退活化至基态的过程。

$$A^* \longrightarrow A + h\nu' \text{(辐射跃迁)}$$

(1)　$S_1(v'=0) \longrightarrow S_0(v=n) + h\nu_F$。

激发分子从第一单重态 S_1 的振动能级基态 $v'=0$ 回到电子基态 S_0 的任一振动能级，这种辐射称为荧光。荧光是没有重度改变的辐射跃迁。

(2)　$T_1(v'=0) \longrightarrow S_0(v=n) + h\nu_P$。

激发分子从第一三重态 T_1 的 $v'=0$ 回到电子基态 S_0 的任一振动能级，这种辐射称为磷光。磷光是有重度改变的辐射跃迁，电子跃迁是禁阻的，所以荧光波长比磷光短且强度强。

2) 无辐射跃迁

无辐射跃迁是指发生在激发态分子内部的不发射光子的能量衰变过程。这里也包括三种能量衰变过程。

(1) 内转变(IC)。

内转变是重度不改变的电子态之间的无辐射跃迁。

$$S_2(v'=0) \xrightarrow{\text{IC}} S_1(v=n)$$

(2) 系间窜越(ISC)。

系间窜越是不同重度的电子态间的无辐射跃迁。

$$S_2(v'=0) \xrightarrow{\text{ISC}} T_1(v=n)$$

(3) 振动弛豫(VR)。

在同一能级中处于激发态的高振动能级的活化分子将振动能转变为平动能(热能)或其他形式的能量，迅速回到振动基态称为振动弛豫。

$$S_n(v=n) \xrightarrow{\text{VR}} S_n(v=0)$$

3) 分子间传能

分子间传能是指激发态分子 A^* 通过与其他分子或器壁的碰撞把能量传递给其他分子，此过程又称为无辐射退活化或猝灭。例如，B 为猝灭剂

$$A^* + B \longrightarrow A + B$$

2. 光化学过程能量衰减

激发态分子 A^* 可以通过下列光化学过程使能量衰减。

(1) 解离：$A^* \longrightarrow R+S$。

(2) 异构化：$A^* \longrightarrow A'$。

(3) 双分子反应：$A^* + B \longrightarrow E+P$。

以上 A 的光吸收过程和 A^* 的能量衰变过程均属于光化学初级过程。

$$\text{光化学初级过程} \begin{cases} \text{光吸收过程} \\ A^* \text{的能量衰变过程} \end{cases} \begin{cases} \text{光化学过程} \\ \text{光物理过程} \end{cases}$$

11.4.4　量子产率

量子产率是用以表达光化学反应效率的一个基本量，可用于探讨光化学反应机理。量子产率的大小及实验条件对它的影响可以为确定反应性质提供重要信息。

1. 初级过程的量子产率

初级过程是由一系列光物理和光化学步骤共同组成，某一步骤的量子产率为 φ_i。根据光化当量定律，初级过程中光吸收后的激发态分子的一切能量衰变过程的量子效率应为 1，即有

$$\varphi = \sum_i \varphi_i = 1$$

φ_i 的定义为

$$\varphi_i = \frac{\text{指定过程指定物质的生成速率}}{\text{吸收光子的速率}}$$

对每一个 φ_i 必须指明是哪一步骤的。例如

1) 步骤 1 的产物 A 的量子产率

$$\varphi_{1,A} = \frac{\text{生成分子A的数目}/(dm^3 \cdot s)}{\text{M所吸收的光子的数目}/(dm^3 \cdot s)} = \frac{d[A]/dt}{I_a}$$

式中，I_a 为单位体积单位时间内吸收光子的数目，或吸收光子的物质的量，或吸收光子的爱因斯坦数。同理

$$\varphi_{1,B} = \frac{d[B]/dt}{I_a}, \quad \varphi_{1,C} = \frac{d[C]/dt}{I_a}, \quad \varphi_{1,D} = \frac{d[D]/dt}{I_a}$$

2) 过程的量子产率

过程 1 的量子产率：$\varphi_1 = \dfrac{r_1}{I_a} = \dfrac{1}{\nu_A}\dfrac{d[A]}{dt}\Big/I_a = \dfrac{1}{\nu_B}\dfrac{d[B]}{dt}\Big/I_a$

过程 2 的量子产率：$\varphi_2 = \dfrac{r_2}{I_a} = \dfrac{1}{\nu_C}\dfrac{d[C]}{dt}\bigg/ I_a = \dfrac{1}{\nu_D}\dfrac{d[D]}{dt}\bigg/ I_a$

初级过程的量子产率：$\varphi = \sum_i \varphi_i = \varphi_1 + \varphi_2$

2. 总包反应的量子产率 Φ_{yield}（对产物而言）

稳定的最终产物无论它们是由初级过程还是由次级过程生成，其浓度都可以测定。故最终产物的量子产率更为常用。

产物 x 的量子产率：$\Phi_x = \dfrac{d[x]/dt}{I_a}$

总包反应的量子产率：$\Phi_{yield} = \dfrac{1}{\nu_x}\dfrac{d[x]}{dt}\bigg/ I_a$

3. 总包反应的量子效率 Φ_{eff}（对反应物而言）

反应物 M 的量子效率：$\Phi_M = -\dfrac{d[M]/dt}{I_a}$

总包反应的量子效率：$\Phi_{eff} = -\dfrac{1}{\nu_M}\dfrac{d[M]}{dt}\bigg/ I_a$

4. 机理信息

由于初级过程产生的自由原子或自由基在次级过程中可引起一系列化学反应(如链反应)，故 Φ_x、Φ_{yield}、Φ_M、Φ_{eff} 可小于1，可大于1，也可等于1。从其数值可得到一些反应机理的信息。

(1) 若 $\Phi \ll 1$，则退活化、荧光或其他光物理步骤是主要的能量衰减步骤，这些步骤抑制了纯化学反应。

(2) 若 $\Phi \gg 1$，则可能发生链反应。例如，$H_2 + Cl_2 \xrightarrow{h\nu} 2HCl$，$\Phi \approx 10^6 \sim 10^7$。

(3) 若产物的 $\Phi \approx$ 常数，且不随实验条件的变化而改变，则意味着产物在初级过程中生成。

除此之外，还有一些其他的经验规则可参考相关著作。一般来说，同一光化学反应在液相中进行时的总量子产率比在气相中进行时要低，因为激发分子在液相中易与溶剂或其他分子碰撞而去活化。

11.4.5　光化学反应动力学

1. 光化学反应的机理和速率方程

光化学反应的激发过程只与入射光的强度有关，与反应物浓度无关，所以光激发过程是零级反应。根据光化当量定律，则激发过程的速率就等于吸收光子的速率 I_a。对一光化学反应，确定反应机理后，可利用热反应的近似处理方法推导出速率方程，对激发态分子可用稳态近似法处理。推得速率方程后即可求得某一过程的量子产率和总包反应的量子产率。

例如，简单反应 $A_2 \longrightarrow 2A$，设其机理为以下三种：

(1) $A_2 + h\nu \xrightarrow{I_a} A_2^*$ （激发活化，初级过程）

(2) $A_2^* \xrightarrow{k_2} 2A$ (解离，初级过程)

(3) $A_2^* + A_2 \xrightarrow{k_3} 2A_2$ （能量转移而失活，初级过程）

产物 A 的生成速率为

$$r_A = \frac{d[A]}{dt} = 2k_2[A_2^*] \tag{11-25}$$

对 A_2^* 作稳态近似，有

$$\frac{d[A_2^*]}{dt} = I_a - k_2[A_2^*] - k_3[A_2^*][A_2] = 0$$

解得

$$[A_2^*] = \frac{I_a}{k_2 + k_3[A_2]} \tag{11-26}$$

将式(11-26)代入式(11-25)，得

$$r_A = \frac{d[A]}{dt} = \frac{2k_2 I_a}{k_2 + k_3[A_2]}$$

总包反应的量子产率为

$$\Phi_{yield} = \frac{r}{I_a} = \frac{1}{2}\frac{d[A]}{dt} \bigg/ I_a = \frac{k_2}{k_2 + k_3[A_2]}$$

注意：

(1) 激发态分子可采用稳态近似法处理。

(2) 光吸收过程速率只取决于光强度 I_a。

又如，光引发反应——氯仿气相光化学氯化反应。

总包反应：$Cl_2 + CHCl_3 \xrightarrow{h\nu} CCl_4 + HCl$

设反应机理如下：

初级过程 (1) $Cl_2 + h\nu \xrightarrow{k_1} 2Cl$ $r_1 = \frac{1}{2}\frac{d[Cl]}{dt} = k_1 I_a$

次级过程 $\begin{cases} \text{(2) } Cl + CHCl_3 \xrightarrow{k_2} CCl_3 + HCl & r_2 = d[CCl_3]/dt = k_2[Cl][CHCl_3] \\ \text{(3) } CCl_3 + Cl_2 \xrightarrow{k_3} CCl_4 + Cl & r_3 = d[CCl_4]/dt = k_3[CCl_3][Cl_2] \\ \text{(4) } 2CCl_3 + Cl_2 \xrightarrow{k_4} 2CCl_4 & r_4 = \frac{1}{2}\frac{d[CCl_4]}{dt} = k_4[CCl_3]^2[Cl_2] \end{cases}$

对初级过程 $Cl_2 + h\nu \xrightarrow{k_1} 2Cl$，它可能包含下列过程：

光吸收 $Cl_2 + h\nu \longrightarrow Cl_2^*$ $r_{1,0} = I_a$

光物理 $Cl_2^* \xrightarrow{k_d} Cl_2 + Q$ $r_{1,1} = \frac{d[Cl_2]}{dt} = k_d[Cl_2^*]$

光化学 $Cl_2^* \xrightarrow{k_R} 2Cl$ $r_{1,2} = \frac{1}{2}\frac{d[Cl]}{dt} = k_R[Cl_2^*]$

对光化学过程用稳态近似法处理激发态分子 Cl_2^*

$$\frac{d[Cl_2^*]}{dt} = I_a - k_d[Cl_2^*] - k_R[Cl_2^*] = 0$$

可得

$$[Cl_2^*] = \frac{I_a}{k_d + k_R}$$

所以

$$r_{1,2} = \frac{1}{2}\frac{d[Cl]}{dt} = \frac{k_R}{k_d + k_R}I_a$$

对整个初级过程

$$r_1 = \frac{1}{2}\frac{d[Cl]}{dt} = \frac{k_R I_a}{k_d + k_R} = k_1 I_a \tag{11-27}$$

式中

$$k_1 = \frac{k_R}{k_d + k_R} < 1$$

若无光物理过程：$k_d = 0$，$k_1 = 1$，所以 $r_1 = I_a$。

结论：对于初级过程，若无光物理过程存在，则初级过程的反应速率 $r_1 = I_a$，初级过程的量子产率为 1，与反应物的初始浓度无关。

总包反应的反应速率：

$$r_{CCl_4} = \frac{d[CCl_4]}{dt} = k_3[CCl_3][Cl_2] + 2k_4[CCl_3]^2[Cl_2] \tag{11-28}$$

对 CCl_3 和 Cl 用稳态近似：

$$\frac{d[CCl_3]}{dt} = k_2[Cl][CHCl_3] - k_3[CCl_3][Cl_2] - 2k_4[CCl_3]^2[Cl_2] = 0$$

$$\frac{d[Cl]}{dt} = 2k_1 I_a - k_2[Cl][CHCl_3] + k_3[CCl_3][Cl_2] = 0$$

解得

$$[CCl_3] = \left(\frac{k_1 I_a}{k_4[Cl_2]}\right)^{\frac{1}{2}} \tag{11-29}$$

将式(11-29)代入式(11-28)，可得

$$r_{CCl_4} = \frac{d[CCl_4]}{dt} = k_3\left(\frac{k_1}{k_4}\right)^{\frac{1}{2}} I_a^{\frac{1}{2}}[Cl_2]^{\frac{1}{2}} + 2k_1 I_a$$

$$\Phi_{CCl_4} = \frac{r_{CCl_4}}{I_a} = k I_a^{-\frac{1}{2}}[Cl_2]^{\frac{1}{2}} + 2k_1$$

2. 光敏反应

在反应物对光不敏感、不吸收的反应体系中引入能吸收光的粒子，该粒子的激发态将能量传给反应物使其活化，此过程称为光敏或感光。这种能吸收光的物质称为光敏剂。由此引发的反应称为光敏反应或感光反应。例如，叶绿素就是光合作用中的光敏剂，而 Hg 蒸气是 H_2 与

CO 合成 HCHO 反应中的光敏剂。

例如，光敏气相反应：

$$H_2 + CO \xrightarrow[h\nu]{Hg} HCHO$$

Hg 蒸气光的波长为 253.7 nm。将少量 Hg 蒸气加入 H_2 气中再用汞灯照射，Hg 原子吸收光激发后，将能量传给 H_2 分子而使其解离，引发上述反应。反应机理如下：

$$Hg + h\nu \longrightarrow Hg^*$$
$$Hg^* + H_2 \xrightarrow{k_1} 2H + Hg$$
$$H + CO \xrightarrow{k_2} HCO$$
$$HCO + H_2 \xrightarrow{k_3} HCHO + H$$
$$2HCO \xrightarrow{k_4} HCHO + CO$$

对 Hg^*、H 和 HCO 采用稳态近似法：

$$\frac{d[Hg^*]}{dt} = I_a - k_1[Hg^*][H_2] = 0 \qquad [Hg^*] = I_a / k_1[H_2]$$

$$\frac{d[H]}{dt} = 2k_1[Hg^*][H_2] - k_2[H][CO] + k_3[HCO][H_2] = 0$$

$$\frac{d[HCO]}{dt} = k_2[H][CO] - k_3[HCO][H_2] - 2k_4[HCO]^2 = 0$$

解得

$$r = \frac{d[HCHO]}{dt} = k_3[HCO][H_2] + k_4[HCO]^2 = k_3(I_a/k_4)^{1/2}[H_2] + I_a$$

3. 光稳态

对于光化学对峙反应，当正、逆向反应速率相等时，称为光稳态或光平衡。它不是真正的热力学平衡态，当光的作用一旦停止，体系的性质将发生变化，故称其为光稳态。

11.4.6　激光化学

1. 激光

1) 受激辐射

原处于高能级 E_2 的粒子，受到能量恰为 $h\nu = E_2 - E_1$ 的光子的激励，发射出与入射光子相同的一个光子而跃迁到低能级 E_1 的过程称为受激辐射。

2) 激光

受激辐射而强化的光称为激光。

3) 激光的产生

受激辐射的光子在谐振腔中反复反射、强化，使工作物质产生新的光子，引起更多的受激辐射，产生更多的光子，因此在一瞬间把频率、方向等完全相同的光子增加到极高的强度，从反射镜输出极强的光，称为激光。

4) 激光的特点

激光具有高强度、高单色性、高方向性和高相干性四大特性。

2. 激光化学

20 世纪 70 年代初产生的激光化学(laser chemistry)是激光应用于化学领域的一门新的边缘学科。其主要包括两方面的内容：激光诱导化学反应和激光光谱学。

1) 主要研究内容

激光化学主要研究物质分子在激光作用下呈现激发态时的精细结构、性质、化学反应、能量传递规律及其运动变化的微观过程。

2) 应用领域

激光化学应用于化学合成、分离提纯、原子或分子检测、光助催化等工程方面，以及生物学、医学、军事等。

3) 应用激光进行化学反应的优势

因为激光携带着高度集中而均匀的能量，可精确地打在分子的键上，如利用不同波长的紫外激光，打在硫化氢等分子上，改变两激光束的相位差，控制该分子的断裂过程。也可利用改变激光脉冲波形的方法，十分精确和有效地触发某种预期的反应。

4) 激光器

为了能有效地引发各种化学反应，并达到一定的规模，首先必须具备从真空紫外到红外波段的一系列相应的多种可调谐的激光器。这些激光器要求具有足够高的能量与功率、频率稳定以及窄频带输出。重要的激光器有：固体激光器(用于分析)、气体激光器(包括 He-Ne 激光器、准分子激光器、分子激光器、CO_2 激光器等)、化学激光器、染料激光器等。

总之，激光化学反应的研究有着巨大的意义，它既可能成为对于混合物进行选择性分离的全新技术手段，也可能按照人们的需要选择性合成某种化合物，从而引起化学及化工工业的全面革命。

思　考　题

下列说法是否正确？为什么？

(1) 某光化反应的初级反应为：$A + h\nu \xrightarrow{k}$ 产物，若 A 的起始浓度增大一倍，则反应的速率增加一倍。

(2) 一定温度下，在反应 $A^{2+} + B^- \underset{k_b}{\overset{k_f}{\rightleftharpoons}} C^+ + D$ 的体系中加入强电解质，使体系的离子强度显著增加，则 k_f 不变，k_b 降低。

(3) 有一级数相同的平行反应，① $A \xrightarrow{k_1, E_{a,1}} B$，② $A \xrightarrow{k_2, E_{a,2}} D$，测得反应的活化能 $E_{a,1} > E_{a,2}$，当在体系中加入合适的催化剂后可以改变产物 B 与 D 之间的比例。

(4) 某反应在一定条件下的平衡转化率为 15%；当加入某催化剂后，反应速率提高 6 倍，则该体系的平衡转化率达到 90%。

(5) 在恒温、恒压条件下，无论是光化学反应还是热化学反应，反应进行的方向均可用 $(\partial G / \partial \xi)_{T,p} \leqslant 0$ 判别。

第三部分

电 化 学

电化学导言

一、什么是电化学？

电化学是研究化学能与电能的相互转变以及与这个过程有关的定律和规则的一门学科。
电化学的研究对象、研究目的、研究方法和研究内容如下：

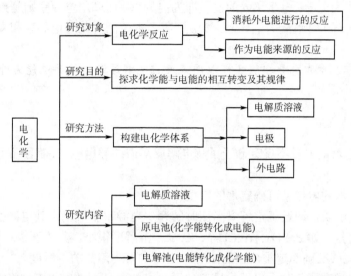

无论是电能转化成化学能，还是化学能转化成电能，这种相互转化不是普通的热化学反应体系所能够完成的。

化学能和电能在什么条件下可以相互转换呢？

1. 化学能和电能相互转换的条件

不是存在电子转移或离子迁移的反应就能使化学能转换为电能，或有电能传入体系就能使化学反应发生。化学能与电能的相互转换只有在电化学体系中才能进行。

什么样的体系是电化学体系呢？

2. 电化学体系

电化学体系一般由以下几部分组成：电解质溶液、电极和外电路。
在电化学体系中进行的电化学反应不同于一般的化学反应，其具有自己的特征。

电化学反应有什么特征呢？

3. 电化学反应的特征

化学能与电能相互转换是通过电化学反应完成的。电化学反应与电能紧密相关，而电能的输入或输出总是与电流的通过有关。电流是电子的定向移动。因此，电化学反应必须保证电子运动是有规则的定向运动。这就要求反应物在空间上必须彼此分开。

根据电化学所要解决的主要问题，其研究的主要内容可划分为三部分：电解质溶液、原电池和电解池。

二、电解质溶液

电解质溶液是构成电化学体系的重要组成部分，电解质作为离子导体为体系提供电流通路。那么，**如何表征电解质溶液的导电能力呢？可以用电导、电导率、摩尔电导率表征。**

1. 电导、电导率、摩尔电导率

电阻的倒数即为电导；电阻率 ρ 的倒数即为电导率。而摩尔电导率则是指定了溶液中电解质的物质的量为 1 mol 时溶液的电导率。溶液中离子浓度的变化对电导率和摩尔电导率均会产生影响。

电导、电导率、摩尔电导率除了可以用来表征电解质溶液的导电能力外还有什么其他的作用呢？

2. 电导测定的应用

测定电解质溶液的电导不仅有助于了解电解质溶液的导电能力，而且还可以帮助解决一些实际问题。

(1) 通过测定水的电导率可确定水的纯度。

(2) 对于弱电解质，通过确定解离平衡时的摩尔电导率就可确定其电离度及电离常数。

(3) 一些难溶盐，如 $BaSO_4$、$AgCl$ 等，在水中溶解度很小，其浓度很难用普通方法测定，但通过电导测定能够准确确定难溶盐的浓度，进而求得难溶盐的溶解度。

(4) 溶液浑浊或有颜色时，采用电导滴定更为有效，且不必担心滴过终点。

三、原电池

什么是原电池？原电池是化学能转换成电能的装置。在原电池中，化学能是如何转换成电能的？

1. 化学能转换成电能的基本原理

1) 电池的电动势

将化学能转换成电能的电化学体系是原电池。在原电池中，化学能(化学反应)转换成电能(电动势)是因为随着电化学反应的进行，电子发生流动，所以在原电池中的各个两相界面处存在电势差，各电势差的和即为电池两极之间的电势差——电池的电动势 E。

对于电池，如何衡量化学能转变为电能的最高限度是多少呢？用可逆电池的电动势。

2) 可逆电池

可逆电池是一类非常重要的电池，一方面它可以揭示一个反应的化学能转变为电能的最高限度是多少，另一方面可利用可逆电池电动势研究热力学问题。

可逆电池中所进行的过程必须可逆。电池可逆放电时所放出的电能与充电时所需的电能相等，没有任何能量损失。

3) 可逆电极

组成可逆电池的电极称为可逆电极，所发生的反应也必须是热力学可逆反应。

电池中，每一个电极构成半个电池。由两个电极构成电池时应保证电池的电动势 $E>0$。

两个电极才能构成电池，电池的电动势可通过实验测定。那么，**电极的电势如何确定呢？这需要有参考电极。**

4) 标准氢电极

采用标准氢电极为参考电极，其电极电势规定为零。用标准氢电极与待测电极构成电池，测定电池的电动势，即可获得待测电极的电极电势。标准氢电极与待测电极构成的电池形式为

$$(-) \text{ 标准氢电极} \vdots \text{给定电极 } (+)$$

研究可逆电池的电动势有什么用途呢？

2. 可逆电池电动势的测定及其应用

电动势测定及其应用的关键是将化学反应设计成可逆电池的反应。

如何由化学反应设计电池？如何利用手中的资料设计电池？

解决问题的路线：

提出问题→化学反应→设计电池→电池反应与化学反应相符合→测定电池电动势→求解。

1) 设计电池的基本方法

(1) 一般氧化还原反应：电池的负极发生氧化反应，电池的正极发生还原反应。

(2) 非氧化还原反应(解离反应等)：首先将反应配成氧化还原反应，再设计电池。

2) 电池电动势的测定

电池电动势的测定采用对消法或补偿法。其基本原理是使外电源的电势差恰好与电池电动势相对峙，此时电路中电流为零，记录电势差值，即等于待测电池的电动势。

测定时的核心问题：外电路无电流通过。

通过实验测得电池电动势可解决哪些问题？

3) 应用

(1) 可用于计算电池化学反应的热力学函数变化，这为化学反应过程的热力学函数增量的计算提供了新方法。

(2) 可判断氧化还原反应方向，即可以用电池电动势判别电化学反应的方向。

(3) 可以用标准电动势求氧化还原反应的平衡常数；也可以求难溶盐的溶度积和配离子的不稳定常数。

此外，通过电池的电动势还可以确定电极的标准电极电势、计算平均活度系数、测定溶液的 pH，并可进行电势滴定。

4) 化学电源

化学电源是指实际使用的原电池。目前使用的化学电源有：一次电池(俗称干电池)、二次电池(也称蓄电池)、连续电池(也称燃料电池)等。

四、电解池(不可逆电极过程)

什么是电解池？电解池是使电能转化为化学能的装置，而原电池是化学能转换成电能的装置。那么，电解池与原电池之间有什么关系呢？

1. 电解池与原电池

电流通入电解质溶液引起化学变化的过程称为电解。

当一个电池与外接电源反向对接时，只要外加电压大于该电池的电动势 E 一个无限小值，电池接受外界提供的电能，电池反应发生逆转，原电池变成电解池。因此，原电池中进行的反应的 $\Delta G < 0$，而电解池中进行的反应的 $\Delta G > 0$。

实际发生在电极表面上的电化学反应都是不可逆过程，因为无论是原电池还是电解池，在工作时都有一定的电流通过。可逆电池则是实现电化学过程的理想极限。

电解池可用来研究不可逆电极过程。**为什么要研究不可逆电极过程？** 不可逆电极过程也称不可逆过程动力学。**研究不可逆电极过程的目的主要是寻找电极反应的动力学规律及影响电极反应速率的因素。**

2. 不可逆电极过程

1) 不可逆电极过程的特征及速率

(1) 电极反应只有在电场作用下才能进行。

(2) 对整个电化学过程来说，电极反应只完成了半反应。

(3) 电极反应速率不仅与电极附近的反应物浓度、产物浓度、电极材料、电极表面状态有关，在很大程度上还取决于电极所处的电势。

那么，电极反应速率是否可沿用化学动力学的速率表示方法？实际上，**电极反应是用电流密度描述反应速率，因为电流密度与反应速率呈简单的线性关系。**

当将电能输入反应体系中时会引发什么现象？电极极化。

2) 极化和超电势

a. 极化

当有电流通过电极时，电极电势会偏离平衡电极电势，这种现象称为电极的极化。此时的电极称为极化电极。相应的电极电势称为极化电极电势或不可逆电极电势。

电极极化的结果：阳极极化的结果使电极电势向正方向移动(变得更正)，阴极极化的结果使电极电势向负方向移动(变得更负)。

化学动力学测定的实验数据是浓度随时间的变化曲线。

不可逆电极过程测定的实验数据是电流密度随电极电势(或超电势)变化的曲线。

b. 超电势

在某一电流密度下，电极电势与平衡电极电势的差值的绝对值称为超电势或过电位。其大小反映了电极极化的程度。

3) 电解的应用

(1) 根据金属的电沉积的方法可进行电解冶金、电解精炼、电镀、生产复制品或再生艺术品等。

(2) 对于金属的腐蚀可进行电化学防腐。

第 12 章 电 化 学

本章重点及难点

(1) 电导、电导率和摩尔电导率及电导测定的应用。
(2) 将化学反应设计成可逆电池。
(3) 可逆电池电势的能斯特公式及其应用。
(4) 电池电动势的测定及其应用。
(5) 原电池与电解池的异同点。
(6) 金属的电沉积。

12.1 本章知识结构框架

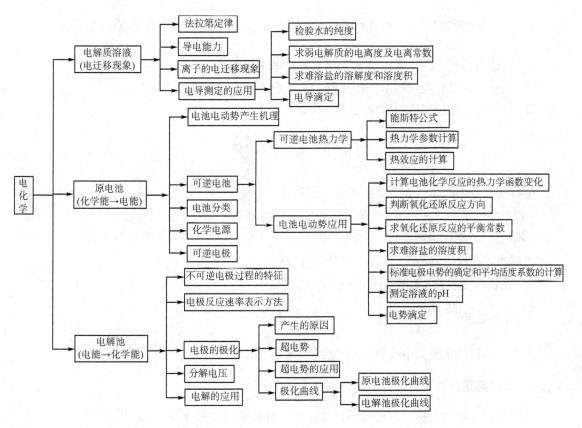

12.1.1 什么是电化学

电化学是研究化学能与电能的相互转变以及与这个过程有关的定律和规则的一门学科。

12.1.2　电化学反应的特征

电化学反应与电能紧密相关，而电能的输入或输出总是与电流的通过有关。电流是电子的定向移动。因此，电化学反应具备以下与一般化学反应显著不同的特征：

(1) 电子运动是有规则的定向运动(一般化学反应：电子运动混乱、电子转移路径短)。

只有当电子通过的途径与原子大小相比很大时，电能的利用才有可能。因此，在电化学反应中，电子从一种参加反应的物质转移到另一种物质必须经过足够长的路径。

(2) 反应物在空间上必须彼此分开(一般化学反应：反应物接触、碰撞)。

如果反应质点进行接触，电子运动的路径就不可能是长的。在电化学反应中是让每一种参加反应的物质与电极接触，再用金属导体连接电极，就能实现电化学反应。

(3) 反应速率与电极电势有关(一般化学反应：r 与温度、反应物性质、催化材料等有关)。

电化学反应的活化能不仅取决于反应物和电极本性，还取决于电极电势。因此，电化学反应速率不仅依赖于温度、反应物性质、催化剂材料等，还依赖于电极电势。

12.1.3　电化学体系

化学能与电能的相互转换只有在电化学体系中才能进行。电化学体系一般由以下几部分组成。

(1) 电解质溶液：作为离子导体为体系提供电流通路。

(2) 电极：通过和电解质溶液相接触，与反应物进行电子交换并转移电子。

(3) 外电路：连接电极，保证电流畅通。

12.2　电迁移现象

电解质可分为两类：强电解质和弱电解质。

$\begin{cases} \text{强电解质(真正电解质)：与溶剂接触前,在晶体状态下以离子形式存在。} \\ \text{弱电解质(潜在电解质)：与溶剂接触前以分子形式存在,在溶剂中发生电离。} \end{cases}$

电解质溶液性质包括：平衡性质和非平衡性质。

$\begin{cases} \text{平衡性质(已在第6章和第7章中做了详细介绍)} \\ \text{非平衡性质} \begin{cases} \text{扩散} \\ \text{电迁移} \end{cases} \end{cases}$

本节主要讨论电解质溶液的非平衡性质——电迁移现象。

12.2.1　法拉第定律

电解时，在电极上析出的物质的量与通过的电量成正比——法拉第定律。

定义：1 mol 元电荷所具有的电量称为法拉第常量，用 F 表示。

$$F = e \cdot L = 96\,484.6\ \text{C} \cdot \text{mol}^{-1}$$

为方便计算，常将 F 近似为 $96\,485\ \text{C} \cdot \text{mol}^{-1}$，或 $96\,500\ \text{C} \cdot \text{mol}^{-1}$。

当体系中通过的电量为 Q、电流为 I、通电时间为 t 时，三者之间的关系为

I 恒定时，$Q = I \cdot t$

I 变化时， $Q = \int_0^t I \mathrm{d}t$

若从含有金属离子 M^{z+} 的溶液中沉积出 1 mol 金属 M(s)，需要 z_+ mol 的电子，则电量 Q 与所沉积出的金属 B 的质量 m_B 之间的关系为

$$m_B = \frac{Q}{z_+ F} M_B \tag{12-1}$$

式中， M_B 为金属 B 的摩尔质量。式(12-1)称为法拉第电解定律。

12.2.2 电解质溶液的导电能力

根据物质导电能力的大小和特征，可将其划分为五类。

(1) 非导体或绝缘体。

此类物质的电阻率 $\rho > 10^8 \Omega \cdot cm$。

(2) 第一类导体或电子导体。

此类导体包括各种金属、碳质材料和某些氧化物，电阻率 $\rho = 10^{-8} \sim 10^{-6} \Omega \cdot cm$，其依靠电子传导电流。

(3) 半导体。

半导体依靠电子和空穴来传导电流，包括某些半金属、金属间的化合物、盐类、有机化合物等。

(4) 第二类导体或离子导体。

此类导体包括固态盐、离子熔融物和电解质溶液等，其依靠离子传导电流。

(5) 混合型导体。

碱金属和碱土金属溶在液氨中所形成的一些溶液以及某些固态盐类属于混合型导体，此类导体是依靠电子和离子联合导电的材料。

本节将主要讨论离子导体——电解质溶液的导电问题。衡量物质导电能力的物理量为电导、电导率、摩尔电导率。

1. 电导、电导率、摩尔电导率的定义

1) 电导 G

电阻的倒数即为电导。单位为 S(西门子)或 Ω^{-1}。

$$G = \frac{1}{R} = \frac{I}{\Delta \phi} \tag{12-2}$$

式中， $\Delta \phi$ 为外加电压(单位为伏特，用 V 表示)； I 为电流强度(单位为安培，用 A 表示)。

2) 电导率 κ

电阻率 ρ 的倒数即为电导率。单位为 $\Omega^{-1} \cdot m^{-1}$ 或 $S \cdot m^{-1}$。

$$\kappa = \frac{1}{\rho} = G \cdot \frac{l}{A} = \frac{1}{R} \cdot \frac{l}{A} \tag{12-3}$$

将式(12-2)代入式(12-3)，得

$$\kappa = \frac{I}{\Delta \phi} \cdot \frac{l}{A} = \frac{I}{A} \cdot \frac{1}{\Delta \phi / l} = \frac{i}{E} \tag{12-4}$$

式中， A 为导体的截面积； l 为导体的长度； i 为电流密度(单位为 $A \cdot m^{-2}$)； E 为电场强度(单位

为 $V \cdot m^{-1}$)

κ 的意义：长为 1 m、截面积为 1 m^2 的导体(或电解质溶液液柱)的电导。

对电解质溶液而言，电导率为将面积为 1 m^2 的两个平行电极置于电解质溶液中，两电极间距离为 1 m 时的电导。

3) 摩尔电导率 Λ_m

在相距为 1 m 的两个平行电极板之间放入含有 1 mol 电解质的溶液时所具有的电导称为该溶液的摩尔电导率。Λ_m 的单位为 $S \cdot m^2 \cdot mol^{-1}$。

4) κ 与 Λ_m 之间的关系

若电解质溶液的浓度为 $c/(mol \cdot m^{-3})$，则含 1 mol 电解质的溶液的体积为 $V/(m^3 \cdot mol^{-1}) = 1/[c/(mol \cdot m^{-3})]$，所以

$$\Lambda_m = \kappa / c \tag{12-5}$$

计算时注意单位换算。

另外，在讨论 Λ_m 时要注意指定电解质的基本单元，通常在括号中给出，如 $\Lambda_m(MgSO_4)$，$\Lambda_m\left(\frac{1}{2}MgSO_4\right)$，$\Lambda_m\left(\frac{1}{3}AlCl_3\right)$ 等：

$$\Lambda_m(MgSO_4) = 2\Lambda_m\left(\frac{1}{2}MgSO_4\right), \quad \Lambda_m(AlCl_3) = 3\Lambda_m\left(\frac{1}{3}AlCl_3\right)$$

2. 电导的测定及电导率、摩尔电导率的计算

1) 电导的测定

将电导池作为一电阻，接入惠斯顿交流电桥作为其一桥臂，测出其电阻 R_x，则溶液的电导为

$$G_x = \frac{1}{R_x}$$

2) 计算

$$\kappa = G \cdot \frac{l}{A} = \frac{1}{R} \cdot \frac{l}{A} = \frac{K_{cell}}{R}$$

式中，$K_{cell} = l/A$，称为电导池常数，单位为 m^{-1}。

对一固定的电导池，$K_{cell} = l/A$ 为常数。用一已知 κ 的溶液测出 R，求得 l/A，再求待定溶液的 κ_x，则

$$\frac{l}{A} = \kappa \cdot R = \kappa_x \cdot R_x \qquad \kappa_x = \frac{R}{R_x} \cdot \kappa \qquad \Lambda_{m,x} = \frac{\kappa_x}{c}$$

根据 Λ_m 的大小，可将电解质分为强电解质和弱电解质。例如，碱金属卤化物水溶液：Λ_m 约为 0.01 $S \cdot m^2 \cdot mol^{-1}$，属于强电解质；乙酸水溶液：$\Lambda_m$ 约为 0.001 $S \cdot m^2 \cdot mol^{-1}$，属于弱电解质。

3. 电导率与浓度的关系

电导率随浓度的变化如图 12-1 所示。

强电解质溶液：在一定浓度范围内，电导率随着浓度的增加而升高。当浓度增加到一定程度后，

正、负离子间的静电引力增大，离子运动速率降低，电导率也随之降低，如 HCl 和 KOH 溶液。

中性盐溶液：由于受饱和溶解度的限制，其浓度不会太高，如 KCl。

弱电解质溶液：电导率随浓度变化不显著，因浓度增加导致电离度下降，离子数目变化不大，如乙酸。

4. 摩尔电导率与浓度的关系

摩尔电导率随浓度的变化如图 12-2 所示。当溶液浓度无限接近于 0 时，Λ_m 达到最大极限值，用 Λ_m^∞ 表示，称为无限稀释的摩尔电导率。

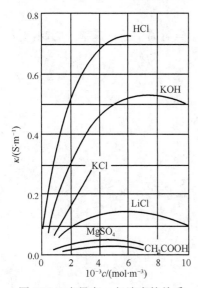

图 12-1　电导率 κ 与浓度的关系

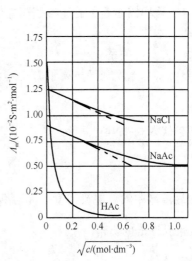

图 12-2　摩尔电导率 Λ_m 与浓度的关系

由于溶液中导电物质的量均为 1 mol，所以当浓度降低时，离子之间相互作用减弱，正、负离子迁移速率加快。因此，**无论是强电解质还是弱电解质，溶液的摩尔电导率 Λ_m 均随浓度的增大而减小。**

对强电解质，Λ_m 随浓度降低略有增加，因为浓度降低，离子间引力变小，离子迁移速率略有增加。

对弱电解质，Λ_m 随浓度降低显著增大，因为稀释过程中，虽然电极间的电解质数量不变，但电离度大大增加，导致参加导电的离子数目大大增加。

科尔劳乌施(Kohlrausch)实验发现，对强电解质：

低浓度区域符合平方根定律，$\Lambda_m = \Lambda_m^\infty - A\sqrt{c}$ (12-6)

高浓度区域符合立方根定律，$\Lambda_m = \Lambda_m^\infty - A\sqrt[3]{c}$ (12-7)

式中，A 是一个经验常数。以 Λ_m 对 $\sqrt{c}$ 作图，外推至 $c = 0$ 即可得到 Λ_m^∞。

对弱电解质稀溶液

$$\lg \Lambda_m = 常数 - \frac{1}{2}\lg c \qquad (12-8)$$

其 Λ_m^∞ 无法用外推法获得，但可利用离子独立运动定律求得。

12.2.3　离子的电迁移现象

1. 离子的电迁移率 u_B

1) 定义

单位电场强度下离子的迁移速率称为离子的电迁移率，即

$$u_B \equiv \frac{v_B}{E}$$

式中，v_B 为离子 B 的迁移速率，单位为 $m \cdot s^{-1}$；E 为电场强度或电势梯度，单位为 $V \cdot m^{-1}$；u_B 的单位为 $m^2 \cdot V^{-1} \cdot s^{-1}$。

用电迁移率描述离子的迁移速率排除了外电场的差异对离子迁移速率的影响，更能反映出离子运动的本质。

2) κ 与 u_B 的关系

推导可得总电流密度与离子 B 的电流密度之间的关系为

$$i = \sum_B i_B = \sum_B |z_B| F v_B c_B \tag{12-9}$$

将式(12-9)代入式(12-4)，可得

$$\kappa = \frac{i}{E} = \left(\sum_B |z_B| F v_B c_B \right) / E = \sum_B |z_B| F u_B c_B \tag{12-10}$$

式中，i 为溶液中的总电流密度；i_B 为离子 B 的电流密度。

2. 离子的迁移数 t_B

1) 定义

离子 B 所承担的导电任务的分数称为离子 B 的迁移数(电流分数)，即

$$t_B \equiv \frac{i_B}{i} \tag{12-11}$$

将 $i_B = |z_B| F v_B c_B$、$i = \kappa E$ 代入式(12-11)，得

$$t_B = \frac{i_B}{i} = \frac{|z_B| F v_B c_B}{\kappa E} = \frac{|z_B| F u_B c_B}{\kappa} \tag{12-12}$$

可见，t_B 可由 κ 与 u_B 求出。

由于溶液呈电中性，所以 $\sum z_+ \cdot c_+ = \sum |z_-| \cdot c_-$。

若溶液中只含有正、负离子各一类，则 $z_+ \cdot c_+ = |z_-| \cdot c_-$，可得

$$t_+ = \frac{i_+}{i_+ + i_-} = \frac{v_+}{v_+ + v_-} = \frac{u_+}{u_+ + u_-}$$

$$t_- = 1 - t_+ = \frac{u_-}{u_+ + u_-}$$

2) 迁移数的测定

测定迁移数的常用实验方法是希托夫(Hittorf)法和界面移动法。

3. 离子的摩尔电导率 $\lambda_{m,B}$

在相距为 1 m 的两平行电极板间盛放电解质溶液，其中，1 mol 某离子 B 对电导的贡献称为该离子的摩尔电导率，用符号 $\lambda_{m,B}$ 表示。

$$\lambda_{m,B} \equiv \frac{\kappa_B}{c_B} \tag{12-13}$$

式中，κ_B 为离子 B 的电导率；c_B 为溶液中离子 B 的真正浓度。

注意：使用时必须指定基本单元。

例如，$\lambda_m\left(Cu^{2+}\right)$、$\lambda_m\left(\frac{1}{2}Cu^{2+}\right)$、$\lambda_m\left(Al^{3+}\right)$、$\lambda_m\left(\frac{1}{3}Al^{3+}\right)$ 等：

$$\lambda_m\left(Cu^{2+}\right) = 2\lambda_m\left(\frac{1}{2}Cu^{2+}\right), \quad \lambda_m\left(Al^{3+}\right) = 3\lambda_m\left(\frac{1}{3}Al^{3+}\right)$$

由式(12-10)可得

$$\kappa_B = |z_B| F u_B c_B \tag{12-14}$$

将式(12-14)代入式(12-13)，可得

$$\lambda_{m,B} = \frac{\kappa_B}{c_B} = |z_B| F u_B \tag{12-15}$$

由于电解质溶液的导电完全由离子所承担，溶液中电解质的电导率 κ 为

$$\kappa = \sum_B \kappa_B \tag{12-16}$$

将式(12-13)和式(12-16)代入式(12-5)中，可得

$$\Lambda_m = \frac{\kappa}{c} = \frac{1}{c}\sum_B \kappa_B = \frac{1}{c}\sum_B c_B \lambda_{m,B} \tag{12-17}$$

即电解质的摩尔电导率为相应离子的摩尔电导率之和。

例如，对于强电解质 $M_{\nu_+} X_{\nu_-}$，若完全电离且不形成离子对，则

$$\Lambda_m = \frac{1}{c}\left(c_+ \lambda_{m,+} + c_- \lambda_{m,-}\right) = \frac{1}{c}\left(\nu_+ c \lambda_{m,+} + \nu_- c \lambda_{m,-}\right) = \nu_+ \lambda_{m,+} + \nu_- \lambda_{m,-}$$

即

$$\Lambda_m = \nu_+ \lambda_{m,+} + \nu_- \lambda_{m,-} \tag{12-18}$$

对于弱电解质，因其不完全电离，所以式(12-18)并不成立。

4. **科尔劳乌施离子独立运动定律**

在无限稀的溶液中，每一种离子的运动都是独立的，不受同时存在的其他离子影响，即

$$\Lambda_m^\infty = \nu_+ \lambda_{m,+}^\infty + \nu_- \lambda_{m,-}^\infty \tag{12-19}$$

式(12-19)称为离子独立运动定律。该定律严格适用于强电解质的无限稀溶液，对于弱电解质只能近似使用。

推论1：电解质 Λ_m^∞ 可表示为各离子的 λ_m^∞ 之和。

例如，$M_{\nu_+} X_{\nu_-}$，有 $\Lambda_m^\infty = \nu_+ \lambda_{m,+}^\infty + \nu_- \lambda_{m,-}^\infty$。

推论 2：一定溶剂和一定温度下，任何一种离子的 λ_m^∞ 均为一定值。

强电解质的 Λ_m^∞ 可由外推法求得，而弱电解质的 Λ_m^∞ 只能根据离子独立运动定律利用强电解质的 Λ_m^∞ 求算。

例如，求乙酸 HOAc 的 Λ_m^∞(HOAc)。

$$\Lambda_m^\infty(\text{HOAc}) = \lambda_m^\infty(\text{H}^+) + \lambda_m^\infty(\text{OAc}^-)$$
$$= \lambda_m^\infty(\text{H}^+) + \lambda_m^\infty(\text{Cl}^-) + \lambda_m^\infty(\text{Na}^+) + \lambda_m^\infty(\text{OAc}^-) - \lambda_m^\infty(\text{Cl}^-) - \lambda_m^\infty(\text{Na}^+)$$

即

$$\Lambda_m^\infty(\text{HOAc}) = \Lambda_m^\infty(\text{HCl}) + \Lambda_m^\infty(\text{NaOAc}) - \Lambda_m^\infty(\text{NaCl})$$

12.2.4　电导测定的应用

电导测定不仅有助于了解电解质溶液的导电能力，而且还可以帮助解决一些实际问题。

1. 检验水的纯度

各种水的 κ 值如下：理论计算纯水的 κ 值：$\kappa = 5.5 \times 10^{-6}$ S·m^{-1}；实验测定二次蒸馏水和去离子水的 κ 值：$\kappa < 1 \times 10^{-4}$ S·m^{-1}；普通蒸馏水的 κ 值：$\kappa \approx 1 \times 10^{-3}$ S·m^{-1}。某些实验须使用高纯水，其 κ 值要求为 $\kappa < 1 \times 10^{-4}$ S·m^{-1}。因此，通过测定水的电导率便可确定水的纯度。

2. 求算弱电解质的电离度 α 及电离常数 K_c

弱电解质在溶液中为部分电离，电离度为 α，摩尔电导率为 Λ_m。若其为全部电离，摩尔电导率为 Λ_m'。对弱电解质溶液，在浓度无限稀时可近似认为 $\Lambda_m' = \Lambda_m^\infty$，则

$$\Lambda_m = \alpha\Lambda_m' = \alpha\Lambda_m^\infty \tag{12-20}$$

式(12-20)称为奥斯特瓦尔德冲淡定律。所以

$$\alpha = \frac{\Lambda_m}{\Lambda_m^\infty}$$

【例 12-1】 某电导池中装有 0.100 mol·dm^{-3} 的 KCl 水溶液，25℃时测得其电阻为 28.65 Ω。在同一电导池中装入 0.1532×10^{-3} mol·dm^{-3} 的 HOAc 水溶液，25℃时测得其电阻为 21 504.2 Ω。试计算 HOAc 水溶液的解离度和解离平衡常数。已知 $\lambda_m^\infty(\text{H}^+) = 349.8 \times 10^{-4}$ Ω^{-1}·m^2·mol^{-1}，$\lambda_m^\infty(\text{OAc}^-) = 40.9 \times 10^{-4}$ Ω^{-1}·m^2·mol^{-1}，25℃时 0.100 mol·dm^{-3} KCl 水溶液的电导率为 1.288 Ω^{-1}·m^{-1}。

解　根据 $\dfrac{1}{R} = \kappa\dfrac{A}{l}$，有 $\dfrac{R(\text{KCl})}{R(\text{HOAc})} = \dfrac{\kappa(\text{HOAc})}{\kappa(\text{KCl})}$，则

$$\kappa(\text{HOAc}) = \kappa(\text{KCl})\frac{R(\text{KCl})}{R(\text{HOAc})} = \frac{1.288 \times 28.65}{21\,504.2} = 1.716 \times 10^{-3} (\Omega^{-1} \cdot \text{m}^{-1})$$

$$\Lambda_m^\infty = \lambda_m^\infty(\text{H}^+) + \lambda_m^\infty(\text{OAc}^-) = 390.7 \times 10^{-4}\ \Omega^{-1} \cdot \text{m}^2 \cdot \text{mol}^{-1}$$

$$\Lambda_m(\text{HOAc}) = \frac{\kappa}{c} = \frac{1.716 \times 10^{-3}}{0.1532} = 112.0 \times 10^{-4} (\Omega^{-1} \cdot \text{m}^2 \cdot \text{mol}^{-1})$$

$$\alpha = \frac{\varLambda_m}{\varLambda_m^\infty} = \frac{112.0 \times 10^{-4}}{390.7 \times 10^{-4}} = 0.287$$

$$\text{HOAc} \Longrightarrow \text{H}^+ + \text{OAc}^-$$

$t = 0 \qquad\quad c \qquad 0 \qquad 0$

$t = t_e \qquad c(1-\alpha) \quad c\alpha \quad c\alpha$

$$K_c = \frac{(c\alpha)^2}{c(1-\alpha)} = \frac{c\alpha^2}{1-\alpha} = \frac{0.1532 \times 10^{-3} \times 0.287^2}{1-0.287} = 1.76 \times 10^{-5}\,(\text{mol} \cdot \text{dm}^{-3})$$

或

$$K_c = \frac{c\varLambda_m^2}{\varLambda_m^\infty(\varLambda_m^\infty - \varLambda_m)} = \frac{0.1532 \times (112.0 \times 10^{-4})^2}{390.7 \times 10^{-4}(390.7 - 112.0) \times 10^{-4}} = 0.0176\,(\text{mol} \cdot \text{m}^{-3}) = 1.76 \times 10^{-5}\,(\text{mol} \cdot \text{dm}^{-3})$$

3. 求算难溶盐的溶解度和溶度积

一些难溶盐，如 $BaSO_4$、AgCl 等，在水中溶解度很小，其浓度很难用普通方法测定，但可用电导法测定。电导测定能够准确测得难溶盐的溶解度。实验步骤如下：

(1) 测定高纯水的电导率 $\kappa(H_2O)$。

(2) 用高纯水配制难溶盐(salt)的饱和溶液。

(3) 测定此饱和溶液的电导率 $\kappa(实验)$。

显然，$\kappa(\text{salt}) = \kappa(实验) - \kappa(H_2O)$。

另外，由于难溶盐的溶解度很小，可认为溶解的即完全解离，故 $\varLambda_m(\text{salt}) \approx \varLambda_m^\infty(\text{salt})$，所以

$$c = \frac{\kappa(\text{salt})}{\varLambda_m(\text{salt})} = \frac{\kappa(\text{salt})}{\varLambda_m^\infty(\text{salt})}$$

例如，AgCl(s)的解离反应：

$$\text{AgCl(s)} \Longrightarrow \text{Ag}^+(\text{aq}) + \text{Cl}^-(\text{aq})$$

$t = t_e \qquad\qquad\qquad c \qquad\quad c$

$$\kappa(\text{AgCl}) = \kappa(实验) - \kappa(H_2O)$$

$$\varLambda_m = \varLambda_m^\infty = \nu_+ \lambda_{m,+}^\infty + \nu_- \lambda_{m,-}^\infty$$

$$c = \frac{\kappa(\text{AgCl})}{\varLambda_m} = \frac{\kappa(实验) - \kappa(H_2O)}{\varLambda_m^\infty}$$

$$K_{sp} = c_+ \cdot c_- = c_{\text{Ag}^+} \cdot c_{\text{Cl}^-} = c^2$$

4. 电导滴定

利用滴定过程中溶液电导变化的转折点来确定滴定终点称为电导滴定。电导滴定可用于酸碱中和、生成沉淀、氧化还原等各类滴定反应。

电导滴定比一般使用指示剂滴定的优势有：①溶液浑浊或有颜色时，电导滴定更有效；②不必担心滴过终点。

例如，用 NaOH 滴定 HCl，各种离子的 $\lambda_{m,B}^\infty$ 如下：

离子		H⁺	Na⁺	Cl⁻	OH⁻
$\lambda_{m,+}^{\infty}$ /(10⁻⁴ S·m²·mol⁻¹)		349.8	50.1	76.1	198.3

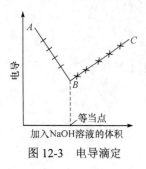

图 12-3　电导滴定

H⁺和 OH⁻的 $\lambda_{m,B}^{\infty}$ 值较大，而 Na⁺和 Cl⁻的 $\lambda_{m,B}^{\infty}$ 值较小，用 NaOH 滴定 HCl 时，溶液中电导很大的 H⁺被同样电导很大的 OH⁻逐步中和，而电导较小的 Na⁺和 Cl⁻则以离子的形式存留在溶液中。因此，溶液的电导随着 NaOH 溶液的加入而减小。当 HCl 全部被中和后，再加入 NaOH，则相当于单纯增加溶液中的 Na⁺及 OH⁻，且由于 OH⁻的电导很大，所以溶液的电导骤增。如果将电导与所加 NaOH 溶液的体积作图(图 12-3)，则可得 *AB* 和 *BC* 两条直线，它们的交点就是等当点。

12.3　原　电　池

12.3.1　电池的图式表示方法

1. 电池的图式表示

根据国际纯粹和应用化学联合会(IUPAC)1953 年《斯德哥尔摩协约》，原电池用图式法表示。例如，丹尼尔(Daniel)电池(也称为铜-锌原电池)表示为

$$(-)Cu' \mid Zn \mid ZnSO_4(aq) \; \vdots \; CuSO_4(aq) \mid Cu(+)$$

在图式表示法中，"│"表示相的界面；"┆"表示可混(溶)液体之间的接界；"┊┊"表示假设液接电势已经消除的液体之间的接界——盐桥；","表示在同一相。

2. 电极反应、电池反应

规定：左方为(-)极，发生氧化反应；右方为(+)极，发生还原反应。

例如，丹尼尔电池

电极反应： $(-)\; Zn \Longrightarrow Zn^{2+}(aq) + 2e^-$

　　　　　 $(+)\; Cu^{2+}(aq) + 2e^- \Longrightarrow Cu$

电池反应： $Zn + Cu^{2+}(aq) \Longrightarrow Zn^{2+}(aq) + Cu$

放电反应用"$\longrightarrow$"，其他用"$\Longrightarrow$"或"$\rightleftharpoons$"。

3. 电池的电动势 *E*

通过电池外电路的电流为零时两电极的电势差称为电池的电动势，即

$$E = \varphi_R - \varphi_L = \varphi_{右} - \varphi_{左} \tag{12-21}$$

单位为伏特(V)。

12.3.2　电池电动势产生的机理

电池中包含一些两相界面，如金属-溶液、金属-金属、两种电解质溶液之间的两相界面，这些界面的电势差之和就是电池电动势。例如

$$Cu' \mid Zn \mid ZnSO_4(aq) \vdots CuSO_4(aq) \mid Cu$$

接触电势   电极电势   液接电势   电极电势

1. 电极电势

发生在金属电极与电解质溶液界面的电势差称为电极电势。将金属电极 M 插入含有其离子 M^{z+} 的溶液中后，根据金属的晶格能 $E_{晶}$ 和金属离子的水化能 $E_{水}$ 的相对大小，可能产生两种不同情况。

(1) 若 $E_{晶} < E_{水}$，则 $M \Longleftrightarrow M^{z+} + ze^-$，即离子容易脱离金属晶格而进入溶液，把电子留在金属上而使金属带负电，溶液带正电，两者形成双电层。

(2) 若 $E_{晶} > E_{水}$，则 $M^{z+} + ze^- \Longleftrightarrow M$，即平衡时，过剩的正离子沉积在电极上，使金属带正电，溶液中有电荷数量相当的负离子，两者形成双电层。

这类界面上的电势差主要是由电化学作用引起的，它是电池电动势的主要贡献者。

2. 接触电势

接触电势通常指两种金属接触时，由于不同金属的电子逸出功不同，导致在接触时相互逸入的电子数不相等而在界面上产生的电势差，如电极与导线的接界处。接触电势一般很小(小于 1 mV)。

3. 液体接界电势

液体接界电势发生在两种不同的电解质溶液的接界处，或两个不同浓度的同种电解质溶液的接界处。由于离子的电迁移率不同，在接界处存在微小的电势差，称为液体接界电势或扩散电势，其大小一般不超过 0.03 V，可通过盐桥减小或消除。饱和 KCl 溶液(4.2 mol·dm^{-3})盐桥可将液接电势降至 0.1 mV 以下。

例如，电池 $Zn \mid ZnSO_4(aq) \Vert CuSO_4(aq) \mid Cu$、$Pt \mid HCl(c_1) \Vert HCl(c_2) \mid Pt$ 和 $Pt \mid HCl(c) \Vert KCl(c) \mid Pt$，表示在两电解质溶液的接界处使用了盐桥。在计算时液体接界电势就可以忽略不计。

4. 电池电动势 E

电池电动势由电极电势、接触电势和液体接界电势三部分电势差组成。

例如，丹尼尔电池 $Cu' \mid Zn \mid ZnSO_4(aq) \vdots CuSO_4(aq) \mid Cu$

$$
\begin{aligned}
E &= \varphi_R - \varphi_L \\
&= \left[\varphi(Cu) - \varphi(CuSO_4, aq) \right] + \left[\varphi(CuSO_4, aq) - \varphi(ZnSO_4, aq) \right] \\
&\quad + \left[\varphi(ZnSO_4, aq) - \varphi(Zn) \right] + \left[\varphi(Zn) - \varphi(Cu') \right] \\
&= \varphi_{Cu^{2+} \mid Cu} + \Delta\varphi_{液接} + \varphi_{Zn \mid Zn^{2+}} + \Delta\varphi_{接触} \\
&\approx \varphi_{Cu^{2+} \mid Cu} - \varphi_{Zn^{2+} \mid Zn}
\end{aligned}
$$

注意： 接触电势很小，可忽略不计；液体接界电势可用盐桥消除。

12.3.3　原电池分类

根据组成电池的电极反应的性质,可将电池分成三种主要类型。

1. 物理电池

由具有相同电极反应的两个化学上等同但物理性质不同的电极所组成的电池称为物理电池。它包括重力电池和同素异形电池。电池的电能源于电极从较不稳定的状态转变到比较稳定的状态时自由能的变化。

1) 重力电池

由高度为 h_1 和 $h_2(h_1 > h_2)$ 并浸入汞盐(HgA)溶液的两个汞电极组成的电池属于这类电池,汞柱较高的电极具有较大的自由能。电池表示如下:

$$(-)\mathrm{Hg}(h_1) \mid \mathrm{HgA} \mid \mathrm{Hg}(h_2)(+)$$

电极反应:　$(-)$　$\mathrm{Hg}(h_1) \Longrightarrow \dfrac{1}{2}\mathrm{Hg}_2^{2+} + \mathrm{e}^-$

　　　　　　$(+)$　$\dfrac{1}{2}\mathrm{Hg}_2^{2+} + \mathrm{e}^- \Longrightarrow \mathrm{Hg}(h_2)$

电池反应:　$\mathrm{Hg}(h_1) \Longrightarrow \mathrm{Hg}(h_2)$

当 $\Delta h = 100$ cm 时,$E = 20 \times 10^{-6}$ V。

2) 同素异形电池

将同一金属的两个变体(M_α、M_β)作为电极浸在该金属离子导体化合物的溶液(或熔融盐)中就构成了此类电池。这类电池的 E 通常很小。若 M_α 为稳定变体,M_β 为介稳变体,则电池为

$$(-)\,\mathrm{M}_\beta \mid \mathrm{MA} \mid \mathrm{M}_\alpha\,(+)$$

电极反应:　$(-)$　$\mathrm{M}_\beta \Longrightarrow \mathrm{M}^{z+} + z\mathrm{e}^-$

　　　　　　$(+)$　$\mathrm{M}^{z+} + z\mathrm{e}^- \Longrightarrow \mathrm{M}_\alpha$

电池反应:　$\mathrm{M}_\beta \Longrightarrow \mathrm{M}_\alpha$

2. 浓差电池

浓差电池分为两类:第一类浓差电池(也称电极浓差电池)和第二类浓差电池(也称电解质浓差电池)。

1) 第一类浓差电池

金属汞齐电池为第一类浓差电池,可表示为

$$\mathrm{M\text{-}Hg}(a_1) \mid \mathrm{MA} \mid \mathrm{Hg}(a_2)\text{-}\mathrm{M}$$

2) 第二类浓差电池

$$\mathrm{Ag} \mid \mathrm{AgCl} \mid \mathrm{HCl}(a_1) \mid \mathrm{HCl}(a_2) \mid \mathrm{AgCl} \mid \mathrm{Ag}$$

3. 化学电池

化学电池的电动势来源于化学反应的自由能变化,一般化学电池可分为三类:简单化学电

池、复杂化学电池和双重化学电池。

1) 简单化学电池

在简单化学电池中，两个电极共用一个电解质溶液，并分别对相同电解质溶液中的阴、阳离子可逆。

简单化学电池的一个典型例子是标准韦斯顿(Weston)电池，其电池表示如下：

$$Cd(Hg)\big|CdSO_4 \cdot (8/3)H_2O(饱和)\big|Hg_2SO_4(s)\big|Hg$$

电极反应： $(-)$ $Cd(s) \Longrightarrow Cd^{2+}+2e^-$

$(+)$ $Hg_2SO_4(s)+2e^- \Longrightarrow 2Hg+SO_4^{2-}$

电池反应： $Cd(s)+Hg_2SO_4(s) \Longrightarrow Cd^{2+}+SO_4^{2-}+2Hg$

特点：电池的可逆性好，温度系数小，电池十分稳定，常用作电池电动势测定的标准电池。

2) 复杂化学电池

复杂化学电池的两电极分别与各自的电解质溶液中的离子进行反应。丹尼尔电池就属于此类电池。

3) 双重化学电池

将两个具有不同电解质溶液浓度的相同简单化学电池用一个公共电极连接成的一个电池即为双重化学电池(也称无迁移浓差电池)。例如

$$Ag\big|AgCl(s)\big|HCl(a_1)\big|H_2(g)\big| Pt\big|H_2(g)\big|HCl(a_2)\big|AgCl(s)\big|Ag$$

12.4 可 逆 电 池

12.4.1 可逆电池和不可逆电池

1. 可逆电池的条件

可逆电池必须满足以下两个条件：

(1) 电极反应和电池反应必须可以在正、逆两个方向进行。

(2) 通过电极的电流必须无限小，电极反应是在无限接近电化学平衡条件下进行的。

这要求电池中所进行的其他过程也必须可逆。电池可逆放电时所放出的电能恰好等于充电时所需的电能，没有任何能量损失。

例如，电池 $Zn\big|ZnCl_2(aq)\big|AgCl(s)\big|Ag$ 。

若 E 稍大于 $E_{外}$，则电池可逆放电。

电极反应： $(-)$ $Zn \longrightarrow Zn^{2+}(aq) + 2e^-$

$(+)$ $2AgCl(s)+2e^- \longrightarrow 2Ag+2Cl^-(aq)$

电池反应： $Zn+2AgCl(s) \longrightarrow Zn^{2+}(aq) + 2Cl^-(aq) + 2Ag$

若 $E_{外}$稍大于 E，则电池可逆充电。

电极反应： $(-)$ $Zn^{2+}(aq) + 2e^- \longrightarrow Zn$

$(+)$ $2Ag + 2Cl^-(aq) \longrightarrow 2AgCl(s)+2e^-$

电池反应：$Zn^{2+}(aq) + 2Cl^-(aq) + 2Ag \longrightarrow Zn + 2AgCl(s)$

可见，可逆充电时电池反应是可逆放电时的逆反应。

2. 不可逆电池的条件

不满足可逆电池的任一条件者均为不可逆电池。例如，①存在有限电流通过电极；②充、放电时电池反应不同；③有属于不可逆过程的其他过程存在，如有离子迁移过程发生等。

丹尼尔电池就是不可逆电池：

$$Cu' \mid Zn \mid ZnSO_4(aq) \; \vdots \; CuSO_4(aq) \mid Cu$$

虽然其电极反应和电池反应都可以可逆地进行，但液体接界处有不可逆的离子迁移存在，两液体界面上的迁移过程互不可逆，故电池反应是不可逆的。严格地说，凡存在两个不同电解质溶液接界的电池都是热力学不可逆的。但两溶液中插入盐桥时，可以近似地当作可逆电池处理。我们在此仅讨论可逆电池。

12.4.2　可逆电池的热力学

1. 可逆电池电动势的能斯特公式

若电池反应为

$$0 = \sum_B \nu_B B$$

可逆电池电动势是指电池开路时两端的电势差。在没有电子参加反应的条件下，采用状态函数法可推导出

$$\sum_{B \neq e^-} \nu_B \mu_B = -zFE \tag{12-22}$$

推导举例如下：

对于在恒温、恒压、$W'=0$ 条件下进行的反应 $AgCl \Longrightarrow Ag^+ + Cl^-$，为求反应的 ΔG，可设计以下过程进行计算：

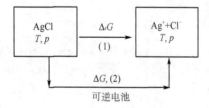

根据第 3 章知识，可知

$$\Delta_r G = \left(\frac{\partial G}{\partial \xi} \right)_{T,p} = \sum_{B \neq e^-} \nu_B \mu_B \leqslant 0$$

$$\Delta G = W' = -zFE$$

因为 $\Delta G = \Delta_r G$，所以

$$\sum_{B \neq e^-} \nu_B \mu_B = -zFE$$

注意：为计算反应的 $\Delta_r G$，我们在始、终状态间设计一可逆电池来完成反应。虽然过程(1)的反应条件是恒温、恒压、$W'=0$，但这并不妨碍我们设计一条 $W' \neq 0$ 的途径来完成反应，因

为只要始、终状态相同，通过任一合理的过程完成反应，其状态函数的增量均是相同的。需要注意的是，当使用ΔG判据判别过程的方向和限度时，就必须根据反应实际进行的过程条件选择判据。上述反应的条件是恒温、恒压、$W' = 0$，所以使用的判据是$\Delta G \leqslant 0$，过程(2)只是为解决过程(1)的$\Delta_r G$的计算而设计的。若上述反应是在恒温、恒压、$W' \neq 0$的条件下进行，这时使用的判据应是$\Delta G \leqslant W'$，而不能是$\Delta G \leqslant 0$了。对同一反应，只要始、终状态相同，在$W' = 0$或$W' \neq 0$的条件下，其状态函数的增量$\Delta_r G$是相同的。

将$\mu_B = \mu_B^{\ominus}(T) + RT \ln a_B$代入式(12-22)，得

$$\sum_{B \neq e^-} \nu_B \mu_B = \sum_{B \neq e^-} \nu_B \mu_B^{\ominus} + RT \sum_{B \neq e^-} \nu_B \ln a_B = \Delta_r G_m^{\ominus}(T) + RT \ln \prod_{B \neq e^-} a_B^{\nu_B} = -zFE$$

即

$$E = -\frac{\Delta_r G_m^{\ominus}(T)}{zF} - \frac{RT}{zF} \ln \prod_{B \neq e^-} a_B^{\nu_B}$$

定义

$$E^{\ominus} = -\frac{\Delta_r G_m^{\ominus}(T)}{zF} \tag{12-23}$$

则

$$E = E^{\ominus} - \frac{RT}{zF} \ln \prod_{B \neq e^-} a_B^{\nu_B} \tag{12-24}$$

式(12-24)称为能斯特公式。式中，$E^{\ominus}$称为电池的标准电动势。

2. 由可逆电池电动势计算电池反应的热力学参数

1) 求$(\partial G / \partial \xi)_{T,p}$(或$\Delta_r G_m^{\infty}$)

(1) 求算。

$(\partial G / \partial \xi)_{T,p}$可理解为在指定温度、压力、组成下的无限大量的化学反应体系中，反应进度进行了$\Delta \xi = 1$ mol 时反应体系吉布斯自由能的变化值$\Delta_r G_m^{\infty}$，通常用ΔG表示。

求某反应的ΔG，可将该反应设计成可逆电池的电池反应，测出可逆电池的电动势，即可求得$(\partial G / \partial \xi)_{T,p}$：

$$\Delta G = (\partial G / \partial \xi)_{T,p} = \Delta_r G_m^{\infty} = -zFE \tag{12-25}$$

注意：E和$E^{\ominus}$均为强度性质，其值与计量方程写法无关；$\left(\dfrac{\partial G}{\partial \xi}\right)_{T,p}$也为强度性质，但与计量方程写法有关，因为计量方程写法不同，相同反应进度所代表的实际反应量是不同的。

若电池反应中参加反应的物质均处于标准状态，则由

$$\Delta_r G_m^{\ominus} = -zFE^{\ominus}, \quad \Delta_r G_m^{\ominus} = -RT \ln K_a^{\ominus}$$

可得

$$E^{\ominus} = \frac{RT}{zF} \ln K_a^{\ominus} \tag{12-26}$$

由式(12-26)可知，利用标准电动势可求标准平衡常数。

(2) 电池中化学反应的判据。

测量可逆电池电动势时，电路中通过的电流为零，满足 $W' = 0$ 的条件，所以电池中化学反应的判据仍为

$$\Delta G = \left(\partial G / \partial \xi \right)_{T,p} \leqslant 0$$

即

$$\Delta G = \left(\frac{\partial G}{\partial \xi} \right)_{T,p} = -zFE \leqslant 0 \tag{12-27}$$

适用条件：封闭体系、恒温、恒压、$W' = 0$。

若 $E > 0$，则 $\Delta G < 0$，反应按电池反应正向进行。

若 $E < 0$，则 $\Delta G > 0$，反应按电池反应逆向进行。

若 $E = 0$，则 $\Delta G = 0$，反应体系已达平衡。

2) 求反应的 ΔH 和 ΔS

由吉布斯-亥姆霍兹方程

$$\left[\frac{\partial \left(\Delta G / T \right)}{\partial T} \right]_p = -\frac{\Delta H}{T^2}$$

可得

$$\left(\frac{\partial \Delta G}{\partial T} \right)_p = \frac{\Delta G - \Delta H}{T} = -\Delta S \tag{12-28}$$

将式(12-25)代入式(12-28)，可得

$$\Delta S = -\left(\frac{\partial \Delta G}{\partial T} \right)_p = zF \left(\frac{\partial E}{\partial T} \right)_p \tag{12-29}$$

同理

$$\Delta_r S_m^\ominus = zF \left(\frac{\partial E^\ominus}{\partial T} \right)_p \tag{12-30}$$

式中，$\left(\dfrac{\partial E}{\partial T} \right)_p$ 为电池的温度系数，可通过实验测定。

将式(12-25)和式(12-28)代入 $\Delta H = \Delta G + T\Delta S$ 中，可得

$$\Delta H = -zFE + zFT \left(\frac{\partial E}{\partial T} \right)_p \tag{12-31}$$

同理

$$\Delta_r H_m^\ominus = -zFE^\ominus + zFT \left(\frac{\partial E^\ominus}{\partial T} \right)_p \tag{12-32}$$

电池反应无论是可逆还是不可逆进行，状态函数的变化是相同的。因此，我们均可将反应设计成可逆电池，通过测定可逆电池的电动势及其温度系数求得反应的状态函数增量。

注意：此热力学函数增量的数值与计量方程的写法有关！

ΔH 和 ΔS 的物理意义：在温度、压力及组成不变的条件下，无限大量的电池化学反应体

系中，反应进度 $\Delta \xi = 1 \, \text{mol}$ 时体系的焓变和熵变。

3) 求电池反应的热效应

电池反应一般是在恒压条件下进行。

(1) 可逆电池开路，$W' = 0$

$$Q_R = Q_p = \Delta H = -zFE + zFT\left(\frac{\partial E}{\partial T}\right)_p \tag{12-33}$$

(2) 可逆电池在 $W' = -zFE$ 下，恒温、恒压可逆放电

$$Q_R = T\Delta S = zFT\left(\frac{\partial E}{\partial T}\right)_p = \Delta H + zFE \tag{12-34}$$

若 $\left(\dfrac{\partial E}{\partial T}\right)_p > 0$，则 $Q_R > 0$，即在 $[T, p]$ 下，电池可逆放电是吸热反应。

若 $\left(\dfrac{\partial E}{\partial T}\right)_p < 0$，则 $Q_R < 0$，即在 $[T, p]$ 下，电池可逆放电是放热反应。

若 $\left(\dfrac{\partial E}{\partial T}\right)_p = 0$，则 $Q_R = 0$，$\Delta H = -zFE$，说明此条件下反应热全部转化为电能。

(3) 若电池在电压 V 下，恒温、恒压不可逆放电。

对不可逆过程，热效应为 Q_{IR}。根据热力学第一定律，有

$$\Delta U = Q_{IR} + (W + W') = Q_{IR} + (-p\Delta V - zFV)$$

$$\Delta U + p\Delta V = Q_{IR} - zFV$$

$$\Delta H = Q_{IR} - zFV$$

$$-zFE + zFT\left(\frac{\partial E}{\partial T}\right)_p = Q_{IR} - zFV$$

所以

$$Q_{IR} = zFT\left(\frac{\partial E}{\partial T}\right)_p - zF(E - V) = Q_R - zF(E - V) \tag{12-35}$$

(4) 电池短路，$W' = 0$，不做电功

$$Q_p = \Delta H = -zFE + zFT\left(\frac{\partial E}{\partial T}\right)_p \tag{12-36}$$

【例 12-2】 已知电池 $\text{Pt} \mid \text{Ag} \mid \text{AgCl(s)} \mid \text{HCl(aq)} \mid \text{Hg}_2\text{Cl}_2\text{(s)} \mid \text{Hg} \mid \text{Pt}'$ 在 25℃和 $p^{\ominus}$ 下的电动势为 0.0456 V，电动势的温度系数为 0.338 mV·K^{-1}。

(1) 写出电子得失数为 2 的电极反应和电池反应。

(2) 计算该电池反应的 $\Delta_r H_m$、$\Delta_r S_m$、$\Delta_r G_m$ 及可逆热效应 Q_R。

(3) 计算相同温度、压力下，与上述电池反应相同的热化学反应的热效应。

解 (1) 电极反应： $(-) \, 2\text{Ag(s)} + 2\text{Cl}^-(\text{aq}) \Longleftrightarrow 2\text{AgCl(s)} + 2\text{e}^-$

$$(+) \, \text{Hg}_2\text{Cl}_2(s) + 2\text{e}^- \Longleftrightarrow 2\text{Hg(l)} + 2\text{Cl}^-$$

电池反应： $2\text{Ag(s)} + \text{Hg}_2\text{Cl}_2(s) \Longleftrightarrow 2\text{AgCl(s)} + 2\text{Hg(l)}$

(2) $\Delta_r G_m = -zFE = -2 \times 96\,485 \times 0.0456 = -8799 \, (\text{J} \cdot \text{mol}^{-1})$

$$\Delta_r S_m = zF\left(\frac{\partial E}{\partial T}\right)_p = 2 \times 96\,485 \times 0.338 \times 10^{-3} = 65.22\ (\text{J} \cdot \text{mol}^{-1} \cdot \text{K}^{-1})$$

$$\Delta_r H_m = \Delta_r G_m + T\Delta_r S_m = 10\,646\ (\text{J} \cdot \text{mol}^{-1})$$

$$Q_R = T\Delta_r S_m = 298.15 \times 65.22 = 19\,445\ (\text{J} \cdot \text{mol}^{-1})$$

(3) $Q = Q_p = \Delta_r H_m = 10\,646\,\text{J} \cdot \text{mol}^{-1}$

12.4.3 可逆电极

组成可逆电池的电极称为可逆电极，所发生的反应也必须是热力学可逆反应。

1. 可逆电极电势 φ 的能斯特方程

1953 年 IUPAC 建议采用标准氢电极为参考电极。规定标准氢电极的电极电势 $\varphi^{\ominus}_{H^+|H_2} = 0$。

用标准氢电极与待测电极构成电池，测定电池的电动势，即可获得待测电极的电极电势。由于给定电极放在电池右方，进行还原反应，所以给定电极的电极电势称为标准还原电极电势，简称电极电势。

电池的构成：(–)标准氢电极‖给定电极(+)

例：$(-)\text{Pt}\big|\text{H}_2(p^{\ominus})\big|\text{H}^+(a_{H^+} = 1)\ \big\|\ \text{Cu}^{2+}(a_{Cu^{2+}})\big|\text{Cu}(+)$

电极反应：$(-)\ \text{H}_2(p^{\ominus}) \Longrightarrow 2\text{H}^+(a_{H^+} = 1) + 2\text{e}^-$

$$(+)\ \text{Cu}^{2+}(a_{Cu^{2+}}) + 2\text{e}^- \Longrightarrow \text{Cu}$$

电池反应：$\text{H}_2(p^{\ominus}) + \text{Cu}^{2+}(a_{Cu^{2+}}) \Longrightarrow 2\text{H}^+(a_{H^+} = 1) + \text{Cu}$

根据电池反应的能斯特方程

$$E = E^{\ominus} - \frac{RT}{2F}\ln\frac{a_{H^+}^2 \cdot a_{Cu}}{a_{H_2} \cdot a_{Cu^{2+}}}$$

式中，$a_{Cu} = 1$，$a_{H_2} = p_{H_2}/p^{\ominus} = 1$，所以

$$E = \varphi_{Cu^{2+}|Cu} - \varphi^{\ominus}_{H^+|H_2} = \left(\varphi^{\ominus}_{Cu^{2+}|Cu} - \varphi^{\ominus}_{H^+|H_2}\right) - \frac{RT}{2F}\ln\frac{a_{Cu}}{a_{Cu^{2+}}}$$

因为 $\varphi^{\ominus}_{H^+|H_2} = 0$，可得

$$\varphi_{Cu^{2+}|Cu} = \varphi^{\ominus}_{Cu^{2+}|Cu} - \frac{RT}{2F}\ln\frac{a_{Cu}}{a_{Cu^{2+}}}$$

即

$$\varphi_{re} = \varphi^{\ominus}_{re} - \frac{RT}{zF}\ln\frac{a_{Red}}{a_{Ox}} \tag{12-37}$$

式中，下标 re 为可逆；Red 为还原态；Ox 为氧化态。式(12-37)称为可逆电极电势的能斯特公式。

注意：

(1) 新标准规定，电动势和电极电势均用 E 表示，E 为电动势，$E(\text{Cu}^{2+}|\text{Cu})$ 为电极电势。

(2) 可逆电极电势与电极反应的计量方程写法无关。

(3) 可逆电极电势也称为平衡电极电势。

2. 可逆电极的类型

电极类型	典型电极举例	电极表示	电极反应及电极电势
第一类电极	金属电极 铜电极	$M^{z+} \mid M$ $Cu^{2+} \mid Cu$	$M^{z+} + ze^- \rightleftharpoons M$ $\varphi_{M^{z+}\mid M} = \varphi_{M^{z+}\mid M}^{\ominus} - \dfrac{RT}{zF}\ln\dfrac{a_M}{a_{M^{z+}}}$
	非金属电极 硒电极	$Me^{z-} \mid Me$ $Se^{2-} \mid Se$	$Me + ze^- \rightleftharpoons Me^{z-}$ $\varphi_{Me^{z-}\mid Me} = \varphi_{Me^{z-}\mid Me}^{\ominus} - \dfrac{RT}{zF}\ln\dfrac{a_{Me^{z-}}}{a_{Me}}$
第二类电极	金属-金属难溶化合物电极	$A^{z-}\mid MA\mid M$	$MA + ze^- \rightleftharpoons M + A^{z-}$ $\varphi_{A^{z-}\mid MA\mid M} = \varphi_{A^{z-}\mid MA\mid M}^{\ominus} - \dfrac{RT}{zF}\ln a_{A^{z-}}$
	甘汞电极	$Cl^-(aq)\mid Hg_2Cl_2(s)\mid Hg$	$Hg_2Cl_2(s) + 2e^- \rightleftharpoons 2Hg(l) + 2Cl^-(aq)$ $\varphi_{Cl^-\mid Hg_2Cl_2(s)\mid Hg} = \varphi_{Cl^-\mid Hg_2Cl_2(s)\mid Hg}^{\ominus} - \dfrac{RT}{F}\ln a_{Cl^-}$
	银-氯化银电极	$Cl^-(aq)\mid AgCl(s)\mid Ag$	$AgCl(s) + e^- \rightleftharpoons Ag(s) + Cl^-(aq)$ $\varphi_{Cl^-\mid AgCl(s)\mid Ag} = \varphi_{Cl^-\mid AgCl(s)\mid Ag}^{\ominus} - \dfrac{RT}{F}\ln a_{Cl^-}$
	金属-金属氧化物电极	$OH^-(aq)\mid HgO(s)\mid Hg$	$HgO(s) + H_2O + 2e^- \rightleftharpoons Hg(l) + 2OH^-(aq)$ $\varphi_{OH^-\mid HgO(s)\mid Hg} = \varphi_{OH^-\mid HgO(s)\mid Hg}^{\ominus} - \dfrac{RT}{F}\ln a_{OH^-}$ 或 $\varphi_{OH^-\mid HgO(s)\mid Hg} = \varphi_{OH^-\mid HgO(s)\mid Hg}^{\ominus} + \dfrac{RT}{F}\ln\dfrac{a_{H^+}}{K_w}$
气体电极	氢电极	$H^+(aq)\mid H_2(g)\mid Pt$	$2H^+(aq) + 2e^- \rightleftharpoons H_2(g)$ $\varphi_{H^+\mid H_2} = \varphi_{H^+\mid H_2}^{\ominus} - \dfrac{RT}{2F}\ln\dfrac{p_{H_2}/p^{\ominus}}{a_{H^+}^2}$
	氧电极	$OH^-(aq)\mid O_2(g)\mid Pt$	$O_2(g) + 2H_2O + 4e^- \rightleftharpoons 4OH^-(aq)$ $\varphi_{OH^-\mid O_2\mid Pt} = \varphi_{OH^-\mid O_2\mid Pt}^{\ominus} - \dfrac{RT}{4F}\ln\dfrac{a_{OH^-}^4}{p_{O_2}/p^{\ominus}}$
	氯电极	$Cl^-(aq)\mid Cl_2(g)\mid Pt$	$Cl_2(g) + 2e^- \rightleftharpoons 2Cl^-(aq)$ $\varphi_{Cl^-\mid Cl_2} = \varphi_{Cl^-\mid Cl_2}^{\ominus} - \dfrac{RT}{2F}\ln\dfrac{a_{Cl^-}^2}{p_{Cl_2}/p^{\ominus}}$
汞齐电极	金属-汞齐电极 镉汞齐电极	$M^{z+}\mid M(Hg)$ $Cd^{2+}\mid Cd(Hg)$	$M^{z+} + ze^- \rightleftharpoons M(Hg)$ $\varphi_{M^{z+}\mid M(Hg)} = \varphi_{M^{z+}\mid M(Hg)}^{\ominus} - \dfrac{RT}{zF}\ln\dfrac{a_{M(Hg)}}{a_{M^{z+}}}$
氧化还原电极		$M^{h+}, M^{n+}\mid Pt$	$M^{h+} + (h-n)e^- \rightleftharpoons M^{n+}$ $\varphi_{M^{h+},M^{n+}\mid Pt} = \varphi_{M^{h+},M^{n+}\mid Pt}^{\ominus} - \dfrac{RT}{F}\ln\dfrac{a_{M^{n+}}}{a_{M^{h+}}}$
	Fe^{3+}, Fe^{2+}电极	$Fe^{3+}, Fe^{2+}\mid Pt$	$Fe^{3+} + e^- \rightleftharpoons Fe^{2+}$ $\varphi_{Fe^{3+},Fe^{2+}\mid Pt} = \varphi_{Fe^{3+},Fe^{2+}\mid Pt}^{\ominus} - \dfrac{RT}{F}\ln\dfrac{a_{Fe^{2+}}}{a_{Fe^{3+}}}$
非金属非气体电极	溴电极	$Br^-(aq)\mid Br_2(l)\mid Pt$	$Br_2(l) + 2e^- \rightleftharpoons 2Br^-(aq)$ $\varphi_{Br^-\mid Br_2} = \varphi_{Br^-\mid Br_2}^{\ominus} - \dfrac{RT}{F}\ln a_{Br^-}$
	碘电极	$I^-(aq)\mid I_2(s)\mid Pt$	$I_2(s) + 2e^- \rightleftharpoons 2I^-(aq)$ $\varphi_{I^-\mid I_2} = \varphi_{I^-\mid I_2}^{\ominus} - \dfrac{RT}{F}\ln a_{I^-}$

续表

电极类型	典型电极举例	电极表示	电极反应及电极电势
离子选择性膜电极	玻璃电极	G|HCl(aq)|AgCl(s)|Ag|Pt	$H_x^+ \rightleftharpoons H_G^+$ $\varphi(玻璃) = \varphi^{\ominus}(玻璃) - 2.303\dfrac{RT}{F}\text{pH}$

注意:

(1) 饱和甘汞电极常用作参比电极, 25℃时, $\varphi_{Cl^-|Hg_2Cl_2(s)|Hg} = 0.2412\,\text{V}$。

(2) 汞-氧化汞电极对 OH^- 和 H^+ 均可逆, 可作任何酸、碱溶液的参比电极。

(3) 汞齐电极中含金属 M 的汞齐 M(Hg) 与含金属离子 M^{z+} 的溶液成电化学平衡, 而其中的汞不参与电极反应。碱金属和碱土金属可以用于汞齐电极。韦斯顿标准电池中的镉电极就是汞齐电极。

(4) 离子选择性膜电极包含一种玻璃、晶体或液体膜的隔膜。隔膜中的某一离子(如玻璃膜中有 Na^+、Li^+、Ca^{2+})与电解质溶液中与其相接触的某一离子发生交换, 交换平衡时, 隔膜与电解质溶液之间存在一电势差, 其值只取决于该离子的活度。

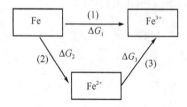

(5) 氧化还原电极, 如 $Fe^{3+},Fe^{2+}\mid Pt$, 与铁有关的电极有三个, 分别为 $Fe^{2+}\mid Fe$；$Fe^{3+}\mid Fe$；$Fe^{3+},Fe^{2+}\mid Pt$。

三个电极的电极电势之间的关系可由热力学状态函数法确定。

$$\Delta G_1 = \Delta G_2 + \Delta G_3$$

根据 $\Delta G = -zF\varphi$, 可得

$$z_1 F\varphi_1 = z_2 F\varphi_2 + z_3 F\varphi_3$$
$$3\varphi_1 = 2\varphi_2 + \varphi_3$$

即

$$3\varphi_{Fe^{3+}|Fe} = 2\varphi_{Fe^{2+}|Fe} + \varphi_{Fe^{3+},Fe^{2+}|Pt}$$

通式为

$$h\varphi_{M^{h+}|M} = n\varphi_{M^{n+}|M} + (h-n)\varphi_{M^{h+},M^{n+}|Pt} \tag{12-38}$$

式(12-38)称为卢瑟(Luther)规则。式中, M^{h+} 为高价态离子；M^{n+} 为低价态离子。

12.4.4　标准电极电势及其应用

1. 标准氢标还原电极电势

根据标准氢电极的电极电势为零的规定, 测定电池:

$$(-)标准氢电极 \| 给定电极(+) \tag{12-39}$$

其电动势 E 即为给定电极的电极电势。当给定电极中各组分均处于标准态时, 其电极电势称为标准氢标还原电极电势, 简称标准电极电势 $\varphi^{\ominus}$。25℃、$p^{\ominus}$ 下, 各种电极在水溶液中的标准还原电极电势 $\varphi^{\ominus}$ 已列成表, 在各种化学手册中均可查到。

必须强调指出：$\varphi^{\ominus}$ 是式(12-39)所示电池的 $E^{\ominus}$，而不是单个电极两相界面的电势差，因为 $E^{\ominus}$ 包括了测量导体与电极间的接触电势差，同时还规定了标准氢电极的电极电势为零。

2. 应用

1) 表征氧化、还原能力的大小

电极的 $\varphi^{\ominus}$ 越正，表示越容易被还原；电极的 $\varphi^{\ominus}$ 越负，表示越容易被氧化。

构成电池时，$\varphi^{\ominus}$ 高者应置于(+)极，发生还原反应；$\varphi^{\ominus}$ 低者应置于(-)极，发生氧化反应。

2) 求 $E^{\ominus}$

$$E^{\ominus} = \varphi_R^{\ominus} - \varphi_L^{\ominus} \tag{12-40}$$

12.5 浓 差 电 池

12.5.1 电极浓差电池

电极浓差电池是在同一溶液中插入物质种类相同但浓度不同的两个电极构成的电池。

例如，电池 1：$Pt \mid H_2(p_1) \mid HCl(a) \mid H_2(p_2) \mid Pt \qquad (p_1 > p_2)$

电极反应：$(-) \quad H_2(p_1) \Longrightarrow 2H^+ + 2e^-$

$\qquad\qquad (+) \quad 2H^+ + 2e^- \Longrightarrow H_2(p_2)$

电池反应：$H_2(p_1) \Longrightarrow H_2(p_2)$

电池的电动势

$$E = \varphi_R - \varphi_L = \left(\varphi_{H^+|H_2}^{\ominus} - \frac{RT}{2F} \ln \frac{p_2/p^{\ominus}}{a_{H^+}^2} \right) - \left(\varphi_{H^+|H_2}^{\ominus} - \frac{RT}{2F} \ln \frac{p_1/p^{\ominus}}{a_{H^+}^2} \right)$$

即

$$E = \frac{RT}{2F} \ln \frac{p_1}{p_2} \tag{12-41}$$

若 $p_1 > p_2$，则 $E > 0$，电池反应正向进行。

若 $p_1 < p_2$，则 $E < 0$，电池反应逆向进行。

构成电池时，对处于还原态的物质 $H_2(g)$ 而言，压力越高越不稳定，也就越易发生氧化反应，因此应置于(-)极；压力越低越稳定，也就越易发生还原反应，因此应置于(+)极。

电池 2：$Cd\text{-}Hg(a_1) \mid CdSO_4(m) \mid Cd\text{-}Hg(a_2) \quad (a_1 > a_2)$

电极反应：$(-) \quad Cd\text{-}Hg(a_1) \Longrightarrow Cd^{2+}(m) + 2e^-$

$\qquad\qquad (+) \quad Cd^{2+}(m) + 2e^- \Longrightarrow Cd\text{-}Hg(a_2)$

电池反应：$Cd\text{-}Hg(a_1) \Longrightarrow Cd\text{-}Hg(a_2)$

$$E = \frac{RT}{2F} \ln \frac{a_1}{a_2}$$

若 $a_1 > a_2$，则 $E > 0$，电池反应正向进行。

若 $a_1 < a_2$，则 $E < 0$，电池反应逆向进行。

从上述两个电池可以看出：**电极浓差电池的电动势与标准电极电势和电解质溶液活度无关，仅与电极上反应物质的浓度有关。**

12.5.2　电解质浓差电池

电解质浓差电池是由两个相同电极、两个种类相同但浓度不同的电解质溶液所组成。

例如，电池 $\text{Ag(s)} | \text{AgNO}_3(a'_{\text{Ag}^+}) \| \text{AgNO}_3(a''_{\text{Ag}^+}) | \text{Ag(s)}\ (a''_{\text{Ag}} > a'_{\text{Ag}^+})$

电极反应：$(-)\text{Ag} \rightleftharpoons \text{Ag}^+(a'_{\text{Ag}^+}) + \text{e}^-$

$\qquad\qquad (+)\text{Ag}^+(a''_{\text{Ag}^+}) + \text{e}^- \rightleftharpoons \text{Ag}$

电池反应：$\text{Ag}^+(a''_{\text{Ag}^+}) \rightleftharpoons \text{Ag}^+(a'_{\text{Ag}^+})$

$$E = \varphi_R - \varphi_L = \left[\varphi^\ominus(\text{Ag}) - \frac{RT}{F}\ln\frac{1}{a''_{\text{Ag}^+}} \right] - \left[\varphi^\ominus(\text{Ag}) - \frac{RT}{F}\ln\frac{1}{a'_{\text{Ag}^+}} \right]$$

$$E = \frac{RT}{F}\ln\frac{a''_{\text{Ag}^+}}{a'_{\text{Ag}^+}} = \frac{RT}{F}\ln\frac{\gamma''_{\text{Ag}^+}\cdot m''_{\text{Ag}^+}}{\gamma'_{\text{Ag}^+}\cdot m'_{\text{Ag}^+}}$$

构成电池时，对处于氧化态的物质 Ag^+，浓度越高越不稳定，也就越易发生还原反应，因此应置于(+)极；浓度越低越稳定，也就越易发生氧化反应，因此应置于(−)极。

12.5.3　液体接界电势

1. 液体接界电势 E_j 的确定

液体接界电势可采用下列方法确定。

1) 由电池电动势的测定求算液接电势 E_j

例如，电池 $\text{Ag} | \text{AgCl(s)} | \text{LiCl}(m) | \text{NaCl}(m) | \text{AgCl(s)} | \text{Ag}$

电极反应：$(-)\ \text{Ag} + \text{Cl}^-(\text{LiCl}) \rightleftharpoons \text{AgCl} + \text{e}^-$

$\qquad\qquad (+)\ \text{AgCl} + \text{e}^- \rightleftharpoons \text{Ag} + \text{Cl}^-(\text{NaCl})$

电池反应：$\text{Cl}^-(\text{LiCl}) \rightleftharpoons \text{Cl}^-(\text{NaCl})$

$$E = E^\ominus - \frac{RT}{F}\ln\left[\frac{\gamma_{\text{Cl}^-}(\text{NaCl})\cdot m_{\text{Cl}^-}(\text{NaCl})/m^\ominus}{\gamma_{\text{Cl}^-}(\text{LiCl})\cdot m_{\text{Cl}^-}(\text{LiCl})/m^\ominus} \right] + E_j$$

$$E = E_j - \frac{RT}{F}\ln\left[\frac{\gamma_{\text{Cl}^-}(\text{NaCl})}{\gamma_{\text{Cl}^-}(\text{LiCl})} \right]$$

稀溶液中

$$\gamma_{\text{Cl}^-}(\text{NaCl}) = \gamma_{\text{Cl}^-}(\text{LiCl})$$

所以

$$E = E_j$$

因此，实验所测得的电动势即为液接电势。

2) 液接电势 E_j 的计算公式 (只讨论一种最简单的情况)

例如，电池 $(-)Pt\left|H_2(p^\ominus)\right|HCl(m_1)\left|HCl(m_2)\right|H_2(p^\ominus)\left|Pt(+)\right.$

假定电池可逆放电 $1F$ 电量时，有 t_+ mol 的 H^+ 从浓度为 $m_1(a_1)$ 的溶液迁移到浓度为 $m_2(a_2)$ 的溶液，迁移数为 t_+，同时有 t_- mol 的 Cl^- 从浓度为 $m_2(a_2)$ 的溶液迁移到浓度为 $m_1(a_1)$ 的溶液，迁移数为 t_-。

迁移过程的自由能变化：

$$\Delta G_j = -zFE_j$$

又

$$\Delta G_j = t_+RT\ln\frac{(a_+)_2}{(a_+)_1} + t_-RT\ln\frac{(a_-)_1}{(a_-)_2} \tag{12-42}$$

所以

$$E_j = -t_+\frac{RT}{F}\ln\frac{(a_+)_2}{(a_+)_1} - t_-\frac{RT}{F}\ln\frac{(a_-)_1}{(a_-)_2} \tag{12-43}$$

对于 1-1 型电解质，有

$$m_+ = m_- = m_\pm$$

假定 $\gamma_+ = \gamma_- = \gamma_\pm$，则

$$E_j = (t_+ - t_-)\frac{RT}{F}\ln\frac{(a_\pm)_1}{(a_\pm)_2} \tag{12-44}$$

从式(12-44)可看出，用盐桥消除液接电势时，盐桥中的电解质选取原则为：电解质的正、负离子的迁移数尽可能接近，即 $t_+\approx t_-$，这时 $E_j\approx0$。因此，KCl 是比较理想的制作盐桥的电解质(但不能与 Ag^+ 接触)。盐桥只能降低液接电势，但不能完全消除液接电势。

2. 有迁移电池与无迁移电池

根据电池是否存在 E_j，可将电池划分为有迁移电池和无迁移电池。

1) 有迁移电池

(1) 有迁移化学电池，如 $Zn\left|ZnSO_4(a_1)\;\|\;CuSO_4(a_2)\right|Cu$。

(2) 有迁移浓差电池，如 $Cu_L\left|CuSO_4(aq,m_L)\;\|\;CuSO_4(aq,m_R)\right|Cu_R$。

2) 无迁移电池

(1) 无迁移化学电池，如韦斯顿标准电池

$$Cd(Hg)\left|CdSO_4\cdot\frac{8}{3}H_2O(饱和)\right|Hg_2SO_4(s)\left|Hg\right.$$

(2) 无迁移浓差电池(双重化学电池)，如

$$Pt\left|H_2(p^\ominus)\right|HCl(a_L)\left|AgCl(s)\right|Ag\text{-}Ag\left|AgCl(s)\right|HCl(a_R)\left|H_2(p^\ominus)\right|Pt$$

左边电池反应：$\dfrac{1}{2}H_2(p^\ominus) + AgCl(s) \Longleftrightarrow H^+(a_L) + Cl^-(a_L) + Ag$

右边电池反应：$H^+(a_R) + Cl^-(a_R) + Ag \Longleftrightarrow \dfrac{1}{2}H_2(p^\ominus) + AgCl(s)$

复合电池反应：$H^+(a_R) + Cl^-(a_R) \Longleftrightarrow H^+(a_L) + Cl^-(a_L)$

$$E = -\frac{RT}{F} \ln \frac{a_L(HCl)}{a_R(HCl)}$$

当 $E > 0$ 时，HCl 从右向左迁移。但这种迁移不是在液体接界处完成，而是通过电池反应完成的。

12.6　可逆电池电动势的测定及其应用

12.6.1　可逆电池电动势的测定

可逆电池电动势的测定采用对消法或补偿法。其基本原理是使外电源的电势差恰好与电池电动势相对峙，此时电路中电流为零，读出电势差值，即等于待测可逆电池的电动势。

测定时，外电源的电势差需先用韦斯顿标准电池校正。

测定时的核心问题：外电路无电流通过。

12.6.2　电动势测定的应用

通过测定可逆电池电动势来解决各种化学问题的关键是将所要解决的问题的化学反应设计成合适的可逆电池的电池反应。因此，真正掌握设计电池的思想方法是非常重要的。

解决问题的思路：问题的提出→化学反应→设计可逆电池→电池反应与化学反应符合→求解。

1. 计算可逆电池化学反应的热力学函数变化

前面已经对由电池电动势计算电池化学反应的热力学函数变化的方法进行了讨论，此处只将结果罗列如下：

$$\Delta G = \left(\frac{\partial G}{\partial \xi}\right)_{T,p} = -zFE \qquad\qquad \Delta_r G_m^\ominus = -zFE^\ominus \qquad\qquad (12\text{-}45)$$

$$\Delta S = -\left(\frac{\partial \Delta G}{\partial T}\right)_p = zF\left(\frac{\partial E}{\partial T}\right)_p \qquad\qquad \Delta_r S_m^\ominus = zF\left(\frac{\partial E^\ominus}{\partial T}\right)_p \qquad\qquad (12\text{-}46)$$

$$\Delta H = -zFE + zFT\left(\frac{\partial E}{\partial T}\right)_p \qquad\qquad \Delta_r H_m^\ominus = -zFE^\ominus + zFT\left(\frac{\partial E^\ominus}{\partial T}\right)_p \qquad\qquad (12\text{-}47)$$

2. 判断氧化还原反应方向

判断氧化还原反应方向可用反应的吉布斯自由能变化，也可用可逆电池电动势。根据式 (12-27)：

$$\Delta G = \left(\frac{\partial G}{\partial \xi}\right)_{T,p} = -zFE \leqslant 0$$

可得 $E > 0$，反应从左向右进行；$E = 0$，反应达到平衡；$E < 0$，反应从右向左进行。

【例 12-3】 已知在 25℃ 下，$\varphi^\ominus_{Ag^+|Ag} = 0.799\,V$，$\varphi^\ominus_{Hg^{2+}|Hg|Pt} = 0.851\,V$，$m_{Hg(NO_3)_2} = 0.1\,mol\cdot kg^{-1}$，$m_{AgNO_3} = 0.2\,mol\cdot kg^{-1}$。设各物质的活度系数均为 1。

(1) 判断反应 $2Ag(s)+ Hg(NO_3)_2(a_1) \Longrightarrow 2AgNO_3(a_2)+ Hg(l)$ 进行的方向。

(2) 在 25℃ 下如何使反应向相反的方向进行？

解 (1) 根据题给反应设计电池

电极反应：(−) $2Ag+2NO_3^- \Longrightarrow 2AgNO_3(a_2) + 2e^-$

(+) $Hg(NO_3)_2(a_1) + 2e^- \Longrightarrow Hg(l) + 2NO_3^-$

电池反应：$2Ag(s) + Hg(NO_3)_2(a_1) \Longrightarrow 2AgNO_3(a_2) + Hg(l)$

$$(-)\,Ag\,\big|\,AgNO_3(a_2)\,\big\|\,Hg(NO_3)_2(a_1)\,\big|\,Hg(l)\,\big|\,Pt\,(+)$$

$$E^\ominus = \varphi^\ominus_{Hg(NO_3)_2|Hg|Pt} - \varphi^\ominus_{Ag^+|Ag} = 0.851 - 0.799 = 0.052(V)$$

$$E = E^\ominus - \frac{RT}{2F}\ln\frac{a^2_{AgNO_3}}{a_{Hg(NO_3)_2}}$$

$$= E^\ominus - \frac{RT}{2F}\ln\frac{(m_{AgNO_3}/m^\ominus)^2}{m_{Hg(NO_3)_2}/m^\ominus}$$

$$= 0.052 - \frac{8.314\times298.15}{2\times96\,485}\ln\frac{(0.2)^2}{0.1} = 0.0638\,(V)$$

因为 $E>0$，所以反应向右进行。

(2) 在 25℃ 下，若使反应向相反的方向进行(向左进行)，则 $E<0$，即

$$E = E^\ominus - \frac{RT}{2F}\ln\frac{(m_{AgNO_3}/m^\ominus)^2}{m_{Hg(NO_3)_2}/m^\ominus}<0$$

$$E^\ominus < \frac{RT}{2F}\ln\frac{(m_{AgNO_3}/m^\ominus)^2}{m_{Hg(NO_3)_2}/m^\ominus}$$

$$\ln\frac{(m_{AgNO_3}/m^\ominus)^2}{m_{Hg(NO_3)_2}/m^\ominus} > \frac{2FE^\ominus}{RT}\left(=\frac{2\times96\,485\times0.052}{8.314\times298.15} = 4.97\right)$$

因此，可通过调整 $Hg(NO_3)_2$ 或 $AgNO_3$ 的浓度达到目的。若固定 $m_{Hg(NO_3)_2} = 0.1\,mol\cdot kg^{-1}$，则

$$\frac{(m_{AgNO_3}/m^\ominus)^2}{m_{Hg(NO_3)_2}/m^\ominus} > e^{4.97} = 144.02$$

$$m_{AgNO_3}/m^\ominus > \sqrt{144.02\times0.1} = 3.795$$

所以只要将 $AgNO_3$ 的浓度调整到 $m_{AgNO_3} > 3.795\,mol\cdot kg^{-1}$ 即可使反应向左进行。

3. 求氧化还原反应的平衡常数

首先，将化学反应设计成合适的可逆电池的电池反应，求 $E^\ominus$。根据 $\Delta_r G^\ominus_m = -zFE^\ominus = -RT\ln K^\ominus_a$，即可求得反应的平衡常数，即

$$\ln K^\ominus_a = \frac{zFE^\ominus}{RT}, \quad K^\ominus_a = \exp\left(\frac{zFE^\ominus}{RT}\right)$$

4. 求难溶盐的溶度积

难溶盐的溶解度很小，因此可认

为溶解的则完全解离。从化学反应的角度看，难溶盐的解离反应也是一个普通的化学反应，因此求难溶盐的溶度积常数与求氧化还原反应的平衡常数的方法是相同的。区别在于解离反应中没有氧化还原反应对，为便于设计电池，需要将反应写成氧化还原反应。

【例 12-4】 已知 298.15 K 下，反应 $Ag(s) + \frac{1}{2}Cl_2(aq) \Longrightarrow AgCl(s)$ 的 $\Delta_r G_m^\ominus = 109.9 \text{ kJ·mol}^{-1}$，$\varphi_{Ag^+|Ag}^\ominus = 0.799 \text{ V}$，$\varphi_{Cl^-|Cl_2|Pt}^\ominus = 1.360 \text{ V}$，求 AgCl 的溶度积常数 $K_{sp}^\ominus$。

解 因为 AgCl 的溶解度很小，所以可认为溶解的则完全解离，$a_{AgCl} = 1$，故

$$AgCl(s) \Longrightarrow Ag^+(aq) + Cl^-(aq)$$

$$K_a^\ominus = \frac{a_{Ag^+} \cdot a_{Cl^-}}{a_{AgCl}} = a_{Ag^+} \cdot a_{Cl^-} = K_{sp}^\ominus$$

解离反应中没有氧化还原反应对，为便于设计成电池，可先在反应两边加上 Ag，即可找到氧化还原反应对。

$$Ag(s) + AgCl(s) \Longrightarrow Ag^+(aq) + Cl^-(aq) + Ag(s)$$

电极反应：$(-) \ Ag \Longrightarrow Ag^+(aq) + e^-$

$(+) \ AgCl(s) + e^- \Longrightarrow Ag + Cl^-(aq)$

电池反应：$AgCl(s) \Longrightarrow Ag^+(aq) + Cl^-(aq)$

根据反应设计电池 1：$(-) \ Ag \big| Ag^+(aq) \big\| Cl^- \big| AgCl(s) \big| Ag \ (+)$

$$E_1^\ominus = \varphi_R^\ominus - \varphi_L^\ominus = \varphi_{Cl^-|AgCl|Ag}^\ominus - \varphi_{Ag^+|Ag}^\ominus \tag{1}$$

$$K_{sp}^\ominus = K_a^\ominus = \exp\left(\frac{zFE_1^\ominus}{RT}\right) \tag{2}$$

为求得电池 1 的电动势 $E_1^\ominus$，需先求得 $\varphi_{Cl^-|AgCl|Ag}^\ominus$，其可根据题给 AgCl 的生成反应及 $\Delta_r G_m^\ominus$ 数据求得。首先设计电池 2 如下：

电极反应：$(-) \ Ag \Longrightarrow Ag^+(aq) + e^-$

$(+) \ Ag^+(aq) + \frac{1}{2}Cl_2(p^\ominus) + e^- \Longrightarrow AgCl(s)$

电池反应：$Ag(s) + \frac{1}{2}Cl_2(aq) \Longrightarrow AgCl(s)$

$$(-) \ Ag \big| \ AgCl(s) \big\| Cl^-(aq) \big| Cl_2 \big| Pt \ (+)$$

$$E_2^\ominus = -\frac{\Delta_r G_m^\ominus}{zF} = -\frac{-109.9 \times 10^3}{1 \times 96\,485} = 1.139 \text{(V)}$$

$$E_2^\ominus = \varphi_{Cl^-|Cl_2|Pt}^\ominus - \varphi_{Cl^-|AgCl|Ag}^\ominus$$

可得

$$\varphi_{Cl^-|AgCl|Ag}^\ominus = \varphi_{Cl^-|Cl_2|Pt}^\ominus - E_2^\ominus = 1.360 - 1.139 = 0.221 \text{(V)} \tag{3}$$

将上式结果代入式(1)，得

$$E_1^{\ominus} = \varphi_{Cl^-|AgCl|Ag}^{\ominus} - \varphi_{Ag^+|Ag}^{\ominus} = 0.221 - 0.799 = -0.578(V)$$

将上式结果代入式(2)，可得 AgCl 的溶度积常数

$$K_{sp}^{\ominus} = \exp\left(\frac{zFE_1^{\ominus}}{RT}\right) = \exp\left[\frac{1 \times 96\,485 \times (-0.578)}{8.314 \times 298.15}\right] = 1.695 \times 10^{-10}$$

求配配子的不稳定常数、弱电解质的解离平衡常数时的电池设计方法与求难溶盐的溶度积的方法是相同的，可以参照例 12-4 进行。

5. 标准电极电势的确定和平均活度系数的计算

【例 12-5】 试确定氯化银电极在 25℃时的标准电极电势，并计算不同浓度 HCl 溶液的 $\gamma_{\pm}$。

解 将氯化银电极与标准氢电极构建成电池，则电池的电动势即为氯化银电极的电极电势。

设计电池：$Pt\,|\,H_2(p^{\ominus})\,|\,HCl(m)\,|\,AgCl(s)\,|\,Ag$

电极反应：$(-)$　$H_2(p^{\ominus}) \rightleftharpoons 2H^+(a_{H^+}) + 2e^-$

　　　　　$(+)$　$2AgCl(s) + 2e^- \rightleftharpoons 2Ag(s) + 2Cl^-(a_{Cl^-})$

电池反应：$H_2(p^{\ominus}) + 2AgCl(s) \rightleftharpoons 2H^+(a_{H^+}) + 2Cl^-(a_{Cl^-}) + 2Ag(s)$

$$E = E^{\ominus} - \frac{RT}{2F}\ln\left(a_{H^+} \cdot a_{Cl^-}\right)^2 = E^{\ominus} - \frac{RT}{F}\ln\left(a_{H^+} \cdot a_{Cl^-}\right)$$

$$= E^{\ominus} - \frac{RT}{F}\ln\left(a_{\pm}\right)^2 = E^{\ominus} - \frac{RT}{F}\ln\left(\gamma_{\pm} \cdot \frac{m_{\pm}}{m^{\ominus}}\right)^2$$

对 1-1 型电解质，$m_{\pm} = m$，整理上式可得

$$E + \frac{2RT}{F}\ln\left(m/m^{\ominus}\right) = E^{\ominus} - \frac{2RT}{F}\ln\gamma_{\pm} \qquad (12\text{-}48)$$

解得

$$\ln\gamma_{\pm} = \frac{F}{2RT}(E^{\ominus} - E) - \ln\left(m/m^{\ominus}\right) \qquad (12\text{-}49)$$

根据式(12-49)，可在已知 $E^{\ominus}$ 的条件下，求得浓度为 m 的溶液的 $\gamma_{\pm}$。

求 $E^{\ominus} = ?$

$$I = \frac{1}{2}\sum z_i^2 m_i = \frac{1}{2}(1^2 \times m + 1^2 \times m) = m$$

$$\lg\gamma_{\pm} = -0.509 z_+ |z_-| \sqrt{I} = -0.509\sqrt{m}$$

将上式代入式(12-48)，可得

$$E + \frac{2RT}{F}\ln\left(m/m^{\ominus}\right) = E^{\ominus} + \frac{2.34RT}{F}\sqrt{m} \qquad (12\text{-}50)$$

以 $E + \dfrac{2RT}{F}\ln\left(m/m^{\ominus}\right)$ 对 $\sqrt{m}$ 作图，外推至 $\sqrt{m} = 0$ 时，与纵坐标交点即为 $E^{\ominus}$。

$$E^{\ominus} = \varphi_{Cl^-|AgCl(s)|Ag}^{\ominus} - \varphi_{H^+|H_2}^{\ominus} = \varphi_{Cl^-|AgCl(s)|Ag}^{\ominus}$$

这是确定标准电极电势广泛使用的方法。

6. 测定溶液的 pH

玻璃电极是测定溶液 pH 最常用的一种指示电极，称为氢离子选择性电极。

玻璃电极在使用前必须用蒸馏水浸泡数小时,使玻璃膜上的正离子被水中的氢离子置换出来,当把浸泡过的电极插入待测溶液中, 就可在玻璃表面建立起表面上的 H^+ 与待测溶液 x 中的 H^+ 之间的平衡。

设:S 为已知 pH 的标准溶液,x 为待测溶液;将玻璃电极和甘汞电极组成下列两个电池。

(1) $Pt\left|Ag\right|AgCl\left|HCl(0.1\,mol\cdot kg^{-1})\right|G\left|S\right|KCl(饱和)\left|Hg_2Cl_2\right|Hg\left|Pt\right.$

　　　$H_S^+ \Longrightarrow H_G^+$ 　　　测得电池的电动势为 E_S

(2) $Pt\left|Ag\right|AgCl\left|HCl(0.1\,mol\cdot kg^{-1})\right|G\left|x(a_{H^+})\right|KCl(饱和)\left|Hg_2Cl_2\right|Hg\left|Pt\right.$

　　　$H_x^+ \Longrightarrow H_G^+$ 　　　测得电池的电动势为 E_x

推导可得

$$E_x - E_S = \frac{RT}{F}(\ln a_{H^+}^S - \ln a_{H^+}^x) = \frac{2.303RT}{F}(\lg a_{H^+}^S - \lg a_{H^+}^x)$$

$$pH(x) = pH(S) + \frac{F}{2.303RT}(E_x - E_S) \tag{12-51}$$

7. 电势滴定

在滴定中,溶液中离子浓度随试剂的加入而变化,插入一个能与该离子进行可逆反应的电极作为指示电极,再放一个参比电极,组成电池。测定电池电动势 E 随加入试剂量变化的曲线,曲线上斜率最大处即为滴定终点。在终点附近,浓度的微小变化会引起电池电动势 E 的突变。

12.7　化　学　电　源

化学电源是指实际使用的原电池,属于化学能直接转化为电能的装置。实际使用的原电池可分为三类:一次电池、二次电池和连续电池。

12.7.1　一次电池

当电池中的反应物质在进行一次电化学反应放电后,因不能再次使用而被废弃,这类电池称为一次电池(俗称干电池)。

1. Zn-Mn 电池

$$Zn\left|ZnCl_2(aq)+NH_4Cl(aq)\right|MnO_2\left|C\right.$$

电极反应: $(-)$ 　$Zn \Longrightarrow Zn^{2+}(aq)+2e^-$

　　　　　$(+)$ 　$2MnO_2(s)+H_2O(l)+2e^- \Longrightarrow Mn_2O_3(s)+2OH^-(aq)$

电池反应: $Zn+MnO_2(s)+H_2O(l) \Longrightarrow Zn^{2+}(aq)+Mn_2O_3(s)+2OH^-(aq)$

干电池的开路电压一般为 1.5 V, 但其电容量较小, 使用寿命不长。

2. Zn-空气电池

$$Zn \,\big|\, KOH(30\%) \,\big|\, O_2 \,\big|\, C$$

电极反应： (−)　$Zn + 2OH^-(aq) \Longrightarrow ZnO + H_2O(l) + 2e^-$

(+)　$\dfrac{1}{2}O_2 + H_2O(l) + 2e^- \Longrightarrow 2OH^-(aq)$

电池反应： $Zn + \dfrac{1}{2}O_2 \Longrightarrow ZnO$

Zn-空气电池的工作电压一般为 1.0～1.2 V。它的最大优点是比能量较高，可以在不同电流密度下工作而保持电压平稳，特别是在高电流密度下工作。因此，Zn-空气电池在国防工业、交通运输及一般国民经济中都有广阔的应用前景。

3. 锂一次电池(锂电池)

商品化的锂一次电池有 $Li-I_2$、$Li-Ag_2CrO_4$、$Li-(CF_x)_n$、$Li-MnO_2$、$Li-SO_2$、$Li-SOCl_2$ 等。
1) 锂一次电池的特点
(1) 电池电压高，开路电压达 3～4 V。
(2) 实际比能量大于其他所有电池。
(3) 放电电压平稳。
2) 安全隐患
短路、强迫过放电、充电时有时可能引起爆炸。
3) 电解质溶液
锂电池的电解质溶液不能使用水作溶剂，必须使用非质子性溶剂，如乙二醇二甲醚(DME)、二甲基甲酰胺、二甲亚砜、二乙基碳酸酯、甲酸甲酯、乙腈、碳酸丙烯酯(PC)、四氢呋喃等。
例如，$Li-MnO_2$ 锂电池：

$$(-)\, Li(s) \,\big|\, LiClO_4, PC\text{-}DME \,\big|\, MnO_2(s)\, (+)$$

电极反应： (−) $Li(s) \Longrightarrow Li^+ + e^-$

(+) $MnO_2(s) + Li^+ + e^- \Longrightarrow MnOOLi(s)$

电池反应： $Li(s) + MnO_2(s) \Longrightarrow MnOOLi(s)$

锂电池广泛用于照相机、计算器、电子手表、各种具有存储功能的电子器件和装置。

12.7.2 二次电池

二次电池也称蓄电池，这类电池可以多次反复使用，放电后可以通过充电使反应物复原。

1. 酸性蓄电池 (电解质溶液是 H_2SO_4)

$$(-)Pb \,\big|\, PbSO_4(s) \,\big|\, H_2SO_4(aq) \,\big|\, PbSO_4(s) \,\big|\, PbO_2(s) \,\big|\, Pb'(+)$$

电极反应： (−) $Pb + SO_4^{2-} \Longrightarrow PbSO_4(s) + 2e^-$

(+) $PbO_2(s) + 4H^+ + SO_4^{2-} + 2e^- \Longrightarrow PbSO_4(s) + 2H_2O(l)$

电池反应：$Pb + PbO_2(s) + 4H^+ + 2SO_4^{2-} \Longrightarrow 2PbSO_4(s) + 2H_2O(l)$

$$E = E^\ominus - \frac{RT}{2F}\ln\frac{1}{a_{H^+}^4 \cdot a_{SO_4^{2-}}^2} = E^\ominus - \frac{RT}{2F}\ln\frac{1}{a_{H_2SO_4}^2}$$

可见，电池的电动势只与硫酸的活度有关。

2. 碱性蓄电池 (电解质为 KOH、NaOH 水溶液)

1) 镉-镍电池

$$Cd|KOH(aq)|NiOOH$$

或　　　　　　　　$$Cd(s)|Cd(OH)(s)|KOH(aq)|Ni(OH)_2(s)|NiOOII(s)$$

电极反应：(−) $Cd + 2OH^- \Longrightarrow Cd(OH)_2(s) + 2e^-$

　　　　　(+) $2NiOOH(s) + 2H_2O + 2e^- \Longrightarrow 2Ni(OH)_2(s) + 2OH^-$

电池反应：$2NiOOH(s) + Cd + 2H_2O \Longrightarrow 2Ni(OH)_2(s) + Cd(OH)_2(s)$

2) 银-锌电池

$$Zn|KOH(aq)|Ag_2O|Ag$$

电极反应：(−) $Zn + 2OH^-(aq) \Longrightarrow Zn(OH)_2 + 2e^-$

　　　　　(+) $Ag_2O + H_2O + 2e^- \Longrightarrow Ag + 2OH^-(aq)$

电池反应：$Ag_2O + Zn + H_2O \Longrightarrow Ag + Zn(OH)_2$

3) 金属氢化物-镍电池 (MH：$LaNi_5H_6$ 为储氢材料)

$$MH(s)|KOH(aq)|NiOOH$$

或　　　　　　　　$$MH(s)|KOH(aq)|Ni(OH)_2(s)|NiOOH(s)$$

电极反应：(−) $MH + OH^-(aq) \Longrightarrow M + H_2O + e^-$

　　　　　(+) $NiOOH + H_2O + e^- \Longrightarrow Ni(OH)_2 + OH^-$

电池反应：$MH + NiOOH \Longrightarrow M + Ni(OH)_2$

3. 锂二次电池(锂离子电池)

锂离子电池实际上是一种锂离子浓度差电池，正、负两极由两种锂离子嵌入化合物组成。充电时，锂离子从正极脱嵌经过电解质嵌入负极，负极处于富锂态，正极处于贫锂态，同时电子的补偿电荷从外电路供给到碳负极，保证负极的电荷平衡，放电时则相反，锂离子从负极脱嵌，经电解质嵌入正极(这种循环被形象地称为摇椅式机制)。

1) 分类

锂离子蓄电池可分为两类：液态锂离子电池(LIB)和聚合物锂离子电池(LIP)两大类。

(1) LIB 与 LIP 的相同点：两者所用的正、负极材料相同，电池的工作原理也基本一致。一般正极使用 $LiCoO_2$，负极使用各种碳材料(如石墨)，同时使用铝、铜作集流体。集流体指的是电池正极或负极用于附着活性物质的基体金属，如正、负极用的铜箔和铝箔。

(2) LIB 与 LIP 的主要区别：两者的电解质不同。液态锂离子电池使用的是液体电解质，而聚合物锂离子电池则以聚合物电解质来代替，这种聚合物可以是"干态"的，也可以是"胶态"的，目前大部分采用聚合物胶体电解质。

例如，新型锂离子电池：

$$LiC_6 \big| LiPF_6 + EC + DMC \big| LiCoO_2$$

电极反应： $(-) \ LiC_6 \Longrightarrow Li^+ + C_6 + e^-$

$(+) \ CoO_2 + Li^+ + e^- \Longrightarrow LiCoO_2$

电池反应： $LiC_6 + CoO_2 \Longrightarrow LiCoO_2 + C_6$

式中，EC 为碳酸乙酯；DMC 为二甲基碳酸酯。

2) 特点

锂离子电池具有以下特点：高工作电压($3.6\sim3.7$ V)；高比能量(>100 W$\cdot$h$\cdot$kg^{-1})；低自放电(6%/月)；长循环寿命(71 000 次)；无记忆效应；无污染。

12.7.3 连续电池

连续电池也称燃料电池，是一种将存在于燃料与氧化剂中的化学能直接转化为电能的发电装置，是通过连续供给燃料从而连续获得电力的绿色能源。这类电池因其中的反应物质是连续不断地从电池外供给，所以可以不断地放电使用。

燃料电池的优点是：发电效率高、适应多种燃料、环境特性好。

燃料电池可从不同的角度进行分类。

1. **按电解质分类(可分为六个种类)**

(1) 碱性燃料电池(AFC)。
(2) 磷酸盐型燃料电池(PAFC)。
(3) 熔融碳酸盐型燃料电池(MCFC)。
(4) 固体氧化物型燃料电池(SOFC)。
(5) 固体聚合物燃料电池(SPFC)，又称为质子交换膜燃料电池(PEMFC)。
(6) 生物燃料电池(BEFC)。

2. **按工作温度分类(高、中、低温型燃料电池)**

(1) 工作温度从室温到 373 K 的为常温燃料电池，如 SPFC。
(2) 工作温度为 373~573 K 的为中温燃料电池，如 PAFC。
(3) 工作温度在 873 K 以上的为高温燃料电池，如 MCFC 和 SOFC。

3. **按燃料的聚集状态分类**

(1) 气态燃料电池(如氢-氧燃料电池)。
(2) 液态燃料电池(如甲醇直接氧化燃料电池、水合肼-氧燃料电池)。

例如，氢-氧燃料电池，两电极为多孔石墨，起催化电极反应的作用：

$$C \big| H_2(g) \big| NaOH(aq) \big| O_2(g) \big| C'$$

电极反应：(–) $H_2 + 2OH^- \longrightarrow 2H_2O + 2e^-$

(+) $\dfrac{1}{2}O_2 + H_2O + 2e^- \longrightarrow 2OH^-$

电池反应：$H_2 + \dfrac{1}{2}O_2 \longrightarrow H_2O(l)$

电池电压为 1 V。

12.8　不可逆电极过程

不可逆电极过程也称不可逆电极过程动力学。实际发生在电极表面上的电化学反应都是不可逆过程，因为无论是原电池还是电解池，在工作时都有一定的电流通过。可逆电池则是实现电化学过程的极限。

研究不可逆电极过程的目的主要是寻找电极反应的动力学规律及影响电极反应速率的因素。

1. 不可逆电极过程的特征

(1) 电极反应只有在电场作用下才能进行。

(2) 对整个电化学过程来说，电极反应只完成了半反应。

(3) 电极反应速率不仅与电极附近的反应物浓度、产物浓度、电极材料、电极表面状态有关，在很大程度上还取决于电极所处的电势。

2. 电极反应速率表示方法

根据法拉第定律，电流通过电极时，若电极上 B 发生氧化还原反应的物质的量为 n_B，则

$$n_B = \frac{Q}{zF} = \frac{It}{zF}$$

$$\frac{\mathrm{d}n_B}{\mathrm{d}t} = \frac{I}{zF}$$

若电极的面积为 S，则单位电极表面积上物质的量随时间的变化率(电极反应速率) r 为

$$r = \frac{1}{S}\frac{1}{\nu_B}\frac{\mathrm{d}n_B}{\mathrm{d}t} = \frac{I}{S\nu_B zF} = \frac{i}{\nu_B zF} \tag{12-52}$$

式中，i 为电流密度，$i = I/S$。由式(12-52)可得

$$i = \nu_B zFr \tag{12-53}$$

所以，在电化学中为方便起见，常使用电流密度来描述电极反应速率。

12.9　电　解　池

12.9.1　基本术语

1. 电解池与电解

1) 定义

电解：电流通入电解质溶液而引起的化学变化过程称为电解。

电解池：使电能转化为化学能的装置称为电解池。

2) 原电池与电解池

当一个电池与外接电源对接时，只要外加电压大于该电池的电动势 E，电池接受外界提供的电能，电池反应发生逆转，原电池变成电解池。原电池中进行的反应的 $\Delta G < 0$，而电解池中进行的反应的 $\Delta G > 0$，但一定有 $\Delta G < W'$。

例如，原电池 $(-)Fe\left|H_2(p^{\ominus})\right|KOH(c)\left|O_2(p^{\ominus})\right|Ni(+)$

电极反应： $(-)$ $\quad 2H_2 + 4OH^- \longrightarrow 4H_2O + 4e^-$

$\qquad\quad (+)$ $\quad O_2 + 2H_2O + 4e^- \longrightarrow 4OH^-$

电池反应： $2H_2 + O_2 \Longrightarrow 2H_2O$

该电池反应的逆反应即为水的电解反应 $2H_2O \longrightarrow 2H_2 + O_2$。

若要使 H_2O 电解发生，则施加在上述电池上的外电压不能小于该原电池的可逆电动势。这是使电解质溶液发生电解所必需的最小电压——理论分解电压。

2. 分解电压

1) 理论分解电压

使电解质溶液发生电解所必需的最小电压称为分解电压或理论分解电压。理论分解电压等于相应原电池的电动势，即

$$E_{\text{理分}} = E_{\text{可逆}}$$

2) 分解电压的确定

分解电压可以由实验测得。以水的电解为例，通过实验测得的电流 I 随外加电压 V 的变化曲线如图 12-4 所示。

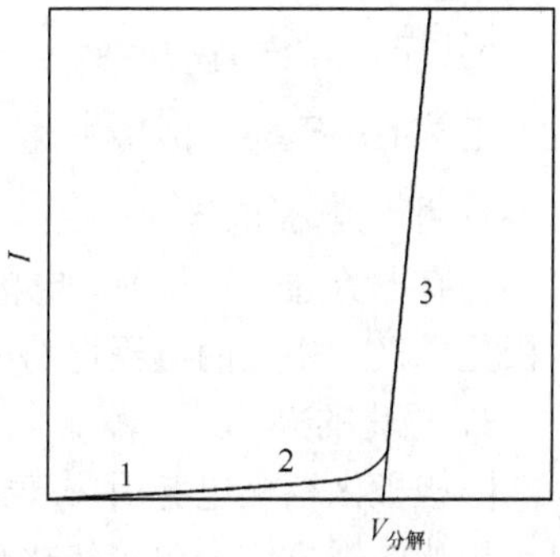

开始加外压时：电极反应发生，形成极少量 H_2 和 O_2，压力极小，$I \to 0$。

稍增加外压：电极表面产生少量 H_2 和 O_2，但 $p \ll p^{\ominus}$，气体不能逸出而向溶液中扩散，但此时处于吸附状态的微量的 H_2 和 O_2 构成一个原电池，产生一个与外电压方向相反的电动势，阻碍电解进行。

电极反应： $(-)H_2 + 2OH^- \longrightarrow 2H_2O + 2e^-$

$\qquad\quad (+)\dfrac{1}{2}O_2 + H_2O + 2e^- \longrightarrow 2OH^-$

电池反应： $H_2 + \dfrac{1}{2}O_2 \longrightarrow H_2O(l)$

图 12-4 物质电解时的电流-电压曲线

继续增加外压：电极上的气体不断扩散到溶液中。由于 p_{H_2} 和 p_{O_2} 不断增大，反向电动势也在增大($1 \sim 2$ 段)。当 p_{H_2} 和 p_{O_2} 增大到 $p^{\ominus}$，电极上开始有气泡逸出，反向电动势达最大值而不再继续增加。

继续增加外压：只能增加溶液的电势降，电流激增($2 \sim 3$ 段)。

将直线部分外延到电流强度为 0 处所得的电压就是分解电压，即理论分解电压，其相当于

原电池的电动势。实际上，由于电极的极化，实际分解电压均大于理论分解电压。

3. 析出电势

当外加电压等于分解电压时，两电极的电极电势分别称为氢和氧的析出电势。

4. 电流效率 ε_i

实际上，发生电化学反应的物质的量均小于根据法拉第定律计算应得的量——电流效率问题。

$$\varepsilon_i = \frac{实际产量}{理论产量} \times 100\% = 电流效率 \tag{12-54}$$

实际的电流效率为 30%～50%。

12.9.2 极化和超电势

1. 电极的极化

1) 平衡电极电势

当电极上无电流通过$(I=0)$时，电极处于平衡状态，此时电极的电势称为平衡电极电势 φ_0 或可逆电极电势，其遵守能斯特方程。

$$\varphi_0 = \varphi_平 = \varphi_平^\ominus - \frac{RT}{zF}\ln\prod_i a_i^{\nu_i}$$

原电池：$E = \varphi_{R,平} - \varphi_{L,平} = \varphi_{阴,平} - \varphi_{阳,平} = \varphi_{c,0} - \varphi_{a,0}$

电解池：$E_{理分} = \varphi_{阳,平} - \varphi_{阴,平} = \varphi_{a,0} - \varphi_{c,0}$ \hfill (12-55)

2) 极化电极电势

当有电流通过电极时，电极电势偏离平衡电极电势的现象称为电极的极化。此时的电极称为极化电极。相应的电极电势称为极化电极电势或不可逆电极电势。

3) 极化的规律

阳极极化电极电势用 φ_a 表示，阴极极化电极电势用 φ_c 表示。无论是原电池还是电解池，电极极化的规律均为**阳极极化的结果使电极电势向正方向移动(变得更正)，阴极极化的结果使电极电势向负方向移动(变得更负)。**

2. 超电势

1) 定义

在某一电流密度下的电极电势与平衡电极电势的差值的绝对值称为超电势或过电位。其大小反映了电极极化的程度。

$$\eta_i = |\varphi_i - \varphi_{i,0}| \tag{12-56}$$

阳极超电势：$\eta_a = \varphi_a - \varphi_{a,0}$ \hfill (12-57)

阴极超电势：$\eta_c = \varphi_{c,0} - \varphi_c$ \hfill (12-58)

因此，电解池在不可逆情况下进行时，实际分解电压表示为

$$V_{外加} = E_{理分} + IR + \Delta E_{不可逆} = E_{可逆} + IR + \eta_a + \eta_c \tag{12-59}$$

式中，IR 为电池内溶液、导线和接触点等的电阻(不包括电极表面电阻)所引起的电势降。若忽略 IR 并将式(12-57)和式(12-58)代入式(12-59)，可得

$$V_{外加} \approx \varphi_a - \varphi_c \tag{12-60}$$

2) 超电势分类

根据极化产生的原因不同，可将超电势划分为三类。

(1) 浓差超电势(浓差极化)。

电解过程中,由于电极附近的离子在电极上反应导致电极表面附近溶液的浓度与本体溶液的浓度不同造成的反向电动势称为浓差超电势。此种极化称为浓差极化。

克服方法：搅拌。

(2) 电阻超电势(电阻极化)。

当电流通过电极时,在电极表面或电极与溶液的界面上往往会形成一高电阻的薄层或其他物质膜,从而产生表面电阻电势降,称为电阻超电势。此种极化称为电阻极化。

克服方法：增加电解池电导或减小两极间距离。

(3) 活化超电势(电化学极化)。

由于参加电极反应的某些粒子缺少足够的能量来完成电子的转移,因此需要提高电极电势使粒子活化,这部分提高的电势称为活化超电势。此种极化称为电化学极化。电化学极化是研究电极过程的重点。

3) 超电势的测定

在电极过程动力学的研究中通常采用电极电势 $\varphi_{不可逆}$ (或 η)与电流密度 i 的关系来描述电极反应的动力学规律性。$\eta\text{-}i$ 或 $\varphi_{不可逆}\text{-}i$ 的关系曲线称为极化曲线。

超电势测量装置如图 12-5 所示。甘汞电极的末端以直径为 1 mm 的鲁金毛细管贴近被测电极 1 以消除电阻超电势,电极 2 是辅助电极(如 Pt 电极)。同时，强烈搅拌以消除浓差极化。当通过研究电极的电流密度不大时，则测得的超电势即为活化超电势。

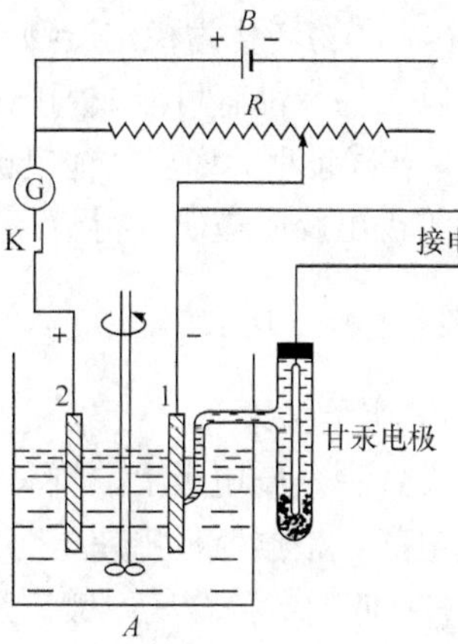

测量步骤：①测量不通过电流时的稳定电势值 $\varphi_{稳}^{(0)}$；②电流由小到大，每次读取稳定电势值 $\varphi_{稳}^{(i)}$；③某一电流密度 i 时，$\varphi_{不可逆} = \varphi_{稳}^{(i)} - \varphi_{稳}^{(0)}$。

图 12-5 超电势测量装置

根据能斯特公式计算出 $\varphi_{可逆}$，然后可求得 η_a 和 η_c。

$$\varphi_{可逆} = \varphi_{可逆}^{\ominus} - \frac{RT}{zF} \ln \frac{a_{Red}}{a_{Ox}}$$

$$\eta_a = \varphi_{不可逆} - \varphi_{可逆}, \quad \eta_c = \varphi_{可逆} - \varphi_{不可逆}$$

4) 电解池与原电池极化的区别

对于单个电极(无论是原电池还是电解池)：阴极极化的结果使电极电势变得更负；阳极极化的结果使电极电势变得更正。

对电解池：阳极 φ_a 是"+"极，阴极 φ_c 是"−"极，其极化曲线如图 12-6(a)所示。

对原电池：阳极 φ_a 是"−"极，阴极 φ_c 是"+"极，其极化曲线如图 12-6(b)所示。

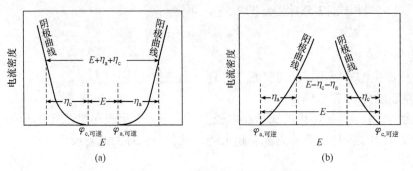

图 12-6　电解池极化曲线(a)和原电池极化曲线(b)

12.9.3　电化学极化

1. 电极放电过程

电极反应属于复相催化反应类型。根据一般规律，反应粒子在电极上的放电过程可认为经历以下几个步骤：

(1) 扩散(溶液中反应物扩散到电极附近的界面层)。

(2) 前置转换(反应物在界面层进行反应前的转化，如反应物吸附到电极表面上)。

(3) 电化学步骤(氧化还原反应)。

(4) 产物转化为稳定产物，或脱附，或在电极表面沉积。

以上各步都有可能成为电极过程的控制步骤，这不仅与反应的本性有关，而且与反应条件有关。实践证明，许多气体电极反应以及金属的电沉积过程都表现出电化学极化的特征。其中以氢的析出反应被研究得最深刻。

2. 氢析出反应

1) 实验结果

在各种金属电极上，氢离子在阴极上还原为氢气的过程 $2H^+ + 2e^- \longrightarrow H_2$ 均表现出较高的超电势。根据氢析出超电势的大小，可将金属分为三类。

(1) 低超电势金属：镀铂黑的铂。

(2) 中超电势金属：Au、Fe、Ag、Ni、Cu。

(3) 高超电势金属：Pb、Zn、Hg。

2) 经验规律

1905 年塔费尔根据实验总结出具有普遍意义的塔费尔方程，在高极化区(电流密度较大)有

$$\eta = a + b\lg i \tag{12-61}$$

式中，a 称为塔费尔常数，其为 $i = 1\,\text{A}\cdot\text{cm}^2$ 时的超电势，a 的大小基本决定了 η 值，a 越大，η 越高，电极的不可逆程度越大；b 称为塔费尔斜率，对高超电势金属，$b = 0.118\,\text{V}$，属于电化学控制的反应；对低超电势金属，$b = 0.03\,\text{V}$，属于复合脱附控制的反应。

当电流密度很低时

$$\eta = \frac{RT}{i^0 F} i \tag{12-62}$$

式中，i^0 称为交换电流密度。

3) 氢阴极析出反应机理

关于阴极析氢机理，不同学派有不同的观点，大家公认的氢离子在阴极过程的基本步骤如下：①溶液中的水合氢离子(H_3O^+)迁移至电极表面；②水合氢离子在电极上放电；③产生的氢原子吸附在金属表面上；④吸附在电极上的氢原子复合成 H_2；⑤氢气脱附扩散或逸出。

在电化学极化的条件下，根据被吸附的氢原子脱附方式的不同，提出了几种机理并导出了电极过程的动力学方程。这里主要介绍三种机理：迟缓放电机理、复合脱附机理(复合理论)和电化学脱附机理。

(1) 迟缓放电机理。

$$H_3O^+ + e^- \xrightarrow{\vec{k}} H_{吸} + H_2O \qquad \text{速控步}$$

$$H_{吸} + H_{吸} \Longleftrightarrow H_2 \qquad \text{化学复合脱附(快)}$$

或 $$H_{吸} + H_3O^+ + e^- \Longleftrightarrow H_2 + H_2O \qquad \text{电化学脱附(快)}$$

(a) 推导塔费尔方程。反应速率

$$r = \vec{k}[H_3O^+] = A \cdot e^{-E_a/RT} \cdot [H_3O^+] \tag{12-63}$$

电极反应活化能 E_a 与电极电势 φ 之间的关系：

$$E_a = E_0 - \alpha z F \eta \tag{12-64}$$

式中，E_0 为 $\eta = 0$ 时的反应活化能

$$E_0 = -\alpha z F \varphi_0 \tag{12-65}$$

α 为经验常数(或称转换系数)，$\alpha = 0 \sim 1$，通常为 0.3 或 0.5。

将式(12-64)代入式(12-63)，得

$$r = A[H_3O^+] e^{-(E_0 - \alpha F \eta)/RT} \tag{12-66}$$

将式(12-66)代入式(12-52)，得

$$i = \nu_H z F r = FA[H_3O^+] e^{-E_0/RT} e^{\alpha F \eta/RT} \tag{12-67}$$

令 $$i^0 = FA[H_3O^+] e^{-E_0/RT} \tag{12-68}$$

i^0 称为交换电流密度。将式(12-68)代入式(12-67)，得

$$i = i^0 e^{\alpha F \eta/RT} \tag{12-69}$$

解得

$$\eta = -\frac{RT}{\alpha F} \ln i^0 + \frac{RT}{\alpha F} \ln i$$

或

$$\eta = -\frac{2.303RT}{\alpha F} \lg i^0 + \frac{2.303RT}{\alpha F} \lg i \tag{12-70}$$

将式(12-70)与塔费尔方程[式(12-61)]$\eta = a + b \lg i$ 对比，可得

$$a = -\frac{2.303RT}{\alpha F}\lg i^0 \qquad b = \frac{2.303RT}{\alpha F}$$

若 $a = 0.5$，$T = 298$ K，$b = 0.118$ V，与高超电势金属的实验值相符，故为电化学控制的反应。

(b) 交换电流密度 i^0。

从式(12-69) $i = i^0 e^{\alpha F\eta/RT}$ 可以看出，交换电流密度 i^0 相当于 $\eta = 0$ 时的电流密度。这是其表观意义。其定义为平衡状态下，单位时间、单位电极表面上所交换的电流称为交换电流密度。这是其物理意义。

电极达到动态平衡时，有 $\vec{i} = \overleftarrow{i} = i^0$，净电流密度 $i = \vec{i} - \overleftarrow{i} = 0$。因此，$i^0$ 可用以表示指定条件下电极的不可逆程度。

i^0 越大，a 越小，η 越小，电极越难被极化，不可逆程度越小；i^0 越小，a 越大，η 越大，电极越易被极化，不可逆程度越大。

(2) 复合脱附机理(复合理论)。

$$H_3O^+ + e^- \Longleftrightarrow H_{吸} + H_2O \qquad\qquad 快$$

$$H_{吸} + H_{吸} \xrightarrow{\vec{k}} H_2 \qquad\qquad 速控步$$

根据上述机理，有

$$r = \vec{k}a_{H_{吸}}^2 \tag{12-71}$$

所以 $i = \nu_{H_2}zFr = F\vec{k}a_{H_{吸}}^2 = ka_{H_{吸}}^2$，解得

$$a_{H_{吸}} = \sqrt{\frac{i}{k}} \tag{12-72}$$

机理的第一步为快速平衡，可使用能斯特方程，并将式(12-72)代入，得

$$\varphi_{H_3O^+/H_{吸}} = \varphi_{H_3O^+/H_{吸}}^{\ominus} - \frac{RT}{F}\ln\frac{a_{H_{吸}}}{a_{H_3O^+}} = \varphi_{H_3O^+/H_{吸}}^{\ominus} + \frac{RT}{F}\ln a_{H_3O^+} + \frac{RT}{2F}\ln k - \frac{RT}{2F}\ln i \tag{12-73}$$

$$\eta_c = \varphi_{平} - \varphi_{H_3O^+/H_{吸}} = \varphi_{平} - \varphi_{H_3O^+/H_{吸}}^{\ominus} - \frac{RT}{F}\ln a_{H_3O^+} - \frac{RT}{2F}\ln k + \frac{RT}{2F}\ln i \tag{12-74}$$

将式(12-74)与塔费尔方程对比，可得

$$a = \varphi_{平} - \varphi_{H_3O^+/H_{吸}}^{\ominus} - \frac{RT}{F}\ln a_{H_3O^+} - \frac{RT}{2F}\ln k$$

298 K 时，$b = \frac{2.303RT}{2F} \approx 0.030$ V。

这与低超电势金属的实验结果一致。这说明在低超电势的金属上，氢析出反应是按照复合脱附机理进行的。

(3) 电化学脱附机理。

$$H_3O^+ + e^- \Longleftrightarrow H_{吸} + H_2O$$

$$H_{吸} + H_3O^+ + e^- \longrightarrow H_2 + H_2O \qquad\qquad 速控步$$

同理可得

$$\eta = a + \frac{2.303RT}{(1+\alpha)F} \lg i$$

若 $a = 0.5$，298 K 时，$b = 0.039$ V。

化学脱附和电化学脱附，由于两者的 b 值较接近，故有时不好区别，须将实验做得精细些。

4) 氢超电势的应用

(1) 湿法冶金、电解精炼应用高超电势材料作阴极可抑制氢的产生。

(2) 电解法制氢气、燃料电池采用低超电势材料作阴极材料可减少电能的消耗。

12.10 金属电沉积

12.10.1 引言

1. 电沉积定义

金属离子或它们的配离子在阴极上还原为金属的过程称为金属的电沉积。

2. 电沉积应用

电沉积应用：电解冶金、电解精炼、电镀、生产复制品或再生艺术品、印刷电路。

3. 电沉积过程步骤

(1) 水合金属离子在电极表面吸附，形成吸附离子。

(2) 吸附离子在电极上被还原，形成保留有部分水合层的吸附原子：

$$M^{z+} \cdot xH_2O + ze^- \Longrightarrow M \cdot xH_2O$$

(3) 吸附的原子继续失去剩余的水化层，并进入金属晶格稳定下来——沉积。

12.10.2 金属离子与氢离子共存时的电沉积

通常情况下，溶液中含有金属离子和 H^+。谁优先在阴极上析出，取决于阴极极化电极电势。同样，谁优先在阳极上氧化，则取决于阳极极化电极电势。

1. 析出顺序(电流密度 i 一定)

阴极极化电极电势越正，优先在阴极还原；阳极极化电极电势越负，优先在阳极氧化。对于氢的阴极析出：

$$\eta_{H_2} = \varphi_{H^+/H_2,可逆} - \varphi_{H^+/H_2,极化}$$

所以

$$\varphi_{H^+/H_2,极化} = \varphi_{H^+/H_2,可逆} - \eta_{H_2} \tag{12-75}$$

对于金属阴极还原：

$$\eta_M = \varphi_{M^{z+}/M,可逆} - \varphi_{M^{z+}/M,极化}$$

所以

$$\varphi_{M^{z+}/M,极化} = \varphi_{M^{z+}/M,可逆} - \eta_M \tag{12-76}$$

金属离子与氢离子共存时的电沉积可分为四种情况：

(1) $\varphi_{M^{2+}/M,可逆} \gg \varphi_{H^+/H_2,可逆}$，且 η_M 很小，在阴极上只能发生 M^{2+} 的沉积，无氢气析出。

(2) $\varphi_{M^{2+}/M,可逆} \ll \varphi_{H^+/H_2,可逆}$，且 η_{H_2} 不大，η_M 较大时，则 $\varphi_{M^{2+}/M,极化} \ll \varphi_{H^+/H_2,极化}$，只有氢气析出而无金属沉积。

(3) $\varphi_{M^{2+}/M,可逆} \gg \varphi_{H^+/H_2,可逆}$，且 η_M 很大时，则 $\varphi_{M^{2+}/M,极化} \approx \varphi_{H^+/H_2,极化}$，在金属离子还原沉积时有氢析出，这在电镀中这是常见的。

(4) $\varphi_{M^{2+}/M,可逆} \ll \varphi_{H^+/H_2,可逆}$，且 η_{H_2} 很高，η_M 不大时，在一定 i 时，金属和氢同时析出；在较大 i 时，金属比氢先析出。

2. 同时析出的条件

阴极极化电极电势相等时，金属和氢同时在阴极析出。

3. 超电势的应用

1) 有利方面
用电解法可得到金属：Zn、Cr、Ni、Na(Hg)、Pb。
2) 不利方面
电解时消耗的电能较多。

12.10.3　几种金属离子共存时的电沉积

1. 析出顺序

阴极极化电极电势越正，优先在阴极还原；阳极极化电极电势越负，优先在阳极氧化。

【例 12-6】　298 K、标准压力下，以石墨为阳极、铂为阴极，电解含 $CdCl_2$ 浓度为 0.01 mol·kg^{-1} 和 $CuCl_2$ 浓度为 0.02 mol·kg^{-1} 的混合中性水溶液(设活度系数均为1)。已知：$\varphi^{\ominus}_{Cd^{2+}|Cd} = -0.402$ V，$\varphi^{\ominus}_{Cu^{2+}|Cu} = 0.337$ V，$\varphi^{\ominus}_{Cl^-|Cl_2} = 1.360$ V，$\varphi^{\ominus}_{O_2|H^+,H_2O} = 1.229$ V。$H_2(g)$ 在 Pt(s) 上的超电势近似为零，在 Cu(s) 上的超电势为 0.30 V，$O_2(g)$ 在石墨上的超电势为 0.71 V，其他超电势可忽略不计。
(1) 阴极上首先发生什么反应？
(2) 阴极上当第二种离子还原时，第一种离子的剩余浓度是多少？
(3) 当第二种离子在阴极还原时的外加分解电压是多少？
解　(1) 极化电极电势

$$\varphi_{Cd^{2+}|Cd,极化} = \varphi_{Cd^{2+}|Cd,可逆} = \varphi^{\ominus}_{Cd^{2+}|Cd} - \frac{RT}{zF}\ln\frac{1}{a_{Cd^{2+}}} = -0.402 - \frac{RT}{2F}\ln\frac{1}{0.01} = -0.461(V)$$

$$\varphi_{Cu^{2+}|Cu,极化} = \varphi_{Cu^{2+}|Cu,可逆} = \varphi^{\ominus}_{Cu^{2+}|Cu} - \frac{RT}{zF}\ln\frac{1}{a_{Cu^{2+}}} = 0.337 - \frac{RT}{2F}\ln\frac{1}{0.02} = 0.287(V)$$

$$\varphi_{H^+|H_2,极化} = \varphi_{H^+|H_2,可逆} = \varphi^{\ominus}_{H^+|H_2} - \frac{RT}{zF}\ln\frac{1}{a_{H^+}} = -\frac{RT}{F}\ln\frac{1}{10^{-7}} = -0.414(V)$$

所以，阴极首先发生的反应是 Cu^{2+} 还原成 Cu(s)。
(2) 由于 Cu(s)沉积在铂的表面，阴极变成了 Cu(s)电极，氢在 Cu(s)上有超电势，此时

$$\varphi_{H^+|H_2,极化} = -0.414 - 0.30 = -0.714(V)$$

铜离子还原时其极化电极电势向负方向移动，当移动到等于镉离子的极化电极电势时，镉离子开始还原。此时铜离子的浓度为

$$\varphi_{Cu^{2+}|Cu,极化} = 0.337 - \frac{RT}{2F}\ln\frac{1}{a_{Cu^{2+}}} = -0.461(V)$$

$$a_{Cu^{2+}} = 1.03 \times 10^{-27}, \quad c_{Cu^{2+}} = 1.03 \times 10^{-27} mol \cdot kg^{-1}$$

(3) 阳极上可能发生的反应

$$2Cl^-(a_{Cl^-}) \Longrightarrow Cl_2(p^\ominus) + 2e^-$$

$$\varphi_{Cl^-|Cl_2,极化} = \varphi_{Cl^-|Cl_2,可逆} = \varphi^\ominus_{Cl^-|Cl_2} - \frac{RT}{zF}\ln a_{Cl^-}^2 = 1.36 - \frac{RT}{F}\ln 0.06 = 1.432(V)$$

$$H_2O(l) \Longrightarrow \frac{1}{2}O_2(p^\ominus) + 2H^+ + 2e^-$$

$$\varphi_{O_2|H^+,H_2O(l),极化} = \varphi^\ominus_{O_2|H^+,H_2O(l)} - \frac{RT}{F}\ln\frac{1}{a_{H^+}} + \eta_{O_2} = 1.229 - \frac{RT}{F}\ln\frac{1}{10^{-7}} + 0.71 = 1.525(V)$$

所以，阳极上析出 $Cl_2(g)$。当 Cd 在阴极开始析出时，溶液中 Cl^- 的近似浓度为 $0.02\ mol \cdot kg^{-1}$，这时阳极上析出 $Cl_2(g)$ 的电极电势为

$$\varphi_{Cl^-|Cl_2,极化} = 1.36 - \frac{RT}{F}\ln 0.02 = 1.46(V)$$

外加最小分解电压 $E_{分解}$ 为

$$E_{分解} = \varphi_{阳,析出} - \varphi_{阴,析出} = 1.46 - (-0.461) = 1.921(V)$$

2. 同时析出的条件——阴极极化电极电势相等

溶液中有两种金属离子 A^{z+}、$B^{z'+}$ 在阴极上同时析出(如合金电镀)的条件是阴极析出电极电势相等，即

$$\varphi_{c,A,极化} = \varphi_{c,B,极化}$$

或

$$\varphi_{A,可逆} - \eta_{c,A} = \varphi_{B,可逆} - \eta_{c,B}$$

或

$$\varphi^\ominus_A - \frac{RT}{zF}\ln\frac{1}{a_{A^{z+}}} - \eta_{c,A} = \varphi^\ominus_B - \frac{RT}{zF}\ln\frac{1}{a_{B^{z'+}}} - \eta_{c,B}$$

下列三种情况可使两种金属离子的放电电极电势相等：

(1) $\varphi^\ominus_A$ 和 $\varphi^\ominus_B$ 相近，且 η 很小。

(2) η_A 和 η_B 可协调 $\varphi^\ominus_A$ 和 $\varphi^\ominus_B$ 的差距。

(3) 调节 $a_{A^{z+}}$ 和 $a_{B^{z'+}}$ 的比例以协调 η_A 和 η_B、$\varphi^\ominus_A$ 和 $\varphi^\ominus_B$ 的差距。

12.11 金属的腐蚀和防腐

金属的腐蚀可分为两类：化学腐蚀和电化学腐蚀，主要讨论电化学腐蚀。

化学腐蚀：金属表面与外界介质直接起化学作用而引起的腐蚀称为化学腐蚀。

电化学腐蚀：金属表面与外界介质发生电化学作用有电流产生引起的腐蚀称为电化学腐蚀。

12.11.1 电化学腐蚀

产生原因：金属器件的各组成部分之间形成局部电池，产生了电化学反应，使金属氧化。

【例 12-7】 在一个铜制的器件上面打上铁铆钉，当将其长期暴露在空气中时铁铆钉是否会被腐蚀(生锈)? 为什么?

解 一个铜制的器件上面打了铁铆钉，在它的表面有一层薄的水汽层，成为电解质溶液，在器件表面形成一个局部电池。负极为铁，正极为铜。

阳极反应：Fe: (−) $Fe \longrightarrow Fe^{2+} + 2e^-$

阴极反应：Cu: (+) $\frac{1}{2}O_2 + 2H^+ + 2e^- \longrightarrow H_2O$

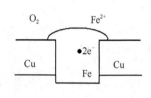

电池反应： $Fe + \frac{1}{2}O_2 + 2H^+ \longrightarrow Fe^{2+} + H_2O$

设计电池： $Fe \big| Fe^{2+}(a_{Fe^{2+}}) \,\|\, H^+(aq) \big| O_2(g) \big| Pt$

假设 $a_{H_2O}=1$，$a_{Fe}=1$，$a_{H^+}=10^{-7}$，$p_{O_2}=0.21p^{\ominus}$，$a_{O_2}=0.21p^{\ominus}/p^{\ominus}=0.21$，并假设 $a_{Fe^{2+}}=1$，则

$$E^{\ominus} = \varphi_R^{\ominus} - \varphi_L^{\ominus} = 1.229\ V - (-0.440\ V) = 1.669\ V$$

$$E = E^{\ominus} - \frac{RT}{2F}\ln \frac{a_{Fe^{2+}} \cdot a_{H_2O}}{a_{Fe} \cdot a_{H^+}^2 \cdot a_{O_2}^{1/2}}$$

$$= 1.669 - \frac{8.314 \times 298.15}{2 \times 96\,485}\ln \frac{1}{(10^{-7})^2 \times (0.21)^{1/2}} = 1.245\ (V) > 0$$

所以铁铆钉会被腐蚀。

Fe^{2+} 与溶液中的 OH^- 结合后，再氧化成铁锈 $Fe(OH)_3$。

$$Fe^{2+} + 2OH^- \longrightarrow Fe(OH)_2$$

$$4Fe(OH)_2 + 2H_2O + O_2 \longrightarrow 4Fe(OH)_3$$

12.11.2 金属防腐

金属防腐的主要方法有以下几种。

1. 非金属保护层(如涂漆、搪瓷)

在金属表面进行瓷釉涂搪可以防止金属生锈,使金属在受热时不至于在表面形成氧化层并且能抵抗各种液体的侵蚀。

2. 金属层保护(如电镀)

电镀就是利用电解作用使金属表面附着一薄层其他金属或合金膜,从而起到防止金属氧化(如锈蚀),提高耐磨性、导电性、反光性、抗腐蚀性(硫酸铜等)及增进美观等作用。不少硬币的外层也是电镀。

3. 电化学保护法

电化学保护有以下几种方法。

1) 保护器保护(阴极保护)法

将电极电势更低的金属和被保护的金属连接起来,构成原电池。电极电势更低的金属作为阳极而溶解,被保护的金属作为阴极就可以避免腐蚀。例如,在海上航行的船只,在船体四周镶上锌块。

2) 阴极电保护(牺牲阳极)法

利用外加直流电,负极接到被保护的金属上,使其成为阴极,正极接到一些废钢铁上,作为牺牲阳极。

3) 阳极电保护法

将被保护的金属连接外电源的正极,使被保护的金属进行阳极极化,达到钝化状态。

思 考 题

下列说法是否正确?为什么?

(1) 在电化学中,阳极就是正极,阴极就是负极。

(2) 对于一给定电极,将其作为一电池的阴极使用时的电极电势与其作为阳极使用时的电极电势是不同的。

(3) 电极电势就是电极表面与电解质溶液之间的电势差,单个电极的电势的值是可以通过实验测定的。

(4) $\left(\frac{\partial G}{\partial \xi}\right)_{T,p}$ 为强度性质,但与计量方程写法有关,因为计量方程写法不同,相同反应进度所代表的实际反应量是不同的。根据 $\left(\frac{\partial G}{\partial \xi}\right)_{T,p} = -zFE$ 可知,E 和 $E^{\ominus}$ 也为强度性质,其值也与计量方程的写法有关。

(5) 为计算在恒温、恒压、$W'=0$ 条件下进行的反应 $a\text{A}+b\text{B} \longrightarrow c\text{C}+d\text{D}$(过程 1)的 $\Delta_r G$,根据已知条件,我们可以在始、终状态之间设计一条通过可逆电池反应的途径(过程 2)进行计算。因为所设计途径的 $W' \neq 0$,所以在判别过程的方向和限度时就不能使用 $\Delta G \leqslant 0$ 判据了。这时,使用的判据应是 $\Delta G \leqslant W'$。

第四部分

界面和胶体化学

界面现象导言

界面化学所要研究的是处于热力学平衡态的两相界面的特殊性质并由此产生的各种现象。界面化学的研究对象、研究目的、研究方法和研究内容如下：

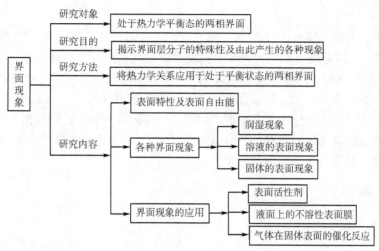

两相界面指的是什么?

两相界面是指存在于两相之间、厚度约为几个分子大小的一薄层——界面层。当两相中的一相为气相时，习惯于将两相界面称为表面。

两相界面在热力学平衡体系中普遍存在，**为什么在热力学的研究中并没有考虑界面性质对体系性质的影响呢?**

在一般条件下，研究体系的性质时之所以并不考虑界面性质对体系性质的影响是因为当体系的分散度非常小，或处于界面层的分子的数目远小于处于体相的分子的数目时，界面层分子的性质对体系性质的影响很小，完全可以忽略不计。但如果体系的分散度很大，处于界面层的分子数目与处于体相的数目相当时，界面层的分子性质对体系性质的影响便不容忽略。由于界面层分子与体相分子性质上的差异而产生了各种界面现象。

为什么界面层分子与体相分子在性质上会产生差异呢? 这种差异又是如何导致各种界面现象的产生的?

界面两侧不同相中分子间的作用力不同，使得界面层分子处于不均衡力场之中，而体相中的分子所受到的作用力是均衡的，这样界面层分子与体相分子在性质上出现差异。这种差异导致了各种界面现象的产生，如润湿现象、毛细管现象、弯曲液面的附加压力、吸附现象等。

例如，气-液界面，由于液相分子间的相互作用力大于气相分子间的相互作用力，使液体表面层分子受到一指向液体内部的拉力，因此液体表面具有自动收缩的趋势；而界面上不对称力场的存在又可使界面分子与外来分子发生化学的或物理的结合，以补偿这种力场的不均衡性（表面吸附）。与体相相比，体系的界面具有过剩的表面自由能。**什么是表面自由能?**

一、表面自由能

1. 比表面 A_0

单位体积或单位质量的物质所具有的表面积称为比表面。比表面可用来描述和比较多相体系的表面积的大小或分散度的高低。

2. 比表面自由能

以液体为例，为增加体系的分散度（或增加体系的比表面），外界必须克服分子所受到的向内的拉力而做功，这就是表面功。表面功以能量的形式储藏在表面分子上，这种能量就是表面(自由)能 G。而比表面自由能是指在组成及 T、p 恒定的条件下，可逆地增加单位表面积所引起体系吉布斯自由能的变化。比表面自由能在一定的条件下也称为表面张力。

物质表面层分子比体相分子具有更高的能量——过剩自由能。过剩自由能使体系不稳定，体系有自动降低表面自由能的趋势。采用的方式有两种：表面积收缩和表面吸附其他物质。而这种自动降低表面自由能的趋势就导致了各种界面现象的产生。

二、各种界面现象

1. 润湿现象

为什么会有润湿现象产生呢？ 润湿之所以会发生是因为固-气界面具有过剩的表面能，液体与固体的接触可使这部分自由能降低。

2. 弯曲液面

通常我们会看到一些液面是弯曲的，如大气压计中汞液面是凸起的，滴定管中水溶液的液面是下凹的。为什么会出现这样的现象呢？这仍是表面自由能使然。为降低表面自由能，液体会收缩表面积，使液面呈弯曲状。弯曲表面下的液体与平面下液体的情况并不同。弯曲液面两侧的压力差称为弯曲液面的附加压力。附加压力的作用使毛细管内液面上升或下降（这种现象称为毛细管现象）；附加压力的存在使得微小液滴的饱和蒸气压高于平面液体的饱和蒸气压，而微小气泡的饱和蒸气压则低于平面液体的饱和蒸气压。同理，微小晶体的饱和蒸气压大于普通晶体的饱和蒸气压，所以微小晶体的熔点低，溶解度大。

微小液滴的饱和蒸气压高于平面液体的饱和蒸气压、微小晶体的饱和溶解度大于普通晶体的饱和溶解度，这样的结果又会引发哪些现象呢？过饱和现象。

3. 新相生成和亚稳定状态

高度分散的体系，如微小液滴、微小晶体，其比表面很大、比表面自由能很高，因此体系处于不稳定状态。微小液滴、微小晶体具有高的饱和蒸气压，因此其易蒸发、易溶解，而凝结、结晶困难。最初生成的新相颗粒是极其微小的，根据其特点可知，在体系中要产生一个新相是比较困难的。由于新相难以生成，从而引起各种过饱和现象，如过饱和蒸气、过冷液体、过热液体及过饱和溶液，这些都属于亚稳定状态。**亚稳定状态是热力学的不稳定状态，但可以长期稳定存在，原因在于新相的种子难以生成。** 例如，我们绝大多数人都可能经历过人工降雨，天空阴云密布,雨就是降不下来。这时向云层中喷撒微小的 AgI 或干冰颗粒,为蒸气提供新相(液滴)生成的种子,雨就从天而降了。

除了收缩表面积可以降低表面自由能外,溶液还会采取什么方法降低表面自由能呢? 界面吸附。

4. 溶液的界面吸附

溶剂中加入溶质后溶剂的表面张力之所以会发生改变,是因为溶质在溶液的界面层有相对浓集或贫化的现象,这种现象称为溶液的界面吸附。溶质发生浓集的现象称为正吸附,其使表面张力下降;溶质发生贫化的现象称为负吸附,其使表面张力上升。

三、界面现象的应用

1. 表面活性剂

凡是能显著降低液体表面张力的物质称为表面活性剂。

不同的表面活性剂常具有不同的作用。概括地说,表面活性剂具有润湿、助磨、乳化、去乳、分散、增溶、发泡和消泡,以及匀染、防锈、杀菌、消除静电等作用,因此在许多生产、科研和日常生活中被广泛地使用。 但其作用本质仍是降低体系的表面自由能。

2. 不溶性表面膜

不溶于水的有机物在水面上形成的单个分子厚的不溶性表面膜称为单分子表面膜。

许多不溶于水的有机物,只要其分子是由长碳氢链和一个极性基团构成的,都能自动地在水面上铺展开来而形成单分子表面膜。表面膜的形成使水的表面张力降低。

将不溶性单分子层表面膜转移到玻璃或金属表面,组建成单分子层或多分子层膜,称为LB 膜。LB 膜具有完整无缺陷的单分子层膜,其厚度可从零点几纳米到几纳米,有高度各向异性的层状结构。

应用 LB 技术,可制造电子学器件、非线性光学器件、光电转换器件、化学传感器及生物传感器等。

3. 气体在固体表面的吸附和催化反应

1) 吸附

气体分子在固体表面上黏附(停留)的现象称为固体对气体的吸附。被吸附的物质称为吸附质,吸附其他分子的固体称为吸附剂。固体表面盖满一层气体分子的吸附量称为饱和吸附量。

根据实验测得的饱和吸附量,可求吸附质分子的截面积或吸附剂固体的比表面。这在测定多孔材料的比表面、孔隙率时经常用到。

2) 催化反应

许多工业化学反应是在固体催化剂存在下进行的。由于催化反应发生在两相界面,所以气-固相催化反应的反应速率与界面性质紧密相关。

吸附是气-固相催化反应的必要步骤,吸附的强弱对于反应产物的获得十分重要。只有那些在催化剂表面上吸附强度适中的物质,才有利于多相催化反应的正向进行。

第13章 界面现象

本章重点及难点

(1) 比表面自由能及表面过剩自由能。
(2) 润湿及毛细管现象。
(3) 弯曲液面附加压力和弯曲液面饱和蒸气压及其应用。
(4) 溶液界面吸附的吉布斯方程及其应用。
(5) 表面活性剂的特征及其应用。
(6) 气体在固体表面的吸附和催化反应。

13.1 本章知识结构框架

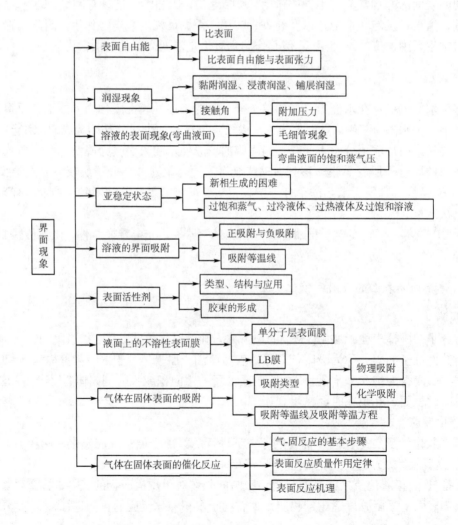

13.2 基本概念和术语

13.2.1 界面

存在于两相之间,厚度约为几个分子大小的一薄层称为界面。当两相中的一相为气相时,习惯于将两相界面称为表面。

按界面两侧物质的聚集状态可将界面分为:气-液界面、气-固界面、液-液界面、液-固界面、固-固界面等。

13.2.2 比表面 A_0

单位体积或单位质量的物质的表面积称为比表面。比表面可用以描述和比较多相体系表面积的大小。

$$A_0 = \frac{A}{m} = \frac{A}{\rho V} \quad 或 \quad A_0 = \frac{A}{V}$$

13.2.3 界面现象

由于界面两侧不同相中分子间的作用力不同,故物质的界面层分子与体相分子所处状态不同,由此而产生的各种现象称为界面现象。

例如,气-液界面,与液体体相分子相比,界面层分子所受到的作用力是不均衡的(图 13-1)。这种不均衡力作用的结果使得液体表面具有收缩力和吸附能力。

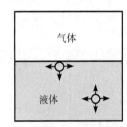

图 13-1　液体中分子间作用力

1. 液体表面的收缩力

表面层的液体分子受到液体内部分子的作用力远大于上面气体分子对它的作用力,表面层的分子受到一个指向液体内部的拉力(称为内聚力),使液体表面具有自动收缩的趋势。这也就是液滴为什么总是呈球状的原因。

2. 表面吸附

由于界面上不对称力场的存在,界面分子与外来分子发生化学的或物理的结合,以补偿这种力场的不对称性。

许多重要现象,如毛细管现象、润湿现象、吸附作用、多相催化、胶体的稳定性都与液体表面具有收缩力和吸附能力有关。

13.2.4 毛细体系

表面效应相当大的多相平衡体系称为毛细体系。

13.3　表面自由能

13.3.1　比表面自由能

1. 定义

对处于热力学平衡态的毛细体系，其界面效应不容忽略，所以 $G = G(T, p, A, n_B)$。其中 A 为界面积。

$$dG = -SdT + Vdp + \left(\partial G / \partial A\right)_{T, p, n_B} dA + \sum_B \mu_B dn_B \tag{13-1}$$

同理

$$dU = TdS - pdV + \left(\partial U / \partial A\right)_{S, V, n_B} dA + \sum_B \mu_B dn_B \tag{13-2}$$

$$dH = TdS + Vdp + \left(\partial H / \partial A\right)_{S, p, n_B} dA + \sum_B \mu_B dn_B \tag{13-3}$$

$$dF = -SdT - pdV + \left(\partial F / \partial A\right)_{T, V, n_B} dA + \sum_B \mu_B dn_B \tag{13-4}$$

定义：比表面自由能 σ 为

$$\sigma \equiv \left(\frac{\partial U}{\partial A}\right)_{S, V, n_B} \equiv \left(\frac{\partial H}{\partial A}\right)_{S, p, n_B} \equiv \left(\frac{\partial F}{\partial A}\right)_{T, V, n_B} \equiv \left(\frac{\partial G}{\partial A}\right)_{T, p, n_B}$$

比表面自由能 σ 有以上四种定义方式，其中常用定义方式为

$$\sigma \equiv \left(\frac{\partial G}{\partial A}\right)_{T, p, n_B} \tag{13-5}$$

单位为 $J \cdot m^{-2}$。

2. 物理意义

在组成及 T、p(或 S、V，或 S、p，或 T、V)恒定的条件下，可逆地增加单位表面积所引起体系吉布斯自由能(或热力学能，或焓，或亥姆霍兹自由能)的变化称为比表面自由能(或热力学能，或焓，或亥姆霍兹自由能)。

【例 13-1】　水的比表面自由能为 $0.0729\ J \cdot m^{-2}$。$1\ g$ 水以一个球滴存在时，其表面积为 $5 \times 10^{-4}\ m^2$；现将 $1\ g$ 水分散成半径为 $10^{-7}\ cm$ 的液滴，请回答以下问题：

(1) $1\ g$ 水分散前后的比表面 A_0 分别为多少？

(2) $1\ g$ 水分散前后的表面自由能 ΔG 为多少？

(3) 计算结果说明了什么问题？

解　(1) 分散前：$A_0 = \dfrac{A}{m} = \dfrac{5 \times 10^{-4}}{1} = 5 \times 10^{-4} (m^2 \cdot g^{-1})$

分散前球滴的半径：$r_1 = \sqrt{\dfrac{A}{4\pi}} = \sqrt{\dfrac{5 \times 10^{-4}}{4 \times 3.14}} = 6.31 \times 10^{-3} (m)$

设分散后球滴的个数 N，分散前后的总体积不变，所以

$$\frac{4}{3}\pi r_1^3 = N \times \frac{4}{3}\pi r_2^3$$

$$N = \left(\frac{r_1}{r_2}\right)^3 = \left(\frac{6.31\times10^{-3}}{10^{-9}}\right)^3 = 2.5\times10^{20}$$

$$A_0 = \frac{A}{m} = \frac{N\times4\pi r_2^2}{m} = \frac{2.5\times10^{20}\times4\pi\times(10^{-9})^2}{1} = 3.14\times10^3 (m^2\cdot g^{-1})$$

(2) 分散前后表面能的变化值：

$$\Delta G = \sigma\Delta A = 0.0729\times(4\pi r_2^2 N - 4\pi r_1^2) = 0.0729\times(3.14\times10^3 - 5\times10^{-4}) = 228.9(J)$$

这相当于使 1 g 水温度升高 50℃所需供给的能量。

(3) 从计算结果可以看出，体系的分散度越大，则比表面越大，比表面能越高，因此其表面的性质越不容忽视。

3. 表面功

由于液体表面分子受到向内的拉力，因此液体都有缩小其表面积的趋势。相反，如果要扩展液体表面，外界必须克服其向内的拉力而做功——表面功。表面功为非体积功，可逆的非体积功可根据比表面自由能 σ 的定义计算如下：

$[T,p]:$
$$dG = \delta W' = \sigma dA$$

或
$$\Delta G = W' = \int_1^2 \sigma dA$$

表面功以能量的形式储藏在表面分子上——表面(自由)能。因此，物质表面上的分子比体相分子具有更高的能量——过剩自由能。过剩自由能使体系不稳定，体系有自动降低表面自由能的趋势。方法：①收缩表面；②表面吸附其他物质。

13.3.2 表面张力

1. 表面张力含义

在一定条件下(恒温、恒压、组成恒定)，比表面自由能又称表面张力，符号仍为 σ。原因如下。

1) σ 的单位

$J\cdot m^{-2} = N\cdot m\cdot m^{-2} = N\cdot m^{-1}$，意义为单位长度上的力。

2) 环境对体系所做的表面功

图 13-2 所示为一蘸上肥皂液的金属框，当外力 F 反抗表面张力 σ 使金属丝向左移动 dx 距离时，液膜两面(图中前面和背面)各增加表面积 dA，有

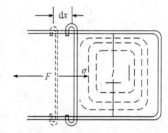

图 13-2 表面张力实验示意图

$$\left.\begin{aligned}\delta W' &= F dx \\ \delta W' &= \sigma(2dA) = \sigma(2l dx)\end{aligned}\right\}$$

所以
$$\sigma = \frac{F}{2l} \quad (\text{物理意义为单位长度上的力})$$

σ 的物理意义是在液体的表面上，垂直作用于表面上任意单位长度上的收缩力，也称为表面张力。

因此，**在一定条件下(恒温、恒压、组成恒定)，比表面自由能和表面张力是同一物理量从**

不同的角度看问题时给出的两个名称。

2. 表面张力的方向

对平液面：表面张力的方向总是平行于液面，指向液体内部。

对弯曲液面：表面张力的方向在弯曲液面的切线方向，合力指向曲率中心。

3. 影响表面张力的因素

比表面自由能是体系重要的热力学性质，属于物质的一种特性。影响其大小的因素主要有以下三类。

1) 与物质的本性有关

表面张力的大小依原子间的键型顺序，即 σ(金属键)＞σ(离子键)＞σ(极性共价键)＞σ(非极性共价键)，依次减弱。

特例是水。水中因为有氢键存在，所以其表面张力也较大。

2) 与所接触的相的性质有关

由于表面层分子与不同物质接触时所受的作用力不同，所以表面张力也就不同。

例如，水与水蒸气的 $\sigma = 72.88 \times 10^{-3}\,\text{N}\cdot\text{m}^{-1}$，而水与汞的 $\sigma = 415 \times 10^{-3}\,\text{N}\cdot\text{m}^{-1}$。

3) 与温度有关

温度升高时，液体分子间距离增大，引力减弱，所以表面分子的超额吉布斯自由能减少(直至临界温度)。因此，表面张力随温度升高而降低。

13.3.3　界面热力学函数

根据比表面自由能的定义和热力学基本关系式，可得出比表面焓、比表面熵等界面热力学函数。

例如，将 $G = H - TS$ 代入式(13-5)，得

$$\sigma = \left(\frac{\partial G}{\partial A}\right)_{T,p,n_B} = \left(\frac{\partial H}{\partial A}\right)_{T,p,n_B} - T\left(\frac{\partial S}{\partial A}\right)_{T,p,n_B}$$

式中，$\left(\dfrac{\partial H}{\partial A}\right)_{T,p,n_B}$ 为比表面焓，$\left(\dfrac{\partial S}{\partial A}\right)_{T,p,n_B}$ 为比表面熵。

$$\left(\frac{\partial H}{\partial A}\right)_{T,p,n_B} = \sigma + T\left(\frac{\partial S}{\partial A}\right)_{T,p,n_B} \tag{13-6}$$

在$[p,n_B]$条件下，由式(13-1)可得

$$dG = -SdT + \left(\frac{\partial G}{\partial A}\right)_{T,p,n_B} dA = -SdT + \sigma dA \tag{13-7}$$

应用麦克斯韦关系于式(13-7)，得

$$\left(\frac{\partial S}{\partial A}\right)_{T,p,n_B} = -\left(\frac{\partial \sigma}{\partial T}\right)_{p,A,n_B} \tag{13-8}$$

将式(13-8)代入式(13-6)，可得

$$\left(\frac{\partial H}{\partial A}\right)_{T,p,n_B} = \sigma - T\left(\frac{\partial \sigma}{\partial T}\right)_{p,A,n_B} \tag{13-9}$$

同理可得

$$\left(\frac{\partial U}{\partial A}\right)_{T,p,n_B} = \sigma - T\left(\frac{\partial \sigma}{\partial T}\right)_{V,A,n_B} \tag{13-10}$$

式(13-9)和式(13-10)为界面相吉布斯-亥姆霍兹公式。式中，$\left(\dfrac{\partial \sigma}{\partial T}\right)_{p,A,n_B}$ 和 $\left(\dfrac{\partial \sigma}{\partial T}\right)_{V,A,n_B}$ 均可称为表面张力(或比表面能)的温度系数。

13.4 润 湿 现 象

13.4.1 润湿

定义：固体与液体接触后，体系(固体+液体)的吉布斯自由能降低，这种现象称为润湿。

分类：根据液体对固体表面的亲和情况，可将润湿分为三种类型：黏附润湿、浸渍润湿和铺展润湿。

1. 黏附润湿

液体与固体接触后，液-气界面和固-气界面变为固-液界面的现象为黏附润湿。发生条件：

$$\Delta G = \sigma_{l\text{-}s} - \sigma_{g\text{-}s} - \sigma_{l\text{-}g} = W_a \leqslant 0$$

式中，W_a 为黏附功；$\sigma_{l\text{-}g}$、$\sigma_{g\text{-}s}$ 和 $\sigma_{l\text{-}s}$ 分别表示液-气、气-固和液-固界面的界面张力。

2. 浸渍润湿

固体浸入液体过程中，固-气界面为固-液界面所代替，而液体表面没有变化的现象为浸渍润湿。发生条件：

$$\Delta G = \sigma_{l\text{-}s} - \sigma_{s\text{-}g} = W_i \leqslant 0$$

式中，W_i 为浸渍功。

3. 铺展润湿

液滴在固体表面完全铺开成薄膜的现象为铺展润湿。铺展过程是以固-液界面及液-气界面代替原来的固-气界面。发生条件：

$$\Delta G = \sigma_{s\text{-}l} + \sigma_{l\text{-}g} - \sigma_{s\text{-}g} = -\varphi \leqslant 0$$

式中，φ 为铺展系数。

13.4.2 接触角

一般来说，液体若能够润湿固体表面，则其在固体表面的铺展呈凸透镜状[图 13-3(a)]；若不能润湿固体表面，则在固体表面的液体倾向于收缩，呈椭球状[图 13-3(b)]。

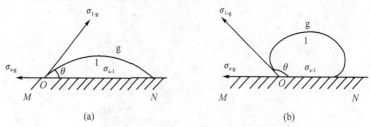

图 13-3　润湿作用与接触角(O 点为三相界面的交点)
(a)黏附润湿；(b)不润湿

1. 接触角 θ

定义：三个界面张力 $\sigma_{s\text{-}g}$、$\sigma_{s\text{-}l}$、$\sigma_{l\text{-}g}$ 相互作用达平衡时，固-液界面与液-气界面在 O 点的切线的夹角 θ 称为接触角(或润湿角)，如图 13-3 所示。

根据接触角的大小，可以描述液体对固体的润湿程度。若 $\theta < 90°$，能润湿；若 $\theta = 0°$，完全润湿；若 $\theta > 90°$，不能润湿；若 $\theta = 180°$，完全不润湿。

例如，水能在洁净的玻璃上铺展属于完全润湿；汞在洁净的玻璃上只能呈球或椭球状则为完全不润湿。

2. 杨氏方程

当三个界面张力 $\sigma_{s\text{-}g}$、$\sigma_{s\text{-}l}$ 和 $\sigma_{l\text{-}g}$ 相互作用达平衡时(图 13-3)，有

$$\sigma_{g\text{-}s} - \sigma_{l\text{-}s} - \sigma_{g\text{-}l} \cdot \cos\theta = 0 \tag{13-11}$$

$$\cos\theta = \frac{\sigma_{g\text{-}s} - \sigma_{l\text{-}s}}{\sigma_{g\text{-}l}} \tag{13-12}$$

式(13-12)称为杨氏(Young)方程。根据杨氏方程分析，可得出下面的结论：

若 $\sigma_{g\text{-}s} - \sigma_{l\text{-}s} < 0$，则 $\cos\theta < 0$，$\theta > 90°$，不润湿。

若 $\sigma_{g\text{-}s} - \sigma_{l\text{-}s} > 0$，且 $\sigma_{g\text{-}l} > \sigma_{g\text{-}s} - \sigma_{l\text{-}s}$，则 $0 < \cos\theta < 1$，$\theta < 90°$，润湿。

若 $\sigma_{g\text{-}l} = \sigma_{g\text{-}s} - \sigma_{l\text{-}s}$，则 $\cos\theta = 1$，$\theta = 0°$，完全润湿。

13.5　弯　曲　界　面

当两相界面呈曲面时,且曲面半径较表面层的厚度大得多的情况下,由于表面张力的作用,弯曲表面下的液体与平面下液体的情况并不同,如图 13-4 所示。

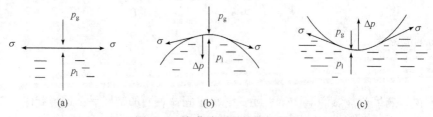

图 13-4　弯曲液面下的附加压力
σ 为液体的表面张力；p_g 为液面上所受的外压；p_l 为液面上的液体所承受的压力

13.5.1　弯曲液面的附加压力 p_s

1. 定义

当两相界面呈弯曲液面时，弯曲液面两侧的压力差称为弯曲液面的附加压力，用 p_s 或 Δp 表示。弯曲液面的附加压力的方向指向液面的曲率中心。

注意：液体的表面张力 σ 是沿着液面方向作用的。

分析图 13-4 可知，对平面液体，$\sum_i \sigma_i = 0$，$p_g = p_1$，所以 $\Delta p = p_1 - p_g = 0$；对凸面液体，$\sum_i \sigma_i \neq 0$，合力指向液体内曲率中心，$p_1 > p_g$，所以 $\Delta p = p_1 - p_g > 0$；对凹面液体，$\sum_i \sigma_i \neq 0$，合力指向液体外曲率中心，$p_1 < p_g$，所以 $\Delta p = p_1 - p_g < 0$。

2. 拉普拉斯方程

(1) 对球形液滴，经推导可得

$$p_s = \Delta p = p_1 - p_g = \frac{2\sigma}{R} \tag{13-13}$$

式中，R 为液面的曲率半径。对 R 的符号规定为：凹液面 $R < 0$；凸液面 $R > 0$。

式(13-13)称为拉普拉斯(Laplace)适用条件为正规球形弯曲液面上的压力差。

若液面为凸面：$R > 0, \Delta p > 0, p_1 > p_g$。

若液面为凹面：$R < 0, \Delta p < 0, p_1 < p_g$。

若液面为平面：$R = \infty, \Delta p = 0, p_1 = p_g$。

(2) 对有两个主曲率半径 R_1 和 R_2 的椭球，则可以导出

$$p_s = \Delta p = \sigma \left(\frac{1}{R_1} + \frac{1}{R_2} \right) \tag{13-14}$$

当 $R_1 = R_2$ 时，式(13-14)与球形液滴的式(13-13)相同。

(3) 对具有内、外两层液膜的液泡(如肥皂泡)，内、外两个液面的曲率半径近似相等，则附加压力为

$$\Delta p = \pm \frac{4\sigma}{R} \tag{13-15}$$

13.5.2　毛细管现象

将一根半径为 r 的毛细管的一端垂直插入液体中，由于附加压力的作用使毛细管内液面上升或下降，这种现象称为毛细管现象。毛细管上升法测定液体的表面张力是拉普拉斯公式的应用之一。

1. 液体润湿管壁

例如，将玻璃毛细管插入水中，$\theta < 90°$，$\cos\theta > 0$，毛细管内形成凹液面，则由于附加压力的作用使液体沿毛细管上升。达到平衡时，上升液柱产生的静压力 $(\rho_1 - \rho_g)gh \approx \rho_1 gh$ $(\rho_1 \gg \rho_g)$ 与

附加压力 Δp 在数值上相等，即

$$\Delta p = \frac{2\sigma}{R} = \rho_1 g h \quad \text{或} \quad h = \frac{2\sigma}{\rho_1 g R} \tag{13-16}$$

根据图 13-5 可得曲率半径 R 与毛细管半径 r 的关系为

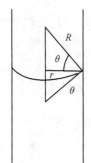

$$R = \frac{r}{\cos\theta}$$

代入式(13-16)，可得

$$\sigma = \frac{h r \rho_1 g}{2\cos\theta}$$

或

$$h = \frac{2\sigma\cos\theta}{r\rho_1 g} \tag{13-17}$$

式中，ρ_1 为液体的密度($\mathrm{kg \cdot m^{-3}}$)；h 为液柱上升的高度；g 为重力加速度。

图 13-5　接触角　　式(13-17)为毛细管法测表面张力的基本原理。通常 θ 不易测准，故用毛细管上升法测定液体的表面张力时，对 $\theta = 0$ 的液体较为准确。

2. 液体不润湿管壁

例如，将玻璃毛细管插入汞中，$\theta > 90°$，$\cos\theta < 0$，毛细管内形成凸液面，则由于附加压力的作用使液体沿毛细管下降。同理，仍可推得式(13-17)：

$$h = \frac{2\sigma\cos\theta}{r\rho_1 g}$$

表面张力的存在是弯曲液面产生附加压力的根本原因，而毛细管现象则是弯曲液面具有附加压力的必然结果。

13.5.3　弯曲液面上的饱和蒸气压

对平面液体，由克拉贝龙-克劳修斯方程：

$$\frac{\mathrm{d}\ln p}{\mathrm{d}T} = \frac{\Delta H}{RT^2}$$

计算可得平面液体在不同温度下的饱和蒸气压 p。若 $\Delta H=$ 常数，可得

$$\ln\frac{p_2}{p_1} = -\frac{\Delta H}{R}\left(\frac{1}{T_2} - \frac{1}{T_1}\right)$$

对弯曲液面，如小液滴或小气泡，其曲率半径 r 会对蒸气压产生影响(图 13-6)。

设：p_r 为弯曲液面的饱和蒸气压；p_0 为平液面的饱和蒸气压，弯曲液面曲率半径 r 与蒸气压之间的关系推导如下。

对纯物质，温度恒定时设计可逆过程如下：

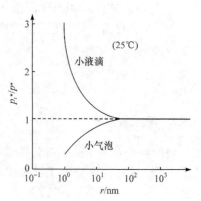

图 13-6　表面曲率半径对水的蒸气压的影响

平面液体 $(p^*) \xrightarrow{(1)}$ 蒸气(正常蒸气压 p^*)

$\downarrow (2)$ $\qquad\qquad$ $\downarrow (4)$

小液滴 $(p_r^* + \Delta p) \xrightarrow{(3)}$ 蒸气(小液滴的蒸气压 p_r^*)

推导过程中应用的公式和近似处理条件如下:

(1) 恒温时,由吉布斯方程 $\mathrm{d}G_m = -S_m\mathrm{d}T + V_m\mathrm{d}p$,可得 $\mathrm{d}G_m = V_m\mathrm{d}p$。

(2) 压力变化对液体体积的影响可忽略不计,气体可作为理想气体处理。

(3) $\Delta p = \dfrac{2\sigma}{r} \gg p_r - p_0$,$V_m^l = \dfrac{M}{\rho}$,$M$ 为纯液体的摩尔质量,ρ 为纯液体在温度 T 时的密度。

根据所设计的过程,有

$$\Delta_{vap}G_1 = \Delta G_2 + \Delta_{vap}G_3 + \Delta G_4 \tag{13-18}$$

过程(1)和(3)为可逆相变过程,所以,

$$\Delta_{vap}G_1 = 0, \quad \Delta_{vap}G_3 = 0 \tag{13-19}$$

将式(13-19)代入式(13-18),得

$$\Delta G_2 + \Delta G_4 = 0 \tag{13-20}$$

根据上述推导过程中应用的公式和近似处理条件,可得

$$\Delta G_2 = \int_{p^*}^{p_r^*+\Delta p} \mathrm{d}G_m = \int_{p^*}^{p_r^*+\Delta p} V_m^l \mathrm{d}p = V_m^l(p_r^* + \Delta p - p^*) \approx \frac{M}{\rho} \cdot \frac{2\sigma}{r} \tag{13-21}$$

$$\Delta G_4 = \int_{p_r^*}^{p^*} V_m^g \mathrm{d}p = \int_{p_r^*}^{p^*} \frac{RT}{p}\mathrm{d}p = RT\ln\frac{p^*}{p_r^*} \tag{13-22}$$

将式(13-21)和式(13-22)代入式(13-20),可得

$$RT\ln\frac{p_r^*}{p^*} = \frac{2\sigma M}{\rho r} \quad \text{或} \quad \ln\frac{p_r^*}{p^*} = \frac{2\sigma M}{RT\rho r} \tag{13-23}$$

式(13-23)称为开尔文公式。

讨论:

(1) 对平面液体,$r=\infty$,$\ln(p_r^*/p^*)=0$,$p_r^*=p^*$。

(2) 对凸面液体,$r>0$,$\ln(p_r^*/p^*)>0$,$p_r^*>p^*$。

(3) 对凹面液体,$r<0$,$\ln(p_r^*/p^*)<0$,$p_r^*<p^*$。

与图 13-6 所示实验数据相吻合。

13.5.4 微小晶体的饱和溶解度

微小晶体的饱和蒸气压大于普通晶体的饱和蒸气压,所以微小晶体的熔点低,溶解度大。开尔文公式同样适用于微小晶体。用类似的方法可得以下形式的开尔文公式:

$$\ln\frac{c_r}{c_0} = \frac{2\sigma M}{RT\rho r} \tag{13-24}$$

式中,σ 为晶-液界面张力;c_r 和 c_0 分别为微小晶体和普通晶体的溶解度;M 为晶体的摩尔质量;ρ 为晶体的密度;r 为微晶体的半径。

13.6　新相生成和亚稳定状态

13.6.1　微小颗粒的特点

(1) 微小液滴、微小晶体具有高的饱和蒸气压，因此其易蒸发、易溶解，而凝结、结晶困难。

(2) 微小液滴、微小晶体的比表面很大、比表面自由能很高，因此体系处于不稳定状态。

13.6.2　亚稳定状态

最初生成的新相颗粒极其微小，根据其特点可知，在体系中要产生一个新相是比较困难的。由于新相难以生成，从而引起各种过饱和现象，如过饱和蒸气、过冷液体、过热液体及过饱和溶液，这些都属于亚稳定状态。**亚稳定状态是热力学的不稳定状态，但可以长期稳定存在，原因在于新相的种子难以生成。**

1. 过饱和蒸气

定义：蒸气对平面液面已饱和，但对微小液滴尚未饱和，此时微小液滴既不能产生又不能存在。这种按照相平衡条件应该凝结而未凝结的蒸气称为过饱和蒸气。

存在原因：微小液滴的饱和蒸气压高于普通液体。

人工降雨的基本原理：在水蒸气达到饱和或过饱和状态的云层中喷撒微小的 AgI 或干冰颗粒，为过饱和蒸气提供新相(液滴)生成的种子，使新相生成时所需的过饱和度大大降低。

2. 过热液体

定义：按照相平衡条件应该沸腾而未沸腾的液体称为过热液体。

存在原因：微小气泡凹液面存在很高的附加压力。

防止暴沸的方法：向液体中加入多孔性物质，如沸石、素烧瓷片、分子筛、软木棒等，多孔性物质的孔中存有的气体可以为新相(气泡)的生成提供种子。

为什么会有过热液体产生呢？

【例 13-2】　在 100℃、$p^{\ominus}$ (101 325 Pa)的纯水中，在距液面 $h = 0.02$ m 处，要生成一个 $r = 10^{-8}$ m 的小气泡需克服多大压力呢？已知 100℃时，水的表面张力 $\sigma = 58.85 \times 10^{-3}\, \mathrm{N \cdot m^{-1}}$，密度 $\rho = 958.1\, \mathrm{kg \cdot m^{-3}}$。

解　根据开尔文公式

$$\ln \frac{p_\mathrm{r}}{p_0} = \frac{2\sigma M}{RT\rho r} = \frac{2 \times 58.85 \times 10^{-3} \times 18 \times 10^{-3}}{8.314 \times 373.15 \times 958.1 \times (-10^{-8})} = -0.071\,28$$

可得

$$p_\mathrm{r} = 0.9312 p^{\ominus} \text{(小气泡中的蒸气压)}$$

根据 $\Delta p = \dfrac{2\sigma}{r}$，可得

$$\Delta p = 116.2 p^{\ominus} \text{(小气泡凹液面所产生的附加压力)}$$

小气泡上液体所产生的静压力：$p_{\text{静}} = \rho g h = 1.853 \times 10^{-3} p^{\ominus}$

小气泡所受到的总压力：　$p' = p_{大气} + p_{静} + \Delta p = 117.13 p^{\ominus} = 1.187 \times 10^7 \text{ Pa}$

显然，小气泡在 100℃时无法生成，只能继续加热，直至其能克服所受到的压力小气泡才能生成。这时，过热液体也就产生了。这样的体系极易暴沸。

3. 过冷液体

定义：按照相平衡条件应该凝固而未凝固的液体称为过冷液体。

存在原因：微小晶体的饱和蒸气压高于普通晶体的饱和蒸气压。因此，微小晶体的熔点低于普通晶体的熔点。

防止过冷液体产生的方法：向溶液中投入小晶体作为新相种子，能使液体迅速凝固成晶体。

4. 过饱和溶液

定义：按照相平衡条件应该有晶体析出而未析出的溶液称为过饱和溶液。

存在原因：微小晶体的饱和溶解度高于普通晶体的饱和溶解度。

13.6.3　分散度对物质化学活性的影响

物质的分散度增大，其表面吉布斯自由能增加。$dG_{总} = dG_{体} + dG_{表}$，则物质的化学活性增加。

例如，　$CaCO_3(s) \Longleftrightarrow CaO(s) + CO_2(g)$，体系的总的吉布斯自由能为

$$dG_{总} = dG_{体} + dG_{表}$$

式中，$dG_{体}$为未考虑表面特性时体系的吉布斯自由能；$dG_{表}$为体系各组分的表面吉布斯自由能之和。

根据 σ 的定义：

$$dG_{表} = \sum_i \sigma_i dA_i$$

$$dG_{总} = dG_{体} + \sigma_{CaO(s)} dA_{CaO(s)} - \sigma_{CaCO_3(s)} dA_{CaCO_3(s)}$$

因此，$CaCO_3(s)$的分散度越高，则 $\sigma_{CaCO_3(s)} dA_{CaCO_3(s)}$ 越大，$dG_{总}$ 越负，其反应活性越高。反应物的分散度增加有利于正向反应的进行，产物的分散度增加则有利于逆向反应的进行。

13.7　溶液的界面吸附

13.7.1　溶液的界面吸附与表面过剩量

1. 界面吸附

1) 定义

向溶剂中加入溶质后，溶剂的表面张力发生改变，溶质在溶液的界面层有相对浓集或贫化的现象，这种现象称为溶液的界面吸附。溶质发生浓集的现象称为正吸附，溶质发生贫化的现象称为负吸附。

例如，对三种类型溶质的稀水溶液测得的 $\sigma\text{-}c$ 关系如图 13-7 所示。

类型 I ——加入无机盐、蔗糖、甘油、KOH、H_2SO_4 等使 σ 升高，溶质在表面相对贫化，

产生负吸附。

　　类型Ⅱ——加入有机酸、醇、醚等使 σ 下降，溶质在表面相对富集，产生正吸附。

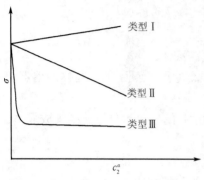

　　　　　　　　类型Ⅲ——加入肥皂、合成洗涤剂等使 σ 显著降低，溶质在表面相对富集，产生正吸附。

　　2) 界面张力 σ 变化的原因

　　界面吸附现象的产生和表面过剩量的出现使界面张力发生变化。

　　3) 溶液界面吸附作用的研究方法

　　(1) 吉布斯表面热力学方法：二维几何平面模型。

　　(2) 古根海姆表面热力学方法：三维热力学相模型。

　　2. 表面过剩量 n_i^{σ}

图 13-7　溶液浓度对表面张力的影响

　　本节采用吉布斯二维几何平面模型方法研究溶液界面的吸附作用。

　　吉布斯二维几何平面模型的界面相为一个没有厚度的几何平面，称为吉布斯分界面。该分界面没有体积，但有其他的热力学函数存在，如热力学能、焓、熵等。

　　假设某一实际体系由 α 和 β 两相组成，体系中某一组分 i 的物质的量为 n_i。达两相平衡时，体相 α 中浓度 c_i^{α} 均匀一致；体相 β 中浓度 c_i^{β} 均匀一致。

　　根据吉布斯模型，吉布斯分界面的体积 $V^{\sigma} = 0$。上标“σ”代表吉布斯分界面的任何热力学性质。V^{α} 和 V^{β} 分别为吉布斯体系中 α 相和 β 相的体积，且体相 α 中物质的量为 n_i^{α}，体相 β 中物质的量为 n_i^{β}，与实际体系的相同。

　　表面过剩量 n_i^{σ} 定义为

$$n_i^{\sigma} = n_i - (n_i^{\alpha} + n_i^{\beta}) = n_i - (c_i^{\alpha}V^{\alpha} + c_i^{\beta}V^{\beta})$$

　　按照吉布斯的定义，吉布斯分界面存在其他的热力学性质，如实际体系的热力学能 $U = U^{\alpha} + U^{\beta} + U^{\sigma}$ 或 $U^{\sigma} = U - U^{\alpha} - U^{\beta}$，实际体系的熵 $S = S^{\alpha} + S^{\beta} + S^{\sigma}$ 或 $S^{\sigma} = S - S^{\alpha} - S^{\beta}$ 等。

　　3. 表面过剩浓度 Γ_i^{σ}

　　定义：$\Gamma_i^{\sigma} = \dfrac{n_i^{\sigma}}{A}$。

　　意义：单位表面积上组分 i 的表面过剩量(A 为表面积)。

　　吉布斯模型的参考组分：溶剂。

　　规定：溶剂的表面过剩量 n_1^{σ} 与表面过剩浓度(或称表面吸附量) Γ_1^{σ} 均为零的位置为分界面的位置。

　　根据上述规定，溶质的表面过剩量与表面过剩浓度都是相对于溶剂而言，可以写成 $n_{i(1)}^{\sigma}$ 和 $\Gamma_{i(1)}^{\sigma}$。

13.7.2 吸附等温式

1. 吉布斯吸附等温式

根据热力学基本方程、表面特性及吸附平衡条件，推导得到的表面吸附量与溶液活度之间的关系为

$$\Gamma_{2(1)} = -\frac{a_2}{RT}\left(\frac{\partial\sigma}{\partial a_2}\right)_T \tag{13-25}$$

对理想稀溶液或理想溶液：$a_2 = c_2$(下标 1 表示溶剂，2 表示溶质)，代入式(13-25)，得

$$\Gamma_{2(1)} = -\frac{c_2}{RT}\left(\frac{\partial\sigma}{\partial c_2}\right)_T$$

或

$$\Gamma = -\frac{c}{RT}\left(\frac{\partial\sigma}{\partial c}\right)_T \tag{13-26}$$

式(13-26)称为吉布斯吸附等温式。从式(13-26)可以看出：若 $(\partial\sigma/\partial c_2)_T < 0$，则 $\Gamma_{2(1)} > 0$，表面发生正吸附；若 $(\partial\sigma/\partial c_2)_T > 0$，则 $\Gamma_{2(1)} < 0$，表面发生负吸附；若 $(\partial\sigma/\partial c_2)_T = 0$，则 $\Gamma_{2(1)} = 0$，无吸附作用发生。

Γ-c 之间的关系曲线称为吸附等温线。

2. 表面吸附量 Γ 的求算

应用吉布斯吸附等温式计算某溶质的表面吸附量 Γ，可采用以下两种方法。

(1) 在恒温条件下，通过实验测定 σ-c 的关系曲线，求得曲线上某指定浓度的斜率，即可求得该浓度下的 $(\partial\sigma/\partial c_2)_T$，代入吉布斯吸附等温式可得表面吸附量 Γ。

(2) 利用经验公式计算。应用较为广泛的是希施柯夫斯基(Щишковский)经验公式。

$$\sigma_0 - \sigma = b\sigma_0 \ln\left(1 + \frac{c/c^\ominus}{a}\right) \tag{13-27}$$

式中，σ_0 和 σ 分别为纯溶剂和溶液的表面张力；c 为溶液的本体浓度；b 为同系物中共用常数；a 为同系物中不同化合物的特性常数。

由式(13-27)可得

$$\left[\frac{\partial\sigma}{\partial(c/c^\ominus)}\right]_T = -b\sigma_0\frac{\dfrac{1}{a}}{1+\dfrac{c/c^\ominus}{a}}$$

将其代入吉布斯吸附等温式[式(13-26)]，整理可得

$$\Gamma = k\frac{\dfrac{c/c^\ominus}{a}}{1+\dfrac{c/c^\ominus}{a}} \tag{13-28}$$

式中，$k = \dfrac{b\sigma_0}{RT}$。

当 $\dfrac{c}{ac^\ominus} \gg 1$ 时，$\Gamma = k = $ 常数，即表面过剩浓度或表面吸附量 Γ 与浓度无关，表明溶液表面吸附已达饱和，溶液中的溶质不再能被更多地吸附于表面，此时 $\Gamma = k = \Gamma_\infty$，$\Gamma_\infty$ 称为饱和吸附量，代入式(13-28)，得

$$\Gamma = \Gamma_\infty \frac{\dfrac{c/c^\ominus}{a}}{1 + \dfrac{c/c^\ominus}{a}}$$

或

$$\frac{1}{\Gamma} = \frac{1}{\Gamma_\infty} + \frac{a}{\Gamma_\infty(c/c^\ominus)} \tag{13-29}$$

从式(13-29)可以看出：低浓度时，$1 + \dfrac{c/c^\ominus}{a} \approx 1$，$\Gamma = \Gamma_\infty \dfrac{c/c^\ominus}{a}$，$\Gamma\text{-}c$ 为直线。高浓度时，$1 + \dfrac{c/c^\ominus}{a} \approx \dfrac{c/c^\ominus}{a}$，$\Gamma = \Gamma_\infty$，即达到饱和吸附，$\Gamma\text{-}c$ 为水平线。

以 $\dfrac{1}{\Gamma}$ 对 $\dfrac{1}{c/c^\ominus}$ 作图时得一直线，由直线的截距可得 Γ_∞，由斜率和 Γ_∞ 可得常数 a。

【例 13-3】　18℃时，丁酸水溶液的表面张力 σ 与浓度 c 的关系式可表示为

$$\frac{\sigma}{\sigma_0} = 1 - b\ln\left(1 + \frac{c}{a}\right)$$

式中，水的表面张力 $\sigma_0 = 72.85 \times 10^{-3}\,\text{N·m}^{-1}$，常数 $a = 0.051\,\text{mol·dm}^{-3}$，$b = 0.179$，试求：

(1) 丁酸的表面吸附等温式。

(2) 当 $c = 0.2\,\text{mol·dm}^{-3}$ 时的表面吸附量。

(3) 在表面的一个紧密层中$(c \gg a)$，每个丁酸分子所占据的面积。

解　(1) 根据吉布斯吸附等温式，有

$$\Gamma = -\frac{c}{RT}\left(\frac{\partial\sigma}{\partial c}\right)_T$$

$$\sigma = \sigma_0 - b\sigma_0\ln\left(1 + \frac{c}{a}\right)$$

$$\left(\frac{\partial\sigma}{\partial c}\right)_T = -b\sigma_0\frac{\dfrac{1}{a}}{1 + \dfrac{c}{a}} = -\frac{b\sigma_0}{a+c}$$

$$\Gamma = -\frac{c}{RT}\left(\frac{\partial\sigma}{\partial c}\right)_T = \frac{c}{RT}\frac{b\sigma_0}{a+c}$$

(2) 当 $c = 0.2\,\text{mol·dm}^{-3}$ 时

$$\Gamma = \frac{c}{RT}\frac{b\sigma_0}{a+c} = \frac{0.2 \times 0.179 \times 72.85 \times 10^{-3}}{8.314 \times 291.15 \times (0.051 + 0.2)} = 4.29 \times 10^{-6}\,(\text{mol·m}^{-2})$$

(3) 当 $c \gg a$ 时

$$\Gamma_\infty = \Gamma = \frac{b\sigma_0}{RT} = \frac{0.179 \times 72.85 \times 10^{-3}}{8.314 \times 291.15} = 5.39 \times 10^{-6}(\text{mol} \cdot \text{m}^{-2})$$

$$= 5.39 \times 10^{-6} \times 6.022 \times 10^{23}(\text{分子} \cdot \text{m}^{-2})$$

$$= 3.246 \times 10^{18}(\text{分子} \cdot \text{m}^{-2})$$

每个丁酸分子所占据的面积为

$$A = \frac{1}{\Gamma_\infty} = \frac{(10^{10})^2}{3.246 \times 10^{18}} = 30.8(\text{Å}^2)$$

13.8 表面活性剂

对于一定的溶剂(通常是水)，凡是能显著降低表面张力的溶质称为表面活性剂。

13.8.1 表面活性剂的分类

表面活性剂可分为：阴、阳离子型表面活性剂、两性型表面活性剂和非离子型表面活性剂。

阴离子型：如羧酸(酯)盐 $R—COO^-Na^+$。

阳离子型：如铵盐 $R—NH_3^+Cl^-$。

两性型：如氨基酸类 $R—NH—CH_2COOH(R—NH_2^+—CH_2COO^-)$。

非离子型：如多元醇 $R—COOCH_2C(CH_2OH)_3$。

13.8.2 表面活性剂的结构

表面活性剂具有不对称的分子结构，一般由两部分组成，一端是具有亲水性的极性基，另一端是憎水性(或者说亲油性)的烃基。图 13-8 是以油酸为例表示的表面活性分子在结构上的共性。

在两相界面上，极性基溶入极性溶剂，非极性部分溶入非极性溶剂，分子在界面定向排列使界面的不饱和力场得到某种程度的平衡，从而降低表面张力。表面张力与表面活性剂浓度间的关系如图 13-9 所示。

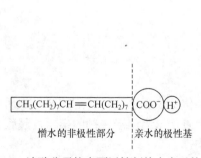

图 13-8 油酸分子按表面活性剂特点表示的模型

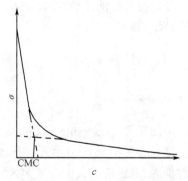

图 13-9 表面张力与浓度关系

13.8.3 胶束的形成

1. 小型胶束

表面活性剂浓度很低时，若稍微增加表面活性剂的浓度，其一部分会很快地聚集在水面，使水和空气接触面减小，从而使表面张力急剧下降(图 13-9)。而另一部分则分散在水中，有的以单分子存在，有的三三两两地相互接触，把憎水基靠在一起开始形成最简单的胶束(micelle)，它是一种与胶体大小(1～100 nm)相当的粒子[图 13-10(a)]。

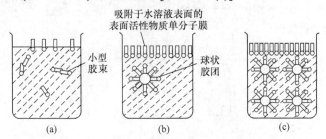

图 13-10　表面活性物质的活动情况和浓度关系示意图
(a) 稀溶液；(b) 临界胶团浓度的溶液；(c) 大于临界胶团浓度的溶液

2. 一般胶束(胶团)

当表面活性剂浓度足够大时，液面刚刚排满一层定向排列的分子膜。若再增加浓度，只能使水溶液中的表面活性分子开始以几十或几百个聚集在一起，排列成憎水基向内、亲水基向外的胶束[胶团，图 13-10(b)]，相当于图 13-9 中曲线的转折处。胶束形状可以是球状、层状或棒状。

3. 临界胶束浓度 CMC

形成一定形状的胶束所需表面活性剂的最低浓度称为临界胶束浓度(critical micelle concentration)，以 CMC 表示。

4. 超临界胶束浓度

溶液中表面活性剂的浓度超过临界胶束浓度时只能增加胶束的个数，不能使表面张力进一步降低[图 13-10(c)]。

要充分发挥表面活性剂的作用(如去污作用、增加可溶性、润湿作用等)，必须使表面活性剂浓度稍高于 CMC。

13.8.4　表面活性剂的应用

1. 亲水亲油平衡值

亲水亲油平衡(hydrophile lipophile balance，HLB)值是表征表面活性剂的亲水性质的一种方法，由格里芬(Griffin)于 1945 年提出。HLB 值越大表示该表面活性剂的亲水性越强。根据表面活性剂的 HLB 值的大小，可大致判断其适宜的用途。

HLB 值：2～6　油包水型乳化剂　W/O(水分散在油中)
　　　　8～10　润湿剂
　　　　12～14　洗涤剂　｝水包油型乳化剂　O/W(油分散在水中)
　　　　16～18　增溶剂

虽然 HLB 值对选择表面活性剂有一定的参考价值，但确定表面活性剂的 HLB 值的方法还很粗糙，所以单靠 HLB 值来选定最合适的表面活性剂还是不够的。

2. 应用

不同的表面活性剂常具有不同的作用。概括地说，表面活性剂具有润湿、助磨、乳化、去乳、分散、增溶、发泡和消泡，以及匀染、防锈、杀菌、消除静电等作用，因此在许多生产、科研和日常生活中被广泛使用。有关这些具体应用在许多专著中有详细论述。

13.9　液面上的不溶性表面膜

13.9.1　单分子层表面膜

不溶于水的有机物在水面上形成的单个分子厚的不溶性表面膜称为单分子表面膜。

许多不溶于水的有机物，只要其分子是由长碳氢链和一个极性基团构成的，都能自动地在水面上形成单分子表面膜，如 $CH_3(CH_2)_6COOH$ (硬脂酸)、 $CH_3(CH_2)_{11}OH$ (月桂醇) 和 $CH_3(CH_2)_{14}COOC_2H_5$ (棕榈酸乙酯)等。表面膜的形成使水的表面张力降低。

研究表面膜的工具：朗缪尔(Langmuir)表面膜天平。

13.9.2　LB 膜

1. 定义

将不溶性单分子层表面膜转移到玻璃或金属表面，组建成单分子层或多分子层膜，称为朗缪尔-布洛杰特(Blodgett)膜，简称 LB 膜。

2. LB 膜的特点

(1) 膜的厚度可从零点几纳米到几纳米。
(2) 有高度各向异性的层状结构。
(3) 具有完整无缺陷的单分子层膜。

3. LB 膜的分类

根据制备方法的不同，LB 膜可以分为 X 型、Y 型和 Z 型三种类型的多分子层膜(图 13-11)。

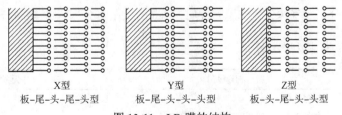

X型　　　　　　　Y型　　　　　　　Z型
板–尾–头–尾–头型　　板–尾–头–头–头型　　板–头–尾–头–头型

图 13-11　LB 膜的结构

圆圈表示亲水基团，棒表示亲油基团

4. LB 膜的应用

应用 LB 技术，可制造电子学器件、非线性光学器件、光电转换器件、化学传感器、生物传感器等。

13.10 气体在固体表面的吸附

13.10.1 固体表面的吸附

1. 固体表面的特性

与液体表面的相同点：由于表面层分子周围力场不平衡，固体表面也具有过剩的表面吉布斯自由能。

与液体表面的不同点：固体不具有流动性，因而不能依靠收缩表面积降低表面能。固体表面分子是利用表面上未饱和的自由价来捕获气相或液相中的分子，以降低固体的表面能。

2. 固体对气体的吸附

气体分子在固体表面上黏附(停留)的现象称为固体对气体的吸附。被吸附的物质称为吸附质，吸附其他分子的固体称为吸附剂。

3. 吸附热

吸附过程中的热效应称为吸附热。

在给定温度和压力下，吸附是自动进行的，因此吸附过程的 $\Delta G < 0$。等温吸附为放热过程，故 $\Delta H < 0$。

4. 固体吸附与液体吸附的比较

能量角度：固体吸附与液体吸附的原理相同，故吉布斯吸附等温式对气-固表面的吸附同样适用。

表面状态：固体表面粗糙不均匀，不能直接通过实验测定其表面积和表面张力，但可测定表面吸附量，即对气-液、液-液界面不能直接测定 Γ_i，只能测定 σ；对气-固、液-固界面不能直接测定 σ，只能测定 Γ_i。

13.10.2 吸附类型

根据固体表面分子对气体分子作用力性质的不同，吸附可分为两大类：物理吸附和化学吸附。

1. 物理吸附与化学吸附的特征

吸附	物理吸附	化学吸附
吸附作用力	范德华力	化学键力
吸附选择性	无选择性，任何固体均能吸附任何气体，易液化者易被吸附	有选择性，指定吸附剂只能对某些气体有吸附作用
吸附热	较小，与气体液化热相近，为 $-8 \times 10^3 \sim -2 \times 10^4$ J·mol^{-1}	较大，接近化学反应热，为 $-4 \times 10^4 \sim -4 \times 10^5$ J·mol^{-1}
吸附分子层	一般为多分子层吸附	只能形成单分子层吸附
吸附活化能	不需要活化能，低温有利吸附，不利脱附	需要活化能，升高温度可加速吸附
吸附速率	较快，易于达到吸附平衡，较易脱附	较慢，不易达平衡，不可逆

2. 物理吸附与化学吸附的关系

物理吸附与化学吸附不是完全不相容的，在一定条件下，两者可同时发生，也可从物理吸附过渡到化学吸附。

13.10.3　吸附等温线

1. 吸附量

在一定 T、p 条件下，当吸附达平衡时(吸附速率等于脱附速率)，单位质量的固体吸附剂所吸附气体的物质的量，或气体物质在标准态(0℃，$p^{\ominus}$)下的体积称为吸附量。

表示方法：

$$\Gamma = \frac{n}{m} \quad \text{或} \quad \Gamma = \frac{V}{m}$$

式中，Γ 为平衡吸附量或称吸附量；n 为被吸附气体的物质的量；m 为吸附剂质量；V 为被吸附气体在 0℃，$p^{\ominus}$ 下的体积。

2. 吸附曲线

当吸附达到平衡时，表示吸附量与温度、压力三者之间的关系曲线称为吸附曲线。

吸附曲线分为以下三类，其中以吸附等温线最为重要。

吸附等温线：$[T]$，Γ-p 之间的关系曲线。

吸附等压线：$[p]$，Γ-T 之间的关系曲线。

吸附等量线：$[\Gamma]$，T-p 之间的关系曲线。

13.10.4　吸附等温式

1. 吸附等温线

吸附等温线可分为五种类型，如图 13-12 所示。

类型Ⅰ：朗缪尔型吸附等温线。吸附是单分子层的。化学吸附及均匀细孔结构的固体(如分子筛)上的气体物理吸附均属于类型Ⅰ(如氨在木炭或分子筛上的吸附)。

类型Ⅱ：固体表面上的多分子层物理吸附(如 77 K 时氮在硅胶上的吸附)，B 点表示单分子层物理吸附的形成。

类型Ⅳ：有毛细管凝结现象出现的吸附，吸附的上限主要取决于总孔体积及有效孔径(如 320 K 时苯蒸气在氧化铁凝胶上的吸附)。

类型Ⅲ(如 352 K 时溴蒸气在硅胶上的吸附)和类型Ⅴ(如 373 K 时水蒸气在木炭上的吸附)：这是两类比较少见的吸附等温线。它们的共同特点是开始吸附较为缓慢，说明单分子层中的吸附力较弱。

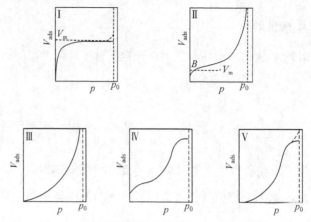

图 13-12　吸附等温线的类型(p_0＝饱和蒸气压)

2. 三种吸附等温式

1) 朗缪尔吸附等温式

1918 年朗缪尔提出单分子层吸附理论，从而导出朗缪尔吸附等温式。

(1) 朗缪尔吸附理论的基本假设。

气体分子在固体表面是单分子层吸附。只有当气体分子碰撞到固体的空白表面上才能被吸附，而对已被吸附分子的碰撞是弹性碰撞。

固体表面是均匀的，即表面上各部位的吸附能力相同。吸附热与表面覆盖度无关。

被吸附分子之间没有相互作用力。被吸附分子处在特定的固体吸附剂表面位置上(是定域的)。

吸附平衡是一种动态平衡。当达到吸附平衡时，吸附速率等于脱附速率。

(2) 吸附等温式。

当吸附达到平衡时，有

$$\text{气体分子(空间)} \underset{\text{脱附 } k_d}{\overset{\text{吸附 } k_a}{\rightleftharpoons}} \text{气体分子(被吸附在固体表面上)}$$

$$r_{吸} = r_{脱} \tag{13-30}$$

设：θ 为任一瞬间固体表面被覆盖的分数(覆盖率)

$$\theta = \frac{\text{已被吸附质覆盖的固体表面积}}{\text{固体的总表面积}} = \frac{V}{V_m} = \frac{\Gamma}{\Gamma_m} \tag{13-31}$$

式中，V_m 表示固体表面盖满一层气体分子后的饱和吸附量(换算为 0℃、$p^{\ominus}$ 下的体积)。

$$r_{吸} = k_a(1-\theta)p \tag{13-32}$$

$$r_{脱} = k_d\theta \tag{13-33}$$

吸附平衡时，将式(13-32)和式(13-33)代入式(13-30)，整理可得

$$\theta = \frac{k_a p}{k_d + k_a p}$$

令 $b = \dfrac{k_a}{k_d}$，则

$$\theta = \frac{bp}{1+bp} \tag{13-34}$$

式中，p 为吸附平衡时气体的压力；b 为吸附系数。

由式(13-31)可得

$$\theta = \frac{V}{V_m} = \frac{bp}{1+bp} \tag{13-35}$$

或

$$\frac{1}{V} = \frac{1}{V_m} + \frac{1}{bV_m} \cdot \frac{1}{p} \tag{13-36}$$

适用条件：化学吸附和低压高温下的物理吸附。

(3) 朗缪尔吸附等温式的应用。

a. 可以解释实验事实(图 13-12 中类型Ⅰ)

由式(13-35)可知：

(1) 压力很低或吸附很弱时：$bp \ll 1$，此时 $\theta = bp$，或 $V = V_m bp$，V 与 p 呈直线关系，即图中低压部分。

(2) 压力很高或吸附较强时：$bp \gg 1$，则 $\theta = 1$，或 $V = V_m$，此时达到了饱和吸附，表面已盖满一层，吸附量为定值，相当于图中高压部分。

(3) 只有当压力适中或吸附作用适中时，吸附量与压力呈曲线关系。

b. 求吸附质分子的截面积 A_m 或吸附剂固体的比表面 S_g

根据式(13-36)，以 $1/V$ 对 $1/p$ 作图呈直线，由截距可求得 V_m，由斜率和截距可求得 b。

根据 V_m 求吸附质分子的 A_m 时，首先用已知分子的 A'_m 求 S_g，然后求吸附质的截面积。

$$S_g = \frac{V_m / dm^3}{22.4 / dm^3} \times L \times A'_m$$

$$A_m = \frac{22.4 / dm^3}{L \times V_m / dm^3} \times S_g$$

式中，V_m 为用 0℃、$p^\ominus$ 下的体积表示的饱和吸附量。若以 Γ_∞ 表示饱和吸附量(单位为 $mol \cdot kg^{-1}$)，根据式(13-31)和式(13-34)可得

$$\theta = \frac{\Gamma}{\Gamma_\infty} = \frac{bp}{1+bp} \tag{13-37}$$

$$\frac{1}{\Gamma} = \frac{1}{\Gamma_\infty} + \frac{1}{\Gamma_\infty b} \cdot \frac{1}{p} \tag{13-38}$$

以 $1/\Gamma$-$1/p$ 作图呈直线，斜率 $= 1/(b\Gamma_\infty)$，截距 $= 1/\Gamma_\infty$，则 $b=$ 截距/斜率

$$S_g = \Gamma_\infty \times L \times A_m$$

式中，L 为阿伏伽德罗常量。

c. 应用于混合吸附

若气体混合物在固体表面上发生竞争吸附，则朗缪尔等温式可写成以下形式：

$$\theta_i = \frac{V_i}{V_{m,i}} = \frac{b_i p_i}{1 + \sum_i b_i p_i} \tag{13-39}$$

式中，p_i 为组分 i 的平衡分压。

例如，A 和 B 的混合气体在固体表面上的吸附

$$\theta_A = \frac{V_A}{V_{m,A}} = \frac{b_A p_A}{1 + b_A p_A + b_B p_B} , \quad \theta_B = \frac{V_B}{V_{m,B}} = \frac{b_B p_B}{1 + b_A p_A + b_B p_B}$$

2) 弗兰德里希吸附等温式(经验式)

弗兰德里希(Freundlich)公式原是一个经验公式，但是可以从理论上推导出来。平衡吸附量 V 与气体的平衡压力 p 之间的关系表示为以下形式：

$$V = k \, p^{1/n} \tag{13-40}$$

$$\lg V = \lg k + \frac{1}{n} \lg p$$

以 $\lg V$-$\lg p$ 作图为一直线，由直线的斜率可求得 n 值。式中，k、n 为常数，$n > 1$。

适用条件：只适用于图 13-12 类型 Ⅰ 吸附等温线的中压范围。

若为固体从溶液中吸附溶质，弗兰德里希吸附等温式可表示为

$$\frac{x}{m} = k' c^{n'} \tag{13-41}$$

式中，x 为吸附质的量；m 为吸附剂的量。

3) 布鲁诺尔-埃米特-特勒(BET)吸附等温式

BET 吸附理论是朗缪尔处理方法的推广，适用于多分子层吸附。

a. 理论模型

(1) 固体表面是均匀的，被吸附分子之间没有相互作用力，吸附平衡是动态平衡。

(2) 多分子层吸附。

(3) 第一层吸附未满时其他层的吸附也可以形成。

b. BET 吸附等温式

吸附量与平衡压力之间存在下列定量关系：

$$V = \frac{V_m C p}{(p_0 - p)[1 + (C-1)p/p_0]} \tag{13-42}$$

式中，p_0 为实验温度下吸附质呈液体时的饱和蒸气压；V 为气体压力为 p 时的平衡吸附量；V_m 为吸附剂表面覆盖满一层被吸附气体的吸附量；C 为与吸附热有关的常数，$C = \exp[(Q_1 - Q_2)/RT]$；Q_1 为第一层吸附热；Q_2 为被吸附气体的液化热。

c. 用 BET 公式测定固体比表面

将 BET 吸附等温式重排：

$$\frac{p}{V(p_0 - p)} = \frac{1}{V_m C} + \frac{C-1}{V_m C} \cdot \frac{p}{p_0}$$

以 $\dfrac{p}{V(p_0 - p)}$ 对 $\dfrac{p}{p_0}$ 作图得一直线，$V_m = 1/(斜率+截距)$

$$S_g = \frac{V_m / dm^3}{V_m^* / (dm^3/mol)} \times L \times A_m$$

式中，V_m 为 0℃、$p^{\ominus}$ 下的饱和吸附量；V_m^* 为 1 mol 气体在 0℃、$p^{\ominus}$ 下的体积；A_m 为吸附质

分子的有效截面积, 如 N_2 分子的 $A_m = 16.2 \times 10^{-20} \, \text{m}^2$。

13.11 气体在固体表面的催化反应

许多工业化学反应是在固体催化剂存在下进行的。由于催化反应发生在两相界面, 所以气-固相催化反应的反应速率与界面性质紧密相关。

吸附是气-固相催化反应的必要步骤, 吸附的强弱对于反应产物的获得十分重要。只有那些在催化剂表面上吸附强度适中的物质才有利于多相催化反应的正向进行。

13.11.1 气-固反应的基本步骤

非均相催化反应一般包括以下五个步骤。
(1) 扩散: 反应物分子从体相扩散到固体表面上, 包括外扩散和内扩散。
(2) 吸附: 反应物分子在固体表面发生化学吸附。
(3) 表面反应: 被吸附的分子在相界面上发生化学反应(一般为速控步)。
(4) 脱附: 产物分子从固体表面上脱附。
(5) 扩散: 产物分子扩散到体相中。

如果第(1)步和第(5)步速率最慢, 称为反应受扩散控制, 或称总反应在扩散区内进行。如果第(2)步和第(4)步速率最慢, 称总反应为吸附或脱附控制。如果第(3)步速率最慢, 称总反应是表面反应控制, 或称反应在动力学区进行。由扩散控制和吸附、脱附控制的反应可以通过加大气体流速, 采取较小催化剂颗粒等方法进行消除。这里重点讨论下述条件下的气-固相催化反应: 表面反应为速控步, 吸附和脱附达到平衡时符合朗缪尔吸附等温式, 且吸附速率和脱附速率均大于表面速率。

13.11.2 表面反应质量作用定律

非均相催化反应是在固体催化剂表面发生, 所以反应速率正比于催化剂的表面积 A。若表面积 A 未知, 也可用单位质量催化剂的反应速率表示。令 r_s 为单位表面积的反应速率, r_m 为单位质量的反应速率, 则

$$r_s = \frac{1}{A} \frac{1}{\nu_B} \frac{\mathrm{d}n_B}{\mathrm{d}t} \tag{13-43}$$

或

$$r_m = \frac{1}{m} \frac{1}{\nu_B} \frac{\mathrm{d}n_B}{\mathrm{d}t} \tag{13-44}$$

表面反应质量作用定律: 表面基元反应的反应速率正比于反应物的吸附量(覆盖度 θ, 覆盖度的指数等于相应反应物的化学计量系数。

例如, 表面基元反应 $a\mathrm{A_{ad}} + b\mathrm{B_{ad}} \longrightarrow$ 产物, 根据表面反应质量作用定律, 有

$$r_s = k_s \theta_A^a \theta_B^b$$

或

$$r_m = k_m \theta_A^a \theta_B^b$$

13.11.3　单分子表面反应

例如，表面反应 $A \longrightarrow B$ 的反应机理如下：

$$A + -\overset{|}{\underset{|}{S}}- \underset{k_{-1}}{\overset{k_1}{\rightleftharpoons}} -\overset{\overset{|}{A}}{\underset{|}{S}}- \qquad \text{反应物吸附平衡}$$

$$-\overset{\overset{|}{A}}{\underset{|}{S}}- \overset{k_2}{\longrightarrow} -\overset{\overset{|}{B}}{\underset{|}{S}}- \qquad \text{表面反应(速控步)}$$

$$-\overset{\overset{|}{B}}{\underset{|}{S}}- \underset{k_{-3}}{\overset{k_3}{\rightleftharpoons}} -\overset{|}{\underset{|}{S}}- + B \qquad \text{产物脱附平衡}$$

设：表面反应为控制步骤

$$r_s = -\frac{\mathrm{d}p_A}{\mathrm{d}t} = k_2 \theta_A \tag{13-45}$$

近似认为吸附遵守朗缪尔吸附等温式，则

$$\theta_A = \frac{b_A p_A}{1 + b_A p_A + b_B p_B} \tag{13-46}$$

所以

$$r_s = -\frac{\mathrm{d}p_A}{\mathrm{d}t} = \frac{k_2 b_A p_A}{1 + b_A p_A + b_B p_B} \tag{13-47}$$

若产物为不吸附或弱吸附，则式(13-47)变为

$$r_s = -\frac{\mathrm{d}p_A}{\mathrm{d}t} = \frac{k_2 b_A p_A}{1 + b_A p_A} \tag{13-48}$$

讨论：

(1) 低压时，$b_A p_A \ll 1$，式(13-48)变为

$$r_s = k_2 b_A p_A = k_2' p_A \qquad \text{一级反应} \qquad (k_2' = k_2 b_A)$$

(2) 高压时，$b_A p_A \gg 1$，式(13-48)变为

$$r_s = k_2 \qquad \text{零级反应}$$

(3) 一般压力下

$$r_s = k_2 \left(\frac{b_A p_A}{1 + b_A p_A} \right) = k_2' p_A^n \qquad \text{反应级数 } n=0 \sim 1$$

(4) 当存在毒物 D 时(D 在固体表面强吸附，b_D 很大)

$$\theta_A = \frac{b_A p_A}{1 + b_A p_A + b_D p_D}$$

13.11.4　双分子表面反应

对于 $A + B \longrightarrow C + D$，有两种可能的反应机理。

1. 朗缪尔-欣谢尔伍德机理

该机理认为反应是在固体表面上被吸附的 A 与 B 分子间进行，具体机理如下：

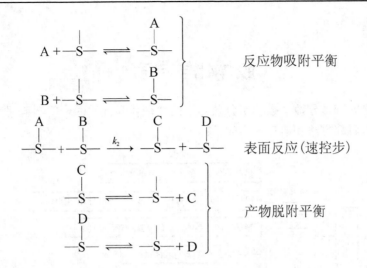

反应物吸附平衡

表面反应(速控步)

产物脱附平衡

反应速率

$$r_s = k_2\theta_A\theta_B = k_2\frac{b_A p_A b_B p_B}{(1 + b_A p_A + b_B p_B + b_C p_C + b_D p_D)^2} \quad (13\text{-}49)$$

若产物为不吸附或弱吸附,式(13-49)变为

$$r_s = k_2\frac{b_A p_A b_B p_B}{(1 + b_A p_A + b_B p_B)^2}$$

2. 朗缪尔-里迪尔机理

该机理认为表面反应是吸附在固体表面的分子与气态分子之间的反应。

反应物A吸附平衡

表面反应(速控步)

反应速率

$$r_s = k_2 p_B\theta_A = k_2 p_B\frac{b_A p_A}{1 + \sum_i b_i p_i}$$

思 考 题

下列说法是否正确?为什么?

(1) 在一定的温度和压力下,有两个半径相同的肥皂泡,泡 1 在肥皂水中,泡内的压力为 p_1,泡 2 漂浮在空气中,泡内的压力为 p_2,因为半径相同,所以 $p_1 = p_2$。

(2) 将一根洁净的毛细管插入水中,毛细管内水面上升了 15 cm。若将毛细管在高出水面 5 cm 处折断,则水会从毛细管上端溢出。

(3) 将两块干燥的玻璃板叠放时,中间放一些液体,如水、液态有机物,则两块玻璃板就很难分开了。

(4) 某学生用硅胶作吸附剂、苯作吸附质测定硅胶的比表面,实验中发现,当苯的蒸气压超过某一数值时,硅胶的吸附量突然大增,这是因为发生了化学吸附。

(5) 天空中的水滴大小不等,在运动中,大水滴会分散成小水滴,水滴半径趋于相等。

胶体化学导言

胶体化学是研究胶体分散体系和粗分散体系的物理化学性质的一门学科。胶体化学的研究对象、研究目的、研究方法和研究内容如下：

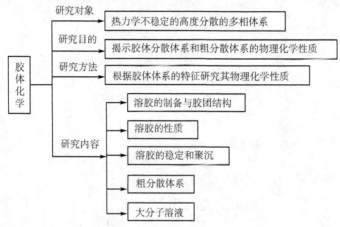

什么是分散体系呢？

一、分散体系

分散体系是指一种或几种物质以一定分散程度分散在另一种物质中所形成的体系。其中，被分散的物质为分散相；分散相所处的介质称为分散介质。根据分散相粒子的大小分散体系分为：分子分散体系、胶体分散体系和粗分散体系。

分子分散体系的分散相粒子是分子、原子、离子，与分散介质粒子大小相当，所以是分子真溶液，属于均相体系。

胶体分散体系和粗分散体系则是高度分散的多相体系，为什么呢？因为它们的分散相粒子的粒径远大于普通小分子，所以属于多相体系。

什么是胶体分散体系？胶体分散体系具有什么特征？

二、胶体分散体系

胶体分散体系(或称胶体体系)的分散相粒子为分子、原子或离子的聚集体，其粒径为 $1\sim 1000\,nm$。胶粒形状有棒、球、条、线、圆盘、椭球状等，胶体体系为透明的多相体系。

胶体体系具有多相性和高度分散性，所以其比表面很大、表面能也很高。因此，从热力学的角度看，胶体体系是不稳定的，但却是动力学稳定的体系。

根据分散相粒子与分散介质之间的亲和力的类型，胶体分散体系可分为憎液溶胶和亲液溶胶(分子溶液)

胶体分散体系虽为多相体系，但其溶液是透明的。那么，我们如何区分胶体分散体系和分子分散体系呢？

胶体分散体系和分子分散体系均为透明溶液，我们无法用肉眼鉴别，但可应用溶胶的光学性质将两者区分开。当一束光通过溶胶时，在与入射光垂直的方向，可以观察到一个浑浊发亮的圆锥体（丁铎尔效应），而小分子溶液是没有这种现象出现的。

胶体分散体系有什么特征？

三、胶体分散体系的特征

从热力学的角度看，溶胶是高度分散的多相体系，由于溶胶的比表面积很大，具有很高的比表面自由能，所以溶胶是热力学不稳定体系，胶体粒子会因聚结而沉降。另一方面，胶粒界面有吸附作用，如吸附稳定剂或其他粒子后，表面自由能大大降低，这是胶体体系稳定存在的根本原因。

从动力学的角度看，溶胶的布朗运动、扩散、沉降和沉降平衡等各种运动的相互抗衡，使胶体体系是动力学稳定的。

溶胶粒子带电也是胶体体系稳定存在的重要原因之一。因此，溶胶能够稳定存在的主要原因是：动力学稳定作用对重力作用的反作用、胶粒带电所产生的静电斥力作用和溶剂化所引起的机械阻力。这三种因素均可称为斥力因素，只有当胶粒之间的斥力占优势时，溶胶才能暂时得到稳定。

溶胶是热力学不稳定体系但它可以稳定存在，在必要时我们如何破坏胶体体系呢？

四、胶体体系的聚沉

当维持胶体体系稳定的条件被破坏时，溶胶中分散相颗粒会相互凝结、颗粒变大，以致最后出现沉降现象，这时胶体体系已被破坏。能使胶体聚沉的原因主要有：浓度、温度、光作用、搅拌、外加电解质及溶胶的相互作用等。其中，以外加电解质和溶胶的相互作用更为重要。

五、大分子溶液

大分子溶液为什么又称为亲液溶胶呢？

由于大分子的尺寸与胶体粒子的大小相近，所以它具有胶体分散体系的特性，如扩散慢、不能透过半透膜等。但它与小分子的性质更接近，其为分子真溶液，属均相体系。

当有蛋白质一类大分子电解质存在时，由于蛋白质一类的大分子或大离子不能透过半透膜，而溶剂分子、普通的小分子能自由透过半透膜，所以半透膜两边达平衡时，膜两边电解质浓度并不相等，该平衡称为唐南平衡。

研究表明，唐南平衡产生附加渗透压。因此，在用渗透压法测电解质类大分子的摩尔质量时，应该在溶剂一侧加入大量的中性盐以消除唐南平衡的影响。

六、粗分散体系

什么是粗分散体系？

粗分散体系的分散相为粗颗粒，其粒径 $r > 1000$ nm。粗分散体系是浑浊、不透明的多相体系。常见的粗分散体系有乳状液、泡沫、气溶胶和悬浮液，在日常的生活和生产中经常遇到，用途也非常广泛。

第14章 胶体化学

本章重点及难点

(1) 胶体体系的特性和分类。

(2) 溶胶的光学性质、动力学性质和电学性质。

(3) 法扬斯经验规则判断胶体带电情况及电泳、电渗方向。

(4) ζ 电势的物理意义。

(5) 胶团结构的表示方式。

(6) 溶胶的稳定和聚沉；电解质聚沉作用的经验规律。

(7) 唐南平衡。

14.1 本章知识结构框架

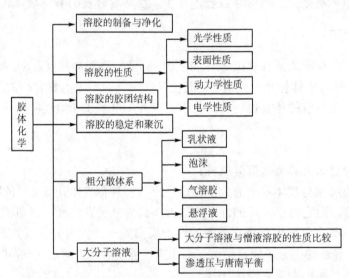

胶体化学是研究胶体分散体系和粗分散体系的物理化学性质的一门学科。什么是分散体系呢？

14.2 分 散 体 系

14.2.1 分散体系的定义

一种或几种物质以一定分散程度分散在另一种物质中所形成的体系称为分散体系。

分散相：分散体系中被分散的物质称为分散相。

分散介质：分散体系中分散相所处的介质称为分散介质。分散介质也可以说是分散它物的物质。

　　例如，大气层是一多相分散体系，大气层中的尘埃、水滴等称为分散相，空气称为分散介质。

　　分散相与分散介质之间存在相界面，所以胶体是一个多相分散体系。

14.2.2　分散体系的分类

1. 按分散相粒子的大小分类

1) 分子分散体系

分散相粒子：分子、原子、离子。粒子半径一般小于 1 nm。

此类分散体系为分子溶液，是真溶液，属均相体系。

2) 胶体分散体系

分散相粒子：分子、原子或离子的聚集体，这种聚集体称为胶粒。粒子半径一般小于 1000 nm。

胶粒形状：棒、球、条、线、圆盘、椭球状等。

胶体分散体系也称胶体体系，其为透明的多相体系。

3) 粗分散体系

分散相：粗颗粒。粒子半径一般大于 1000 nm。

粗分散体系是浑浊、不透明的多相体系。

4) 各种分散体系的比较

名称	粒子及大小	特点	举例
低分子溶液	分子、原子或离子；$<10^{-9}$m	热力学稳定的均相体系，扩散快，能透过半透膜，光散射很弱	氯化钠、蔗糖等水溶液
高分子溶液和缔合胶体	$10^{-9} \sim 10^{-6}$m	热力学稳定的均相体系，扩散慢，不能透过半透膜，有一定的光散射	聚苯乙烯苯溶液，高浓度肥皂水溶液
溶胶、乳状液、泡沫和气溶胶	$10^{-9} \sim 10^{-6}$m	热力学不稳定、但动力学稳定的多相体系，扩散慢，不能透过半透膜，光散射强	金溶胶、硫溶胶、牛奶、豆浆、雾、烟、各种泡沫
悬浮体(液)	$>10^{-6}$m	热力学不稳定、动力学也不稳定的多相体系，扩散慢，不能透过半透膜，光散射强	泥沙悬浮液，大气层中的尘埃和水滴

2. 按聚集状态分类

分散相	分散介质	体系	实例
气	液	泡沫	啤酒泡沫、灭火泡沫
液		乳状液	牛奶
固		溶胶	金溶胶、硫溶胶
气	固	固体泡沫	泡沫玻璃、泡沫塑料
液		固体乳状液	珍珠
固		固溶胶	有色玻璃、有色塑料
液	气	雾	水雾、油雾
固		烟	烟、尘

14.2.3　胶体的分类

1. 按分散介质的聚集状态分类

分散介质分别为气体、液体和固体时所形成的溶胶分别称为气溶胶、液溶胶和固溶胶。

2. 按分散相和分散介质的亲和力分类

这种分类方式可将胶体分为：憎液溶胶、大分子溶液(或亲液溶胶)和胶束(或缔合胶体)。

1) 憎液溶胶

憎液溶胶简称溶胶，其分散相与分散介质的亲和力很弱，分散相在分散介质中的溶解度很小，如 $Fe(OH)_3$ 溶胶、AgI 溶胶等。

2) 大分子溶液

相对分子质量大于 10 000 的物质称为大分子化合物。大分子溶液也称亲液溶胶，是真溶液，属分子分散体系，如聚苯乙烯苯溶液、蛋白质水溶液、生物大分子水溶液等。其分散相与分散介质有很好的亲和力，大分子能自动溶解于水中，是热力学稳定的均相体系。

3) 胶束

胶束(缔合胶体)也称为胶体电解质，它们也是热力学稳定的体系。许多表面活性物质在高浓度下可形成缔合胶体。

14.3　溶胶的制备与净化

14.3.1　溶胶的制备

溶胶的制备方法大致可分为两类：分散法和凝聚法。

1. 分散法

分散法是一种将粗颗粒分散成胶体粒度而制备溶胶的方法。分散法制备溶胶的一般方法有：研磨法、电弧法、胶溶法和超声波法。

研磨法：研磨法使用胶体磨将固体物质研磨成胶体大小的粒度。

电弧法：将欲制备溶胶的金属作为电极，浸在冷却水中，加电压使两极在介质中接近，以形成电弧。在电弧的高温加热下金属发生气化，但立即被水冷却而凝聚成胶体粒子。该法主要用于制备金属溶胶。

胶溶法：在新生成的并经过洗涤的沉淀中加入少量的共离子电解质(稳定剂)，搅拌，使沉淀重新分散成溶胶。

超声波法：用超声波(频率大于 16 000 Hz)所产生的高频电流通过电极，使电极间的石英片发生相同频率的振荡，由此产生的高频波使分散相均匀分散而成为溶胶或乳状液。该法多用于制备乳状液。

2. 凝聚法

凝聚法是将分子或离子凝聚成胶体粒子而制备溶胶的方法。用凝聚法制备溶胶的第一步是制取难溶物的分子或离子的过饱和溶液，再使其相互结合凝聚成胶体粒子而得到溶胶。

凝聚法一般分为两种：物理凝聚法和化学凝聚法。

物理凝聚法：将蒸气状态的物质或溶解状态的物质凝聚为胶体大小粒度，包括蒸气凝聚法和过饱和法。

化学凝聚法：利用化学反应在适宜的条件(浓度、溶剂、温度、pH、搅拌等)下生成的不溶物由分子分散状态逐步聚集，达到胶体状态的方法。

14.3.2 溶胶的净化

溶胶的净化是指将溶胶制备时过量的电解质或其他杂质去除，因为这些杂质，特别是电解质不利于溶胶的稳定。

常用的净化溶胶的方法是渗析法。

将欲净化的溶胶置于半透膜内，然后将盛有溶胶的膜袋浸在蒸馏水中。膜内电解质离子能透过半透膜向膜外扩散，使膜内小分子电解质浓度降低。若不断更换膜外的水，可逐渐降低膜内电解质或杂质的浓度，使溶胶得到净化。半透膜一般采用火棉胶、动物肠衣等。为了提高渗析速度，可稍微加热或在外加电场的作用下进行渗析(电渗析)。

应当指出：适量的电解质对溶胶起稳定作用，故应控制渗析时间以保持稳定溶胶所需的电解质的量。

14.4 溶胶的光学性质

14.4.1 丁铎尔效应

丁铎尔(Tyndall)在 1869 年发现，当一束光通过溶胶时，在与入射光垂直的方向可以观察到一个浑浊发亮的圆锥体，这种现象称为丁铎尔效应。丁铎尔效应是光散射的结果。

日常生活中的丁铎尔现象：例如，夜晚我们见到的探照灯所射出的光柱就是由于光线在通过空气中的灰尘微粒时所产生的丁铎尔现象；当阳光通过窗隙射入暗室，或光线透过树叶间的缝隙射入密林中时也可以观察到丁铎尔现象。

当分散相粒子的粒径大于入射光的波长时主要发生反射，如悬浮液中的粒子，对光的反射使体系呈现浑浊。粗分散体系即属于此种情况。

当分散相粒子的粒径小于入射光的波长时，由于分散体系的不均匀性而发生散射，散射出来的光称为乳光。胶体粒子的粒径属于此范畴，而且胶体是不均匀的多相体系，所以胶体分散体系会发生明显的散射现象。而其他分散体系的丁铎尔效应十分微弱。因此，丁铎尔效应是鉴别溶胶体系和其他溶液的最简便的方法。

14.4.2 瑞利散射定律

1871 年英国人瑞利(Rayleigh)研究了散射光强度与各种因素之间的关系，得出了溶胶体系散射光强度 I 的计算公式：

$$I = \frac{9\pi^2 \nu V^2}{2\lambda^4 r^2}\left(\frac{n_2^2 - n_1^2}{n_2^2 + 2n_1^2}\right)^2 I_0(1+\cos^2\theta)$$

式中，I 为散射光强度(或乳光强度、浊度)；I_0 为入射光强度；λ 为入射光波长；v 为单位体积内粒子数，即粒子浓度；r 为散射距离；V 为单个粒子的体积；n_1 为分散介质的折射率；n_2 为分散相的折射率；θ 为散射角。从上式可以看出：①散射光强度 I 与 V^2 成正比，即与分散度有关；②I 与 λ^4 成反比，故 λ 越短，散射光越强；③n_1 与 n_2 的差值越大，散射光越强；④I 与 v 成反比，即乳光强度与粒子浓度成正比。若其中一个浓度已知，另一个浓度就可计算出来。乳光强度又称浊度，浊度计就是根据这一原理设计的。

14.5　溶胶的表面性质

溶胶是高度分散的多相体系，有很大的相界面。通常用单位体积的粒子所具有的表面积，即比表面积 S_0，来表示分散度。

$$S_0 = \frac{S}{V}$$

式中，S 为单个胶体粒子的总表面积；V 为单个胶体粒子的总体积。

若胶粒是边长为 l 的立方体，则 $S_0 = \dfrac{S}{V} = \dfrac{6l^2}{l^3} = \dfrac{6}{l}$。

若胶粒是半径为 r 的球体，则 $S_0 = \dfrac{S}{V} = \dfrac{4\pi r^2}{\dfrac{4}{3}\pi r^3} = \dfrac{3}{r}$。

由于溶胶的比表面积很大，具有很高的比表面自由能，所以溶胶是热力学不稳定体系，胶体粒子会因聚结而沉降。另外，胶粒界面有吸附作用，如吸附稳定剂或其他粒子后，表面自由能大大降低，这是胶体体系稳定存在的根本原因。

14.6　溶胶的动力学性质

溶胶的动力学性质是指其布朗(Brown)运动、扩散、沉降和沉降平衡。粒子的热运动在微观上表现为布朗运动，而在宏观上表现为扩散和渗透；重力或离心力则是粒子在沉降中的推动力。

14.6.1　布朗运动

利用超显微镜可以观察到胶粒的布朗运动。爱因斯坦基于分子运动论提出了下列公式：

$$\langle x \rangle = \left(\frac{RT}{L} \frac{t}{3\pi\eta r} \right)^{\frac{1}{2}}$$

式中，$\langle x \rangle$ 为平均自由程，即在观测时间 t 内粒子沿 x 方向移动的平均路程；r 为微粒半径；η 为介质的黏度；L 为阿伏伽德罗常量。

布朗运动是胶体体系动力学稳定性的一个原因。由于布朗运动的存在，胶粒从周围介质分子不断获得动能，从而抗衡重力作用而不发生聚沉。但另一方面，布朗运动同时有可能使胶粒因相互碰撞而聚集，颗粒由小变大而沉淀。如何克服布朗运动不利的一面将在胶体电学性质中讨论。

14.6.2 扩散

扩散是粒子从高浓度区向低浓度区迁移的宏观现象，它是布朗运动的直接结果。1905 年爱因斯坦假设分散相的粒子为球形，从而导出了扩散系数 D 的表达式：

$$D = \frac{RT}{L}\frac{1}{6\pi\eta r} \quad 及 \quad D = \frac{\langle x\rangle^2}{2t}$$

从布朗运动的实验值 $\langle x\rangle$ 求得 D，可计算出胶粒半径 r。

D 的物理意义是单位浓度梯度下、单位时间内通过单位截面积的粒子数。

14.6.3 沉降和沉降平衡

1. 沉降

由于重力作用，粒子下降而与流体分离(或分散相与分散介质分离)的过程称为沉降。

2. 沉降平衡

对高度分散的胶体体系，粒子受重力作用而下降，因布朗运动引起与沉降方向相反的扩散作用。当沉降速度与扩散速度相等时，粒子的分布达到平衡，形成了一定的浓度梯度，这种状态称为沉降平衡。**沉降平衡是一种非热力学平衡态的稳定状态。**

3. 高度分布定律

沉降平衡后，溶胶浓度随高度分布的情况如图 14-1 所示，并遵守高度分布定律：

$$n_2 = n_1 \exp\left[-\frac{4L\pi r^3}{3RT}(\rho - \rho_0)(x_2 - x_1)g\right] \tag{14-1}$$

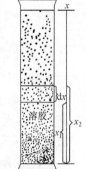

图 14-1 沉降平衡

式中，n_1、n_2 分别为 x_1、x_2 处单位体积溶胶内的粒子数；ρ 为粒子的密度；ρ_0 为分散介质的密度。

胶体体系达到稳定态时，各一定高度上的粒子浓度不再随时间而变化。这种粒子始终保持着分散状态而不向下沉降的稳定性称为动力学稳定性，它是粒子的扩散作用和重力作用相互抗衡的结果。

14.7 溶胶的电学性质

14.7.1 电动现象

在外电场作用下，分散相与分散介质发生相对移动的现象，称为溶胶的电动现象。电动现象是溶胶粒子带电的最好证明。

1. 电泳

在外电场作用下，胶体粒子在分散介质中的定向移动称为电泳。电泳现象的存在说明胶体粒子是带电的。

电泳速率与粒子所带电量、电场梯度成正比，与分散介质黏度、粒子大小成反比。研究溶胶电泳有助于了解溶胶粒子的结构和带电性质。

2. 电渗

在外电场作用下，分散介质通过多孔膜或极细的毛细管而移动，这种现象称为电渗。

3. 流动电势

在外加压情况下，使液体流经多孔膜时，在膜的两边会产生电势差，称为流动电势。它是电渗作用的反面现象。

4. 沉降电势

若使分散相粒子在分散介质中迅速下降，则在液体的表面层与底层之间会产生电势差，称为沉降电势，它是电泳作用的反面现象。

14.7.2　胶体粒子带电的原因

胶体粒子带电主要由三方面的原因造成：吸附、电离和晶格置换。

1. 吸附

如果溶液中有少量电解质存在，胶体粒子就会选择吸附某些离子。当其吸附了正离子，胶粒就带正电，若吸附了负离子则带负电。胶体粒子对被吸附离子的选择与胶粒的表面结构、被吸附离子的性质以及胶体形成的条件有关。

法扬斯(Fajans)经验规则：胶核优先吸附与胶核有相同化学元素的离子。

例如，用 $AgNO_3$ 与 KI 制备 AgI 溶胶

$$AgNO_3 + KI \Longrightarrow AgI + KNO_3$$

根据法扬斯经验规则，若 KI 过量，AgI 粒子吸附 I^- 而带负电；若 $AgNO_3$ 过量，AgI 粒子吸附 Ag^+ 而带正电。

2. 电离

当分散相固体与液体接触时，固体表面分子发生电离而使一种离子进入液相，因而使胶体粒子带电。例如，SiO_2 形成的胶粒，由于表面分子水解生成了 H_2SiO_3，即

$$SiO_2 + H_2O \Longrightarrow H_2SiO_3 \longrightarrow SiO_3^{2-} + 2H^+$$

这样，硅胶粒子吸附了 SiO_3^{2-} 而带负电。

3. 晶格置换

晶格置换可使黏土带电。黏土晶格中的 Al^{3+} 有一部分若被 Mg^{2+} 或 Ca^{2+} 置换，可以使黏土晶格带负电。土壤由于晶格置换获得电荷，其电量和电性不受 pH、电解质浓度等因素的影响。为了维持电中性，带电的黏土表面吸附阳离子作为反离子而形成双电层。

14.7.3 胶体粒子的双电层结构

溶胶是电中性的。当胶体粒子表面由于吸附或电离带有电荷时，分散介质必带有电性相反的电荷。这样，胶体粒子周围就形成了双电层。在胶粒聚结过程中，双电层的电势和电荷分布起着决定作用。因此，下面对双电层结构及电荷分布模型做一简单介绍。

1. 双电层结构

1) 斯特恩双电层模型

1879 年亥姆霍兹首先引入了一个简单的平行板双电层模型。1910～1917 年古依(Gouy)和查普曼(Chapman)在亥姆霍兹模型的基础上提出了扩散双电层模型。1924 年斯特恩(Stern)将亥姆霍兹模型和古依-查普曼模型结合起来，提出溶液中的双电层由内外两层组成，内层紧靠固体表面，其厚度约等于水合离子的半径，称为紧密层或斯特恩层(约 10^{-10}m)；外层为古依-查普曼模型描述的扩散层(约 10^{-9} m)。紧密层中由反离子中心构成的面称为斯特恩面，其电势分布与亥姆霍兹模型相似，呈直线下降。扩散层电势分布与古依-查普曼模型相同，呈指数下降。

2) 斯特恩-格雷厄姆双电层模型

1947 年格雷厄姆(Grahame)进一步发展了斯特恩的双电层概念，他认为在斯特恩紧密层与扩散层之间还有一层，其由一部分溶剂化的离子组成，与界面吸附较紧密，可以随分散相一起运动。这一层也就是斯特恩模型的外层中反离子密度较大的一部分。格雷厄姆外层就是扩散层，其由溶剂化的离子组成，不随分散相一起运动。分散相与分散介质作相对运动时的滑移面(shear surface)上的电势称为 ζ 电势(或电动电势)。斯特恩-格雷厄姆双电层模型如图 14-2 所示。经分散相表面到分散介质中的电势分布分为两种形式：由分散相表面到斯特恩紧密层，电势是呈直线状迅速下降，由斯特恩紧密层到扩散层，电势分布是按指数关系下降。图 14-2 中 δ 为紧密层(斯特恩层)厚度，约为距离胶粒表面一个离子的直径。$1/\kappa$ 是扩散层厚度，为 1～10 nm。

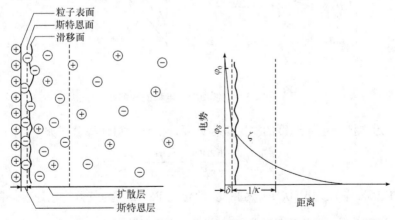

图 14-2　斯特恩-格雷厄姆双电层模型

滑移面：分散相与分散介质作相对运动时的界面称为滑移面或滑动面。

斯特恩-格雷厄姆双电层模型理论至今仍是双电层理论中比较完善的一个基础理论，它的适用性较强，应用得也较多。双电层理论还在不断发展和完善，许多理论问题至今仍在争论中。

2. 电动电势 ζ

从胶粒固体表面到溶液本体存在着三种电势：热力学电势、斯特恩电势和电动电势(ζ电势)。

1) 热力学电势 φ_0、斯特恩电势 φ_δ 和电动电势 ζ

φ_0：胶粒固体表面与本体溶液之间的电势差。

φ_δ：距胶粒固体表面 δ 处，即紧密层与扩散层分界处与本体溶液之间的电势差。

ζ：滑移面与本体溶液之间的电势差。

2) ζ 电势

ζ 电势的大小与斯特恩层中的离子及扩散层厚度有关，其受外加电解质的影响较大，少量外加电解质对 ζ 电势值就会产生显著的影响。

当外加电解质浓度增加时，更多的反离子将进入紧密层，从而使扩散层厚度减小，ζ 电势降低。

当扩散层厚度为零时，ζ 电势降低到零，此状态称为等电状态。此时，溶胶的稳定性最低。

如果外加电解质中反离子被表面强烈吸附，如胶粒对高价反离子或表面活性剂离子发生强选择性吸附时，可能使 ζ 电势改变符号，如图 14-3 中的曲线 3 所示。图 14-3(a)为胶体粒子表面首先吸附正离子、反离子为负离子的情况；图 14-3(b)为胶体粒子表面首先吸附负离子、反离子为正离子的情况。

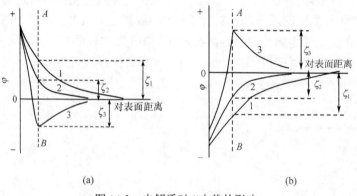

(a)　　　　　　　　　　　　　　　　　(b)

图 14-3　电解质对 ζ 电势的影响

ζ 电势可通过电泳或电渗速度的测定进行计算，推导所得计算公式如下：

$$\zeta = \frac{K\eta v}{4\varepsilon E} = \frac{K\eta v}{4\varepsilon_0 \varepsilon_r E} \tag{14-2}$$

式中，ζ 为电动电势，单位为 V(伏)；η 为黏度，单位为 Pa·s；v 为胶粒运动速度，单位为 m·s^{-1}；$\varepsilon_r = \dfrac{\varepsilon}{\varepsilon_0}$；$\varepsilon$ 为介质的介电常数，单位为 F·m^{-1}；ε_r 为介质的相对介电常数，单位为 F·m^{-1}；ε_0 为真空介电常数，8.854×10^{-12} F·m^{-1}；E 为电场强度，单位为 V·m^{-1}。

胶体粒子为球状：$K=6$，$\zeta = \dfrac{3\eta v}{2\varepsilon_0 \varepsilon_r E}$。 $\tag{14-3}$

胶体粒子为棒状：$K=4$，$\zeta = \dfrac{\eta v}{\varepsilon_0 \varepsilon_r E}$。 (14-4)

3) 电动电势 ζ 与热力学电势 φ_0 的关系

(1) $|\varphi_0| > |\zeta|$。

(2) φ_0 只和与固体平衡的溶液的离子浓度有关，ζ 随紧密层溶剂化离子的浓度而改变，对其他离子非常敏感。

4) 电动电势 ζ 与斯特恩电势 φ_δ 的关系

稀溶液：$\varphi_\delta \approx \zeta$。

浓溶液：$|\varphi_\delta| > |\zeta|$。

14.7.4 溶胶的胶团结构

根据法扬斯经验规则可知，形成胶团时，胶核优先吸附与胶粒有相同元素的离子。

例如，AgI 溶胶的胶团结构：

$$AgNO_3 + KI \longrightarrow AgI + KNO_3$$

若 KI 过量，AgI 溶胶的胶团结构可表示为如图 14-4 所示。

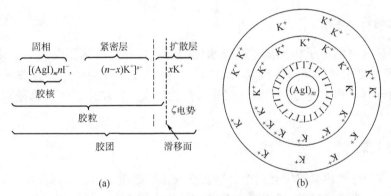

图 14-4 AgI 溶胶的胶团结构

图 14-4(a)中，m 为胶核中所含 AgI 的分子数，n 为胶核吸附 I^- 的数目($n < m$)，x 为扩散层中 K^+ 数目，$(n-x)$ 为包含在紧密层中的反离子 K^+ 的数目。这种胶团还可用图 14-4(b)的圆形图表示。

注意：

(1) 整个胶团是电中性的。

(2) 胶粒带电的符号取决于被吸附离子的符号。上述胶粒优先吸附 I^-，所以胶粒带负电。

(3) 外加电解质浓度增加，紧密层中反离子增加，ζ 下降。当 $x=0$ 时，$\zeta = 0$，其胶团结构为 $[(AgI)_m \cdot nI^- \cdot nK^+]$，此时胶体不稳定。当 $|\zeta| > 0.03\,V$ 时，胶体稳定。

14.8 溶胶的稳定和聚沉

14.8.1 溶胶的稳定性

溶胶能够稳定存在的主要原因：动力学稳定作用对重力作用的反作用、胶粒带电所产生的静电斥力作用、溶剂化所引起的机械阻力。这三种因素均可称为斥力因素，只有当胶粒之间的斥力占优势时，溶胶才能暂时得到稳定。

1. 动力学稳定作用

动力学稳定作用是指胶粒的布朗运动和扩散作用。影响动力学稳定性的主要因素有以下几种。

1) 分散度

分散度越大，胶粒越小，布朗运动越激烈，扩散能力越强，胶粒越不易下沉，动力学稳定性越大。

2) 分散介质的黏度

分散介质黏度越大，胶粒与分散介质密度差越小，胶粒越难下沉，动力学稳定性也越大。

2. 胶粒带电的稳定作用

胶粒带电，具有一定的 ζ 电势值。当两个胶粒相互接近使双电层部分重叠时发生静电斥力，这使得两个胶粒碰撞后又分开，保持了溶胶的稳定性。

一般情况下，当 $|\zeta| > 0.03$ V 时溶胶稳定。

3. 溶剂化的稳定作用

溶胶的胶核吸附的离子和反离子都是水化的，这样在胶粒周围形成了水化层(或称水化外壳)。实践证明，水化层具有定向排列结构，当胶粒接近时，水化层被挤压变形，因有力图恢复原定向排列结构的能力，使水化层具有弹性，成为胶粒接近时的机械阻力，防止了溶胶的聚沉。

14.8.2　溶胶的聚沉

聚沉：溶胶中分散相颗粒相互凝结、颗粒变大，以致最后出现沉降现象称为聚沉。

聚沉的原因：浓度、温度、光作用、搅拌、外加电解质及溶胶的相互作用等。其中以外加电解质和溶胶的相互作用更为重要。

1. 电解质对溶胶聚沉作用的影响

1) 临界电势

在电解质作用下，溶胶开始聚沉时的 ζ 电势称为临界电势。多数溶胶的临界电势为 25～30 mV。

体系中少量电解质的存在可使溶胶稳定，但大量电解质的加入则会使胶粒的 ζ 电势降低，当 ζ 电势小于临界电势值时，溶胶开始聚沉。ζ 电势越小，聚沉速度越快。ζ 电势等于零时，聚沉速度达到最大。

聚沉值：指定条件下，引起溶胶明显聚沉所需电解质的最小浓度称为聚沉值。

注意：在计算聚沉值时应使用溶液总体积。

聚沉能力(聚沉率)：聚沉值的倒数即为电解质的聚沉能力。

2) 电解质聚沉能力经验规则

(1) 聚沉能力主要取决于与溶胶带相反电荷的离子价数。反离子的价数越高，聚沉能力越强，聚沉值越小。

舒尔策-哈迪(Schulze-Hardy)经验价数规则：当反离子 Me^{z+} 的价数分别为 1 价、2 价、3 价时，有

聚沉能力： $Me^+ : Me^{2+} : Me^{3+} = 1^6 : 2^6 : 3^6 = 1 : 64 : 729$；

聚沉值比例： $\dfrac{1}{1^6} : \dfrac{1}{2^6} : \dfrac{1}{3^6} = 100 : 1.6 : 0.14$。

特例：H^+、有机物离子的聚沉能力均很强。

(2) 反离子的价数相同时，聚沉能力依赖于反离子的大小。

同一阴离子(如 NO_3^-)的各种一价盐，其阳离子对带负电的溶胶的聚沉能力顺序为

$$H^+ > Cs^+ > Rb^+ > NH_4^+ > K^+ > Na^+ > Li^+$$

同一阳离子(如 K^+)的各种一价盐，其阴离子对带正电的溶胶的聚沉能力顺序为

$$F^- > IO_3^- > H_2PO_4^- > BrO_3^- > Cl^- > ClO_3^- > Br^- > NO_3^- > I^- > CNS^-$$

这种将价数相同的阳离子或阴离子按聚沉能力排成的顺序称为感胶离子序。

(3) 同号离子的影响。

在相同反离子的情况下，与溶胶同电性离子的价数越高，则电解质的聚沉能力越低，聚沉值越大。

例如，胶粒带正电，反离子为 SO_4^{2-}，则 Na_2SO_4、$MgSO_4$ 的聚沉能力顺序为 $Na_2SO_4 > MgSO_4$。

(4) 有机化合物的离子都具有很强的聚沉能力。

2. 胶体的相互作用

将带相反电荷的溶胶互相混合，也会发生聚沉。

与电解质的聚沉作用的区别：两种溶胶用量恰能使其所带的总电量相同时，才会完全聚沉，否则可能聚沉不完全，甚至不聚沉。

3. 高分子化合物的作用

1) 敏化作用

在溶胶中加入少量高分子化合物，有时会降低溶胶稳定性，甚至发生聚沉，这种现象称为敏化作用。这是由于胶粒附着在高分子化合物上，附着多了，质量变大而引起聚沉。

2) 稳定作用

在溶胶中加入较多高分子化合物，高分子物质吸附在胶粒表面，包围住胶粒，使胶粒对分散介质(如水)的亲和力增加，则溶胶的稳定性增加，这种现象称为高分子化合物对溶胶的保护作用。

4. 溶胶浓度和温度的影响

溶胶浓度的增加和温度的升高均使粒子的互碰更为频繁，因而降低其稳定性。

【例 14-1】 在 pH<7 的水溶液中用 $AlCl_3$ 制备 $Al(OH)_3$ 溶胶。

(1) 写出该溶胶的胶团结构。

(2) 判断该溶胶在外电场作用下的移动方向。

(3) 使用下列电解质使其聚沉：①KNO_3；②$NaCl$；③Na_2SO_4；④$K_3Fe(CN)_6$。在相同温度和时间内，能使 $Al(OH)_3$ 溶胶聚沉最快的是哪种电解质？

解 (1) $Al(OH)_3$ 溶胶的胶团结构为

$$\{[Al(OH)_3]_m \cdot nAl^{3+} \cdot 3(n-x)Cl^-\}^{3x+} \cdot 3xCl^-$$

(2) 从胶团结构可以看出，该溶胶的胶粒带正电，所以在外电场作用下向负极移动。

(3) 因为胶粒带正电，反离子价数越高，能力越强，所以能使 $Al(OH)_3$ 溶胶聚沉最快的是 $K_3Fe(CN)_6$。

14.9 粗分散体系

14.9.1 乳状液

两种互不相溶的液体混合在一起,其中一种液体以细小液滴的形式分散在另一种液体中所形成的分散体系称为乳状液。在大多数乳状液中，一种液体是水，另一种液体是不溶于水的有机液体，可统称为"油"。

1. 乳状液的分类及鉴别

1) 乳状液分类

(1) 水包油型乳状液(O/W)。

油为分散相而水为分散介质构成的乳状液称为水包油型乳状液，如牛奶、杀虫乳剂等。

(2) 油包水型乳状液(W/O)。

水为分散相而油为分散介质构成的乳状液称为油包水型乳状液，如青霉素油剂。

两种液体最终形成何种乳状液主要取决于选用的乳化剂。

2) 乳状液鉴别

(1) 染色法。

加入少量只溶于水不溶于油的染料，轻轻摇动。若整个乳状液呈染料颜色，说明分散介质为水，是水包油型乳状液。若只有分散的液滴呈染料颜色，说明分散相为水，是油包水型乳状液。

(2) 冲淡法。

将两滴乳状液分别置于玻璃板上，向其中一滴中加一滴水，向另一滴中加一滴油，轻轻搅动。与水能很好混合的为 O/W，否则为 W/O。

2. 乳化剂

制备乳状液除水、油外，所必需的第三种物质就是乳化剂。乳化剂被吸附在水、油间的液-液界面上，起防止液滴聚结的作用，增加体系的稳定性。乳化剂亲水得水包油型乳状液，乳化剂亲油得油包水型乳状液。

1) 乳化剂分类

常用的乳化剂可分为三大类。

(1) 天然物质，如天然橡胶。

(2) 表面活性物质,如各种肥皂、蛋白质、有机酸等,它们在实际应用中是最重要的乳化剂。

(3) 固体粉末,可分为亲水性的(如白垩、石膏、玻璃等)和憎水性的(如石墨、汞和铅的硫化物等)。

2) 乳化剂的作用

(1) 在分散相液滴的周围形成坚固的保护膜。

(2) 降低界面张力,表面活性剂吸附在液-液界面上以降低界面张力。

(3) 形成双电层,产生静电斥力。

3. 乳状液的转化与破坏

1) 乳状液的转化

外加物质可使乳状液改变性质,使 O/W 型和 W/O 型相互转化。

2) 乳状液的破乳与去乳化

乳状液的分散相的聚结过程称为去乳化作用。去乳化必须消除或减退乳化剂的保护作用。常用的去乳化方法有以下几种:

(1) 替代法,用不能形成坚固保护膜的表面活性物质来代替原乳化剂,如戊醇,因其碳氢链太短,无法形成坚固保护膜。

(2) 化学法。例如,加入无机酸来消除肥皂膜的保护作用,使肥皂变成脂肪酸析出。

(3) 加相反类型的乳化剂,使乳化液的类型转变。

此外,还可用加热法、机械搅拌、离心分离、电泳法等达到去乳化的目的。

14.9.2 泡沫

不溶性气体分散在液体或熔融固体中形成的分散体系称为泡沫。

1. 分类

液体泡沫:指不溶性气体分散在液体中所形成的泡沫,如肥皂沫、啤酒沫、汽水沫等。

固体泡沫:指不溶性气体分散在熔融态固体中,冷却后所形成的泡沫,如泡沫塑料、泡沫橡胶、泡沫玻璃、泡沫金属、泡沫陶瓷等。

2. 泡沫的稳定性

泡沫的稳定性主要取决于下列因素:

(1) 液体界面膜反抗局部过分变薄的能力。

(2) 液体界面膜反抗在各种不规则干扰下遭到破裂的能力。

(3) 液体界面膜的机械强度。

由于泡沫具有巨大的界面积和界面自由能,所以一切泡沫都是热力学不稳定的。但是由肥皂、合成洗涤剂、蛋白质等水溶液形成的泡沫属于亚稳定状态,因为力平衡使液体的排气灭泡在某一液膜厚度下停止。在没有干扰影响下,这些亚稳定的泡沫几乎能相当长久地存在下去。

3. 泡沫的形成与破坏

泡沫的形成需要发泡剂,而将其破坏则需要消泡剂。

发泡剂：形成稳定的泡沫所必须加入的第三种组分称为发泡剂。常用的发泡剂有：肥皂、合成洗涤剂、蛋白质、植物胶等。

消泡剂：常用的消泡剂有低碳或中碳饱和醇(如乙醇、辛醇、α-乙基己醇等)、脂肪酸及其酯、磺化油、有机硅油等。

4. 泡沫的应用

泡沫在泡沫浮选、泡沫除尘、泡沫灭火剂、泡沫杀虫剂等工艺生产中均有应用。

在某些工艺生产中，泡沫的存在会给生产操作带来不便，甚至无法进行。例如，发酵、蒸馏、造纸、污水处理、印花、锅炉用水等无法避免地会形成泡沫，所以必须设法破坏或极力防止其产生。通常的办法是加入消泡剂。

14.9.3　气溶胶

液体或固体分散在气体介质中所形成的分散体系称为气溶胶，如云、雾、烟、粉尘等。

云、雾是液滴分散在空气中的气溶胶，而烟、尘是固体粉末分散在空气中的气溶胶。云和烟的分散度较高，一般为 $0.01 \sim 1~\mu m$，而雾和尘的分散度较低，一般在 $1~\mu m$ 以上，已属于粗分散体系，所以两者之间的差异在于动力学稳定性不同。

1. 气溶胶在自然界和人类生活中的作用

1) 自然界中水的循环

自然界中水的蒸发与凝结是通过水的蒸发形成云，而后水蒸气聚结而降雨或雪的过程完成的。

2) 植物的授粉作用

许多植物的授粉是以花粉成为气溶胶由风传播的。

3) 医学和发酵工业

医学和发酵工艺必须重视分散在空气中的微生物；很多传染病是由分散在空气中的细菌的传染而扩散的。

4) 粉尘和烟雾

大气中来自工业生产和生活中的粉尘对人的健康极为有害。根据分析，一些粉尘的表面有致癌性很强的芳香烃，有"杀人烟雾'之称。

2. 气溶胶在科学技术上的应用

气溶胶在科学技术上的应用也极为广泛。例如，研究 α 射线、β 射线轨迹的威耳逊雾室是近代物理仪器之一，是根据过冷水蒸气在气体离子上凝结时形成雾的现象制成；液体燃料喷成雾状、固体燃料研磨成粉尘等对于充分燃烧、减少污染物都是有利的；另外，在军事技术上作掩护用的烟和雾等均是气溶胶在科学技术上的应用实例。

14.9.4　悬浮液

由不溶性固体粒子分散在液体中所形成的分散体系称为悬浮液，如泥水。悬浮液中不溶性固体粒子吸附一定的离子，形成带有一定 ζ 电势的双电层是悬浮液能稳定存在的原因。

悬浮液在自然界和工农业生产中均可遇到，因此研究其性质具有重要意义。例如，我国长江等大的河流中含有大量的泥沙悬浮液，因带有电荷在长江中游沉降较少。在出海口，泥沙表面的电荷被海水中的盐类离子中和，泥沙失去电荷而聚沉。这就是长江三角洲的由来。

14.10　大分子溶液

14.10.1　大分子溶液与憎液溶胶的性质比较

由于大分子的大小与胶体粒子的大小相近，所以它具有胶体分散体系的共性，如扩散慢、不能透过半透膜等。因此，大分子溶液也称为亲液溶胶。但大分子溶液属于分子真溶液，因此其性质与小分子真溶液更接近。

	比较项目	大分子溶液	憎液溶胶
相同点	颗粒的大小	小于 1000 nm，分子	小于 1000 nm，胶团
	透过半透膜	不能	不能
	扩散速度	慢	慢
不同点	亲和力	溶剂(水)-溶质间的亲和力强	分散介质(水)-分散间的亲和力弱
	稳定性	稳定体系，不需第三者作稳定剂。稳定原因：溶剂化	不稳定体系，需要第三者作稳定剂。稳定的主要原因：胶粒带电
	加入电解质	稳定	聚沉
	体系性质	热力学平衡体系，可用热力学函数描述	非热力学平衡体系，只能用动力学研究
	丁铎尔效应	弱(均相体系)	强(多相体系)
	黏度	大	小
	描述	分子分散的均相体系，热力学稳定的平衡体系	非分子分散的多相体系，热力学不稳定的非平衡体系

14.10.2　大分子溶液的性质

1. 渗透压与唐南平衡

1) 渗透压

渗透压是大分子溶液的依数性质之一，可用来测定相对分子质量。渗透压与相对分子质量间的关系已在第 6 章推导得到：

$$\Pi_1 = cRT = \frac{c'}{M}RT \tag{14-5}$$

式中，c 的单位为 $mol \cdot dm^{-3}$，c' 的单位为 $kg \cdot dm^{-3}$。

适用条件：非电离的大分子或在等电点上的大分子，如蛋白质。

当蛋白质大分子不在等电点时，求得的摩尔质量往往偏低，这是什么原因造成的呢？

2) 唐南平衡

当有蛋白质一类大分子电解质存在时，由于这类大分子或大离子不能透过半透膜，而溶剂分子、普通的小分子能自由透过半透膜，所以半透膜两边达平衡时，膜两边电解质浓度并不相等，该平衡称为唐南平衡。

研究表明，**唐南平衡产生附加渗透压。**

例如，将浓度为 c 的大分子电解质 $Na_z^+ P^{z-}$ 的水溶液和含有 Na^+、Cl^-(浓度为 b)的溶剂用半透膜隔开，如图 14-5 所示。

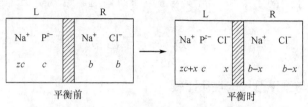

图 14-5　加盐(NaCl)后渗透压示意图

达渗透平衡时，膜左(膜内)、右(膜外)两边各物质的化学势相等，有

$$\mu_{NaCl,L} = \mu_{NaCl,R}$$

即

$$\mu^{\ominus} + RT \ln a_{NaCl,L} = \mu^{\ominus} + RT \ln a_{NaCl,R}$$

所以

$$a_{NaCl,L} = a_{NaCl,R}$$

$$a_{Na^+} \cdot a_{Cl^-}(L) = a_{Na^+} \cdot a_{Cl^-}(R)$$

在稀溶液中

$$[Na^+][Cl^-](L) = [Na^+][Cl^-](R)$$

即

$$(zc + x)x = (b - x)(b - x)$$

解得

$$x = \frac{b^2}{zc + 2b} \tag{14-6}$$

渗透压与膜两边浓度之差成比例，则

$$\Pi_2 = [(c + zc + x + x) - (b - x + b - x)]RT$$

将式(14-6)代入上式，得

$$\Pi_2 = \left(\frac{zc^2 + z^2c^2 + 2cb}{zc + 2b} \right) RT \tag{14-7}$$

讨论：

(1) 当 $b \ll zc$ 时，式(14-7)简化为

$$\Pi_2 = (z + 1)cRT = zcRT + cRT \tag{14-8}$$

唐南平衡产生附加渗透压 $zcRT$。将式(14-8)中的浓度用 c' 表示，则

$$\Pi_2 = \frac{(z + 1)c'RT}{M}$$

所以

$$M = \frac{(z + 1)c'RT}{\Pi_2} \tag{14-9}$$

因此，若直接用 $M = c'RT / \Pi_2$ 求算摩尔质量，其结果自然会偏低。

(2) 当 $b \gg zc$ 时，式(14-7)简化为

$$\Pi_2 = cRT = \frac{c'RT}{M}$$

$$M = \frac{c'RT}{\Pi_2} \tag{14-10}$$

可以看出，若在膜外加入足够的中性盐，则可消除唐南平衡效应。因此，用渗透压法测电解质类大分子的摩尔质量时，应该在溶剂一侧加入大量的中性盐以消除唐南平衡的影响。

3) 膜电势

达到唐南平衡时，膜两边的电势差称为膜电势，用 E_m 表示

$$E_m = \frac{RT}{zF} \ln \frac{[\mathrm{Na}^+]_{in}}{[\mathrm{Na}^+]_{out}}$$

2. 大分子化合物的溶胀和溶解过程

大分子化合物吸收溶剂，使其质量和体积都增加的现象称为有限溶胀，形成冻胶；进一步吸收溶剂，使大分子链之间的联系断开，即开始溶解，称为无限溶胀。

3. 盐析作用和胶凝作用

1) 盐析作用

加入大量电解质使大分子溶液发生沉淀的现象即为盐析作用。

阴离子盐析能力顺序如下：柠檬酸＞酒石酸＞SO_4^{2-}＞乙酸＞Cl^-＞NO_3^-＞ClO_3^-。

阳离子盐析能力顺序如下：Li^+＞K^+＞Na^+＞NH_4^+＞Mg^{2+}。

2) 胶凝作用

在一定条件下，大分子溶液失去流动性，整个体系变为弹性半固体状态，即变成冻胶，称为胶凝作用。

思 考 题

下列说法是否正确？为什么？

(1) 均匀的牛奶是乳状液，向牛奶中加入一些乙醇就可将脂肪和蛋白质从中沉淀出来。

(2) 日出和日落时太阳之所以呈鲜红或橙黄色是由于红、黄色光波长较长，散射作用显著。

(3) 胶体粒子的 ζ 电势是指固体表面与本体溶液之间的电势差。

(4) 明矾[$\mathrm{K}_3\mathrm{Al}(\mathrm{SO}_4)_3$]净水的主要原理是电解质对溶胶的聚沉作用。

(5) 为确定大分子电解质 NaR 的相对分子质量可采用渗透压法。测量时，半透膜内放入浓度为 c_1 的大分子电解质 NaR 稀水溶液，膜外部为纯水。测得渗透压 Π_1 后，根据 $\Pi_1 = c_1 RT$ 即可计算得到 NaR 的相对分子质量。

各章思考题参考答案

第1章 气 体

(1) 不完全正确。严格地说道尔顿分压定律只适用于理想气体，不能用于实际气体，因为实际气体分子之间有相互作用力，气体单独存在与其处于混合气体中对体系压力的贡献是不同的，但当实际气体的压力趋近于零时，使用道尔顿分压定律所带来的误差可忽略不计。

(2) 不正确。因为理想气体分子之间没有相互作用力、分子本身没有体积，所以理想气体是不能液化的，理想气体没有临界点。

(3) 不正确。$\left[\dfrac{\partial(pV_m)}{\partial p}\right]_{T_B, p \to 0} = 0$ 不能作为理想气体的定义，因为这是在波义耳温度下的行为，不能保证在任何温度下 $\left[\dfrac{\partial(pV_m)}{\partial p}\right]_{T, p \to 0} = 0$。

(4) a. 不正确。因为三种气体的性质不同，范德华常数不同，摩尔体积不可能相同。且临界参数不同，所以对比参数不同，因此 Z 不同。

b. 不正确。H_2 气体最接近理想气体，因为其 a_0、b_0 值均最小。

第2章 热力学第一定律

(1) 强度性质：U_m, T, p, V_m, H_m, ρ, $C_{V,m}$。

广度性质：H, T, p, U, C_p。

不是状态函数：Q, W。

(2) 不正确。压力不是广度性质。广度性质的加和性是指体系中各部分该性质的加和等于体系该性质的总数值；而体系中各组分的分压力是处于体系的温度和体积下，各组分单独存在时所表现出的压力。

(3) 不正确。因为在同一始、终状态之间绝热途径只有一条，绝热可逆过程与绝热不可逆过程不能到达同一终态。

(4) 不完全正确。因为理想气体在一定的外压下做绝热膨胀，$Q=0$，所以 $\Delta U = W$。但过程不恒压，故 $\Delta H \neq Q_p$，$Q_p \neq 0$。

(5) ①在 101 325 Pa 下，将 298.15 K 的水可逆升温至 373.15 K，然后可逆变成 373.15 K 的水蒸气，再可逆转化成 298.15 K 的水蒸气；②在 298.15 K 下，将压力为 101 325 Pa 的水可逆变成饱和蒸气压 p_s 下的水，然后可逆变成 p_s 的水蒸气，再可逆转化成 101 325 Pa 的水蒸气。这两种过程均为可逆过程的相变。而 298.15 K、101 325 Pa 的水直接变成 298.15 K、101 325 Pa 的水蒸气的过程为不可逆过程。

第3章 热力学第二定律

(1) 不正确。自发过程一定是不可逆的，但是不可逆过程不一定是自发的，因为不可逆过程可以经人为因素促成。

(2) 不正确。这是有条件的，只有当体系为孤立体系或绝热封闭体系时才有此结论。

(3) 不正确。在绝热封闭体系中，体系由状态 A 变化到状态 B 发生一不可逆过程，$\Delta S > 0$；然后从状态 B 回到 A，则 $\Delta S < 0$，而 $\Delta S < 0$ 的过程是不能进行的。

(4) 不正确。这句话是有条件的，绝热或孤立体系达平衡时的熵值最大，恒温、恒压、非体积功为零的体系达平衡时吉布斯自由能的值最小。

(5) $Q=0$，$W=0$，所以 $\Delta U=0$，即 $\Delta U = \int_1^2 \mathrm{d}U = \int_1^2\left[\left(\dfrac{\partial U}{\partial T}\right)_V \mathrm{d}T + \left(\dfrac{\partial U}{\partial V}\right)_T \mathrm{d}V\right]=0$。由热力学基本方程可证明 $\left(\dfrac{\partial U}{\partial V}\right)_T=0$，但 $\left(\dfrac{\partial U}{\partial T}\right)_V = C_V \neq 0$，所以 $\mathrm{d}T=0$，温度不变。

第4章 热力学函数规定值

(1) 不正确。$T=298.15\,\mathrm{K}$，标准状态下，水的标准摩尔规定焓等于水的标准摩尔生成焓。

(2) 不正确。热力学第三定律规定：绝对零度时，任何纯物质的完美晶体的熵值为零。

(3) 不正确。标准摩尔规定焓的零点是 298.15 K、标准态下的稳定单质；标准摩尔规定熵的零点是绝对零度时任何纯物质的完美晶体。

(4) 不正确。虽然温度 T、标准态下的稳定单质 B 的标准摩尔规定焓不等于零，但在温度 T、标准态下稳定单质 B 的标准摩尔生成焓等于零，因为反应物和产物是同一种物质。

(5) 298.15 K、标准态下，以各稳定单质为反应物进行的反应的焓变是否为零取决于产物，若产物仍为稳定单质，则结论正确；若产物为化合物，结论不正确。

第5章 统计力学基本原理

(1) 对 S、C_V、C_p 无影响，对 U、H、A、G 有影响；但是不会对玻耳兹曼分布数 n_i^* 的数值产生影响，因为

$$\frac{n_j}{N} = \frac{g_j}{q}\exp(-\varepsilon_j/kT)$$

$$\frac{n_{j(0)}}{N} = \frac{g_j}{q_0}\exp[-(\varepsilon_j+\varepsilon_0)/kT] = \frac{g_j}{\exp(-\varepsilon_0/kT)q}\exp(-\varepsilon_j/kT)\exp(-\varepsilon_0/kT) = \frac{g_j}{q}\exp(-\varepsilon_j/kT)$$

(2) 不矛盾。因为根据统计方法计算出的 U 仍是相对值，即相对于量子力学中分子能级公式中将能量零点规定为零的能级能量。

(3) U、H 相同，但 S、A、G 不相同。

第6章 混合物和溶液

(1) 不正确。化学势是强度性质，不具有加和性。

(2) 不正确。标准态的选择不同，只影响标准化学势，即标准化学势也不同。体系确定了，各组分的化学势是定值，不会随标准态的不同而改变，也不会随浓度标度的不同而改变。

(3) 冻梨中的水不是纯水而是稀溶液，其凝固点低于放入的凉水的凝固点，所以冻梨从水中吸热、融化，而外面的水结冰。

(4) 高浓度的肥料使农作物中的水分通过植物膜向外渗透，使植物因缺水而枯萎。

(5) 两杯溶液不会同时结冰，葡萄糖水溶液先结冰，因为氯化钠的实际浓度应为葡萄糖的两倍。

第7章 化 学 平 衡

(1) 不正确。因为 $K_p^\ominus$ 与 $\Delta_r G_m^\ominus(T)$ 的关系虽然可用一个数学等式联系起来，但两者所表达的并不是同一体

系状态。$K_p^\ominus$ 是反应达到平衡时体系的各组元的标准压力商。而 $\Delta_r G_m^\ominus(T)$ 所代表的是反应体系中分别单独存在并处于 T、标准状态下的计量系数摩尔的反应物进行反应，生成分别单独存在并处于 T、标准状态下的计量系数摩尔的产物的反应吉布斯自由能的变化值。

(2) 不正确。因为催化剂只能改变反应的速率但不能改变体系的始、终状态，当然也就改变不了反应方向。

(3) 不正确。因为 $K_f^\ominus$ 只是温度的函数，所以增加体系的总压力对 $K_f^\ominus$ 无影响。

(4) 不正确。虽然温度一定时 $K_p^\ominus$ 有定值，但在温度不变的条件下，体系的平衡组成也会随初始投料比的不同而不同。

(5) 不正确。因为 $\Delta_r G_m^\ominus(T) = -RT\ln K_p^\ominus$ 是根据 $\sum\limits_B \nu_B \mu_B \leqslant 0$ 及 $\mu_B = \mu_B^\ominus(T) + RT\ln\dfrac{p_B}{p^\ominus}$ 推导得到。若参加反应的组元有固体或液体物质，则其 $\mu_B = \mu_B^* \approx \mu_B^\ominus(T)$，所以虽然 $K_p^\ominus \equiv \prod\limits_B \left(\dfrac{p_{B,eq}}{p^\ominus}\right)^{\nu_B}$ 中只考虑参加反应的气相组元，但 $\Delta_r G_m^\ominus(T) \equiv \sum\limits_B \nu_B \mu_B^\ominus$ 中则须含有全体组元。

(6) 不正确。因为化学势是强度性质，强度性质不能加和。根据 $dG_{T,p} = \sum\limits_B \nu_B \mu_B d\xi$，$\nu_B \mu_B d\xi$ 是组分 B 的吉布斯自由能的微小变化值，不再是 B 的化学势。$\sum\limits_B \nu_B \mu_B$ 是在体系反应进度发生微小变化 $d\xi$ 时，体系的吉布斯自由能随反应进度的变化率 $\dfrac{dG}{d\xi} = \sum\limits_B \nu_B \mu_B$，或理解为在一个很大的反应体系中，反应进度变化 1 mol 时，体系吉布斯自由能的变化。

第 8 章　相　平　衡

(1) 不正确。因为半透膜左边的 $CaCO_3$ 和 CaO 为两个固相，CO_2 为一个气相，半透膜右边的 CO_2 和 N_2 为一个气相，所以体系共有两个固相、两个气相；而达渗透平衡时的外界条件是一个温度、两个压力，所以 $S = 4(CaCO_3, CO_2, CaO, N_2)$，$R = 1[CaCO_3(s) \Longrightarrow CaO(s)+CO_2(g)]$，$R'=0$，$C=S-R-R'=3$，$\Phi = 4$，$f= C-\Phi+3=3-4+3=2$。

CaCO$_3$(s)	CO$_2$(g)
CaO(s)，CO$_2$(g)	N$_2$(g)

(2) 不正确。因为 $x_A+x_B=1$，所以 x_A 和 x_B 两者之中只有一个是独立的。

(3) 不正确。根据相律，在一定温度下，$f^* = C-\Phi+1=2-\Phi+1=0$，所以 $\Phi=3$，即两个液相、一个气相。因此，共轭溶液对应于同一组成的气相。

(4) 不正确。化合物的组成不随压力而变，但恒沸混合物的组成随压力而变。

(5) 不正确。如果体系中存在恒沸点，精馏时只能得到一个纯组分，另一个必是恒沸混合物。

第 9 章　化学动力学基础

(1) 不正确。反应级数是宏观概念。对总包反应，反应级数需要通过实验确定。一级反应可以是只有一个反应物的反应，也可以是有两个反应物的反应。单分子反应、双分子反应等是微观概念，所描述的是基元化学物理反应的反应物分子数。对于基元反应，其反应级数和所对应的基元化学物理反应的反应分子数是相等的。

(2) 不正确。反应的半衰期是指反应物消耗其初始浓度一半时所需要的时间。

(3) 不正确。一级反应的半衰期与反应物的初始浓度无关。半衰期与反应物的初始浓度成正比的是零级反应。

(4) 不正确。应根据阿伦尼乌斯公式 $k = A\exp\left(-\dfrac{E_a}{RT}\right)$ 推导，可得 $E_a = E_2 + \dfrac{1}{2}(E_1 - E_4)$。

(5) 不正确。对不同反应级数的反应，A 消耗 75% 与消耗 50% 所需的时间比是不同的。

(6) 不正确。$k_1 \ll k_2$ 意味着 B 的生成很困难，但消耗很容易，即 B 很活泼。在这种情况下得不到高产率的 B。如果要获得高产率的 B，则应满足的条件是 $k_1 \gg k_2$。

第 10 章　基元反应速率理论

(1) 不正确。E_c 是指 1 mol 反应物分子发生反应时应具有的最低能值。E_c 由分子的性质决定，与 T 无关。E_a 是指 1 mol 活化分子的平均能量与 1 mol 反应物分子的平均能量的差值。E_c 与 E_a 在数值上的关系为：$E_a = E_c + \dfrac{1}{2}RT$。

对一般反应，$E_c \approx 100 \text{ kJ} \cdot \text{mol}^{-1}$，但在温度不太高时，$\dfrac{1}{2}RT$（如 300 K，$\dfrac{1}{2}RT = 1.2 \text{ kJ} \cdot \text{mol}^{-1}$）相对于 E_c 可忽略不计。因此，低温时：$E_a \approx E_c$（可认为 E_a 与温度无关）；高温时：$E_a \neq E_c$（E_a 是温度的函数）。

(2) 不正确。对于气相反应，$E_a = \Delta^{\neq}H_{m,c}^{\ominus} + nRT$，式中，$n$ 为反应物计量系数之和；对于凝聚物系，$E_a = \Delta^{\neq}H_{m,c}^{\ominus} + RT$。因此，对反应①，$E_a = \Delta^{\neq}H_{m,c}^{\ominus} + 2RT$ 是正确的。对于多相体系

$$\Delta^{\neq}U_{m,c}^{\ominus} = \Delta^{\neq}H_{m,c}^{\ominus} - \Delta(p^{\ominus}V) \approx \Delta^{\neq}H_{m,c}^{\ominus} - \Delta(p^{\ominus}V)_g$$
$$= \Delta^{\neq}H_{m,c}^{\ominus} - \sum_B v_g RT = \Delta^{\neq}H_{m,c}^{\ominus} - (1-n)RT = \Delta^{\neq}H_{m,c}^{\ominus}$$

因此，对反应②，$E_a = \Delta^{\neq}U_{m,c}^{\ominus} + RT = \Delta^{\neq}H_{m,c}^{\ominus} + RT$。

(3) 正确。因为 $k = A e^{-\frac{E_a}{RT}}$，而 $A = e^n \dfrac{k_B T}{h}(c^{\ominus})^{1-n} e^{\Delta^{\neq}S_{m,c}^{\ominus}/R}$，$\Delta^{\neq}S_{m,1}^{\ominus} > \Delta^{\neq}S_{m,2}^{\ominus}$，所以 $A_1 > A_2$。对凝聚体系，$E_a = \Delta^{\neq}H_m^{\ominus} + RT$，且 $\Delta^{\neq}H_{m,1}^{\ominus} > \Delta^{\neq}H_{m,2}^{\ominus}$，所以 $E_{a,1} > E_{a,2}$，故升高温度对生成产物 D 有利。

第 11 章　几类特殊反应的动力学

(1) 不正确。光化反应的初级反应速率只取决于光强度，与反应物的浓度无关。初级反应速率对反应物的浓度呈零级反应。

(2) 不正确。根据原盐效应公式 $\lg(k/k_0) = 2z_A z_B A\sqrt{I}$，因为正反应的 $z_A z_B < 0$，呈负原盐效应，所以离子强度增加，k_f 降低；逆反应的 $z_A z_B = 0$，无原盐效应，所以 k_b 不变。

(3) 正确。由于催化剂对两个反应的选择性不同，则活化能降低值也不一样。选择的催化剂应该是加速期望产物的反应。

(4) 不正确。催化剂加速反应的本质是改变反应途径、降低活化能。但其不能改变反应的平衡常数的值，所以不能改变平衡转化率。

(5) 不正确。光化学反应是电子处于激发态的原子或分子间的反应。分子的活化能来自于吸收的光能。吸收光可以影响化学反应速率，也可以在热反应不能发生的条件下引起化学变化，即在光化学反应中，不仅自由能降低的反应可以被光照后发生，许多反应也可以在自由能增加的情况下进行。

第 12 章　电　化　学

(1) 不正确。在电化学中阴极和阳极是根据氧化还原反应命名的，发生氧化反应的电极是阳极，发生还原

反应的电极是阴极。正极和负极是根据电极电势的高低命名的，电极电势高的是正极，电极电势低的是负极。在原电池中，阳极对应的是负极，阴极对应的是正极；在电解池中，阳极对应的是正极，阴极对应的是负极。

(2) 不正确。在一定温度和压力下，给定电极的电极电势取决于该电极的标准电极电势和电解质溶液的浓度。

(3) 不正确。电极表面与电解质溶液之间的电势差值是无法通过实验测定的。待测电极的电极电势是通过与标准氢电极构成电池，并将给定电极置于正极(阴极)，测定该电池的电动势确定的。因为已规定标准氢电极的电极电势为零，所以待测电极的电极电势就等于所测电池的电动势。

(4) 不完全正确。"$\left(\dfrac{\partial G}{\partial \xi}\right)_{T,p}$ 为强度性质，但与计量方程写法有关"是正确的，因为计量方程写法不同，

相同反应进度所代表的实际反应量是不同的。虽然 $\left(\dfrac{\partial G}{\partial \xi}\right)_{T,p} = -zFE$，$E$ 和 $E^{\ominus}$ 均为强度性质，但其值与计量

方程写法无关，因为计量方程写法不同的影响体现在电子得失数"z"上，对 E 和 $E^{\ominus}$ 无影响。

(5) 不正确。为计算反应的 $\Delta_r G$，我们在始、终状态间设计一可逆电池来完成反应。虽然过程 1 的反应条件是恒温、恒压、$W'=0$，但这并不妨碍我们设计一条 $W' \neq 0$ 的途径来完成反应，因为只要始、终状态相同，通过任一合理的过程完成反应，其状态函数的增量均是相同的。但是，当使用 ΔG 判据判别过程的方向和限度时，就必须根据反应实际进行的过程条件选择判据。题给反应的条件是恒温、恒压、$W' = 0$，所以使用的判据是 $\Delta G \leqslant 0$，过程 2 只是为解决过程 1 的 $\Delta_r G$ 的计算而设计的。若上述反应是在恒温、恒压、$W' \neq 0$ 的条件下进行，这时使用的判据应是 $\Delta G \leqslant W'$，而不能是 $\Delta G \leqslant 0$ 了。对同一反应，只要始、终状态相同，在 $W'=0$ 或 $W' \neq 0$ 的条件下，其状态函数的增量 $\Delta_r G$ 是相同的。

第13章　界面现象

(1) 不正确。在肥皂水中的肥皂泡只有一个凹球面形的气-液界面，只有一个附加压力，方向指向球心；漂浮在空气中的肥皂泡有两个气-液界面，一个凹球面形和一个凸球面形，附加压力都指向球心，总的附加压力等于两者之和，所以 $p_1 < p_2$。

(2) 不正确。水能润湿毛细管，接触角小于 90°，所以毛细管上端水呈凹液面。气、液、固三相物质没变，在一定温度下接触角有定值，不会因毛细管露出水面的长短而改变。因此，即使将毛细管在高出水面 5 cm 处折断，水也不会从毛细管上端溢出。

(3) 不完全正确。加入水后两块玻璃板很难分开，因为水能润湿玻璃，在平板玻璃之间形成凹液面，产生的附加压力指向两端，产生一种向外的压力，从而使两块玻璃板贴得更紧，因此玻璃板不易分开。如果放入的是有机溶剂，因为其不能润湿玻璃，在平板玻璃之间形成凸液面，产生的附加压力指向液体内部，相当于在玻璃之间施加了使玻璃分开的力，从而使两块玻璃板较容易分开。

(4) 不正确。因为硅胶是多孔物质，孔为弯曲凹界面，所以小孔中的饱和蒸气压低于平面上的饱和蒸气压。因此，当苯的蒸气压超过其在弯曲凹液面上的饱和蒸气压时，苯蒸气凝结成液态苯，观察到的现象就是硅胶的吸附量突然大增。这种现象是毛细凝结的结果，而不是硅胶与苯之间发生化学吸附。

(5) 不正确。空中的小水滴表面所受的附加压力大，表面上的蒸气压高。水滴的饱和蒸气压与其曲率半径成反比，对大水滴饱和的蒸气压，对小水滴则不饱和。因此，运动中小水滴因不断蒸发而缩小，大水滴因水蒸气在其表面上不断凝聚而变大。

第14章　胶体化学

(1) 不正确。牛奶是乳脂分散在水中形成的水包油乳浊液，加入乙醇可增加脂肪的溶解度，而不能将脂肪和蛋白质从中沉淀出来。为将脂肪和蛋白质从中沉淀出来，须加入合适的强电解质，如酸等。

(2) 不正确。这取决于光的波长与大气层中分散的粒子的相对大小。短波长光如蓝光、紫光散射作用显著，

长波长光如红光、黄光透射作用显著。日出和日落时太阳光透过厚厚的大气层时，散射作用显著的短波长光如蓝光、紫光等大部分已被散射，剩下了透射作用显著的长波长光如红光、黄光。因此，日出和日落时太阳呈鲜红或橙黄色。

(3) 不正确。胶体粒子的 ζ 电势是指固体与溶液之间可以相对移动的界面与本体溶液之间的电势差。

(4) 不正确。明矾水解可生成带正电的溶胶，能使水中带负电的 SiO_2 溶胶聚沉。

$$SiO_2 + H_2O \Longrightarrow H_2SiO_3, \quad [(SiO_2)_m \cdot nSiO_3^{2-} \cdot 2(n-x)H^+]^{2x-} \cdot 2xH^+$$

$$\{[Al(OH)_3]_m \cdot nAl^{3+} \cdot \frac{3}{2}(n-x)SO_4^{2-}\}^{3x-} \cdot \frac{3}{2}xSO_4^{2-}$$

(5) 不正确。用渗透压法测量大分子电解质 NaR 的相对分子质量时，应消除唐南平衡的影响，因为唐南平衡会产生附加的渗透压，影响对溶液渗透压的测定。测定时膜外部改为浓度为 c_2 的 NaCl 溶液，且 $c_2 \gg c_1$。测得渗透压 Π_2 后，根据 $\Pi_2 = c_1 RT$ 即可计算得到 NaR 的相对分子质量。

主要参考书目

[1] 朱志昂，阮文娟. 2014. 物理化学. 5 版. 北京：科学出版社

[2] 朱志昂，阮文娟. 2012. 物理化学学习指导. 2 版. 北京：科学出版社

[3] 孙德坤，沈文霞，姚天扬，等. 2009. 物理化学学习指导. 北京：高等教育出版社

[4] 沈文霞. 2007. 物理化学学习及考研指导. 北京：科学出版社

[5] 高盘良. 2002. 物理化学学习指南. 北京：高等教育出版社

[6] 陈良坦，方智敏. 2010. 物理化学学习指导. 厦门：厦门大学出版社